ZHIWU BINGYUAN BINGDUXUE

植物病原病毒学

谢联辉　主编

中国农业出版社

内 容 简 介

　　植物病原病毒学是植物病原学的一个重要分支学科，也是植物病理学的一个重要组成部分。全书共十五章，包括病毒的本质及其相关理论和方法——病毒的特征，RNA 与 DNA 病毒的分子生物学，病毒的起源、变异与进化，病毒的分离提纯，病毒的侵染、增殖，病毒与寄主的互作以及类病毒、卫星病毒与卫星核酸——病毒的诊断鉴定与病害的科学管理（控制）。

　　本书可供从事植物病原学、微生物学、植物病理学和生命科学研究的科技工作者，有关专业的高等院校师生以及植物检疫、农业技术推广人员阅读参考。

编著人员

主　编　谢联辉

副主编　林奇英　周雪平　吴祖建

编著人员（以姓氏笔画为序）

刘斯军　（Department of Entomology，410 Science Ⅱ，Iowa State University，Ames，IA50011，USA）

李　凡　（云南农业大学植物病毒研究室）

李华平　（华南农业大学植物病毒研究室）

李如慧　（USDA - ARS，National Gerplasm Resources Laboratory，Beltsville，MD 20705，USA）

吴祖建　（福建农林大学植物病毒研究所）

林丽明　（福建农林大学植物病毒研究所）

林含新　（福建农林大学植物病毒研究所；Department of Pathology and Molecular Medicine，McMaster University，Canada）

林奇英　（福建农林大学植物病毒研究所）

周雪平　（浙江大学生物技术研究所）

范在丰　（中国农业大学植物病毒研究室）

翁自明　（Division of Plant Pathology and Microbiology，Department of Plant Science，Arizona University，USA）

谢联辉　（福建农林大学植物病毒研究所）

前　言

　　植物病原病毒从发现伊始就处于病毒学的前沿，也是植物病原学、植物病理学乃至整个生命科学中最为活跃的研究领域之一。时至今日，可以认为植物病原病毒学作为病毒学的一个重要组成部分，仍是生命科学的前沿学科。病原病毒和病原真菌、细菌、线虫，并列为植物病害的四大病原，其危害性仅次于病原真菌，而其重要性不亚于病原真菌，它能侵染几乎所有的植物种群，也几乎没有一个国家或地区能幸免于难，常常给植物造成毁灭性的损失。为此，我们从教学、科研和生产的需要出发，组织编著了《植物病原病毒学》这本书。《植物病原病毒学》着重介绍植物病原病毒的本质及其相关理论和方法，不仅比较全面地反映了病毒的分子生物学、植物病毒与寄主植物的互作、植物病毒的起源与进化等方面取得的最新成就，而且为使理论密切联系实际，还比较详细地介绍了病毒的诊断鉴定、寄主反应与寄主范围等内容，并就病毒的传播、流行与病害管理作了重点介绍。

　　需要说明的是，有些英文名词有多种译法，如 geminiviruses 有译联体病毒、双联病毒、双生病毒等，本书一律以我国最常出现的译名为准，采用"双生病毒"；virus vector 有译病毒介体、病毒媒介等，本书一律采用"病毒介体"；virus virion 有译病毒粒体、病毒粒子等，本书一律采用"病毒粒体"。关于病毒英文名称的书写，包括病毒目、科、亚科、属和病毒种名及其缩写，本书一律遵循 ICTV（International Committee on Taxonomy of Viruses）所定规则书写。

　　本书力求能够反映植物病原病毒学的最新进展，包括理论与应用，但这一学科的研究着实十分活跃，学科发展十分迅速，科学文献多如牛毛，加上个人的知识十分有限，不可能无所不知，无所不精，尽管有四名主编、副主编，且有十几位在各个领域的专家撰写他们各自精通的领域，但挂一漏万或者错误在所难免，因此敬请同仁和读者不吝指正。

"病毒不仅是动植物的重要问题，而且是整个生物科学的一个中心问题，其中包括病毒在进化中的地位，病毒和寄主间的特殊生理特性，病毒和遗传性等方面。揭发（揭示）有关这些方面任何的客观规律，将改变对生物学的一些看法和提高理论性的及应用的生物科学。为探索和阐明这些问题，以及使理论能切合实用，植物病理学工作者，站在有利于工作的岗位上，似应负一大部分的责任"①，俞老四十多年前的这段话一直激励着我们关注病毒，特别是作为一名植病工作者，责任更大。

我们期望有志加入这一学科领域的青年学子，在攻克这一科学堡垒过程中，敬业乐群，务实求真，既重视植物病原病毒研究，也重视植物病毒病理研究；既重视病毒的分子生物学技术，也重视病毒的经典生物学技术；既重视实验室实验分析，也重视田间现场调查研究，只有这样，我们才能更好地站在学科的前沿，把握病毒学发展方向和控制病毒病害，从而更好地完成人类赋予我们植病工作者所肩负的历史使命。

参加本书编著的有谢联辉（第一、六、十五章），周雪平（第二、三、十、十五章），翁自明（第四章），林含新（第五章），吴祖建（第四、六章），李华平（第七、十四章），李凡（第八、十二章），范在丰（第九章），李如慧（第十一章），林奇英（第十二章），刘斯军（第十三章），林丽明（第十五章）。全书书稿完成后，由谢联辉、林奇英、周雪平、吴祖建负责统稿。为了增加可读性，还专门组织了福建农林大学植物病毒研究所的青年教师和部分在读博士生先行试读，征求意见。在本书编撰过程中，福建农林大学植物病毒研究所谢荔岩同志负责部分照片的拍摄与整理，何敦春同志始终以饱满的热情协助书稿的组织、管理、文秘和校订工作，中国农业出版社张洪光编审给予热心的支持和指导，并对书稿进行细致的审核，谨此一并致以衷心的感谢。

谢联辉

2007 年 2 月 1 日

① 录自俞大绂 1961 年在《植物病理学问题和进展》一书（科学出版社出版）"中文译本的前记"的一段话。

目　录

第一章 绪 论

第一节 病原病毒的发现

病毒病害早已有之，早在公元前 10 世纪就有关于天花的记载。天花在被消灭之前，是一种分布极广、传染性极强的流行病，其致死率高达 40%～50%。除天花外，最早记载的动物病毒病是狂犬病和家蚕脓病。在公元前 4 世纪至公元 2 世纪，就有人先后记述了患狂犬病的病犬和病人的种种症状表现；在 12 世纪中叶就有关于家蚕脓病（高节、脚肿）的记载（陈勇，1149）。在植物病毒病中，最早见之于记载的是林泽兰（*Eupatorium lindleyanum*）的一种黄化病（Osaki et al.，1985），亦名黄脉病（Saunder et al.，2003），它出现在公元 752 年日本皇太后共幸（Koken）的一首诗中描述的林泽兰夏天叶子变黄的景象。

尽管最早受到注意并见于文字记载的是人和动物的病毒病（天花和狂犬病），但其病原病毒的发现却是始于植物病毒——烟草花叶病毒（*Tobacco mosaic virus*，TMV）。

在揭示烟草花叶病的病原病毒的过程中，有三位学者的开创性工作是值得特别重视的。第一位是德国学者 A. E. Mayer（1843—1942），他从 1879 年开始研究被他称之为花叶病（mosaikkrankheit）的一种烟草病害，1886 年报道其研究结果：将烟草花叶病株的汁液用毛细管玻璃针注射到健康烟草的叶脉中，能引起发病，证明其具有传染性，而将病株汁液煮沸，则失去传染性（Mayer，1886）；第二位是俄国学者 D. Ivanowski（1864—1920），他把患有花叶病的烟草汁液通过细菌过滤器，取其滤液接种健康烟草，仍能引起发病，即使进一步反复继代感染，也能出现相同的症状（Ivanowski，1892）；第三位是荷兰学者 M. W. Beijerinck（1851—1931），他不仅证实了病株汁液（包括通过细菌过滤器的病株汁液）的传染性，而且设计了一个试验：将病株汁液置于琼脂凝胶表面，发现感染物质能在凝胶中扩散，而细菌则不能。于是使他确信烟草花叶病的致病因子具有三种特性——能通过细菌滤器，能通过琼脂扩散，只能在感染的细胞内增殖，而不能在机体外培养。根据这些特性，他果断认为这种致病因子不是细菌，而是一种新的"传染活液"（contagium virum fluidum），并将其称为病毒（virus）（Beijerinck，1898）。

三位学者的工作，揭开了病毒病的致病因子或其病原是病毒的新篇章，但他们的贡献是不同的。Mayer 和 Ivanowski 的实验方法完全正确，富有创新，且有很好的实验结果，但却受到当时传统认识的局限，没有引申出应有的正确结论，都认为烟草花叶病的致病因子是细菌或细菌毒素所致，而始终没有认识到自己工作的重要意义。Beijerinck 的工作，不但重复了他们的实验，得到同样的结果，而且进一步设计了琼脂扩散试验，得出了烟草花叶病的致病因子与其他病原物（细菌）有本质区别的结论，从而标志着一种新的致病因子——病原病毒的发现，也标志着病毒学的萌生。因此，人们把 Beijerinck 尊为"病毒学之父"，也就十分自然。这里给我们的启示是，在科学实践中，严谨的科学态度和严格的科学方法，是十分必要的，务必加以坚持。但这还是不够，同样不可或缺的是，敢不敢或能不能面对自己的实验结果，通过严密的科学思维，做出客观的科学判断，得出合理的科学结论。只有这样，才能更好地揭示问题的本质，从而推动科学的发展。

第二节　病原病毒及其本质

　　病原病毒的含义随着人们对病毒本质认识的不断深入而不断深化。Beijerinck（1898）确认烟草花叶病的病原是病毒时，把它看成是一种"传染活液"，提出了无胞活分子的概念。也有根据其可通过细菌不能通过的滤器，而将其看成是"微生物的一个可滤性阶段"（Smith，1924；Hoggan，1927）。自 Stanley（1935）和 Bawden 及 Pirie（1937）从烟草花叶病毒（TMV）中先后获得蛋白晶体和核酸物质后，人们便认为病毒是一种由蛋白和核酸构成的具感染性的寄生物。之后，随着国内外对病毒生物学、生物化学、遗传学和分子生物学的深入研究，学者们对病毒性质的了解也逐步深入，因此对病毒的认识也日趋深化。最明显的是 Luria 等人，他们原先认为病毒"是一种能在细胞内繁殖的亚显微实体"（1953），25 年后便认为病毒是"分子水平上的寄生物"（1978）。在这个过程中，Lwoff（1957）提出，"病毒是具有感染性的、严格寄生于寄主细胞内的、潜在的致病实体，其特点是只有一种核酸，只增殖遗传物质，不能生长也不经二均分裂，且无产酶系统"。Bawden（1964）认为这一定义太专业、太严格，因而提出"病毒是亚显微的、具感染性的、仅在寄主细胞内增殖的和潜在的病原"。Gibbs 和 Harrison（1976）则认为这些定义都不理想，从而提出"病毒是能传染的寄生物，其核酸基因组的分子量小于 3×10^8 u，同时出于自身的增殖，需要寄主细胞的核蛋白体或其他成分"。之后我国学者裘维蕃（1984）认为，病毒是由蛋白质和核酸组成的、具有生命的无胞型的有机体。黄祯祥（1986）认为"病毒是指那些在化学组成和繁殖方式上独具特点的，只能在寄主细胞内进行复制的微生物或遗传单位"。高尚荫（1986）认为"病毒是在代谢上无活性，有感染性而不一定有致病性的因子，它们小于细胞，但大于大多数大分子，它们无例外地在生活细胞内繁殖，它们含有一个蛋白质或脂蛋白外壳和一种核酸，DNA 或 RNA"。侯云德（1990）则概括为"病毒是一类具有生命特征的遗传单位"。最近国外学者 Matthews（1991）和 Hull（2002）认为病毒是一套（一个或一个以上）核酸（RNA 或 DNA）模板分子，由 1 个或 1 个以上的蛋白或脂蛋白组成的保护性衣壳所包裹，在合适的寄主细胞中依赖于寄主的蛋白合成机制或物质及能量来完成复制，并通过核酸的各种变化产生变异。Cann（2005）认为，病毒是亚显微的细胞内寄生物，有特定的粒体，其自身不能生长与分裂，且无编码与产生能量及蛋白质合成有关装置的遗传信息。

　　以上列举的一些有代表性的学者关于病毒含义的表述，有简有繁，都从不同视角展示了病毒的内涵，且随着时间的推移，研究的不断深入，对其阐述也不断完善。但在这里需要特别指出的是，把基因组大小作为病毒定义的组成部分似有不妥。因为情况在不断变化，譬如最近发现的巨病毒（*Mimivirus*）（Suhre，2005；Fauquet et al.，2005），其基因组就大大突破了原先已有病毒的核酸基因组。

科学在发展，研究在深入，随着人们对病毒本质认识的不断深化，病毒的含义将会更加准确，更加科学。就目前看来，我们认为给病毒下这样一个定义还是比较合适的，即病毒是一类极其原始、极其简单的非细胞结构的分子生物，它是由一个或几个核酸分子（RNA 或 DNA）组成的基因组，有一层或两层蛋白或脂蛋白的保护性衣壳；它缺乏内源性代谢系统，却能在特定寄主细胞中完成复制、转录与蛋白的合成，并能在适应不同寄主过程中发生变异；当它存在于环境之中、游离于细胞之外时，不能复制，不表现生命形式，只有当它进入寄主细胞之后，才能控制细胞，使其听从生命活动的需要，表现其生命形式。

第三节　植物病原病毒与病毒病害

引起植物病害的病毒为植物病原病毒，由植物病原病毒所致的病害，为植物病毒病害。

病毒作为病原的致病微生物，因其侵染寄主不同而有植物病毒、动物病毒（兽医病毒）、人类病毒（医学病毒）、细菌病毒、真菌病毒等等之分。作为植物病原病毒，它通常具有侵染性、潜隐性、多分体性、致病性、暴发性和抗原性以及依赖寄主植物细胞进行增殖、遗传与变异等特性（参见谢联辉和林奇英，2004）。

植物病原病毒不同于病原真菌和病原细菌，其主要区别见表 1-1。

表 1-1　植物病原病毒与真菌及细菌主要特性的比较

病原体	人工培养	二均裂殖	兼具 RNA 与 DNA	核糖体	胞壁酸	抗生素反应	干扰素反应
病毒	−	−	−	−	−	−	+
真菌	+	+	+	+	+	+	−
细菌	+	+	+	+	+	+	−

注："−"代表不能或没有，"+"代表可以或有。

众所周知，曾经属于病原病毒中的植原体（*Phytoplasma*）、螺原体（*Spiroplasma*）、立克次氏体（rickerttsia organism）、类病毒（viroid）和拟病毒（virusoid，是一类伴随体，即卫星 RNA），现已独立开来而分属于原核生物和亚病毒（subvirus）；现代意义上的病毒，属真病毒（euvirus）。真病毒与这些原属病毒的原核生物及亚病毒病原体（简称类似病毒病原体）的主要区别见表 1-2（梁训生和谢联辉，1994）。

表 1-2　真病毒与类似病毒病原体的主要特性比较

病原体	在寄主体内的部位	可见性	细胞类型、形态和大小（nm）	细胞壁	核酸类型	核糖核蛋白体	人工培养	繁殖方式	对广谱抗菌素	对青霉素
病毒	多在薄壁细胞中	在电镜下可见	无细胞型，大小在17～100（球状）；12×2000（线状）；100×300（杆状），巨病毒例外	无	RNA 或 DNA	无	不能	复制	不敏感	不敏感

（续）

病原体	在寄主体内的部位	可见性	细胞类型、形态和大小（nm）	细胞壁	核酸类型	核糖核蛋白体	人工培养	繁殖方式	对广谱抗菌素	对青霉素
类病毒	在薄壁细胞中	在电镜下难见到	无细胞型，是一种单链环状RNA	无	RNA	无	不能	复制	不敏感	不敏感
拟病毒	在薄壁细胞中（与粒体内的线状RNA共同起作用）	在电镜下难见到	无细胞型，是一种类似类病毒的单链RNA	无	RNA	无	不能	依赖大分子量RNA才能复制	不敏感	不敏感
植原体	局限于韧皮部	在光学镜下可见	原核细胞，多型性。大小在100～1 000	无	RNA和DNA	有	难	裂殖	敏感	不敏感
螺原体	局限于韧皮部	在光学镜下可见	原核细胞，多型性，在一定生长阶段呈螺旋状。大小在3～15×200～250	无	RNA和DNA	有	可以	裂殖	敏感	不敏感
立克次氏体	木质部或韧皮部	在光学镜下可见	原核细胞，一般呈杆菌状；也有多型的。大小在200～500×1 000～4 000	有，常有波状突起	RNA和DNA	有	可以，有几种已完成柯赫法则	裂殖	敏感	敏感

  植物病毒病害给世界各地，特别是发展中国家的粮食作物和经济作物造成重大损失。据估计，全世界仅粮食作物一项每年即因此损失高达200亿美元（Anjaneyulu et al.，1995），而整个植物因病毒危害造成的损失，每年更是高达600亿美元（Cann，2005），其重要性可见一斑。这里我们引用Hull（2002）的一组数据（表1-3），似可更具体地说明一些问题。

表1-3 由病毒引起作物损失的一些例证

作物	病毒	国家及地区	经济损失/年
水稻	东格鲁病毒（RTV）	东南亚	15亿美元
	齿矮病毒（RRSV）	东南亚	1.4亿美元
	白叶病毒（RHBV）	南美	900万美元
大麦	黄矮病毒（BYDV）	英国	600万英镑
小麦	黄矮病毒（BYDV）	英国	500万英镑
马铃薯	卷叶病毒（PLRV）	英国	
	Y病毒（PVY）	英国	3 000万～5 000万
	X病毒（PVX）	英国	英镑
甜菜	黄化病毒（BYV）	英国	
	轻型黄化病毒（BMYV）	英国	500万～5 000万英镑
柑橘	衰退病毒（CTV）	全世界	900万～2 400万英镑
木薯	非洲木薯花叶病毒（ACMV）	非洲	2亿美元
多种作物	番茄斑萎病毒（TSWV）	全世界	1亿美元
可可	肿枝病毒（CSSV）	加纳	1.9亿株树*

 * 系40年内被砍掉的可可树，平均每年被砍475万株。

  植物病毒病害在我国农业生产上造成的损失也是很大的。例如水稻矮缩病（由 *Rice dwarf virus*，RDV 所致），于1971—1972年在浙江与水稻黄矮病（由 *Rice yellow stunt virus*，RYSV 所致）并发流行，结果发病约66万 hm²，损失稻谷达26万 t，1972—1973年在上海、苏南大面积发生（阮义理等，1981），至今仍是江南稻区的重要病害；水稻条纹叶枯病（由 *Rice stripe virus*，RGV 所致）是我国南北稻区的重要病毒病。据我们 1997 年以来连续多年的田间调查结果表明，其发病面积每年都在 133.33 万 hm^2 以上，2004—2005 年江苏、安徽、山东、河南、云南等地危害十分严重，年发病总面积达 333.33 万 hm^2，其中 2004 年仅江苏一省的发病面积即达 158.33 万 hm^2，占该省水稻种植面积的 79%，其中发病率在 50% 以上的重病田有 5 166.67hm^2（1 333.33hm^2 绝收），给当地水稻生产造成严重损失。小麦黄矮病（由 *Barley yellow dwarf virus*，BYDV 所致）广泛分布于我国西北、华北、东北、西南及华东麦区，其中尤以陕、甘、宁、晋、内蒙古等省、自治区危害更为严重，先后曾于 1960—1964、1966、1968、1970、1973、1978、1980、1987 及 1999 年发生间歇性流行，造成严重减产，仅 1970 年陕、甘、宁三省（自治区）减产即达 5 亿 kg（周广和，1996；吴云锋，1999）。

实际上由于病毒侵染的隐蔽性、迁延性和暴发性，其所造成的损失远远超出于此，诸如病毒病害诊断监测的复杂性以及控制、管理成本的投入等等因素，往往很难估计。因此，加强植物病原病毒的研究，避免和减少植物病毒病的危害，对确保农业丰产丰收，促进国民经济发展具有重要意义。

第四节　植物病原病毒学的内容

植物病原病毒学是植物病原学的一个重要分支学科，也是植物病理学的一个重要组成部分。植物病原病毒学是研究植物病毒本质及其与植物病害关系和科学管理的科学。其主要内容包括四个方面：

1. 基础理论　主要介绍植物病原病毒的特性及其相关理论和方法，包括本书的绪论，病毒的特征，病毒的分子生物学，病毒的起源、变异和进化，病毒的分类与命名，病毒的分离与提纯，病毒的侵染与增殖，病毒与寄主的互作以及类病毒、卫星病毒与卫星核酸等（第一至第十章）。

2. 诊断鉴定　着重介绍植物病原病毒及其所致病害的诊断鉴定的原理和方法，包括病毒的诊断与检测，病毒的寄主反应与寄主范围（第十一和第十二章）。

3. 传播流行　重点介绍植物病原病毒的传播与流行，包括病毒的介体传播与非介体传播，病毒的生态学与流行学（第十三和第十四章）。

4. 病害管理　着重介绍病害管理的基本原则和基本途径（第十五章）。

参 考 文 献

阮义理，金登迪，陈光堉，林瑞芬，陈声祥. 1981. 水稻矮缩病的研究 I. 病史、病状和传播. 植物保护学报，8（1）：27～34

吴云锋. 1999. 植物病毒学原理与方法. 西安：西安地图出版社

陈旉. 1149. 农书（蚕桑叙）

周广和. 1996. 小麦黄矮病. 见：方中达主编. 中国农业百科全书·植物病理学卷. 北京：中国农业出版社，503～504

侯云德. 1990. 分子病毒学. 北京：学苑出版社

高尚荫. 1986. 20 世纪病毒概念的发展（代序）. 病毒学杂志，1（1）：1～7

黄祯祥. 1986. 病毒和病毒学. 见：中国医学百科全书·病毒学. 上海：上海科学技术出版社

谢联辉，林奇英. 2004. 植物病毒学（第二版）. 北京：中国农业出版社

裘维蕃. 1984. 植物病毒学（修订版）. 北京：农业出版社

梁训生，谢联辉. 1994. 植物病毒学. 北京：农业出版社

Anjaneyulu A，Satapathy MK，Shukla VD. 1995. Rice tungro. New Delhi：Science Publishers

Bawden FC. 1964. Plant viruses and virus diseases，4th ed. New York：Ronald Press

Bawden FC，Pirie NW. 1937. The isolation and some properties of liquid crystalline substances from solanaceous plants infected with three strains of tobacco mosaic virus. Proc. R. Soc. London，Ser. B. 123：274～320

Beijerinck MW. 1898. Over een contagium vivum fluidum als oorzaak van de vlekziekte der tabaksbladen. Versl. Gewone Vergad. Wis. Natuurkd. Afd.，K. Akad. Wet. Amsterdam 7：229～235

Cann AJ. 2005. Principles of molecular virology，4th ed. London：Academic Press

Fauquet CM，Mayo MA，Maniloff J，Desselberger U，Ball LA. 2005. Virus Taxonomy - 8th Reports of the International Committee on Taxonomy of Viruses. San Diego：Elsevier Academic Press

Gibbs AJ，Harrison B. 1976. Plant Virology，The Principles. London：Edward Arnold Ltd

Hoggan IA. 1927. Cytological studies on virus disease of solanaceous plants. J. agric. Res. 35：651～671

Hull R. 2002. Matheews' Plant Virology，4th ed. San Diego，San Francisco，New York，Boston，London，Sydney，Tokyo：Academic Press

Ivanowski D. 1892. Ueber die Mosaikkrankheit der Tabakspflanze. Bull. Acad. Imp. Sci. St. Petersbourg [N. W] 3：65～70

Luria SE. 1953. General virology. New York：John Wiley & Sons. Inc.

Luria SE，Darnell JE，Baltimore JD，Campbell A. 1978. General Virology，3rd ed. New York：John Wiley & Sons. Inc.

Lwoff A. 1957. The concept of virus，The Third Marjory Stephenson Memorial Lecture. J. gen. Microbiol. 17：239～253

Matthews REF. 1991. Plant Virology，3rd ed. London：Academic Press

Mayer AE. 1886. Ueber die Mosaikkrankheit des Tabaks. Landw. Vers. - stn. 32：451～467

Osaki T，Yamada M，Lnouye T. 1985. Whitefly - transmitted viruses from three plant species. Ann. Phytopathol. Soc. Jpn. 51：82～83

Saunders K，Bedford ID，Yahara T. 2003. The earliest recorded plant virus disease. Nature，422 (6934)：831

Smith KM. 1924. On a curious effect of mosaic disease upon the cells of the potato leaf. Ann. Bot. Lond. 38：385～388

Stanley WM. 1935. Isolation of a crystalline protein possessing the properties of tobacco - mosaic virus. Science，81：644～645

Suhre K. 2005. Gene and genome duplication in *Acanthamoeba Polyphaga Mimivirus*. Journal of Virology，79 (22)：14 095～14 101

第二章 植物病毒的特征

病毒是极其微小而具有生命的物质，同时又具有大分子化学物质的特性，纯化后可形成结晶。作为一个大分子的核蛋白结晶，它是无生命的，可以独立地存在于空气、土壤或水中，但它一旦遇到合适的寄主，就能通过一定的传染方式进入细胞，复制自己，表现出生命来。因此，病毒一方面具有生物的基本特性，另一方面又是化学的大分子。研究它的化学组成和结构不但可以揭示不同病毒粒体的组成及结构差别，而且也可以促进人们对生命活动基本规律的认识。植物病毒作为一种简单的生命有机体也是研究生命基本规律的好材料，如烟草花叶病毒（*Tobacco mosaic virus*，TMV）侵染力强、增殖快、比较稳定、不易钝化；利用植物病毒在试验中危险性少，不像动物病毒那样甚至对人类也有影响，同时试验材料也比较经济；植物病毒的侵染力可以利用植物寄主来作定量的生物测定。因此，国际上对植物病毒组成和结构等方面的研究一直十分活跃。

第一节 植物病毒的形态与结构

一、病毒的形态

植物病毒的基本单位是病毒粒体（virion），它是指完整成熟的、具有侵染力的病毒，有时也称病毒颗粒（virus particle）。植物病毒粒体形态比较简单，可以分为等轴状（isometric）或称球状（spherical）、联体（geminate）、弹状（bullet - shaped）、细丝状（thin filamentous）、杆状（rod - shaped）、杆菌状（bacilliform）和线状（filamentous）等几种类型（图 2 - 1）。

（1）等轴状（或称球状）：病毒粒体呈二十面体（icosahedron）对称，直径在 30nm 左右的等轴状病毒（图 2 - 1，A）有单分体的黄症病毒科（*Luteoviridae*）、伴生病毒科（*Sequiviridae*）、番茄丛矮病毒科（*Tombusviridae*）、芜菁黄花叶病毒科（*Tymoviridae*）以及未分科的南方菜豆花叶病毒属（*Sobemovirus*）、温州蜜柑矮缩病毒属（*Sadwavirus*）和樱桃锉叶病毒属（*Cheravirus*），双分体的豇豆花叶病毒科（*Comoviridae*）、双分病毒科（*Partitiviridae*）以及未分科的悬钩子病毒属（*Idaeovirus*），三分体的雀麦花叶病毒科（*Bromoviridae*）中的黄瓜花叶病毒属（*Cucumovirus*）等 3 个属以及多分体的矮缩病毒科（*Nanoviridae*）。另外，还有直径大于 50nm 的等轴状病毒，如花椰菜花叶病毒科（*Caulimoviridae*）中的花椰菜花叶病毒属（*Caulimovirus*）等 4 个属、布尼亚病毒科（*Bunyaviridae*）中的番茄斑萎病毒属（*Tospovirus*）、呼肠孤病毒科（*Reoviridae*）中的

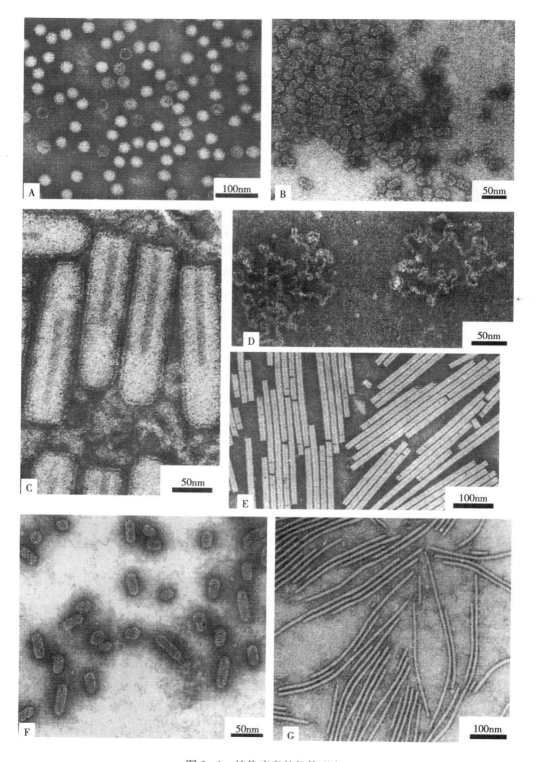

图 2-1　植物病毒的粒体形态

斐济病毒属（*Fijivirus*）等 3 个属。等轴状病毒中最大的粒体直径为 70nm（呼肠孤病毒科病毒），最小为 17nm（烟草坏死卫星病毒）。

（2）联体：病毒粒体大小为 18nm×30nm 的两两相联的联体结构，如双生病毒科（*Geminiviridae*）（图 2-1，B）。

（3）弹状：病毒粒体大小为 170～380nm×55～100nm 左右，一端平齐，另一端圆滑，形如子弹，如弹状病毒科（*Rhabdoviridae*）（图 2-1，C）。

（4）细丝状：是一种比较特殊的病毒形态，呈螺旋状、分枝状或环状细丝，如未分科的纤细病毒属（*Tenuivirus*）和蛇形病毒属（*Ophiovirus*）（图 2-1，D）。

（5）杆状：病毒粒体呈螺旋对称的刚直杆状，中央轴芯清晰可见，包括 300nm×18nm 单一长度的烟草花叶病毒属（*Tobamovirus*），有两种长度短杆状粒体的烟草脆裂病毒属（*Tobravirus*）、花生丛簇病毒属（*Pecluvirus*）、真菌传杆状病毒属（*Furovirus*），有三种或三种以上长度杆状粒体的大麦病毒属（*Hordeivirus*）、马铃薯帚顶病毒属（*Pomovirus*）和甜菜坏死黄脉病毒属（*Benyvirus*）以及未分科的巨脉病毒属（*Varicosavirus*）等（图 2-1，E）。

（6）杆菌状：病毒粒体呈两端圆滑、侧边平行的杆菌状，包括花椰菜花叶病毒科的杆状 DNA 病毒属（*Badnavirus*）和东格鲁病毒属（*Tungrovirus*），以及具有多种长度粒体的雀麦花叶病毒科的苜蓿花叶病毒属（*Alfamovirus*）和油橄榄病毒属（*Oleavirus*）以及未分科的欧尔密病毒属（*Ourmiavirus*）等（图 2-1，F）。

（7）线状：病毒粒体呈柔软弯曲或较直的螺旋对称线状，包括线形病毒科（*Flexiviridae*）、马铃薯 Y 病毒科（*Potyviridae*）和长线形病毒科（*Closteroviridae*）等，其中病毒粒体最长的是长线形病毒属（*Closterovirus*），大小为 2000nm×12nm（图 2-1，G）。

二、病毒粒体的结构

不同病毒的形态虽然差异很大，但病毒的基本结构均为核蛋白，内部是作为遗传物质的核酸，外面是起保护作用的蛋白质外壳。具有侵染性的核酸常称作基因组（genome），核酸携带有病毒复制移动所必需的遗传信息，被包裹在蛋白质外壳内（图 2-2）。起保护作用的蛋白质外壳称为衣壳（capsid），衣壳由许多单个蛋白亚基或多肽链组成，蛋白亚基又称结构单位（structure unit）。不同病毒的蛋白质亚基排列方式是不同的，有的病毒中几个亚基可组成在电镜下可观察到的形态学单位（morphologic unit）或称为壳粒（capsomer）。有些病毒（如 TMV）的壳粒由一

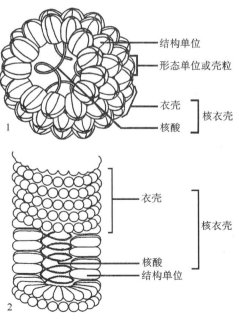

图 2-2 植物病毒两种主要对称结构
（引自洪健等，2001）
1. 等轴对称 2. 螺旋对称

个蛋白质亚基组成，即形态学单位等于结构单位；有些病毒的壳粒则由 2～6 个蛋白质亚基组成，壳粒依据其凝聚的蛋白质亚基数目不同而分为二聚体（dimer）、三聚体（trimer）、五聚体（pentamers）或六聚体（hexamers）等。有些病毒粒体（如弹状病毒科病毒）外还具有包膜（envelope）或称囊膜，包被在病毒核蛋白外。包膜由脂类、蛋白质和多糖组成，其主要成分来自于寄主的细胞膜或核膜，包膜内的核蛋白芯称为核衣壳（nucleocapsid）（洪健等，2001）。

病毒的外壳蛋白（coat protein，CP）是由核酸所编码。对多数植物病毒来说，外壳蛋白的主要成分只是少数几种蛋白质，这些蛋白质亚基根据物理学及几何学原理装配成一定的衣壳形式，使病毒结构处于自由能最低的状态，因而也最稳定。Crick 和 Watson（1956）首次提出病毒的外壳蛋白是由许多相同的蛋白质亚基组成，并以一定的方式装配，后经 X 光衍射（diffraction）和电镜观察得到了证实。植物病毒粒体结构主要有三种类型。

1. 螺旋对称结构（helical symmetry）　螺旋对称结构中，蛋白质亚基有规律地沿中心呈螺旋排列，形成高度有序的对称稳定结构。许多杆状病毒的蛋白质亚基装配成螺旋状，TMV 是这类结构的典型代表（图 2-3）。TMV 粒体长 300nm、直径 18nm，外壳蛋白共有 2 130 个亚基，以右手螺旋排列，每转一圈有 $16\frac{1}{3}$ 个亚基，每转三圈亚基的位置重复一次，其螺旋周期为 6.9nm，螺距（pitch）为 2.3nm，每一周期含有 49 个蛋白质亚基，TMV 粒体共有 130 圈螺旋。TMV 圆柱体中心有一直径为 4nm 的轴芯（axial hole canal），在电镜下可清楚地看到（图 2-4）。病毒的 RNA 链以螺旋形状盘绕在蛋白质亚基之中，离中心轴距离为 4nm，每个蛋白质亚基结合有 3 个核苷酸，RNA 完全被蛋白质亚基包被。TMV 每个蛋白质螺旋亚基由 158 个氨基酸组成，其分子量为 17.5 ku，核酸长 6.4 kb。提纯的 TMV 粒体可以首尾相连，形成不同的长度，其长度受到提纯缓冲液 pH、离子强度、温度等因素的影响（Hull，2002）。

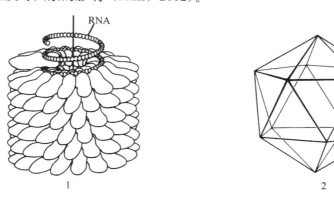

图 2-3　烟草花叶病毒（TMV）粒体螺旋对称结构

（引自洪健等，2001）

1. 模式图　2. 正二十面体

TMV 的蛋白质亚基在不同 pH、离子强度和温度下可聚集（aggregate）成不同的聚合体。对 TMV 的体外重组研究表明，整个重组过程不需要任何酶和其他提供能量的物质，而环境条件（主要是溶液的离子强度和 pH）才是影响重组的主要因素。当离子强度在 0.1 以下时蛋白质亚基不能聚集，离子强度在 0.1～0.3、pH 接近中性时，易形成 20S 的双饼结构（double disk），若稍稍降低 pH，双饼结构可转变为垫圈型螺旋结构（lock washer）；当溶液在碱性条件下，主要形成三、五聚合体或称 A 蛋白。因此，只有在较高离子强度和酸性条件下，蛋白质亚基才聚集成多层的饼状结构及与病毒粒体一样的螺旋状排列结构。在蛋白质亚基形成的聚合体中，20S 的双饼结构最重要，实验表明它可能是生理条件下分散的蛋白质分子易于

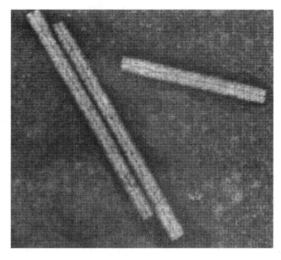

图 2-4 提纯的烟草花叶病毒（TMV）粒体形态

形成的基本聚合体形式。20S 双饼结构是由 34 个蛋白质亚基组成的双层圆盘形聚合物，它在装配（assembly）时首先与病毒 RNA 结合。一旦与 RNA 结合，形成部分装配粒体以后，双饼就经过错位而呈螺旋排列。双饼结构中亚基都是同一取向，两层亚基的构型基本相同（Hull，2002）。TMV 每个蛋白质亚基包含的 158 个氨基酸中约有 60 个形成 4 个 α 螺旋，前两个螺旋与后两个基本对应，4 个 α 螺旋与 1 个 β 折叠区相连，N 端及 C 端均在外端，亚基之间存在着疏水基团（hydrophobic residues）及极性基团（polar residue）。疏水基团主要位于 β 折叠区的一端，有一芳香族氨基酸集中区域，通过芳香族氨基酸的相互作用形成疏水环带。1955 年美国加州大学的 Fraenkel - conrat 和 Williams 在试管内将提纯的 RNA 及蛋白质放在一起后组成与 TMV 一样的杆状粒体，并且具有完整的侵染性，当时曾一度轰动了科学界。

除了烟草花叶病毒属等 8 个杆状病毒属的病毒为螺旋对称结构外，线形病毒科、马铃薯 Y 病毒科和长线形病毒科也都是螺旋对称结构。

2. 等轴对称结构（isometric symmetry） 球形病毒粒体外壳蛋白亚基的排列方式基本相似，经 X 光衍射和电镜观察证明，它们都排列成一种正二十面体对称结构（icosahedral symmetry），它由 20 个等边三角形面、12 个顶点和 30 条边组成，每个顶点由五个三角形聚集而成，这些点和边都是对称的（图 2-3）。正二十面体具有 5、3、2 对称性质，即如设想一个轴穿过正二十面体的两个对称的顶点，则每转 72°为一个对称面，称五重对称，正二十面体有 6 个五重对称轴；如设想一个轴穿过两个对称的等边三角形的中心，则每转 120°为一个对称面，称三重对称，正二十面体有 10 个三重对称轴；如果设想一个轴穿过两个对称的边线中点，则每转 180°为一个对称面，称二重对称，正二十面体有 15 个二重对称轴。

不同球形病毒主要是因为在每个面上亚基排列方式不同而形成。最简单的正二十面体病毒外壳由 60 个相同的蛋白质亚基组成，每个三角形面上排列有三个亚基，如烟草坏死卫星病毒和线虫传多面体病毒属（Nepovirus）病毒。但多数正二十面体病毒外壳构成并

非这样简单，它们的外壳每一面可以划分成较小的亚三角形，亚三角形数目称三角剖分数（triangulation number，T），总共含有的三角剖分数为20T。常见的植物病毒多属于T＝1或T＝3，例如芜菁黄花叶病毒（TYMV）T＝3，粒体表面有180个蛋白质亚基，组成32个壳粒。

一般植物病毒的蛋白质亚基只有一种，但豇豆花叶病毒属（*Comovirus*）和蚕豆病毒属（*Fabavirus*）等病毒含有两种蛋白质亚基。前者的外壳由60个蛋白质大亚基及60个蛋白质小亚基组成，其中蛋白质大亚基聚集成12个壳粒，蛋白质小亚基聚集成20个壳粒。不同二十面体病毒的核酸在蛋白质亚基内排列的方式不同。

3. 复合对称结构 复合对称结构由等轴对称结构和螺旋对称结构复合而成。这种对称结构较复杂，如弹状病毒科、呼肠孤病毒科、花椰菜花叶病毒科中的杆状DNA病毒属和东格鲁杆状病毒属等。

第二节　植物病毒的化学组成

一、病毒的核酸

每一种植物病毒只含有一种核酸（DNA或RNA），因此将病毒分为DNA病毒和RNA病毒两大类。DNA病毒又可分为双链DNA（dsDNA）病毒和单链DNA（ssDNA）病毒。RNA病毒也可分为双链RNA（dsRNA）病毒和单链RNA（ssRNA）病毒。植物病毒的核酸大多是ssRNA，少数为dsRNA、dsDNA或ssDNA（表2-1）。

表2-1　植物病毒基因组种类*

核酸类型	病毒种类数	百分比（%）
正义ssRNA病毒	475	67.1
负义ssRNA病毒	35	4.9
dsRNA病毒	32	4.5
ssDNA病毒	133	18.8
dsDNA病毒	33	4.7

*　根据ICTV病毒分类第八次报告（Fauquet et al.，2005）统计，病毒只统计确定种数量。

植物病毒中大多为单链RNA病毒，如果单链RNA病毒的RNA分子极性与mRNA极性相同，称正义RNA，这类RNA分子具有侵染性，含有这类RNA分子的病毒称正义RNA病毒；有些单链RNA病毒粒体中的RNA分子不具有侵染性，当这类RNA分子进入寄主细胞后，必须转录产生mRNA，然后才能转译病毒的蛋白质，而转录所需的转录酶存在于病毒粒体中，这类RNA分子称负义RNA，含有这类RNA分子的病毒称负义RNA病毒；有些RNA病毒中的RNA分子含有某些基因的编码区，其互补链上含有另外一些基因的编码区，这类分子称双义RNA，含有这类RNA分子的病毒称双义RNA病毒，如番茄斑萎病毒（TSWV）的RNA-M和RNA-S为双义RNA。

大多数正义RNA病毒基因组是一条单链RNA分子，称单分体基因组（monopartite genome），含这类基因组的病毒称为单分体病毒（monopartite virus）；有些正义RNA病毒的基因组是由几条不同的单链 RNA 分子组成，称多分体基因组（multipartite gnome），含这类基因组的病毒称多分体病毒（multipartite virus）。多分体基因组的 RNA 分子往往包裹在不同的外壳内，且单一基因组一般没有侵染性，往往需共同存在时才能侵染。多分体基因组中有些 RNA 分子可以包裹在外观不同的外壳内，如烟草脆裂病毒（TRV）的不同 RNA 分别包裹在两种不同长度的杆状粒体中；有些 RNA 分子则包裹在外观相同但密度不一的病毒粒体中，如雀麦花叶病毒（BMV），所以有时也称为多组分病毒；有些 RNA 分子包裹在外观相同、密度相似的病毒粒体中，如黄瓜花叶病毒（CMV）；有些多组分病毒的几条 RNA 分子包裹在同一外壳内，如 TSWV。

二、病毒的蛋白质

植物病毒的蛋白质是指成熟病毒粒体中所存在的蛋白质。大多数植物病毒只含有外壳蛋白，且只有一种蛋白质亚基，有些外壳蛋白有两种蛋白质亚基。病毒外壳蛋白亚基也由 20 种氨基酸组成，目前还没有发现其他特殊氨基酸存在，氨基酸以共价键连接成多肽分子。组成病毒蛋白质的氨基酸中半胱氨酸、甲硫氨酸、色氨酸、组氨酸和酪氨酸等通常较少。在病毒蛋白的一级结构中，几乎所有外壳蛋白的 N 末端都是乙酰化的，而不存在自由氨基，其生物功能还不清楚。病毒的外壳蛋白起着保护核酸的作用，并决定着病毒的不同形态。外壳蛋白在病毒的侵染过程中对寄主细胞还具有识别作用。病毒外壳蛋白还含有抗原决定簇，决定着病毒的抗原特异性。有些病毒粒体中还含有其他几种不同的蛋白，其中有些为酶，如花椰菜花叶病毒科的病毒粒体中含有分子量为 76ku 的酶，具有 DNA 聚合酶活性；呼肠孤病毒科、弹状病毒科、番茄斑萎病毒属、纤细病毒属和双分病毒科等病毒的粒体中含有依赖 RNA 的 RNA 聚合酶（RdRp）。

三、病毒中的其他化学物质

1. 多胺　一些植物病毒粒体中含有多胺。Johnson 和 Markham（1962）报道在 TYMV 中含有多胺。将该病毒的 RNA 和蛋白质解离，2/3 的多胺类物质仍与 RNA 在一起，因此认为多胺在完整病毒粒体中是与 RNA 结合的。由于多胺类物质大量存在于植物组织（如甘蓝）中，TYMV 含有的多胺可能来自植物，当病毒包壳以前或包壳时多胺与 RNA 结合，可能起到中和病毒核酸负电荷的作用。植物病毒粒体一般含有 $0.04\% \sim 1\%$ 多胺。

2. 脂类物质　有包膜的病毒都含有脂类物质，包膜一般含有蛋白质、糖类和脂类物质，脂类来自于寄主的细胞质膜或核膜。脂类物质约占植物病毒粒体的 $10\% \sim 25\%$，如 TSWV 含有 19% 的脂类物质，马铃薯黄矮病毒（PYDV）含 25% 的脂类物质。

3. 金属离子　Stanley（1936）发现提纯病毒中含有金属离子，现已发现金属离子广泛存在于病毒粒体中，如 TMV 每个亚基上结合有两个 Ca^{2+}（Hull，2002）。有些病毒的稳定性依赖于离子的存在，如南方菜豆花叶病毒（SBMV）在 Ca^{2+} 和 Mg^{2+} 存在时才稳定。

4. 水　水一般占病毒粒体总重量的 50%。一般情况下水分不计为病毒的成分。

第三节　植物病毒的基因组特征

每一种植物病毒只含有 DNA 或 RNA。大多数植物病毒基因组为单链正义 RNA，少数为单链负义 RNA、单链 DNA、双链 DNA 或双链 RNA。

一、单链正义 RNA 病毒

单链正义 RNA 病毒分布在伴生病毒科、豇豆花叶病毒科、马铃薯 Y 病毒科、黄症病毒科、番茄丛矮病毒科、雀麦花叶病毒科、芜菁黄花叶病毒科、线形病毒科、长线形病毒科以及未分科的烟草花叶病毒属、烟草脆裂病毒属、大麦病毒属、真菌传杆状病毒属、马铃薯帚顶病毒属、花生丛簇病毒属、甜菜坏死黄脉病毒属、温州蜜柑矮缩病毒属、樱桃锉叶病毒属、南方菜豆花叶病毒属、欧尔密病毒属、悬钩子病毒属和幽影病毒属（*Umbravirus*）中。单链正义 RNA 病毒基因组末端往往具有一些特征结构。

1. 5′端非编码区结构　单链正义 RNA 病毒 RNA 的 5′末端结构有两类：帽子结构（$m^7 G^{5'} ppp^{5'} X^1 pX^2 pX^3 p^{\cdots}$）及与 RNA 共价连接的蛋白质。

与几乎所有真核细胞 mRNA 一样，大多数植物单链正义 RNA 病毒的基因组 RNA 的 5′端也是帽子结构。已知帽子结构至少有两种功能：一是促进 mRNA 与核糖体的识别，有利于翻译起始复合物的形成，二是防止核酸酶对 mRNA 的降解破坏，所以帽子结构的存在提高了 mRNA 的翻译能力。但病毒 RNA 帽子结构后面紧接着的两个核苷酸不被甲基化，将 TMV、BMV RNA 上的帽子结构去除，则大大影响了 RNA 的体外翻译能力，病毒 RNA 的致病力消失，但豇豆花叶病毒（CpMV）RNA 5′端帽子结构去除不影响其翻译效率。还不清楚 mRNA 和病毒 RNA 帽子结构甲基化上差别的意义。

有些病毒基因组 RNA 的 5′端与由病毒编码的蛋白（3.5～24ku）共价连接，该蛋白称为 VPg（viral protein genome - linked）。目前已发现马铃薯 Y 病毒科、黄症病毒科、豇豆花叶病毒科病毒含有该结构。VPg 可能与病毒 RNA 的复制有关，有些病毒的 VPg 是侵染所必需的（如线虫传多面体病毒属），主要与 RNA 合成的起始有关。

从病毒 RNA 的 5′末端起至翻译起始信号（通常是 AUG）之间的核苷酸序列称为 5′端非编码序列，其长度一般为 10～100 个核苷酸。编码病毒外壳蛋白的亚基因组 RNA 的 5′端都是帽子结构端，帽子结构后往往紧跟着 GUA 或 GUU，5′非编码序列都很短，而 A、U 两种碱基出现的频率非常高，这些特征序列在真核生物 mRNA 的 5′端很少见。

2. 3′端非编码区序列　单链正义 RNA 病毒的 3′端有三种结构，即 tRNA 状结构、Poly（A）结构以及无规则序列。

目前已发现芜菁黄花叶病毒属、烟草花叶病毒属、大麦病毒属、雀麦花叶病毒属和黄瓜花叶病毒属病毒的 RNA 3′端能自身折叠形成类似于 tRNA 的三叶草结构，这些 RNA 3′端结尾的三个核苷酸都是 CCA，在体外和体内都能专一地被氨酰 tRNA 合成酶识别，结合专一的氨基酸。tRNA 状结构的功能包括：作为氨基酸供体参与蛋白质合成，作为病毒 RNA 复制的调节因素，通过与氨酰 tRNA 合成酶作用增强病毒 RNA 的翻译能力，但确切功能尚有待进一步研究。

Poly（A）是真核细胞 mRNA 3′端的特征性结构，也存在于马铃薯 Y 病毒科、豇豆花叶病毒科和线形病毒科等植物病毒中。Poly（A）的长度通常为 15～200nt，有时同一病毒的不同分子中 Poly（A）长度不一。如三叶草黄花叶病毒（CYMV）的 Poly（A）长为 75～100nt 不等，CpMV 的 RNA1 Poly（A）长为 25～170nt，RNA2 Poly（A）长为 25～300nt。已知真核细胞 mRNA 3′端 Poly（A）功能主要是维持 mRNA 的稳定性，病毒 RNA 的 Poly（A）可能也有类似功能，但植物病毒中尚未找到同时具有帽子结构和 Poly（A）序列的 RNA 分子，且 3′端具 Poly（A）的 RNA 其 5′端往往都是 VPg。还不清楚植物病毒 RNA 3′端 Poly（A）的确切功能。

有些正义 RNA 病毒如 TRV、烟草线条病毒（TSV）、苜蓿花叶病毒（AMV）、马铃薯 X 病毒（PVX）的 RNA3′端序列是无规则排列的，当外壳蛋白不存在时，这些病毒的基因组 RNA 便不能复制，外壳蛋白能与 RNA 某一区域专一识别，激活 RNA 复制。如 AMV 包含有基因组 RNA1、RNA2、RNA3 及亚基因组 RNA4，但 RNA1～3 单独存在时没有侵染性，需要 RNA4 存在才具有侵染性，因为每个基因组 RNA 分子需要与 CP 结合才能复制。

3. 基因在 RNA 上的排列方式　一般每个病毒基因组编码的蛋白质至少在 3 种以上，因而所有单分体病毒的基因组 RNA 都是多顺反子（multicistron），即几个基因依次排列在一条 RNA 分子上。多分体病毒的基因组 RNA 有些是多顺反子，有些为单顺反子（monocistron），但几乎所有植物正义 RNA 病毒的基因组 RNA 在功能上都是单顺反子，只有靠近 5′端的那个顺反子才能直接翻译成蛋白质，其他顺反子则要通过另外的途径才能作为翻译的模板。

4. 基因的表达和调控　植物正义 RNA 病毒基因组表达最常用的策略包括亚基因化和多聚蛋白切割。另外还有通读翻译、移码翻译、多分体基因组、非 AUG 起始和非成熟中止等（图 2-5）。不同病毒采用不同的表达策略，有些病毒仅用一种策略，有些则采用2～3 种策略进行基因表达。

（1）亚基因化（subgenomic RNA，sgRNA）：亚基因组 RNA 是在病毒感染细胞后复制产生的一系列较基因组 RNA 小的 mRNA 分子，sgRNA 是正义 RNA 病毒基因表达最常见的模式。大多数病毒基因组 RNA 功能上是单顺反子，只有 5′端那个顺反子才能够直接表达，亚基因化使病毒基因组 RNA 上的其他顺反子得以表达。sgRNA 的数量因病毒而异，有些只有一种，有些有多种。一些 sgRNA 如 BMV 的 RNA4、CMV 的 RNA4 等可以被包裹在成熟的病毒粒体中，也有些 sgRNA 不出现在成熟病毒中，如 TMV 外壳蛋白亚基因组 RNA，这主要决定于 sgRNA 上是否存在病毒装配时为外壳蛋白识别的序列。

（2）多分体基因组（multi - partite genome）：有些病毒的不同基因信息分布在不同的 RNA 分子上，使每个 RNA 分子上 5′端的顺反子得以翻译。

（3）多聚蛋白切割（polyprotein cleavage）：有些病毒的 RNA 翻译时，最先合成一个分子量很大的前体蛋白，然后由专一的蛋白酶加工裂解，产生多种成熟的蛋白，如马铃薯 Y 病毒科、豇豆花叶病毒科和芜菁黄花叶病毒科病毒均采用多聚蛋白切割策略。如果说通过亚基因化使病毒实现了由多顺反子向单顺反子的转化，那么相反，多聚蛋白切割使一个单顺反子 RNA 最终给出一系列成熟的功能各异的蛋白。除了 TYMV 外，采用多聚蛋白

1.亚基因化

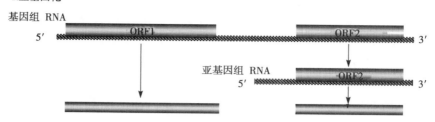

2.多分体基因组

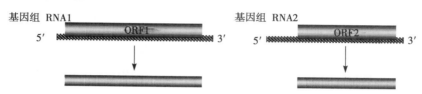

3.多聚蛋白切割

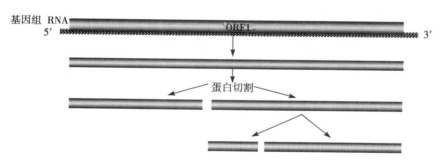

4.通读翻译

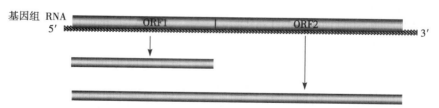

5.移码翻译

图 2-5　植物病毒基因表达常用的五种策略

（引自洪健等，2001）

切割的病毒 5′端均为 VPg，3′端为 Poly（A）。

（4）通读翻译（translational readthrough）：植物病毒 RNA 的某些翻译终止密码子比较弱，翻译时部分新合成的肽链能通过这些终止密码子而继续延伸至下一个终止密码子，称为通读翻译。通读翻译在体外和体内都存在，对于某些病毒来说通读比例是相对稳定的。

（5）移码翻译（reading frame shift）：核糖体在翻译过程中，在到达终点之前通过移位而产生另外一个比原读码框更长的蛋白，称移码翻译。移码翻译时，移位大多发生在呈 U 形的滑漏序列（slippery sequence）上，通常滑漏序列上游存在发卡结构或假结结构，从而导致核糖体失去对模板的正常识别而移码翻译。

（6）遗漏扫描（leaky scanning）：遗漏扫描指部分核糖体从 RNA 的 5′末端扫描时，不在第一个 AUG 起始翻译，而是越过第一个 AUG 在下游的 AUG 起始翻译。

（7）非 AUG 起始和非成熟中止：有些病毒翻译时不遵循 AUG 作为起始密码子的一般规律，而是利用其他密码子起始翻译，称非 AUG 起始，如土传小麦花叶病毒（SB-WMV）CP 利用 CUG 作为起始密码子。一些植物病毒，如 AMV 翻译时，除预期翻译产物外还给出分子量小一些的产物，这些产物是核糖体复合物在病毒 RNA 的某些特定位点非成熟中止形成的，称为非成熟中止。非 AUG 起始和非成熟中止在植物病毒中并不多见。

二、单链负义 RNA 病毒

单链负义 RNA 病毒分布在弹状病毒科、布尼亚病毒科中的番茄斑萎病毒属及未分科的巨脉病毒属、蛇形病毒属和纤细病毒属中。弹状病毒科为一条线形负义 ssRNA，分子量为 $4.2 \times 10^6 \sim 4.6 \times 10^6$ u，基因组总长度 11～15kb，RNA 占病毒粒体重量的 1%～2%。RNA 的 5′端有一个三磷酸根，无 Poly（A），RNA 两端含有 20 个碱基的互补序列。苦苣菜黄网病毒（*Sonchus yellow net virus*，SYNV）基因组大小约 13.7kb，3′端为 144nt 的非编码前导序列，后接 6 个基因的顺序依次为 3′- N - P - SC4 - M - G - L - 5′，6 个基因均由全长正义模板 RNA 所翻译。N 编码 54ku 的核衣壳蛋白，P 编码 38ku 的磷酸化蛋白，SC4 可能编码 37ku 的移动蛋白，M 编码 32ku 的基质蛋白，G 编码 70ku 的糖蛋白，L 编码 241ku 的聚合酶。水稻黄矮病毒（*Rice yellow stunt virus*，RYSV）基因组大小约 14kb，基因组结构类似于苦苣菜黄网病毒，只是在 G 与 L 蛋白之间还编码有一个病毒粒体相关蛋白。番茄斑萎病毒属为三分体基因组，其中 RNA - L 为负义、RNA - M 和 RNA - S 为双义，各个基因组片段具共有末端序列，在 3′端是 UCUCGUUA…，5′端为 AGAGCAAU…，区域互补而形成锅柄状结构。番茄斑萎病毒的 L 片段编码一个 332ku 的多聚酶；M 片段的互补链编码两个糖蛋白 G1 和 G2，病毒链编码 37ku 的移动蛋白 NSm；S 片段的互补链编码 28.8ku 外壳蛋白，病毒链编码 52.4ku 非结构蛋白 NSs。NSs 在寄主细胞中可形成拟结晶状或纤维状内含体，其功能未知。纤细病毒属含 4～6 分体基因组，每条 ssRNA 的 3′端和 5′端序列约有 20 个碱基几乎是互补的。该属代表种水稻条纹病毒（RSV）RNA1 为正义 RNA，编码单个蛋白，其余 3 条 RNA 为双义 RNA，其正义链和负义链各编码 1 个蛋白，共编码有 7 个蛋白，分别是 RNA1 正义链编码的

337kuRNA 聚合酶、RNA2 正义链编码的 23ku 蛋白、RNA2 负义链编码的 94ku 蛋白、RNA3 正义链编码的 24ku 蛋白、RNA3 负义链编码的 35ku 外壳蛋白、RNA4 正义链编码的 20ku 蛋白，RNA4 负义链编码的 32ku 蛋白。巨脉病毒属和蛇形病毒属基因组还了解很少。

三、双链 RNA 病毒

双链 RNA 病毒分布在呼肠孤病毒科和双分病毒科中。呼肠孤病毒科病毒基因组共有 $10\sim12$ 个 dsRNA 片段（各属之间片段数不同），单条 dsRNA 的分子量在 $0.2\times10^6\sim3.0\times10^6$ u 之间，基因组总长 18 200～30 500nt，分子量为 $12\times10^6\sim20\times10^6$ u。每条双链的正义链 $5'$ 端有一个甲基化的核苷酸帽子结构（$m^7G^{5'}ppp^{5'}GmpNp$），在负义链上有一个磷酸化末端，两条链都有 $3'-OH$，并且病毒的 mRNA 缺少 $3'$ 端 Poly（A）尾。双分病毒科基因组为两条线形 dsRNA，分别长为 $1.4\sim3.0$kb，一些病毒的两条核酸片段通常大小相似，较小的 RNA 编码外壳蛋白，较大的可能编码 RNA 聚合酶。每一个 dsRNA 可能是单顺反子，体外转录和复制以半保留方式进行。

四、单链及双链 DNA 病毒

单链 DNA 病毒分布在双生病毒科和矮缩病毒科中，双链 DNA 病毒分布在花椰菜花叶病毒科中，这些病毒的基因组结构见第四章。

第四节 病毒编码的蛋白质种类及其功能

虽然植物病毒基因组的结构和组分多样化，但总体上，病毒基因组较小，分为编码区和非编码区，编码区通常紧凑，非编码区核酸序列较短。编码区每个开放阅读框（ORF）一般都具备起始密码子（AUG）和终止密码子（UAA，UAG 或 UGA）。病毒基因有时相互重叠，即两个完全不同的 ORF 重叠在一起。因为病毒基因组包含的基因有限，因此许多病毒的基因含有一种以上的功能。植物病毒至少包含有 3 个基因：复制相关基因、外壳蛋白和细胞与细胞之间的移动蛋白。如 TMV 含有四个开放阅读框（ORF），分别编码三个非结构蛋白（126、183 及 30ku 蛋白）及一个外壳蛋白（17.6ku）。TMV 的四个基因产物均在病毒侵染、复制移动过程中发挥重要功能，其中 126ku/183ku 蛋白是病毒复制必须的复制酶复合物的主要成分，又称复制酶蛋白。通过对受侵染组织的电镜切片及免疫金标记技术对这两个蛋白产物进行细胞定位发现，这两个蛋白存在于受侵染细胞内能产生 X 体的内含体上。30ku 蛋白对病毒在寄主细胞间运动有决定作用，又称运动蛋白（MP）。17.6ku 蛋白是病毒唯一的结构蛋白。

植物病毒基因产物可以分为以下几类：

1. 结构蛋白 每种病毒均含有结构蛋白，即外壳蛋白（CP），CP 用于包裹病毒基因 RNA 或 DNA。

2. 复制酶 一般所有病毒均编码有一种或多种与核酸合成有关的酶，这些酶称为复制酶或聚合酶（polymerase）。RNA 复制酶基因编码有保守的氨基酸基序（motifs），如依赖于

RNA 的 RNA 聚合酶（RNA‑dependent RNA polymerase，RdRp）、核酸解旋酶（helicase）和甲基转移酶（methyltransferase）。有些病毒中的 RdRp 和核酸解旋酶为同一蛋白，有些则不同。如果 RdRp 存在于病毒粒体中（如弹状病毒科和呼肠孤病毒科）称为转录酶。花椰菜花叶病毒的复制是由反转录酶（reverse transcriptase）（或称依赖于 RNA 的 DNA 聚合酶，RNA‑dependent DNA polymerase）利用 RNA 为模板合成病毒基因组 DNA 的。

3. 蛋白酶　有些病毒的翻译产物是一个分子量较大的前体蛋白，然后再由病毒编码的蛋白酶切割成成熟的蛋白。

4. 胞间运动蛋白　很多病毒编码细胞与细胞之间运动必需的运动蛋白。植物病毒的运动蛋白可能直接或间接地与胞间连丝相互作用，扩大胞间连丝的微通道，使病毒粒体或核酸得以通过胞间连丝进入相邻细胞。

5. 基因沉默抑制子　基因沉默又称 RNA 沉默或转录后基因沉默，它是寄主防御病毒等入侵的一种机制。许多植物病毒通过编码 RNA 沉默的抑制子来克服寄主的防御。已经从植物病毒中鉴定了 20 多种 RNA 沉默的抑制子，如马铃薯 Y 属病毒的 HC‑Pro 蛋白、黄瓜花叶病毒（CMV）的 2b 蛋白等。已鉴定的沉默抑制子大多为致病相关因子，不为病毒复制所必需但能促进病毒的运动或积累。抑制子蛋白的结构和功能具有多样性，反映了在进化过程中，病毒为了适应不同的寄主在 RNA 沉默过程中的不同环节抑制寄主的防卫反应以便使病毒成功侵染。

下面以菜豆金色花叶病毒属病毒（begomoviruses）为例，详细说明病毒编码蛋白的功能以及它们之间的协同作用。

菜豆金色花叶病毒属病毒是双生病毒科中最重要的一类病毒，目前，超过 80％以上的已知双生病毒都归该属，这个属的病毒由烟粉虱传播，侵染双子叶植物，大部分该属病毒具有双组分基因组，即 DNA‑A 和 DNA‑B，少数只含有一条基因组即 DNA‑A，其基因组结构类似于双组分病毒中的 DNA‑A。在双组分基因组中，DNA‑A 的病毒链编码 1～2 个基因，如外壳蛋白（CP，ORF AV1），互补链上编码 4 个基因，如复制相关蛋白（Rep，ORF AC1）、转录激活蛋白（TrAP，ORF AC2）、复制增强子蛋白（REn，ORF AC3）及症状决定因子（ORF AC4）；DNA‑B 编码 2 个基因，其中病毒链编码核穿梭蛋白（NSP，ORF BV1），互补链编码胞间运动蛋白（MP，ORF BC1）（图 2‑6）。

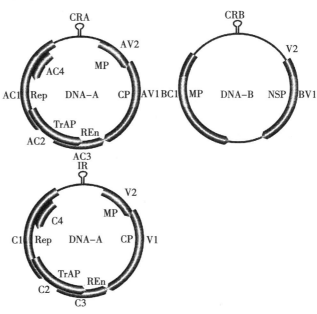

图 2‑6　菜豆金色花叶病毒属的基因组结构

（引自洪健等，2001）

一、外壳蛋白

1. 病毒粒体结构蛋白　双生病毒 CP 最明显的作用是形成典型的孪生粒体，并包裹 ssDNA。双生病毒的 CP 能结合 ssDNA 和 dsDNA，并将其运送到细胞核内。南瓜曲叶病毒（SqLCV）CP 的 N 端 1～121 个氨基酸对结合 DNA 是至关重要的，单个氨基酸的突变可能大大降低 CP 结合 DNA 的活性。对于番茄黄化曲叶病毒（TYLCV）CP，其结合 DNA 是 CP 亚基共同作用的结果。因而，推测 CP 结合病毒 DNA 可能是病毒组装的一个早期步骤。此外，菜豆金色花叶病毒属病毒的 CP 之间也自身相互结合。对于 SqLCV，CP - CP 互作的信号在 N 端 97 个氨基酸。

2. 昆虫介体传毒　双生病毒科不同病毒属的传播介体不尽相同，昆虫介体传播双生病毒的专化性由昆虫和病毒两方面决定。Briddon 等（1990）用甜菜曲顶病毒（BCTV）的 *CP* 基因置换非洲木薯花叶病毒（ACMV）的 *CP* 基因所得杂合病毒能被叶蝉传播，而用由粉虱传播的黄花稔金色花叶病毒（SGMV）的 *CP* 基因置换非粉虱传的苘麻花叶病毒（AbMV）的 *CP* 基因后，AbMV 能够被粉虱传播（Hofer et al.，1997）。因而，就病毒而言，*CP* 基因决定双生病毒介体传播的专化性。进一步研究发现，CP 的 N 端参与介体传播。TYLCV CP N 端的第 134、152 位的氨基酸残基发生突变，突变体能侵染但不能被粉虱传播（Noris et al.，1998）。

双生病毒需要进入昆虫介体的淋巴腔并随血淋巴循回运转到附唾液腺才能被传播。研究发现，在获毒前用蚜虫共生菌 GroEL 的抗血清饲喂粉虱后，其传播 TYLCV 的能力降低 80％以上（Morin et al.，1999）。因而推测，可能与蚜虫传毒类似，在血淋巴中病毒 CP 与粉虱共生菌的 GroEL 互作保护病毒粒体免受蛋白酶等的降解，但其不决定传播的专化性。进一步酵母双杂交试验证实，粉虱的 GroEL 能与粉虱传（TYLCV）和非粉虱传（AbMV）的菜豆金色花叶病毒属病毒 CP 互作（Morin et al.，2000）。

3. 定位于细胞核内结合并运送 DNA 进出细胞核　利用大肠杆菌表达的 TYLCV 的 CP 体外分析发现，CP 能以相互合作（cooperative）和非序列专化方式结合 ssDNA 和 dsDNA（Palanichelvam et al.，1998）。CP 结合 ssDNA 和 dsDNA 的作用可能是包裹 ssDNA 并运送 DNA 进出细胞核。CP N 端 22 个氨基酸的缺失即导致丧失结合 DNA 的能力。菜豆金色花叶病毒属病毒 CP 的 N 端具有一个保守的锌指结构域。突变分析发现，此锌指结构域参与结合锌和 DNA（Kirthi & Savithri，2003）。利用 CP - GUS 融合蛋白和微注射试验进行定位分析，发现 TYLCV CP 定位在植物（矮牵牛）和昆虫（果蝇）细胞核（Kunik et al.，1998）。利用 CP - GUS 和 CP - GFP 融合，ACMV 的 CP 也被定位于核内，ACMV CP 具有 3 个可能的 NLS 序列，一个在 N 端的 1～54 氨基酸之间；一个在 100～127 氨基酸之间，此区段也含有核输出信号（NES）和细胞壁定位信号序列；而另一个在 C 端 201～258 氨基酸之间（Unseld et al.，2001）。ACMV CP 核定位信号序列的短小缺失可导致病毒不能形成孪生粒体（Unseld et al.，2004）。

二、复制蛋白和复制增强蛋白

1. Rep 是双生病毒 DNA 复制完全必需的唯一病毒蛋白　利用农杆菌介导法将番茄金

色花叶病毒（TGMV）的 DNA - A 或 DNA - B 组分分别导入植物，发现仅含 DNA - A 的转基因植物能复制病毒 DNA 并产生粒体，原生质体和叶盘瞬时复制试验也表明 DNA - A 组分能自我复制，表明 DNA - A 编码复制所必需的产物（Elmer et al.，1988；Etessami et al.，1989）。突变分析发现 AC1 和 AC2 ORF 的突变妨碍病毒的侵染性，而 AC3 ORF 的突变大大延迟和减弱症状（Sung & Coutts，1995）。进一步利用原生质体和叶盘复制试验证实 AC1 ORF 的突变导致病毒不能复制，而 AC3 ORF 的突变减少 DNA 水平，这表明 AC1（Rep）和 AC3（REn）参与病毒复制（Elmer et al.，1988）。将 *Rep* 基因在转基因植物中表达，发现在缺少 AC3 时表达 Rep 蛋白的转基因植物能支持 DNA - B 组分的复制，表明 Rep 蛋白是病毒复制所必需的（Hayes & Buck，1989；Hanley - Bowdoin et al.，1990）。

2. Rep 蛋白具有核酸内切酶和 DNA 连接酶活性，起始病毒链 DNA 合成 Heyraud 等（1993a；1993b）首先提供遗传证据表明，保守的 9 核苷酸序列"TAATATT/AC"为病毒链 DNA 合成的复制起始位点（ori）。Stanley（1995）进一步确定双生病毒的 ori 位于 9 碱基序列的第八个碱基。Laufs 等（1995）发现 TYLCV 的 Rep 能在茎环结构的环区特异性地切割和连接病毒正义 DNA。Rep 的这一活性可能对双生病毒的复制是至关重要的，这是因为：滚环复制的起始位点位于茎环结构保守的环区；复制起始位点和体外的 DNA 切割位点在同一位置；对环区的切割位点进行突变会影响病毒体内的复制。对 Rep 进行突变使其在体外不具有切割活性也导致不能在体内复制。Rep 仅能切割单链寡核苷酸底物而不能以 dsDNA 为底物，表明 Rep 的切割底物是茎环结构的环区 ssDNA（Orozco & Hanley - Bowdoin，1998；Hanley - Bowdoin et al.，2000；Orozco et al.，1998）。

3. Rep 的 N 端介导序列特异性地结合 DNA 尽管在双生病毒复制过程中，Rep 具有功能保守性，但其对同源基因组的识别具有特异性。Fontes 等（1992）首先发现 TGMV 和菜豆金色花叶病毒（BGMV）的 Rep 以序列专化性方式结合 dsDNA。Rep 的 DNA 结合活性影响体内病毒的复制和转录调控。不能结合 dsDNA 的 TGMV Rep 突变体在体内丧失支持复制的能力。Rep 的 dsDNA 结合活性对 ori 的识别和转录调控具有重要作用。TGMV Rep 也能以序列特异性方式结合 ssDNA。ssDNA 结合活性可能涉及 Rep 对复制过程中茎环结构的切割。尽管 DNA 切割和 ori 识别活性不互相依赖，但 TGMV Rep 的 DNA 切割和结合活性具有几乎相同的氨基酸序列（Fontes et al.，1994a；Fontes et al.，1994b）。Lazarowitz 等（1992）用叶盘试验研究发现 TGMV 和 SqLCV 的 Rep 特异识别共同区（CR）包含重复序列的 90nt 片段和 5' 端上游的 60nt。进一步用 BGMV 和 TGMV 研究发现，双生病毒的复制需要茎环结构，但其在 ori 的特异识别中不起作用。而 Rep 复制病毒 DNA 需要茎环结构上游高亲和力的专化结合位点（也称为重复子，iteron）（Fontes et al.，1994b）。利用纯化的 TGMV Rep，Fontes 等（1994a）发现 Rep 特异结合 CR 左边 52nt 的 DNA 片段，此片段含有转录起始位点、AC1 启动子的 TATA box。竞争性 DNA 结合试验表明，TGMV Rep 结合的 iteron 由一个含 5bp 重复序列的 13bp 序列组成（5' - GGTAGTAAGGTAG -），其位于茎环结构的上游、TATA box 和 AL61 启动子的转录起始位点之间。体外试验表明，BGMV Rep 结合的 iteron 序列为 - GGAGACTGGAG -。TGMV Rep 不能结合 BGMV 的 iteron 序列，BGMV Rep 也不能结合 TGMV 的 iteron 序列，其复制具有严格的基因组专化性（Fontes et al.，1994b）。

4. Rep 具有 ATP 酶活性 所有双生病毒 Rep 在 C 端具有一个 NTP 结合 motif（motif IV，Gly - X - X - X - X - Gly - Thr/Ser），与 DNA 螺旋酶具有较低序列同源性。研究表明，TYLCV 和 TGMV 的 Rep 具有 ATPase 活性，然而尚无关于 Rep 具有解旋酶活性的报道。TYLCV Rep 在体外表现不依赖 DNA 的 ATPase 活性，突变保守的 Lys^{227} 为 Ala 或 His 导致 Rep 不能结合 NTP，而突变为 Arg 则导致 Rep 仅有 50% 的 ATPase 活性。AT-Pase 活性的降低或消除导致相应的 Rep 突变体减少或丧失复制能力（Desbiez et al.，1995）。因而，Rep 的 ATPase 活性对 Rep 复制病毒 DNA 是必需的。由于 Rep 不具有 DNA 解旋酶活性，推测 Rep 通过对 ATP 的水解介导构象改变从而起始正义链的合成（Hanson et al.，1995）。

5. REn 与 Rep 结合，增强病毒的复制 菜豆金色花叶病毒属病毒 AC3 大大增加病毒 DNA 在体内的积累，因而也被称为复制增强蛋白（REn）。对 Rep 和 REn 的定位研究发现，二者都定位于细胞核内且含量相当（约占总蛋白的 0.05%）（Pedersen & Hanley - Bowdoin，1994）。将 TGMV Rep 和 REn 在昆虫细胞中共表达，免疫沉淀发现两者能形成复合物，说明 Rep 能与 REn 互作。Rep 与 REn 的结合无病毒专化性，BGMV 和 TG-MV 的 Rep 和 REn 能相互结合（Settlage et al.，1996）。REn 增强病毒 DNA 积累水平的机制可能在于其能与 Rep 互作。REn 也和植物中类似瘤抑制因子——成视网膜细胞瘤（retinoblastoma）抑制蛋白（pRb）互作，REn 结合 pRb 的结构域与 REn 和 Rep 互作的结构域相似（Settlage et al.，2001）。

三、与运动有关的病毒蛋白及功能

双生病毒在寄主植物细胞核内复制，因而需要将自身的基因组 DNA 运输出核才能系统运动和感染植物。对于双组分双生病毒，DNA - B 编码的 BV1 和 BC1 都为病毒胞间运动所必需的蛋白。SqLCV 的 BV1 蛋白含有核定位信号，利用免疫胶体金标记发现，BV1 蛋白存在于感病细胞和转换的原生质体的核内。BV1 蛋白能与 ssDNA 紧密结合，但结合 dsDNA 的能力较弱。亚细胞分布研究表明，BC1 蛋白位于含有细胞壁和质膜的组分中。在植物和昆虫细胞中共表达 BV1 和 BC1，BV1 能从细胞核向细胞周质运动。微注射研究也表明，菜豆矮花叶病毒（BDMV）的 BV1 蛋白指导 dsDNA 和 ssDNA 从细胞核向细胞质运动，而 BC1 蛋白增加胞间连丝（Pd）的排阻极限，指导 dsDNA 的胞间运输（Noueiry et al.，1994）。因而，双组分双生病毒编码的 BC1 和 BV1 蛋白在病毒运输过程中是共同作用的。BV1 负责 ssDNA 和 dsDNA 由核到质的转移，称为核穿梭蛋白（NSP），而 BC1 负责病毒 dsDNA 的胞间运动，称为移动蛋白（MP）（Sanderfoot & Lazarowitz，1995）。MP 和 NSP 都能以大小和 DNA 形式专化性方式结合 ssDNA 和 dsDNA（Rojas et al.，1998）。这种结合方式加上胞间连丝的限制可能限制了双生病毒基因组的大小（Gilbertson et al.，2003）。

利用酵母双杂交技术发现，TGMV 和番茄皱叶黄化病毒（TCrLYV）的 NSP 与植物（大豆和番茄）的一个富含亮氨酸重复（LRR）的受体样蛋白激酶（NIK）互作。LRR 受体样的蛋白激酶通常在植物发育和抗病防卫反应中起作用，因而 NSP 和 NIK 的互作可能抑制了 NIK 的活性而利于病毒的侵染（Mariano et al.，2004）。大白菜曲叶病毒（CaL-CuV）的 NSP 能与拟南芥的乙酰转移酶（AtNS1）互作。AtNS1 在多种植物中是高度保守的，但不充当转录激活的共因子（co‐activator）。AtNS1 定位在植物细胞核内，能在体外乙酰化组蛋白和病毒的 CP，但不能乙酰化 NSP，也不与 CP 互作形成稳定复合物。过度表达 AtNS1 转基因拟南芥对 CaLCuV 侵染的敏感性增强。双生病毒是经 dsDNA 中间体滚环复制产生子代 ssDNA 的，CP 不仅包壳 ssDNA 也支持 NSP 从核中运出 ssDNA，推测 NSP 和 AtNS1 互作的一个可能机理是：NSP 结合新合成的子代 ssDNA，与 AtNS1 和结合 ssDNA 的 CP 形成复合物，AtNS1 乙酰化 CP 使 CP 结合的 ssDNA 解离，NSP 进而结合释放的 ssDNA 并转运出细胞核（McGarry et al.，2003）。

参 考 文 献

洪健，李德葆，周雪平．2001．植物病毒分类图谱．北京：科学出版社

Briddon RW，Pinner MS，Stanley J，Markham PG. 1990. Geminivirus coat protein gene replacement alters insect specificity. Virology，177：85～94

Crick FHC，Watson JD. 1956. Structure of small viruses. Nature，177：473～475

Desbiez C，David C，Mettouchi A，Laufs J，Gronenborn B. 1995. Rep protein of tomato yellow leafcurl geminivirus has an ATPase activity required for viral DNA replication. Proceedings of the National Academy of Sciences of the United State of America，92：5 640～5 644

Elmer JS，Brand L，Sunter G，Gardiner WE，Bisaro DM，Rogers SG. 1988. Genetic analysis of the tomato golden mosaic virus. II. The product of the AL1 coding sequence is required for replication. Nucleic Acids Research，16：7 043～7 060

Etessami P，Watts J，Stanley J. 1989. Size reversion of African cassava mosaic virus coat protein gene deletion mutants during infection of *Nicotiana benthamiana*. Journal of General Virology，70：277～289

Fauquet CM，Mayo MA，Maniloff J，Desselberger U，Ball LA. 2005. Virus Taxonomy—Eight Report of the International Committee on Taxonomy of Viruses. San Diego：Elsevier Academic Press

Fontes EP，Eagle PA，Sipe PS，Luckow VA，Hanley‐Bowdoin L. 1994a. Interaction between a geminivirus replication protein and origin DNA is essential for viral replication. Journal of Biological Chemistry，269：8 459～8 465

Fontes EP，Gladfelter HJ，Schaffer RL，Petty IT，Hanley‐Bowdoin L. 1994b. Geminivirus replication origins have a modular organization. Plant Cell，6：405～416

Fontes EP，Luckow VA，Hanley‐Bowdoin L. 1992. A geminivirus replication protein is a sequence‐specific DNA binding protein. Plant Cell，4：597～608

Fraenkel‐Conrat H，Williams RC. 1955. Reconstitution of active tobacco mosaic virus from its inactive protein and nucleic acid components. Proceedings of the National Academy of Sciences of the United State of America，41：690～698

Gilbertson RL，Sudarshana M，Jiang H，Rojas MR，Lucas WJ. 2003. Limitations on geminivirus genome size imposed by plasmodesmata and virus‐encoded movement protein：insights into DNA trafficking. Plant Cell，15：2 578～2 591

Hanley‐Bowdoin L，Elmer JS，Rogers SG. 1990. Expression of functional replication protein from tomato golden mosaic virus in transgenic tobacco plants. Proceedings of the National Academy of Sciences of the United State of America，87：1 446～1 450

Hanley - Bowdoin L, Settlage SB, Orozco BM, Nagar S, Robertson D. 2000. Geminiviruses: models for plant DNA replication, transcription, and cell cycle regulation. Critical Review of Biochemistry and Molecular Biology, 35: 105~140

Hanson SF, Hoogstraten RA, Ahlquist P, Gilbertson RL, Russell DR, Maxwell DP. 1995. Mutational analysis of a putative NTP - binding domain in the replication - associated protein (AC1) of bean golden mosaic geminivirus. Virology, 211: 1~9

Hayes RJ, Buck KW. 1989. Replication of tomato golden mosaic virus DNA B in transgenic plants expressing open reading frames (ORFs) of DNA A: requirement of ORF AL2 for production of single - stranded DNA. Nucleic Acids Research, 17: 10 213~10 222

Heyraud F, Matzeit V, Kammann M, Schaefer S, Schell J, Gronenborn B. 1993a. Identification of the initiation sequence for viral - strand DNA synthesis of wheat dwarf virus. EMBO Journal, 12: 4 445~4 452

Heyraud F, Matzeit V, Schaefer S, Schell J, Gronenborn B. 1993b. The conserved nonanucleotide motif of the geminivirus stem - loop sequence promotes replicational release of virus molecules from redundant copies. Biochimie, 75: 605~615

Hofer P, Bedford ID, Markham PG, Jeske H, Frischmuth T. 1997. Coat protein gene replacement results in whitefly transmission of an insect nontransmissible geminivirus isolate. Virology, 236: 288~295

Hull R. 2002. Matthews' Plant Virology, 4th ed. San Diego: Academic Press

Johnson MW, Markham R. 1962. Nature of the polyamine in plant viruses. Virology, 17: 261~281

Kirthi, N., Savithri, H. S. 2003. A conserved zinc finger motif in the coat protein of Tomato leaf curl Bangalore virus is responsible for binding to ssDNA. Archives of Virology, 148: 2 369~2 380

Kunik T, Palanichelvam K, Czosnek H., Citovsky V., Gafni Y. 1998. Nuclear import of the capsid protein of tomato yellow leaf curl virus (TYLCV) in plant and insect cells. Plant J. 13: 393~399

Laufs J, Traut W, Heyraud F, Matzeit V, Rogers SG, Schell J, Gronenborn B. 1995. In vitro cleavage and joining at the viral origin of replication by the replication initiator protein of tomato yellow leaf curl virus. Proceedings of the National Academy of Sciences of the United State of America, 92: 3 879~3 883

Lazarowitz SG, Wu LC, Rogers SG, Elmer JS. 1992. Sequence - specific interaction with the viral AL1 protein identifies a geminivirus DNA replication origin. Plant Cell, 4: 799~809

Mariano AC, Andrade MO, Santos AA, Carolino SM, Oliveira ML, Baracat - Pereira MC, Brommonshenkel SH, Fontes EP. 2004. Identification of a novel receptor - like protein kinase that interacts with a geminivirus nuclear shuttle protein. Virology, 318: 24~31

McGarry RC, Barron YD, Carvalho MF, Hill JE, Gold D, Cheung E, Kraus WL, Lazarowitz SG. 2003. A novel Arabidopsis acetyltransferase interacts with the geminivirus movement protein NSP. Plant Cell, 15: 1 605~1 618

Morin S, Ghanim M, Sobol I, Czosnek H. 2000. The GroEL protein of the whitefly Bemisia tabaci interacts with the coat protein of transmissible and nontransmissible begomoviruses in the yeast two - hybrid system. Virology, 276: 404~416

Morin S, Ghanim M, Zeidan M, Czosnek H, Verbeek M, van den Heuvel JF. 1999. A GroEL homologue from endosymbiotic bacteria of the whitefly Bemisia tabaci is implicated in the circulative transmission of tomato yellow leaf curl virus. Virology, 256: 75~84

Noris E, Vaira AM, Caciagli P, Masenga V, Gronenborn B, Accotto G. P. 1998. Amino acids in the capsid protein of tomato yellow leaf curl virus that are crucial for systemic infection, particle formation, and insect transmission. Journal of Virology，72：10 050～10 057

Noueiry AO，Lucas WJ，Gilbertson RL. 1994. Two proteins of a plant DNA virus coordinate nuclear and plasmodesmal transport. Cell，76：925～932

Orozco BM，Gladfelter HJ，Settlage SB，Eagle PA，Gentry RN，Hanley - Bowdoin L. 1998. Multiple cis elements contribute to geminivirus origin function. Virology，242：346～356

Orozco BM，Hanley - Bowdoin L. 1998. Conserved sequence and structural motifs contribute to the DNA binding and cleavage activities of a geminivirus replication protein. Journal of Biological Chemistry，273：24 448～24 456

Palanichelvam K，Kunik T，Citovsky V，Gafni Y. 1998. The capsid protein of tomato yellow leaf curl virus binds cooperatively to single - stranded DNA. Journal of General Virology，79：2 829～2 833

Pedersen TJ，Hanley - Bowdoin L. 1994. Molecular characterization of the AL3 protein encoded by a bipartite geminivirus. Virology 202：1 070～1 075

Rojas MR，Jiang H，Salati R，Xoconostle - Cazares B，Sudarshana MR，Lucas WJ，Gilbertson RL. 2001. Functional analysis of proteins involved in movement of the monopartite begomovirus，Tomato yellow leaf curl virus. Virology，291：110～125

Sanderfoot AA，Lazarowitz SG. 1995. Cooperation in Viral Movement：The geminivirus BL1 movement protein interacts with BR1 and redirects it from the nucleus to the cell periphery. Plant Cell，7：1 185～1 194

Settlage SB，Miller AB，Gruissem W，Hanley - Bowdoin L. 2001. Dual interaction of a geminivirus replication accessory factor with a viral replication protein and a plant cell cycle regulator. Virology，279：570～576

Settlage SB，Miller AB，Hanley - Bowdoin L. 1996. Interactions between geminivirus replication proteins. Journal Virology，70：6 790～6 795

Stanley J. 1995. Analysis of African cassava mosaic virus recombinants suggests strand nicking occurs within the conserved nonanucleotide motif during initiation of rolling circle DNA replication. Virology，206：707～712

Sung YK，Coutts RH. 1995. Mutational analysis of potato yellow mosaic geminivirus. Journal of General Virology，76：1 773～1 780

Unseld S，Frischmuth T，Jeske H. 2004. Short deletions in nuclear targeting sequences of African cassava mosaic virus coat protein prevent geminivirus twinned particle formation. Virology，318：90～101

Unseld S，Hohnle M，Ringel M，Frischmuth T. 2001. Subcellular targeting of the coat protein of african cassava mosaic geminivirus. Virology，286：373～383

第三章 DNA病毒的分子生物学

植物 DNA 病毒共有 3 个科，即基因组为单链 DNA（single‑stranded DNA，ssDNA）的双生病毒科（*Geminiviridae*）和矮缩病毒科（*Nanoviridae*），以及基因组为双链 DNA（double‑stranded DNA，dsDNA）的花椰菜花叶病毒科（*Caulimoviridae*）。

第一节 双生病毒科的分子生物学

双生病毒是世界范围内广泛存在的一类具有孪生颗粒形态的植物单链 DNA 病毒，病毒粒体为联体结构，大小为 18nm×30nm，无包膜。近年来，由于全球气候变暖、耕作制度的改变以及国际间贸易的增加，导致 B 型烟粉虱（*Bemisia tabaci*）在全球除南极洲外各大洲的 90 多个国家和地区广泛发生。随着 B 型烟粉虱的大发生，由 B 型烟粉虱传播的双生病毒已在热带、亚热带的多个国家和地区的作物上造成毁灭性危害，且有逐年加重的趋势，给农业生产造成了重大损失。如自 1992 年起，巴基斯坦因棉花曲叶病危害造成的损失达 50 多亿美元，现有 200 多万 hm² 棉田遭受这类病毒的严重危害，而全球木薯每年因双生病毒危害的损失高达 20 亿英镑。目前，至少已有 39 个国家的棉花、木薯、番茄等作物遭受双生病毒的毁灭性危害。在我国的广西、云南、海南和台湾等地也相继发现烟草、番茄、南瓜和番木瓜等多种作物遭受双生病毒危害。在云南，双生病毒引起的香料烟曲叶病在局部田块病株率高达 70% 以上，而在广西的番木瓜和番茄上双生病毒发生普遍，发病田块病株率高达 30%～50%，有的田块 100% 植株发病。根据 1999—2003 年的调查，我国双生病毒病害有逐年上升的趋势（周雪平等，2003）。

一、双生病毒科的基因组结构

根据基因组结构、传毒介体种类和寄主范围的不同，双生病毒科被划分为 4 个属，即玉米线条病毒属（*Mastrevirus*）、菜豆金色花叶病毒属（*Begomovirus*）、甜菜曲顶病毒属（*Curtovirus*）和番茄伪曲顶病毒属（*Topocuvirus*）（Fauquet & Stanley，2003；Fauquet et al.，2005）。大多数具有经济重要性的双生病毒为菜豆金色花叶病毒属病毒，该属病毒包括 117 个确定种、54 个暂定种（Fauquet et al.，2005）。

玉米线条病毒属病毒（mastreviruses）自然寄主范围窄，仅局限于禾本科植物，只有烟草黄矮病毒（Tobacco yellow dwarf virus，TYDV）和菜豆黄矮病毒（Bean yellow dwarf virus，BeYDV）侵染双子叶植物，在自然情况下通过甜菜叶蝉（*Eutettix tenella*）以持久性方式传播，不能机械传播。该属病毒（mastreviruses）为单组分病毒，基因组大小约为 2.6～2.8kb，共编码 4 个开放阅读框（ORF），其中病毒链编码外壳蛋白（coat protein，CP）和移动蛋白（movement protein，MP），CP 除包裹病毒基因组 ssDNA 外，还是病毒基因组 DNA 的核穿梭蛋白（nuclear shuttle protein，NSP），并且可能调节 ssDNA 和 dsDNA 的积累水平，MP 与病毒胞间移动有关；互补链编码两个复制相关蛋白（replication-related protein，Rep）RepA 和 Rep。Rep 的 N 端与 RepA 完全重叠，Rep 的转录本中剪切去除一个 82 核苷酸（nucleotide，nt）的内含子后产生该属病毒独有的 RepA。在病毒链与互补链的 ORF 之间有大、小两个非编码区（large and small intergenic region，LIR 和 SIR）隔开（图 3-1）。LIR 含有双生病毒复制起始所需的 9 核苷酸保守序列 "TAATATT/AC" 和其他顺式作用元件，而 SIR 含有转录终止信号，病毒链和互补链的转录均在 SIR 终止。此外，病毒粒体中包裹一段长约 80 nt 的 DNA 分子，它与 SIR 互补，推测是起始病毒 dsDNA 合成的引物（primer）（Boulton，2002）。

甜菜曲顶病毒属病毒（curtoviruses）的寄主均为双子叶植物，其寄主范围广，包括 44 个科的 300 多种植物，在自然情况下通过甜菜叶蝉以持久性方式传播。该属病毒（curtoviruses）的基因组也为单组分，大小约为 2.9～3.0 kb（图 3-1），病毒链和互补链上共含有 7 个 ORF，其中病毒链上编码 3 个 ORF（V1-V3），互补链编码 4 个 ORF（C1-C4）。V1 编码病毒的 CP，CP 除包裹病毒基因组 ssDNA 外，还与病毒移动及介体传播有关；V2 编码产物涉及基因组单双链 DNA 积累水平的调节；V3 编码产物为 MP，与病毒胞间移动有关；C1 和 C3 分别编码 Rep 和复制增强蛋白（replication enhancer protein，REn），负责病毒的复制；C2 编码的蛋白在有些寄主中为致病因子；C4 编码的蛋白能诱导细胞分裂，与症状形成有关（Stanley & Latham，1992；Latham et al.，1997）。

番茄伪曲顶病毒属病毒（topocuviruses）目前只有番茄伪曲顶病毒（*Tomato pseudo-curly top virus*，TPCTV）一个种，侵染双子叶植物，寄主范围较窄，是双生病毒科中唯一由树蝉（*Micrutalis malleifera*）以持久性方式传播的病毒。该属病毒（topocuviruses）基因组大小为 2.8 kb，基因组结构与甜菜曲顶病毒属病毒（curtoviruses）相似，但其病毒链只编码 2 个 ORF（CP 和 MP）（Briddon et al.，1996）。

菜豆金色花叶病毒属病毒（begomoviruses）侵染双子叶植物，自然情况下由 B 型烟粉虱（*Bemisia tabaci*）以持久性方式传播，因而该属病毒也称作粉虱传播的双生病毒（whitefly-transmitted geminivirus，WTG）。该属病毒大多数为双组分基因组，含有两条大小为 2.5～2.8kb 的 DNA 分子，即 DNA-A 和 DNA-B，少数为单组分，其基因组结构相当于双组分病毒的 DNA-A（图 3-1）。同一种病毒的 DNA-A 和 DNA-B 组分之间的非编码区（intergenic region，IR）在序列、位置和结构上保守，因此又称为共同区（common region，CR）。CR 或 IR 中含有病毒复制和转录所必需的茎环结构及保守的 9 核苷酸序列（TAATATT/AC）（Hanley-Bowdoin et al.，2000）。双组分双生病毒的 DNA-A 和 DNA-B 组分对于系统侵染都是必需的，DNA-A 在互补链上编码 4 个 ORF（AC1、AC2、AC3 和 AC4）：AC1 编码一个多功能的复制相关蛋白（Rep），Rep 具有 DNA 内切酶、DNA 连接酶、解旋酶及 ATP 酶活性，参与病毒基因组 DNA 的复制起始（Laufs et al.，1995）；AC2 编码转录激活蛋白（transcriptional activator protein，TrAP），该蛋白能激活 DNA-A 和 DNA-B 病毒链上的晚期基因（CP 和 BV1）的转录（Sunter & Bisaro，

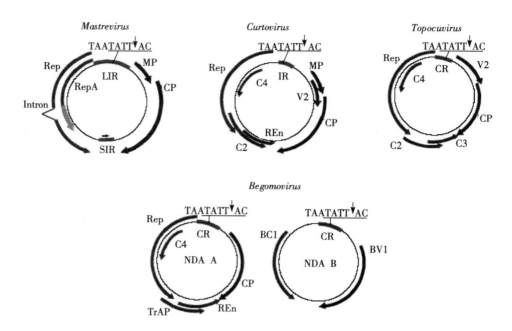

图 3-1　双生病毒的基因组结构

（引自 Gutierrez et al.，2004）

1991；Sunter & Bisaro，1992）；AC3 编码一个复制增强蛋白（REn）；AC4 编码的蛋白参与病毒的系统运动或症状形成；病毒链 AV1 编码病毒的 CP，主要涉及病毒的包装、介体传播及运动；该属病毒的病毒链上还编码 AV2 蛋白，其与病毒的移动有关。DNA-B 编码的蛋白涉及病毒的移动，其中病毒链编码的 BV1 是一个核穿梭蛋白（NSP），NSP 具有结合 DNA 的活性，能够促进病毒 DNA 在细胞核与细胞质之间进行穿梭运动；互补链编码的 BC1 为 MP，参与病毒的胞间移动（Hanley-Bowdoin et al.，2000；Stanley et al.，2004）。

在双生病毒中，除了单组分和双组分病毒外，还存在着一类大小约为病毒基因组一半的单链环状 DNA 分子，这些 DNA 小分子主要分为三种类型。第一类主要是病毒的缺陷型分子（defective interfering molecule，DI），它是由病毒基因组的缺失、倒转重复、重组及复制造成的，在有些情况下还伴随外源基因的插入（Liu et al.，1998）。木尔坦棉花曲叶病毒（Cotton leaf curl Multan virus，CLCuMV）含有多种不同形式的缺陷型小分子，但在每一株受侵染的植株中只有一种类型的缺陷型小分子占主导地位，其结构中都含有病毒基因组 DNA 的 IR，它们都依赖于病毒基因组进行复制（Liu et al.，1998）。在双组分双生病毒的非洲木薯花叶病毒（Africa cassava mosaic virus，ACMV）中发现一类大小仅为基因组一半的缺陷型小分子，这种小分子主要来自于 DNA-B 组分的缺失，其中包含了完整的 BV1 及部分的 BC1 基因，与大多数动物 RNA 病毒的缺陷型分子相似，它们在体内干扰病毒基因组单链 DNA 的复制（Stanley & Townsend，1985）。第二类小分子被发现与胜红蓟黄脉病毒（Ageratum yellow vein virus，AYVV）和 CLCuMV 等单组分菜豆金色花叶病毒属病毒（begomoviruses）相伴随，称为 DNA1。序列分析表明，

DNA1 与双生病毒的 DNA-A 和 DNA-B 组分几乎没有同源性，含有茎环结构和矮缩病毒属病毒（nanoviruses）复制起始所必需的 9 碱基序列"TAGTATT/AC"。DNA1 与矮缩病毒属病毒的基因组 DNA 结构类似，都编码一个 Rep。研究表明，DNA1 需要依赖病毒DNA 在寄主体内移动。叶盘复制实验证明，DNA1 分子能自我复制，但侵染性测定表明DNA1 对病毒的致病性几乎没有影响（Mansoor et al.，1999；Saunders & Stanley，1999）。由于 DNA1 编码的 Rep 与矮缩病毒属病毒的 Rep 具有较高的同源性（57％以上），因此推测它是从矮缩病毒属病毒进化而来的。双生病毒对其包裹的 DNA 组分有严格的大小限制，一般为典型的基因组大小或为基因组大小的一半或 1/4，矮缩病毒属病毒基因组DNA 的大小约为 1kb 左右。因此，DNA1 很可能通过增加自身某个区域的大小而满足双生病毒包裹的要求，从而被双生病毒的 CP 包裹，并伴随病毒基因组传播（Mansoor et al.，2003）。DNA1 具体的生物学功能和意义目前尚不清楚，但是它能影响 DNAβ（与单组分菜豆金色花叶病毒属病毒伴随的卫星 DNA 分子）的复制，使 DNAβ 的浓度积累量减少（吴佩君等，2004；Wu & Zhou，2005）。第三类小分子同样也是与单组分的菜豆金色花叶病毒属病毒相伴随的，称为 DNAβ。DNAβ 的全核苷酸序列分析表明，其大小约为DNA-A 的一半，除了茎环结构中复制所必需的 9 核苷酸序列"TAATATTAC"外，与菜豆金色花叶病毒属病毒基因组的 DNA-A 和 DNA-B 几乎无同源性。在 DNAβ 茎环结构的上游具有一段大约 100bp（basepair，bp）的高度保守序列，DNAβ 的复制可能与这段高度保守序列有关。DNAβ 在互补链上编码一个大小和位置都相对保守的 ORF（βC1）。βC1 以序列非特异性方式结合 DNA，与 GUS 或 GFP 的融合表达载体在洋葱表皮细胞和sf21 昆虫细胞中定位于洋葱或昆虫细胞的细胞核内，βC1 还是 RNA 沉默的抑制子（Cui et al.，2005），而 βC 1 基因的表达直接诱导转基因植物产生类病毒病的症状（Cui et al.，2004）。DNAβ 分子上还具有一个富含 A（A-rich）的区域，A 的含量占总 DNA 的比例大于 56％（Zhou et al.，2003），A-Rich 区的缺失使病毒症状减弱（陶小荣等，2004）。DNAβ 分子能够影响菜豆金色花叶病毒属病毒在寄主植物中的积累，又是该属病毒引起典型症状不可缺少的因子。同时，它与该属病毒之间没有序列相似性，并且必须依赖于该属病毒进行复制、包裹和移动（Cui et al.，2004；Briddon et al.，2001；Saunders et al.，2000）。因此，它被定义为该属病毒的卫星 DNA 分子。目前，在亚洲、非洲多个国家的菜豆金色花叶病毒属病毒中都发现了 DNAβ 分子，它侵染的寄主范围包括棉花、烟草、番茄、胜红蓟、赛葵、豨莶、泽兰和秋葵等。

二、双生病毒科的复制

双生病毒的复制包括：病毒 ssDNA 向 dsDNA 中间体的转化；以 dsDNA 为模板开始滚环复制。病毒只编码了复制蛋白 Rep（RepA）和复制增强子 REn，而病毒复制所需的DNA 聚合酶及其他相关辅助因子只能依赖寄主细胞编码的各类蛋白，即双生病毒的复制需要病毒与一系列寄主细胞因子的互作。

双生病毒的复制分为两个阶段（图 3 - 2）：第一步，合成互补链，即以基因组环状ssDNA 为模板，在病毒和寄主因子（依赖寄主的 DNA 合成酶系）作用下合成共价闭合环状超螺旋 dsDNA 复制中间体或复制型Ⅰ（RFⅠ）。互补链的合成首先需要一段短的小

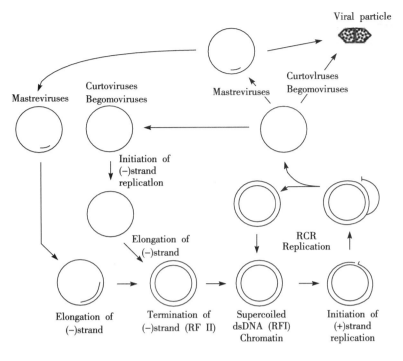

图 3-2　双生病毒复制周期模式
(引自 Gutierrez，1999)

ssDNA或 RNA 为引物。在玉米线条病毒属病毒（mastreviruses）中，一种小单链 DNA
分子能够结合到正链 DNA 上并作为引物起始病毒 DNA 链的复制（Hayes et al.，1988）。
这种小单链 DNA 分子的 5′端含有一些单磷酸核苷酸（rNMPs），可能是在 DNA 引物合成
酶的起始作用下产生的。对小单链 DNA 分子的研究表明，其大小约为 80nt 左右（Gutie-
rrez，1999）。现已知道，这种小 ssDNA 分子结合在玉米线条病毒属病毒基因组的小基因
间隔区（SIR）。这表明，在该属病毒 SIR 内含有负链 DNA 复制起始的位点；而在菜豆金
色花叶病毒属及甜菜曲顶病毒属病毒中，由于缺乏这种小 ssDNA 分子来起始负链 DNA
的复制，因此负链 DNA 的复制起始采用另一种方式。在 ACMV 中，负链 DNA 的复制是
由 RNA 引导的，新合成的负链 DNA 的 5′端对应于 ACMV 基因组上 2 581 到 221 位。因
此，菜豆金色花叶病毒属与甜菜曲顶病毒属病毒的基因间隔区（IR）很可能存在一种顺
式作用信号（cis-acting signals）来确定负链 DNA 的起始位置。当复制起始后，依赖寄主
的细胞酶开始利用病毒负链 DNA 产生共价闭合环状 dsDNA，也称为复制型 Ⅱ（RF Ⅱ）。
利用双向电泳对 ACMV 在侵染过程中产生的复制中间体进行研究时发现，ACMV 在复制
过程中产生了一种特殊中间体，这种中间体由部分 ssDNA 和部分 dsDNA 组成（Saun-
ders et al.，1992）。目前，对这种复制中间体产生的机制、产生的意义及是否在其他双生
病毒中也存在类似的复制中间体都还不详。早期对从番茄金色花叶病毒（*Tomato golden
mosaic virus*，TGMV）感染的植物中分离得到的病毒环状 dsDNA 的拓扑结构进行的研
究表明，病毒的复制中间体主要是以超螺旋形式存在的（Hamilton et al.，1981），而 RF

Ⅱ这种松散的共价闭合环状 dsDNA 不可能转换成超螺旋的 dsDNA 环状形式（RFⅠ）。因此，双生病毒可能采用如肿瘤病毒 SV40（Bellard et al.，1976）和花椰菜花叶病毒（*Cauliflower mosaic virus*，CaMV）（Menissier et al.，1983）的复制机制，将 RFⅡ复制中间体与寄主细胞中的组蛋白结合而形成超螺旋的核小体（RFⅠ）。在苘麻花叶病毒（*Abutilon mosaic virus*，AbMV）的复制体中已证实了类似核小体粒体的存在（Abouzid et al.，1988）。病毒复制中间体 RFⅠ的形成为病毒 DNA 的转录及进一步的复制提供了模板。互补链 DNA 合成至引物 5′端后，引物被去除，互补链继续合成并进一步环化，形成 dsDNA 的复制中间体（Stenger et al.，1991）。

第二步，真正开始双生病毒的滚环复制：以 dsDNA 为模板，在病毒复制因子（Rep/RepA、REn 等）和寄主细胞内复制因子的作用下，以滚环复制方式合成 ssDNA。首先，Rep/RepA 在 dsDNA 的病毒链 DNA 的保守序列 TAATATT/AC 处进行切割，产生一缺口。关于缺口的产生，目前有两种模型（Argüello-Astorga et al.，1994a；1994b）。其中一个模型认为 AC1 首先使 dsDNA 解旋，然后从结合位点开始沿着 ssDNA 移动，直到发卡环中的保守序列，使之产生缺口，起始病毒链的复制。另一种模型认为寄主细胞转录因子在发卡环结构附近，并与结合在 TATA 盒上的 TATA 盒结合蛋白（TATA-binding protein，TBP）相互作用，引起 DNA 弯曲，使 AC1 接近发卡环，并诱导缺口的产生；接着 Rep/RepA 与缺口处 5′端结合，以 3′-OH 为引物，置换病毒链产生连环体 DNA（Concatameric DNA）。当置换出 1 单位长度的病毒链 DNA 后，Rep/RepA（因 Rep/RepA 同时具有切割/连接功能）将其与连环体 DNA 切开，切开的 1 单位长度的 DNA 在 Rep/RepA 作用下连接形成环状单链 DNA，而连环体继续置换。新合成的 ssDNA 又有三个去向：重新作为模板，进入下一轮复制；在病毒 CP 的作用下，包装 ssDNA 成病毒粒体；在病毒 MP 作用下，ssDNA 进入胞间移动。这一过程受外壳蛋白调节。在侵染早期，外壳蛋白少，新合成的 ssDNA 多数用于复制；而在侵染后期，CP 多了，则 ssDNA 多数包装形成病毒粒体（Gutierrez，1999；2000）。

对双生病毒复制起始区域的研究证明，不同双生病毒属基因组的复制结构域是不一样的，玉米线条病毒属的小麦矮缩病毒（*Wheat dwarf virus*，WDV）和玉米线条病毒（*Maize streak virus*，MSV）中的茎环结构是病毒 DNA 链起始复制所必需的。进一步的实验证明，玉米线条病毒属病毒需要一段 300bp 大小的片段才能有效复制。在这个复制的最小单位中至少包含了三个主要部分：一个 200bp 的核心区域，在这个区域内含有茎环结构及 Rep 的结合位点（iteron）。因此，该区域对病毒 DNA 的复制是必不可少的，此外在它的两端各有一个辅助区域，称为 5′-aux 和 3′-aux，这两个区域的存在能够提高病毒 Rep 复合体系的稳定性从而促进病毒 DNA 的复制（Sanz-Burgos & Gutierrez，1998）。

对菜豆金色花叶病毒属病毒复制结构域的研究发现，除茎环结构外，在其上游的一些序列元件同样也是病毒正链 DNA 复制所必需的，在这个区域内含有 Rep 的结合位点（Lazarowitz et al.，1992；Fontes et al.，1992）。以提纯的 TGMV 的 Rep 所作的体外 DNA 结合实验表明，TGMV 的 Rep 可以特异地识别一段 13bp 的正向重复序列（Fontes et al.，1992），该结合位点位于调控病毒互补链基因表达的 TATA box 结构域与转录起始位点之间，由两段 5bp 的重复序列及一段 3bp 的间隔序列组成（Fontes et al.，1994a；

1994b)。研究证实，该 Rep 的结合位点中的两段重复序列在复制过程中起着不同的作用，其中 3′端重复序列是病毒基因组进行复制所必需的，而 5′端重复序列则能促进病毒的复制。对 TGMV 和菜豆金色花叶病毒属的其他成员的 Rep 结合位点进行比较发现，几乎所有菜豆金色花叶病毒属病毒都存在着这样一段 Rep 的结合位点，GG-AGTAYYGG-AG（Y 代表嘧啶核苷酸），其中 GG（Fontes et al.，1994b）和 AG（Orozco et al.，1998）这两个双核苷酸是 Rep 结合及病毒基因组复制的关键因子。尽管存在着类似的 Rep 结合位点，但病毒的 Rep 在复制识别过程中具有高度的特异性和严谨性（Fontes et al.，1994a），如菜豆金色花叶病毒（*Bean golden mosaic virus*，BGMV）的 Rep 就不能结合 TGMV 的结合位点，同样 TGMV 的 Rep 也不能结合 BGMV 的结合位点。Rep 的这种高度特异性在保持双生病毒的遗传稳定性方面起到了重要作用。对用原核表达并提纯的番茄曲叶病毒（*Tomato leaf curl virus*，ToLCV）的 Rep 进行 DNA 印迹分析表明，在该病毒的 Rep 中存在着两段受保护的序列，每一段序列大约为 17～18bp（Akbar Behjatnia et al.，1998），在 ToLCV 中，这两段重复序列约间隔 20bp，而在新世界的病毒如 TGMV 或 BGMV 中，重复序列之间的间隔只有 3bp。目前，对于重复序列间的间隔区在病毒的复制过程中所起的作用还不清楚。

三、双生病毒科的转录

双生病毒转录产生的 mRNA 在很多病毒中得到了鉴定（Petty et al.，1988；Hanley-Bowdoin et al.，1989；Frischmuth et al.，1991；Mullineaux et al.，1993）。现已证明，双生病毒是通过双向转录的方式产生 mRNA 的。病毒的转录起始位点位于 TATA box 结构域下游，病毒的转录很可能是依赖于寄主体内的 RNA 聚合酶Ⅱ系统完成的。双生病毒在转录过程中往往形成复合重叠的 RNA 分子，并且多数是以多顺反子的形式存在的。

在双生病毒的不同属中，所采取的转录方式也各不相同。如在菜豆金色花叶病毒属的 TGMV 中，病毒的每一组分可转录出一条病毒链 RNA，随后被翻译为 CP 或 BV1；病毒互补链的转录则要复杂得多，转录后产生具有不同 5′末端和相同的 3′末端的复合重叠 mRNA 分子，从 DNA-B 上转录得到的互补链 RNA 被命名为 BC1，从 DNA-A 上转录得到的互补链 mRNA 则具有不同的编码能力。甜菜曲顶病毒属与菜豆金色花叶病毒属的其他成员转录后也产生类似的互补链 mRNA。但与 TGMV 不同的是，在一些单组分病毒中，如甜菜曲顶病毒（*Beet curly top virus*，BCTV）和 ToLCV，病毒链转录后生成了多条 mRNA，这反映了在这些病毒中病毒链基因的复杂性（Frischmuth et al.，1993）。玉米线条病毒属病毒（mastreviruses）从多个起始位点进行双向转录，并在重叠的多聚腺苷化信号的作用下终止转录（Accotto et al.，1989；Dekker et al.，1991；Wright et al.，1997）。Mastreviruses 基因组互补链 DNA 具有两个 ORF（C1 和 C2），它们一起组成了病毒的 Rep。对 WDV，MSV，马唐线条病毒（*Digitaria streak virus*，DSV）以及 TYDV 的 RNA 图谱的研究发现了经转录拼接而产生的 C1 和 C2 融合序列的 mRNA（Schalk et al.，1989；Mullineaux et al.，1990；Dekker et al.，1991；Morris et al.，1992）。MSV 及玉米线条病毒属的其他病毒中的 Rep 基因均含有一个内含子。此外，在该属的一些侵染草本植物的病毒移动蛋白基因（V2 ORF）内也有一个内含子。因此，有人推测在玉米线条病毒属的一些病毒中不同的 RNA 剪接机制可能对病毒链基因的表达起调节作用（Wright et al.，1997）。

双生病毒基因组的转录分为早期转录和晚期转录两个阶段，早期转录阶段表达的是 Rep（AC1）和 TrAP（AC2）及一些由互补链编码的蛋白；晚期转录阶段表达病毒链编码的 CP（AV1）及 NSP（BV1）。早期转录阶段向晚期转录阶段的过渡主要是通过 Rep（AC1）及 TrAP（AC2）的调控来完成的。

AC1 不仅可以识别 CR 的复制起始位点，启动病毒的滚环复制，同时还可识别自身转录起始区，并负调控自身转录。AC1 可能通过两种方式抑制自身转录：其一，AC1 与 TATA 盒下游的结合位点相结合，阻碍了转录起始复合物的装配或降低起始复合物的活性；其二，AC1 与通用转录因子 TFIID 和 TFIIB 形成复合物，竞争转录区的结合位点，从而抑制转录。

AC2 作为反式作用因子，其功能是激活晚期基因转录，如 AV1 基因和 BV1 基因等。在转基因植物中，AC2 能使 AV1 和 BV1 基因启动子控制下的 GUS 表达活性提高 2～4 倍。玉米线条病毒属（如 WDV、MSV）编码的 C1/C2 具有类似的功能，参与病毒链相应基因的转录调控过程。AC2 具有反式作用因子的基本特征：其 N 端主要由碱性氨基酸组成，C 端富含酸性氨基酸。在碱性区下游存在保守的半胱氨酸和组氨酸残基，是典型的锌指形成结构（Berg，1990）。同源分析发现，AC2 及 C1/C2 的 DNA 结合区中至少存在两个潜在的磷酸化位点（Sunter & Bisaro，1992），可能通过磷酸化调节控制其与 DNA 结合的活性，参与寄主细胞的信号传递途径。

第二节　矮缩病毒科的分子生物学

矮缩病毒科（*Nanoviridae*）是国际病毒分类委员会（International Committee in Taxonomy of Viruses，ICTV）于 2005 年 8 月发表的病毒分类第八次报告中所新建的一个科（Fauquet et al.，2005）。该科包括所有具环状 ssDNA 多分体基因组的植物病毒，科下分为矮缩病毒属（*Nanovirus*）和新建的香蕉束顶病毒属（*Babuvirus*）两个属。矮缩病毒科病毒是由蚜虫（aphids）以持久性方式传播，病毒粒体为等轴球状，直径 17～20nm，单个病毒寄主范围很窄，病毒侵染的植物均严重矮化，有些植物产生卷叶、褪绿甚至整株死亡。该科中由香蕉束顶病毒（*Banana bunchy top virus*，BBTV）引起的香蕉束顶病是国内外香蕉生产上的一种分布广、危害大的重要病毒病。

矮缩病毒科病毒中曾分离到 12 个不同的 DNA 组分，但还没有实验证明关键基因组的数目及类型。一般认为矮缩病毒科病毒基因组包含 6～8 个大小为 977～1 111nt 的环状 ssDNA 分子，所有这些 DNA 分子均为正义，且结构相似，单向转录，其非编码区均含有一个保守茎环结构。病毒结构蛋白只有一个 CP 亚基，分子量为 19ku。病毒基因组 DNA 还编码 5～7 个非结构蛋白。分别编码主导复制起始蛋白（M-Rep）、细胞周期相关蛋白（cell-cycle link protein，Clink）、MP 和核穿梭蛋白（NSP）等蛋白。每个编码区域前是一个 TATA 盒启动序列，后接 Poly（A）信号。非编码区均含有一个保守茎环结构，并含有结合 Rep 的重复序列及 DNA 复制的起始位点。

矮缩病毒属病毒在自然界中只侵染豆科植物，且由几种定殖于豆科植物的蚜虫传播。病毒基因组含有 8 个环状单链 DNA 分子，分别命名为 DNA-R、DNA-S、DNA-M、DNA-C、DNA-N、DNA-U1、DNA-U2 和 DNA-U4，大小为 977～1 020nt，每个组分结构相似，为闭环单链 DNA 分子，病毒链单向转录产生一条 mRNA。该属病毒（nanoviruses）的每个 DNA 组分一般只编码一个基因，其非编码区均含有一个保守的茎环结构，且至少有一个组分编码分子量为 32.4～33.6ku 的复制相关蛋白（Rep）（图 3 - 3）。

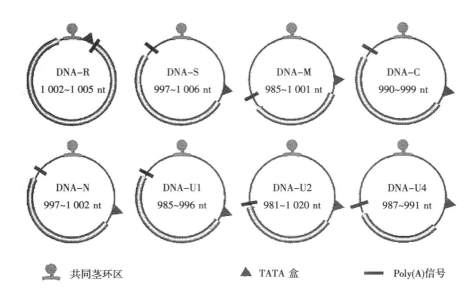

⬤ 共同茎环区	▲ TATA 盒	▬ Poly(A)信号

图 3 - 3 矮缩病毒属基因组结构图

（引自 Fauquet et al.，2005）

香蕉束顶病毒属现只有香蕉束顶病毒一个种，在自然界中只侵染香蕉，且由香蕉蚜（*Pentalonia nigronervosa*）传播。香蕉束顶病毒基因组含有 6 个不同 DNA 组分，分别命名为 DNA-R、DNA-S、DNA-C、DNA-M、DNA-N 和 DNA-U3，大小为 1 018～1 111nt。DNA-R 编码复制酶，还编码一个 5ku 的功能未知蛋白；DNA-C 编码外壳蛋白；DNA-M 编码运动蛋白；DNA-N 编码的产物含有类似于成视网膜细胞瘤蛋白（retinoblastoma protein，Rb）结合活性功能的基序"LXCDE"，推测可能通过影响寄主体内与 DNA 复制有关的蛋白的积累，继而改变寄主细胞内环境，使病毒 DNA 得到有效复制；DNA-U3 编码产物具有细胞核穿梭蛋白的功能，只有 DNA-S 编码的蛋白功能尚不清楚。与矮缩病毒属相比，香蕉束顶病毒基因组非编码区增加了一个 66～92nt 的主要共同区（major common region，CR-M）（图 3 - 4）。根据已经发表的香蕉束顶病毒 DNA-R、DNA-N 和 DNA-S 序列，香蕉束顶病毒分为 2 个组，即南太平洋组和亚洲组（郑耘等，2005）。

由于矮缩病毒科基因组结构与双生病毒科类似，因此认为该属病毒复制也是依赖于寄主细胞的复制酶并以 dsDNA 的转录和复制链为模板，通过滚环复制机理进行复制的。病毒 ssDNA 利用寄主 DNA 聚合酶及自身存在的内源引物合成 dsDNA，dsDNA 再转录编码复制相关蛋白（Rep）及其他与复制相关蛋白的 mRNA。病毒基因组 DNA 复制由 M-rep

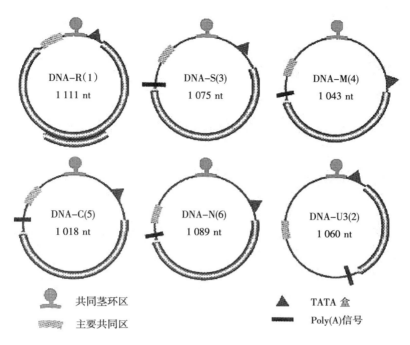

图 3-4　香蕉束顶病毒基因组结构

(引自 Fauquet et al.，2005)

启动，至少有一个组分编码复制相关蛋白（Rep）。香蕉束顶病毒（BBTV）和蚕豆坏死黄化病毒（*Faba bean necrotic yellow virus*，FBNYV）的 Rep 的切割和连接活性已在体外实验中得到证实。切割和连接位点位于保守茎环结构附近。通过对已知 4 个病毒的分离物分析发现有些分离物含有 2～4 个 Rep，但其真实作用尚不清楚，估计有些 Rep 组分可能是卫星组分。

第三节　花椰菜花叶病毒科的分子生物学

花椰菜花叶病毒科（*Caulimoviridae*）是植物病毒中唯一的双链 DNA 病毒。病毒粒体为等轴状（直径 43～50nm）或杆菌状（30～35nm×60～400nm），无包膜。该科病毒分为 6 个属：花椰菜花叶病毒属（*Caulimovirus*）、碧冬茄病毒属（*Petuvirus*）、大豆斑驳病毒属（*Soymovirus*）、木薯脉斑驳病毒属（*Cavemovirus*）、杆状 DNA 病毒属（*Badnavirus*）和水稻东格鲁杆状病毒属（*Tungrovirus*）。病毒的自然寄主范围较窄，碧冬茄病毒属病毒、大豆褪绿斑驳病毒属病毒和木薯脉斑驳病毒属病毒仅局限于侵染双子叶植物，水稻东格鲁杆状病毒属病毒侵染单子叶植物，杆状 DNA 病毒属病毒既侵染双子叶植物，也侵染单子叶植物。花椰菜花叶病毒属病毒自然条件下由蚜虫以半持久性方式传播，也可以机械接种传播。杆状 DNA 病毒属病毒大多不能机械传播，自然界中多数种由介体粉蚧以半持久方式传播。水稻东格鲁杆状病毒由黑尾叶蝉传播，介体传毒需要有水稻东格鲁球状病毒的辅助（洪健等，2001）。

一、花椰菜花叶病毒科的基因组结构

该科病毒基因组结构为单分体双链 DNA，长约 7.2～8.3kb。基因组双链 DNA 每条链上均有缺口，其中一条链含有 1 个缺口，另一条含 1～3 个缺口。

花椰菜花叶病毒属病毒（caulimoviruses）基因组长约 8kb，基因组 DNA 两条链上均有缺口，其中转录链（或称 α 链、负链）含有 1 个，非转录链含有 1～3 个（图 3-5）。基因组含有 7 个 ORF。DNA 转录时产生的两条 RNA 转录物作为 mRNA 翻译各 ORF。ORF1 编码的 38ku 产物为系统侵染功能蛋白（SYS），涉及病毒在细胞间的运动；ORF2 编码的 18ku 产物为昆虫传播因子（ITF），参与蚜虫的传毒；ORF3 编码的 15ku 产物是一个掺和在病毒粒体中的 DNA 结合蛋白（DBP）；ORF4 编码的 57ku 产物是结构蛋白（GAG），具有结合单链 DNA 的能力；ORF5 编码的 79ku 蛋白是逆转录酶，ORF6 编码的 58ku 蛋白形成病毒内含体的基质并涉及症状表现和寄主范围，ORF7 编码的 11ku 蛋白功能未知。花椰菜花叶病毒（*Cauliflower mosaic virus*，CaMV）的基因组结构如图 3-5。

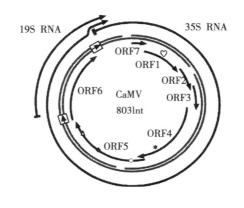

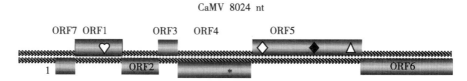

图 3-5　花椰菜花叶病毒（CaMV）的基因组及其产物

（引自洪健等，2001）

♡ 移动蛋白活性位点　＊ RNA 结合位点　◇ 蛋白酶活性位点

◆ 逆转录酶活性位点　△ RNA 酶 H 保守序列

碧冬茄病毒属病毒（petuviruses）编码 2 个 ORF（图 3-6），所编码产物包括推测的移动蛋白、逆转录酶、外壳蛋白等。有证据表明，病毒的基因组被整合到寄主植物的基因组中。碧冬茄脉明病毒（*Petunia vein clearing virus*，PVCV）的基因组结构如图 3-6。

大豆斑驳病毒属病毒（soymoviruses）基因组编码 8 个 ORF，所编码产物包括推测的移动蛋白、逆转录酶、外壳蛋白等。大豆褪绿斑驳病毒（*Soybean chlorotic mottle virus*，SbCMV）的基因组结构如图 3-7。

图 3-6　碧冬茄脉明病毒（PVCV）的基因组及其产物

（引自洪健等，2001）

♡移动蛋白活性位点　◇蛋白酶活性位点

◆逆转录酶活性位点　△RNA 酶 H 保守序列

图 3-7　大豆褪绿斑驳病毒（SbCMV）的基因组及其产物

（引自洪健等，2001）

♡移动蛋白活性位点　* RNA 结合位点　◇蛋白酶活性位点

◆逆转录酶活性位点　△RNA 酶 H 保守序列

木薯脉斑驳病毒属病毒（cavemoviruses）编码 5 个 ORF，所编码产物包括推测的移动蛋白、逆转录酶、外壳蛋白等。木薯脉花叶病毒（*Cassava vein mosaic virus*，CsVMV）的基因组结构如图 3-8。

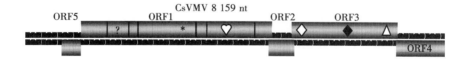

图 3-8　木薯脉花叶病毒（CsVMV）的基因组及其产物

（引自洪健等，2001）

♡移动蛋白活性位点　* RNA 结合位点　◇蛋白酶活性位点

◆逆转录酶活性位点　△RNA 酶 H 保守序列

杆状 DNA 病毒属病毒（badnaviruses）编码 3 个 ORF。双链 DNA 的每条链上特定位点均含有一个带单链序列的缺口。基因组中含有反向重复序列。鸭跖草黄斑驳病毒（*Commelina yellow mottle virus*，ComYMV）的 3 个 ORF 编码的蛋白分别为 23 ku、15 ku 和 216 ku，最大的 ORF 可能编码多聚蛋白，随后切割成几个功能蛋白，包括一个未知功能蛋白（U）、外壳蛋白和 RNA 结合蛋白（PB）、天冬氨酸蛋白酶（PR）、逆转录酶（RT）和 RNA 酶 H（RH）（图 3-9）。

水稻东格鲁杆状病毒属病毒（tungroviruses）含有 4 个 ORF，分别编码 24 ku、12 ku、194 ku 和 46 ku 的蛋白。最大的 ORF 可能编码多聚蛋白，随后切割成几个功能蛋白。水稻东格鲁杆状病毒（*Rice tungro bacilliform virus*，RTBV）的基因组结构如图 3-10。

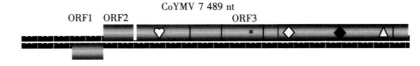

图 3-9　鸭跖草黄斑驳病毒（ComYMV）的基因组及其产物

（引自洪健等，2001）

♡移动蛋白活性位点　＊RNA 结合位点　◇蛋白酶活性位点

◆逆转录酶活性位点　△RNA 酶 H 保守序列

图 3-10　水稻东格鲁杆状病毒（RTBV）的基因组及其产物

（引自洪健等，2001）

♡移动蛋白活性位点　＊RNA 结合位点　◇蛋白酶活性位点

◆逆转录酶活性位点　△RNA 酶 H 保守序列

二、花椰菜花叶病毒的复制

　　花椰菜花叶病毒（CaMV）的复制模式为：病毒粒体进入细胞后脱去外壳，含有缺口的 dsDNA 分子进入细胞核，在核内缺口被修补闭合，从而产生一个超螺旋的分子，然后与寄主蛋白结合成为一种微染色体结构；在微染色体内，CaMV 的（＋）链 DNA 被寄主 RNA 聚合酶Ⅱ转录成 19S RNA 和 35S RNA，19S RNA 和部分 35S RNA 转移至细胞质后利用寄主的核糖体翻译出蛋白质产物。另一部分 35S RNA 作为模板由病毒编码的反转录酶合成（一）链 DNA，再由（一）链 DNA 合成（＋）链 DNA，并形成环状带缺口的 dsDNA。

　　19S RNA 和 35S RNA 5′端为帽子结构，3′端有 poly（A）尾。35S RNA 是大于基因组长度的转录本，它是子代病毒 DNA 合成的模板，并编码合成大部分病毒蛋白；19S RNA 只包含 ORF 6。19S RNA 和 35S RNA 的启动子具有典型的真核生物启动子特征，均可使外源基因在植物中表达，其中 35S RNA 启动子已被广泛用于植物中高效表达外源基因。

　　病毒 DNA 复制发生在细胞质。CaMV（一）链 DNA 的合成是由寄主细胞的蛋氨酸转运 RNA（tRNA^met）所启动的，tRNA^met 能够与 35S RNA 中的一段与 tRNA^met 互补的 14 nt 序列杂交，这个序列位于 35S RNA 下游大约 600 nt 的地方，并靠近 CaMV 的一个序列缺口；反转录延伸至 35S RNA 5′端，再经 5′端跳至 3′端合成一段与 35S RNA 末端 180 nt 重复互补的序列，并继续反转录至 tRNA^met 引物结合处，完成（一）链 DNA 的合成，然后经 RNaseH 作用，去除 35S RNA 模板链，再完成（＋）链 DNA 的合成。在复制周期的最后，CaMV 病毒粒体 DNA 的每一个缺口处发生链的重叠，这是在逆转录酶的作用下从特定链上发生链转位（strand-switch）的结果（王海河等，1999）。

参 考 文 献

王海河，周仲驹，谢联辉．1999．花椰菜花叶病毒（CaMV）的基因表达调控．微生物学杂志，19（1）：34～40

吴佩君，谢艳，陶小荣，周雪平．2004．与含卫星 DNA 的烟草曲茎病毒伴随的 nanovirus 类 DNA 分子鉴定．自然科学进展，14（6）：655～659

周雪平，崔晓峰，陶小荣．2003．双生病毒——一类值得重视的植物病毒．植物病理学报，33（6）：487～492

郑耘，李华平，肖火根，范怀忠．2005．香蕉束顶病毒 NS‐P 株系 DNA 组分 5 的克隆和序列分析．植物病理学报，35（4）：289～292

洪健，李德葆，周雪平．2001．植物病毒分类图谱．北京：科学出版社

陶小荣，青玲，周雪平．2004．中国番茄黄化曲叶病毒 DNAβA‐Rich 区的功能鉴定．科学通报，49（14）：1 386～1 389

Abouzid AM, Frischmuth T, Jeske H. 1988. A putative replicative form of Abutilon mosaic virus（gemini‐group）in a chromatin‐like structure. Molecular & General Genetics, 211：252～258

Accotto GP, Donson J, Mullineaux PX. 1989. Mapping of Digitaria streak virus transcripts reveals different RNA species from the same transcription unit. EMBO Journal, 8：1 033～1 039

Akbar Behjatnia SA, Dry IB, Rezaina MA. 1998. Identification of the replication‐associated protein binding domain within the intergenic region of tomato leaf curl geminivirus. Nucleic Acids Research, 26：925～931

Argüello‐Astorga GR, Guevara‐Gonzalez RG, Herrera‐Estrella LR, Rivera‐Bustamante RF. 1994a. Geminivirus replication origins have a group‐specific organization of iterative elements：a model for replication. Virology, 203：90～100

Argüello‐Astorga G, Herrera‐Estrella L, Rivera‐Bustamente R. 1994b. Experimental and theoretical definition of geminivirus origin of replication. Plant Molecular Biology, 26：553～556

Behjatnia SAA, Dry IB, Rezaina MA. 1998. Identification of the replication‐associated protein binding domain within the intergenic region of tomato leaf curl geminivirus. Nucleic Acids Research, 26：925～931

Bellard M, Oudet P, Germond E, Chambon P. 1976. Subunit structure of simian‐virus‐40 minichromosome. European Journal of Biochemistry, 70：543～553

Berg JM. 1990. Zinc fingers and other metal binding domains. Journal of Biological Chemistry, 265：6 513～6 516

Boulton MI. 2002. Functions and interactions of mastrevirus gene products. Physiological and Molecular Plant Pathology, 60：243～255

Briddon RW, Lunness P, Bedford ID, Chamberlin LCL, Mesfin T, Markham PG. 1996. A streak disease of pearl millet caused by a leafhopper‐transmitted geminivirus. European Journal of Plant Pathology, 102：397～400

Briddon RW, Mansoor S, Bedford ID, Pinner MS, Saunders K, Stanley J, Zafar Y, Malik KA, Markham PG. 2001. Identification of DNA components required for induction of cotton leaf curl disease. Virology, 285：234～243

Cui XF, Li GX, Wang DW, Wu DW, Zhou XP. 2005. A begomoviral DNAβ‐encoded protein binds DNA, functions as a suppressor of RNA silencing and targets to the cell nucleus. Journal of Virology, 79：

10 764～10 775

Cui XF, Tao XR, Xie Y, Fauquet CM, Zhou XP. 2004. A DNAβ associated with Tomato yellow leaf curl China virus is required for symptom induction in hosts. Journal of Virology, 78: 13 966～13 974

Dekker EL, Woolston CJ, Xue YB, Cox B, Mullineaux PM. 1991. Transcript mapping reveals different expression strategies for the bicistronic RNAs of the geminivirus Wheat dwarf virus. Nucleic Acids Research, 19: 4 075～4 081

Fauquet CM, Mayo MA, Maniloff J, Desselberger U, Ball LA. 2005. Virus Taxonomy - Eight Report of the International Committee on Taxonomy of Viruses. San Diego: Elsevier Academic Press

Fauquet CM, Stanley J. 2003. Geminivirus classification and nomenclature: progress and problems. Annala of Applied Biology, 142: 165～189

Fontes EPB, Eagle PA, Sipe PS, Luckow VA, Hanley - Bowdoin L. 1994a. Interaction between a geminivirus replication protein and origin DNA is essential for viral replication. Journal of Biological Chemistry, 269: 8 459～8 465

Fontes EPB, Gladfelter HJ, Schaffer RL, Petty ITD, Hanley - Bowdoin L. 1994b. Geminivirus replication origins have a modular organization. Plant Cell, 6: 405～416

Fontes EPB, Luckow VA, Hanley - Bowdoin L. 1992. A geminivirus replication protein is a sequence - specific DNA - binding protein. Plant Cell, 4: 597～608

Frischmuth S, Frischmuth T, Jeske H. 1991. Transcriptional mapping of Abutilon mosaic virus, a geminivirus. Virology, 185: 596～604

Frischmuth S, Frischmuth T, Latham JR, Stanley J. 1993. Transcriptional analysis of the virion - sense genes of the geminivirus Beet curly top virus. Virology, 197: 312～319

Gutierrez C, Ramirez - Parra E, Castellano MM, Sanz - Burgos AP, Luque A, Missich R. 2004. Geminivirus DNA replication and cell cycle interactions. Veterinary Microbiology, 98: 111～119

Gutierrez C. 1999. Geminivirus DNA replication. Cellular and Molecular Life Sciences, 56: 313～329

Gutierrez C. 2000. DNA replication and cell cycle in plant: learning from geminiviruses. EMBO Journal, 19: 792～799

Hamilton WDO, Sanders RC, Coutts RHA., Buck KW. 1981. Characterization of Tomato golden mosaic virus as a geminivirus. FEMS Microbiology Letters, 11: 263～267

Hanley - Bowdoin L, Elmer J, Rogers SG. 1989. Functional expression of the leftward open reading frames of a component of tomato golden mosaic virus in transgenic tobacco plants. Plant Cell, 1: 1 057～1 067

Hanley - Bowdoin L, Settlage SB, Orozco BM, Nagar S, Robertson D. 2000. Geminiviruses: Models for plant DNA replication, transcription, and cell cycle regulation. Critical Review in Biochemistry and Molecular Biology, 35: 105～140

Hayes RJ, Petty ITD, Coutts RHA, Buck KW. 1988. Gene amplification and expression in plants by a replicating geminivirus vector. Nature, 334: 179～182

Latham JR, Saunders K, Pinner MS, Stanley J. 1997. Induction of plant cell division by beet curly top virus gene C4. Plant Journal, 11: 1 273～1 283

Laufs J, Jupin I, David C., Schumacher S, HeyraudNitschke F, Gronenborn B. 1995. Geminivirus replication: Genetic and biochemical characterization of Rep protein function, a review. Biochimie, 77: 765～773

Lazarowitz SG. Wu LC, Rogers SG, Elmer JS. 1992. Sequence - specific interaction with the viral al1 protein identifies a geminivirus DNA - replication origin. Plant Cell, 4: 799～809

Liu YL, Robinson DJ, Harrison BD. 1998. Defective forms of cotton leaf curl virus DNA - A that have different combinations of sequence deletion, duplication, inversion and rearrangement. Journal of General Virology, 79: 1 501~1 508

Mansoor S, Briddon RW, Zafar Y, Stanley J. 2003. Geminivirus disease complexes: an emerging threat. Trends in Plant Science, 8: 128~134

Mansoor S, Khan SH, Bashir A, Saeed M, Zafar Y, Malik KA, Briddon R, Stanley J, Markham PG. 1999. Identification of a novel circular single - stranded DNA associated with cotton leaf curl disease in Pakistan. Virology, 259: 190~199

Menissier J, de Murcia G., Lebeurier G, Hirth L. 1983. Electron microscopic studies of the different topological forms of the Cauliflower mosaic virus DNA: knotted encapsidated DNA and nuclear minichromosome. EMBO Journal, 70: 1 067~1 071

Morris BAM, Richardson KA, Haley A, Zhan XC, Thomas JE. 1992. The nucleotide - sequence of the infectious cloned DNA component of Tobacco yellow dwarf virus reveals features of geminiviruses infecting monocotyledonous plants. Virology, 187: 633~642

Mullineaux PM, Guerineau F, Accotto G. P. 1990. Processing of complementary sense RNAs of Digitaria streak virus in its host and in transgenic tobacco. Nucleic Acids Research, 18: 7 259~7 265

Mullineaux PM, Rigden JE, Dry IB, Krake LR, Rezaian MA. 1993. Mapping of the polycistronic RNAs of tomato leaf curl geminivirus. Virology, 193: 414~423

Orozco BM, Gladfelter HJ, Settlage SB, Eagle PA, Gentry RN, Hanley - Bowdoin L. 1998. Multiple cis elements contribute to geminivirus origin function. Virology, 242: 346~356

Petty ITD, Coutts RHA, Buck KW. 1988. Transcriptional mapping of the coat protein gene of Tomato golden mosaic virus. Journal of General Virology, 69: 1 359~1 365

Sanz - Burgos AP, Gutierrez C. 1998. Organization of the cis - acting element required for wheat dwarf geminivirus DNA replication and visualization of a Rep protein - DNA complex. Virology, 243: 119~129

Saunders K, Bedford ID, Briddon RW, Markham PG, Wong SM, Stanley J. 2000. A unique virus complex causes Ageratum yellow vein disease. Proceedings of the National Academy of Sciences of the United State of America, 97: 6 890~6 895

Saunders K, Lucy A, Stanley J. 1992. RNA - primed complementary - sense DNA - synthesis of the geminivirus African cassava mosaic virus. Nucleic Acids Research, 20: 6 311~6 315

Saunders K, Stanley J. 1999. A nanovirus - like DNA component associated with yellow vein disease of Ageratum conyzoides: Evidence for interfamilial recombination between plant DNA viruses. Virology, 264: 142~152

Schalk HJ, Matzeit V, Schiller B, Schell J, Gronenborn B. 1989. Wheat dwarf virus, a geminivirus fo graminacieous plants needs splicing for replication. EMBO Journal, 8: 359~364

Stanley J, Bisaro DM, Briddon RW, Brown JK, Fauquet CM, Harrison BD, Rybicki EP, Stenger DC. 2005. Geminiviridae. In Virus Taxonomy. VIIIth Report of the International Committee on Taxonomy of Viruses, Fauquet CM, Mayo MA, Maniloff J, Desselberger U, Ball LA, eds (London: Elsevier/Academic Press), 301~326

Stanley J, Latham JR, Pinner MS, Bedford I, Markham PG. 1992. Mutational analysis of the monopartite geminivirus beet curly top virus. Virology, 191: 396~405

Stanley J, Latham JR. 1992. A Symptom variant of beet curly top geminivirus produced by mutation of open reading frame C4. Virology, 190: 506~509

Stanley J, Markham PG, Callis RJ, Pinner MS. 1986. The nucleotide - sequence of an infectious clone of the geminivirus beet curly top virus. EMBO Journal, 5: 1 761~1 767

Stanley J, Townsend R. 1985. Characterization of DNA forms associated with cassava latent virus infection. Nucleic Acids Research, 13: 2 189~2 206

Stenger DC, Revington GN, Stevenson MC, Bisaro DM. 1991. Replicational release of geminivirus genomes from tandemly repeated copies: evidence for rolling - circle replication of a alant viral DNA. Proceedings of the National Academy of Sciences of the United State of America, 88: 8 029~8 033

Sunter G, Bisaro DM. 1991. Transactivation in a geminivirus - AL2 gene product is needed for coat protein expression. Virology, 180: 416~419

Sunter G, Bisaro DM. 1992. Transactivation of geminivirus - AR1 and geminivirus - BL1 gene expression by the viral AL2 gene product occurs at the level of transcription. Plant Cell, 4: 1 321~1 331

Wright EA, Heckel T, Groenendijk J, Davies JW, Boulton MI. 1997. Splicing features in maize streak virus virion - and complementary - sense gene expression. Plant Journal, 12: 1 285~1 297

Wu PJ, Zhou XP. 2005. Interaction of a nanovirus - like component with Tobacco curly shoot virus/satellite complex. Acta Biochimica Et Biophysica Sinica, 37: 25~31

Zhou XP, Xie Y, Tao XR, Zhang ZK, Li ZH, Fauquet CM. 2003. Characterization of DNAβ associated with begomoviruses in China and evidence for co - evolution with their cognate viral DNA - A. Journal of General Virology, 84: 237~247

第四章　RNA 病毒的分子生物学

在植物病原病毒中，RNA 病毒约占 78%。本章将从分子生物学的角度阐述 RNA 病毒基因组的组成和结构、基因的表达和调控以及病毒的复制。

第一节　RNA 病毒基因组的组成和结构

RNA 病毒的遗传密码储存在 RNA 碱基序列里。从提纯的病毒粒体中可把病毒 RNA 与外壳蛋白分开，并单独提取出来。通过基因的体外反转录（reverse transcription），把病毒 RNA 反转录成互补 DNA（cDNA），并以此为模板，合成双链 DNA（dsDNA）后，便可直接测定碱基序列并进行比较分析。自第一个 RNA 病毒烟草花叶病毒（*Tabacco mosaic virus*，TMV）的碱基序列被确定之后（Goelet et al.，1982），至今大多数植物病毒的 RNA 碱基序列已被确定，其中包括基因组序列长达 19.3 kb 的柑橘衰退病毒（*Citrus tristeza virus*，CTV）（Karasev et al.，1995）。

RNA 病毒可分为单链 RNA（ssRNA）病毒和双链 RNA（dsRNA）病毒，ssRNA 病毒又可分为正链 RNA（＋RNA）病毒和负链 RNA（－RNA）病毒。正链 RNA 类似于 mRNA，可直接翻译出蛋白质。负链 RNA 必须先转录成互补的正链 RNA，再翻译出蛋白质。

一、基因组组成和结构的一般特性

病毒基因组可分成蛋白质编码区段和非编码区段。编码区段含有不同的开放阅读框（open reading frame，ORF）用于表达病毒侵染所必需的蛋白质，包括：①病毒外壳蛋白（capsid protein，CP）；②病毒复制蛋白：如 RNA 聚合酶（RdRp）、解旋酶（helicase）、甲基转移酶（methyl Transferase，MT）、VPg 蛋白；③病毒移动蛋白，即病毒在细胞间移动和长距离移动所需的蛋白质，以及病毒介体传播所需的蛋白。同一种病毒蛋白常常有多种不同功能。编码这些病毒蛋白的开放阅读框往往密集地排列在单链 RNA 的三个不同开放阅读框上，并可相互重叠，甚至一个基因可完全包含在另一个基因内。5′端和 3′端非编码区含有基因表达和病毒复制的调控信号；此外，在两个开放读码框之间的基因间区（intergenic region），甚至开放阅读框内，也可能含有调控信号。同一区段序列的正链和负链可含有不同的调控信号，如正链 5′端含核糖体识别和结合位点，在它互补的负链的 3′端，又同时有 RNA 复制酶的结合位点。下面将详细阐述主要 RNA 病毒属病毒的基因组的组成及其结构。

二、正链 RNA 病毒基因组的组成和结构

迄今能侵染植物的正链 RNA 病毒有 684 种，大多数可归入 9 个科和 13 个独立属中。正链病毒 RNA 可直接作为模板编码成氨基酸序列（蛋白质），编码病毒蛋白的基因可排列在单个 RNA 分子上（单片段基因组）或分布在大小不同的多个分子上（多片段基因组）。

1. 雀麦花叶病毒科（*Bromoviridae*）

（1）雀麦花叶病毒属（*Bromovirus*）：雀麦花叶病毒（*Brome mosaic virus*，BMV）是雀麦花叶病毒属的代表种，基因组 RNA（genomic RNA，gRNA）为 3 个片段的正链 RNA，即 RNA1 [3234 核苷酸（nt）]，RNA2（2 865 nt），和 RNA3（2 117 nt）（图 4 - 1A）（Ahlquist et al.，1984a；Ahlquist，1999；Noueiry & Ahlquist，2003）。此外，还含有一个从 RNA3 转录的与 RNA3 的 3′端部分相同的亚基因组 RNA（subgenomic RNA，sgRNA），亦称 RNA4，也被 CP 包在病毒粒体内。所有四种 RNAs 具有类似的 5′和 3′端结构。5′端形成 M7GpppN 帽子结构。3′端的 135 个碱基在三个基因组 RNA 之间高度保守，并形成类似 tRNA 的三叶草结构（tRNA - like structure，TLS）。

RNA1 和 RNA2 各含单个 ORF，分别编码 1a（110 ku）和 2a（105 ku）蛋白。各种试验证据表明蛋白 1a 和 2a 构成病毒复制酶：①碱基序列显示 RNA1 和 RNA2 含有正链 RNA 病毒复制酶所高度保守的三个功能域（domains），即甲基转移酶、解旋酶及 RNA 聚合酶；②在这三个功能域内引入突变，即导致复制酶功能丧失；③RNA1 和 RNA2 可在原生质体内复制（Kiberstis et al.，1981）；④从感染 BMV 的植物内提取的复制酶含有 1a 和 2a，并且这些蛋白的抗体可抑制酶的活性（Bujarski et al.，1982；Quadt et al.，1988）。RNA3 含有两个 ORFs，5′端 ORF 编码的 3a（35 ku）直接从 RNA3 表达，为病毒移动蛋白（movement protein，MP），是病毒在植物体内细胞间及长距离移动所必需的；3′端 ORF 编码的 3b 为 CP，由 sgRNA4 表达，能将 BMV 三个基因组 RNAs 组装成完整的病毒粒体。这四种蛋白不仅在蛋白质体外表达系统中分别由 RNA1 至 RNA4 表达，并且均在寄主或非寄主植物的原生质体内检测到。虽然在寄主植物细胞内复制只需要 RNA1 和 RNA2，但系统侵染寄主植物则需要有三个基因组 RNAs 同时存在。

（2）黄瓜花叶病毒属（*Cucumovirus*）：黄瓜花叶病毒（*Cucumber mosaic virus*，CMV）是黄瓜花叶病毒属的代表种，基因组结构与雀麦花叶病毒属相似（图 4 - 1B）（Roossinck，1999 a，b）。基因组（含 RNA1、RNA2 和 RNA3 三条单链正义 RNA 分子及亚基因组 RNA4），RNA1 和 RNA2 分别编码 1a（109 ku）和 2a（105 ku）蛋白，为病毒复制酶。RNA3 编码的 3a（32 ku）是病毒 MP，3b（24 ku）为 CP，由亚基因组 sgRNA4 表达。所有基因组和亚基因组 RNA 的 5′端均形成帽子结构，3′端组成类似 tRNA 的三叶草结构。与雀麦花叶病毒属病毒不同的是在 RNA2 的近 3′端含有 2b ORF，与 2a ORF 重叠。2b 蛋白是病毒系统侵染植物所必需的（Ding et al.，1995），又是寄主植物 RNA 沉默的抑制子（RNA silencing supressor，RSS）（Li et al.，2002）。番茄不孕病毒（*Tomato aspermy virus*，TAV）2b 比 CMV 2b 对寄主 RNA 沉默具更强抑制作用。当 CMV 的 2b 被 TAV 2b 替换则显著提高其毒性（Ding et al.，1996）。

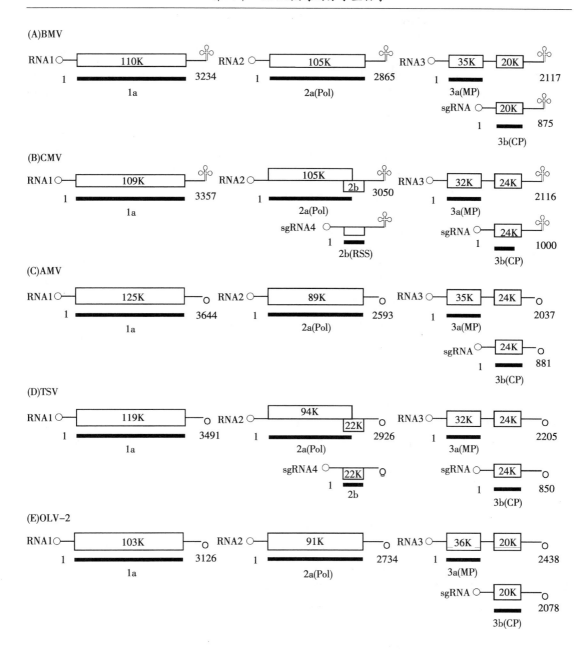

图 4-1　雀麦花叶病毒科病毒的 RNA 基因组结构

(A) BMV (雀麦花叶病毒,雀麦花叶病毒属);(B) CMV (黄瓜花叶病毒,黄瓜花叶病毒属); (C) AMV (苜蓿花叶病毒,苜
蓿花叶病毒属);(D) TSV (烟草线条病毒,等轴不稳环斑病毒属); (E) OLV-2 (油橄榄潜隐病毒 2 号,油橄榄病毒属)

注:适用于图 4-1 到图 4-19。MT: 甲基转移酶；Hel:解旋酶; Pol or RdRp:依赖 RNA 的 RNA 聚合酶; Pro:蛋白酶

○　5'帽子　　⚜　3'tRNA-like 结构　　AAA3'poly(A)

◇　5'VPg　　♀　3'茎-环结构帽子

（3）苜蓿花叶病毒属（*Alfamovirus*）：苜蓿花叶病毒（*Alfalfa mosaic virus*，AMV）是苜蓿花叶病毒属的代表种（Bol，1999a，b），是碱基序列最早被测定的三片段基因组RNA病毒，与雀麦花叶病毒属相似（图 4 - 1C），共有三个片段的正链 RNA 和一个亚基因组 RNA，并且所有 RNA 的 5′端为帽子结构，3′端的 145 碱基序列基本相同，但不形成 tRNA 结构，而是由多个茎环（stem - loop）构成复杂的二级结构。病毒共编码 4 种蛋白质，RNA1 编码的 1a（125 ku，含甲基转移酶和解旋酶）和 RNA2 编码的 2a（89 ku，RdRp）共同构成复制酶，RNA3 编码的 3a（35 ku）是 MP，sgRNA 表达的 3b（24 ku）是 CP，CP 不仅具有结构蛋白功能，并且是病毒 RNA 复制所必需的蛋白质，其功能可被烟草线条病毒（*Tobacco streak virus*，TSV）的 CP 替代。

（4）等轴不稳环斑病毒属（*Ilarvirus*）：等轴不稳环斑病毒属的代表种是烟草线条病毒（*Tobacco streak virus*，TSV），与雀麦花叶病毒科的所有成员一样具有三个基因组片段及表达 3b 的亚基因组片段 sgRNA4（Bol，1999a）（图 4 - 1D）。基因组 RNA 的 5′端形成帽子结构，3′端与 AMV 相似形成复杂结构。RNA1 和 RNA2 分别编码与病毒复制相关的 1a 和 2a 蛋白。RNA3 编码的 3a 为病毒移动蛋白（MP）、3b 为 sgRNA 4 编码的 CP，且与 AMV CP 相似，是病毒复制所必需的。除此 4 种蛋白之外，与 CMV 类似，RNA2 的 3′端还含有寄主植物 RNA 沉默抑制子 2b 基因，与 5′端的 2a 重叠，由 sgRNA4 表达（Xin et al.，1998）。

（5）油橄榄病毒属（*Oleavirus*）：此属只含一种病毒——油橄榄潜隐病毒 2 号（*Olive latent virus* 2，OLV - 2），具有与雀麦花叶病毒科的其他成员相类似的基因组结构（图 4 - 1E）（Grieco et al.，1995，1996）。与其他成员不同的是表达 CP（3b）的 sgRNA4 不包被在病毒粒体内，或仅有少量 sgRNA 被包装，并且另含有一个与 RNA3 相似却不编码任何蛋白的 RNA4。

2. 马铃薯 Y 病毒科（*Potyviridae*） 这个科共有 6 个属，分单片段基因组和二片段基因组两类。

（1）单片段基因组：含单片段基因组的马铃薯 Y 病毒科有 5 个属：马铃薯 Y 病毒属（*Potyvirus*）、甘薯病毒属（*Ipomovirus*）、柘橙病毒属（*Macluravirus*）、黑麦草花叶病毒属（*Rymovirus*）和小麦花叶病毒属（*Tritimovirus*），具有相似的基因组结构，以马铃薯 Y 病毒属所含病毒种类最多，包括多种具重要经济意义的病毒，这里以烟草蚀纹病毒（*Tobacco etch virus*，TEV）为例加以阐述（图 4 - 2A）。TEV 含单片段正链 RNA，长 9 704 nt，5′端连接 VPg，5′UTR 为 144 nt，富含 A 和 U，3′端是 poly（A）（20～160），3′UTR 含有 190 nt，编码区含单个 ORF，编码一个 340 ku 的多聚蛋白（polyprotein），这个多聚蛋白再由病毒编码的蛋白酶切成 9～10 种具不同功能的蛋白质。

TEV 编码 3 种蛋白酶（Reichmann et al.，1992；Shukla et al.，1994）。N 端的 P1（35 ku）为蛋白酶，把自身从 P1 - HC - Pro 蛋白中切出。位于第二位的 HC - Pro 蛋白（52 ku）有两个功能域，C 端部分为蛋白酶，可将 HC - Pro 的 C 端酶解。N 端部分为介体传播辅助蛋白，是病毒介体传播所必需的。此外，HC - Pro 蛋白还是第一个被鉴定的寄主植物 RNA 沉默抑制子（Anandalakshmi et al.，1998；Brigneti et al.，1998；Kasschau & Carrington，1998；Roth et al.，2004；Voinnet et al.，2005）。第三个蛋白酶 NIa

(Nuclear inclusion a，49 ku）负责切其余所有的酶切位点，含有两个功能域，N 端部分为 VPg（21 ku），连接在 RNA 的 5′端，C 端部分为蛋白酶（27 ku）。

TEV 的 RNA 复制酶由两种病毒蛋白构成，一种是位于中间的胞质内含物（cytoplasmic inclusion I，71 ku），是构成风轮状内含体的有效成分，同时也是解旋酶；另一种病毒蛋白是核内含物（nuclear inclusion b，58 ku），是一种 RNA 聚合酶（Allison et al.，1986）。

位于多聚蛋白 C 末端的是 CP，也是病毒介体有效传播所必需的。位于 N 端第三位的 P3 约 50 ku，可能是蛋白酶的辅助因子（co-factor）。位于 CI 两端是两个功能未知的 6 ku 的小蛋白。

（2）二片段基因组：含二片段基因组的马铃薯 Y 病毒科仅有一个属，即大麦黄花叶病毒属（*Bymovirus*），其二片段基因组 RNA 大小分别为 7.5～8.0 kb 和 3.5～4.0 kb，分别包裹在长度不同（200～600 nm 和 250～300 nm）的两种粒体内。代表种大麦黄花叶病毒（*Barley yellow mosaic virus*，BaYMV）的基因组结构与 TEV 相似（Hull，2002）（图 4-2B），只是 N 端的两个蛋白质 P1 和 P2 由 RNA2 编码，其余的蛋白由 RNA1 编码。

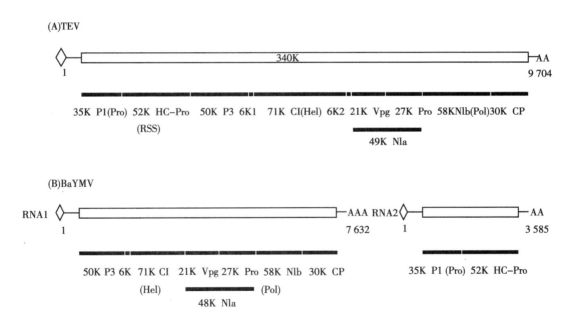

图 4-2　马铃薯 Y 病毒科病毒的 RNA 基因组结构
(A) TEV（烟草蚀纹病毒，马铃薯 Y 病毒属）；(B) BaYMV（大麦黄花叶病毒，大麦黄花叶病毒属）

3. 豇豆花叶病毒科（*Comoviridae*）　病毒粒体球状，由 1 种或 2 种 CP 构成外壳，含 2 个片段正链 RNA，5′端由病毒编码的 VPg 连接，3′端为聚腺苷酸 ploy（A），每个片段上含单个开放阅读框，表达成多聚蛋白，再被酶切成最终的功能蛋白（图 4-3）。

（1）豇豆花叶病毒属（*Comovirus*）：豇豆花叶病毒属的代表种是豇豆花叶病毒（*Cowpea mosaic virus*，CPMV），含两片段正链 RNA，大小分别为 5.9 kb 和 3.5 kb（Lom-

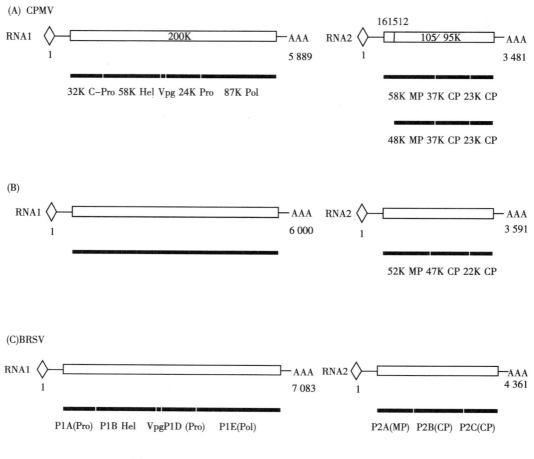

图 4-3 豇豆花叶病毒科病毒的 RNA 基因组结构

(A) CPMV (豇豆花叶病毒，豇豆花叶病毒属)；(B) BBVVV-2 (蚕豆萎蔫病毒血清型 2 号，蚕豆病毒属)；
(C) BRSV (甜菜环斑病毒，线虫传多面体病毒属)

onossoff & Shanks, 1999) (图 4-3)。其中 RNA1 可单独在细胞内复制，说明 RNA1 编码复制酶，但被复制的 RNA1 不能移动到相邻的细胞，病毒系统侵染植物同时需要 RNA1 和 RNA2。

RNA1 和 RNA2 的 5′ 端连着由病毒编码的 VPg，3′ 端为 poly (A)，在 RNA 复制过程中一起被复制。RNA1 和 RNA2 的 5′ UTRs 的前 44 nt 具有 86% 同源性，其中最前端的 7 nt 完全相同，3′ UTRs 最后的 65 nt 具有 83% 同源性，其中最后的 7 nt 完全相同。点突变 (site mutagenesis) 试验证明 3′ 端的最后 7 nt 及 poly (A) 头 4 个 A 是 RNA1 在寄主细胞内复制所必需的信号 (Eggen et al., 1990)。

RNA1 编码区含单个 ORF，表达 200 ku 的多聚蛋白。此多聚蛋白又按次序由病毒编码的蛋白酶在 4 个酶切位点上切割成 5 种功能蛋白，其中两种 (32 ku 和 24 ku) 是蛋白酶：24 ku 蛋白酶既是自切酶又负责切其余的酶切位点，且 32 ku 是 24 ku 蛋白酶的辅助因子；58 ku 的解旋酶和 87 ku 的 RNA 聚合酶构成 RNA 复制酶；位于 58 ku 和 24 ku 蛋白之间的 VPg，结合在 RNA1 和 RNA2 的 5′端上。

RNA2 编码两个 C 端相同的多聚蛋白，105 ku 蛋白从第 16 nt 开始翻译，95 ku 蛋白从第 512 nt 开始表达（Holness et al.，1989）。两种多聚蛋白被 RNA1 编码的 24 ku 及 32 ku 蛋白酶切成 4 种功能蛋白（Wellink & Van Kammen，1989），N 端的 58 ku（由 105 ku 切出）和 48 ku（由 95 ku 切出）具有共同的 C 端，是病毒的 MP。而 37 ku 和 23 ku 两种蛋白是病毒的 CP。

（2）蚕豆病毒属（*Fabavirus*）：与豇豆花叶病毒属相似，蚕豆病毒属病毒的粒体由两种大小不同的 CP 构成，基因组含二个片段的正链 RNA（Cooper，1999）（图 4 - 3B），分别表达成单个多聚蛋白，再酶解成最终功能蛋白。除 RNA2 编码的 47ku 和 22ku 两种蛋白为病毒的 CP，52 ku 蛋白为病毒的 MP 外，其余蛋白功能不清。

（3）线虫传多面体病毒属（*Nepovirus*）：与豇豆花叶病毒属相似，基因组 RNA 分成两个片段，各含有单个 ORF，表达一个多聚蛋白，再酶切成不同功能蛋白（Mayo & Jones，1999a）（图 4 - 3C）。与豇豆花叶病毒属具有相似的基因组结构，但 RNA1 和 RNA2 的大小因不同病毒种而有较大差异，其中 RNA1 大小为 7.1～8.4ku，RNA2 为 3.2～7.2ku。此外，有些病毒 RNA2 编码一种 CP，如烟草环斑病毒（*Tobacco ringspot virus*，TRSV），有些病毒 RNA2 编码两种或三种 CPs，如甜菜环斑病毒（Beet ringspot virus，BRSV）（图 4 - 3C）。

4. 番茄丛矮病毒科（*Tombusviridae*） 病毒粒体球状，除香石竹环斑病毒属（*Dianthovirus*）具双片段基因组外，其余均为单片段正链 RNA，大小为 3.7～4.8 kb。有些病毒基因组的 5′端含有帽子结构。3′端既无类似 tRNA 的三叶草结构亦无 Poly A 尾，但却含有茎环结构（stem - loop structure，SLS），是 RNA 复制所必需。科内各属间具有不同的基因组结构，但都可通过终止密码子通读（terminatior readthrough）或核糖体移码（ribssomal trameshifting）方式而表达获得 RNA 聚合酶（图 4 - 4）。

（1）番茄丛矮病毒属（*Tombusvirus*）：番茄丛矮病毒属病毒含单片段 RNA 基因组（Rochon，1999；White & Nagy，2004）。代表种番茄丛矮病毒（*Tomato bushy stunt virus*，TBSV）的基因组结构见图 4 - 4A。基因组 RNA（4.8 kb）含有 5 个 ORFs，其中 ORF1 和 ORF2 重叠，两者起始密码子位点相同，ORF1 编码 1 个 33ku 蛋白，但在蛋白质翻译过程中，核糖体以 5%～10% 的几率通读过 ORF1 的终止密码子 UAG，继续翻译 ORF2，获得 1 个 92ku 蛋白，两个蛋白共同构成 RNA 聚合酶。位于基因组中间的 ORF3 则是通过形成亚基因组 RNA1 的策略，表达出 1 个 41ku 的病毒 CP。ORF4 和 ORF5 两者重叠，但 OFR5 处在 ORF4 内部，两者的起始密码子和终止密码子均不处于同一位点，它们也都是通过形成亚基因组 RNA2 的策略表达，其中 ORF4 编码 22ku 蛋白，是病毒的 MP，在表达 ORF5 时，发生核糖体移码现象，使核糖体漏过 OFR4 的起始密码子 AUG 而继续前行，开始翻译 ORF5，获得 1 个 19ku 蛋白，该蛋白是寄主植物 RNA 沉默的抑制子，具有控制病毒症状形成功能（Scholthof，2006）。

（2）绿萝病毒属（*Aureusvirus*）：代表种绿萝潜隐病毒（*Pothos latent virus*，PoLV）具有单片段基因组 RNA，大小为 4.4kb（Rubino et al.，1995）（图 4 - 4B）。基因组结构与 TBSV 很相似，共含有 5 个 ORFs，ORF1 编码的 25ku 蛋白及 ORF2 编码的 84ku 通

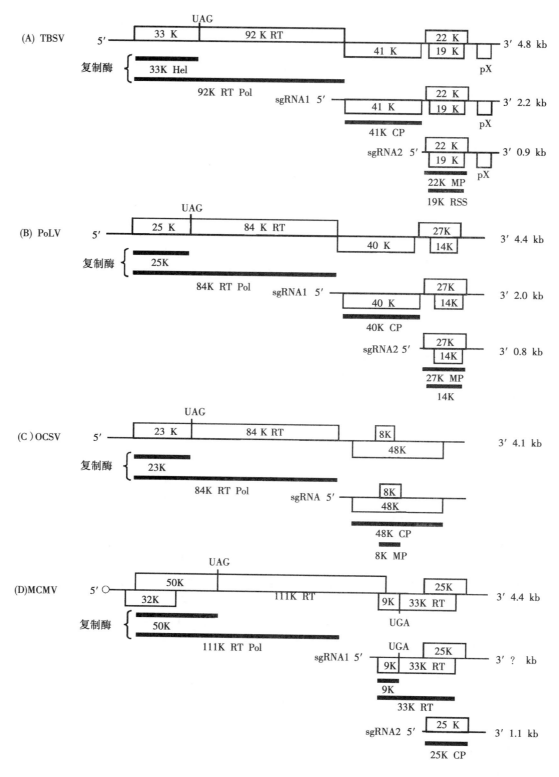

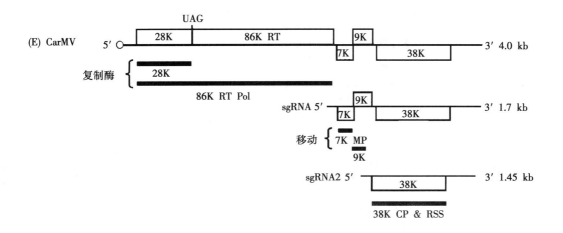

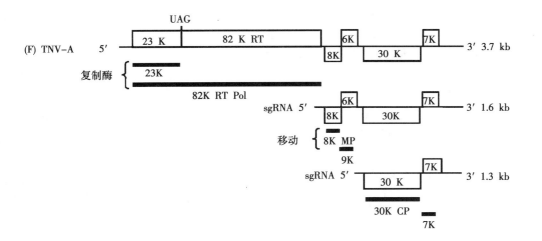

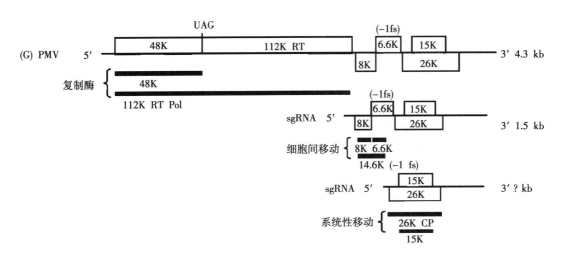

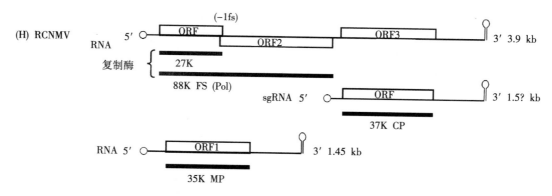

图 4-4　番茄丛矮病毒科病毒的 RNA 基因组结构

(A) TBSV（番茄丛矮病毒，番茄丛矮病毒属）；(B) PoLV（绿萝潜隐病毒，绿萝病毒属）；

(C) OCSV（燕麦褐绿矮化病毒，燕麦病毒属）；(D) MCMV（玉米褪绿斑驳病毒，玉米褪绿斑驳病毒属）；

(E) CarMV（香石竹斑驳病毒，香石竹斑驳病毒属）；

(F) TNV-A（烟草坏死病毒 A，坏死病毒属）；(G) PMV（黍花叶病毒，黍病毒属）；

(H) RCNMV（红三叶草坏死病毒，香石竹环斑病毒属）

读蛋白是构成 RNA 聚合酶的必要成分。ORF3 编码 40ku 的 CP，由 2.0kb sgRNA1 表达。此 CP 还具有调控 ORF5 表达的功能（Rubino & Russo，1997）。ORF4 和 ORF5 由 0.8kb sgRNA2 表达，分别编码 27ku 的病毒 MP 和 14ku 的病毒症状调控蛋白。

（3）燕麦病毒属（*Avenavirus*）：代表种燕麦褐绿矮化病毒（*Oat chlorotic stunt virus*，OCSV）具单片段正链基因组 RNA，长 4.1kb，共有 4 个 ORFs（Boonham et al.，1995）（图 4-4C）。基因组的 5′端半部分编码 23ku 蛋白（ORF1）和 84ku 通读蛋白（ORF2），共同构成 RNA 复制酶。3′端的 ORF3 和 ORF4 由同一亚基因组 RNA 表达，其中 ORF3 编码 48ku 的病毒 CP，ORF4 包含在 ORF3 内，通过核糖体移码方式，翻译出 8ku 的病毒 MP。

（4）玉米褪绿斑驳病毒属（*Machlomovirus*）：代表种玉米褪绿斑驳病毒（*Maize chlorotic mottle virus*，MCMV）含单片段正链 RNA，长 4.4kb，含 6 个 ORFs（Lommel，1999b）（图 4-4D）。ORF1 编码一个 32ku 功能未知的蛋白。ORF2 编码的 50ku 蛋白，ORF2 和 ORF2 的通读蛋白（111ku）共同构成 RNA 复制酶。ORF4 编码的 9ku 蛋白以及 ORF4 和 ORF5 通读的 33ku 蛋白功能未知。ORF6 编码 25ku CP，从 1.1kb sgRNA 表达。

（5）香石竹斑驳病毒属（*Carmovirus*）：代表种香石竹斑驳病毒（*Carnation mottle virus*，CarMV）具单片段基因组 RNA，大小为 4kb。病毒粒体内还包有另外两种数量相同，大小分别为 1.7 kb 和 1.45kb 的 sgRNAs，与基因组 RNA 具相同 3′端结构（Guilley et al.，1985）（图 4-4E）。5′端具有帽子结构，5′端的非编码区有 69nt，3′端的非编码区含 290nt。编码区共有 5 个 ORFs。N 端的 ORF1 编码 28ku 蛋白，并可通读 UAG 终止密码子进入 ORF2 而表达成 86ku 融合蛋白，这两种蛋白均为 RNA 复制酶的必要成分。3′端部分的三个 ORFs 由两个 sgRNAs 表达，1.7kb sgRNA1 表达 ORF3 和 ORF4，1.4kb sgRNA2 表达 ORF5。ORF3 和 ORF4 分别编码 7ku 和 9ku（Carrington & Morris，1986）

两种病毒 MP，是病毒在细胞间转移所必需的。ORF5 编码 38ku 的 CP，此 CP 在同属的芜菁皱缩病毒（*Turnip crinkle virus*，TCV）中被证明是一种寄主 RNA 沉默的抑制子（Qu et al.，2003；Thomas et al.，2003）。

（6）坏死病毒属（*Necrovirus*）：代表种烟草坏死病毒（*Tobacco necrosis virus A*，TNV‐A）的基因组为 3.7kb 单片段正链 RNA（Meulewaeter，1999），共有 6 个 ORFs（图 4‐4F）。ORF1 编码的 23ku 蛋白 ORF2 编码 82ku 蛋白，两者构成 RNA 复制酶。ORF3 和 ORF4 编码两个小蛋白（8ku 和 6ku），是病毒的 MP，由 1.6kb 的 sgRNA1 表达。3′端的 ORF5 和 ORF6 由 1.3kb 的 sgRNA2 表达，ORF5 编码 30ku 的 CP；ORF6 编码 7ku 蛋白，具核酸结合特征，但在病毒侵染过程中的具体功能尚不清楚。

（7）黍病毒属（*Panicovirus*）：代表种黍花叶病毒（*Panicum mosaic virus*，PMV）的基因组 RNA 长 3.7kb，共含有 6 个 ORFs（Turina et al.，1998）（图 4‐4G）。与其他属病毒相似，N 端的两个 ORFs（ORF1 和 ORF2）编码 48ku 通读前蛋白和 112ku 通读蛋白，这两种蛋白共同构成 RNA 复制酶。基因组中间的 ORF3 和 ORF4 由 1.5kb 的 sgRNA1 表达，ORF3 编码 8ku 蛋白，ORF4 编码 6.6ku 蛋白，且可以通过核糖体移码方式翻译出 14.6ku 的融合蛋白，它们被认为是病毒的 MP。处于 3′端的 ORF5 和 ORF6 重叠，均由 sgRNA2 表达，其中 ORF5 编码 26ku 蛋白，ORF6 则是经核糖体移码方式翻译出 15ku 蛋白，两者功能尚不清楚。

（8）香石竹环斑病毒属（*Dianthovirus*）：与番茄丛矮病毒科内所有其他属不同的是香石竹环斑病毒属病毒，基因组 RNA 分成两片段（Lommel，1999a）（图 4‐4H）。红三叶草坏死花叶病毒（*Red clover necrotic mosaic virus*，RCNMV）是香石竹环斑病毒属的一种，研究较为深入，在这里以其作代表来说明基因组结构。RCNMV 含两片段RNA。RNA1（3.9kb）含 3 个 ORFs（Xiong & Lommel，1989；Xiong et al.，1993a），ORF1 编码 27ku 蛋白，ORF1 和 ORF2 通过核糖体移码产生一个 87ku 的融合蛋白（P87）（Xiong et al.，1993b）。P27 是一种膜蛋白，可单独地结合在内质网（endoplasmic reticulum，ER）膜上，诱发 ER 膜结构发生改变并产生小泡（Turner et al.，2004）。P87 的 C 端部分含 RNA 聚合酶活性基团。突变试验表明 P87 和 P27 都是 RNA 复制所必需的（Kim & Lommel，1994），并且从感染 RCNMV 的植物提取的复制酶复合物含有这两种蛋白成分（Bates et al.，1995）。3′端 ORF3 由 1.5kb sgRNA 表达，编码 37ku 的 CP，是病毒系统感染寄主所必需的。1.5kb sgRNA 的合成需要 RNA2。RNA1 能单独在寄主细胞内复制，但不能在寄主细胞间转移，系统侵染寄主植物同时需要 RNA1 和 RNA2。RNA2（1.45kb）含单个 ORF，编码 1 个 35ku 的病毒 MP（Lommel et al.，1988）。

RNA1 和 RNA2 的 5′端含帽子结构，其 5′UTRs 分别为 144nt 和 87nt，两者除前端的 5 个 nt AUAAA 相同外，其余 5′UTR 无同源性。它们的 3′UTR 各有 445nt 和 417nt，除最末端的 29nt 相同并可构成一个稳定的 SLS 外，其他碱基序列也无同源性。突变试验结果表明，3′SLS 是合成负链 RNA 所必需的，而 5′端 AUAAA 是合成后代（＋）RNA所必需的（Turner & Buck，1999）。并且，3′端的茎环结构及碱基序列都是 RNA 复制所必需的。

5. 黄症病毒科（*Luteoviridae*）　病毒粒体球状，由单一种类的分子质量为21～23ku 的 CP 及大小为5.7～5.9kb 的单片段正链 RNA 构成（Smith & Barker，1999）。本科多数病毒能引致黄化病状，共有3个属，各具相似却不相同的基因组结构（图4-5）。

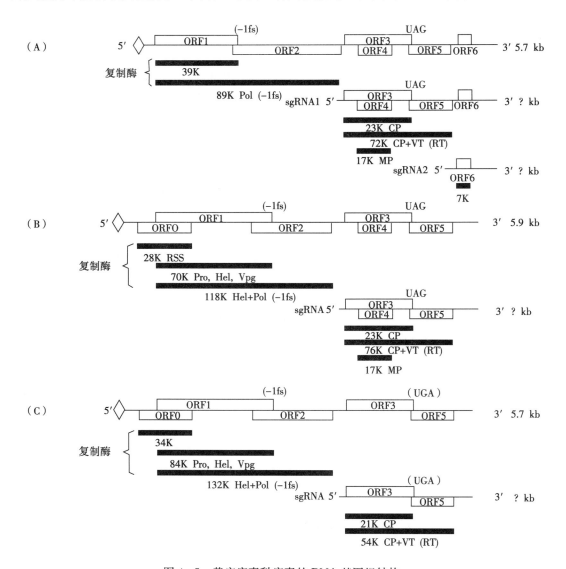

图 4-5　黄症病毒科病毒的 RNA 基因组结构

(A) BYDV-PAV（大麦黄矮病毒 PAV 株系，黄症病毒属）；

(B) PLRV（马铃薯卷叶病毒，马铃薯卷叶病毒属）；

(C) PEMV-1（豌豆耳突花叶病毒1号，耳突花叶病毒属）

（1）黄症病毒属（*Luteovirus*）：代表种大麦黄矮病毒-PAV 株系（*Barley yellow dwarf virus*-PAV，BYDV-PAV）的基因组 RNA 为5.7kb，含6个 ORFs（Mayo & Miller，1999）（图4-5A）。5′端 ORF1 编码39ku 的融合蛋白，它们共同构成病毒复制酶。ORF3 编码23ku 的 CP，ORF4 编码17ku 的 MP，ORF3-5 由亚基因组 RNA1 表达，

且可通过核糖体移码方式产生 1 个 72ku 的融合蛋白，其与蚜虫传毒有关（Brault et al.，2000）。ORF4 编码一个病毒 MP。ORF3、ORF4 和 ORF5 由 sgRNA1 表达。位于基因组 3′端的 ORF6 由 sgRNA2 表达，功能未知。

（2）马铃薯卷叶病毒属（*Polerovirus*）：代表种马铃薯卷叶病毒（*Potato leaf roll virus*，PLRV）含单片段正链 ssRNA，大小为 5.9kb。基因组结构与 BYDV‑PAV 相似（图 4‑5B），不同之处是：①在 5′端的 ORF1 之前另有一个 ORF0，编码的产物 P0（23～29ku）很难在感染的植物体内检测到。但 P0 是病毒复制所必需的（Sadowy et al.，2001），并且是寄主植物 RNA 沉默的抑制子（Pfeffer et al.，2002）；②ORF1 编码的 70ku 蛋白与 BYDV‑PAV ORF1 编码的 39ku 结构很不相同，含有蛋白酶、解旋酶和 VPg 基团，N 端蛋白酶切在 C 端，产生一个约 27ku 蛋白，由此蛋白产生的 VPg 连接在基因组 RNA 的 5′端（Van der Wilk et al.，1997）；③3′端缺少 ORF6。

（3）耳突花叶病毒属（*Enamovirus*）：代表种豌豆耳突花叶病毒 1 号（*Pea enation mosaic virus*‑1，PEMV‑1）含单个正链 ssRNA 基因组，大小为 5.7kb，基因组结构与 PLRV 极相似（图 4‑5C），不同之处是缺少 ORF4，因此，PEMV‑1 本身只能在寄主内复制却不能转移到邻近细胞。成功侵染植物必须同时有另一种辅助病毒 PEMV‑2（幽影病毒属）（Demler et al.，1993；1994）。

6. 伴生病毒科（*Sequiviridae*） 病毒粒体球状，直径为 30nm，外壳由 3 种 CPs 以等数量组成，内含单个正链 ssRNA，长为 10～12kb。5′端连接病毒编码的 VPg，3′端为 Poly（A）尾，基因组 RNA 表达成单个多聚蛋白，再经病毒所编码的蛋白酶切成各功能蛋白（图 4‑6）。

（1）伴生病毒属（*Sequivirus*）：代表种欧防风黄点病毒（*Parsnip yellow fleck vi-*

(A) PYFV

(B) RTSV

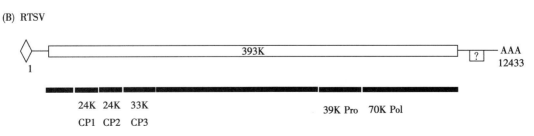

图 4‑6　伴生病毒科病毒的 RNA 基因组结构

（A）PYFV（欧防风黄点病毒，伴生病毒属）；（B）RTSV（水稻东格鲁球状病毒，矮化病毒属）

rus，PYFV）含单片段正链 ssRNA，大小为 9.9kb（Mayo & Murant，1999）（图 4 - 6A）。5′端连接 VPg，3′端为 Poly A 尾。基因组 RNA 翻译成单个多聚蛋白。此多聚蛋白如何降解成最终功能蛋白尚不清楚，不过三种 CP 在多聚蛋白上的位置已被确定，且大小各为 22.5ku、26ku 和 31ku（从 5′端到 3′端），并且解旋酶、蛋白酶及 RNA 聚合酶的活性基团位于三种 CP 的下游（从 5′端到 3′端顺序）。

（2）矮化病毒属（*Waikavirus*）：代表种水稻东格鲁球状病毒（*Rice tungro spherical virus*，RTST）含单片段正链 RNA 基因组，大小约为 12.4kb（Hull，1996；Gordon，1999）（图 4 - 6B）。编码一个 393ku 多聚蛋白，三种 CP（大小分别为 24ku、24ku、33ku），一种 39ku 的蛋白酶及 70ku 的 RNA 聚合酶，在多聚蛋白上的位置已确定。同时，解旋酶的活性基团位置也已被确定。其他功能蛋白尚不清楚。除此多聚蛋白外，碱基序列表明在 3′端还有两个 ORFs，但它们是否在植物体内表达却不清楚。

7. 长线形病毒科（*Closteroviridae*） 病毒粒体长线状，所含的正链 ssRNA 基因组很长（图 4 - 7），是植物正链 RNA 病毒中最大的。例如，柑橘衰退病毒（CTV）基因组为 19.3kb。构成病毒粒体衣壳的有两种蛋白，一种是主要蛋白构成绝大部分 CP，另一种含量少，只结合在病毒的 5′端。基因组的 5′端有帽子结构，根据基因组 RNA 是单片段或二片段而分为两个属（长线形病毒属和毛形病毒属）（图 4 - 7）。

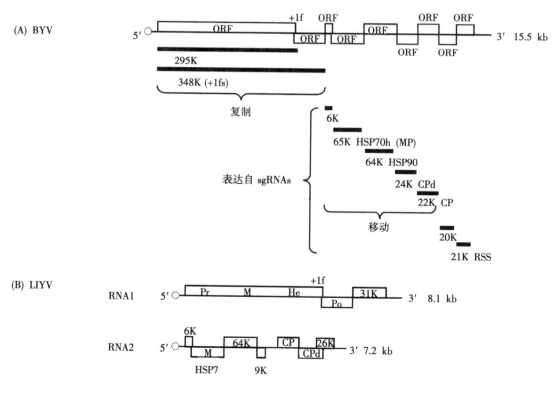

图 4 - 7 长线形病毒科病毒的 RNA 基因组结构

（A）BYV（甜菜黄化病毒，长线形病毒属）；（B）LIYV（莴苣侵染性黄化病毒，毛形病毒属）

（1）长线形病毒属（*Closterovirus*）：病毒粒体长线状（长 1 250～2 000nm），内含单片段正链 ssRNA，大小为 15.5～19.3kb（Bar - Joseph et al.，1997；German - Retana et al.，1999）（图 4 - 7A）。除此长病毒粒体外，一些病毒还含有短的粒体，内含亚基因组 RNA 和缺损 RNA。不同病毒由三种不同介体（蚜虫、粉蚧和粉虱）传播。代表种甜菜黄化病毒（*Beet yellow virus*，BYV）和 CTV 均由蚜虫传播，并引致严重病害。

BYV 的单片段 RNA 15.5kb，共含有 9 个 ORFs，ORF1 编码 295ku 蛋白（1a）含有（从 N 到 C 端）蛋白酶、甲基转移酶和解旋酶活性基团。ORF2 编码 53ku 蛋白（1b），该蛋白含 RNA 聚合酶活性基团，通过核糖体移码方式表达。1a 和 1b 两种蛋白构成 RNA 复制酶。ORF3 编码的 6ku 的小亲水蛋白的功能未知。ORF4 编码的 65ku 的 HSP70h（热激蛋白 70 的同源物）已被确认是病毒 MP（Peremyslov et al.，1999），并且能以非共价键方式与病毒粒体相结合（Napuli et al.，2000）。ORF5 编码 64ku 的 HSP90。ORF6 和 ORF7 分别编码 24ku 次要 CP 和 22ku 主要 CP（Zinovkin et al.，1999）。ORF8 编码 20ku 功能未知蛋白，ORF9 编码的 21ku 蛋白质能提高病毒 RNA 在寄主体内的含量，是寄主 RNA 沉默的抑制子（Reed et al.，2003）。

CTV 的基因组结构与 BYV 的相似，但其基因组更长。大小为 19.3kb（Karasev et al.，1995），有 12 个 ORFs，比 BYV 多 3 个，一个位于 ORF2 之后表达功能尚不清楚的 33ku 蛋白；另两个 ORFs 在 3′端，各编码 20ku 和 23ku 蛋白，都是寄主 RNA 沉默的抑制子（Lu et al.，2004）。此外，p23 含有锌指功能域（zinc finger domains）和 RNA 结合功能域（binding domain），是一种 RNA 结合蛋白（Lopez et al.，2000），并且可调控正负链的不对称合成（Satyanarayana et al.，2002）。CTV 基因组 RNA 很大，因此基因表达系统很复杂，除了处在 5′端的构成 RNA 复制酶的两种蛋白是从基因组 RNA 直接表达之外，剩下的蛋白由 10 个相互重叠的 sgRNAs 表达（Karasev et al.，1997）。

（2）毛形病毒属（*Crinivirus*）：病毒的线状粒体有两种，长度各为 700～900nm 和 650～850nm，其 RNA 基因组分成两个片段并分装在不同的粒体内。代表种莴苣侵染性黄化病毒（*Lettuce infectious yellows virus*，LIYV）有两个基因组 RNA 片段，RNA1 大小为 8.1kb，RNA2 大小为 7.2kb（Klaassen et al.，1995）（图 4 - 7B）。RNA1 的结构与 BYV 的 5′端部分相似，含有编码复制酶的 ORF1 和 ORF2，不同的是在 3′端多了一个与 CTV 相似的 ORF3，所编码的 31ku 蛋白功能未知。RNA2 共编码 7 个 ORFs，与 BYV 的 3′端部分相似，所不同之处是在 64ku 的 HSP90 蛋白后多了一个编码 9ku 蛋白的 ORF，主要 CP 和次要 CP 的顺序相互调换，以及 3′端在 CP 之后只含有一个 ORF。

8. 线形病毒科（*Flexiviridae*）　线形病毒科是新设立的一个科。其主要特征是病毒粒体线状，RNA 复制酶和 CP 基因有一定的同源性（Adams et al.，2004）。

（1）马铃薯 X 病毒属（*Potexvirus*）：病毒粒体线状，长 470～580nm，直径约 13nm，粒体内含单片段正链 ssRNA，大小为 5.8～7.0kb（Abou Haidar & Gellatly，1999）（图 4 - 8A）。基因组 RNA 5′端具有 M⁷Gppp 帽状结构，3′端具 Poly A 尾。5′端的非编码区（107 nt）富含 A 和 C，并且前 40nt 在不同种病毒间具高度同源性。在编码区，多数碱基

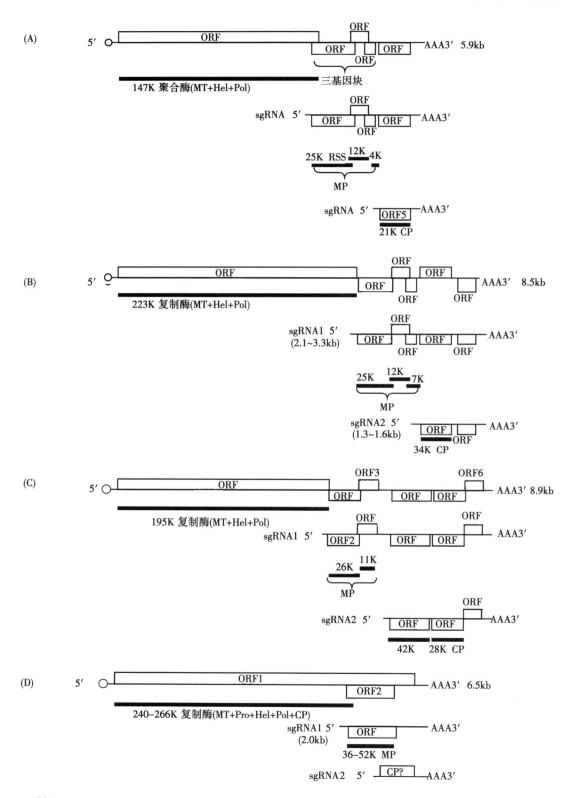

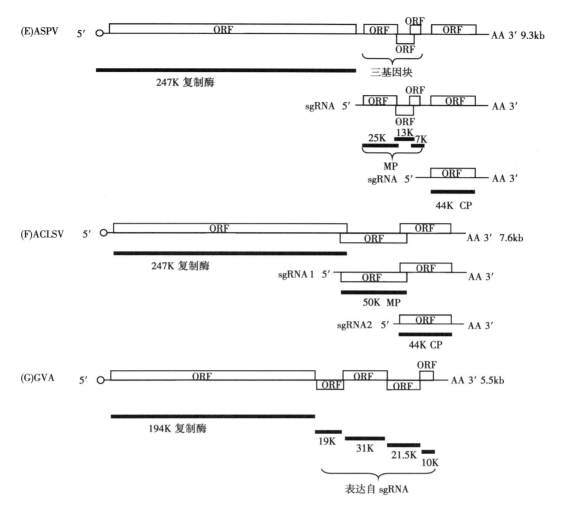

图 4-8　线形病毒科病毒的 RNA 基因组结构
(A) PVX（马铃薯 X 病毒，马铃薯 X 病毒属）；(B) PVM（马铃薯 M 病毒，香石竹潜隐病毒属）；
(C) ShVX（青葱 X 病毒，青葱 X 病毒属）；(D) ASGV（苹果茎沟病毒，发样病毒属）；
(E) ASPV（苹果茎痘病毒，凹陷病毒属）；(F) ACLSV（苹果褪绿斑病毒，纤毛病毒属）；
(G) GVA（葡萄 A 病毒，葡萄病毒属）

序列已确定的病毒种含有 5 个 ORFs，以代表种马铃薯 X 病毒（*Potato virus* X，PVX）为例（图 4-8A）。ORF1 编码 147ku 蛋白质，含有 RNA 复制酶所具备的三个功能域，即 N 端的甲基转移酶、中间的解旋酶及 C 端的 RdRp，是 RNA 复制酶。ORF2、ORF 3 和 ORF 4 互为重叠，被称为三基因块（triple gene block），分别编码 25ku、12ku 和 4ku 三种病毒 MP（ORF2 还含有解旋酶功能域），与病毒在植物体内细胞间转移有关。此外 25ku 蛋白还具有抑制寄主 RNA 沉默的作用（Voinnet et al.，2000）。此三基因块由 sgRNA1（1.9~2.1 kb）表达。3′端的 ORF5 从 sgRNA2（0.9~1.0kb）表达，编码18~ 27ku 的 CP。少数病毒除以上 5 个 ORFs 外，还含有一个额外的 ORF6，完全包在 ORF5 之内，是否表达及其功能均不清楚。

（2）香石竹潜隐病毒属（*Carlavirus*）：与马铃薯 X 病毒属相似，香石竹潜隐病毒属具线状粒体，长 610～710nm，直径 12～15nm。基因组 RNA 单片段，正链 ssRNA，大小为 7.4～8.5kb（Zavriev，1999）（图 4 - 8B）。马铃薯 M 病毒（PVM）基因组 RNA 为 8.5kb，5′端可能具 M⁷GpppG 帽状结构，3′端具 Poly A 尾，共有 6 个 ORFs，5′端的 ORF1 编码 223ku 的 RNA 复制酶，含有甲基转移酶、解旋酶和 RdRp 三个功能域，ORF1 从 gRNA 表达。之后的 ORF2、ORF3 和 ORF4 构成三基因块，从 sgRNA1（2.1～3.3kb）表达，分别编码 25ku、12ku 和 7ku 三种病毒 MP。ORF5 编码 34ku 的 CP，由 sgRNA2（1.3～1.6kb）表达。最靠 3′端的 ORF6 与 ORF5 重叠，编码一个富含半胱氨酸的蛋白质（11～16ku），其具体功能尚不清楚。

（3）青葱 X 病毒属（*Allexivirus*）：病毒粒体线状，长约 800nm，直径约 12nm。代表种青葱 X 病毒（*Shallot virus X*，ShVX）的基因组为单片段正链 ssRNA，大小为 8.9kb（Kanyuka et al.，1992）（图 4 - 8C），5′端具帽状结构，3′端为 Poly A 尾。编码区共有 6 个 ORFs，ORF1 从 gRNA 表达，编码 195ku 的 RNA 复制酶，含有甲基转移酶、解旋酶和依赖 RNA 的 RNA 聚合酶三个功能域。ORF2 和 ORF3 编码的 26ku 和 11ku 蛋白质，与马铃薯 X 病毒属和香石竹潜隐病毒属的三个基因块中的前两个基因产物相似，RNA 里有与第三个基因产物类似的 7ku 编码序列，但缺少 AUG 起始密码子。ORF4 编码一个 42ku 蛋白质，在植物体内含量很高，但其功能尚不清楚。ORF5 编码 28ku 的 CP。3′端的 ORF6 编码的 15ku 蛋白质与香石竹潜隐病毒属的 ORF6 产物相似，具体功能不清楚。

（4）发样病毒属（*Capillovirus*）：病毒粒体线状，长约 640～700nm，直径约 12nm，单一 CP（24～17ku）包着单片段正链 RNA，大小为 6.5～7.2kb，（Salazar，1999）。代表种苹果茎沟病毒（*Apple stem grooving virus*，ASGV）RNA6.5kb（图 4 - 8D）（Yo-shikawa et al.，1992）。5′端具帽状结构，3′端为 PolyA 尾，基因组含有两个 ORFs，ORF1 编码 240～266ku 的 RNA 复制酶，含有甲基转移酶、解旋酶和 RdRp 三个功能域，与一般 RNA 复制酶不同的是在甲基转移酶和解旋酶基团之间还有蛋白酶基团。此外，这个多聚蛋白的 C 端是 24～27ku 的 CP。这个 CP 可能从一个 1.0kb 的 sgRNA 表达。ORF2 编码 36～52ku 的 MP，可能从另一个 2.0kb 的 sgRNA 表达。

（5）凹陷病毒属（*Foveavirus*）：病毒粒体线状，长约 800nm，直径约 12nm。单种 28～44ku 的 CP 包着单片段正链 ssRNA，大小为 8.4～9.3kb（图 4 - 8E）。5′端具帽状结构，3′端是 Poly A 尾，代表种苹果茎痘病毒（*Apple stem pitting virus*，ASPV）基因组长 9.3kb，含 5 个 ORFs（Jelkmann，1994；Martelli & Jelkmann，1998）（图 4 - 8）。5′端的 ORF1 编码 247ku 的 RNA 复制酶，含有典型的甲基转移酶、解旋酶和 RdRp 三个功能域。接下是由相互重叠的 ORFs（2、3 和 4）构成的三基因块，编码的三个蛋白质（25ku、13ku 和 7ku）构成病毒在寄主内细胞间转移所必需的 MP。44ku 的 CP 由 ORF5 编码。除 5′端的 ORF1 从 gRNA 表达之外，其余 ORFs 被认为均由 sgRNAs 表达。

（6）纤毛病毒属（*Trichovirus*）：病毒粒体线状，长 800nm，直径约 12nm，由 22～27ku CP 和单片段正链 ssRNA（7.5kb）基因组构成。代表种苹果褪绿叶斑病毒（*Apple chlorotic leaf spot virus*，ACLSV）的（＋）ssRNA 7.6 kb（German-Retana & Cadresses，

1999)（图 4 - 8F）。5′ 端具 M⁷Gppp 帽状结构，3′ 端为 Poly A 尾。编码区共有 3 个 ORFs，ORF1 表达成 216ku 的 RNA 复制酶，具甲基转移酶、解旋酶和 RdRp 三个典型功能域，特殊的是在甲基转移酶和解旋酶之间还含有蛋白酶功能域。ORF2 为 50ku 的 MP，由 2.2kb 的 sgRNA1 表达。ORF3 编码 22～28ku 的 CP，由 sgRNA2（1.1kb）表达。

（7）葡萄病毒属（*Vitivirus*）：病毒粒体线状，长约 729～825nm，直径 12nm。由一种 18～22ku 的 CP 和包在其内的单片段正链 ssRNA 构成（German-Retana ＆ Candresse，1999）（图 4 - 8G）。其代表种葡萄 A 病毒（*Grapevine virus* A，GVA）的 RNA 大小为 5.5kb，5′ 端为 M⁷Gppp 帽结构，3′ 端为 Poly A 尾。5′ 端的 ORF1 编码 194ku 的 RNA 复制酶，含有 甲基转移酶、解旋酶 和 RdRp 功能域。ORF3 编码一个 31ku 的 MP。ORF4 编码一个 21.5ku 的 CP。ORF2（19ku）和 ORF5（10ku）的功能不清楚。除 ORF1 外，其他 ORFs 很可能从 3 个 sgRNAs 表达。

9. 芜菁黄花叶病毒科（*Tymoviridae*）　　芜菁黄花叶病毒科是新设立的另一个科，包含 3 个属（Martelli et al.，2002）（图 4 - 9A）。其主要特征是：①病毒粒体球状，直径 30nm，球状粒体分成两种，T 粒体不具侵染性，为空壳子或只含少量 CP 的 sgRNA，B 粒体则具侵染性，含基因组 RNA；②病毒基因组为单片段正链 ssRNA，大小为 6.3～7.6kb，碱基序列富含 C（32%～50%），5′ 端有帽子结构，编码区段含有一个大 ORF1，编码成多聚蛋白，经过酶切成为 RNA 复制蛋白，3′ 端 CP 从 sgRNA 表达；③病毒复制在叶绿体或线粒体上进行。

（1）芜菁黄花叶病毒属（*Tymovirus*）：病毒含单片段 6.3kb 正链 ssRNA。5′ 端具帽子结构，3′ 端呈类似 tRNA 状（Gibbs，1999）（图 4 - 9A）。RNA 序列富含 C（31%～42%）。代表种芜菁黄花叶病毒（*Turnip yellow mosaic virus*，TYMV）共有 3 个 ORFs，ORF2 从 95 nt 开始编码，与 ORF1 的起始点很相近，但在不同的阅读框里，产生一个 206ku 的大蛋白，从 N 端到 C 端含甲基转移酶、蛋白酶、解旋酶和 RdRp 活性基团，因此是 RNA 聚合酶（此大蛋白可被酶切 141ku 及 66ku 两种产物），ORF2 是从 gRNA 经过核糖体移码方式表达。ORF1 从第 88bp 开始编码形成 69ku 蛋白。3′ 端的 ORF3 编码 20ku 的 CP，从 sgRNA 表达，sgRNA 在植物体内由 RNA 合成酶结合在负链模板的中间部位而产生。在 sgRNA 合成的起始位置有两个高度保留的区段：一个是在起始位置的 CAAU/C 序列，另一个是在起始位置的 5′ 端边 16nt 序列 GAGUCUGAAGCUUC（被称为 tymobox），并被认为是 sgRNA 启动子的重要成分（Ding et al.，1990）。

（2）玉米细条病毒属（*Marafivirus*）：病毒粒体有两种，T 粒体为空壳，不含任何 RNA，B 粒体内含单片段 6.5kb 基因组 RNA。燕麦蓝矮病毒（Oat blue dwarf virus，OBDV）RNA 5′ 端含帽状结构，3′ 端为 Poly A 尾，共有两个 ORFs（Edwards et al.，1997）（图 4 - 9B）。ORF1 编码一个 221～227ku 的多聚蛋白，N 端含有甲基转移酶、蛋白酶、解旋酶和 RdRp 活性基团，C 端含 24ku 的 CP，此 CP 来自这个多聚蛋白的酶解产物，ORF2 与 ORF1 的 C 端重叠，也编码另一个 21ku CP，从 sgRNA 表达。

（3）葡萄斑点病毒属（*Maculavirus*）：葡萄斑点病毒属是新设立的一个属，含两个侵染植物的种（Martelli et al.，2002），代表种是葡萄斑点病毒（*Grapevine fleck virus*，GFkV）（图 4 - 9C），与同科其他病毒一样，球状颗粒 30nm，分成两种，T 粒体为空壳子

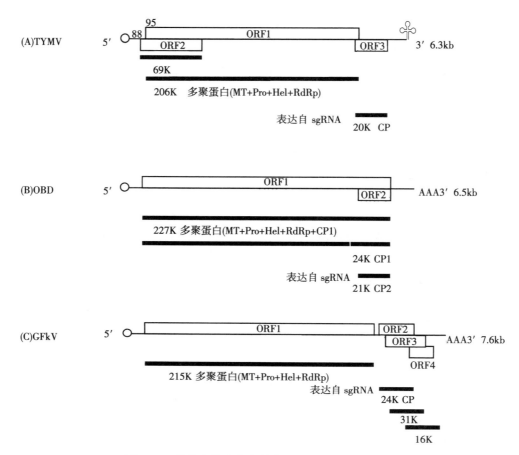

图 4-9　芜菁黄花叶病毒科病毒的 RNA 基因组结构

(A) TYMV（芜菁黄花叶病毒，芜菁黄花叶病毒属）；

(B) OBDV（燕麦蓝矮病毒，玉米细条病毒属）；

(C) GFkV（葡萄斑点病毒，葡萄斑点病毒属）

不具侵染性，B 粒体含 gRNA 具侵染性。病毒基因组为单片段正链 ssRNA，大小为 7.6kb，碱基序列富含 C（50%），含有 5′帽子和 3′poly（A）结构。编码区含有 4 个 ORFs，ORF1 编码一个 215ku 的多聚蛋白，含有甲基转移酶、蛋白酶、解旋酶和 RdRp 功能域，多聚蛋白经过酶切成为 RNA 复制酶。24ku CP 由 ORF2 编码，从 sgRNA 表达。ORF3 和 ORF4 各编码 31ku 和 16ku 的未知功能蛋白。

10. 尚未归入科的病毒属　目前尚未归入科的正链 ssRNA 病毒有 11 属，其中粒体呈杆状的 7 属、球状 2 属、弹状 1 属和缺少病毒外壳的 1 属。

（1）烟草花叶病毒属（*Tobamovirus*）：病毒粒体呈杆状，内含单片段（＋）ssRNA，长 6.3～6.6kb（Lewandowski & Dawson，1999）。代表种烟草花叶病毒（*Tobacco mosaic virus*，TMV）的基因组碱基序列是植物 RNA 病毒中最早被确定的（Goelet et al.，1982）（图 4-10）。（＋）ssRNA 长 6.4 kb，5′端有帽状结构，5′端非编码区的 69nt 含有 Ω 序列（提高蛋白翻译效率），3′端具 tRNA 结构，编码区共有 4 个 ORFs，ORF1 编码

126ku 蛋白，具有甲基转移酶和解旋酶活性基团。通过终止密码子通读方式，可产生一个183ku 蛋白，这两种蛋白共同构成 RNA 复制酶。如将基因组 RNA 上的 ORF3 和 ORF4 敲除，修饰后的基因组 RNA 仍能在原生质体内复制。ORF3 编码 30ku 的病毒 MP，把30ku 蛋白内的一个丝氨酸通过点突变转变成脯氨酸，获得温度敏感突变体。在高温下病毒虽然能复制，却不能转移到邻近细胞而引发病害（Ohno et al.，1983）。ORF4 编码17.6ku 的 CP。3′端的 ORF3 和 ORF4 从两个 sgRNAs（sgRNAI2 和 sgRNAcp）表达。此外，在 TMV 感染的细胞内还发现第三种 sgRNAI1，从第 3405 碱基开始，sgRNAI1 可在体外蛋白合成系统中翻译成 54ku 蛋白，与 183ku 的 C 端相同，但在 TMV 感染的植物体内未曾检测到这个蛋白。

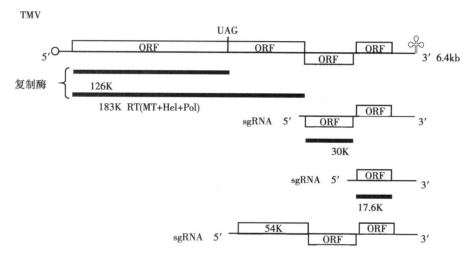

图 4 - 10　TMV（烟草花叶病毒属）RNA 基因组结构

（2）烟草脆裂病毒属（*Tobravirus*）：病毒粒体杆状，由两个长度分别为 180～215nm 和 46～115nm 的粒体组成完整病毒，分别包被大小为 6.8kb 和 1.8～4.5kb 的病毒基因组正链 ssRNA（Visser et al.，1999）（图 4 - 11）。其代表种烟草脆裂病毒（*Tobacco rattle virus*，TRV）RNA1 为 6.8kb，共有 4 个 ORFs，ORF1 编码 134ku 蛋白，其 N 端有甲基转移酶活性基团，C 端有解旋酶活性基团，通读 ORF1 的 UGA 到 ORF2（具 RdRp 活性基团）而形成 194ku 通读蛋白。这两种蛋白与 TMV 的两个 RNA 复制酶具高度同源性，因此认为它们构成复制酶。RNA1 的 3′端 ORF3 和 ORF4 又称为 Pla 和 Plb。Pla 为 29ku 与 TMV 的 30ku 蛋白具同源性，是病毒 MP，Plb 为 16ku，在 TMV 中未发现与其有同源性的蛋白。Plb 基因发生突变后，病毒的种传效率降低了 99%，说明 Plb 虽然具体功能不清楚，但与病毒的种传特性有关。Pla 和 Plb 分别由两种 sgRNA（1A 和 1B）表达。

RNA2 据不同种及 TRV 的不同株系，长度变化幅度很大，从 1.8kb 到 4.5kb，3′端与 RNA1 具有同源性，有些株系（如 TCM 和 PLB）与 RNA1 有同源性的 3′端很大，包含了 16ku（Plb）的编码区段。所有的 RNA2 都含有 ORF1，编码 22～24ku 的 CP。小的RNA2（如 PS6 株系）只含此单个 ORF。较大的 RNA2 还含有额外的（多数 2 个，少数 3

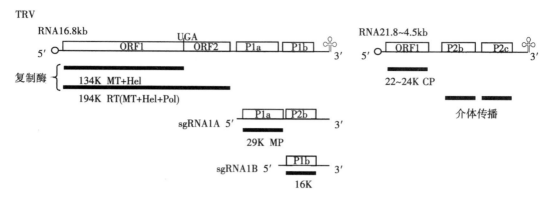

图 4-11　TRV（烟草脆裂病毒属）RNA 基因组结构

个，有些包括 Plb）ORFs。尽管 PS6 株系 RNA2 的 3′端不含额外的阅读框，却仍具侵染性，说明 RNA2 编码的这些额外的产物与病毒复制无关。在这些基因上引进突变，病毒（株系 TPA56 和 PpK20）丧失线虫传播功能，说明这些非结构蛋白是介体传播蛋白。

（3）真菌传杆状病毒属（*Furovirus*）：病毒粒体为直径 20nm 的两种长度的杆状体。长的 260～300nm，短的 140～160nm（Shirako & Wilson，1999），基因组为（＋）ssRNA，分成两个片段，大的为 6～7kb 装在大杆状粒体内，小的为 3.5～3.6kb 包在小杆状粒体内。其代表种土传小麦花叶病毒（*Soil-borne wheat mosaic virus*，SBWMV）（图 4-12）的两个片段 RNA1 和 RNA2 的 5′端都含 M⁷Gppp 帽状结构，3′端具类似 tRNA 结构 RNA1（7.0kb）含有两个 ORFs，ORF1a 编码一个 150ku 蛋白，含有解旋酶活性基团。通读 ORF1a 的终止密码子 UGA 产生一个 209ku 的通读蛋白为 RNA 聚合酶，它的 N 端即通读前部分与 150ku 蛋白一样含有解旋酶活性基团，它的 C′端即通读部分含有 RdRp 活性基团。3′端的 ORF1b 编码 37ku 病毒 MP，从 sgRNA 表达。RNA2（3.6kb）也含有两个 ORFs。ORF2a 编码 19ku 的 CP，通读这个 ORF2 的 UGA 终止密码子，则产生一个 84ku 融合蛋白，其 N 端为 CP，C 端为介体识别蛋白。ORF2b 从另一个 sgRNA 表达，编

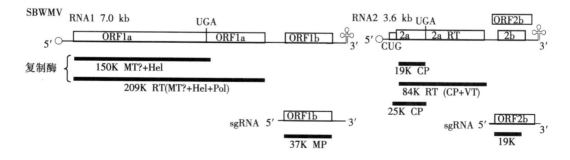

图 4-12　SBWMV（土传小麦花叶病毒，真菌传杆状病毒属）RNA 基因组结构

码一个富含半胱氨酸的功能未知蛋白。

（4）花生丛簇病毒属（*Pecluvirus*）：有两种不同大小的杆状体，直径都约 21nm，长度各为 245nm 和 190nm。基因组分成两个片段的正链 ssRNAs，RNA1（5.9kb）和

RNA2（4.5kb）分装在大小两种的粒体中（图 4-13）。5′端为帽子结构，3′端为类似 tRNA（TLS）（valine-tRNA）结构（Reddy et al.，1999；Shirako & Wilson，1999）。代表种花生丛簇病毒（*Peanut clump virus*，PCV）的 RNA1 含有两个 ORFs，ORF1a 编码含有解旋酶活性基团的 131ku 蛋白，通读 ORF1a 的 UGA 终止密码子则产生一个 191ku 融合蛋白，其通读部分含 RdRp 活性基团。因此，ORF1a 和 ORF1a RT 编码 RNA 复制酶。3′端的 ORF1b 编码可能由 sgRNA 表达富含半胱氨酸的 15ku 蛋白（P15），P15 变异体减少病毒 RNA 在原生质体内的数量，但 P15 在细胞内并不定位在病毒复制的位点上（Dunoyer et al.，2001），说明 P15 并不直接影响 RNA 复制。最近研究发现，P15 是寄主 RNA 沉默的抑制子（Dunoyer et al.，2002）。RNA2 共有 5 个 ORFs，5′端的 ORF2a 编码单种 23ku 的 CP。ORF2b 稍与 ORF2a 重叠，编码一个与病毒介体传播有关的 39ku 蛋白，ORF2b 被认为是从 gRNA 通过渗漏扫描（leaky scanning 见下节）表达。3′端的三个重叠 ORFs（2C、2d 和 2e）构成三基因块，编码的 51ku、14ku 和 17ku 的蛋白质为病毒 MP。除 5′端 ORF2a 外，其他 4 个 ORFs 被认为是从 sgRNAs 表达。

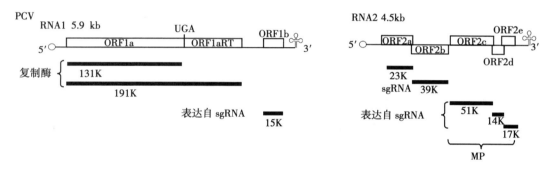

图 4-13　PCV（花生丛簇病毒，花生丛簇病毒属）RNA 基因组结构

（5）马铃薯帚顶病毒属（*Pomovirus*）：病毒为 3 种长度的杆状体，直径 18～20nm，长度各为 290～310nm、150～160nm 和 65～80nm。基因组 RNA 分成三段（6kb，3～3.5kb，2.5～3.0kb），分别包裹在不同粒体内（Torrance，1999；Shirako & Wilson，1999）（图 4-14）。甜菜土传病毒（*Beet soil-born virus*，BSBV）的三个 gRNA 的 5′端具帽状结构，3′端为 tRNA 结构（accepts valine）。RNA1（5.8kb）含单个 ORF1，编码的 149ku 蛋白含有甲基转移酶和解旋酶功能域，通读 ORF1 的 UAA 终止密码子则产生一个 207ku 的 RNA 聚合酶（RdRp 基团在其 C 端通读部分）。RNA2（3.6kb）也含有单个 ORF2，编码 20ku 的 CP，通读其 UAG 终止密码子则产生 104ku 融合蛋白，可能与病毒

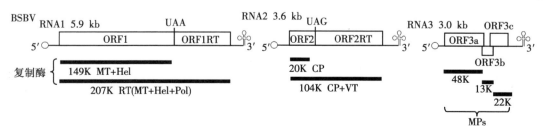

图 4-14　BSBV（甜菜土传病毒，马铃薯帚顶病毒属）RNA 基因结构

介体传播有关。RNA3（3.0kb）含有三基因，编码 48ku（含解旋酶活性基团）、13ku 和 22ku 病毒 MP，与病毒在细胞间转移有关。

（6）甜菜坏死黄脉病毒属（*Benyvirus*）：病毒粒体为杆状，直径 20nm，有 4 种长度分别为 390nm、265nm、100nm 和 80nm。正链 ssRNA 基因组分成 4 个片段，各为 6.7kb、4.6kb、1.8kb 和 1.4kb。一些甜菜坏死黄脉病毒（*Beet necrotic yellow vein virus*，BNYVV）株系还有第五个片段 RNA，长度为 1.3kb（Tamada，1999）（图 4-15）。所有片段 RNA 的 5′端都含有帽状结构，且 5′端前三个碱基均为 AAA。3′端为 poly（A），3′端非编码区的最后 60 个碱基序列具高度同源性。RNA1 含单个 ORF1，编码 237ku RNA 聚合酶，含有甲基转移酶、解旋酶和 RdRp 活性基团，此外，在解旋酶和 RdRp 之间还有个蛋白酶活性基因。RNA2 共有 6 个 ORFs。5′端的 ORF2a 编码一个 21ku 的 CP。通读 2a UAG 终止密码子进入 ORF2b 则产生一个 75ku 的 CP 融合蛋白（CP＋VT），其 C 端与病毒粒体装配及病毒介体传播有关。接下的 3 个 ORFs，2c（含解旋酶活性基团）、2d 和 2e 构成三基因块，由两种 sgRNAs 表达，编码 42ku、13ku 和 15kuMP。3′端的 ORF2f 编码 14ku 核酸结合蛋白，由第三个 sgRNA 表达。RNA3（3 个 ORFs）、RNA4（单个 ORF）和 RNA5（单个 ORF）编码的蛋白质与病毒症状有关。

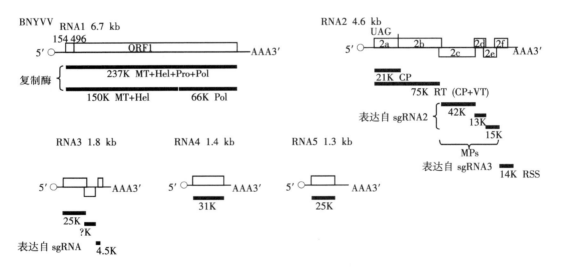

图 4-15　BNYVV（甜菜坏死黄脉病毒，甜菜坏死黄脉病毒属）RNA 基因组结构

（7）大麦病毒属（*Hordeivirus*）：病毒粒体为杆状，直径约 20nm，具有 3 个不同长度（从 150nm 到 110nm）。单链基因组 RNA 分成 3 片段，α（3.7～3.9kb），β（3.1～3.6kb）和 γ（2.6～3.2kb），包裹在三种不同的粒体内（Lawrence & Jackson，1999）（图 4-16）。所有片段的 5′端具帽子结构，3′端有类似 tRNA 结构，且在 3′端非编码区内有一个由 8～30 个 A 构成的 Poly A 区段。代表种大麦条纹花叶病毒（*Barley stripe mosaic virus*，BSMV）RNAα 含单个 ORF（αa），编码 130ku 蛋白，其 N 端蛋白含甲基转移酶基团，它的 C 端含解旋酶基团。RNAβ 共有 4 个 ORFs，5′端的 βa 编码 22ku 的 CP，3′端的有 3 个 ORFs（βb、βc、βd）分别编码 58ku、17ku 和 14ku 蛋白，其中 58ku 的 βb 含有解旋酶活性基团，14ku 的 βd 可通读其终止密码而产生 23ku 融合蛋白，此四种蛋白构

成病毒 MP。βb 由 sgRNAβ1 表达，βc、βd 及 βdRT 由 sgRNAβ2 表达。RNAγ 含两个 ORFs，5′端 γa 编码一个含 RdRp 活性基团的 87ku 蛋白，因此 αa 和 γa 共同构成 RNA 复制酶；3′端的 γb 编码 17ku 寄主 RNA 沉默抑制子（Yelinae et al.，2002），从 sgRNAγ 表达。与一般 sgRNA 不同，sgRNAγ 的 3′尾端与基因组 RNA 没有同源性。

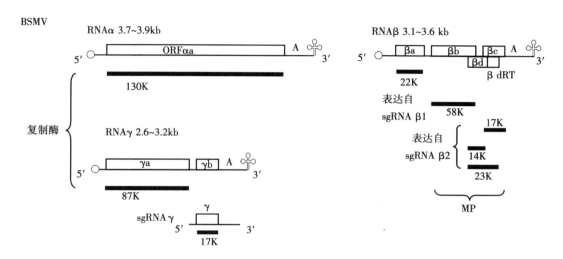

图 4 - 16　BSMV（大麦条纹花叶病大麦病毒属）RNA 基因组结构

（8）南方菜豆花叶病毒属（*Sobemovirus*）：此属病毒粒体为球状，直径约 30nm，内含单片段（＋）ssRNA（4.1～4.4kb）。南方菜豆花叶病毒（*Southern bean mosaic virus*，SBMV）RNA 长 4.1kb（Sehgal，1999；Tamm & Truve，2000）（图 4 - 17），其 5′端连着病毒编码的 VPg，5′端近 ORF1AUG 起始点的非编码区有一个 48nt 区段，序列与 18S 核糖体 RNA 的 3′端呈部分互补，因此可能与核糖体的结合有关，3′端非编码区不形成 tRNA 结构。编码区共有 4 个 ORFs，5′端的 ORF1 编码 12～18ku 病毒 MP，并且具有抑制寄主 RNA 沉默的功能（Voinnet et al.，1999）。ORF2 编码 90～110ku 大蛋白，含有蛋白酶和 RdRp 功能域；在这两个功能域之间是 VPg（10～12ku），由这个大蛋白被酶切之后产生。ORF3 包在 ORF2 之内，编码 18ku 功能未知蛋白。3′端 ORF4 翻译成 26～30ku 的 CP，由 sgRNA 表达。

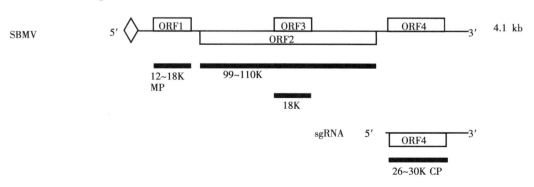

图 4 - 17　SBMV（南方菜豆花叶病毒，南方菜豆花叶病毒属）RNA 基因组结构

（9）悬钩子病毒属（*Idaeovirus*）：代表种悬钩子丛矮病毒（*Raspberry bushy dwarf virus*，RBDV）的病毒粒体球状，直径约 33nm。正链基因组 RNA 分成两个片段（5.5kb 和 2.2kb）（Mayo & Jones，1999b）（图 4-18）。RNA1 含两个 ORFs。5′端 ORF1a 编码 190ku 的 RNA 复制酶，含有甲基转移酶、解旋酶和 RdRp 功能域。3′端有一个小的 ORF1b（12ku）与 ORF1a 的 C 端重叠，ORF1b 是否表达不甚清楚。RNA2 有两个 ORFs，5′端的 ORF2a 编码 39ku 病毒 MP，3′端 ORF2b 编码 30ku 的 CP，从 1.0kb sgRNA 表达。

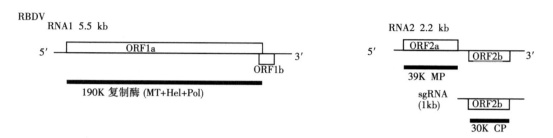

图 4-18　RBDV（悬钩子丛矮病毒，悬钩子病毒属）RNA 基因组结构

（10）欧尔密病毒属（*Ourmiavirus*）：此属与多数病毒不同的是病毒粒体呈弹状，直径约 18nm，有 4 种不同长度，分别是 62nm、46nm、37nm 和 30nm。正链基因组 RNA 分成 3 个片段，大小各为 3.0kb、1.1kb 和 1.0kb（Accotto et al.，1997），25ku 的 CP 由最小的 RNA3 表达。除此之外，其他基因组结构目前尚不清楚。

（11）幽影病毒属（*Umbravirus*）：此属病毒本身不编码 CP，病毒粒体的形成需要辅助病毒提供 CP（Robinson & Murant，1999）。花生丛簇病毒（*Groundnut rosette virus*，GRV）（图 4-19）的基因组 RNA 为单片段（+）ssRNA 4.1kb，含有 4 个 ORFs。ORF1 编码 31ku 蛋白，通过核糖体移码继续编译 ORF2（含 RdRp 活性基团）而合成 95ku RNA 复制酶。3′端的 ORF3 和 ORF4 相互大量重叠，ORF3 编码一个 27ku 产物，与病毒的远距离转移有关；ORF4 编码一个 28ku 的 MP，与病毒在细胞间转移有关。整个基因组不

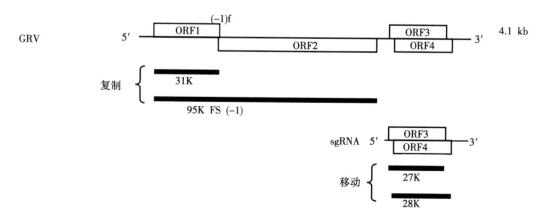

图 4-19　GRV（花生丛簇病毒，幽影病毒属）RNA 基因组结构

编码 CP。

三、负链 RNA 基因组病毒的组成和结构

能侵染植物的负链 ssRNA 的病毒有弹状病毒科和布尼亚病毒科及两个独立属。

1. 弹状病毒科（*Rhabdoviridae*）　病毒粒体弹壳状，外有包膜，含有负链 ssRNA 基因组及核蛋白质构成的核衣壳，衣壳内携带病毒编码的 RNA 聚合酶（Jackson et al.，1999）。衣壳外包有由基质蛋白构成的膜，膜上有多糖蛋白刺突（Spike）。能侵染植物的弹状病毒有两个属：细胞质弹状病毒属（*Cytorhabdovirus*）和细胞核弹状病毒属（*Nucleorhabdovirus*）。细胞质弹状病毒属的莴苣坏死黄化病毒（*Lettuce necrotic yellows virus*，LNYV）及细胞核弹状病毒属的苦苣菜黄网病毒（*Sonchus yellow net virus*，SYNN）的基因组核酸序列已被确定。它们具有相似的基因组结构，并且在许多性质上与侵染动物的弹状病毒属病毒类似。SNYV 的基因组单片段为 13.7kb，5′端有 144nt 非编码区，接下来是 6 个基因（之间有短的间隔片段），这 6 个基因编码 6 种蛋白，其中 4 种为结构蛋白。N 基因编码 54ku 的 CP。M1 和 M2 是基质（matrix）蛋白，构成衣壳外包膜。G 是多糖蛋白，形成膜表面的刺突。除这 4 种结构蛋白之外，另有两种非结构蛋白，一种是 L 基因编码的 24ku 的 RNA 聚合酶，被携带在病毒粒体中，在病毒侵染的最早期，用来从负链 RNA 合成基因的信息 RNA（mRNA）。另一非结构蛋白是 SC4 基因编码的 37ku 病毒 MP。

2. 布尼亚病毒科（*Bunyaviridae*）　布尼亚病毒科是一个大科，多数侵染动物，只有一个属番茄斑萎病毒属（*Tospovirus*）侵染植物。病毒粒体球状，在病毒衣壳之外有包膜，其蛋白具刺突，病毒衣壳内包有病毒编码的 RNA 聚合酶。番茄斑萎病毒属的代表种是番茄斑萎病毒（*Tomato spotted wilt virus*，TSWV），其基因组分成 3 个单链 RNA 片段。片段 L（8.9kb）为负链，编码 RNA 聚合酶（330ku）。片段 M（4821nt）为双义链，其 5′端部分可为正义直接编码 34ku 的病毒 MP。M 链的 3′端部分为负义，需从与之互补的正链上表达，编码 127ku 蛋白，此蛋白分化成两种多糖蛋白（G1 和 G2），构成膜外的刺突。片段 S（2.9kb）的 5′端是正义链，编码一个功能未知的 52ku 蛋白（NSs），其 3′端为负义，编码 9ku 的 CP。

3. 纤细病毒属（*Tenuivirus*）　该属病毒粒体为 3～10nm 的细丝状体，但有时可以形成螺旋状、分枝状或环状结构，无包膜，病毒基因组具有独特的双义编码策略，由 4～6 条线形 ssRNA 组成，每条 ssRNA 的 3′端和 5′端末端序列约有 20bp 保守序列且能互补配对，可形成负链病毒特征性的锅柄（panhandle）结构。

代表种为水稻条纹病毒（*Rice stripe virus*，RSV），基因组结构与布尼亚病毒科相似，含 4 个片段的负单链 RNA。其中 RNA1（8.9kb）为负义编码一个 337ku 的 RNA 聚合酶，RNA2、RNA3 和 RNA4 均采取双义编码策略，RNA3 的 5′端部分正义直接编码一个 23.8ku 的蛋白，为 RNA 沉默抑制子，3′端部分为负义，需从与之互补的正链上表达一个 35ku 的 CP；RNA4 的 5′端部分正义直接编码一个 20.5ku 的病害特异性蛋白（SP），与病毒致病性相关。

4. 蛇形病毒属（*Ophiovirus*）　病毒粒体长线状，无包膜。基因分成 3 个片段，分

别为 7.5～9.0kb、1.6～1.8kb 和 1.5kb，基因结构尚不清楚。

四、双链 RNA 病毒基因组的组成和结构

病毒粒体内含有 dsRNA 基因组，分成 3 个片段，多数片段只含单个基因，病毒粒体携带 RNA 聚合酶。根据病毒粒体的大小及基因组片段数目，分成不同的科属。侵染植物的有 2 个科和 1 个独立属。

1. 呼肠孤病毒科（*Reoviridae*）　病毒粒体球状，结构复杂，含有 1～3 层衣壳，大多数表面有刺突，dsRNA 分成 10～12 片段，各片段据其在琼脂糖凝胶上移动的速度来编号，如 RNA1 为移动最慢的片段，RNA2 次之，以此类推。侵染植物的有 3 个属，据病毒粒体结构、大小及基因组片段加以区别，共编码 4 类蛋白，即 CP、RNA 复制蛋白、非结构蛋白及功能未知蛋白。

（1）斐济病毒属（*Fijivirus*）：病毒粒体直径为 65～70nm，有双层衣壳，外衣壳上有 A 型刺突，内衣壳上有 B 型刺突，含 10 个片段的 dsRNA，大小为 1.5～5.0kb（Marzachi et al.，1995）。既可在寄主植物也可在介体昆虫内复制。侵染植物的斐济病毒属的多数基因功能是根据与侵染介体飞虱的褐飞虱呼肠孤病毒（*Nilaparvata lugens virus*，NLRV）进行碱基序列对比而推测出的。在 NLRV 中，RNA1 和 RNA7 编码 RNA 聚合酶，RNA3 编码 CP，RNA2 编码 B 型刺突蛋白，RNA8、RNA9 和 RNA10 编码非结构蛋白，RNA4、RNA5 和 RNA6 编码的蛋白功能尚未知（Hull，2002）。

（2）水稻病毒属（*Oryzavirus*）：与斐济病毒属相似，病毒粒体有二层衣壳，外衣壳上有 A 型刺突，内衣壳上有 B 型刺突，基因组分成 10 个片段，大小为 1.2～3.9kb。与斐济病毒属不同的是病毒粒体较大，直径约 75～80nm，且与斐济病毒属之间无血清学关系。代表种水稻齿叶矮缩病毒（*Rice ragged stunt virus*，RRSV）的 RNA 聚合酶由 RNA4 表达，A 型刺突由 RNA9 编码，是介体传播蛋白，B 型刺突由 RNA1 编码（Hull，2002）。

（3）植物呼肠孤病毒属（*Phytoreovirus*）：病毒粒体直径约 70nm，双层衣壳，基因组分成 12 片段（Hillman & Nuss，1999），在水稻矮缩病毒（*Rice dwarf virus*，RDV）的 12 片段基因组中，RNA11 含 2 个基因，RNA12 含 3 个基因，其余的 10 个片段均含单个基因。RNA2、RNA3 和 RNA8 编码结构蛋白，其中 RNA2 编码的 CP 与介体传播有关。RNA1、RNA5 和 RNA7 编码的蛋白分别为 RNA 聚合酶、鸟苷酸转移酶及核酸结合蛋白，这三种蛋白是 RNA 复制所必需的，并且携带在病毒衣壳内。其他片段编码的蛋白均为非结构蛋白。

2. 双分病毒科（*Partitiviridae*）　病毒粒体球状，直径约 30～40nm，内含 2 个片段的 dsRNA，大的片段编码 RNA 复制酶，小的片段编码 CP（Milne & Marzachi，1999）。侵染植物的有两个属，分别为 α-隐潜病毒属（*Alphacrytovirus*）和 β-隐潜病毒属（*Betacryptovirus*）。α-隐潜病毒属的病毒粒体较小，直径为 39nm，所含的两个片段 ds RNA 大小为 2.0kb 和 1.7kb。β-隐潜病毒属的粒体较大，直径为 38nm，两个 dsRNA 各为 2.3kb 和 2.1kb。

3. 巨脉病毒属（*Varicosavirus*）　病毒粒体杆状，长为 320～360nm，直径为 18nm，

内含 2 个片段 dsRNA。代表种莴苣巨脉病毒 (*Lettuce big-vein virus*，LBVV) 的两片段 dsRNA 为 7kb 和 6.5kb，基因组结构未知。

第二节　RNA 病毒的基因表达和调控

如前所述，植物 RNA 病毒所含的 RNA 基因组具有不同的结构。这些 RNA 基因组包装在 CP 组成的衣壳内而构成完整的病毒粒体。病毒侵染循环可分成几个步骤：①首先病毒粒体以不同方式，如不同介体或机械摩擦等进入寄主植物细胞内；②一旦进入寄主细胞内，病毒粒体脱去衣壳释放 RNA 基因组；③被释放的 RNA 成为模板，利用寄主植物的翻译系统合成病毒侵染早期所需的蛋白，如 RNA 聚合酶；多数植物病毒的基因组为正链 ssRNA，与 mRNA 类似，可被直接翻译，而基因组为负链 ssRNA 或 dsRNA 的病毒则必须先转录成 mRNA，再翻译成相应的产物；④合成的 RNA 聚合酶与其他复制蛋白和寄主蛋白共同构成复制酶，合成更多的病毒后代 RNA，有些病毒还合成亚基因组 RNA；⑤在基因组复制到一定时间之后开始合成侵染后期所需的蛋白，如 MP 和 CP；⑥基因组 RNA 与 CP 组装成完整的病毒粒体，并转移到邻近细胞（短距离运输）和全株植物（远距离传播）。

病毒粒体的脱壳过程不是很清楚，对正链 ssRNA 杆状病毒 TMV 的研究提出同步翻译的脱壳机制 (Shaw，1999)，适用于杆状病毒和一些球状病毒。其过程是：在一定的生理条件下（极端 pH 和 Ca^{2+}），病毒粒体膨胀或发生结构变化，使衣壳内的基因组的 5′端暴露给核糖体，结合在 5′端的核糖体即开始从 5′端到 3′端翻译早期蛋白；在核糖体从 5′端到 3′端移动过程中便同时替换了与基因组 RNA 相结合的 CP，病毒脱壳与翻译同步。

本节将主要阐述病毒脱壳之后，如何利用寄主植物的翻译或蛋白质合成系统来合成其侵染复制过程所需的蛋白，包括病毒如何克服寄主植物翻译系统的局限性，以及如何调控在一定的时间和地点合成合适数量的蛋白。

一、mRNA 合成

大多数植物病毒含有正链 ssRNA 基因组，可作为 mRNA 而被直接表达。还有一些植物病毒则含有负链 ssRNA 或 dsRNA 基因组，不能直接翻译。这些病毒一旦进入植物细胞内，负链 ssRNA 或 dsRNA 基因组必须首先转录成相应的 mRNA，才能表达相应的基因。而这个转录过程所必需的酶是由病毒自身编码并携带在病毒粒体内的转录酶 (RNA 聚合酶)。

1. 负链 ssRNA 病毒　所有含负链 ssRNA 基因组的病毒，其粒体都携带病毒所编码的 RNA 聚合酶。一旦进入植物细胞内，首先使用此携带的 RNA 聚合酶把负链 ssRNA 基因组转录成正链 ssRNA。所合成的正链 ssRNA 则可作为 mRNA 而被翻译成具不同功能的蛋白。之后正链 ssRNA 也被用作模板，复制合成更多的病毒后代负链 ssRNA。

(1) 弹状病毒科：如前所述，植物病毒弹状病毒科具单片段负链 ssRNA 基因组，11～13kb，与动物弹状病毒基因组的结构相似，3′端的 ORFs 编码 4 个结构蛋白，5′端的 ORFs 编码 RNA 聚合酶 (L)，唯一不同之处便是植物弹状病毒多了一个特有的 MP

（sc4），为病毒在植物体的细胞间转移所必需。对动物弹状病毒如水泡性口腔炎病毒（*Vesicular stomatitis virus*，VSV）已有深入研究（Rodriguez & Nichol，1999）。转录复合体包括与 N 蛋白相结合的病毒（一）ssRNA 基因组以及由 L 蛋白和磷蛋白（P）以及三个寄主蛋白构成的 RNA 聚合酶（Qanungo et al.，2004）。这个转录复合体从病毒 RNA 的 3′端开始，首先转录 3′端的非编码区而产生 RNA 前导序列。这个 RNA 前导序列转移到细胞核内抑制寄主细胞的正常转录，转录复合体接着转录位于第一位的 N 蛋白的 mRNA。N 基因 mRNA 以及所有其他蛋白的 mRNA 的 5′端被加上帽子。在 N 基因及所有其他基因的终端是转录终止（termination）及 Poly A 尾（poly adenylation）信号（5′-AGUUUUUUU-3′），因此，所有基因的 mRNA 的 3′端都具有 Poly A 尾。在这个转录终止信号之后是两个基因间的一小段没被转录的间隔区段，含有下个基因 mRNA 的转录起始点。在结束 N 基因 mRNA 的转录之后，一些转录酶可继续下一个基因的转录，结果是 3′端的 N 基因（N 蛋白需求量最大）的 mRNA 被合成最多，接下来的基因转录则很快递减。5′端的 L 基因（L 蛋白需求量最小）mRNA 合成量最少，以此来实现高效调控不同基因的表达。植物弹状病毒具有与以上所述的基因及基因间的间隔区段所有的序列信号特征（Jackson et al.，1999），并且在感染弹状病毒的植物体内检测到 3′端的 leader RNA 及 6 个基因的 mRNAs（Heaton et al.，1989），因此，推测植物弹状病毒有与 VSV 相类似的转录过程和机制。转录的 6 个 mRNA 与寄主植物 mRNA 相似，5′端有帽子，3′端具 Poly A 尾。病毒继而利用寄主植物的翻译系统把 mRNAs 翻译成各具功能的蛋白。

（2）布尼亚病毒科：番茄斑萎病毒属病毒有 3 个片段基因组，L RNA 为负链 ssRNA，由病毒粒体内所携带的 RNA 聚合酶转录成 mRNA，所含单个 ORF 继而被翻译成 RNA 聚合酶。M RNA 和 S RNA 都是双义 ssRNA，都含有两个 ORFs，一个 ORF 在病毒 RNA 链上，从经由互补链上转录形成的 sgRNA 上表达；另一个 ORF 在互补 RNA 链上，则从病毒 RNA 链转录成的 sgRNA 上表达。在两个 ORFs 之间有个短小的间隔区段，富含 AU 碱基，并且其碱基序列预示可形成一个稳定的发卡二级结构，这个结构被认为是调控转录合成 sgRNA 的终止信号。

（3）纤细病毒属：纤细病毒属的病毒 RNA 依不同病毒种而分为 4 个或更多片段（Falk & Tsai，1998）。与番茄斑萎病毒属相似，最长的 RNA1 为负链 ssRNA，含单个 ORF，由粒体内携带的 RNA 聚合酶转录为正链 ssRNA，继而翻译表达成新的 RNA 聚合酶。其他 RNA 片段为正负混合链，每个片段都含有两个 ORFs。在病毒侵染的植物体内，发现了大小与双义链上的 ORFs 相应的 RNAs，且部分 RNA 与多聚糖核糖体相结合（Estabrook et al.，1996），因此，推测这些 RNA 与番茄斑萎病毒属相类似，是由转录而产生的 sgRNAs。

2. dsRNA 病毒　这类病毒含有 dsRNA 基因组，不能作为 mRNA 而被直接翻译，必须使用病毒粒体内所携带的 RNA 转录酶先把 dsRNA 转录成 mRNA。在此仅以呼肠孤病毒科为例。

如上节所述，侵染植物的呼肠孤病毒有 3 个属，斐济病毒属、水稻病毒属和植物呼肠孤病毒属，含有 10～12 片段的 dsRNA 基因组，大多数片段含有单个 ORF，少数片段含2 个或 3 个 ORFs，然而并无证据显示这些额外的 ORFs 被转录表达。植物呼肠孤病毒被认为与侵染动物的呼肠孤病毒相似，一旦进入植物细胞，病毒粒体内携带的 RNA 转录酶把衣壳内的病毒 RNA 转录成正链 ssRNA，进而翻译合成病毒侵染所需的蛋白（Joklik，1999；Lawton et al.，2000）。之后才合成负链 ssRNA，进而进入复制过程。

二、真核生物蛋白质合成系统

病毒进入寄主植物细胞后，病毒 RNA 需完全由寄主植物的翻译系统来合成侵染所需的病毒蛋白。植物是真核生物，真核生物的蛋白质合成系统具有其特有的特征和调控机制（Gallie，1996）。被翻译的模板是 mRNA，mRNA5′端具 M^7G（5′）ppp（5′）N 帽状结构。3′端具 Poly A 尾结构。5′端帽子和 3′端 Poly A 尾结构不仅增加 mRNA 的稳定性，更是调控 mRNA 表达合成过程的重要因素。首先，核糖体 40S 亚基识别并结合在 5′端的帽子上，连接在 5′端帽子上的还有一些转录起始因子（initiation factors），如 eIF - 4F、eIF - 4A 和 eIF - 4B。mRNA 的 3′端 Poly A 尾上连接着一种 Poly A 尾结合蛋白（polyA-binding protein，PABP）。在起始因子结合在 5′端之后，核糖体 40S 亚基开始从 5′端向 3′端方向移动，经过 5′端的非编码区（或前导序列）到达第一个 AUG 起始密码，若这个 AUG 处在合适的上下游序列中（植物体内最佳起始序列为 AACAAUGG，其中起关键作用的碱基是－3 位的嘌呤和＋4 位上的 G），则核糖体 60S 亚基在此加入而形成完整的 80S 核糖体，开始蛋白质合成，并在第一个终止密码子上终止，完成 mRNA5′端第一个 ORF 翻译。此时核糖体 60S 亚基被释放离开 mRNA 模板，40S 亚基则通过 5′和 3′端环状结构直接回到 5′端进行有效的再使用。mRNA 的 5′端和 3′端环状结构是通过结合在 5′端帽子上的起始因子与结合在 3′端 Poly A 尾上的 PABP 之间的蛋白质－蛋白质相互作用而形成，可显著提高蛋白质合成效率。从整个合成过程可看出：①只有最靠近 5′端的 ORF 被翻译，其后的 ORFs 则基本上不被翻译，相应的，绝大多数植物 mRNA 只含有单个 ORF；②被翻译的 ORF 的起始密码子 AUG 所处的上下游序列调控翻译起始的效率；③mRNA5′端的帽子和 3′端的 PolyA 尾，不仅增加 mRNA 的稳定性，更是翻译起始及高效翻译所必需的；④除此之外，因为核糖体从 5′端开始向 3′端方向移动，所以 5′和 3′端的非编码区及被表达的 ORF 编码区段的碱基序列及结构都能影响 mRNA 的表达效率。

三、植物病毒 RNA 表达策略

从上一节可以看到植物病毒基因组的结构非常紧凑，并且至少需要编码 3 种产物，即①用于复制病毒 RNA 的聚合酶；②组成病毒粒体外壳的 CP；③病毒的 MP。然而寄主植物的翻译系统只能表达最近 5′端的 ORF，因此，病毒必须使用不同的策略使植物的蛋白质合成系统可以进入并翻译其他 ORFs。目前，已知植物 RNA 病毒至少有 9 种不同的方法来表达其所有基因，分述如下。

1. 合成多聚蛋白（polyproteins）　病毒的多个功能蛋白的编码区段包含在单个 ORF 内，蛋白质合成的第一步是从这单一 ORF 翻译成一个大分子量的多聚蛋白，这个多聚蛋白往往含有单个或多个蛋白酶，这些病毒编码的蛋白酶识别并切割位于多聚蛋白中的特有的酶切位点，经过一些中间产物把多聚蛋白有控制地酶切成多个最终的功能蛋白。

病毒所编码的蛋白酶据其结构分成 4 类，并根据酶催化活性位点的氨基酸而命名为丝氨酸蛋白酶、半胱氨酸蛋白酶、天冬氨酸蛋白酶和金属蛋白酶。植物病毒编码前 3 种蛋白酶。丝氨酸蛋白酶（Ryan & Flint，1997；Spall et al.，1997）活性中心含 3 个氨基酸His/Cys，Asp，Ser，半胱氨酸蛋白酶的活性中心由 Cys 和 His 构成。这两类酶通过合成共价酶—底物中间物完成催化作用。天冬氨酸蛋白酶的活性中心由两个 Asp 构成，其催化过程通过酸—碱反应完成。

病毒编码的蛋白酶对底物具有高度专化性。专化性不仅取决于底物酶切位点的氨基酸序列，并且取决于相互作用的双方（蛋白酶和其底物）的三维结构。例如在豇豆花叶病毒属中 M‐RNA 含单个 ORF，表达成一个多聚蛋白，其 N 端为 58/48ku 病毒 MP，C 端是37ku 和 23ku 两种 CPs。此多聚蛋白由 B‐RNA 编码的 24ku 蛋白酶切成最终的 3 个功能蛋白。当 CPMV 的两个 CP 编码区段被菜豆荚斑驳病毒（*Bean pod mottle virus*，BPMV）的相应区段取代，在感染的原生质体内，病毒 RNA 可以复制（因为 B RNA 编码 RNA 合成酶），但却因为两种 CPs（来自 BPMV）之间的连接点不能被豇豆花叶病毒（*Cowpea mosaic virus*，CPMV）的 24ku 蛋白酶识别切开，因此不能形成病毒粒体（Clark et al.，1999）。进一步试验表明，即使 BPMV 的两个 CP 之间的连接序列设计成类似 CPMV，也不能被 CPMV 的蛋白酶切开。许多植物病毒使用多聚蛋白来表达部分甚至全部蛋白质，下面以马铃薯 Y 病毒属为例，阐述多聚蛋白的酶切过程。

该属为单片段正链 ssRNA，10kb，含单个 ORF，编码一个 340ku 的多聚蛋白。这个多聚蛋白逐步被病毒所编码的 3 个蛋白酶切成 10 个功能蛋白（Reichman et al.，1992；Shukla et al.，1994）（图 4‐1）。

病毒所编码的蛋白酶有 3 个。第一个蛋白酶是 52ku 的 HC‐Pro，含有两个功能域，其中 C 端 20ku 蛋白是自切酶，切在自己 C 端与 P3 的连接点 G/G 而产生 P1‐HC‐Pro，酶切点的氨基酸（aa）序列为 Y‐X‐V‐G/G。另一个蛋白酶是 35kuP1，只有一个切点（F/S），与 HC‐Pro 相似也是自切酶，切在自己的 C 端，把自己从 P1‐HC‐Pro 中切出，P1 酶切点的氨基酸序列为 M（I）‐X‐Q（H）‐F（Y）/S。NIa 有两个活性基团，N 端是 22kuVPg，C 端是 27ku 蛋白酶，是病毒编码的第三种蛋白酶，既可自切产生 NIa，也担任酶切剩下的所有酶切位点，产生 P3，两个 6ku 蛋白、CI、NIb 和 CP，酶切点为处于V‐X‐X‐Q/（S，G，A，V）序列（所有马铃薯 Y 病毒属）中的 Q/（S，G，A）位点。在不同病毒中此序列有所变动。在 TEV 中 NIa 酶切点序列为 E‐X‐X‐Y‐X‐Q/S（G）（酶切点定位为-1 和+1）（Carrington & Dougherty，1988）。试验表明，酶切过程的速度可受-4 和+1 位点及远离切点的一些位点控制。至少从-7 到+2 的范围内的位点可对酶切有控制作用。在 NIa 两个功能域（VPg 和 Pro）之间的酶切点序列是 E/（S，G，A），与其他位点不同，并且酶切效率比其他切点要低得多。由以上所述可看出，合成多聚蛋白的表达方式既可合成许多功能蛋白，同时可调控最终产物的合成顺序及速度。但很明显，每合成一种功能蛋白则必须合成全长的多聚蛋白，而病毒对不同蛋白质的需求量不同，有些蛋白需要量大（如 CP），相对的，有些蛋白需要量很少（如 RNA 聚合酶），多余的蛋白产物便沉淀形成内含体。因此，多聚蛋白的基因表达方式似乎是非常不经济和低效率的。

2. 合成 sgRNAs sgRNA 被大多数植物病毒广泛使用，用以表达位于正链基因组

RNA3′端的基因。sgRNA 多数与产生它的 gRNA 具有共同的 3′端（co - terminal），5′端则短于 gRNA，使所要表达的基因在 sgRNA 里成为第一个 ORF 而得到表达。植物病毒产生 sgRNA 的机理至少有两种，即中间启动合成法（internal initiation）和负链合成提早终止法（premature termination）。下面分别加以阐述。

（1）中间启动合成法：在 RNA 复制过程中，以互补负链 ssRNA 链为模板合成正链 ssRNA 时，RNA 复制酶识别并结合在 sgRNA 的 5′端之上一段称为亚基因组启动子的碱基序列，并开始合成 sgRNA。对雀麦花叶病毒（BMV）的亚基因组启动子的研究最多，在此以 BMV 为例予以说明。

如本章第一节所述，BMV 具有 3 个（＋）ssRNA 片段。RNA1 和 RNA2 各含有一个 ORF，编码 RNA 聚合酶。RNA3 有两个 ORF，5′端 ORF 编码 MP，从基因组 RNA 表达，3′端 ORF 编码 CP，从 sgRNA（又称为 RNA4）表达。sgRNA 长 876nt，3′端与 RNA3（2114nt）相同，5′端则定位在 RNA3 的第 1238 碱基位。BMV 具有完全功能的亚基因组启动子，包括 sgRNA 转录起始位点前后 150nt，可分成两部分，一部分称为核心启动子，是维持基数水平的 sgRNA 合成所需的最小序列片段（Marsh et al.，1988；French & Ahlquish，1988），并可形成稳定的发卡结构（Jaspars，1998）。另一部分是增强子区段，可提高转录的效率及转录起始的准确性。

体外 RNA 合成系统中，核心启动子被鉴定为 sgRNA 起始点（定位为＋1）及其之前的 20 个碱基序列（从－20 到＋1）。一段人工合成的 RNA 片段（核心启动子加一段 RNA 模板），在体外可被从感染 BMV 的植物体内提取的 RNA 复制酶转录合成互补的正链 ss-RNA（Siegel et al.，1997，1998）。利用此体外 RNA 合成系统及点突变法，鉴定出在核心启动子中－17、－14、－13 和－11 四个位点上的碱基是保持启动子活性所必需的。除此之外，转录起始点的两个碱基即＋1 和＋2 位上的 C 和 A 对转录起重要作用（Adkins et al.，1998）。

RNA 合成研究显示，BMV 启动子共有 3 个增强子区段，分别是从＋1 到＋16 的转录起始点的 16nt 区段，从－20 到－37 的 PolyA 区段，和从－33 到－48 UUA 重复区段（French & Ahiquist，1988）。

BMV 和 CCMV 都属于雀麦花叶病毒属。这两种病毒的 RNA 聚合酶都能识别 BMV sgRNA 的核心启动子（Adkins & Kao，1998），识别的关键碱基位是－17、－14、－13 和－11。相对的，对 CCMV sgRNA 的合成，两种病毒的 RNA 聚合酶除识别以上 4 个碱基外，同时还识别另外 4 个位点－20、－16、－15 和－10，其中－20 位点是聚合酶识别不同核心启动子的关键。

（2）负链合成提早终止法：在病毒正常复制过程中，第一步以正链 ssRNA 为模板从其 3′端开始合成互补的全长的负链 ssRNA。第二步以新合成的负链 ssRNA 为模板，复制成更多的后代正链 ssRNA。在第一步合成负链 ssRNA 过程中，因为 sgRNA 启动子 5′端以上的区段与同一个 RNA 分子上远离 sgRNA 启动子的一个区段或另一个 RNA 分子上的一个区段之间发生了远距离间的 RNA - RNA 相互配对，一些 RNA 聚合酶在这些点上提早终止转录，导致合成了非全长的负链 ssRNA（缺少对应于正链 ssRNA 模板的 5′端部分），而此新合成的短的负链 ssRNA 的 3′端含有 RNA 启动子，能被病毒 RNA 聚合酶识别而转录为互补的短的正链 ssRNA 即 sgRNA。下面以番茄丛矮病毒（TBSV）为例来阐述同一个基因组 RNA 分子的不同区段间 RNA 相互作用而产生 sgRNA；以红三叶草坏死花叶病毒（RCNMV）为例来分析不同基因组 RNA 分子间的 RNA－RNA 配对而产生 sgRNA。

TBSV 含单片段正链 ssRNA，共有 5 个 ORFs，3′端的 3 个 ORFs 从 sgRNA1 和 sgRNA2 表达。在 sgRNA2 的转录起始点相邻的 5′方向的序列与在 5′端方向距其大约 1kb 的一个 12nt 小区段，可形成 RNA—RNA 配对。删除这段 12nt 序列则极大降低 sgRNA2 的合成（Zhang et al.，1999）。除 TBSV 外，在其他的番茄丛矮病毒属的基因组 RNA 里也发现这两个相互配对区段。因此，认为 12nt 区段通过远距离 RNA—RNA 相互作用控制 sgRNA 合成。

RCNMV 含有两个片段基因组 RNA。RNA1 有 3 个 ORFs，5′端两个 ORFs 从 gRNA 编码 RNA 聚合酶，3′端 ORF 从 sgRNA 编码 CP。RNA1 可单独复制。RNA2 含单个 ORF，编码 MP。CP sgRNA 只有在 RNA2 存在的情况下才能表达（Vaewhongs & Lommel，1995），预示 RNA1 和 RNA2 之间可能的相互作用。位于 CP 编码区段前的 sgRNA 启动子片段可形成稳定的茎环结构（Zavriev et al.，1996）。不改变 CP sgRNA 启动子，当 CP 基因被绿色荧光蛋白（GFP）基因取代，GFP 可在 RCNMV 或与其有同源关系的 CRSV 和 SCNMV 的 RNA2 存在的情况下，在寄主体内表达（Sit et al.，1998）。因为在 RNA2 上引进变异可能改变复制调控信号而影响 RNA2 本身的合成，因而把 RCNMV 的 RNA2 放在 TBSV 复制介体中表达。把 GFP 取代 CP 的 RCNMV RNA1 和表达 RCNMV RNA2 不同区段的 TBSV 介体同时接种到寄主体内，再检测 GFP（从 sgRNA）的表达，结果发现 RNA2 756～789 区段的 34nt 片段是 GFP 通过 sgRNA 表达所必需的。这段 34nt 序列可形成一个茎环结构（保留在 RCNMV、CRSV 和 SCNMV 三种病毒 RNA2 内），并且环内 8nt 与 RNA1 上的 sgRNA 起始点前两个碱基之前的 8nt 序列互补。改变 RNA1 上的 8nt 的碱基序列破坏碱基配对（但不改变氨基酸序列，这个 8nt 在 RNA1 里位于 RNA 聚合酶编码区的 C 端），导致 GFP 合成被抑制；相对应地改变 RNA2 上的 8nt 序列使其能与变异 RNA1 上的 8nt 再次互补，则恢复 GFP 的表达。这些试验结果提供了有力证据说明，RNA2 上的这个 34nt 片段就是调控 sgRNA 从 RNA1 上表达的调控信号，并且是通过 RNA－RNA 相互作用（可能有蛋白辅助因子的作用）来实现控制。这个 sgRNA 表达的调控机制也为 RCNMV RNA 复制与 sgRNA 合成之间的调控提供了解释。在侵染早期需要从基因组 RNA1 上表达 RNA 聚合酶以复制更多的病毒 RNA。当 RNA 复制累积了足够的 RNA1 和 RNA2 后，RNA2 通过其上 34nt 片段与 RNA1 上 sgRNA 起始点之前的 8nt 形成 RNA－RNA 配对，使 RNA 复制酶从合成基因组 RNA1 而转成合成 sgRNA。sgRNA 继而编码侵染后期需要的 CP。

3. 通读（read－through）**蛋白** 当核糖体翻译 5′端 ORF，到达其终止密码时，大部分核糖体终止翻译撤离 RNA 模板，但有少部分核糖体可以通过一些特殊的能译读终止密码的方式，如终止密码抑制体 tRNA（suppressor tRNA）能读过终止密码并继续翻译直到第二个（通常位于同一个阅读框的 ORF2）终止密码为止。由此合成了两种蛋白，一种是 5′端的 ORF1 编码的蛋白，另一种蛋白也是从 ORF1 的 AUG 起始码开始，但通读过

ORF1 的终止密码到第二个终止密码为止，因此是一种融合蛋白，N 端与 ORF1 编码的蛋白一样，C 端为越过 ORF1 终止密码的通读部分。核糖体通读的概率约 5%（1%～10%），概率大小取决于不同因素，包括终止密码及其上下游序列、一些远距离作用因素和终止密码抑制体 tRNA 的多少。

在三种终止密码中，UAA 的终止效率最高，其次是 UAG，最后是 UGA，在植物病毒中被通读的只有 UAG 和 UGA。终止密码之后的第一个可能还有第二个碱基也对通读起重要作用（Stansfield et al.，1995）。通读不需要特殊的结构。利用体外表达系统，对 TMV 终止密码 UAG 前后序列研究鉴定出（C/A）（A/C）A. UAG. CAR. YYA（R=嘌呤，Y=嘧啶）为通读的最佳序列（Skuzeski et al.，1991；Hamamoto et al.，1993），特别是 UAG 之后的第一个碱基 C。但此结论与病毒在植物体内实际发生的情况不完全相符，说明在体内可能还有另一些因素也影响终止密码通读。例如，在这些通读终止密码后面 12～21 碱基以外的高度保守的 CCCCA 片段或 CCXXXX 重复片段（Fütter & Hohn，1996；Miller et al.，1997）也影响终止密码通读。

终止密码通读需要一些称为终止密码抑制体 tRNA 的特殊 tRNA。体外试验表明，TMV 的 UAG 终止密码由抑制体 tRNA^{tyr} 译读（Beier et al.，1984）。TRV 的 UGA 终止密码可由不同种抑制体 tRNA 译读，包括 tRNA^{tyr} 和 tRNA^{cys}（Urban & Beier，1995；Baum & Beier，1998）。

至少有 16 个植物病毒属使用通读策略来表达蛋白（Hull，2002），其中有黄症病毒科的所有 3 个属，番茄丛矮病毒科的 7 个属及 6 个独立属。被通读的终止密码为 UAG 和 UGA，但未发现 UAA。所编码的蛋白多数为 RNA 复制酶，还有一些是 CP 和介体传播蛋白的混合物。一个病毒粒体需上千个 CP 分子，介体传播蛋白需要连在衣壳上，但并不需要每个 CP 分子上都带有介体传播蛋白。病毒的 RNA 复制酶含多个功能域，但所需各基团数量不等，如需要大量的 N 端通读前基团，需要少量的 C 端的通读后基团。因此，通读策略既翻译了 ORF1 之后的 ORF2，又实现了对不同产物蛋白合成的调控。

4. 移码蛋白（frameshift protein）　核糖体在翻译 ORF1 过程中，未到达终止密码子之前，一部分核糖体发生停顿，并向 5′端方向（−1 frameshifting）或 3′端方向（+1 frameshifting）移一个碱基位，进入与 ORF1 重叠的 ORF2，再继续翻译到下一个终止密码子为止，结果使核糖体错开原来阅读框（即 ORF1）的终止密码而合成一个更大的移码蛋白。其 N 端为移码前蛋白，与 ORF1 编码的蛋白相同，而 C 端为移码后蛋白，与 ORF2 蛋白相同（Farabaugh，1996a，b）。可见移码可发生在两个重叠的 ORFs 的重叠区任何一个位点，从而使 5′端的第二个 ORF 得以表达。至少 9 个植物病毒属（包括 3 个科和 2 个独立属）使用移码策略（Hull，2002），大部分是−1 移码，所合成的移码蛋白基本都是 RNA 复制酶。然而不是所有重叠的阅读框里都会发生移码，它的发生需要一定的条件。

（1）−1 移码（−1 frameshifting）：−1 移码有三个必需特征。首先在移码位点必须有一个称为滑动或 shifty 的由 7 个特殊碱基构成的序列。滑动序列可综述为 XXXYYYZ，XXX 表示 3 个相同的碱基，可以是 3 个相同的 A 或 G 或 U；YYY 也表示 3 个相同的碱基，可以是 A 或 U；Z 可以是 A 或 C 或 U。当核糖体到达这个滑动序列时，核糖体上的两个 tRNAs 从一个阅读框 X XXY YYZ 向 5′端方向移一个碱基位点而进入－1 阅读框 XXX YYY Z。这两个 tRNAs 的反密码子的 3 个碱基中仍至少有 2 个与模板 RNA 保持配对（Jacks et al.，1988）。植物病毒 BYDV - PAV 的移码序列为 *GGGUUU UUA GAG*（斜体的 7 个碱基为滑动序列）。移码前的阅读框是 *GGGU UUU* UAG AG。－1 移码之后阅读框变成 *GGGUUUU*UAGAG，与滑动序列结合的 tRNA 的反密码子（用小写字母表示）仍有 2 个 nt（GGG/cca）或 3 个 nt（UUU/aaa）与病毒 RNA（用大写字母表示）相配对。体外突变试验结果证实了滑动序列是－1 frameshift 所必需的，并且含 A 或 U 高的滑动序列比含 C 或 G 高的滑动序列能导致更高比率的－1 frameshift 现象发生（Fütterer & Hohn，1996）。紧接滑动序列之后的 UAG 终止密码不是－1 移码所必需的（Miller et al.，1997），但能提高移码效率，可能因为终止密码子能有助于核糖体停顿。

发生－1 移码的第二个必要条件是在滑动序列后的区段形成稳定的结构，如茎环结构或假结结构。通过突变减弱或消除这个结构（如 BYDV 和 RCNMV）则大大降低－1 移码概率，或根本不发生。这个结构的作用被认为是使核糖体停顿，继而发生移码。

除以上两个特点外，滑动序列与其后的茎环结构或假结结构之间的距离起关键作用，一般要这二者之间的距离为 4～9nt，即为第三个条件。通过插入或缺失（如 RCNMV）来增加或减少这段距离，导致移码概率降低或不发生（Kim & Lommel，1994）。－1 移码的发生概率，据体外研究推测约为 5%（Lopinski et al.，2000），与通读概率相似。

（2）＋1 移码（＋1 frameshifting）：在植物病毒里发生＋1 移码较之－1 移码要少，只有长线形病毒科内的两个属。＋1 移码需要两个条件，一是需要一段滑动碱基，二是需要有一个稀少或称为饥饿（hungry）的密码子或是终止密码子。但不需要滑动后面有特殊的茎环或假结结构。如莴苣传染性黄化病毒（LiYV）的 1a/1b 之间的发生＋1 移码（Klaassen et al.，1995）使

$$5'- \underline{A} \quad \underline{A} \quad \underline{A} \quad G \ -3' \qquad \underline{\text{经过＋1 移码变成}} \qquad 5'- \underline{A} \quad \underline{A} \quad \underline{A} \quad G \quad 3'$$
$$3'- \underline{u} \quad \underline{u} \quad \underline{u} \ -5' \qquad\qquad\qquad\qquad 3'- \underline{u} \quad \underline{u} \quad \underline{u} \ -5'$$

大写字母表示 LiYV 的 RNA，小写字母表示 tRNA^{lys} 的反密码子。在＋1 移码之后，tRNA^{lys} 的反密码子仍有两个碱基与 LiYV RNA 配对。

5. 基因分段（segmentation）　病毒侵染植物所需的信息分装在不同片段（两个或更多）的基因组上，这样每个片段基因组 RNA 上都有一个 ORF 处于 5′端，可被寄主植物的蛋白质合成系统翻译。在 48 个正链 ssRNA 植物病毒中，有 18 属具多片段基因组 RNA（Hull，2002）。

以上所述五种策略是植物病毒广泛使用的，除此之外，下面概述一些虽不普遍，但仍被一些病毒使用的策略。

6. 中间起始（internal initiation）　核糖体能识别并结合在核糖体中间进入位点（internal ribosome entry site，IRES），并从非 5′端 AUG 起始密码子开始翻译（Belsham & Sonengerg，1996）。一般认为 IRES 可形成复杂的二级或三级结构，被核糖体及其辅助因子识别并结合。实验证明，TMV 的 CP sgRNA 和 sgRNAI2 使用中间起始策略表达 CP 和 MP（Ivanov et al.，1997；Skulachev et al.，1999）。这两个 sgRNAs 的特点是 5′端没

有帽子结构，且有很长的 5′端非编码区。

7. 渗漏扫描（leaky scanning）　渗漏扫描一般是指核糖体的 40S 亚基从 RNA 的 5′端开始扫描，但没有或没有全部从第一个 AUG 开始翻译（往往是因为 AUG 起始密码子的前后序列不是核糖体识别的最适序列），结果一些或全部核糖体越过第一个 AUG 而从第二个 ORF2 的 AUG 开始翻译。渗漏扫描另一种情形是当 80S 核糖体到达 ORF1 的终止密码时，60S 亚基脱离模板，但 40S 亚基仍结合在 RNA 上，并在紧接着的下游的起始密码子上恢复翻译。这样渗漏扫描有三种：①一种可能性是两个 AUG 在同一个 ORF 里，也就是同一个 ORF 里有两个翻译起始点，导致两种 C 端相同的产物，例如 CPMV RNA2 含单个 ORF，编码产生两个（105ku 和 95ku）具相同 C 端的多聚蛋白，95ku 多聚蛋白被认为是通过这种情形的渗漏扫描产生（Belsham & Lomonossoff，1991）。②第二种可能性是两个 ORFs 相互重叠，例如 BYDV-PAV 和 PLRV3′端的 ORF3、ORF4 和 ORF5 都是从 sgRNA1 表达，其中编码 MP 的 ORF4 包含在编码 CP 的 ORF3 之内，但处于不同阅读框，由渗漏扫描 ORF3 AUG 而表达（Dinesh-Kumar & Miller，1993）。再如，PVX 编码 MPs 的三基因块（ORF2、ORF3 和 ORF 4）从 sgRNA1 表达，ORF3 和 ORF4 也是通过这类渗漏扫描方式开始翻译（Verchot et al.，1998）。③第三种可能性是两个 ORFs 紧相邻，结果核糖体漏过第一个 ORF 的起始码或终止密码，从与 ORF1 紧邻着的第二个 ORF AUG 开始或重新开始翻译。例如 PCV RNA2 里的 ORF2 就是从基因组 RNA2 通过渗漏扫描表达（Herzog et al.，1995）。

8. 非 AUG 起始密码子（Non-AUG start Codon）　一些病毒的阅读框可以从不是 AUG 的其他起始密码子上开始，但翻译效率较 AUG 低许多。例如小麦土传花叶病毒（SBWMV）RNA2 一个 25ku 的蛋白便是从 5′端的 CUG 开始编码产生，与编码 19ku CP 的 ORF1 在相同的阅读框内（基因组结构见图 4-12）（Shirako，1998）。

9. 双义 RNA　有些病毒基因组片段含有两个 ORF，一个在病毒的 RNA 链（virion sense）上，另一个在与之互补的 RNA 链（complementary sense）上，即病毒毒义链和毒义互补链上均有一个 ORF。因此，该类病毒 RNA 是双义 RNA。例如番茄斑萎病毒属和纤细病毒属，除 RNA1 以外的其他基因组片段，都是双义 RNAs。

四、植物 RNA 病毒使用多种策略表达基因组编码的基因

上一部分阐述了植物病毒用来表达其基因组的各种策略。每种病毒往往使用不止一种策略，而是同时使用两种或多种不同的策略。下面以不同策略的组合加以综述。

1. 基因组分段（segmentation）**＋亚基因组 RNA**（sgRNA）　使用这两种策略组合表达基因组的病毒有雀麦花叶病毒科内所有 5 个属：雀麦花叶病毒属、黄瓜花叶病毒属、苜蓿花叶病毒属、等轴不稳环斑病毒属和油橄榄病毒属。

2. 基因组分段＋亚基因组 RNA＋渗漏扫描（leaky scanning）　独立属大麦病毒属（*Hordeivirus*）同时使用这三种策略表达基因组所编码的基因。

3. 基因组分段＋多聚蛋白（polyprotein）　使用这两种策略组合表达基因组的病毒有豇豆花叶病毒科内两个属，蚕豆病毒属和线虫传多面体病毒属，以及马铃薯 Y 病毒科的大麦黄花叶病毒属。

4. 基因组分段＋多聚蛋白＋渗漏扫描 豇豆花叶病毒科豇豆花叶病毒属使用这三种策略组合表达基因组基因。

5. 通读（read‑through）＋亚基因组 RNA 番茄丛矮病毒科内的 3 个属，燕麦病毒属、香石竹斑驳病毒属和坏死病毒属利用这两种策略组合表达其基因组。

6. 通读＋亚基因组 RNA＋渗漏扫描 番茄丛矮病毒科内的 3 个属，番茄丛矮病毒属、绿萝病毒属和玉米褪绿斑驳病毒属使用这三种策略组合表达基因组基因。

7. 移码（frameshifting）＋亚基因组 RNA 独立属幽影病毒属利用这两种策略组合表达其基因组。

8. 多聚蛋白＋亚基因组 RNA 独立属玉米细条病毒属使用这两种策略组合表达基因组基因。

9. 多聚蛋白＋亚基因组 RNA＋渗漏扫描 独立属芜菁黄花叶病毒属使用这三种策略组合表达基因组基因。

10. 基因组分段＋移码＋亚基因组 RNA 番茄丛矮病毒科香石竹环斑病毒属和长线形病毒科毛形病毒属使用这三种策略组合表达基因组基因。

11. 基因组分段＋通读＋亚基因组 RNA 独立属烟草脆裂病毒属和马铃薯帚顶病毒属使用这三种策略组合表达基因组基因。

12. 基因组分段＋通读＋亚基因组 RNA＋渗漏扫描 独立属花生丛簇病毒属同时使用这四种策略来表达其基因组基因。

13. 基因组分段＋通读＋亚基因组 RNA＋非 AUG 起始密码子 独立属真菌传杆状病毒属（*Furovirus*）使用这四种策略来表达其基因组。

14. 通读＋移码＋亚基因组 RNA 黄症病毒科耳突花叶病毒属和番茄丛矮病毒科黍病毒属使用这三种策略来表达其基因组。

15. 通读＋移码＋亚基因组 RNA＋渗漏扫描 黄症病毒科黄症病毒属和独立属马铃薯卷叶病毒属使用这四种策略来表达其基因组。

16. 多聚蛋白＋移码＋亚基因组 RNA 长线形病毒科长线形病毒属和独立属南方菜豆花叶病毒属的鸭茅斑驳病毒（*Cocksfoot mottle virus*，CfMV）使用这三种策略来表达其基因组。

17. 基因组分段＋多聚蛋白质＋通读＋亚基因组 RNA＋渗漏扫描 独立属甜菜坏死黄脉病毒属使用这五种策略来表达其基因组。

五、植物病毒翻译过程的调控

病毒在侵染过程中，除利用寄主植物的蛋白质及其他原料之外，还需要自己合成多种（至少 3 种，多则 10 种以上）蛋白质。编码这些病毒蛋白质的阅读框往往很紧凑地（相互重叠或前后紧凑相连）组合在基因组上（植物病毒的 gRNA 多数是 4～10kb）。病毒不仅需要克服寄主植物蛋白合成的局限，即只有 5′端第一个 ORF 可被表达，并且蛋白质合成的起始需要 5′端的帽状结构，同时需要控制在合适的时间合成一定数量的产物，如在侵染早期需要合成 RNA 复制酶，而在侵染晚期则需要合成 MP 和 CP；再如，RNA 复制酶的需要量少而 CP 的需要量则很大；并且就 RNA 复制酶复合体而言，由具不同活性的多种蛋白质构成，不同成分的需要量也不同。在第三段中叙述的植物病毒用以克服寄主蛋白质合成系统的局限性的各种策略中，有些策略本身就已同时实现了对蛋白合成的数量或时间的控制，例如，通读和移码主要用于表达 RNA 复制酶，通读前或移码前的蛋白（含甲基转移酶和解旋酶）构成复制酶中含量大的蛋白成分，而通读后或移码后的蛋白（含 RdRp，表达量约为通读前或移码前部分蛋白的 1%～5%）则是复制酶中含量少的成分。再如，RCNMV 的 RNA 复制酶基因位于 RNA1 的 5′端，从 RNA1 直接表达，在病毒侵染早期，就可合成足够数量，用于复制更多病毒 RNA。CP 基因，则位于 RNA1 的 3′端，由一个从 RNA1 转录的 sgRNA 表达。而 CP sgRNA 的合成由位于 RNA2 里的一段 34 nt 序列调控，这段序列构成茎环结构，并通过环内的 8nt 序列与 RNA1 上的 sgRNA 转录起始点之前的 8nt 序列配对，使复制酶在从 RNA1 的 3′端开始合成 RNA1 负链过程中，在这个 RNA - RNA 相互作用位点上提早停止，同时也就中断全长负链 ssRNA 的合成，所产生的负链 ssRNA［缺少相对应于（＋）RNA1 的 5′端部分］含有与 gRNA 启动子相似的 sgRNA 启动子，由复制酶识别转录成相应的正链 ssRNA 即 CP sgRNA。由此可见，CP sgRNA 只能在 RNA2 累积到一定程度的侵染后期才能被转录。

本段将阐述病毒 RNA 的 5′端和 3′端结构以及 5′端和 3′端的非编码区对蛋白质表达的调控作用。如第一段所阐述，真核生物 mRNA 的 5′端具帽子结构，是核糖体及其辅助蛋白的结合位点，3′端是 Poly A 尾，结合寄主蛋白 PABP，通过结合在 5′端帽子上的蛋白与结合在 3′端 Poly A 尾上的 PABP 蛋白之间的蛋白质-蛋白质相互作用，把 mRNA 的 5′端和 3′端连在一起形成环状，从而显著提高蛋白质合成效率。然而在植物 RNA 病毒中，只有少数同时具有 5′端帽状结构和 3′端 PolyA 尾，多数只具有帽状或 Poly A 尾结构或没有这两个末端结构。虽然如此，这些病毒 RNA 在寄主植物体内仍能有效地被表达。

1. 具有 5′端帽子结构但缺乏 3′端 Poly A 尾　这种情形在植物病毒中很普遍，TMV RNA 便是其中一例。单片段的 TMV RNA 的 5′端具帽状结构。5′端非编码区含 69nt 构成 Ω 序列，既是下游蛋白质合成起始所必需，又能显著提高蛋白质合成效率（Gallie，1996）。这个 Ω 序列缺乏明显二极结构，序列中间是一个多（CAA）区段，在其 5′端及 3′端各有 1 个和 2 个同向 ACAAUUAC 重复区段。3′端无 Poly A 尾，3′端非编码区的 177nt 具有复杂结构，形成 5 个假结，其中最近 3′端的两个假结构成类似 tRNA 结构，是病毒 RNA 复制所必需的，其他三个假结构成上游假结域（upstream pseudoknot domain，UPD），这在烟草花叶病毒属病毒中是保守结构。一个 102ku 的蛋白结合在这个 3′端 UPD 上，并且也结合在 5′端的 Ω 序列（Tanguay & Gallie，1996），结果类似植物 mRNA 的情形把病毒 RNA 的 5′端和 3′端拉近。因此，TMV RNA 3′端的 UPD 是植物 mRNA 3′端 Poly A 尾的功能取代物，提高了依赖帽子结构（cap - dependent）的蛋白翻译能力。

2. 具有 3′端 Poly A 尾但缺少 5′端帽状结构　这种情形在植物病毒中也很普遍，所有马铃薯 Y 病毒属病毒都属此类型。3′端具 Poly A 尾，5′端缺少帽状结构，取而代之的是病毒编码的 VPg 蛋白，共价结合在 5′端。

TEV 5′端的非编码区能通过与 3′端 Poly A 尾之间的相互作用而提高不依赖于帽子结构（cap - independent）的基因表达（Gallie et al.，1995），两个起作用的功能元素被定位在 5′端 143nt 前导序列的中间（Niepel & Gallie，1999）。当这个前导序列被移位到两个基因之间，可提高第二个基因的表达。此外，在前导序列之前加入一个稳定的茎环结构可显著地提高基因表达效率。

在马铃薯 Y 病毒属另一个种芜菁花叶病毒（TuMV）中，基因表达情况与烟草蚀纹病毒（TEV）不同。结合在 5′端的 VPg 能与拟南芥和小麦的真核翻译起始因子 eIF（iso）4E 相互作用，相互作用元素被定位在一个 35 氨基酸区段（Wittmann et al.，1997；Léonard et al.，2000）。eIF（iso）4E 可结合在真核 mRNA5′端的帽子上并对翻译起重要作用（McKendrick et al.，1999）。TuMV VPg 与 eIF（iso）4E 的相互作用可被帽子的类似物 M⁷GTP 但不是 GTP 抑制（Schaad et al.，2000）。因此，TuMV VPg 成为 mRNA 帽子的功能取代物。

3. 既无 5′端帽状结构也无 3′端 Poly A 尾　许多植物病毒不但 5′端没有帽子，而且 3′端也无 Poly A 尾。然而这些病毒的基因在植物体内一样被高效率地表达。因此，逻辑推理这些病毒 RNA 含有不依赖于帽子结构的翻译增强子。

大麦黄矮病毒（BYDV，黄症病毒属）含单片段（＋）ssRNA，既无 5′端帽子也无 3′端 Poly A 尾，共有 6 个 ORFs。5′端的 ORF1 和 ORF2 编码 RNA 复制酶，从 gRNA 直接表达，中间的三个 ORFs（ORF 3、ORF4 和 ORF 5）编码 CP 和 MP，从 sgRNA1 表达，3′端 ORF6 编码一个功能未知的 7ku 小蛋白，从 sgRNA2 表达。在 gRNA 及 sgRNAs 的 3′端发现一个翻译增强子（3′TE）（Wang et al.，1997），使病毒 RNA 以不依赖于帽子结构方式被高效率地表达。在体外表达系统中 3′端 109nt 序列可构成有效的 3′TE，然而体内有效的 3′TE 则延长至 sgRNA2 的 5′端（Wang et al.，1999b）。由于 5′端非编码区序列不同，3′TE 对 sgRNA1 基因表达的促进作用大于 gRNA，结果，体内所合成的 CP（由 sgRNA1 的最近 5′端的 ORF 编码）比 RNA 复制酶（从 gRNA 最近 5′端的 ORF1 和 ORF2 表达）多。3′TE 对基因表达的作用不仅有以上所述的顺式（*in cis*，即位于同片段 RNA 内）促进作用，并且具有选择性的反式（*in trans*，即位于不同片段 RNA 内）抑制作用。sgRNA2（含有全功能的 3′TE）抑制 gRNA 的表达，但不影响 sgRNA1 的基因表达。因此，在 sgRNA 累积到一定程度的病毒侵染后期，因为 sgRNA2 有选择地抑制 gRNA 表达，促使病毒蛋白质的合成从侵染早期合成复制酶（从基因组 RNA 表达）转换为侵染后期合成 CP 和 MP（从 sgRNA1 表达）（Wang et al.，1999b）。

芜菁皱缩病毒（TCV，香石竹斑驳病毒属）基因组为单片段正链 ssRNA，没有 5′帽子和 Poly A 尾，复制酶（侵染早期蛋白）从 gRNA 表达，MP（s）和 CP（侵染后期蛋白）分别从 sgRNA1 和 sgRNA2 表达。5′端和 3′端非编码区可促进基因表达，同时含有 5′和 3′UTRs 的 RNA 的基因表达比只含单个 5′UTR 或 3′UTR 的 RNA 的基因表达总和大 3 倍（Qu & Morris，2000）。并且 sgRNA 的 5′端和 3′端 UTRs 对基因表达的促进作用比 gRNA 的大。

番茄丛矮病毒（TBSV，番茄丛矮病毒属）基因组为单片段正链 ssRNA，也不含 5′帽子和 3′Poly A 尾。RNA 复制酶从 gRNA 表达，CP 和 MP 从两个 sgRNAs 表达。3′UTR 含有不依赖于帽子结构的翻译增强子（3′CITE）（Wu & White，1999）。3′CITE 的作用不涉及任何病毒蛋白，并且与 BYDV 不同，在体外系统中检测不到 3′端 CITE 的增强作用。

4. 抓帽起始（cap - snatching）　　多片段负链 ssRNA 病毒（如番茄斑萎病毒属 TSWV 和纤细病毒属 MSPV）使用抓帽起始机理来转录 mRNA，即寄主 mRNAs 的 5′端帽子连带 12～20nt 小区段被病毒编码的内切酶切断并被用作引物转录病毒 mRNA（Estabrook et al.，1998；Duijsings et al.，1999）。

第三节　RNA 病毒的复制

病毒基因组 RNA 的复制是整个病毒侵染过程中最基本和最关键的一步，起催化作用的是 RNA 复制酶，复制酶是由多种病毒蛋白和寄主蛋白构成的复合体。病毒基因组 RNA 的复制过程分成两个阶段：①复制酶识别正链 ssRNA 基因组并以其为模板从 3′端开始合成互补的负链 ssRNA；②以新合成的互补负链 ssRNA 为模板并从其 3′端开始合成更多的后代正链 ssRNA（Buck，1996）。

一、RNA 复制酶

催化病毒基因组 RNA 复制的复制酶是由多种蛋白质构成的复合体，包括病毒蛋白质和寄主蛋白质，典型的病毒编码的复制蛋白质含有：①依赖 RNA 的 RNA 聚合酶（RNA - dependent RNA polymerase，RdRp）；②RNA 解旋酶和③甲基转移酶。

1. 依赖 RNA 的 RNA 聚合酶（RdRp）　　RdRp 是复制酶复合体中催化合成 RNA 的单位。所有基因组序列已确定的正链 ssRNA 病毒都含有编码 RdRp 的 ORF，其中有些病毒的 RdRp 已被证实具有合成 RNA 的功能（Buck，1996）。通过系统分析所有（＋）RNA 病毒的 RdRp 氨基酸序列，发现有 8 个保守基序（conserved motifs），其中最保守的基序是 Gly - Asp - Asp（GDD）（Koonin，1991；Koonin & Dolja，1993）。根据系统序列分析结果把 RdRp 分成 3 个超级组（supergroups）。超级组 1 又称为小 RNA 病毒属类超级病毒组（Picornavirus - like supergroup），含有 6 个植物病毒属，这个组的特点是基因组单片段表达成多聚蛋白，5′端连着 VPg。超级组 2 又称为香石竹斑驳病毒属类超级病毒组（Carmovirus - like supergroup），含有 10 种植物病毒。超级组 3 又称为 α 病毒超级组（Alphavirus supergroup），含有 23 个植物病毒属。超级组 2 和 3 的特点是基因组为单片段或多片段，5′端常有帽子结构，各个基因单独表达。对不同病毒的 RdRp 的突变试验证实了 GDD 基序和其他保守氨基酸的重要性（Buck，1996）。

把 RdRp 和另外 3 种聚合酶即依赖 RNA 的 RNA 聚合酶（RNA - dependent RNA polymerase，RdRp）或称反转录酶（reverse transcriptases，RT），依赖 DNA 的 RNA 聚合酶（DNA - dependent RNA polymerase，DdRp）和依赖 DNA 的 DNA 聚合酶（DNA - dependent DNA polymerase，DdDp）的碱基序列对比发现，所有类型的聚合酶都含有基序Ⅳ（含 GDD）和Ⅵ。因此，推测这些酶具有相似的蛋白质折叠（folding）结构（Heringa & Argos，1994）。对一种 DdDp（Ollis et al.，1985），一种 RdDp（Kohlstaedt et al.，1992），一种 DdRp（Sousa et al.，1993），和三种 RdRp（脊髓灰质炎病毒，HCV & 噬菌体 Φ6）（Bressanelli et al.，1999；Butcher et al.，2001；Hansen et al.，1997）的结晶体的 X-光衍射证实了这 4 种蛋白质具有相似的称为"右手型"的三维结构，

共包含手指（fingers）、拇指（thumb）和掌（palm）3 个功能域（subdomains）。虽然脊髓灰质炎病毒（poliovirus）RdRp 的 fingers 和 thumb 的结构与其他聚合酶的不同，但 palm 的结构与其他聚合酶很相似。Palm 含有由 4 个基序（A，B，C，E motif）构成的核心催化点（Poch et al. ，1989；Xiong & Eickbush，1990）。除以上 3 个功能域外，脊髓灰质炎病毒（poliovirus）RdRp 还含有一个由 N 端氨基酸组成的独特结构区段，这个 N 端区段与 thumb 功能域互相作用，并延伸至 palm 基序内的催化点。

以脊髓灰质炎病毒（poliovirus）RdRp 结构为模型，以氨基酸序列对比为根据，推测 3 科植物病毒（雀麦花叶病毒科、烟草花叶病毒属和番茄丛矮病毒科）和三科动物病毒的 RdRps 的结构（Reilly & Kao，1998），所有 6 科病毒的 RdRp 具有相似的二级结构区段序列，且除光滑噬菌体（leviviruses）外，其余病毒的 RdRp 都具有与脊髓灰质炎病毒 RdRp 相似的 N 端区段。根据已有的一些 RdRp 突变体的表型对 RdRp 保守基序和功能域进行推测：palm 内的 motif A 结合镁，motif B 可区别 RNA 和 DNA，motif C 结合镁，motif D 组成 palm 的核心结构，功能不详，motif E 与 thumb 之间发生疏水性相互作用，fingers 功能域决定 RNA 模板，thumb 功能域可能结合模板，N 端区段具催化活性，并使 RdRp 形成雾聚体（oligomerization）（Reilly & Kao，1998）。

2. RNA 解旋酶 RNA 解旋酶是依赖 RNA 的 NTP 磷酸酶，具有解旋作用（unwinding）（Kadarei & Haenni，1997；Bird et al. ，1998）。RNA 解旋酶是 RNA 复制酶的一个必要成分，在 RNA 复制过程中可使 dsRNA 中间体（dsRNA intermediate）解旋，使单链模板 RNA 局部的二级结构解旋松开，以利互补负链 ssRNA 合成。大部分（＋）RNA 病毒含有解旋酶（Buck，1996）。根据氨基酸序列，（＋）RNA 病毒的解旋酶分成 3 个超级组（superfamilies）（Koonin & Dolja，1993），超级组 1 和 2 含有 7 个保守基序（conserved motifs），超级组 3 含 3 个保守基序，其中有 2 个 ATP 结合域是 3 个超级组所共有的。超级组 2 的基序 Ⅱ 具有 DEXH 氨基酸序列，是 DEAD 的一种变化形。一些含有 DEAD 的蛋白质，如细胞 RNA 解旋酶 eIF - 4A，已被证明具有依赖 RNA 的 ATPase 活性，RNA 结合和 RNA 解旋酶活性（Buck，1996）。超级组 2 中具有 DEXH 基序的一些解旋酶，如李痘病毒（*Plum pox virus*，PPV）的 CI 蛋白质也被证明具有上述活性（Fernandez et al. ，1995）。虽然超级组 1 和 3 中的推定的解旋酶尚未被直接证明具有解旋酶活性，但改变基序 Ⅰ（A）或 Ⅱ（B）中保守的氨基酸可抑制 RNA 复制，突变研究显示，解旋酶是病毒复制所必需的。在植物 RNA 病毒中，解旋酶属于超级组 1 的病毒有雀麦花叶病毒科、长线形病毒科和大部分独立属如烟草花叶病毒属和马铃薯 X 病毒属等；属于超级组 2 的病毒有马铃薯 Y 病毒科；属于超级组 3 的病毒有豇豆花叶病毒科和伴生病毒科。

虽然多数（＋）RNA 病毒含有推定的解旋酶，并且这些推定的解旋酶是病毒 RNA 复制所必需的，然而有些基因组小于 6kb 的病毒，例如植物 RNA 病毒里的番茄丛矮病毒科、黄症病毒科和独立属南方菜豆花叶病毒属及幽影病毒属缺少推定的解旋酶（Hull，2002）。缺少推定的解旋酶的可能解释有（Buck，1996）：①可能 NTP 结合基序确实存在，但因为变化太大而无法从正常的氨基酸序列中被识别出来，例如一种细胞 NTP protein actin 中的变化型基序 Ⅰ（A）和基序 Ⅱ（B）；②RdRp 可能同时还具有双链的解旋作用，例如脊髓灰质炎病毒（poliovirus）RdRp；③解旋作用可能由一种螺旋去稳定蛋白（helix-destabilizing protein）提供，这种蛋白质不使用降解 NTP 释放的能量，而是使用结合在单链核苷酸后释放的能量（stoichiometric binding），例如脊髓灰质炎病毒（poliovirus）3Dpol 蛋白质；④病毒可能使用寄主的解旋酶进行解链。

丙型肝炎病毒（*Hapatitis C virus*，HCV）的 RNA 解旋酶（超级组 2）的结晶体结构已被确定（Cho et al.，1998），共含有构成 Y 形的三个功能域。RNA 结合域和 NT-Pase 及其他功能域间有一缝隙，可供 ssRNA 通过。根据上述 HCV RNA 解旋酶的结构，提出以下 dsRNA 的解链机理（Cho et al.，1998）：HCV RNA 解旋酶形成二聚体，dsRNA 中的一条链从解旋酶二聚体间的缝隙构成的通道中通过，另一条链则在裂缝通道外通过，从而把双链分开。基于不同超级组之间具有共同的保守基序，植物病毒的解旋酶可能也具有 HCV 解旋酶的特点。

3. 甲基转移酶　甲基转移酶催化 RNA 的 5′端的加帽过程，5′端的帽子结构是许多 RNA 的特点，包括多数真核的 mRNAs 和 DNA 病毒的 mRNA，反转录和副反转录病毒的 mRNA，负链 RNA 病毒，一些 dsRNA 病毒和一些（＋）RNA 病毒（Buck，1996；Hull，2002）。5′端帽子结构是 M^7GpppN，其中 N 通常是 A 或 G 碱基。细胞 mRNA 和多数 DNA 病毒及反转录和副反转录病毒的 mRNA 的加帽过程由寄主细胞的加帽酶催化，并发生在细胞核内，而正链和负链 RNA 病毒的基因组 RNA 的加帽过程则在细胞质内进行，并且由病毒编码的酶催化（Murphy et al.，1995），RNA5′端的加帽过程包含以下几个反应步骤：

（1）pppNpN'→ppNpN'＋p_i by an RNA triphosphatase；

（2）guanylyltransferase＋GTP→guanylyltransferase-GMP＋ppi；

（3）guanylyltransferase-GMP＋ppNpN'→GpppNpN'＋guanylyltransferase；

（4）GpppNpN'＋S-adenosylmethionine→M^7GpppNpN'＋S-adenosyl homocysteine。

S-腺苷高半胱氨酸水解酶控制细胞内 S-腺苷高半胱氨酸和 S-腺苷蛋氨酸的比例，表达 S-腺苷高半胱氨酸水解酶的反义的转基因烟草对 5′端含有帽子的 RNA 病毒侵染具抗性，例如 TMV 和 CMV，而对 5′端含有 VPg 的 RNA 病毒的抗性则大大减少（Masuta et al.，1995）。BMV 编码的 1a 和 2a 蛋白质共同构成 RNA 复制酶。1a 蛋白质 N 端含加帽功能域，C 端含解旋酶功能域。生化试验证实 1a 能催化加帽反应（Ahola & Ahlquist，1999）。RNA3 可在表达 1a 和 2a 的酵母细胞内复制，并且可以从 RNA3 合成 CP sgRNA。在 BMV 1a 的加帽活性点通过点突变改变单个氨基酸则显著降低 RNA3 的合成，并且 CP sgRNA 的合成更是低于检测水平（Ahola et al.，2000）。然而当把酵母的 XRN1 基因删除（XRN1 基因编码一种降解无帽 mRNA 的主要外切酶），则抑制（抵消）加帽突变体的作用，使酵母体内合成积累大量的无帽 RNA3 和 sgRNA。

4. 寄主因子　RNA 复制酶复合物由病毒编码的蛋白质和寄主编码的蛋白质（或称寄主因子）共同构成。噬菌体是侵染大肠杆菌（*E. coli*）的一种（＋）RNA 病毒，构成其 RNA 复制酶的寄主蛋白质包括了 30S 核糖体蛋白质 S1，蛋白质合成的延长因子（elongation factors）是 EF-Tu 和 EF-Ts，以及寄主因子 I（HF-1）（Blumenthal & Carmichael，1979），其中 HF-1 是合成负链 RNA 所必需的。

相比之下，侵染真核生物的（+）RNA病毒在复制过程中所需要的寄主蛋白质目前虽然还不是很清楚，但已有很大的进展。不同的方法手段被用于研究寄主蛋白质，一种方法是从感染病毒的植物体内提纯可溶的且对模板具特异性的复制酶复合物（replicase complex），再从中寻找同步被提取的寄主蛋白质。植物体内提纯的雀麦花叶病毒（BMV）复制酶复合物可在体外催化从正链RNA合成负链RNA。此复合物除含有病毒编码的115ku 1a（甲基转移酶＋解旋酶）和100ku 2a（RdRp）外，还含有两个大小为160ku和45ku的寄主蛋白质（Quadt & Jaspars，1990）。45ku的寄主蛋白质已被鉴定为麦胚真核生物翻译起始因子3（eIF3，wheat germ eukaryotic translation initiation factor3）的p41亚基的同源物（Quadt et al.，1993）。病毒RNA的3′端和5′端含有合成负链和正链RNA的启动子，因此，研究寄主蛋白质的另一个途径是寻找能特异地结合在病毒RNA两端的寄主蛋白。有报道寄主蛋白质能特异地与一些病毒RNA两端的非编码区结合，例如BMV（Duggal et al.，1995），红三叶草坏死花叶病毒（RCNMV）（Hayes et al.，1994）和脊髓灰质炎病毒（Najita & Sarnow，1990）。细胞蛋白质PCBP［poly（C)-binding protein］和脊髓灰质炎病毒的3CDpro蛋白能与5′UTR的三叶草结构相结合并形成核糖核蛋白复合体（ribonucleoprotein complex，RNP）。另一种细胞蛋白质PABP［poly（A）binding protein］和3CDpro也能与3′末端poly（A）及其上游的茎环结构相结合并形成RNP（Andino et al.，1990a&b，1993；Harris et al.，1994）。在脊髓灰质炎病毒RNA两端形成这些RNP复合体是病毒复制所必需的。

研究寄主蛋白质的一个新的有效方法是利用遗传模型系统（Genetic model system），例如拟南芥和酵母（Saccharomyces cerevisiae）。通过筛选检测变异的拟南芥突变体，发现elF（iso）4E是马铃薯Y病毒属复制所必需的寄主因子（Lellis et al.，2002）。对tom2-1变异的拟南芥研究发现，寄主TOM2A蛋白（a transmembrane protein）是烟草花叶病毒属在寄主体内复制所必需，是构成RNA复制酶复合体的一个成分，并且通过与另一个寄主蛋白TOM1（an integral membrane protein）相互作用发挥效能（Tsujimoto et al.，2003）。

BMV可以在拟南芥和酵母细胞内复制，说明酵母细胞含有BMV复制所需要的所有寄主蛋白质（Janda & Ahlquist，1993）。通过筛选变异的酵母菌株发现了多种BMV复制所必需的寄主蛋白质。Noneiry et al.（2000）发现酵母的一个DED1基因突变可抑制BMV RNA复制，但却不影响酵母的生长。突变另一个酵母基因OLE1也抑制BMV RNA复制（Lee et al.，2001）。Tomita等（2003）发现，DnaJ chaperone的同源蛋白Ydjlp是合成BMV负链RNA所必需的。Ydjlp蛋白通过影响2a复制蛋白的折叠或整合进复制酶而介入RNA复制酶复合体的形成。

利用酵母单基因敲除突变体文库（yeast single-gene-knockout library），系统检测每种酵母基因对两种不同植物RNA病毒BMV和TBSV的RNA复制的影响，各鉴定出近100种基因（包括一些以前已被鉴定的基因）可提高或降低病毒RNA复制（Kushner et al.，2003；Panavas et al.，2005）。这些基因编码的蛋白质可分为6大类：①核苷酸代谢和合成；②脂类代谢和合成；③蛋白质代谢和合成；④其他成分的代谢和合成；⑤蛋白质导向或转运（targeting or transport）；⑥未知功能。对影响BMV和TBSV的寄主基因进行比较，发现在近 100 个基因中，只有 4 个基因相同，其中 3 个属蛋白代谢类型（ubiquitin pathway）一个为转录调控因子。若按功能相似性进行比较，则有 14 种功能类似基因，主要涉及蛋白质合成、蛋白质代谢和转录组，说明寄主的蛋白质合成和蛋白质合成后修饰对 BMV 和 TBSV 复制具有相似的作用。相反的，没有一个属于蛋白质导向或迁移，与膜相连关或脂代谢的寄主蛋白同时介入 BMV 和 TBSV 的复制，说明病毒在不同细胞器膜上复制（BMV 在 ER 膜上，TBSV 在过氧化物酶体膜上）需要很不相同的寄主蛋白。

二、构成复制酶复合体的各蛋白质之间的相互作用和复制酶的组装

复制蛋白质通过彼此之间相互作用（蛋白质-蛋白质相互作用）及与 RNA 模板的相互作用（RNA -蛋白质相互作用），在特定的细胞膜上组装成具有功能的复制酶复合体。不同 RNA 病毒的复制发生在不同的细胞膜上（见本节第五部分）。

1. 聚合酶分子间相互作用　脊髓灰质炎病毒的 RNA 聚合酶之间可发生相互作用并产生雾聚体（oligomerization）。如提纯的聚合酶以高度协同性（cooperatively）结合并使用 RNA 模板（Pata et al.，1995；Beckman & kirkegaard，1998），说明聚合酶之间直接的相互作用可能对聚合酶的功能起重要作用。

2. 聚合酶与病毒编码的其他复制蛋白之间的相互作用　除聚合酶分子之间发生相互作用外，聚合酶与构成复制酶的其他病毒编码的蛋白质之间亦可发生相互作用。在 BMV 中，2a（RdRp）可与 1a（甲基转移酶＋解旋酶）在体外（Kao et al.，1992）和体内（Reilly et al.，1995）相结合。1a - 2a 在体外的相互作用是 BMV RNA 在体内复制的必需条件，在 1a 中插入 3 个氨基酸导致与 2a 相互作用的丧失，同时也丧失在体内合成 BMV RNA 的能力。

3. 聚合酶与寄主蛋白相互作用　除与病毒蛋白相互作用外，聚合酶还能与寄主蛋白发生相互作用。利用酵母双杂交系统筛选一个 Hela cDNA 表达文库，发现一种 68ku 的人体蛋白 Sam68 能与脊髓灰质炎病毒的 3D 聚合酶发生强烈相互作用（McBride et al.，1996），并且发现在感染该病毒之后，Sam68 从细胞核转移到病毒复制的场所——细胞质中。

4. 复制蛋白质与模板 RNA 相互作用及复制酶复合体的组装　复制蛋白质不仅能彼此相互作用，而且能与模板 RNA 发生作用，这种蛋白质- RNA 相互作用在复制酶复合体的组装过程中起重要作用。BMV 复制酶在酵母细胞内的组装需要模板 RNA（Quadt et al.，1995）。从表达 1a 和 2a 复制蛋白质同时含有 RNA3 的酵母内可提取到具功能的 RNA 复制酶复合体。而在没有 RNA3 存在的细胞内，虽然 1a 和 2a 的表达量正常却不能提取到具功能的复制酶。

三、模板识别和复制起始

病毒 RNA 的合成总是从模板的 3′端开始。3′端含有 RNA 合成的启动子以及组装复制酶所必需的序列。因为病毒 RNA 复制不仅需要模板 RNA 及其上的复制因子，同时还需要复制蛋白质，因此，研究复制所需的模板上的顺式作用元件（cis-acting elements）

的策略便是在不影响复制蛋白合成的前提下来改变病毒 RNA 序列。

1. 正链 RNA 的 3′端序列 病毒（＋）RNA 的 3′端含有合成负链 RNA 的启动子，可形成各种不同结构，包括 tRNA-like 结构、茎环结构和 Poly A 尾。

（1）3′端类似 tRNA 结构（tRNA-like structure，TLS）：一些病毒如 BMV，CMV 和 TMV 的（＋）RNA 的 3′端可形成 TLS 结构，是 RNA 复制所必需的（Buck，1996）。在不同病毒之间互相交换含有 TLS 的 3′端严重影响了复制酶对模板识别的特异性。说明 3′端序列是模板专一性的重要决定因素，并且复制酶可识别相关病毒间一些共同结构因子。BMV 的 3 个 gRNAs 的 3′端都含有 TLS 结构，由 150 碱基构成（Dreher & Hall，1988），可被进一步分为 A、B1、B2、B3、C 和 D 区段（Felden et al.，1994），突变试验鉴定出对体内合成负链 RNA 起重要作用的几个区段，包括：①3′最末端的两个 C（＋1 和＋2）；②A 区段的 3′假结；③B1 区段；④C 区段（Dreher & Hall，1988）。模板与提纯的 BMV 复制酶在体外的相互作用试验表明，只有在茎 C 上的凸起和发卡两个环上引入变异才降低 TLS 与复制酶之间的相互作用（Chapman & Kao，1998），在其他三个区段引入突变，破坏假结和茎 B1 结构以及改变 3′末端的两个 C 都不影响 TLS 与复制酶结合。此外，不需要 TLS 的其他区段，单独的 C 区段就能与复制酶发生相互作用，并且在茎 C 的 3′端加上复制起始序列 ACCA 即构成能在体外合成 RNA 的最小启动子模板。这个最小启动子的茎环结构以及凸起和发卡两个环内的碱基序列都是在体外合成 RNA 所必需的。其中凸起环内的所有 4 个碱基都对复制酶的识别起作用，相对地，发卡环中只有 A1 对模板-复制酶的相互作用起主要作用。复制酶识别并结合模板后，即开始负链 RNA 的合成。BMV 负链 RNA 合成的起始从（＋）RNA3′端（CCA3）的第一个碱基 C 开始（Miller et al.，1986）。在体外 RNA 合成系统中，低浓度 GTP 比其他核苷酸更影响 RNA 合成（Kao & Sun，1996），对 GTP 浓度的要求比 CTP 和 UTP 高约 15 倍。此外，gnanylyl-3，5-gnanosine（GpG）能被整合进负链 RNA，并提高负链 RNA 合成速率。在 GpG 存在的条件下，GTP 的 Km 从 $50\mu M$ 降低到约 $3\mu M$，而其他核苷酸的 Km 仍保持不变（约 $3\mu M$）。这些结果说明，BMV 的复制酶可能含有两个不同的核苷酸结合点，一个位点用于 RNA 合成链的延长（elongation），可结合所有 4 种 NTPs；另一个位点只识别起始核苷酸 GTP，然而具有一定的弹性。

（2）3′端茎环结构（stem-loop structure，SLS）：Carmo-like 和 sobemo-like 病毒以及一些 alpha-like 病毒的 3′端可形成简单的 SLS（Buck，1996）。芜菁皱缩病毒（TCV）是一种 carom-like 病毒，含有单片段（＋）RNA 基因组，长 4 054nt。TCV 在侵染过程中产生 sat-RNAs 和 DI RNAs，大小从 194nt 到 356nt。Sat-RNAs 和 DI RNAs 不编码任何功能蛋白，但在植物体内可依靠 TCV 基因组 RNA 提供复制蛋白质而复制，因此是研究模板顺式作用因素的很好材料。体外 RNA 合成试验表明，sat-RNA C（356nt）3′末端的 29nt 含有合成负链 RNA 的完整启动子（Song & Simon，1995），并且形成一个 SLS 结构。突变试验表明，环以及茎下部的碱基序列对 RNA 合成并不重要，然而茎环结构以及茎上部的序列是 RNA 复制所必需的。在植物体内的复制试验（Stupina & Simon，1997；Carpenter & Simon，1998）进一步证实，环序列对 RNA 合成并不重要，但保持茎环结构却至关重要。与体外试验结果不一致的是，在保持茎环结构的前提下，改变茎上部的碱基序列并不影响 RNA 在植物体内合成。TCV 基因组 RNA 和 sat-RNA C 的 3′端具有 90% 同源性，突变试验表明，不仅 3′SLS 并且在 TCV RNA 3′UTR 区段内在 3′SLS 上游的一些基团也对 TCV RNA 在植物体内复制起重要作用（Carpenter et al.，1995）。齿兰环斑病毒（*Cymbidium ring spot virus*，CyRSV）的 DI RNA 保留有基因组 RNA 3′端 102nt 区段（Havelda et al.，1995）。缺失实验表明，DI RNA 3′端 77nt 是 RNA 复制所必需的。这个 3′端 77nt 区段可推定成 3 个 SLSs，它们之间由两个非配对区段连接。突变试验表明，保留 3 个 SLS 的结构是 RNA 复制所必需的（Havelda & Burgyan，1995）。

RCNMV 含两片段（＋）RNA。RNA1 编码所有的复制蛋白，并且可单独在克利夫兰烟原生质体内复制。RNA2 编码 MP，它的复制需要 RNA1。在 RNA2 内引入变异并不影响复制蛋白质从 RNA1 合成，因此，二片段的 RCNMV 是研究模板上顺式作用因素的另一个好模型。RNA1 和 2 的 3′末端的 29nt 基本相同，并可形成稳定的 SLS。试验表明，这个 3′端 29nt 区段是病毒 RNA 在克利夫兰烟原生质体内复制所必需的（Turner & Buck，1999）。进一步的碱基替换实验证明，RNA 复制不仅需要保持 SLS 结构，并且需要保持环序列（Weng & Xiong，1998），在 5nt 的环中，3 个不连续位点上的碱基（1U，2A，4A）对 RNA 复制起重要作用（Weng & Xiong，1998）。除 3′端 SLS 外，缺失试验表明 3′端 UTR 区段内在 3′端 SLS 上游的序列也对 RNA 复制起重要作用（Turner & Buck，1999）。

（3）3′端 Poly A 尾 [Poly（A）]：所有 picorna-like 和一些 alpha-like 病毒的 3′端具 Poly A 尾，它不仅保护 RNA 免被 3′端外切酶降解，而且为 RNA 复制提供必需的顺式作用元件（Buck，1996）。对带有不同 Poly A 尾长度的脊髓灰质炎病毒 RNA（Poly A 尾 12 和 Poly A 尾 80）进行体外合成比较试验，结果显示短 Poly A 尾对蛋白质合成没有明显影响，但却严重抑制负链 RNA 合成（Barton et al.，1996）。除 Poly A 尾外，在其上游的序列也对 RNA 复制起重要作用。例如，豇豆花叶病毒（CPMV）RNA M 的 3′端 151nt 含有 RNA 复制所必需的所有 3′端顺式作用因子（Roll et al.，1993）。RNA B 和 RNA M 的 3′端在 Poly A 尾上游的 65nt 具高度碱基序列相似性，并且能形成一个 SLS（含有 poly A 尾的 4 个 A）。突变试验表明，Poly A 尾和这个 SLS 都对 RNA 复制起重要作用，在 RNA M 的 3′端 151nt 区段内还形成另一个上游 SLS，虽然 RNA M 和 RNA B 在这个区段只有很低同源性，这个上游 SLS 也是 RNA M 复制所必需的。此外，以 RNA B 的 3′端 UTR 区段（500nt）取代 RNA M 3′UTR 区段（200nt），只对 RNA M 复制产生轻微影响（Van Bokhoven et al.，1993）。

2. 正链 RNA 的 5′端序列和负链 RNA 的 3′端序列　分片段的正链基因组 RNA 通常具有相同或相似的 5′端序列和结构。既然正链 RNA 合成是从负链 RNA 的 3′端起始，因此一般认为基因组 RNA 的 5′端通过与它互补的负链 RNA 的 3′端而影响新的正链 RNA 的合成。然而试验证明，除以上情形外，基因组 RNA 5′端亦可以顺式作用方式直接影响正链和负链 RNA 合成。

（1）正链 RNA 5′端影响负链 RNA 的合成：脊髓灰质炎病毒（poleoviruses）5′端的

90nt 可折叠成一个三叶草结构。这个区段也可在互补的 RNA 的 3′端形成一个类似结构（Andino et al.，1990a&b，1993），通过使用 G-U 配对，在这个区段引入碱基替换变异，破坏正链 RNA5′端的三叶草结构，但不影响负链 RNA3′端的三叶草结构，结果这些变异体 RNA 在寄主细胞内不能复制。相反的，破坏负链 RNA3′端的三叶草结构，但保留正链 RNA5′端结构的突变体，却不影响 RNA 复制。这些试验表明，是正链 RNA5′端而不是负链 RNA 3′端影响 RNA 复制。Poliovirus 病毒编码的 3CD 蛋白和寄主蛋白 PCBP 在体外可分别结合在正链 RNA5′端三叶草结构内的 d 环和 b 环，并形成核糖核蛋白（RNP）复合体。形成这个 5′端 RNP 是病毒 RNA 在体内复制所必需的。在三叶草 RNA 内引入突变使 RNP 复合体的形成受抑制，这些 RNA 突变体亦不能在寄主体内复制（Andino et al.，1990a&b）。根据这些试验结果提出脊髓灰质炎病毒 RNA 复制假说：（＋）RNA 的 5′端三叶草结构与 3CD 和 PCBP 构成起始复合体，以反式作用方式催化新的（＋）RNA 的合成起始。

之后，Barton 等（2001）提出新的证据表明，脊髓灰质炎病毒 5′端三叶草结构是负链 RNA 合成所必需。在 5′端三叶草结构内引入变异，不仅严重抑制负链 RNA 在体外合成，并且降低脊髓灰质炎病毒 RNA 在体外的稳定性。在三叶草突变体的 5′端加上 M^7pppG 帽子则完全恢复其稳定性，说明 5′端三叶草结构对不含帽子的脊髓灰质炎病毒 RNA 起保护作用。然而，5′端 M^7pppG 帽子并没有恢复负链 RNA5 合成，说明 5′端三叶草结构不仅可以提高病毒 RNA 的稳定性，更是负链 RNA 合成所必需的顺式作用元件。根据这些试验结果以及以前的一些结果，提出一个脊髓灰质炎病毒 RNA 复制模型：①正链 RNA 5′和 3′端与病毒和寄主蛋白发生相互作用；②结合在 RNA 5′端的蛋白质与结合在 RNA 3′端的蛋白质之间发生相互作用，形成一个蛋白桥梁，从而构成环状 RNP 复合体；③环状 RNP 复合体协调地控制病毒 RNA 的稳定性、蛋白质合成，以及负链 RNA 合成。这种结合在病毒 RNA 两端的蛋白质相互作用的例子有：结合在脊髓灰质炎病毒 RNA 两端的 3CDs 可相互作用，形成同源二聚体；结合在 5′端三叶草结构上的 PCBP 可与结合在 3′端 Poly A 尾上的 PABP 发生相互作用（Wang et al.，1999；Wang & Kiledjian，2000）。

（2）正链 RNA5′端影响新的正链 RNA 合成：BMV 及其相关病毒的正链 RNA 的 5′端可形成一个 SLS，负链 RNA 3′端的同一区段可形成相似结构。SLS 的环内含有 tRNA 基因启动子的非末端调控区域（ICR2-like motif）（Pogue et al.，1990；Pogue & Hall，1992）。突变试验结果表明，正链 RNA5′端的但不是负链 RNA3′端的 SLS 结构以及 ICR2-like motif 是病毒 RNA 复制所必需的，推测 BMV RNA 5′端的 ICR2-like motifs 的作用可能与 tRNA 基因中的 ICR2 相似，用于结合构成复制酶复合体的寄主蛋白质。正链 RNA 的合成需要正链 RNA5′端 SLS 而不是负链 RNA 3′端 SLS 这个结果很出乎人们预料，由于复制酶复合体（含解旋酶）能解开模板内的双链区段，一个单链的 3′末端是互补 RNA 合成起始的必要条件（Ahlquist et al.，1984b），人们据此提出一个新的假说：寄主蛋白质结合在正链 RNA 5′端 ICR2-like motif 后诱导 5′端折叠形成 SLS，从而使负链 RNA3′末端成为单链暴露，用于复合酶识别并起始正链 RNA 合成（Pogue & Hall，1992）。

（3）负链 RNA 3′端影响正链 RNA 的合成：负链 RNA 3′端含有合成正链 RNA 的启动子。BMV 基因组 RNA 的 5′端通过负链 RNA 的 3′端对正链 RNA 合成起重要作用。在体外，从 BMV 负链 RNA 的 3′端合成正链 RNA 需要一个非模板碱基（Sivakumaran et al.，1999）。模板突变和竞争实验表明，−1 位的非模板碱基以及＋1C 和＋2A 与 BMV 复制酶发生 RNA-蛋白质相互作用，并对正链 RNA 合成起重要作用。CMV 负链 RNA 3′端序列（ACG 3′）与 BMV 负链 RNA3′端序列相同，BMV 复制酶可结合在 CMV 负链上，但却不能有效合成 CMV 正链 RNA，说明除了 3′末端的 3 个碱基外，上游序列也是 RNA 合成所必需的。缺失试验显示，负链 RNA3′端 27nt 可构成体外合成正链 RNA 的最小启动子和模板。这 27nt 可形成 SLS，但实验结果表明，SLS 结构对正链 RNA 合成并不重要。相反的，碱基序列却起重要作用，−1，＋1 和＋2 位的碱基在复制酶识别和结合中起作用。从＋3 到＋5 位和从＋17 到＋24 位的碱基则通过影响合成链延长过程（polymerization process）起作用。

3. 非末端序列　RNA 复制所必需的顺式作用信号通常位于基因组 RNA 的两端，然而在有些 RNA 病毒的非末端区段包括编码区段和阅读框间的非编码区亦含有 RNA 复制所必需的元件，例如噬菌体 Qβ、PVX 和 BMV（Duggal et al.，1994；Buck，1996）。这些位于中间区段内的顺式作用元件的可能功能包括促使 RNA 折叠、结合寄主蛋白和病毒复制蛋白，以及参与复制酶组装（Klovins et al.，1998；Klovins & Duin，1999；Kim & Hemenway，1999）。

在噬菌体 Qβ RNA 复制起始时，复制酶复合体通过 S1 亚基结合在两个中间区段，一个称 S 位，另一个称 M 位（Meyer et al.，1981）。S 位与 CP 基因的起始位点重叠，虽然不是 RNA 复制所必需的，但却通过阻挡蛋白质合成的起始，使 RNA 模板用于 RNA 合成（Weber et al.，1972）。M 位大约在第 2750 碱基处，是 RNA 复制所必需的（Schuppli et al.，1998）。2981～2988nt 区段可以与 4049～4056nt 区段发生碱基配对，2972～2979nt 区段和 3′端 UI 发卡的环相配对，这两对远距离区段的碱基配对构成桥梁，把结合复制酶的 M 位和 RNA 合成的起始位点 3′端拉近（Klovins et al.，1998；Klovins & Duin，1999）。非配对突变（mismatch mutation）消除 RNA 复制，而互补配对突变（compensatory mutation）则恢复 RNA 复制。

PVX RNA 中间的位于两个 sgRNAs 之前的一个 7nt（octanucleotide）序列与基因组 RNA 5′端发生类似的远距离碱基配对（Kim & Hemenway，1999），在 5′端的非配对突变导致低水平的 gRNA 和 sgRNA 合成，然而在 7nt 区段的互补配对突变恢复 gRNA 和 sgRNA 复制，说明所发现的远距离 RNA-RNA 相互作用对正链 RNA 合成起重要作用。

BMV RNA3 含两个阅读框，分别编码 MP 和 CP，这两个阅读框之间的 150nt 区段是 RNA 有效复制所必需的（French & Ahlquist，1987）。这个区段含有 ICR2-like motif，缺失 ICR2-like motif 显著降低 RNA 复制，说明这个中间区段是通过 ICR2-like motif 对 RNA 复制产生作用。在酵母细胞内合成 BMV 负链 RNA3 不仅需要正链 RNA 3′端序列，而且还需要这段中间序列（Quadt et al.，1995）。然而，使用从感染 BMV 的植物体内提纯的复制酶在体外合成负链 RNA3 却不需要这个中间区段，说明这个中间区段序列是组装具功能的复制酶复合体所必需的。在酵母细胞内 BMV 1a（甲基转移酶、解旋酶）可结合到这个中间区段，诱发提高 RNA3 的稳定性（Janda & Alquist，1998；Sullivan & Ahlquist，1999），从而提高细胞内 RNA3 数量。然而，高数量 RNA3 并没有增加 RNA3 的蛋白质合成。当将这个中间区段转移到非同源的 β-globin RNA 上，也能发生 1a 诱发的 RNA 稳定性。缺失这个中间区段里的 ICR2-like motif 显著降低 RNA 与 1a 的反应，说明 ICR2-like motif 对 1a 诱导的稳定性起重要作用。这些实验结果显示，中间区段的 ICR2-like motif 通过与 1a 之间发生直接或间接的相互作用募集（recruit）RNA3 进入 RNA 复制过程，使模板 RNA 脱离蛋白质合成以及 RNA 降解等与 RNA 复制相冲突的阶段。

4. sgRNA 启动子　许多 RNA 病毒合成 sgRNA（s）来表达位于基因组 3′端的基因。病毒 RNA 产生 sgRNA 的机理至少有两种（详见第二节二，2 部分），一种称为中间启动合成法（internal initiation），与合成 gRNA 一样使用负链 RNA 为模板，但 RNA 复制酶不是识别负链 3′端的 gRNA 启动子，而是识别位于负链中间部位的 sgRNA 转录启动子。BMV CP 由位于 RNA3 的 3′端 ORF2 编码，从由 RNA3 转录的 sgRNA 表达，BMV sgRNA 启动子分为核心启动子和启动增强子两部分（Marsh et al.，1988；French & Ahlquist，1988）。核心启动子包括 sgRNA 转录起始点碱基（定位为+1）及其之前的 20 个碱基序列（−20 到+1），可在体外利用提纯的 BMV 复制酶启动合成 RNA（Adkins et al.，1997），其中−17、−14、−13 和−11 四个碱基是保持 sgRNA 启动子活性的关键碱基，并鉴定出这 4 个碱基内起作用的功能域（functional groups）（Siegel et al.，1997；1998）。此外，转录起始的两个碱基+1C 和+2A 也对转录起重要作用（Adkins et al.，1998），BMV sgRNA 的三个启动增强子区段分别为从+1 到+16，从−20 到−37 和从−33 到−48 区段（French & Ahlquist，1988）。

合成 sgRNA 的第二种机理是提早终止法（premature termination），在合成负链 RNA 过程中，RNA 复制酶发生停顿使负链合成提早终止。这个提早被终止的短的负链 RNA 的 3′端（含 sgRNA 启动子）被复制酶识别作为模板，合成正链 sgRNA。RCNMV 含两片段 gRNAs，RNA1 5′端编码两种复制蛋白；3′端 ORF3 编码 CP，由 RNA1 转录的 sgRNA 表达。sgRNA 合成需要 RNA 2（Zavriev et al.，1996），RNA2 内 756～789 区段的 34nt 被鉴定为 sgRNA 合成的转录激发子（transactivator）（Sit et al.，1998）。此 34nt 可构成茎—环结构，通过环内 8nt 与 sgRNA 起始点之前的核苷酸（−3 到−10）形成碱基配对（可能还有一些寄主蛋白质介入），使复制酶在合成负链 RNA3 时在这个位点停顿，并导致负链合成提早终止，再由这个短的负链 RNA 转录成 sgRNA。

四、RNA 复制从起始到延长的转换

在 BMV 的体外 RNA 合成系统中复制酶识别结合在正链 RNA 3′端的启动子上（Sun & Kao，1997a、b），从第一个碱基开始到合成第十个碱基之前，新合成的负链 RNA 与复制酶复合体的结合并不牢，容易脱离模板而中断延长。只有当新合成的 RNA 链长度达到 10nt 或以上时才能与复制酶复合体紧密结合并进入延长状态而合成全长 RNA。从 RNA 合成起始到进入稳定的延长状态需经历两次复制体结构稳定性转换，第一次转换是新合成链长为 2～3nt 时，第二次转换是新合成链长为 8～14nt 时，每一次转换都使复制复合体进入一个更稳定状态。

五、病毒 RNA 在细胞内膜上的复制

病毒 RNA 的复制发生在细胞内膜上（Buck，1996；Salonen et al.，2005），不仅从感染病毒的寄主内提取的复制酶与膜相关联，并且病毒复制部位被定位在细胞内不同的细胞器膜上，一些寄主膜蛋白是 RNA 复制所必需的，且构成膜成分的脂（lipid）也被证明对 RNA 复制起重要作用（Ahlquist et al.，2003；Kushner et al.，2003；Panavas et al.，2005）。不同病毒的复制发生在细胞内的不同膜上，例如，在内质网膜上复制的病毒有 BMV（Restrepo-Hartwig & Ahquist，1996），TMV（Heinlein et al.，1998；Reichel & Beachy，1998），CPMV（Carette et al.，2000）和 RCNMV（Turner et al.，2004）；在叶绿体外膜上复制的病毒有芜菁黄花叶病毒（*Turnip yellow mosaic virus*，TYMV）（Garnier et al.，1986）和 AMV（de Graaf et al.，1993）；在线粒体膜上复制的病毒有意大利香石竹环斑病毒（*Carnation Italian ringspot virus*，CIRV）（Rubino et al.，2000）和 TRV（Harrison & Roberts，1968）；在细胞核膜上复制的病毒有豌豆耳突花叶病毒（*Pea enation mosaic virus*，PEMV）（Demler et al.，1994a）；在叶泡体膜上复制的病毒有 CMV（Hatta & Francki，1981b）；在过氧化物酶体膜上复制的病毒有 TBSV 和齿兰环斑病毒（CyRSV）（Lupo et al.，1994）。

BMV 1a 复制蛋白是一种多功能蛋白：1a 可单独结合在内质网外膜上，并诱导其外膜发生内陷形成 RNA 复制场所或称为内质网小球（spherules）（Schwartz et al.，2002；Restro‐Hartwig & Ahlquist，1999；den Boon et al.，2001）；通过蛋白质-蛋白质相互作用募集另一复制蛋白质 2a（Chen & Ahlquist，2000）；通过蛋白质‐RNA 相互作用募集 BMV RNA 并诱发提高 RNA 的稳定性（Chen et al.，2001；Janda & Ahlquist，1998）。多种寄主蛋白质通过与病毒复制蛋白质的相互作用或与复制模板 RNA 的相互作用，与病毒复制蛋白和模板 RNA 在内质网小球上共同组装构成 RNA 复制酶复合体（Ahlquist et al.，2003）。1a 诱发并由内质网外膜构成的内质网小球（约 50nm 到 70nm 大小）是 RNA 复制的场所，功能类似 dsRNA 病毒的膜外壳（Schwartz et al.，2002），保护模板 RNA 不被降解，并且脱离与复制相冲突的蛋白质合成过程。1a 的以上这些功能都是通过其 C 端的解旋酶功能起作用，通过点突变改变解旋酶保留的基团，结果多数突变体保持正常的 1a 数量，募集 2a，定位在 ER 外膜上，并且能诱发形成内质网小球。然而，这些突变体严重影响 RNA 复制和 RNA3 模板的稳定性，并且结合在内质网膜上的 RNA3 对核酸酶仍极为敏感。这些结果说明，1a 募集模板 RNA3 到模板上并进入抗核酸酶（nuclease‐resistant）状态除要求形成内质网小球和募集模板 RNA3 到膜上外，还需要 1a 解旋酶功能域，其作用可能与 dsRNA 病毒相似，把病毒模板 RNA 引入（import）到预先形成的复制机构内质网小球（Wang et al.，2005）。与 BMV 类似的内质网小球结构也在感染其他 RNA 病毒的细胞内的不同膜上发现。除内质网小球外，一些病毒侵染能诱发膜产生大的双层膜的小泡结构（Salonen et al.，2005），这些双层膜小泡与 BMV 的内质网小球的关系不很清楚。Schwart 等（2004）提供证据支持它们是功能同等物。单独的 1a 或 1a 加上低数量的 2a 诱发内质网膜形成内质网小球，而 1a 加上高数量的 2a 则诱发 ER 膜产生双层

膜的小泡，这些小泡功能与内质网小球相似，与细胞质相连，含有 1a 和 2a 蛋白，可进行 RNA 复制。

六、gRNA 复制与 sgRNA 转录的关系和调控

正链 RNA 病毒复制包含 gRNA 复制和 sgRNA 转录。位于 gRNA 5′端的基因从 gRNA 直接表达，而位于 gRNA 3′端的基因则需从 sgRNA 表达。在 BMV 复制过程中，以正链 RNA3 作模板，复制酶识别正链 RNA3 的 3′端的 gRNA 启动子，合成负链 RNA3。接着以新合成的负链 RNA3 为模板，由同一种 RNA 复制酶识别负链 RNA3′端的 gRNA 启动子，并从 3′端开始合成新的正链 RNA3。与此同时，复制酶也可识别位于负链中间区段的 sgRNA 启动子，导致 sgRNA 转录合成（中间启动）。这三种 RNA（负链 RNA3、正链 RNA3 和 sgRNA）的合成具共同性，均使用 GTP 作为启动核苷酸，并且这三种 RNA 合成的核心启动子都具有复制酶识别的一个茎环结构（SLS）（Haasnoot et al.，2002；Kao，2002）。但毕竟三种启动子的碱基序列不同，因此复制酶可能使用复制复合体内病毒蛋白或寄主蛋白的不同功能域来识别不同启动子（Ranjith - Kumar et al.，2003），或（同时）使用诱导切合（induced fit）原理来调节复制酶以识别不同的启动子（Stawicki & Kao，1999；Williamson，2000）。无论如何，从 gRNA 复制和 sgRNA 转录的过程可看出这两个不同合成过程使用同一负链 RNA3 为模板，同一复制酶，并且在同一与膜相关联的复制机构（compartment）上进行。Grdzelishvili 等（2005）提供试验证据证明 gRNA 复制和 sgRNA 转录，因为竞争共同的模板 RNA，共同的复制蛋白或共同的寄主蛋白而成为强烈冲突的两个过程。在表达病毒复制蛋白 1a 和 2a 的酵母细胞内，通过改变 sgRNA 启动子阻断 sgRNA 转录，可将 RNA3 复制效率提高到 350%，说明 sgRNA 转录可以抑制 RNA3 的复制。进一步试验表明，这种抑制与 sgRNA 编码的 CP 无关，并且发生在负链 RNA3 合成之后，说明 sgRNA 转录对 RNA3 复制的抑制是因为竞争相同的模板（负链 RNA3）而导致的。同样的，改变正链 RNA3 的 5′端启动子序列，可以阻断正链 RNA3 合成，提高 sgRNA 转录效率达到 400%。

RCNMV 含两片段正链 RNA，RNA1 含有 3 个 ORFs，5′端两个 ORFs 编码两种复制蛋白，从 RNA1 直接表达；3′端 ORF 编码 CP，由 sgRNA 表达，RNA1 可单独在原生质体内复制。RNA2 编码单个 MP，RNA2 复制需要 RNA1。RNA1 通过合成的复制蛋白影响 RNA2 复制，反过来，RNA2 通过位于其中间区段（756～789）的 34nt 反式作用元件控制 sgRNA 转录［详见本章第二节三，2（2）部分；Sit et al.，1998］。病毒侵染初期，RNA1 和 RNA2 数量少，因为 RNA2 少，sgRNA2 不被转录，因此 RNA1 被用作复制模板合成更多新的正链 RNA1。到侵染后期，RNA1 和 RNA2 数量累积增多，因为 RNA2 数量多，通过其上的 34nt 元件与正链 RNA1 sgRNA 启动子之前的 8nt 相互作用，使负链 RNA1 合成提早终止，所合成的短的负链 RNA3 成为 sgRNA 转录的模板合成大量 sgRNA，用于合成侵染后期所需的大量 CP。与此同时，因为合成提早终止不再合成全长的负链 RNA1，因而就阻断新的 RNA1 合成，由此实现从侵染早期的 RNA1 复制到侵染后期 sgRNA 转录的转换和调控。

七、RNA 翻译（蛋白质合成）与 RNA 复制的调控

正链 RNA 病毒的蛋白质合成与 RNA 复制都以正链 RNA 为模板。蛋白合成从模板的 5′到 3′方向进行，而 RNA 复制则是从模板相反的 3′到 5′方向进行，因此，这两个过程是相互冲突的。然而，蛋白质合成和 RNA 复制常需要一些共同的寄主蛋白，因此这两个相冲突的过程又是紧密关联的过程（Ahlquist et al.，2003）。在病毒侵染最早期，病毒正链 RNA 必须首先被翻译成复制蛋白，用于合成更多的病毒 RNA。当复制蛋白累积到一定程度，病毒正链 RNA 必须从翻译模板转换（switch）成为 RNA 复制模板，合成新的病毒 RNA。脊髓灰质炎病毒的蛋白质合成和 RNA 复制通过位于 RNA 5′端的具多功能的三叶草结构进行调控（Gamarnik ＆ Andino，1998；Herold ＆ Andino，2001；Walter et al.，2002）。这两个过程都形成 RNP 复合体，这个复合体由结合在病毒 RNA 两端的病毒蛋白和寄主蛋白通过 RNA-蛋白质以及蛋白质-蛋白质相互作用而构成，在侵染早期，寄主蛋白 PCBP 与病毒 RNA 5′端三叶草结构的 B 环结合，并与结合在 3′Poly A 尾上的寄主蛋白 PABP 相互作用，促进核糖体结合在 5′三叶草结构之后的核糖体中间进入位点（IRES），开始蛋白质合成。之后，当病毒复制蛋白 3CD 累积到一定浓度，3CD 可结合到 5′三叶草结构的 D 环，抑制蛋白质合成，与此同时，通过结合在 5′端的 3CD 与结合在 3′端（负链合成启动子）的 3CD 相互作用，以及结合在 5′端的 PCBP 与结合在 3′Poly A 尾上的 PABP 相互作用构成一个环状 RNP 复合体，促进负链 RNA 合成，从而实现从蛋白质合成到 RNA 复制的转化。

八、正负链 RNA 的不对称合成

正链 RNA 病毒侵染过程的一个共同现象是正链 RNA 比负链 RNA 多几十甚至上百倍，例如 TBSV 的正链 RNA 比负链 RNA 多了近 100 倍。虽然合成正链和负链 RNA 的启动子不同，但在使用提纯的复制酶的 RNA 体外合成系统中，这两种不同的启动子本身并不导致正负链的不对称合成。研究发现，由两个过程共同作用导致 TBSV 正负链的不对称累积：①负链 RNA 上含有两个复制增强子（Panavas ＆ Nagy，2003；Panavas et al.，2003；Ray ＆ White，2003），可提高正链 RNA 合成 10～20 倍。RNA 病毒中调控 RNA 复制的顺式作用元件不仅有启动子，含有增强子是普遍现象；②正链 RNA 上含有复制沉默子（Pogany et al.，2003）。TBSV3′端启动子为 3′SL1，沉默子是位于 3′启动子之前的 SL3，通过沉默子 SL3 环上 5nt 与 3′末端 5nt 相互配对，能抑制负链 RNA 合成达 7 倍。通过碱基序列分析发现，类似的沉默子序列在多种不同的正链 RNA 病毒中存在，并且在 TCV 中已得到证实（Zhang et al.，2004；Zhang ＆ Simon，2005）。因此，通过负链 RNA 上的复制增强子提高正链 RNA 合成，同时通过正链 RNA 上的复制沉默子或抑制子来降低负链 RNA 合成，从而导致正链 RNA 远多于负链 RNA。

正负链 RNA 的不对称合成可能有多方面的作用，包括：①因为正负链 RNA 合成需要共同的 RNA 复制酶以及核苷酸原料，因此减少负链 RNA 的合成，可保证更多的复制酶和核苷酸用于合成正链 RNA；②减少负链 RNA 的合成可使 dsRNA 的量降低，从而延缓 dsRNA 诱发的寄主抗性反应即 RNA 沉默。

参 考 文 献

AbouHaidar MG. Gellatly D. 1999. Potexvirurs. Encyclopedia of Virology, 2th ed (Granoff A, Webster RG ed), 1364~1368 San Diego: Academic Press

Accotto GP, Riccioni L, Barba M, Boccardo G. 1997. Comparison of some molecular properties of Ourmia melon and Epirus cherry viruses, two representatives of a proposed new virus group. J. Plant Pathol. 78: 87~91

Adams MJ, Antoniw JF, Bar‐Joseph M, Brunt AA, Candresse T, Foster GD, Martelli GP, Milne RG, Fauquet CM. 2004. The new plant virus family Flexiviridae and assessment of molecular criteria for species demarcation. Arch. Viro, 149: 1045~1060

Adkins S, Kao CC. 1998. Subgenomic RNA promoters dictate the mode of recognition by bromoviral RNA‐dependent RNA polymerases. Virology, 252: 1~8

Adkins S, Siegel RW, Sun JH, Kao CC. 1997. Minimal templates directing accurate initiation of sub-genomic RNA synthesis in vitro by the brome mosaic virus RNA‐dependent RNA polymerase. RNA 3: 634~647

Adkins S, Stawicki SS, Faurote G, Siegel RW, Kao CC. 1998. Mechanistic analysis of RNA synthesis by RNA‐dependent RNA polymerase from two promoters reveals similarities to DNA‐dependent RNA polymerase. RNA 4: 455~470

Ahlquist P. 1999. Bromoviruses (Bromoviridae). Encyclopedia of Virology, 2th ed (Granoff A, Webster RG ed), 198~204. San Diego: Academic Press

Ahlquist P, Dasgupta R, Kaesberg P. 1984a. Nucleotide sequence of the brome mosaic virus genome and its implications for viral replication. J. Mol Biol. 172: 369~383

Ahlquist P, French R, Janda M, Loesch‐Fries LS. 1984b. Multicomponent RNA plant virus infection de-rived from cloned viral cDNA. Proc. Natl Acad. Sci. USA. 81: 7066~7070

Ahlquist P, Noueiry AO, Lee WM, Kushner DB, Dye BT. 2003. Host factors in positive‐strand RNA vi-rus genome replication. J. Virol. 77: 8181~8186

Ahola T, Ahlquist P. 1999. Putative RNA capping activities encoded by brome mosaic virus: methylation and covalent binding of guanylate by replicase protein 1a. J. Virol. 73: 10061~10069

Ahola T, den Boon JAL, Ahlquist P. 2000. Helicase and capping enzyme active site mutations in brome mosaic virus protein 1a cause defects in template recruitment, negative‐strand RNA synthesis, and vi-ral RNA capping. J. Virol. 74: 8803~8811

Allison RF, Johnston RE, Dougherty WG. 1986. The nucleotide sequence of the coding region of tobacco etch virus genomic RNA: evidence for the synthesis of a single poly‐protein. Virology, 154: 9~12

Anandalakshmi R, Pruss GJ Ge X, Marathe R, Mallory AC, Smith TH, Vance VB. 1998. A viral sup-pressor of gene silencing in plants. Proc. Natl. Acad. Sci. USA. 95: 13079~13084

Andino R, Rieckhof GE, Achacoso PL, Baltimore D. 1993. Poliovirus RNA synthesis utilizes an RNP complex formed around the 5'‐end of viral RNA. EMBO J. 12: 3587~3598

Andino R, Rieckhof GE, Baltimore D. 1990a. A functional ribonucleoprotein complex forms around the 5' end of poliovirus RNA. Cell 63: 369~380

Andino R, Rieckhof GE., Trono D, Baltimore D. 1990b. Substitutions in the protease (3C) gene of polio-virus can suppress a mutation in the 5' noncoding region. J. Virol. 64: 607~612

Bar‐Joseph M, Yanmy G, Gafney R, Mawassi M. 1997. Subgenomic RNAs: the possible building blocks for modular recombination of Closterovirade genomes. Sem. Virol. 8: 113～119

Barton DJ, Morasco BJ, Eisner‐Smerage L, Collis PS, Diamond SE, Hewlett MJ, Merchant MA, O′Donnell BJ, Flanegan JB. 1996. Poliovirus RNA polymerase mutation 3D‐M394T results in a temperature‐sensitive defect in RNA synthesis. Virology, 217: 459～469

Barton DJ, O′Donnell BJ, Flanegan JB. 2001. 5′ cloverleaf in poliovirus RNA is a cis‐acting replication element required for negative‐strand synthesis. EMBO J. 20: 1439～1448

Bates HJ, Farjah M, Osman TA, Buck KW. 1995. Isolation and characterization of an RNA‐dependent RNA polymerase from Nicotiana clevelandii plants infected with red clover necrotic mosaic virus. J. Gen. Virol. 76: 1483～1491

Baum M, Beier H. 1998. Wheat cytoplasmic arginine tRNA isoacceptor with a U ＊ CG anticodon is an efficient UGA suppressor in vitro. Nucl. Acids Res. 26: 1390～1395

Beckman MT, Kirkegaard K. 1998. Site size of cooperative single‐stranded RNA binding by poliovirus RNA‐dependent RNA polymerase. J. Biol. Chem. 273: 6724～6730

Beier H, Barciszewska M, Krupp G, Mitnacht R, Gross HJ. 1984. UAG readthrough during TMV RNA translation: Isolation and sequence of two tRNAstyr with suppressor activity from tobacco plants. EMBO J. 3: 351～356

Belsham GJ, Lomonosscoff GP. 1991. The mechanism of translation of cowpea mosaic virus middle component RNA: no evidence for internal initiation from experiments in an animal cell transient expression system. J. Gen. Virol. 72: 3109～3113

Belsham GJ, Sonenberg N. 1996. RNA‐protein interactions in regulation of picornaviral RNA translation. Micribiol. Rev. 60: 499～513

Bird LE, Subramanya HS, Wigley DB. 1998. Helicases: a unifying structural theme? Curr Opin Struct Biol. 8: 14～18

Blumenthal T, Carmichael GG. 1979. RNA replication: function f structure of Qbeta‐replicase. Annu. Rev. Biochem. 48: 525～548

Bol JF. 1999a. Alfamovirus and Ilarviruses (Bromoviridae). Encyclopedia of Virology, 2th ed (Granoff A, Webster RG ed), San Diego: Academic Press

Bol JF. 1999b. Alfalfa mosaic virus and Ilarviruses: involvement of coat protein in multiple steps of the replication cycle. J. Gen. Virol. 80: 1089～1102

Boonha N, Henry CR, Wood KR. 1995. The nucleotide sequence and proposed genome organization of oat chlorotic stunt virus, a new soil‐born virus of cereals. J. Gen. Virol. 76: 2025～2034

Brault V, Mutterer J, Scheidecker D et al. 2000. Effects of point mutation in the readthrough domain of the beet western yellows virus minor capsid protein on virus accumulation in planta and on transmission by aphis. J. Virol. 74: 1140～1148

Bressanelli S, Tomei L, Roussel A, Incitti I, Vitale RL, Mathieu M, De Francesco R, Rey FA. 1999. Crystal structure of the RNA‐dependent RNA polymerase of hepatitis C virus. Proc Natl Acad Sci. USA. 96: 13034～13039

Brigneti G, Voinnet O, Li WX, Ji LH, Ding SW, Baulcombe DC. 1998. Viral pathogenicity determinants are suppressors of transgene silencing in Nicotiana benthamiana. EMBO J. 17: 6739～6746

Bucher E, Sijen T, De Haan P, Goldbach R, Prins M. 2003. Negative‐strand tospoviruses and tenuiviruses carry a gene for a suppressor of gene silencing at analogous genomic positions. J. Virol. 77:

1329~1336

Buck KW. 1996. Comparison of the replication of positive‐stranded RNA virus of plants and animals. Adv. Virus Res. 47：159~251

Bujarski JJ，Hardy SF，Miller WA，Hall TC. 1982. Use of dodecyl‐β‐D‐maltoside in the purification and stabilization of RNA polymerase from brome mosaic virus‐infected barley. Virology 119：465~473

Butcher S，Grimes J，Makeyev E，Bamford D，Stuart D. 2001. A mechanism for initiating RNA‐dependent RNA polymerization. Nature，410：235~240

Carette JE，Stuiver M，Van Lent J，Wellink J，Van Kammen A. 2000. Cowpea mosaic virus infection induces a massive proliferation of endoplasmic reticulum but not Golgi membranes and is dependent on de novo membrane synthesis. J. Virol. 74：6556~6563

Carpenter CD，Simon AE. 1998. Analysis of sequences and predicted structures required for viral satellite RNA accumulation by in vivo genetic selection. Nucleic Acids Res. 26：2426~2432

Carpenter CD，Oh JW，Zhang C，Simon AE. 1995. Involvement of a stem‐loop structure in the location of junction sites in viral RNA recombination. J. Mol. Biol. 245：608~622

Carrington JC，Douhgerty WG. 1988. A viral cleavage site cassette：identivication of amino acid sequences required for tobacco etch virus polyprotein processing. Proc Natl. Acad. Sci. USA. 85：3391~3395

Carrington JC，Morris TJ. 1986. High resolution mapping cloning and analysis of carnation mottle virus‐associated RNAs. Virology，150：196~206

Chapman MR，Rao AL，Kao CC. 1998. Sequences 5′ of the conserved tRNA‐like promoter modulate the initiation of minus‐strand synthesis by the brome mosaic virus RNA‐dependent RNA polymerase. Virology，252：458~467

Chapman MR，Kao CC. 1999. A minimal RNA promoter for minus‐strand RNA synthesis by the brome mosaic virus polymerase complex. J. Mol Biol. 286：709~720

Chen J，Li WX，Xie D，Peng JR，Ding SW. 2004. Viral virulence protein suppresses RNA silencing‐mediated defense but upregulates the role of microrna in host gene expression. Plant Cell，16：1302~1313

Chen J，Ahlquist P. 2000. Brome mosaic virus polymerase‐like protein 2a is directed to the endoplasmic reticulum by helicase‐like viral protein 1a. J. Virol. 74：4310~4318

Chen J，Noueiry A，Ahlquist P. 2001. Brome mosaic virus Protein 1a recruits viral RNA2 to RNA replication through a 5′proximal RNA2 signal. J. Virol. 75：3207~3219

Chen J，Noueiry A，Ahlquist P. 2003. An alternate pathway for recruiting template RNA to the brome mosaic virus RNA replication complex. J. Virol. 77：2568~2577

Cho HS，Ha NC，Kang LW，Chung KM，Back SH，Jang SK，Oh BH. 1998. Crystal structure of RNA helicase from genotype 1b hepatitis C virus. A feasible mechanism of unwinding duplex RNA. J Biol Chem. 273：15045~15052

Clark AJ，Bertens P，Wellink J，Shanks M，Lomonossoff GP. 1999. Studies on hybrid comoviruses reveal the importance of three‐dimensional structure for processing of the viral coat proteins and show that the specificity of cleavage is greater in trans than in cis. Virology，263：184~194

Cooper JI. 1999. Fabaviruses (Comoviridae) . In：Granoff A，Webster RG ed. Encyclopedia of Virology. 2th ed San Diego：Academic Press

De Graaff M，Coscoy L，Jaspars EM. 1993. Localization and biochemical characterization of alfalfa mosaic virus replication complexes. Virology，194：878~881

Demler SA，Borkhsenious ON，Rucker DG，de Zoeten GA. 1994. Assessment of the autonomy of replicative and structural functions encoded by the luteo - phase of pea enation mosaic virus. J Gen Virol. 75：997～1007

Demler SA，Rucker DJ，de Zoeten GA. 1993. The chimeric nature of the genome of pea enation mosaic virus：the independent replication of RNA2. J. Gen. Virol. 74：1～14

den Boon JA，Chen J，Ahlquist P. 2001. Identification of sequences in Brome mosaic virus replicase protein 1a that mediate association with endoplasmic reticulum membranes. J. Virol. 75：12370～12381

Dessens JT，Lomonossoff GP. 1991. Mutational analysis of the putative catalytic triad of the cowpea mosaic virus 24K protease. Virology，184：738～746

Diez J，Ishikawa M，Kaido M，Ahlquist P. 2000. Identification and characterization of a host protein required for efficient template selection in viral RNA replication. Proc. Natl. Acad. Sci. USA. 97：3913～3918

Dinesh - Kumar SP，Miller WA. 1993. Control of start codon choice on a plant viral RNA encoding overlapping genes. Plant Cell 5：679～692

Ding SW，Howe J，Keese P. 1990 The tymobox, a sequence shared by most tymoviruses：its use in molecular studies of tymoviruses. Nucl. Acids Res. 18：1181～1187

Ding SW，Li WX，Symons RH. 1995. A novel naturally occurring hybrid gene encoded by a plant virus facilitates long - distance virus movement. EMBO J. 14：5762～5772

Ding SW，Shi BLJ，Li WX，Symons RH. 1996. An Interspecific species hybrid RNA virus is significantly more virulent than either parental virus. Proc. Natl Acad. Sci. USA. 93：7470～7474

Dreher TW，Hal TC. 1988. Mutational analysis of the sequence and structural requirements in brome mosaic virus RNA for minus strand promoter activity. J. Mol. Biol. 201：31～40

Duggal R，Hall TC. 1995. Interaction of host proteins with the plus - strand promoter of brome mosaic virus RNA - 2. Virology，214：638～641

Duggal R，Lahser FC，Hall TC. 1994. cis - Acting sequences in th replication of plant viruses with plus - sense RNA genomes. Annu. Rev. Phytopathol. 32：287～309

Duijsings D，Kormelink R，Goldbach R. 1999. Alfalfa mosaic virus RNAs serveas cap donors for tomato spotted wilt virus transcription during coinfection of Nicotiana benthamiana. J. Virol. 73：5172～5175

Dunoyer P，Herzog E，Hemmer O，Ritzenthaler C，Fritsch C. 2001. Peanut clump virus RNA - 1 - encoded p15 regulates viral RNA accumulation but is not abundant at viral RNA replication sites. J. Virol. 75：1941～1948

Dunoyer P，Pfeffer S，Fritsch C，Hemmer O，Voinnet O，Richards K E. 2002. Identification，subcellular localization and some properties of a cysteine - rich suppressor of gene silencing encoded by peanut clump virus. Plant J. 29：555～567

Edwards MC，Zhang Z. ，Weiland JJ. 1997. Oat blue dwarf marafivirus resembles the tymoviruses in sequence，genome organization and expression strategy. Virology，232：217～229

Eggen R，Verver J，Wellink J，Pleij K，van Kammen A，Goidback R. 1990. Analysis of sequences involved in cowpea mosaic virus RNA replication using site specific mutants. Virology，173：456～464

Estabrook E，Tsai J，Falk BW. 1998. In vivo transfer of barley strip mosaic hordeivirus ribonucleotides to the 5′ terminus of maize stripe tenuivirus RNAs. Proc. Natl Acad. Sci. USA. 95：8304～8309

Estabrook EM，Suyenaga K，Tsai JH，Falk BW. 1996. Maize stripe tenuivirus RNA2 transcripts in plant and insect hosts and analysis of pvc2, a protein similar to the Phlebovirus virion membrane glycoproteins. Virus Genes，12：239～247

Falk BW, Tsai JH. 1998. Biology and molecular biology of viruss in the genus Tenuivirus. Annu. Rev. Phytopathol, 36：139～163

Farabaugh PJ. 1996a. Programmed translational frameshifting，Microbiol. Rev. 60：103～134

Farabaugh PJ. 1996b. Programmed translational frameshifting. Annu. Rev. Genet，30：507～528

Felden B, Florentz C, Giege R, Westhof E. 1994. Solution structure of the 3′- end of brome mosaic virus genomic RNAs. Conformational mimicry with canonical tRNAs. J. Mol Biol. 235：508～531

Fernandez A, Lain S, Garcia JA. 1995. RNA helicase activity of the plum pox potyvirus CI protein expressed in Escherichia coli. Mapping of an RNA binding domain. Nucleic Acids Res. 23：1327～1332

French R, Ahlquist P. 1987. Intercistronic as well as terminal sequences are required for efficient amplification of brome mosaic virus RNA3. J Virol. 61：1457～1465

French R, Ahlquist P. 1988. Characterization and engineering of sequences controlling in vivo synthesis of brome mosaic virus subgenomic RNA. J. Virol. 62：2411～2420

Fütterer J. Hohn T. 1996. Translation in plants：rules and exceptions. Plant Mol. Biol. 32：159～189

Gallie DR. 1996. Translational control of cellular and viral mRNAs. Plant Mol. Biol. 32：145～158

Gallie DR, Tanguay R, Leathers V. 1995. The tobacco etch viral 5′ leader and poly (A) tail are functionally synergistic regulators of translation. Gene，165：233～238

Gamarnik AV, Andino R. 2000. Interactions of viral protein 3CD and poly (rC) binding protein with the 5′ untranslated region of the poliovirus genome. J. Virol. 74：2219～2226

Gamarnik AV. Andino R. 1998. Switch from translation to RNA replication in a positive - stranded RNA virus. Genes Dev. 12：2293～2304

Garnier M, Candresse T, Bove JM. 1986. Immunocytochemical localization of TYMV coded structural and non - structural proteins by the protein A - gold technique. Virology 151：100～109

German - Retana S, Candresse T. 1999. Trichoviruses. In：Granoff A, Webster RG ed. Encyclopedia of Virology. 2th ed. San Diego：Academic Press

German - Retana S, Candresse T, Martelli G. 1999. Closteroviruses. In：Granoff A, Webster RG ed. Encyclopedia of Virology. 2th ed. San Diego：Academic Press

Gibbs MJ, Weiller GF. 1999. Evidence that a plant virus switched hosts to infect a vertebrate and then recombined with a vertebrate - infecting virus. Proc. Natl. Acad. Sci. USA. 96：8022～8027

Goelet P, Lomonossoff GP, Akam ME, Gait MJ, Kam J. 1982. Nucleotide sequence of tobacco mosaic virus RNA. Proc. Natl. Acad. Sci. USA. 79：5818～5822

Gordon DT. 1999. Waikaviruses (Sequiviridae) . In：Granoff A, Webster RG ed. Encyclopedia of Virology. 2th ed. San Diego：Academic Press

Grdzelishvili VZ, Garcia - Ruiz H, Watanabe T, Ahlquist P. 2005. Mutual interference between genomic RNA replication and subgenomic mRNA transcription in brome mosaic virus. J Virol. 79：1438～1451

Grieco F, DellOrco M, Martelli GP. 1996. The nucleotide sequence of RNA1 and RNA2 of olive latent virus -2 and its relationship to the family Bromoviridae. J. Gen. Virol. 77：2637～2644

Grieco F, Martelli GP, Savino V. 1995. The nucleotide sequence of RNA3 and RNA4 of olive latent virus - 2. J. Gen. Virol. 76：929～937

Guilley H, Carrington JC, Balàzs E, Jonard G, Richards K, Morris TJ. 1985. Nucleotide sequence and Genome organization of carnation mottle virus RNA. Nucl. Acides Res. 13：6663～6677

Haasnoot PC, Olsthoorn RC, Bol JF. 2002. The Brome mosaic virus subgenomic promoter hairpin is structurally similar to the iron - responsive element and functionally equivalent to the minus - strand core promoter stem - loop C. RNA. 8: 110~122

Hamamoto H, Sugiyama Y, Nakagawa N et al.. 1993. A new tobacco mosaic virus vector and its use for the systemic production of angiotensin - 1 - converting enzyme inhibitor in transgenic tobacco and tomato. Bio/Technol. 11: 930~932

Hansen JL, Long AM, Schultz SC. 1997. Structure of the RNA - dependent RNA polymerase of poliovirus. Structure 5: 1109~1122

Harris KS, Xiang W, Alexander L, Lane WS, Paul AV, Wimmer E. 1994. Interaction of poliovirus polypeptide 3CDpro with the 5′and 3′ termini of the poliovirus genome. Identification of viral and cellular cofactors needed for efficient binding. J. Biol Chem. 269: 27004~27014

Harrison BD, Roberts IM. 1968. Association of tobacco rattle virus with mitochondria. J Gen Virol. 3: 121~124

Hatta T, Francki RI. 1981. Cytopothic structures associated with tonoplasts of plant cells infected with cucumber mosaic and tomato aspermy viruses. J. Gen. Virol. 53: 343~346

Havelda Z, Burgyan J. 1995. 3′ Terminal putative stem - loop structure required for the accumulation of cymbidium ringspot viral RNA. Virology, 214: 269~272

Hayes RJ, Pereira VC, Buck KW. 1994. Plant proteins that bind to the 3′- terminal sequences of the negative - strand RNA of three diverse positive - strand RNA plant viruses. FEBS Lett. 352: 331~334

Heaton LA, Hillman BI, Hunter BG, Zuidema D, Jackson AO. 1989. A physical map of the genome of Sonchus yellow net virus, a plant rhabdovirus with six genes and conserved genejunction sequences. Proc. Natl. Aca. Sci. USA. 86: 8665~8668

Heinlein M, Padgett HS, Gens JS, Pickard BG, Casper SJ, Epel BL, Beachy RN. 1998. Changing patterns of localization of the tobacco mosaic virus movement protein and replicase to the endoplasmic reticulum and microtubules during infection. Plant Cell, 10: 1107~1120

Heringa J, Argos P. 1994. The evolutionary biology of viruses (Morse SS ed) . New York: Raven Press

Herold J, Andino R. 2001. Poliovirus RNA replication requires genome circularization through a protein - protein bridge. Mol Cell, 7: 581~591

Herzog E, Guilley H, Fritsch C. 1995. Translation of the second gene of peanut clump virus RNA 2 occurs by leaky scanning in vitro. Virology, 208: 215~225

Hillman BI, Nuss DL. 1999. Phytoreoviruses (Reoviridae) . In: Granoff A, Webster RG ed. Encyclopedia of Virology, 2th ed. San Diego: Academic Press

Hobson SD, Rosenblum ES, Richards OC, Richmond K, Kirkegaard K, Schultz SC. 2001. Oligomeric structures of poliovirus polymerase are important for function. EMBO J. 20: 1153~1163

Holness CL, Lomonossoff GP, Evans D, Maule AJ. 1989. Identification of the initiation codons for translation of cowpea mosaic virus middle component RNA using site - directed muta - genesis of an infectious cDNA clone. Virology, 172: 311~320

Hope DA, Diamond SE, Kirkegaard K. 1997. Genetic dissection of interaction between poliovirus 3D polymerase and viral protein 3AB. J. Virol. 71: 9490~9498

Hull R. 1996. Molecular biology of rice tungro viruses. Annu. Rev. Phytopathol, 34: 275~297

Hull R, Coevey SN. 1996. Retroelements: propagation and adaptation. Virus Genes 11: 105~118

Hull R. 2002. Matthews′Plant Virology. 4th ed. San Diego, San Francisco, New York, Boston, London, Sydney, Tokyo: Academic Press

Ishikawa M, Kroner P, Ahlquist P, Meshi T. 1991. Biological activities of hybrid RNAs generated by 3′-

end exchanges between tobacco mosaic and brome mosaic viruses. J. Virol. 65: 3451~3459

Ishikawa M, Diez J, Restrepo - Hartwig M, Ahlquist P. 1997. Yeast mutations in multiple complementa-
tion groups inhibit brome mosaic virus RNA replication and transcription and perturb regulated expres-
sion of the viral polymerase - like gene. Proc. Natl. Acad. Sci. USA. 94: 13810~13815

Ivanov PA, karpova OV, Skulachev MV, Tomashevskaya OL, Rodionova NP, Dorokhov Yu L,
Atabekov JG. 1997. A tabamovirus genome that contains an internal ribosome entry site functional in
vitro. Virology, 232: 32~43

Jackson AO, Goodin M, Moreno I, Johnson J, Lawrence DM. 1999. Rhabdoviruses (Rhabdoviridae):
plant rhabdoviruses. In: Granoff A, Webster RG ed. Encyclopedia of Virology. 2th ed . San Diego: Aca-
demic Press

Janda M, Ahlquist P. 1993. RNA - dependent replication, transcription, and persistence of brome mosaic
virus RNA replicons in S. cerevisiae. Cell, 72: 961~970

Janda M, Ahlquist P. 1998. Brome mosaic virus RNA replication protein 1a dramatically increases in vivo
stability but not translation of viral genomic RNA - 3. Proc. Natl. Acad. Sci. USA. 95: 2227~2232

Jelkmann W. 1994. Nucleotide sequence of apple stem pitting virus and of the coat protein gene of a similar
virus from pear associated with vein yellow disease and their relationship with potex - and
carlaviruses. J. Gen. Virol. 75: 1535~1542

Joklik WK. 1999. Reoviruses (Reoviridae): molecular biology. In: Granoff A, Webster RG ed. Encyclope-
dia of Virology. 2th ed. San Diego: Academic Press

Kadare G, Haenni AL. 1997. Virus - encoded RNA helicases. J. Virol. 71: 2583~2590

Kanyuka KV, Vishnichenko VK, Levay KE et al. . 1992. Nucleotide sequence of shallot virus χ RNA re-
veals a 5′ - proximal cistron closely related to those of potexviruses and a unique arrangement of the 3′--
proximal cistrons. J. Gen. Virol. 73: 2553~2560

Kao CC, Quadt R, Hershberger RP, Ahlquist P. 1992. Brome mosaic virus RNA replication proteins 1a
and 2a form a complex in vitro. J. Virol. 66: 6322~6329

Kao CC, Ahlquist P. 1992. Identification of the domains required for direct interaction of the helicase - like
and polymerase - like RNA replication proteins of brome mosaic virus. J. Virol. 66: 7293~7302

Kao CC, Sun JH. 1996. Initiation of minus - strand RNA synthesis by the brome mosaic virus RNA - de-
pendent RNA polymrease: use of oligoribonucleotide primers. J. Virol. 70: 6826~6830

Kao CC. 2002. Lessons learned from the core RNA promoters of brome mosaic virus and cucumber mosaic
virus. Mol. Plant Pathol. 3: 53~59

Karasev AV, Boyko VP, Nikolaeva OV et al. . 1995. Complete sequence of the citrus tristeza virus RNA
genome. Virology, 208: 511~520

Karasev AV, Hilf ME, Garnsey SM, Dawson WO. 1997. Transcriptional strategy of closteroviruses:
mapping the 5′ termini of citrus tristeza virus subgenomic RNAs. J. Virol. 71: 6233~6236

Kasschau KD, Carrington JC. 1998. A counterdefensive strategy of plant viruses: suppression of posttran-
scriptional gene silencing. Cell, 95: 461~470

Kiberstis PA, Loesch - Fries LS, Hall TC. 1981. Viral protein synthesis in barley protoplasts inoculated
with native and fractionated brome mosaic virus RNA. Virology, 112: 804~808

Kim HH, Lommel SA. 1994. Identification and analysis of the site of - 1 ribosomal frameshifting in red clo-
ver necrotic mosaic virus. Virology, 200: 574~582

Kim KH, Hemenway CL. 1999. Long - distance RNA - RNA interactions and conserved sequence elements affect potato virus X plus‐strand RNA accumulation. RNA, 5: 636~645

Klaassen VA, Boeshore ML, Koonin EV, Tian T, Falk BW. 1995. Genome structure and phylogenetic analysis of lettuce infectious yellows virus, a whitefly‐transmitted, bipartite crinivirus. Virology, 208: 99~110

Klovins J, van Duin J. 1999. A long‐range pseudoknot in Q β RNA is essential for replication. J. Mol. Biol. 294: 875~884

Klovins J, Berzins V, van Duin J. 1998. A long‐range interaction in Qbeta RNA that bridges the thousand nucleotides between the M‐site and the 3′ end is required for replication. RNA, 4: 948~957

Kohlstaedt LA, Wang J, Friedman JM, Rice PA, Steitz TA. 1992. Crystal structure at 3.5 Ao resolution of HIV‐1 reverse transcriptase complexed with an inhibitor. Science, 256: 1783~1790

Koonin EV, Dolja VV. 1993. Evolution and taxonomy of positive‐strand RNA viruses: implications of comparative analysis of amino acid sequences. Crit. Rev. Biochem. Mol. Biol. 28: 375~430

Koonin EV. 1991. The phylogeny of RNA‐dependent RNA polymerases of positive‐strand RNA viruses. J. Gen. Virol. 72: 2197~2206

Kroner PA, Young BM, Ahlquist P. 1990. Analysis of the role of brome mosaic virus 1a protein domains in RNA replication, using linker insertion mutagenesis. J. Virol. 64: 6110~6120

Kubota K, Tsuda S, Tamai A, Meshi T. 2003. Tomato mosaic virus replication protein suppresses virus‐targeted posttranscriptional gene silencing. J. Virol. 77: 11016~11026

Kushner DB, Lindenbach B D, Grdzelishvili VZ, Noueiry AO, Paul SM, Ahlquist P. 2003. Systematic, genome‐wide identification of host genes affecting replication of a positive‐strand RNA virus. Proc. Natl. Acad. Sci. USA. 100: 15764~15769

Lawrence DM, Jackson AO. 1999. Hordeiviruses. In: Granoff A, Webster RG ed. Encyclopedia of Virology. 2th ed . San Diego: Academic Press

Lawton JA, Estes MK, Prasad BVV. 2000. Machanism of genome transcription in segmented dsRNA viruses. Adv. Virus Res. 55: 185~229

Lee WM, Ishikawa W, Ahlquist P. 2001. Mutation of host delta9 fatty acid desaturase inhitits brome mosaic virus RNA replication between template recognition and RNA synthsis. J. Virol. 75: 2097~2106

Lellis AD, Kasschau KD, Whitham SA, Carrington JC. 2002. Loss‐of‐susceptibility mutants of Arabidopsis thaliana reveal an essential role for eIF (iso) 4E during potyvirus infection. Curr Biol. 12: 1046~1051

Léonard S, Plante D, Wittmann S, Daigneault N, Fortin MG, laliberté JF. 2000. Complex formation between potyvirus VPg and translation eukayyotic initiation factor 4E correlates with virus infectivity. J. Virol. 74: 7730~7737

Lewandowski DJ, Dawson WO. 1999. Tobamoviruses. In: Granoff A, Webster RG ed. Encyclopedia of Virology. 2th ed. San Diego: Academic Press

Li H, Li WX, Ding SW. 2002. Induction and suppression of RNA silencing by an animal virus. Science, 296: 1319~1321

Liu L, Grainger J, Canizares MC, Angell SM, Lomonossoff GP. 2004. Cowpea mosaic virus RNA‐1 acts as an amplicon whose effects can be counteracted by a RNA‐2‐encoded suppressor of silencing. Virology, 323: 37~48

Lommel S A, Weston‐Fina M, Xiong Z, Lomonossoff GP. 1988. The nucleotide sequence and gene organization of red clover necrotic mosaic virus RNA‐2. Nucleic Acids Res. 16: 8587~8602

Lommel S A. 1999a. Dianthoviruses（Tombusviridae）. In：Granoff A，Webster RG ed. Encyclopedia of Virology. 2th ed. San Diego：Academic Press

Lommel S A. 1999b. Machlomoviruses（Tombusviridae）. In：Granoff A，Webster RG ed. Encyclopedia of Virology. 2th ed. San Diego：Academic Press

Lomonossoff GP，Shanks M. 1999. Comoviruses（Comoviridae）. In：Granoff A，Webster RG ed. Encyclopedia of Virology. 2th ed. San Diego：Academic Press

Lomonossoff GP，Shanks M，Evans D. 1985. Structure and in vitro assembly of tobacco mosaic virus. In：Davies JW ed. Molecular Plant Virology. Boca Raton：CRC Press

López G，Navas - Castello J，Gowda S，Moreno P，Flores R. 2000. The 25 - kD proteinencoded by the 3′ terminal genen of citrus tristeza virus is an RNA - binding protein. Virology，269：462～470

López - Moya JJ，Garcia JA. 1999. Potyviruses（Potyviridae）. In：Granoff A，Webster RG ed. Encyclopedia of Virology. 2th ed. San Diego：Academic Press

Lopinski JD，Dinman JD，Bruenn JA. 2000. Kinetics of ribosomal pausing during programmed - 1 translational frameshifting. Mol. Cell. Biol. 20：1095～1103

Lu R，Folimonov A，Shintaku M，Li WX，Falk BW，Dawson WO，Ding SW. 2004. Three distinct suppressors of RNA silencing encoded by a 20 - kb viral RNA genome. Proc. Natl. Acad. Sci. USA. 101：15742～15747

Lupo R，Rubino L，Russo M. 1994. Immunodetection of the 33 K/92 K polymerase proteins in cymbidium ringspot virus - infected and in transgenic plant tissue extracts. Arch Virol. 138：135～142

Maccheroni W，Alegria MC，Greggio CC，Piazza JP，Kamla RF，Zacharias PR，Bar - Joseph M，Kitajima EW，Assumpcao LC，Camarotte G，Cardozo J，Casagrande EC，Ferrari F，Franco SF，Giachetto PF，Girasol A，Jordao H Jr，Silva VH，Souza LC，Aguilar - Vildoso CI，Zanca AS，Arruda P，Kitajima JP，Reinach FC，Ferro JA，da Silva AC. 2005. Identification and genomic characterization of a new virus（Tymoviridae family）associated with citrus sudden death disease. J. Virol. 79：3028～3037

Marsh LE，Dreher TW，Hall TC. 1988. Mutational analysis of the core and modulator sequences of the BMV RNA3 subgenomic promoter. Nucleic Acids Res. 16：981～995

Martelli GP，Sabanadzovic S，Abou Ghanem - Sabanadzovic N，Saldarelli P. 2002b. Maculavirus，a new genus of plant viruses. Arch. Virol. 147：1847～1853

Martelli GP，Sabanadzovic S，Abou - Ghanem Sabanadzovic N，Edwards MC，Dreher T. 2002a. The family Tymoviridae. Arch. Virol. 147：1837～1846

Martelli GP，Jelkmann W. 1998. Foveavirus，a new plant genus. Arch. Virol. 143：1245～1249

Marzachi C，Boccardo G，Milne R，Isogai M and Uyeda I. 1995. Genome structure and variability of Fijiviruses. Semin. Virol. 6：103～108

Masuta C，Tanaka H，Uehara K，Kuwata S，Koiwai A，Noma M. 1995. Broad resistance to plant viruses in transgenic plants conferred by antisense inhibition of a host gene essential in S - adenosylmethionine - dependent transmethylation reactions. Proc. Natl. Acad. Sci. USA. 92：6117～6121

Mayo MA，Jones AT. 1999a. Napoviruses（Comoviridae）. In：Granoff A，Webster RG ed. Encyclopedia of Virology. 2th ed. San Diego：Academic Press

Mayo MA，Jones AT. 1999b. Ideaovirus. In：Granoff A，Webster RG ed. Encyclopedia of Virology. 2th ed. San Diego：Academic Press

Mayo MA，Miller WA. 1999. The structure and expression of luteovirus genomes. In：Smith HG，Barker H ed. The Luteoviridae Wallingford：CAB International

Mayo MA, Murant AF. 1999. Sequiviruses (Sequiviridae) . In: Granoff A, Webster RG ed. Encyclopedia of Virology. 2th ed. San Diego: Academic Press

McBride AE, Schlegel A, Kirkegaard K. 1996. Human protein Sam68 relocalization and interaction with poliovirus RNA polymerase in infected cells. Proc Natl Acad Sci. USA. 93: 2296~2301

McKendrick L, Pain VP, Morley SJ. 1999. Translation initiation factor 4E. Int. J. Biochem. Cell Biol. 33: 31~35

Meulewaeter F. 1999. Necroviruses (Tombusviridae) . In: Granoff A, Webster RG ed. Encyclopedia of Virology. 2th ed. San Diego: Academic Press

Meyer F, Weber H, Weissmann C. 1981. Interactions of Q beta replicase with Q beta RNA. J. Mol Cell Biol. 153: 631~660

Miller WA, Bujarski JJ, Dreher TW, Hall TC. 1986. Minus - strand initiation by brome mosaic virus replicase within the 3′ tRNA - like structure of native and modified RNA templates. J. Mol Biol. 187: 537~546

Miller WA, Brown CM, Wang S. 1997. New punctuation for the genetic code: luteovirus gene expression. Semin. Virol. 8: 3~13

Milne RG, Marzachi C. 1999. Cryptoviruses (Partitiviridae) . In: Granoff A, Webster RG ed. Encyclopedia of Virology. 2th ed. San Diego: Academic Press

Murphy FA, Fauquet CM, Mayo MA, Jarvis AW, Ghabrial SA, Summers MD, Martelli GP, Bishop DHL. 1995. The Classification and Nomenclature of Viruses: Sixth Report of the International Committee on Taxonomy of Viruses. New York: Springer Verlag

Najita L, Sarnow P. 1990. Oxidation - reduction sensitive interaction of a cellular 50 - kD protein with an RNA hairpin in the 5′ noncoding region of the poliovirus genome. Proc Natl Acad Sci. USA. 87: 5846~5850

Napuli AJ, Falk BW, Dolia VV. 2000. Interaction between the HSP70 homolog and filamentous virion of beet yellows virus. Virology, 274: 232~239

Niepel M, Gallie DR. 1999. Identification and characterization of the functional elements within the tobacco etch virus 5′ leader required for cap - independent translation. J. Virol. 73: 9080~9088

Noueiry AO, Chen J, Ahlquist P. 2000. A mutant allele of essential, general translation initiation factor DED1 selectively inhibits translation of a viral mRNA. Proc Natl Acad Sci. USA. 97: 12985~12990

Noueiry A O, Ahlquist P. 2003. Brome mosaic virus RNA replication: revealing the role of the host in RNA virus replication. Annu Rev Phytopathol. 41: 77~98

Noueiry AO, Diez J, Falk SP, Chen J, Ahlquist P. 2003. Yeast Lsm1p - 7p/Pat1p deadenylation - dependent mRNA - decapping factors are required for brome mosaic virus genomic RNA translation. Mol Cell Biol. 23: 4094~4106

O'Reilly E K, Kao, C C. 1998. Analysis of RNA - dependent RNA polymerase structure and function as guided by known polymerase structures and computer predictions of secondary structure. Virology, 252: 287~303

O'Reilly EK, Tang N, Ahlqist P, Kao CC. 1995. Biochemical and genetic analysis of the interaction between the helicase - like and polymerase - like proteins of the brome mosaic virus. Virology, 214: 59~71

Ohno T, Takamatsu N, Meshi T, Okada Y, Nishiguchi M, Kiho Y. 1983. Single amino acid substitution un 30K protein of TMV defective in virus transport function. Virology, 131: 255~258

Ollis DL, Brick P, Hamlin R, Xuong NG, Steitz TA. 1985. Structure of large fragment of Escherichia coli

DNA polymerase I complexed with dTMP. Nature，313：762～766

Panavas T，Nagy PD. 2003. The RNA replication enhancer element of tombusviruses contains two interchangeable hairpins that are functional during plus - strand synthesis. J. Virol. 77：258～269

Panavas T，Panaviene Z，Pogany J，Nagy PD. 2003. Enhancement of RNA synthesis by promoter duplication in tombusviruses. Virology，310：118～129

Panavas T，Serviene E，Brasher J，Nagy PD. 2005. Yeast genome - wide screen reveals dissimilar sets of host genes affecting replication of RNA viruses. Proc Natl Acad Sci. USA. 102：7326～7331

Pata JD，Schultz SC，Kirkegaard K. 1995. Functional oligomerization of poliovirus RNA - dependent RNA polymerase. RNA，1：466～477

Peremyslov VV，Hagiwara Y，Dolja V. 1999. HSP70 homolog functions in cell - to - cell movement of a plant virus. Proc Natl Acad Sci. USA. 96：14771～14776

Peters SA，Voorhorst WGB，Wery J，Wellink J，van Kamen A. 1992. A regulatory roloe for the 32K protein in proteolytic processing of cowpea mosaic virus polyproteins. Virology，191：81～89

Pfeffer S，Dunoyer P，Heim F，Richards KE，Jonard G，Ziegler - Graff V. 2002. P0 of beet Western yellows virus is a suppressor of posttranscriptional gene silencing. J. Virol. 76：6815～6824

Poch O，Sauvaget I，Delarue M，Tordo N. 1989. Identification of four conserved motifs among the RNA - dependent polymerase encoding elements. EMBO J. 8：3867～3874

Pogany J，Fabian MR，White KA，Nagy PD. 2003. A replication silencer element in a plus - strand RNA virus. EMBO J. 22：5602～5611

Pogue GP，Hall TC. 1992. The requirement for a $5'$ stem - loop structure in brome mosaic virus replication supports a new model for viral positive - strand RNA initiation. J. Virol. 66：674～684

Pogue GP，Marsh LE，Hall TC. 1990. Point mutations in the ICR2 motif of brome mosaic virus RNAs debilitate（＋）- strand replication. Virology，178：152～160

Pogue GP，Marsh LE，Connell JJP，Hall TC. 1992. Requirement for ICR - like sequences in the replication of brome mosaic virus genomic RNA. Virology，188：742～753

Qanungo KR，Shaji D，Mathur M，Banerjee AK. 2004. Two RNA polymerase complexes from vesicular stomatitis virus - infected cells that carry out transcription and replication of genome RNA. USA. 101：5952～5957

Qu F，Morris T J. 2000. Cap - independent translation enhancement of turnip crinkle virus genomic and subgenomic RNAs. J. Virol. 74：1085～1093

Qu F，Ren T，Morris T J. 2003. The coat protein of turnip crinkle virus suppresses posttranscriptional gene silencing at an early initiation step. J. Virol. 77：511～522

Quadt R，Ishikawa M，Janda M，Ahlquist P. 1995. Formation of brome mosaic virus RNA - dependent RNA polymerase in yeast requires coexpression of virla proteins and viral RNA. Proc Natl Acad Sci. USA. 92：4892～4896

Quadt R，Jaspars EM. 1990. Purification and characterization of brome mosaic virus RNA - dependent RNA polymerase. Virology，178：189～194

Quadt R，Kao CC，Browning KS，Hershberger RP，Ahlquist P. 1993. Characterization of a host protein associated with brome mosaic virus RNA - dependent RNA polymerase. Proc. Natl. Acad. Sci. USA. 90：1498～1502

Quadt R，Verbeek HJM，Hunt TW，Jaspars EM. 1988. Involvement of a non - structural protein in the RNA - synthesis of brome mosaic virus. Virology，165：256～261

Ranjith - Kumar CT，Zhang X，Kao CC. 2003. Enhancer - like activity of a brome mosaic virus RNA promoter. J. Virol. 77: 1830~1839

Rao AL, Grantham GL. 1994. Amplification in vivo of brome mosaic virus RNAs bearing 3' noncoding region from cucumber mosaic virus. Virology, 204: 478~481

Ray D, White KA. 2003. An internally located RNA hairpin enhances replication of Tomato bushy stunt virus RNAs. J. Virol. 77: 245~257

Reddy DVR, Black LM. 1974. Plant pararetroviruses - legume caulimoviruses. In: Granoff A, Webster RG ed. Encyclopedia of Virology. 2th ed. San Diego: Academic Press

Reed JC, Kasschau KD, Prokhnevsky AI, Gopinath K, Pogue GP, Carrington JC, Dolja VV. 2003. Suppressor of RNA silencing encoded by Beet yellows virus. Virology , 306: 203~209

Reichel C, Beachy RN. 1998. Tobacco mosaic virus infection induces severe morphological changes of the endoplasmic reticulum. Proc Natl Acad Sci. USA. 95: 11169~11174

Reichmann JL, Laín S, García JA. 1992. Highlights and prospects of potyvirus molecular biology. J. Gen. Virol. 73: 1~16

Restrepo - Hartwig M, Ahlquist P. 1999. Brome mosaic virus RNA replication proteins 1a and 2a colocaloze and 1a independently localizes on the yeast endoplasmic reticulum. J. Virol. 73: 10303~10309

Restrepo - Hartwig MA, Ahlquist P. 1996. Brome mosaic virus helicase - and polymerase - like proteins colocalize on the endoplasmic reticulum at sites of viral RNA synthesis. J. Virol. 70: 8906~8916

Robinson DJ, Murant AE. 1999. Umbraviruses. In: Granoff A, Webster RG ed. Encyclopedia of Virology. 2th ed. San Diego: Academic Press

Rochon DAM. 1999. Tombusviruses. In: Granoff A, Webster RG ed. Encyclopedia of Virology. 2th ed. San Diego: Academic Press

Rodríguez LL, Nichol ST. 1999. Vesicular stomatitis viruses (Rhabdoviridae) . In: Granoff A, Webster RG ed. Encyclopedia of Virology. 2th ed. San Diego: Academic Press

Rohll JB, Holness CL, Lomonossoff GP, Maule AJ. 1993. 3'- terminal nucleotide sequences important for the accumulation of cowpea mosaic virus M - RNA. Virology, 193: 672~679

Roossinck MJ. 1999a. Cucumoviruses (Bromoviridae) - general features. In: Granoff A, Webster RG ed. Encyclopedia of Virology. 2th ed. San Diego: Academic Press

Roossinck MJ. 1999b. Cucumoviruses (Bromoviridae) - molecular biology. In: Granoff A, Webster RG ed. Encyclopedia of Virology. 2th ed. San Diego: Academic Press

Roth B M, Gail JP, Vance VB. 2004. Plant viral suppressors of RNA silencing. Virus Res. 102: 97~108

Rubino L, Di Franco A, Russo M. 2000. Expression of a plant virus non - structural protein in Saccharomyces cerevisiae causes membrane proliferation and altered mitochondrial morphology. J. Gen. Virol. 81: 279~286

Rubino L, Russo M. 1997. Molecular analysis of Pothos latent virus genome. J. Gen. Virol. 78: 1219~1226

Rubino L, Russo M, Martelli GP. 1995. Sequence analysis of the Pothos latent virus genomic RNA. J. Gen. Virol. 76: 2835~2839

Ryan MD, Flint M. 1997. Virus - encoded proteinases of the picornavirus supper - group. J. Gen. Virol. 78: 699~723

Sadowy E, Maasen A, Juszczuk M et al. 2001. The ORF0 product of potato leafroll virus is indispensable for virus accumulation. J. Gen. Virol. 82: 1529~1532

Salazar LF. 1999. Capilloviruses. In: Granoff A, Webster RG ed. Encyclopedia of Virology. 2th ed. San Diego: Academic Press

Salonen A, Ahola T, Kaariainen L. 2005. Viral RNA replication in association with cellular membranes. Curr Top Microbiol Immunol. 285: 139~173

Satyanarayana T, Gowda S, Ayllon MA, Albiach-Mart MR, Rabindran S, Dawson WO. 2002. The p23 protein of citrus tristeza virus controls asymmetrical RNA accumulation. J. Virol. 76: 473~483

Schaad MC, erberg RJ, Carrington JC. 2000. Strain-specific interaction of tobacco etch virus NIa protein with the translation initiation factor eIF4E in the yeast two-hybrid system. Virology, 273: 300~306

Scholthof HB. 2006. The Tombusvirus-encoded P19: from irrelevance to elegance. Nat. Rev. Microbiol, 4: 405~411

Scholthof HB, Scholthof KBG, Kikkert M, Jackson AO. 1995. Tomato bushy stunt virus spread is regulated by two nested genes that function in cell-to-cell movement and host-dependent systemic invasion. Virolgy, 213: 425~438

Schuppli D, Miranda G, Qiu S, Weber H. 1998. A branched stem-loop structure in the M-site of bacteriophage Qbeta RNA is important for template recognition by Qbeta replicase holoenzyme. J. Mol. Biol. 283: 585~593

Schwartz M, Chen J, Janda M, Sullivan M, den Boon J, Ahlquist P. 2002. A positive-strand RNA virus replication complex parallels form and function of retrovirus capsids. Mol. Cell. 9: 505~514

Schwartz M, Chen J, Lee WM, Janda M, Ahlquist P. 2004. Alternate, virus-induced membrane rearrangements support positive-strand RNA virus genome replication. Proc Natl Acad Sci. USA. 101: 11263~11268

Sehgal OP. 1999. Sobemoviruses. In: Granoff A, Webster RG ed. Encyclopedia of Virology. 2th ed. San Diego: Academic Press

Shaw JG. 1999. Tobacco mosaic virus and the study of early events in virus infection. Phil. Trans. R. Soc. Lond. B 354: 603~611

Shirako Y. 1998. Non-AUG translation initiation in a plant RNA virus: a forty-amino-acid extention is added to the N terminus of the soil-born wheat mosaic virus capsid protein. J. Virol. 72: 1677~1682

Shirako Y, Wilson TMA. 1999. Furoviruses. In: Granoff A, Webster RG ed. Encyclopedia of Virology. 2th ed. San Diego: Academic Press

Shukla DD, Ward CW, Brunt AA. 1994. The Potyviridae. Wallingford: CAB International

Siegel RW, Adkins S, Kao CC. 1997. Sequence-specific recognition of a subgenomic RNA promoter by a viral RNA polymerase. Proc Natl Acad Sci. USA. 94: 11238~11243

Siegel RW, Bellon L, Beigelman L, Kao CC. 1998. Moieties in an RNA promoter specifically recognized by a viral RNA-dependent RNA polymerase. Proc Natl Acad Sci. USA. 95: 11613~11618

Sit TL, Vaewhongs AA, Lommel SA. 1998. RNA-mediated trans-activation of transcription from a viral RNA. Science, 281: 829~832

Sivakumaran K, Bao Y, Roossinck MJ, Kao CC. 2000. Recognition of the core RNA promoter for minus-strand RNA synthesis by the replicases of Brome mosaic virus and Cucumber mosaic virus. J Virol. 74: 10323~10331

Sivakumaran K, Kim CH, Tayon R Jr, Kao CC. 1999. RNA sequence and secondary structural determinants in a minimal viral promoter that directs replicase recognition and initiation of genomic plus-strand RNA synthesis. J. Mol Biol. 294: 667~682

Skulachev MV, Ivanov PA, Karpova OV, Korpela T, Rodionova NP, Dorokhov YL, Atabekov JG. 1999. Internal initiation of translation directed by the 5'-untranslated region of the tobamovirus subenomic RNA I2. Virology, 263: 139~154

Skuzeski JM, Nichols LM, Gestelland RF, Atkins JF. 1991. The Signal for a leaky UAG stop codon in several plant viruses includes the two downstream codons. J. Mol. Biol. 218: 365~373

Smith HG, Barker H. 1999. The Luteoviridae. Wallingford: CAB International

Song C, Simon AE. 1995. Requirement of a 3′ - terminal stem - loop in in vitro transcription by an RNA - dependent RNA polymerase. J. Mol. Biol. 254: 6~14

Sousa R, Chung UJ, Rose JP, Wang B. 1993. Crystal structure of bacteriophage T7 RNA polymerase at 3. 3 Ao resolution. Nature, 364: 593~599

Spall VE, Shanks M, Lomonosssoff GP. 1997. Polyprotein processing as a strategy for gene expression in RNA viruses. Sem. Virol. 8: 15~23

Stansfield I, Jones KM, Tuite MF. 1995. The end is in sight: terminating translation in eukaryotes. Trends Biol. Sci. 20: 489~491

Stawicki SS, Kao CC. 1999. Spatial perturbations within an RNA promoter specifically recognized by a viral RNA - dependent RNA polymerase (RdRp) reveal that RdRp can adjust its promoter binding sites. J. Virol. 73: 198~204

Stupina V, Simon AE. 1997. Analysis in vivo of turnip crinkle virus satellite RNA C variants with mutations in the 3′ - terminal minus - strand promoter. Virology, 238: 470~477

Stussi - Garaud C, Garaud JC, Berna A, Godefroy - Colburn T. 1987. In situ location of an alfalfa mosaic virus non - structural rotein in plant cell walls: correlatin with virus transport. J. Gen. Virol. 68: 1779~1784

Sullivan ML, Ahlquist P. 1999. A brome mosaic virus intergenic RNA - 3 replication signal functions with viral replication protein 1a to dramatically stabilize RNA in vivo. J. Virol. 73: 2622~2632

Sun JH, Kao CC. 1997a. Characterization of RNA products associated with or aborted by a virus RNA - dependent RNA polymerase. Virology, 234: 348~353

Sun JH, Kao CC. 1997b. RNA synthesis by brome mosaic virus RNA - dependent RNA polymerase transition from initiation to elongation. Virology, 233: 63~73

Tamada T. 1999. Benyviruses. In: Granoff A, Webster RG ed. Encyclopedia of Virology. 2th ed. San Diego: Academic Press

Tamm T, Truve E. 2000. Sobemoviruses. J. Virol. 74: 6231~6241

Tanguay RL, Gallie DR. 1996. Isolation and characterization of the 102 - kilodalton RNA - binding protein that binds to the 5′ and 3′ translation enhancers of tobacco mosaic virus RNA. J. Boil. Chem. 271: 14316~14322

Thomas CL, Leh V, Lederer C, Maule AJ. 2003. Turnip crinkle virus coat protein mediates suppression of RNA silencing in Nicotiana benthamiana. Virology, 306: 33~41

Tomita Y, Mizuno T, Diez J, Naito S, Ahlquist P, Ishikawa M. 2003. Mutation of host DnaJ homolog inhibits brome mosaic virus negative - strand RNA synthesis. J. Virol. 77: 2990~2997

Torrance L. 1999. Pomoviruses. In: Granoff A, Webster RG ed. Encyclopedia of Virology. 2th ed. San Diego: Academic Press

Tsujimoto Y, Numaga T, Ohshima K, Yano MA, Ohsawa R, Goto DB, Naito S, Ishikawa M. 2003. Arabidopsis Tobamovirus Multiplication (TOM) 2 locus encodes a transmembrane protein that interacts with TOM1. EMBO J. 22: 335~343

Turina M, Maruoka M, Monis J, Jackson AO, Scholthof KBG. 1998. Nucleotide sequence and infectivity of full - length cDNA clone of Panicum mosaic virus. Virology, 241: 141~155

Turner KA, Sit TL, Callaway AS, Allen NS, Lommel SA. 2004. Red clover necrotic mosaic virus replication proteins accumulate at the endoplasmic reticulum. Virology, 320: 276~290

Turner RL, Buck KW. 1999. Mutational analysis of cis‐acting sequences in the 3′‐ and 5′‐ untranslated regions of RNA‐2 of red clover necrotic mosaic virus. Virology, 252: 115~124

Urban C, Beier H. 1995. Cystein tRNAs of plant origin as novel UGA suppressors. Nucl. Acids Res. 23: 4591~4597

Vaewhongs AA, Lommel SA. 1995. Virion formation is required for the long‐distance movement of red clover necrotic mosaic virus in movement protein transgenic plants. Virology, 212: 607~613

Van Bokhoven H, Le Gall O, Kasteel D, Verver J, Wellink J, Van Kammen AB. 1993. Cis‐ and trans‐acting elements in cowpea mosaic virus RNA replication. Virology, 195: 377~386

van der Wilk F, Verbeek M, Dullemans AM, van den Heuvel JFJM. 1997. Genome‐linked protein of potato leafroll virus is located downstream of the putative protease domain of the ORF1 product. Virology, 234: 300~303

Verchot J, Angell SM, Baulcombe D. 1998. In vivo translation of the triple gene block of potato virus χ requires two subgenomic RNAs. J. Virol. 72: 8316~8320

Verver J, Goldbach R, García JA, Vos P. 1987. In vitro expression of a full‐length DNA copy of cowpea mosaic virus B‐RNA: identification of the B‐RNA encoded 24‐kD protein as a viral protease. EMBD J. 6: 549~554

Visser PB, Mathis A, Linthorst HJM. 1999. Tobraviruses. In: Granoff A, Webster RG ed. Encyclopedia of Virology. 2ᵗʰ ed. San Diego: Academic Press

Voinnet O. 2005. Induction and suppression of RNA silencing: insights from viral infections. Nat Rev Genet. 6: 206~220

Voinnet O, Lederer C, Baulcombe DC. 2000. A viral movement protein prevents spread of the gene silencing signal in Nicotiana benthamiana. Cell, 103: 157~167

Voinnet O, Pinto YM, Baulcombe DC. 1999. Suppression of gene silencing: a general strategy used by diverse DNA and RNA viruses of plant. Proc Natl Acad Sci. USA. 96: 14147~14152

Walter BL, Parsley TB, Ehrenfeld E, Semler BL. 2002. Distinct poly (rC) binding protein KH domain determinants for poliovirus translation initiation and viral RNA replication. J. Virol. 76: 12008~12022

Wang Z, Day N, Trifillis P, Kiledjian M. 1999. An mRNA stability complex functions with poly (A)‐binding protein to stabilize mRNA in vitro. Mol Cell Biol. 19: 4552~4560

Wang Z, Kiledjian M. 2000. The poly (A)‐binding protein and an mRNA stability protein jointly regulate an endoribonuclease activity. Mol Cell Biol. 20: 6334~6341

Wang J, Carpenter C D, Simon A E. 1999. Minimal sequence and structural requirements of a subgenomic RNA promoter for turnip crinkle virus. Virology, 253: 327~336

Wang, S, Guo L, Allen E, Miller WA. 1999b. A potential mechanism for selective control of cap‐independent translation by a viral RNA sequence in cis and in trans. RNA, 5: 726~738

Wang SP, Browning KS, Miller WA. 1997. A viral sequence in the 3′ untranslated region mimics a 5′ cap in facilitating translation of uncapped mRNA. EMBO J. 18: 4103~4116

Wang X, Lee WM, Watanabe T, Schwartz M, Janda M, Ahlquist P. 2005. Brome mosaic virus 1a nucleoside triphosphatase/helicase domain plays crucial roles in recruiting RNA replication templates. J. Virol. 79: 13747~13758

Weber H, Billeter MA, Kahane S, Weissmann C, Hindley J, Porter A. 1972. Molecular basis for repressor activity of Qβ replicase. Nature, 237：166～170

Wellink J, van Kammen A. 1989. Cell‐to‐Cell transport of cowpea mosaic virus requires both the 58K/48K proteins and the capsid proteins. J. Gen. Virol. 70：2279～2286

Wellink J, Jaegle M, Goldbach R. 1987. detection of a novel protein encoded by the bottom‐component RNA of cowpea mosaic virus, using antibodies raised against a synthetic prptide. J. Virol. 61：236～238

Weng Z, Xiong Z. 1998. The role of the 3′ terminal stem‐loop structure in RNA replication of red clover necrotic mosaic virus. Phytopathol. 88：96

Weng Z, Xiong Z. 1997. Genome organization and gene expression of saguaro cactus carmovirus. J. Gen. Virol. 78：525～534

White KA, Nagy PD. 2004. Advances in the molecular biology of tombusviruses：gene expression, genome replication, and recombination. Pro Nucleic Acid Res Mol Biol. 78：187～226

Williamson JR. 2000. Induced fit in RNA‐protein recognition. Nat Struct Biol. 7：834～837

Wittmann S, Chatel H, Fortin MG, Laliberté JF. 1997. Interaction of the viral protein genome linked to turnip mosaic potyvirus with the translational eukaryotic initiation factor (iso) 4E of Arabidopsis thaliana using the yeast two‐hybrid system. Virology, 234：84～92

Wu B, White KA. 1999. A primary determinant of cap‐independent translation is located in the 3′‐proximal region of tomato bushy stunt virus genome. J. Virol. 73：8982～8988

Xiang W, Cuconati A, Hope D, Kirkegaard K, Wimmer E. 1998. Complete protein linkage map of poliovirus P3 proteins：interaction of polymerase 3Dpol with VPg and with genetic variants of 3AB. J. Virol. 72：6732～6741

Xin HW, ji LH, Scott SW, Symons RH, Ding SW. 1998. Ilarviruses encode a cucumovirus‐like 2b gene that is absent in other genera within the Bromoviridae. J. Virol. 72：6956～6959

Xiong Y, Eickbush TH. 1990. Origin and evolution of retroelements based upon their reverse transcriptase sequences. EMBO J. 9：3353～3362

Xiong Z, Lommel SA. 1989. The complete nucleotide sequence and genome organization of red clover necrotic mosaic virus RNA1. Virology, 171：543～554

Xiong Z, Kim KH, Kendall TL, Lommel SA. 1993a. Synthesis of the putative red clover necrotic mosaic virus RNA polymerase by ribosomal frameshifting in vitro. Virology, 193：213～221

Xiong Z, Kim KH, Giesman‐Cookmeyer D, Lommel S A. 1993b. The roles of the red clover necrotic mosaic virus capsid and cell‐to‐cell movement proteins in systemic infection. Virology, 192：27～32

Yelina N E, Savenkov EI, Solovyer AG, Moreozov SY, Valdoner JP. 2002. Long‐distance movement, virulence, and RNA silencing suppression controlled by a single protein in hordei‐ and potyviruses：complementary functions between virus families. J. Virol. 76：12981～12991

Yoshikawa Z, Sasaki E, Kato M, Takahashi T. 1992. The nucleotide sequence of apple stem grooving capillovirus genome. Virology, 191：98～105

Zavriev SK, Hickey CM, Lommel SA. 1996. Mapping of the red clover necrotic mosaic virus subgenomic RNA. Virology, 216：407～410

Zavriev SK. 1999. Carlaviruses. In：Granoff A, Webster RG ed. Encyclopedia of Virology. 2th ed. San Diego：Academic Press

Zhang G, Slowinski V, White A. 1999. Subgenomic mRNA regulation by distal RNA element in a (＋)‐strand RNA virus. RNA, 5：550～561

Zhang G, Zhang J, Simon AE. 2004. Repression and derepression of minus‐strand synthesis in a plus‐strand RNA virus replicon. J. Virol. 78：7619～7633

Zhang J，Simon AE. 2005. Importance of sequence structural elements within a viral replication repressor. Virology，333：301～315

Zinovkin RA，Jelkmann W，Agranovsky AA. 1999. The minor coat protein of beet yellow closterovirus encapsidates the 5′ terminus of RNA in virions. J. Gen. Virol. 80：269～272

第五章 植物病毒的变异、进化和起源

对病毒学家而言，病毒显然是一种高度进化、设计精巧的生物，而且它们至今仍在不断进化之中。它们的形状、大小、结构和复制策略千差万别。作为一种极小的细胞内专性寄生物，病毒是非常高效且经济地组织和利用其基因组的。对于大部分病毒而言，它们只编码一些简单的、无法从寄主中得到的蛋白，如外壳蛋白；而且病毒的单个基因或基因组片段往往行使多种功能。有些病毒可以在不同的寄主中复制，如纤细病毒属（*Tenuivirus*）的病毒在昆虫和植物体内都能复制。显然，这些病毒必须面对更大的进化压力。有些病毒具有惊人的进化潜能，如 *Flock house virus*（FHV）在自然界中只能侵染昆虫，但在实验体系中，它能在植物、酵母菌和根结线虫体内复制。此外，所有病毒的生存和繁衍都要面对两个结构学上的挑战。第一，细胞外的病毒结构要足够稳定；第二，当病毒进入寄主细胞后，要能迅速地脱壳。病毒最让人惊讶的特性也许是它们的高突变率和适应环境的能力，特别是 RNA 病毒。其突变率高达 $10^{-3} \sim 10^{-5}$，而细胞 DNA 的突变率仅为 $10^{-9} \sim 10^{-10}$（Drake，1993）。所以，RNA 病毒的突变速度要比细胞 DNA 快近 100 万倍！RNA 病毒这种高突变率使得其种群表现出异于其他生物的结构特征和个体极其丰富的多样性。这种种群结构也使得 RNA 病毒很容易地适应任何新的环境。面对如此微小而进化完美的生物，人们在惊叹之余，不能不问：它们是从哪里来的？是如何进化的？

遗憾的是，要完全清楚病毒的起源几乎是不可能的，因为病毒不像其他生物一样留下传统意义上的化石。即使是一些流传下来的有关病毒症状学的文字描述也仅仅使我们追踪其历史到几个世纪以前，而极少数能用在实验室研究的病毒分离物只有约 100 年的历史，如从封存在阿拉斯加冰原下因 1918 年流感大暴发而死亡的尸体上分离出的流感病毒（Taubenberger et al.，2000），或保存在澳大利亚新南威尔士植物馆中的 1899 年感染烟草的烟草花叶病毒（Fraile et al.，1997b）。所以，有关病毒起源和进化的各种理论和模型都是建立在对现存病毒进行进化分析的基础之上。在对现存病毒的各种水平上的比较研究之后，我们希望能推测出病毒的起源、进化途径以及进化方式。

传统的病毒进化研究主要依赖于形态学、传播方式、寄主范围和致病特性的差异，并已经确定了病毒分类的基本框架。但建立在这种表现型基础上的分类不能很准确地反映出病毒间的亲缘关系。近 20 年来，随着分子生物学技术的普及，特别是 PCR 技术和 DNA 自动测序技术在病毒学中的大量应用，人们已经积累了许许多多病毒的核苷酸序列。这些核苷酸序列被称为"分子化石"。应用适当的分析方法，人们可以从中比较准确地推导出现存病毒可能的祖先、进化历史和流行途径。现代的病毒进化研究正是基于这些核苷酸序列，比较不同病毒的基因组结构、复制和翻译策略、编码蛋白的功能等。同时，病毒蛋白晶体结构的不断解析也为我们提供了一个病毒间相互关系的进化图谱。这些技术的发明应用和分析方法的不断改进以及相关数据的大量积累，使得我们对病毒的进化历史和变异机制有了一个相当的了解。本章将讨论病毒，特别是植物病毒的变异及其分子基础，病毒种群的进化机制以及起源。

第一节　植物病毒的变异

变异是所有生物的一个内在特性。当一个有机体复制时，其后代中就可能产生一些与其父母在遗传上有差异的个体，这些个体被称为突变体（mutant）或变异体（variant）。一个生物种群中不同变异体的分布频率是随着时间而变化的，这个过程我们称之为进化（evolution）。

在有关病毒学的文献中，对一些术语，如分离物、变异体、突变体或株系的使用并不总是一致的，甚至可以说是混乱的。所以，在具体介绍病毒的变异之前，我们有必要说明一下这些术语最常用的意思。分离物（isolate）指的是从田间或实验室感染的病株上通过分离纯化的手段，如接种到另一种寄主植物上，单斑分离或分子克隆而得到的病毒纯培养物；变异体是病毒种群中在特性上有差异的分离物；如果一个变异体的来历是已知的（如从某一个分离物通过某种手段产生），那么，这个变异体可以被称为突变体；株系（strain）指的是一组分离物，它们共同拥有一些已知的、有别于其他组分离物的特性，如寄主范围、传播行为、血清学或核苷酸序列；一种病毒的特定的遗传组成就是它的基因型（genotype）。

当我们在阐明病毒种或株系或分离物之间的关系时，常用到一些术语，如一致性、相似性、同源性等等。一致性（identity）指的是两个病毒之间在核苷酸或氨基酸序列上的一致程度；当比较核苷酸序列时，相似性（similarity）可与一致性替换使用，但比较氨基酸序列时，相似性的意思是具有相同或相似的结构和/或功能；同源性（homology）指的是具有共同的起源，但这只是一个严格的定性描述，并不涉及分化（divergence）的程度。趋同（convergence）指的是来自不同的祖先，但现在拥有相似的功能。趋同与分化是一对反义词。

一、植物病毒变异概述

有关植物病毒变异的报道最早可追溯到 1926 年（Kunkel，1947）。早期的植物病理学家发现，在系统侵染的植物上，有些部位会出现不典型的症状，从中可以分离出不同症状变异体。在不同环境下的连续传代可以很快改变病毒的特性。如将已适应于一种寄主植物的病毒连续接种在另一种植物上，该病毒的一些特性就会改变，这种现象称为寄主适应性（host adaptation）。用其他的方法，如在传代中逐渐改变温度，也可以获得变异体。这些实验结果被解释为新环境对病毒种群中原有变异体的选择或产生了新的变异体。可见，病毒自然种群或实验种群的异质性（heterogeneity）很早就为人们所知。

Donis-Keller 等（1981）最早应用分子生物学技术分析植物病毒在连续传代实验中的种群变化。他们将一个已适应了烟草的烟草坏死卫星病毒（*Tobacco necrosis satellite virus*，TNSV）在绿豆植株上连续传代，结果发现，从原有的烟草种群中逐渐选择出能适应绿豆植物的病毒变异体。Garcia-Arenal 等（1984）发现，即使是用从单斑分离的烟草花叶病毒（*Tobacco mosaic virus*，TMV）——传统认为通过这种生物克隆法分离出的病毒是很纯的——再接种产生单斑，又从单斑中分离病毒，如此反复地在单斑中进行传代，也未能消除病毒种群的异质性。这是因为新的变异体总是在不断地产生。即便是理论上认为是绝对遗传同质（homogeneous）的，来自全长 cDNA 克隆的 TMV 侵染性 RNA 转录体经过在植物里的复制后，也会出现温度敏感的变异体和产生坏死斑的变异体（Aldahou et al.，1989）。近年来，人们应用侵染性 RNA 转录体详细研究了多种病毒、如烟草花叶病毒、黄瓜花叶病毒（*Cucumber mosaic virus*，CMV）、豇豆褪绿斑驳病毒（*Cowpea chlorotic mottle virus*，CCMV）、黄瓜花叶病毒卫星 RNA（CMV-satRNA）、烟草花叶病毒卫星病毒（STMV）和桃潜隐花叶类病毒（*Peach latent mosaic viroid*，PLMVd）的种群变异（Ambros et al.，1999；Kurath ＆ Dodds，1995；Kurath ＆ Palukaitis，1989；Kurath ＆ Palukaitis，1990；Kurath et al.，1992；Schneider ＆ Roossinck，2000，2001）。这些结果都证实了新变异体在病毒种群中是不断自发产生的。所以，无论是早期的传统病理学研究还是近 20 年来的现代分子生物学分析都揭示了这么一个现象，那就是，病毒突变体是很容易在复制过程中产生的。病毒的自然种群或实验种群，即便是经过生物学或分子克隆纯化过的，一旦在寄主中多次复制，就不可避免地成了一个由不同变异体组成的异质性群体。

二、植物病毒种群的准种结构

烟草轻型绿花叶病毒（*Tobacco mild green mosaic virus*，TMGMV）的种群结构是植物病毒中最早被描述的（Rodriguez-Cerezo et al.，1989）。一般认为，植物病毒的种群是由一个优势基因型和一系列占很小比例的相关变异体组成。这种种群在细菌和动物的 RNA 病毒中已有大量文献描述，常被称为准种（quasispecies）（Domingo et al.，1995，1996，2002）。

准种理论最早由 Eigen 于 1971 年提出，用于描述地球生命早期发展阶段简单的、可自我复制的 RNA 分子或类似于 RNA 的分子在高出错率下的复制情况。准种被定义为一个种群内各变异体围绕着一个或几个优势序列（master sequence）的均衡分布（Eigen，1996）。这里要区分平均序列（average or consensus sequence）和优势序列的含义。一个种群的平均序列是由该种群所有序列中每个核苷酸位置上发生频率最高的核苷酸所组成的序列。而优势序列指的是种群中具有最高适应力的序列。它可能与平均序列一致，也可能不一样。早期的实验研究发现，RNA 噬菌体 Qβ 的种群结构正好符合准种模型（Domingo et al.，1978）。此后，对大量动物 RNA 病毒和一些植物 RNA 病毒的种群结构研究都发现，RNA 病毒，即使是一个分离物也不是一个纯的序列，而是一个含有大量不一致但关系密切的变异体的群体。在这个群体中，这些变异体围绕着一个或几个优势序列分布，相互之间具有一个或多个核苷酸的微小差异。

RNA 病毒的准种理论对我们理解病毒种群的异质性以及致病性分化有很大的帮助。但要注意，病毒种群的异质性组成并不是准种理论的全部。准种理论具有物理学、化学和生物学上的定义。准种的物理学定义认为，准种可以被看作序列空间（sequence space）中的一块云。序列空间代表着一个基因组序列中所有理论上可能的变异体数量的总和。如一个总长 10 000 个核苷酸的单链 RNA 病毒的序列空间是 4^{10000}，而准种只是这个巨大空间中的一块云，只占了极小的一部分比例；准种的化学定义是病毒学家所熟悉的，即准种是一群围绕着优势序列分布的相关而不同的变异体；准种的生物学定义认为整个准种，而不是准种中的单个序列，是选择的目标。准种中的个体可能只是短暂存在，它们在种群中的进化命运受到周围变异体的强烈影响。

RNA 病毒种群的准种结构具有三个生物学含义。第一，它为 RNA 病毒提供了一种普遍而高效的适应性策略。当环境剧烈改变时，更能适应新环境的优势序列，将很快地被选择出来而取代原有的优势序列，围绕着优势序列分布的变异体序列也将随着变化。在 RNA 病毒种群中，可能早就存在着各种不同表现型的变异体，如能克服寄主抗性或是抗病毒药物的、能改变细胞受体特异性的、能逃脱 T 淋巴细胞攻击的或具有更强致病性的变异体。第二，它暗示着病毒的致病性潜能可能与其准种结构的复杂性相关。第三，它暗示着病毒的表现型可能有一个阈值，而不是无限的。

有关植物 RNA 病毒准种结构的生物学含义研究不多。但已知道 TMV、CMV 和 CCMV这 3 种具有共同起源的病毒在侵染同种植物后，其准种结构的复杂性（以突变频率来衡量）与其寄主范围的宽窄有关。寄主范围宽的（如 CMV），其准种结构比寄主范围窄的（如 TMV）更为复杂（Schneider&Roossinck，2000）。进一步研究表明，一种病毒准种结构的复杂性随着侵染寄主的不同而相应变化，这表明病毒准种的结构是由病毒与寄主间的互作控制的（Schneider&Roossinck，2001）。

虽然 RNA 病毒的准种理论已被广泛接受，但一些病毒学家认为准种理论不适用于 RNA 病毒。他们认为种群遗传学的观点可以更好地解释病毒的变异和进化（French&Stenger，2005；Holmes&Moya，2002；Smith et al.，1997）。准种理论和种群遗传学在解释病毒变异和进化时主要的分歧有两点。第一，准种理论认为病毒的整个种群（而不是种群中的个体）是选择的单位，而种群遗传学认为种群中的最适个体才是选择的目标；第二，根据准种理论的定义，病毒种群的进化是一种定向进化（deterministic evolution），种群中的中性变异体不可能被固定，也不存在遗传漂移（genetic drift），而传统的种群遗传学承认随机进化（stochastic evolution），认为中性变异体很有可能因为遗传漂移而被固定在种群中。

可以预见，在相当长的时期内，这两种理论框架都将为病毒学家用来解释病毒的变异和进化。其分歧也会继续存在。但我们也会看到它们将各自自我完善，或者有一天新的理论会被发展出来取代它们。事实上，现在的病毒种群遗传学家并不排斥群体选择（Moya et al.，2000），而遗传漂移也被认为是准种中变异体的一种进化机制（Domingo et al.，2003）。最近更有研究认为，种群遗传学与准种理论并不相互矛盾（Wilke，2005）。无论如何，如果要利用准种理论来解释实验数据，一定要注意准种的生物学定义和其中隐含的生物学意义，而不能简单地将任何一个异质性种群描述为准种。

第二节　病毒变异的分子基础

一、突变

突变是指在基因组复制过程中模板序列中并不存在的核苷酸整合到新合成的子代链中，其表现形式主要是点突变（point mutation），包括替代（substitution）、插入（insertion）和缺失（deletion）。如果编码区内的核苷酸替代没有造成氨基酸的变化，这种替代叫同义替代（synonymous substitution）或沉默突变（silent mutation）；如果核苷酸替代造成了氨基酸的改变，则叫异义替代（nonsynonymous substitution）。异义替代可能会影响到蛋白的功能。替代也可能是在核酸链中引进一个终止密码子而导致蛋白翻译的提早结束，这种突变叫无义突变（nonsense mutation），往往会导致蛋白功能的完全丧失。在编码区内的插入和缺失会导致编码框转换（frameshift），进而改变突变点下游氨基酸序列的改变。这种突变也往往是致死性的。在非编码区内的突变并不会造成氨基酸序列的改变，但如果这些突变发生在基因组复制、转录和翻译的调控序列里，病毒的正常功能也会受到严重的影响。要注意的是，病毒对其基因组的使用是非常经济的，某些区段往往具有多重功能，即便是发生在编码区内的沉默突变也有可能会影响到基因组的调控。

RNA 病毒具有极高的突变率，其主要原因是依赖于 RNA 的 RNA 聚合酶（RdRp）在基因组复制过程中缺乏纠错功能。突变率（mutation rate）指的是因为聚合酶或其他原因，在基因组复制过程中突变事件发生的频率，常用平均每轮复制每个碱基位置上的碱基替代数来表示。对一些动物 RNA 病毒突变率的估计发现，RNA 病毒的突变率在 $10^{-3} \sim 10^{-5}$ 之间（Drake，1993）。最近，Malpica 等（2002）利用 TMV 的一个运动缺陷突变体首次对植物 RNA 病毒的突变率进行了比较精确的估计，为 2.34×10^{-5}，与动物 RNA 病毒的突变率相差不大。除了复制过程中的错配外，RdRp 也可能通过复制滑动机制引进突变。马铃薯 Y 病毒属基因组中出现的一些短的重复的核苷酸序列有可能就是因为这个机制造成的（Hancock et al.，1995）。

目前已知，不同植物 RNA 病毒间的突变率可能相差不大，但突变频率却会有明显差异。突变频率（mutation frequency）指的是突变体在基因组种群中的比例，用平均每个核苷酸的替代数来表示。突变频率常用来表示一个病毒种群的变异水平。烟草花叶病毒属的病毒变异程度低，种群遗传多样性小，但其卫星病毒的变异程度则高得多，尽管它们复制时用的都是同一种复制酶（Fraile et al.，1996；Moya et al.，1993；Rodriguez-Cerezo et al.，1991；Rodriguez-Cerezo ＆Garcia-Arenal，1989；Rodriguez-Cerezo et al.，1989）。相反，CMV 及其卫星 RNA 的变异程度都很高（Aranda et al.，1993；Kurath＆Palukaitis，1989；Palukaitis et al.，1992）。这种变异水平的差异反映了病毒的寄主范围，如 CMV 的寄主范围很广，而烟草花叶病毒属病毒的寄主范围要相对窄得多。不同病毒间突变频率的差异事实上是可以理解的，因为病毒的变异水平受到很多因素的影响，如选择压力、瓶颈效应等。这些进化限制因素将在下面详细讨论。

花椰菜花叶病毒（*Cauliflower mosaic virus*，CaMV）是 dsDNA 病毒，其复制中间

体是 RNA。这类病毒的突变率尚不清楚，但可能与动物反转录病毒相似，因为两者都利用 RNA 反转录酶进行复制，而反转录病毒的突变率大约是 10^{-5}（Drake et al.，1998）。对植物 dsDNA 病毒的变异研究不多，从仅有的一些结果看，其自然分离物间的变异不大（Chenault & Melcher，1994）。双生病毒（geminiviruses）是一类植物 ssDNA 病毒，利用寄主的 DNA 复制机器进行自身的复制，因此应该具有很高的保真性，因为 DNA 复制酶在复制过程中具有纠错功能。但在自然界中，双生病毒的不同种群间或同一种群内均表现出相当程度的序列变异。另外，双生病毒的寄主范围扩展很快（Harrison & Robinson，1999），这些都暗示着双生病毒的突变率并不低。双生病毒中的这种变异来源不是很清楚，但推测与缺乏复制后的纠错有关。双生病毒的 DNA 可能没有甲基化，因为其复制可被甲基化所抑制。所以，在它们的复制过程中，寄主植物的 DNA 复制酶可能并没有发挥出正常的修补功能（Roossinck，1997）。

二、重组

重组是复制过程中不同分子间或同一分子内不同核酸区段遗传信息交换后形成一个遗传嵌合体的过程。重组在植物 DNA 病毒和 RNA 病毒中都会发生，是病毒进化的一个重要动力。重组也被认为是病毒为了克服高突变率所带来的有害突变而进化出的一种补偿机制，因为通过遗传信息的交换，有害突变可能会被消除。或者，重组体比其亲代具有更高的选择优势（Chao，1988、1997）。

重组有两种类型：同源（homologous）重组和非同源（nonhomologous）重组。同源重组发生在两个序列相似的分子之间。根据重组事件的精确性，同源重组又可以分为两类：一般所讲的同源重组（精确的）所涉及的两个分子在重组位点附近的序列完全吻合或非常相似；而异常（aberrant）同源重组（不精确）的重组位点在两个分子间并不吻合。所以异常同源重组体在重组位点附近往往含有错配、缺失或插入。同源重组对消除复制过程中产生的有害突变具有重要作用，并有可能产生出新的功能性的遗传嵌合体。非同源重组发生在不相关的分子之间，重组位点附近的序列可以没有任何相似性。这种重组是现存不同病毒种类产生的一种重要动力。比如，对单组分和多组分病毒的基因组结构和相似序列的位置进行比较后发现，前者可能是由后者通过非同源重组产生的（Lai，1992）。有些病毒的基因组中会发现来自寄主植物的基因或序列，如马铃薯卷叶病毒（*Potato leaf roll virus*，PLV）的一个分离物在其 5′端含有一段 100nt 的序列，与烟草叶绿体的基因相似（Mayo & Jolly，1991）。而甜菜黄化病毒（*Beet yellows virus*，BYV）的基因组中含有热激蛋白基因（Agranovsky et al.，1991）。这些都可能是通过非同源重组产生的。

植物 RNA 病毒的自然重组最早在烟草脆裂病毒（*Tobacco rattle virus*，TRV）中发现。TRV 是一个双组分病毒，在自然界中存在有不同分离物。这些分离物的 RNA1 十分相似，但 RNA2 相差很大，无论是在大小上（从 1799nt 到 3389nt）还是在序列的一致性上。TRV 的 RNA2 3′末端有一段 600nt 的序列与其相应 RNA1 的 3′末端序列一致。应用核酸杂交和血清学测试发现，TRV 分离物 I6 和 N5 的 3′末端和 5′末端的序列属于 TRV，但其内部序列与豌豆早枯病毒（*Pea early browning virus*，PEBV）十分相似（Robinson et al.，1987）。另外，TRV 分离物 PSG 和 PLB 具有一致的 5′端序列，包括外壳蛋白基因序列，但其 3′ 端序列长短不一，然而各自与相应的 RNA1 的 3′ 端序列一致（Angenent et al.，1986）。这些发现暗示着 TRV 的 RNA2 分子是通过模板转换机制而重组产生的。自然重组也在其他植物 RNA 病毒中发现，包括黄症病毒属（*Luteovirus*）、线虫传病毒属（*Nepovirus*）、雀麦花叶病毒属（*Bromovirus*）、黄瓜花叶病毒属（*Cucumovirus*）等（Roossinck，2003）。另外，重组也导致缺陷干扰体（defective interference，DI）的产生（Simon & Bujarski，1994）。重组病毒有时会引发病害大流行，如由非洲木薯花叶病毒（*African cassava mosaic virus*，ACMV）和东部非洲木薯花叶病毒（*East African cassava virus*，EACMV）重组后产生的病毒与 ACMV 复合侵染曾引起乌干达等国木薯花叶病的大流行，导致木薯毁灭性死亡，并引起饥荒（Zhou et al.，1997）。

雀麦花叶病毒（*Brome mosaic virus*，BMV）和芜菁皱缩病毒（*Turnip crinkle virus*，TCV）是植物 RNA 病毒重组研究中两个最著名的实验体系，已做了大量经典性的工作，对阐明 RNA 病毒的重组机制具有十分重要的贡献（Nagy & Simon，1997；Simon & Bujarski，1994）。BMV 的基因组由三个 RNA 区段组成，其 3′ 末端的序列很保守。如果将一个 3′ 末端缺失的 RNA 区段与另外两个正常 RNA 区段共同侵染植物或原生质体，缺失的 3′ 末端就会通过重组而得到恢复（Bujarski & Kaesberg，1986）。这种重组属于同源重组。但在一些研究中发现，大部分的重组体是通过非同源重组产生的，其核苷酸序列中有大量的重叠小片段（Bujarski & Dzianott，1991；Nagy & Bujarski，1992）。TCV 的病毒颗粒中含有几个卫星 RNA。其中，卫星 RNA C 的基因组含有来自 TCV 和其他卫星 RNA 的序列，这暗示着重组在自然侵染过程中的发生。用缺陷的卫星 RNA 与 TCV 同时侵染植物，缺陷的卫星 RNA 与 TCV 中的另外一个卫星 RNA 之间就有重组发生。重组发生在两种 RNA 分子的同源区域，但不是绝对在同源位点，这导致重组体中含有重叠序列。研究还发现，重组位点附近必须要有一个茎环二级结构，这样重组才会发生（Carpenter et al.，1995）。植物 RNA 病毒中利用实验体系进行重组研究的还有豇豆褪绿斑驳病毒、苜宿花叶病毒（*Alfalfa mosaic virus*，AMV）、番茄丛矮病毒（*Tomato bushy stunt virus*，TBSV）和黄瓜坏死病毒（*Cucumber necrosis virus*，CNV）等。

重组在植物 DNA 病毒，无论是 dsDNA 病毒（如花椰菜花叶病毒）还是 ssDNA 病毒（如双生病毒）的进化中也都起着重要作用。同样，重组事件在自然种群和实验种群中都普遍发生，既有同源重组，也有非同源重组（Howell et al.，1981；Lebeurier et al.，1982；Vaden & Melcher，1990；Chenault & Melcher，1994；Bisaro，1994；Padidam et al.，1999；Pita et al.，2001；SanZ et al.，2000；Zhou et al.，1997；Zhou et al.，1998）。

三、重排

重排是指在具有分段基因组的病毒中，不同 RNA 区段之间发生的遗传交换。这个过程也称为假重组（pseudorecombination）。重排也被认为是一种补偿机制，因为对多组分病毒而言，只有所有的区段都在同一个细胞内，病毒才可以成功地复制和传播，这对病毒的生存显然不是最佳选择。但这种代价可以从遗传交换得到一些补偿，因为重排发生后，有害突变可能被消除，新的病毒变异体可能具有更高的适应力。

在实验体系中，人们早就利用假重组体来研究基因的功能。例如，BMV 和 CCMV 是雀麦花叶病毒科中的两种病毒，它们的基因组都由三个 RNA 区段组成，对这些区段进行重排后产生的假重组体进行研究发现，含有不同来源的 RNA1 或 RNA2 的假重组体不能复制，RNA3 则可以随意交换，其假重组体仍可复制，但丧失了在自然寄主植物中的系统侵染能力（Allison et al.，1988）。在自然种群中，假重组体已在一些病毒中发现。研究比较多的是黄瓜花叶病毒属的病毒。例如，White 等（1995）从自然界中分离出一株病毒，其基因组的 RNA1 和 RNA2 来自花生矮化病毒（*Peanut stunt virus*，PSV），而其RNA3 来自 CMV。这是发生在同属不同种病毒间的重排。在西班牙和美国加利福尼亚州的 CMV 自然种群中都鉴定出发生在不同株系间的重排（Fraile et al.，1997a；Lin et al.，2004）。在西班牙的种群中，尽管各种组合的假重组体都有发现，但有些类型的假重组体发生频率比较高（Fraile et al.，1997a）。这个结果与上述的人工假重组体实验结果是吻合的，都说明了只有某些组合的假重组体才可以生存下来。可以想象，在自然界中发生的重排频率一定是比我们能观察到的要高得多。一项研究发现，在 CMV 两个具有95%序列一致性的分离物混合侵染后产生的单斑中，有72%的单斑是由于假重组体产生的，只有28%的单斑是由于其父母基因型产生的（Garcia-Arenal et al.，2001）。自然重排在番茄斑萎病毒属（*Tospovirus*）（Qiu et al.，1998）、纤细病毒属（*Tenuivirus*）中的水稻草状矮化病毒（*Rice grassy stunt virus*，RGSV）（Miranda et al.，2000）和水稻条纹病毒（*Rice stripe virus*，RSV）（魏太云等，2003）、大麦条纹花叶病毒（*Barley stripe mosaic virus*，BSMV）（Morozov et al.，1989）和杆状病毒属（*Furovirus*）（Shirako et al.，2000）中也报道过。在植物 ssDNA 病毒中，双生病毒和矮缩病毒属（*Nanovirus*）中也有重排发生（Timchenko et al.，2000；Unseld et al.，2000）。所以，重排是基因组分段病毒进化中一个十分普遍的、重要的变异机制。

四、基因重复

一个基因在基因组中重复后，经过快速分化，往往会改变生物体的一些功能，这是一些具有大型基因组的生物（如细菌）常常采用的一种进化机制。基因重复现象在植物病毒中也有报道。长线病毒属（*Closterovirus*）病毒有两个外壳蛋白基因，分别编码一个主要外壳蛋白和一个次要外壳蛋白。主要外壳蛋白负责95%的病毒粒体包装，而次要外壳蛋白仅负责5%的包装并位于线状病毒粒体的末端。这个次要外壳蛋白基因被认为是主要外壳蛋白基因的重复，并且在重复发生后经过了分化（Dolja et al.，1994）。豇豆花叶病毒属（*Comovirus*）的基因组有两个 RNA 区段，其中 RNA2 编码两个外壳蛋白基因，这两个外壳蛋白表达的比例是1:1。尽管它们之间在核苷酸序列上没有多少相似性，但在蛋白的三级结构上具有相似性，这两个外壳蛋白基因也可能是因为基因重复造成的，只是在进化过程中由于突变不断积累而失去了原有的核苷酸序列相似性（Rossmann & Johnson，1989）。此外，一些植物病毒的解旋酶基因和大麦条纹花叶病毒的 RdRp 的 N 端区也有明显的重复现象。基因重复在一些动物病毒的基因组中也有发现。要注意的是，基因重复不一定发生在基因中，它们也可以存在于病毒基因组的非编码区内，如有些疱疹病毒的基因组中含有许多来源于同一序列的重复 DNA 序列。有些重复序列可能参与基因复制与转录的调控，如在 Epstein-Barr virus（EBV）中发现的两个顺式-调控元件。其中一个调控元件是由一个 30nt 长的基序（motif）重复 20 次后排列而成，而另一个调控元件是由一个富含 AT 的 65nt 长的序列二阶重复而成（Reisman et al.，1985）。

五、基因重叠

基因重叠又称作基因套印（gene overprinting），指的是利用已有基因的编码框产生出一个新的基因，其结果是新基因的编码框与原有基因的编码框部分或全部重叠。基因重叠是生物体，包括病毒获得新基因的一个重要途径。基因重叠最早在 φX174 噬菌体中发现（Barrell et al.，1976），接着在近半数病毒属中发现，包括 RNA 病毒和 DNA 病毒，植物病毒和动物病毒。

φX174 噬菌体的基因组中至少有两对重叠基因。其中，B 基因完全在 A 基因内，而 E 基因完全在 D 基因内（图 5-1a）。那么，如何判断哪一个基因是原有的而哪一个是后面产生的呢？φX174 噬菌体的碱基组成中，T 碱基所占的比例比较高（G 23.3%、A 23.9%、21.5%、T 31.2%），特别是在大部分基因的密码子第三个位置上（图 5-1a）。所以，具有这个特征的基因被认为是原有的基因（Sanger et al.，1977）。B 基因和 D 基因的第三位 T 碱基的比例也比较高。由于编码框转换，B 基因或 D 基因第三位碱基在 A 基因或 E 基因中变成了第二位碱基，其结果是 A 基因和 E 基因第三位上 T 碱基的比例明显比较低（图 5-1a）。所以 B 基因和 D 基因应该是原有的，而 A 基因和 E 基因应该是后来获得的。根据这个原则，我们可以推测出 φX174 噬菌体基因组中其他重叠基因的进化次序。K 基因与 B 基因一样，也是完全包含于 A 基因的编码框内，但根据 K 基因第三位上 T 碱基的比例，它应该是在 A 基因后获得的。C 基因与 A 基因部分重叠，其重叠部分的第三位 T 碱基比例也比较低，但非重叠部分的第三位 T 碱基比例比较高，这表明 C 基因由两段不同来源的区域组成，其中与 A 基因重叠的区域是新获得的，其形成时间应在 A 基因获得之后（图 5-1a）。

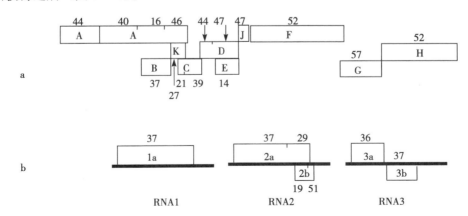

图 5-1　φX174 噬菌体和黄瓜花叶病毒的基因组结构

方框代表基因；方框外的数字代表该基因或基因片段密码子第三位上的碱基比例（φX174 计算的是 T 碱基，而黄瓜花叶病毒的是 U 碱基）。a：φX174 噬菌体；b：黄瓜花叶病毒

（图 a 仿 Gibbs 和 Keese，1995；图 b 仿 Ding et al.，1995）

有些植物病毒基因组中也存在重叠基因，并可根据它们密码子的利用频率来推测其获得的时间前后。黄瓜花叶病毒属基因组由 3 个 RNA 区段组成。RNA 2 编码两个相互重叠的基因，2a 和 2b（图 5 - 1b）。其中 2a 基因与雀麦花叶病毒科内其他病毒属的 2a 基因具有高度的相似性，但 2b 基因在其他雀麦花叶病毒属中找不到对应的部分，这表明 2b 基因的重叠发生在黄瓜花叶病毒属从雀麦花叶病毒科中分化出来之后，但在黄瓜花叶病毒属内种的分化之前。对 CMV 各基因密码子利用分析发现，1a、2a、3a 和 3b 基因第三位上 U 碱基的比例都在 36%～37%左右，但 2a 和 2b 重叠部位的第三位 U 碱基比例仅为 19%，非重叠部位的比例为 51%，这说明 2b 基因由两段不同来源的区域组成，其中与 2a 基因重叠的区域是新获得的（Ding et al.，1994）。应用相似的分析手段，Keese 和 Gibbs（1992）认为芜菁黄花叶病毒属基因组中的 *RP* 基因是原有的基因，而 *OP* 基因是在该属病毒从辛德比斯类似病毒超家族（Sindbis-like supergroup）中分化之后通过基因重叠机制形成的。此外，黄症病毒属中的外壳蛋白基因可能是原有的，而与其重叠的 *VPg* 基因是后来获得的。

第三节　病毒在种群中的分子进化机制

一、分子进化的理论模型

一个变异体产生后，它在种群中的命运不外乎两种，一是固定在种群中并成为优势种，二是丢失。那么，是什么因素在决定着这一切呢？对这个问题的回答正是分子种群遗传学的一个主要目标。此外，准种理论也是一种试图解释病毒在种群中进化机制的理论框架。这个理论在病毒学中的应用和发展主要是建立在 RNA 病毒的高突变率，小基因组和快速复制的特性之上。准种理论的主要观点在第一节中已经做过介绍。

有关分子进化的理论模型主要有两个。第一个就是世人皆知并被广泛接受的自然选择学说。自然选择学说为达尔文所创立，后发展为新达尔文主义。适者生存，不适者淘汰，这是自然选择的中心法则。选择的结果是更能适应环境的个体具有更多机会将它们的基因传递给后代，使其在种群中的比例增多。选择学说中有一个重要的术语，叫适应性（fitness），指的是一个生物体适应环境能力的参数。对病毒而言，适应性指的是产生有侵染力子代的能力。

在 20 世纪 60 年代之前，自然选择学说一直被奉为金科玉律，但到 20 世纪 60 年代中期，随着核酸和蛋白的测序以及电泳技术的广泛应用，发现生物种与种之间存在大量的遗传变异。如果这些遗传变异是自然选择的结果，那么种群中那些不是最适的个体都将会被淘汰。由此产生的一个问题是，一个种群中如果有这么多的个体被选择淘汰，该种群有可能会走向灭亡，这称作自然选择的代价。这个问题当时严重地困扰了进化学家。在这种背景下，第二个分子进化模型应运而生，那就是日本遗传学家 Motoo Kimura 于 1968 年首次提出的中性学说（neutral theory）。中性学说是进化生物学和种群遗传学中的一个非常重要的理论。它认为种群中很大一部分突变是中性的，既无利也无害，自然选择不能作用在它们身上，它们在种群中的固定（偶尔发生）或丢失（常常发生）取决于遗传漂移。中性学说能很好地解决自然选择的代价问题，但其与选择学说的孰对孰错自产生之日起到现在一直争论不休。很多时候，争论建立在误解之上。实际上，这两种学说之间的差别不是想象中的那么泾渭分明。中性学说也承认选择的作用，并认为大部分的突变体都是有害的，将被负选择作用淘汰，这一点与选择学说是一致的，不同的是，中性学说认为大部分固定下来的突变体是中性突变体以及少数一些有利突变体，但选择学说认为大部分被固定下来的是有利突变体以及少数中性突变体（图 5-2）。所以，中性学说更强调遗传漂移的作用，而选择学说更强调选择的作用。

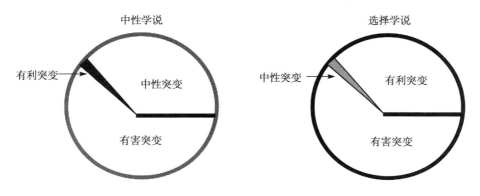

图 5-2 分子进化的中性学说和选择学说

圆圈代表种群中所有变异体的总数目。在中性学说中，大部分突变体都是有害的，将被负选择作用淘汰，而大部分固定下来的突变体是中性突变体以及少数一些有利突变体。选择学说也认为大部分突变都是有害的，将会被淘汰，但认为大部分被固定下来的是有利突变体以及少数中性突变体（仿Page&Holmes，1998）

二、遗传漂移

变异体在种群中能否被固定并成为优势种，不一定取决于该变异体的环境适应性比种群中其他变异体强多少，而是常常取决于运气如何。这意味着遗传特征在世代间的传递受到随机效应的影响。这种随机过程称作遗传漂移（genetic drift）。

假设一个二倍体种群的大小为 N，那么一个变异体能在种群中固定的概率为 $1/2N$，并需要 $4N$ 个世代才能固定下来（图 5-3）。所以，在一个小的种群中，变异体被固定的概率就比较高，花的时间也比较短。

遗传漂移对那些在适应力上与其父母相比既不好也不坏的中性突变体尤其重要。它们在种群中的固定必须完全依赖于遗传漂移。遗传漂移对那些有利的变异体也起着作用，因为这些变异体也同样可能在种群中丢失，除非它们的适应力明显比其他的强。

植物病毒通常造成持久的系统性侵染，所以在一株植物中它们的种群是非常大的。比如，在一片受侵染的烟草叶片中，TMV 粒体数估计在 $10^{11} \sim 10^{12}$ 之间，但这不是有效种群（effective population）。有效种群指的是那些能产生子代的个体所组成的种群，而这才是进化的对象。在 RNA 病毒中，有效种群通常要比实际上的种群小得多，因为病毒种群中含有大量不能复制的突变体。另外，病毒往往只需要很少数目的粒体（理论上只要一个）就可以侵染新的寄主，而这大大地限制了有效种群的大小。对人免疫缺陷 I 型病毒

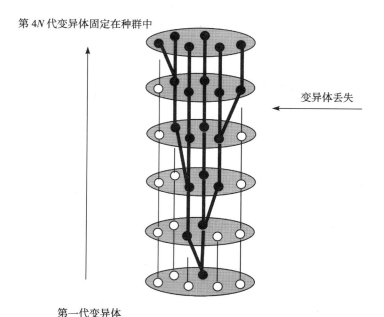

第4N代变异体固定在种群中

变异体丢失

第一代变异体

图5-3　由于遗传漂移导致变异体（黑圆圈）在种群中的固定
椭圆代表不同时间点的种群。其他的变异体（白圆圈）由于不能复制在种群
中丢失，需要4N代变异体才能在种群中固定，这个概率为1/2N。其中，N代
表种群中变异体的数目（仿 Page&Holmes，1998）

（Human immunodeficiency virus Ⅰ，HIV-Ⅰ）而言，一个病人中 HIV 的有效种群（$10^3 \sim 10^5$/细胞）比其总的种群（$10^7 \sim 10^8$/细胞）要小得多（Leigh-Brown，1997；Rouzine&Coffin，1999）。根据烟草轻型绿花叶病毒（TMGMV）自然种群的遗传多样性（genetic diversity），粗略估计出该病毒种群的有效种群大小为 10^5，而其实际上的种群大小可达 10^{14}（Moya et al.，1993）。French 等（2003）的计算结果认为，小麦线条花叶病毒（Wheat streak mosaic virus，WSMV）只要有 1 000 个病毒粒体就可以成功侵染小麦植株的一个分蘖。

　　French 等（2003）估计，在一个系统侵染的小麦叶片中，只有 4～12 个 WSMV 粒体在竞争进入一个直径 1mm 大小的区域以建立自己的种群。可见，植物病毒在系统侵染中受到瓶颈效应的影响非常之大。种群的瓶颈效应（bottleneck）指的是由于某种原因，种群内个体数目大幅度而且快速地减少。病毒在植物细胞间的运动或昆虫传播可以导致瓶颈效应，这已经在 TMV、CMV 的系统侵染实验和 WSMV 的昆虫传播实验中得到了证实（Hall et al.，2001；Li&Roossinck，2004；Sacristan et al.，2003）。种群的瓶颈效应可发生在病毒生命周期中的不同阶段，如每一次病毒感染一株新的植株或寄主，定居在一个新的地方。这些瓶颈效应所导致的遗传漂移叫做创立者效应（founder effect），因为一个新的种群起始于原来种群中随机选出的一小部分变异体。创立者效应导致种群内的遗传多样性变小，而种群间的多样性变大。

　　在瓶颈效应和种群大小对病毒种群结构、适应性和毒力的影响的研究中，水泡性口炎病毒（*Vesicular stomatitis virus*，VSV）是一个重要的实验模型（Novella，2003）。在一个稳定的环境条件下，保持一个大的种群对病毒的适应性是有利的。如前所述，变异体在小种群中被固定的概率比较大，所以有害突变体也比较容易通过遗传漂移在小种群中被固定。反复的瓶颈效应导致有效种群变小，当其大小低于一个阈值时，病毒种群可能被有害突变体所控制，而这最终会导致病毒种群的灭亡。这个过程称为穆勒氏棘齿效应（Muller's ratchet）。除 VSV 外，穆勒氏棘齿效应在 RNA 噬菌体以及另外一些动物病毒中也已得到实验上的验证（Chao，1990；Chao et al.，1992；Domingo et al.，2003；Duarte et al.，1992）。

穆勒氏棘齿效应在植物病毒中还没有得到实验上的验证，但有可能发生在自然界中。TMV 和 TMGMV 是烟草花叶病毒属的两个成员。在澳大利亚，它们都已在 1950 年前被从感染的光烟草（*Nicotiana glauca*）上分离到，但在最近采集的标本中，只有 TMGMV 存在。核苷酸序列比较结果发现，TMGMV 种群的遗传多样性非常稳定，而 TMV 变异的比较大。在混合侵染烟草时，TMGMV 的积累量与单独侵染时相似，但 TMV 的积累量只有单独侵染时的 1/10，因此，TMV 种群在光烟草上的消亡有可能是因为在与 TMGMV 混合侵染过程中种群变小，有害突变积累造成的（Fraile et al.，1997b）。

三、选择

与遗传漂移的随机性不同，对变异体的选择是一个定向性的过程。在一定的环境条件下，如果某个变异体的适应性最好，在种群中所占的比例就会提高。这种选择叫正选择（positive selection）。相反，如果变异体的适应性不好，就会在种群中被淘汰。这种选择叫负选择（negative selection）。与遗传漂移相似的是，选择同样会造成种群内遗传多样性的减少和种群间遗传多样性的增加。

选择伴随着病毒生命周期的每一个环节。第一种类型的选择来自病毒本身。病毒必须保持基因组功能的完整性和病毒粒体的稳定性，这种选择作用使得病毒蛋白结构表现出惊人的保守性（Bamford et al.，2002），如双链 RNA 病毒的外壳与正单链 RNA 病毒的外壳有许多结构上的相似性（Ahlquist，2005）。病毒同样也需要保持核酸结构的稳定性。在病毒基因组中，一些一级、二级或更高级的核酸结构往往充当着复制、转录和翻译的调控角色。对类病毒和卫星病毒而言，在基因组中保持着大量的二级结构还可以保护自身免被 RNA 沉默机制所诱导的酶降解（Wang et al.，2004）。所以，这些结构往往十分保守。

第二种类型的选择来自寄主植物。第一节中提到的寄主适应性事实上就是寄主植物对病毒种群中最优变异体的选择。通过在不同植物中连续传代而导致病毒特性的改变往往被认为是寄主的选择作用，但有时也可能是因为创立者效应所致。如果能够在重复的实验中很一致地观察到某种基因型的变异体出现，那就应该是选择作用的结果，比如，木槿褪绿环斑病毒（*Hibiscus chlorotic ringspot virus*，HCRSV）在昆诺藜（*Chenopodium quinoa*）中连续传代后，总是在外壳蛋白基因的三个同样位置上产生氨基酸变异，当这个突变体传回到木槿属植物上后，致病力降低了（Liang et al.，2002）。此外，有些病毒的自然种群可以根据感染植物的不同而分化出相应的亚种群，这也可能是寄主选择所致。

由于病毒对寄主植物适应性的影响，病毒也会影响到植物种群的大小和遗传组成，而这反过来又会影响到病毒的进化。比如，黄花茅（*Anthoxanthum odoratum*）在受到大麦黄矮病毒 SGV 株系感染时，其种群中无性繁殖体的发病率比有性繁殖体的发病率高，病毒感染所导致的适应力下降在无性繁殖体中也更为显著。所以，病毒感染的结果是有性繁殖体在黄花茅种群中数目的增多（Kelly，1994）。

植物病毒面对的第三类选择来自昆虫介体。在实验室中，受病毒感染的植物如果一直通过机械传播或无性繁殖的方式保存，若干代后，感染植物的病毒就可能失去昆虫传播的能力。这种现象最早在伤瘤病毒（*Wound tumor virus*，WTV）中发现（Reddy & Black，1977）。在其他一些植物病毒，如水稻矮缩病毒（*Rice dwarf virus*，RDV）、水稻齿叶矮缩病毒（*Rice ragged stunt virus*，RRSV）和番茄斑萎病毒（TSWV）中都有发现。这种现象可以认为是昆虫对病毒的负选择。在对 36 种 RNA 病毒的外壳蛋白基因序列进行分析后发现，在由昆虫传播的病毒中，其负选择压力明显比那些由其他方式传播的病毒的负选择压力大（Chare & Holmes，2004）。

Power（2000）认为昆虫介体对植物病毒的负选择压力要比寄主植物对病毒的负选择压力大得多，即使是那些非持久性传播的病毒，它们只是在昆虫的口针中短暂停留，也受到病毒—昆虫互作的影响。在对 400 多种昆虫传播植物病毒的比较研究中发现，病毒—昆虫之间的特异性关系要比病毒—寄主植物间的关系强得多。许多病毒具有十分窄的昆虫介体范围，却具有很广的寄主范围。但是，没有病毒是具有很窄的寄主范围却具有很广的昆虫介体范围。许多情况下，当昆虫的寄主范围扩大后，能被该昆虫传播的病毒也随着扩大了寄主范围。这些情况表明，昆虫介体的寄主范围在很大程度上决定了病毒的寄主范围。病毒实际上是比较容易适应一个新的寄主植物的。此外，尽管有些病毒属可以被属于不同科的昆虫传播，但没有一个病毒种是可以被不同科的昆虫所传播。同属于一个病毒属的不同成员具有不同的昆虫传播方式，如一个种是口针传播，而另一个种是循回式传播，这种现象从未报道过。所以，昆虫传播方式是病毒属的一个稳定的进化特征和一个变异的限制因素。

在多数情况下，选择都是负的。负选择压力的大小程度可以用 d_{NS}/d_S 比率来表示。d_{NS} 指的是每个异义替代位置上的平均异义替代数，而 d_S 指的是每个同义替代位置上的平均同义替代数。我们知道，异义替代导致氨基酸的改变，而同义替代则不，所以 d_{NS}/d_S 比率代表着一个蛋白中导致氨基酸改变的核苷酸替代数。要指出的是，当计算一个基因的 d_{NS}/d_S 比率时，所选择的样品必须是随机的，而且要有足够的量来代表一个种群。否则，得出的 d_{NS}/d_S 比率是没有意义的。一般认为，如果 $d_{NS}/d_S > 1$，则作用在该蛋白基因上的选择是正选择；如果 $d_{NS}/d_S = 1$，则是中性选择；如果 $d_{NS}/d_S < 1$，则是负选择。d_{NS}/d_S 越小，负选择的压力就越大。d_{NS}/d_S 比率大小不一定与基因所编码的蛋白功能有相关性。

尽管在动物病毒基因中有发现 d_{NS}/d_S 比率大于 1 的，而在植物病毒中，利用全长或部分基因序列计算出的 d_{NS}/d_S 比率都小于 1。但这并不意味着在植物病毒中不存在正选择。事实上，作用于病毒基因组中的不同 RNA 区段，基因甚至基因上的不同位置的选择压力都可能是不同的。正选择有可能只是作用于病毒基因组中的某些氨基酸位置上，如果在计算 d_{NS}/d_S 比率时用的是全长基因或部分序列，正选择的作用就很容易被掩盖。Yang（2000）发展出一种方法，可以计算每个氨基酸位置上的 d_{NS}/d_S 比率。利用这个方法，

Moury（2004）发现，在 CMV 的 1a、2a、3b 基因上有正选择作用在一些氨基酸位点上。

四、互补作用

那些在适应性上不是最优甚至在功能上有缺陷的变异体也可能在病毒种群中生存下来，因为受影响的功能可以被其他正常的变异体所提供。这称作互补作用（complementation）。互补作用对 RNA 病毒很重要，因为 RNA 病毒种群中有大量有害突变体。互补作用可能导致病毒种群中具有高毒力而适应性差的变异体存活下来，而这对病害的发展有重要的影响。研究发现，番茄不孕病毒（*Tomato apery virus*，TAV）的一个不能进行细胞间运动的突变体比野生型病毒的复制效率更高。在混合侵染烟草原生质体后产生的种群中，突变体的数目与野生型的数目比例是 76：24。据此估计出的补助效率为 0.13（Moreno et al.，1997）。Malpica 等（2003）利用一个细胞间运动功能缺陷的 TMV 突变体去侵染转 TMV 运动蛋白基因的烟草植物时，突变体的缺陷功能被转基因植物中的功能运动蛋白所互补。这个实验中所估计的互补效率达到 0.36。这些结果揭示出互补作用对病毒进化的潜在重要性。

第四节　病毒的模块进化

在前三节中，我们具体描述了植物病毒的变异，变异的分子基础以及病毒变异体在种群中的进化机制，涉及的主要是病毒种以下的微观进化。本节和下一节，我们将在宏观面上讨论病毒种以上乃至病毒本身的起源和进化。

一、微观进化和宏观进化

变异是进化的基础。不同的变异机制对进化方式的影响各不相同（图 5-4）。病毒分离物或株系间的差异主要是由于核苷酸突变的积累，包括碱基替代、缺失和插入。这种进化方式属于微观进化（microevolution）。而更剧烈的变异往往是由于重组和/或通过基因重叠等机制获得新基因造成的，这种变异可以导致新的病毒属或科的产生，称为宏观进化（macroevolution）。

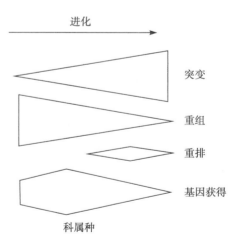

图 5-4　不同变异机制在病毒
进化中的相对作用
（仿 Gibbs and Keese，1995）

微观进化是一个连续动态的过程，新的突变体随时都在产生和消亡，但要指出的是，RNA 病毒的高突变率不一定代表着快速的进化。事实上，大多数病毒种群都保持着一个动态的稳定性（Garcia-Arenal et al.，2001）。相对于微观进化，宏观进化发生的概率要低得多。大部分的重组事件或新基因的获得对病毒而言都是有害的或致死的，但正是极个别的宏观进化事件孕育出更能适应环境的新病毒。微观进化和宏观进化并不是绝对独立的两个进化途径，一个病毒中产生的微小变化有可能形成重组热点，致使与其他病毒的重组变得十分频繁。同样，并不是所有的重组事件都会产生大的变异。在相似的分离物之间发生的重组体与其父母不会有多大差异。所以，微观进化和宏观进化只是一个度的差别。

二、模块进化理论

模块进化是 Botstein（1980）提出的一个理论模型，用于解释 DNA 噬菌体的进化方式。但现在普遍认为这个理论也同样适用于 RNA 病毒。模块进化理论认为，病毒的进化方式是通过对一些可以相互交换的遗传元件或模块进行重组或重排。模块（module）是一些可以相互交换的遗传元件，每个模块上都携带着一个特定的生物学功能，如蛋白酶或外壳蛋白。模块之间没有进化上的亲缘关系，每个模块都可以在不同的环境中独立进化。这具有进化上的优势，因为如果所有模块都整合在一个基因组中共同进化，它们所受到的进化压力就要大得多。

模块进化理论的一些基本要素罗列如下（Hull，2002）：

A. 病毒是一些模块的优势组合，可以很好地单独存活，当组成一个种群后可以占领一个特定的生态位。

B. 两种或两种以上病毒共同侵染一个寄主是组装一个新模块组合体的基本条件，这些病毒不需要系统侵染整个寄主，但需要在同一个细胞中复制，新模块组合体可能改变寄主范围。

C. 同一个杂交种群中的不同病毒之间可能具有广泛的差异，这是因为每个模块的功能各不相同。

D. 进化的主要作用在单个模块上，而不是整个病毒上。选择的目的是为了病毒基因组中所有或至少大部分模块之间能够很好地发挥各自的功能，保持合适的调控序列以及相互之间默契的配合。

三、病毒基因组中的功能模块及其进化

病毒基因组中的功能模块主要有聚合酶、解旋酶、蛋白酶和甲基转移酶、外壳蛋白和运动蛋白等。对于病毒功能模块的起源，有两种理论模型：一种是所谓的分子爆炸论（molecular big bang），认为所有的基因模块都起源于一个相同的祖先；另外一种是持续创造论（continuous creation），认为不同的基因模块有不同的起源，为病毒所获得的方式和时间也不同（Keese&Gibbs，1992）。这两种理论都有证据支持，但它们的结合也许更能反映真实的病毒进化过程。如 RNA 聚合酶可能来自同一个祖先，但运动蛋白基因可能是从寄主中获得的。

如前所述，病毒进化涉及功能模块的获得或交换，所以病毒的模块进化又称为洗牌理论（shuffling theory）。病毒进化的洗牌理论在正链 RNA 病毒中已有大量研究，图 5-5 是各种正链 RNA 病毒基因组中与复制和翻译有关的功能模块的排列结构，从中可以发现明显的模块交换痕迹。下面我们将就正链 RNA 病毒基因组中的主要功能模块逐一论述。

1. 依赖于 RNA 的 RNA 聚合酶　在正链 RNA 病毒中，RdRp 是最基本的功能模块，也是最保守的功能区。对所有已知正链 RNA 病毒和一些与之有亲缘关系的 dsRNA 病毒

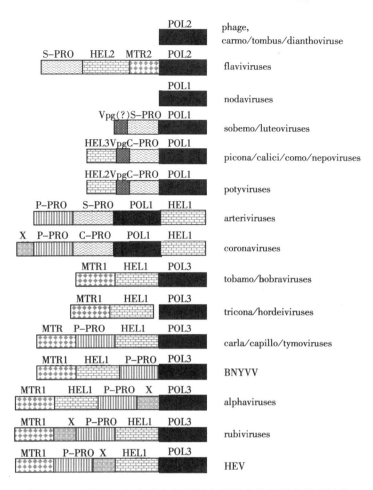

图 5-5 正链 RNA 病毒中与复制和翻译有关基因的排列结构

(仿 Koonin et al., 1993)

POL1，2，3 分别代表病毒超家族 1，2，3 的依赖于 RNA 的 RNA 复制酶；HEL1，2，3 分别代表病毒超家族 1，2，3 的 RNA 螺旋酶；S-PRO 代表丝氨酸类似于胰凝乳蛋白酶的蛋白酶；C-PRO 代表半胱氨酸类似于胰凝乳蛋白酶的蛋白酶；P-PRO 代表类似于木瓜酶的蛋白酶；MTR1，2 代表病毒超家族 1，2 的甲基转移酶；X 代表功能未知的保守区. Tricona/hordeiviruses 中的 POL3 和 HEL1 位于不同的 RNA 区段

的 RdRp 进行氨基酸序列比对后发现，RdRp 可以分为 8 个基元序列。其中，只有 Ⅳ、Ⅴ 和 Ⅵ 基元序列在所有病毒中是明显地保守，它们代表着 RdRp 的核心基元序列。这三个基元序列合起来共有 6 个氨基酸在所有病毒中完全一致。RdRp 核心基元序列的保守性暗示着它们功能上的重要性，这已经在脑心肌炎病毒（*Encephalomyocarditis virus*，EMCV）中得到了实验上的证实。它们的实际功能还不是很清楚，但推测与 NTP 底物的结合有关。要指出的是，许多病毒基因组中所谓的 RdRp、RNA 解旋酶或其他的基因/功能模块其实是根据保守的氨基酸序列推导出来的，并未得到功能上的确认。

正链 RNA 病毒的 RdRp 与一些 dsRNA 病毒具有序列上的相似性，这些 dsRNA 病毒包括从酵母菌（*Saccharomyces cerevisiae*）分离出的 dsRNA T 和 W，酵母菌病毒 L-A（*Saccharomyces cerevisiae virus* L-A，ScV）和黑热病藻属 RNA virus 1（*Leishmania RNA virus* 1，LRV1）等。在依赖于 RNA 的 DNA 聚合酶、依赖于 DNA 的 DNA 聚合酶以及负链 RNA 病毒中都发现有保守的核心基元序列，但它们与正链 RNA 病毒 RdRp 的核心基元序列没有明显的相似性。

　　RdRp 是正链病毒中唯一一个可以将所有正链病毒及与其相关的 dsRNA 病毒放在一起进行系统发生学分析（phylogenetic analysis）的功能模块。分析结果发现，所有这些病毒都可归入三个病毒超家族中（图 5 - 6a）。图 5 - 6a 进化树中的每一个分支都代表着一个世系（lineage）的原型病毒（prototype virus）。

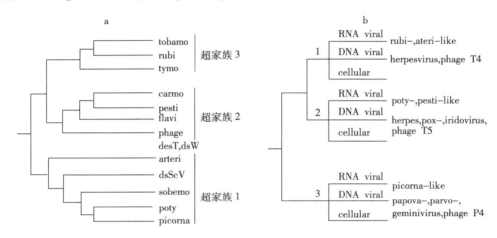

图 5 - 6　正链 RNA 病毒进化亲缘关系

（仿 Koonin et al.，1993）

a：根据正链 RNA 病毒及双链 RNA 病毒的依赖于 RNA 的 RNA 聚合酶氨基酸序列构建的进化树．dsT 和 dsW 是从酵母菌（*saccharomyces cerevisiae*）分离出的 dsRNA　b：根据正链 RNA 病毒 RNA 解旋酶氨基酸序列构建的进化树．1，2，3 代表超家族 1，2，3

　　2. RNA 解旋酶　RNA 解旋酶的保守性在正链 RNA 病毒中仅次于 RdRp。系统发生学分析结果也发现了三个超家族，而每个超家族都含有细胞解旋酶和 DNA 病毒解旋酶（图 5 - 6b）。但根据解旋酶和 RdRp 氨基酸序列分别划分的 3 个超家族之间并不是吻合的，如解旋酶超家族 1 中包含的病毒大都属于 RdRp 超家族 3，只有 arteri-like 病毒既属于解旋酶超家族 1，也属于 RdRp 超家族 1。这暗示着这些病毒在进化过程中发生了功能模块的重组。

　　3. 蛋白酶　许多正链 RNA 病毒都采取多聚蛋白编码策略。一般说来，对病毒包被蛋白的加工是由寄主的蛋白酶负责的，而非结构性蛋白都是病毒编码的蛋白酶加工的，但有些病毒中外壳蛋白也是由病毒蛋白酶加工的。正链 RNA 病毒中的蛋白酶主要有两类：类似于胰凝乳蛋白酶的蛋白酶和类似于木瓜酶的蛋白酶。它们的名字暗示着它们的寄主起源。大多数情况下，蛋白酶活性是一个基因产物的唯一功能，但有时蛋白酶基因具有其他功能。如 α 病毒属（*Alphavirus*）的外壳蛋白同时也是类似于胰凝乳蛋白酶的蛋白酶。其三维晶体结构十分类似于蛋白酶，而与其他球状病毒外壳蛋白的结构相差甚远（Choi et al.，1991）。马铃薯 Y 病毒的 HC-Pro，既具有蛋白酶的活性，又是昆虫传播因子，同时还是 RNA 沉默的抑制子（Roth et al.，2004），这种单个基因具有多重功能的进化机制尚不清楚。

4. 甲基转移酶　具有帽化（capped）RNA 的病毒在复制过程中需要寄主或病毒编码的加帽酶，也就是甲基转移酶。甲基转移酶有两种类型。α 病毒属非结构性多聚蛋白的 N 端功能区已经证明具有甲基转移酶的活性，是其中的一类。与这个功能区相似的保守序列只在 RdRp 超家族 3 和解旋酶超家族 1 的病毒基因组中存在，它们与细胞中甲基转移酶的保守序列没有关系。这些病毒包括 tymo-like 病毒，tobamo-like 病毒和 α 病毒属。另外一类甲基转移酶只在黄病毒属（*Flavivirus*）病毒存在，与细胞中利用 S-腺苷甲硫氨酸的甲基转移酶具有显著的相似性。

5. 外壳蛋白　正链 RNA 病毒的外壳蛋白结构有两种类型，第一是球状对称，第二是螺旋状对称。外壳蛋白是病毒中最基本的功能模块之一，但与那些复制和表达相关蛋白相比，外壳蛋白基因的序列变异很大。对于球状病毒而言，明显的序列相似性只在小 RNA 病毒属（*Icornavirus*）、嵌杯病毒属（*Calicivirus*）和 RTSV 之间以及一些小的植物病毒之间发现。但是，外壳蛋白中所谓的果冻卷（jelly roll）结构在许多病毒中都是保守的，这个结构由 8 个反向平行的 β 折叠组成，所以又叫 β 桶结果（Rossmann & Johnson，1989）。推测具有这种结构的外壳蛋白是在一次进化事件中形成的，但是，RNA 噬菌体和芜菁黄花叶病毒属的外壳蛋白具有不同的构象。再考虑到上面所提到的 α 病毒属中具有蛋白酶类似结构的外壳蛋白、球状病毒的外壳蛋白很可能具有不同的起源。

杆状病毒和丝状病毒的外壳蛋白都是螺旋状对称结构，它们的氨基酸序列中有几个保守的基元序列，其中有两个在这两类病毒中都存在。所以这两类病毒的外壳蛋白可能有共同的起源。对杆状病毒和丝状病毒的外壳蛋白分别进行系统发生学分析，并与 RdRp 和解旋酶的超家族相比，结果发现这两类病毒与拥有其他类型外壳蛋白的病毒在进化树中混杂在一起，无规律可循。而这正好说明了病毒进化的"洗牌"理论。特别明显的是，马铃薯 Y 病毒属和大麦黄花叶病毒属的外壳蛋白与马铃薯 Y 病毒属和香石竹潜隐病毒属的外壳蛋白有亲缘关系，但这些病毒的非结构性蛋白之间相差甚远。有趣的是，大麦黄花叶病毒（*Barley yellow mosaic virus*，BaYMV）RNA2 编码的非结构性多聚蛋白与土传小麦花叶病毒（*Soilborne wheat mosaic virus*，SBWMV）的外壳蛋白具有明显的序列相似性。BaYMV 是丝状病毒，属于大麦黄花叶病毒属，而 SBWMV 是杆状病毒，属于杆状病毒属（*Furovirus*）。这个发现暗示着一个杆状病毒的外壳蛋白基因水平转移到一个丝状病毒的基因组中去，并在转移后发生了功能性的改变。相似的例子还发生在一种卫星 RNA 和一种卫星病毒之间。竹子花叶病毒（*Bamboo mosaic virus*，BaMV）属于马铃薯 X 病毒属，其卫星 RNA 可以编码一个非结构性蛋白，这个蛋白与属于黍病毒属（*Panicovirus*）的黍花叶病毒（*Panicum mosaic virus*，PMV）卫星病毒的外壳蛋白在核苷酸序列上有 55% 的一致性，在氨基酸序列上有 46% 的一致性（Liu & Lin，1995）。这种显著的序列相似性说明，这两个功能明显不同的蛋白具有共同的起源。

6. 运动蛋白　目前所知，只有植物病毒才编码运动蛋白。许多病毒在植物体内的运动由一个或几个运动蛋白负责。运动蛋白有几种类型，它们之间的序列变异很大，与细胞内转移因子也没有相似性，这暗示着运动蛋白具有多种起源。"30ku 超家族"运动蛋白，包括 TMV 的运动蛋白，可以诱导胞间连丝的直径大幅度扩大，以允许病毒粒体通过，到达另外一个细胞。这种方式与一种植物转录因子 KN1 蛋白的作用方式有相似性。KN1 蛋白也可与胞间连丝互作，将其 mRNA 有选择性地通过胞间连丝运输到其他的细胞里（Lucas et al.，1995）。另外韧皮部中的一个植物蛋白 CmPP16 不但具有与 TMV 运动蛋白相似的运输方式，而且在二级结构上也与 TMV 的运动蛋白相似，都是属于 30ku 超家族，因而，这个植物蛋白被认为是 TMV 运动蛋白在植物中通过基因重复分化出的具有不同功能的基因（paralog）（Xoconostle-Cazares et al.，1999）。所以，病毒的运动蛋白基因很可能来自植物寄主，而不同的病毒从寄主中获得了不同的运动功能模块。隐秘（cryptic）病毒也许可以为这个假说提供一个反面的证据。隐秘病毒是一类具有小的 dsRNA 基因组的球状病毒，在许多植物中都有发现。有趣的是它们似乎不在细胞间进行运动，而且不编码运动蛋白，它们在植物间的传播是通过胚珠和花粉至种子，在植物内的运输是通过细胞分裂。这类病毒可能是丧失了运动功能的病毒或代表着一类未获得运动功能前的病毒。

另外一个有关运动蛋白以及植物病毒进化的例子来自许多既可以在寄主植物中复制又可以在介体昆虫中复制的植物病毒，如呼肠孤病毒、弹状病毒、番茄斑萎病毒和纤细病毒。这些植物病毒在基因组结构、复制、表达及转录策略甚至调控序列上与其相应的动物病毒具有明显的相似性。由于这些动植物病毒都由介体昆虫传播，所以认为它们起源于昆虫病毒（Falk & Tsai，1998；Goldbach，1986）。支持这个假设的证据来自对飞虱呼肠孤病毒的研究。褐飞虱（*Nilaparvatra lugens*）上有一种呼肠孤病毒，当飞虱在水稻植株中喂食后，水稻中可以检测到这种病毒。该病毒在水稻中不复制，但可以系统性运动。而且，无毒飞虱在含有病毒的水稻上喂食后，就可以被感染（Noda & Nakashima，1995）。在这种情况下，水稻反而变成了飞虱呼肠孤病毒的介体。所以，飞虱呼肠孤病毒可能代表着昆虫呼肠孤病毒和植物呼肠孤病毒的一个进化中间体。对比这些植物病毒和相应动物病毒的基因组结构，可以发现，尽管它们的基因组结构很相似，但所编码的基因数目并不一致。最近研究表明，那些植物病毒比动物病毒多编码的基因中就有运动蛋白基因。如番茄斑萎病毒的 NSm（Lewandowski & Adkins，2005）和水稻黄矮病毒（*Rice yellow stunt virus*，RYSV）的 P3（Huand et al.，2005）。

第五节　病毒的起源

所有的病毒都可根据基因组的遗传组成分为三类：DNA 病毒、RNA 病毒和那些在生活史中既有 DNA 又有 RNA 的病毒，如反转录病毒和花椰菜花叶病毒等。侵染植物的病毒最为多样，包括所有的类型，但以 RNA 病毒为主。这三类病毒之间的差异很大，所以它们可能各有不同的起源以及进化途径。

有关病毒的起源，目前主要有三种理论模型：①退化论；②起源于最原始的能自我复制的分子；和③起源于寄主-细胞 RNA 和/或 DNA 组分（Strauss et al.，1990）。

一、退化论

退化论认为病毒来自退化的微生物。当一种可自我生存的微生物无法从细胞外获得新陈代谢所需物质时，细胞内的寄生就可能产生，这种关系一旦发生，微生物就可能进一步丧失生物合成的能力。这种退化过程的持续进行最终从寄生物中选择出一个能自我复制的遗传单位，而原有的功能丧失殆尽，只保留着 DNA 复制功能、调控功能以及与寄主互作的功能。退化论的现实例子主要是一些退化的细胞内寄生微生物，如介于细菌与病毒之间的立克次氏体。此外，一些细胞器，如线粒体和叶绿体，被普遍认为是这种微生物持续退化过程的产物。这两个细胞器与细菌一般大小，其基因组为环状 DNA，编码产生核糖体 RNA 和转移 RNA。因此，退化论认为病毒也有可能起源于退化的细胞器。

退化论的观点在病毒进化学家中一直不是很受欢迎，其原因是，第一，它显然不能用来解释所有病毒的起源，特别是很难解释 RNA 病毒是如何来自退化的细菌或含有 DNA 的细胞器；第二，目前尚未发现介于立克次氏体或细胞器与病毒之间的进化中间体。但正如上面所述，不同类型的病毒可能有不同的起源和进化途径，退化论或许可以用来解释某些巨型 DNA 病毒的起源，如最近发现的一个侵染变形虫的巨型 DNA 病毒（Raoult et al.，2004）。核胞质巨型 DNA 病毒（*Nucleocytoplasmic large DNA virus*，NCLDV）是巨病毒属（*Mimivirus*）的成员，于 2003 年从变形虫中分离出来。该病毒是目前已知病毒中最大的病毒，直径为 400nm，与衣原体的大小相当，革兰氏染色阳性，说明病毒表面有网状多聚糖，其基因组为 dsDNA，全长 1 181 404bp，可编码 1262 个基因。这个基因组大小已经超过许多细菌包括衣原体的基因组。传统观点认为，病毒完全依赖于寄主的翻译机器进行病毒蛋白的合成，但 NCLDV 基因组含有与 mRNA 翻译所需的几乎所有关键步骤，如 tRNA 和 tRNA 装料、起始、延伸和终止等有关的基因，除了核糖体组分——这也是目前区分 NCLDV 与细胞微生物的一个关键。序列分析认为，这些基因可能是一个更复杂的更古老的蛋白翻译机器的遗迹（Raoult et al.，2004），在"进化"过程中，这个复杂的机器逐渐丧失一些部件，正如许多细菌的退化一样。NCLDV 全序列的测定和分析结果极大地冲击了我们对病毒的一贯看法，模糊了病毒与细胞微生物间的差别，为我们理解 DNA 病毒起源提供了一个新的启示。

二、起源于最原始的能自我复制的分子

RNA 分子具有酶的活性是 20 世纪生命科学领域最伟大的发现之一。这个发现对生命起源具有重要的启示。一些小 RNA 分子可拥有至少 3 种在复制过程中起到关键作用的催化活性：①核糖核酸酶活性；②可自我剪接；和③利用 RNA 引物依赖于模板合成聚胞嘧啶核苷酸。这种小 RNA 分子有可能是早期生命的存在形式，随后 RNA 自我复制系统进化成 RNA-蛋白复制系统，接着 DNA 变成了生命遗传信息的承载物（因为 DNA 比 RNA 稳定得多）。当这些能自我复制的分子被包装在细胞中后，有些变成了细胞的组成成分，而有些寄生在细胞里，进化变成病毒。

三、起源于寄主—细胞 RNA 和/或 DNA 组分

这个理论模型认为病毒起源于寄主-细胞基因组在复制、重组或转录过程中产生的一些大分子，比如转座子或 mRNA，这些大分子获得了自我复制能力，逃脱了寄主细胞的控制，并独立进化成为病毒。

细菌质粒是一种环状 DNA 分子，可整合在细菌染色体或游离在细胞质中。即使在游离状态下，质粒的复制也受细菌的控制。质粒基因组编码一些对寄主细胞有利的基因，如抗药性基因和内切酶修饰基因等。质粒基因组中的一些基因是以一种可以移动的遗传单位方式被携带的，这些遗传单位称为转座子。转座子大小在 750～40 000bp 之间，可以在 DNA 上从一点移到另一点，转座子中负责移动的序列分布在两端，称为插入序列（IS）。IS 是由顺式作用的末端反向重复的 DNA 短序列（20～40bp 长）组成。

病毒可能起源于这些可移动分子的依据是发现许多 DNA 病毒在基因组结构上和核苷酸序列上与转座子相似。疱疹病毒和腺病毒的基因组两个末端都有重复序列，而基因组内部编码那些与复制及细胞间运动有关的基因。这显然与转座子的基因组结构相似。反转录病毒的核苷酸序列与反转录转座子的序列具有同源性，有意思的是一种噬菌体，Mu，既可归入病毒范畴，又可归入转座子范畴。与大多数溶源性噬菌体不同的是，Mu 可随机整合到寄主染色体中，但在溶菌阶段，病毒可以移动到染色体的另一个位置上，而且这种移动对病毒的生命循环是必要的。

RNA 病毒也有可能起源于细胞 mRNA 或 DNA 病毒的 mRNA，如果这个 mRNA 获得了自我复制的能力，再获得外壳蛋白基因，一个简单的 RNA 病毒就产生了。同样，病毒也可能来自类病毒或卫星 RNA 这类最简单的细胞内寄生物，如果这些 RNA 分子获得外壳蛋白基因后，也就变成了病毒；反之亦然，类病毒或卫星 RNA 也可能是病毒失去外壳蛋白基因和/或其他基因后的产物。

参 考 文 献

魏太云，王辉，林含新，吴祖建，林奇英，谢联辉 . 2003. 我国水稻条纹病毒 RNA3 片段序列分析——纤细病毒属重配的又一证据 . 生物化学与生物物理学报，35（1）：97～103

Agranovsky AA，Boyko VP，Karasev AV，Koonin EV，Dolja VV. 1991. Putative 65 kDa protein of beet yellows closterovirus is a homologue of HSP70 heat shock proteins. Journal of Molecular Biology，217（4）：603～610

Ahlquist P. 2005. Virus evolution：fitting lifestyles to a T. Current Biology，15（12）：465～467

Aldahoud R，Dawson WO，Jones GE. 1989. Rapid，random evolution of the genetic structure of replicating tobacco mosaic virus population. Intervirology，30：227～233

Allison RF，Janda M，Ahlquist P. 1988. Infectious in vitro transcripts from cowpea chlorotic mottle virus cDNA clones and exchanges of individual RNA components with brome mosaic virus. Journal of Virology，62：3581～3588

Ambros S，Hernandez C，Flores R. 1999. Rapid generation of genetic heterogeneity in progenies from individual cDNA clones of peach latent mosaic viroid in its natural host. Journal of General Virology，80：2239～2252

Angenent GC，Linthorst HJ，van Belkum AF，Cornelissen BJ，Bol JF. 1986. RNA 2 of tobacco rattle virus strain TCM encodes an unexpected gene. Nucleic Acids Research，14 (11)：4673~4682

Aranda MA，Fraile A，Garcia-Arenal F. 1993. Genetic variability and evolution of the satellite RNA of cucumber mosaic virus during natural epidemics. Journal of Virology，67 (10)：5896~5901

Bamford DH，Burnett R，Stuart DI. 2002. Evolution of virla structure. Theoretical Population Biology，61：461~470

Barrell BG，Air GM，Hutchison Ⅲ CA. 1976. Overlapping genes in bacteriophage phiX174. Nature，264：34~41

Bisaro DM. 1994. Recombinaiton in the geminiviruses：mechanisms for maintaining genome size and generating genomic diversity. Homologous Recombination in Plants. In：Paszkowski J ed. pp. 39 ~ 60. Amsterdam：Kluwer

Botstein D. 1980. A theory of modular evolution for bateriophages. Annals of the New York Academy of Sciences，354：484~491

Bujarski JJ，Dzianott AM. 1991. Generation and analysis of nonhomologous RNA-RNA recombinants in brome mosaic virus：sequence complementarities at crossover sites. Journal of Virology，65 (8)：4153~4159

Bujarski JJ，Kaesberg P. 1986. Genetic recombination between RNA components of a multipartite plant virus. Nature，321 (6069)：528~531

Carpenter CD，Oh JW，Zhang C，Simon AE. 1995. Involvement of a stem-loop structure in the location of junction sites in viral RNA recombination. Journal of Molecular Biology，245 (5)：608~622

Chao L. 1990. Fitness of RNA viruses decreased by Muller's ratchet. Nature，348：454~455

Chao L. 1997. Evolution of sex and the molecular clock in RNA viruses. Gene，205：301~308

Chao L.，Tran T，Matthews C. 1992. Muller's ratchet and the advantage of sex in the RNA virus N6. Evolution，46：289~299

Chare ER，Holmes EC. 2004. Selection pressure in the capsid genes of plant RNA viruses reflect mode of transmission. Journal of General Virology，85：3149~3157

Chenault KD，Melcher U. 1994. Phylogenetic relationships reveal recombination among isolates of cauliflower mosaic virus. Journal of Molecular Evolution，39：496~505

Choi H K，Tong L，Minor W，Dumas P，Boege U，Rossmann MG，Wengler G. 1991. Structure of Sindbis virus core protein reveals a chymotrypsin-like serine proteinase and the organization of the virion. Nature，354：37~43

Ding SW，Anderson BJ，Haase HR，Symons RH. 1994. New overlapping gene encoded by the cucumber mosaic virus genome. Virology，198 (2)：593~601

Dolja VV，Karasev AV，Koonin EV. 1994. Molecular biology and evolution of closteroviruses：sophisticated build-up of large RNA genomes in RNA genomes. Annual Review of Phytopathology，32：261~285

Domingo E. 2002. Quasispecies theory in virology. Journal of Virology，76：463~465

Domingo E，Escarmis C，Baranowski E，Ruiz-Jarabo CM，Carrillo E，Nunez JI，Sobrino F. 2003. Evolution of foot-and-mouth disease virus. Virus Reseach，91 (1)：47~63

Domingo E，Escarmis C，Sevilla N，Moya A，Elena SF，Quer J，Novella IS，Holland JJ. 1996. Basic concepts in RNA virus evolution. FASEB J，10 (8)：859~864

Domingo E，Holland J，Biebricher C，Eigen M. 1995. Quasi-species：the concept and the word. In：

（Gibbs A J, Calisher C H K, and Garcia-Arenal F Eds.）Molecular Basis of virus evolution. Cambridge, UK: Cambridge University Press, 181～191

Domingo E, Sabo D, Taniguchi T, Weissmann C. 1978. Nucleotide sequence heterogeneity of an RNA phage population. Cell, 13: 735～744

Donis-Keller H, Browning KS, Clarck JM. 1981. Sequence heterogeneity in satellite tobacco necrosis virus RNA. Virology, 110: 43～54

Drake JW. 1993. Rates of spontaneous mutation among RNA viruses. Proceedings of the National Academy of Sciences of USA, 90: 4171～4175

Drake JW, Charlesworth B, Charlesworth D, Crow JF. 1998. Rates of spontaneous mutation. Genetics, 148: 1667～1686

Duarte EA, Clark DK, Moya A, Domingo E, Holand JJ. 1992. Rapid fitness losses in mammalian RNA virus clones due to Muller's ratchet. Proceedings of National Academy of Sciences of USA, 89: 6015～6019

Eigen M. 1996. On the nature of virus quasispecies. Trends in Microbiology, 4: 216～218

Falk BW, Tsai JH. 1998. Biology and molecular biology of viruses in the genus Tenuivirus. Annual Review of Phytopathology, 36: 139～163

Fraile A, Alonso-Prados JL, Aranda MA, Bernal JJ, Malpica JM, Garcia-Arenal F. 1997a. Genetic exchange by recombination or reassortment is infrequent in natural populations of a tripartite RNA plant virus. Journal of Virology, 71 (2): 934～940

Fraile A, Escriu F, Aranda MA, Malpica JM, Gibbs AJ, Garcia-Arenal F. 1997b. A century of tobamovirus evolution in an Australian population of Nicotiana glauca. Journal of Virology, 71 (11): 8316～8320

Fraile A, Malpica JM, Aranda MA, Rodriguez-Cerezo E, Garcia-Arenal F. 1996. Genetic diversity in tobacco mild green mosaic virus tobamovirus infecting the wild plant Nicotiana glauca. Virology, 223: 148～155

French R, Stenger DC. 2003. Evolution of Wheat streak mosaic virus: dynamics of population growth within plants may explain limited variation. Annual Review of Phytopathology, 41: 199～214

French R, Stenger DC. 2005. Population structure within lineages of Wheat streak mosaic virus derived from a common founding event exhibits stochastic variation inconsistent with the deterministic quasi-species model. Virology, 343: 179～189

Garcia-Arenal F, Fraile A, Malpica JM. 2001. Variability and genetic structure of plant virus populations. Annual Review of Phytopathology, 39: 157～186

Garcia-Arenal F, Palukaitis P, Zaitlin M. 1984. Strains and mutants of tobacco mosaic virus are both found in virus derived from single-lesion-passaged inoculum. Virology, 132: 131～137

Gibbs AJ, Keese P. 1995. In search of the origins of viral genes. In: (Gibbs A J, Calisher C H, and Garcia-Arenal F Eds.) Molecular basis of virus evolution Cambridge, UK: Cambridge University Press, 76～90

Goldbach R. 1986. Molecular evolution of plant RNA viruses. Annual Review of Phytopathology, 24: 289～310

Hall JS, French R, Hein GL, Morris T, Stenger DC. 2001. Three distinct mechanisms facilitate genetic isolation of sympatric wheat streak mosaic virus lineages. Virology, 282 (2): 230～236

Hancock JM, Chaleeprom W, Dale J, Gibbs AJ. 1995. Replication slippage in the evolution of potyviruses. Journal of General Virology, 76: 3229~3232

Harrison BD, Robinson DJ. 1999. Natural genomic and antigenic variation in whitefly-transmitted gemini-viruses (begomoviruses). Annual Review of Phytopathology, 37: 369~398

Holmes EC, Moya A. 2002. Is the quasispecies concept relevant to RNA viruses? Journal of Virology, 76: 460~462

Howell SH, Walker LL, Walden RM. 1981. Rescue of in vivo generated mutants of cloned cauliflower mosaic virus genome in infected plants. Nature, 293: 483~486

Huang YW, Geng YF, Ying XB, Chen XY, Fang RX. 2005. Identification of a movement protein of rice yellow stunt rhabdovirus. Journal of Virology, 79 (4): 2108~2114

Hull R. 2002. Matthew's Plant Virology. 4th ed. New York: Academic Press

Keese PK, Gibbs A. 1992. Origins of genes: "big bang" or continuous creation? Proceedings of National Academy of Sciences of USA, 89: 9489~9493

Kelly SE. 1994. Viral pathogens and the advantage of sex in the perennial grass Anthoxantum odoratum: a review. Philosophical Transactions of the Royal Society of London Series B, 346: 295~302

Koonin EV, Dolja VV. 1993. Evolution and taxonomy of positive-strand RNA viruses: implications of comparative analysis of amino acid sequences. Critical Reviews in Biochemistry and Molecular Biology, 28: 375~430

Kunkel LO. 1947. Variation in phytopathogenic viruses. Annual review of microbiology, 1: 85~100

Kurath G, Dodds JA. 1995. Mutation analyses of molecularly cloned satellite tobacco mosaic virus during serial passage in plants: evidence for hotspots of genetic exchange. RNA, 1: 491~500

Kurath G, Palukaitis P. 1989. RNA sequence heterogeneity in natural populations of three satellite RNAs of cucumber mosaic virus. Virology, 173 (1): 231~240

Kurath G, Palukaitis P. 1990. Serial passage of infectious transcripts of a cucumber mosaic virus satellite RNA clone results in sequence heterogeneity. Virology, 176 (1): 8~15

Kurath G, Rey ME, Dodds JA. 1992. Analysis of genetic heterogeneity within the type strain of satellite tobacco mosaic virus reveals variants and a strong bias for G to A substitution mutations. Virology, 189 (1): 233~244

Lai MMC. 1992. RNA recombination in animal and plant viruses. Microbiology Review, 56: 61~79

Lebeurier G, Hirth L, Hohn B, Hohn T. 1982. In vivo recombination of cauliflower mosaic virus DNA. Proceedings of National Academy of Sciences of USA, 79: 2932~2936

Leigh-Brown AJ. 1997. Analysis of HIV-I env gene sequences reveals evidence for a low effective number in the viral population. Proceedings of the National Academy of Sciences of the United States of America, 94: 1862~1865

Lewandowski DJ, Adkins S. 2005. The tubule-forming NSm protein from Tomato spotted wilt virus complements cell-to-cell and long-distance movement of Tobacco mosaic virus hybrids. Virology, 342 (1): 26~37

Li H, Roossinck MJ. 2004. Genetic bottlenecks reduce population variation in an experimental RNA virus population. Journal of Virology, 78 (19): 10582~10587

Liang XZ, Lee BTK, Wong SM. 2002. Covariation in the capsid protein of hibiscus chlorotic ringspot virus induced by serial passaging in a host that restricts movement leads to avirulence in its systemic host. Journal of Virology, 76: 12320~12324

Lin HX, Rubio L, Smythe A, Falk BW. 2004. Molecular population genetics of cucumber mosaic virus in

California: evidence for founder effects and reassortment. Journal of Virology, 78: 6666~6675

Liu JS, Lin NS. 1995. Satellite RNA associated with bamboo mosaic potexvirus shares similarity with satellites associated with sobemoviruses. Archives of Virology, 140: 1511~1514

Lucas WJ, Bouche-Pillon S, Jackson DP, Nguyen L, Baker L., Ding B, Hake S. 1995. Selective trafficking of KNOTTED1 homeodomain protein and its mRNA through plasmodesmata. Science, 270 (5244): 1980~1983

Malpica JM, Fraile A, Moreno I, Obies CI, Drake JW, Garcia-Arenal F. 2002. The rate and character of spontaneous mutation in an RNA virus. Genetics, 162 (4): 1505~1511

Mayo MA, Jolly CA. 1991. The 5′-terminal sequence of potato leafroll virus RNA: evidence of recombination between virus and host RNA. Journal of General Virology, 72 : 2591~2595

Miranda GJ, Azzam O, Shirako Y. 2000. Comparison of nucleotide sequences between northern and southern Philippine isolates of rice grassy stunt virus indicates occurrence of natural genetic reassortment. Virology, 266 (1): 26~32

Moreno I M, Malpica JM, Rodriguez-Cerezo E, Garcia-Arenal F. 1997. A mutation in tomato aspermy cucumovirus that abolishes cell-to-cell movement is maintained to high levels in the viral RNA population by complementation. Journal of Virology, 71 (12): 9157~9162

Morozov S, Dolja VV, Atabekov JG. 1989. Probable reassortment of genomic elements among elongated RNA-containing plant viruses. Journal of Molecular Evolution, 29 (1): 52~62

Moury B. 2004. Differential selection of genes of cucumber mosaic virus subgroups. Molecular Biology and Evolution, 21 (8): 1602~1611

Moya A, Elena SF, Bracho A, Miralles R, Barrio E. 2000. The evolution of RNA viruses: a population genetics view. Proceedings of National Academy of Sciences of USA, 93: 6967~6973

Moya A, Rodriguez-Cerezo E, Garcia-Arenal F. 1993. Genetic structure of natural population of the plant RNA virus tobacco mild green mosaic virus. Molecualr Biology and Evolution, 10 (2): 449~456

Nagy PD, Bujarski JJ. 1992. Genetic recombination in brome mosaic virus: effect of sequence and replication of RNA on accumulation of recombinants. Journal of Virology, 66 (11): 6824~6828

Nagy PD, Simon AE. 1997. New insights into the mechanisms of RNA recombination. Virology, 235: 1~9

Noda H, Nakashima N. 1995. Nonpathogenic reoviruses of leafhoppers and planthoppers. Seminar in Virology, 6: 109~116

Novella IS. 2003. Contributions of vesicular stomatitis virus to the understanding of RNA virus evolution. Current Opinions in Microbiology, 6 (4): 399~405

Padidam M, Sawyer S, Fauquet CM. 1999. Possible emergence of new geminiviruses by frequent recombination. Virology, 265 (2): 218~225

Page RDM, Holmes EC. 1998. Molecular Evolution. A phylogenetic approach . Oxford, UK: Blackwell Science, Inc

Palukaitis P, Roossinck MJ, Dietzgen RG, Francki FIB. 1992. Cucumber mosaic virus. Advance of Virus Research, 41: 281~348

Pita JS, Fondong VN, Sangare A, Otim-Nape GW, Ogwal S, Fauquet CM. 2001. Recombination, pseudorecombination and synergism of geminiviruses are determinant keys to the epidemic of severe cassava mosaic disease in Uganda. Journal of General Virology, 82: 655~665

Power AG. 2000. Insect transmission of plant viruses: a constraint on virus variability. Current Opinion in

Plant Biology, 3: 336~340

Qiu WP, Geske SM, Hickey CM, Moyer JW. 1998. Tomato spotted wilt tospovirus genome reassortment and genome segment-specific adaptation. Virology, 244 (1): 186~194

Raoult D, Audic S, Robert C, Abergel C, Renesto P, Ogata H, La Scola B, Suzan M, Claverie JM. 2004. The 1. 2-megabase genome sequence of Mimivirus. Science, 306 (5700): 1344~1350

Reddy DVR, Black LM. 1977. Isolation and replication of mutant populations of wound tumor virions lacking certain genome segments. Virology, 80: 336~346

Reisman D, Yatters J, Sugden B. 1985. A putative origin of replication of plasmids derived from Epstein-Barr virus is composed of two cis-acting components. Molecular Cell Biology, 5: 1822~1829

Robinson DJ, Hamilton WDO, Harrison BD, Baulcombe DC. 1987. Two anomalous tobravirus isolates: evidence for RNA recombination in nature. Journal of General Virology, 68: 2551~2561

Rodriguez-Cerezo E, Elena SF, Moya A, Garcia-Arenal F. 1991. High genetic stability in natural populations of the plant RNA virus tobacco mild green mosaic virus. Journal of Molecular Evolution, 32: 328~332

Rodriguez-Cerezo E, Garcia-Arenal F. 1989. Genetic heterogeneity of the RNA genome population of the plant U5-TMV. Virology, 170: 418~423

Rodriguez-Cerezo E, Moya A, Garcia-Arenal F. 1989. Variability and evolution of the plant RNA virus pepper mild mottle virus. Journal of Virology, 63: 2198~2203

Roossinck MJ. 1997. Mechanisms of plant virus evolution. Annual Review of Phytopathology 35, 191~209

Roossinck MJ. 2003. Plant RNA virus evolution. Current Opinions in Microbiology, 6 (4): 406~409

Rossmann MG, and Johnson JE. 1989. Icosahedral RNA virus structure. Annual Review of Biochemistry, 58: 533~573

Roth BM, Pruss GJ, Vance VB. 2004. Plant viral suppressors of RNA silencing. Virus Reseach, 102 (1): 97~108

Rouzine MI, Coffin JM. 1999. Linkage desequilibrium test implies a large effective population number for HIV in vivo. Proceedings of National Academy of Sciences of USA, 96: 10758~10763

Sacristan S, Malpica JM, Fraile A, Garcia-Arenal F. 2003. Estimation of population bottlenecks during systemic movement of tobacco mosaic virus in tobacco plants. Journal of Virology, 77 (18): 9906~9911

Sanger F, Air GM, Barrell BG, Brown NL, Coulson AR, Riddes JC, Hutchison III CA, Solcombe PM, Smith M. 1977. Nucliotide sequence of bacteriophage phi X174 DNA. Nature, 265: 687~695

SanZ AI, Fraile A, Garcia-Arenal F. 2000. Multiple infection, recombination and genome relationships among begomovirus isolates found in cotton and other plants in Pakistan. Journal of General Virology, 81: 1839~1849

Schneider WL, Roossinck MJ. 2000. Evolutionarily related Sindbis-like plant viruses maintain different levels of population diversity in a common host. Journal of Virology, 74 (7): 3130~3134

Schneider WL, Roossinck MJ. 2001. Genetic diversity in RNA virus quasispecies is controlled by host-virus interactions. Journal of Virology, 75 (14): 6566~6571

Shirako Y, Suzuki N, French RC. 2000. Similarity and divergence among viruses in the genus Furovirus. Virology, 270 (1): 201~207

Simon AE, Bujarski JJ. 1994. RNA-RNA recombination and evolution in virus-infected plants. Annual Review of Phytopathology, 32: 337~362

Smith DB, McAllister J, Casino C, Simmonds P. 1997. Virus 'quasispecies': making a mountain out of a molehill? Journal of General Virology, 78: 1511~1519

Soellick T, Uhrig JF, Bucher GL, Kellmann JW, Schreier PH. 2000. The movement protein NSm of tomato spotted wilt tospovirus (TSWV): RNA binding, interaction with the TSWV N protein, and identification of interacting plant proteins. Proceedings of National Academy of Sciences of USA, 97 (5): 2373~2378

Strauss EG, Strauss JH, Levine AJ. 1990. Virus evolution. In: (Fields BN, and Knipe DM, Eds.) Virology 2nd edition. New York: Raven Press. Ltd.

Taubenberger JK, Reid AH, Fanning TG. 2000. The 1918 influenza virus: A killer comes into view. Virology, 274 (2): 241~245

Timchenko T, Katul L, Sano Y, de Kouchkovsky F, Vetten H J, Gronenborn B. 2000. The master rep concept in nanovirus replication: identification of missing genome components and potential for natural genetic reassortment. Virology, 274 (1): 189~195

Unseld S, Ringel M, Konrad A, Lauster S, Frischmuth T. 2000. Virus-specific adaptations for the production of a pseudorecombinant virus formed by two distinct bipartite geminiviruses from Central America. Virology, 274 (1): 179~188

Vaden VR, Melcher U. 1990. Recombination sites in cauliflower mosaic virus DNAs: implications for mechanisms of recombination. Virology, 177 (2): 717~726

Wang MB, Bian XY, Wu LM, Liu LX, Smith NA, Isenegger D, Wu RM, Masuta C, Vance VB, Watson JM, Rezaian A, Dennis ES, Waterhouse PM. 2004. On the role of RNA silencing in the pathogenicity and evolution of viroids and viral satellites. Proceedings of National Academy of Sciences, 101 (9): 3275~3280

White PS, Morales F, Roossinck MJ. 1995. Interspecific reassortment of genomic segments in the evolution of cucumoviruses. Virology, 207 (1): 334~347

Wilke CO. 2005. Quasispecies theory in the context of population genetics. BMC Evolotionary Biology, 5: 44~51

Xoconostle-Cazares B, Xiang Y, Ruiz-Medrano R, Wang HL, Monzer J, Yoo BC, McFarland KC, Franceschi VR, Lucas WJ. 1999. Plant paralog to viral movement protein that potentiates transport of mRNA into the phloem. Science, 283 (5398): 94~98

Yang Z, Nielsen R, Goldman N, Krabbe Pedersen AM. 2000. Codon-substitution models for hetergeneous selection pressure at amino acid sites. Genetics, 155: 431~449

Zhou X, Liu Y, Calvert L, Munoz C, Otim-Nape GW, Robinson DJ, Harrison BD. 1997. Evidence that DNA-A of a geminivirus associated with severe cassava mosaic disease in Uganda has arisen by interspecific recombination. Journal of General Virology, 78: 2101~2111

Zhou X, Liu Y, Robinson DJ, Harrison BD. 1998. Four DNA-A variants among Pakistani isolates of cotton leaf curl virus and their affinities to DNA-A of geminivirus isolates from okra. Journal of General Virology, 79: 915~923

第六章　植物病毒的分类与命名

第一节　病毒分类进程

病毒的分类与命名与其他生物有很大的不同。由于病毒个体特小，形态结构简单，起源复杂，且是专性寄生物，因此病毒的分类缺乏自然基础。但出于病毒的重要性考虑，病毒学者迫切需要建立一套病毒分类系统，以便学者间的学术交流，揭示病毒可能的进化关系及对新出现的重要病毒的性质做出推断。

病毒的分类与命名进程大致可以分为两个重要历史阶段。1966 年以前，不同研究领域的病毒学者根据自己的研究结果，先后提出和建立一些病毒分类系统，因此第一阶段属于个体研究时期。1927 年，美国的 Johnson 建议，在为一种病毒命名时，应该用首先发现该病毒的寄主的普通名，再加上"virus"和一个数字，如用 tobacco virus 1 代表烟草病毒 1 号。他在 1935 年和 Hoggan 一起根据传播方式、自然寄主或鉴别寄主、体外存活期、致死温度以及独特的症状等 5 个性状共鉴定了约 50 个病毒，并被归类于若干个组群中（赫尔，2007）。此后病毒学者先后发表了 10 多个病毒分类方案。但鉴于当时的研究水平和缺乏国际交流，这个时期提出的病毒分类方案具有较大的局限性，未能得到大多数病毒学家的认可和广泛的应用（张成良等，1996；谢联辉和林奇英，2004）。1966 年以后，病毒分类与命名是根据国际会议来确定的，最具标志性的是 1966 年在国际微生物学协会莫斯科会议上，成立了国际病毒命名委员会（International Committee on Nomenclature of Viruses，ICNV），1973 年更名为国际病毒分类委员会（International Committee on Taxonomy of Viruses，ICTV），从此病毒分类与命名步入新阶段。迄今为止已先后发表了 8 次病毒分类报告，病毒的分类与命名成果显著。

病毒的分类和命名大事记：

1937 年，Levaditi 和 Lepine 根据病毒对组织的亲和性进行分类。

1948 年，Holmes 提出根据病毒所引起的寄主症状的分类方案。

1950 年，第五届国际微生物学会提出了有关病毒分类的 8 项原则。

1963 年，国际微生物命名委员会病毒分会根据安德鲁斯（Andrewes）的分类建议提出了新的 8 项分类原则：

（1）核酸的类型、结构和分子量；

（2）病毒粒体的形状和大小；

（3）病毒粒体的结构；

（4）病毒粒体对乙醚、氯仿等脂溶剂的敏感性；

（5）血清学性质和抗原关系；

（6）病毒在细胞培养上的繁殖特性；

（7）对除脂溶剂以外的理化因子的敏感性；

（8）流行病学的特征。

1966 年，在莫斯科举行的第九届国际微生物学会上成立了国际病毒命名委员会（ICNV），并通过了上述新的 8 项分类原则。

1971 年，ICNV 公布了关于病毒分类和命名的第一次报告，将当时了解得比较清楚的 500 多种病毒分为 RNA 和 DNA 病毒两大类，并且分为 43 个病毒组。

1973 年，ICNV 正式更名为国际病毒分类委员会（ICTV）。

1976 年，ICTV 公布了病毒分类和命名的第二次报告，将病毒已建立的属（组）按寄主分为 5 大类。

1979 年，ICTV 公布了病毒分类和命名第三次报告，并根据病毒核酸类型，包膜有无将病毒分为 7 大类，总共有 53 个科（组或群）。

1982 年，ICTV 公布了病毒分类和命名第四次报告，将 7 大类病毒分为 54 个科（组）和 5 个可能的科。同时还提出了 22 条病毒命名的规则和新的病毒分类方案。病毒总数为 1 372 种。

1991 年，ICTV 公布了病毒分类和命名第五次报告，将 2 430 种病毒分为 73 个科（组），比第四次报告增加了 19 个科（组），并且首次公布了比科更为高级的分类阶元，即单分子负链 RNA 病毒目。

1995 年，ICTV 公布了病毒分类和命名第六次报告，将所知的 4 000 多种病毒分为 49 科，11 个亚科，164 个属（包括 22 个未定科的属），其中植物病毒分类不再采用组、亚组，而统一使用科、属、种的分类阶元。

1996 年，在耶路撒冷第十届国际病毒大会期间，ICTV 对第六次报告作了修改和补充，确定了 38 条新的病毒分类和命名准则。

1997 年，ICTV 在法国斯特拉斯堡召开常务会议，正式批准病毒分类系统有 2 个目，55 个科，189 个属（有 23 个属的分科未定）。

1998 年，ICTV 在美国加利福尼亚州 San Diego 召开了第二十七次常务会议，会上又增设了 1 个目，6 个科，26 个属。同时批准了 41 条新的分类和命名规则。

1999 年，根据 "Virus taxanomy‐1999"，病毒分类系统达到了 3 个目，62 个科。另外亚病毒感染因子（Subviral agent）下设卫星病毒、类病毒和朊病毒，其中类病毒分类新设立了 2 个科，7 个属。

2000 年，ICTV 公布了第七次国际病毒分类报告，植物病毒的分类有了很大的进展，列出 15 个植物病毒科，73 个植物病毒属，其中已归科的属有 49 个，未归到科的属有 24 个。

2005 年，ICTV 公布了第八次国际病毒分类报告，将植物病毒归入 1 个目，18 个科，81 个属，未归到科的属有 17 个，植物病毒种数达 1 122 个。此外，还收录了 81 个亚病毒感染因子。

第二节　病毒分类和命名准则

病毒分类和命名是在国际病毒分类委员会（ICTV）的领导下进行的。病毒分类和命名受一套规则所规范，该规则先后经过几次修改和完善，已成为病毒分类和命名的国际准则。目前采用的准则共 41 条（Fauquet et al.，2005）。

1. 总则

（1）病毒分类和命名应该是国际性的，并且适用于所有病毒。

（2）国际病毒分类系统采用目（order）、科（family）、亚科（subfamily）、属（genus）、种（species）等分类阶元。

（3）ICTV 不负责病毒种以下的分类和命名，病毒种以下的血清型、基因型、株系、变株和分离物的名称由公认的国际专家小组确定。

（4）人工产生的病毒和实验室构建的杂种病毒在病毒分类上不予考虑，它们的分类由公认的国际专家小组负责。

（5）分类阶元只有在病毒代表种的特性得到了充分的了解和在公开出版物上进行过描述，明确了其分类地位，并能将该分类阶元与其他类似的分类阶元相区别时，才能确定下来。

（6）当病毒有明确的科而分属未确定时，这一病毒种在分类学上称为该科的未归属种（unassigned species）。

（7）与规则（2）各分类阶元相关联，并得到 ICTV 批准的名称是唯一可以接受的。

2. 分类阶元的命名规则

（8）如果分类阶元的建议名称遵守 ICTV 公布的分类和命名规则，并且适合于已设立的分类阶元，那么这些建议名称是有效名，在 ICTV 第六次报告中记录的已批准的国际名称或经过 ICTV 表决批准的分类建议名称是接受名。

（9）目前在用的病毒名称和分类阶元，都应该保留。

（10）病毒及其分类阶元的命名不遵守优先法则。

（11）在设计新分类阶元名称时，不能使用人名进行命名。

（12）分类阶元的名称应该是易于使用和记忆，以谐音名最好。

（13）上标、下标、连字符、斜线和希腊字母在设计新命名时不能使用。

（14）新名称不应该与已批准的名称重复，所选择的新名称也不应该与现在和过去使用的名称相似或相近。

（15）缩拼字（sigla）若是由几个研究小组建议，并且这一领域的病毒研究者是有意义的，那么缩拼字可以接受作为分类阶元的名称。

（16）如果所建议的候选名不止一个时，那么相关的下属委员会应该首先向 ICTV 常务委员会推荐，然后由 ICTV 常务委员会决定接受哪一个候选名。

（17）当某一分类阶元缺少合适的名称时，这一分类阶元仍然可以被批准，其待定名将保留至有一个建议名称被 ICTV 接受为止。

（18）当出现以下情况时必须选用新的名称：① 把属于命名的分类阶元的成员但缺乏

分类阶元名称所描述的特征的病毒被排斥在外；② 把一些迄今尚未描述但却可能属于该分类阶元的成员排斥在外；③可能把其他分类阶元的成员包含在内的。

（19）选用新分类阶元名称时应考虑国家或地区敏感性的问题，当一些名称已被病毒学工作者在公开出版物上广为使用时，该名称或其派生名称应该是命名的优先选择，而不应该考虑这一名称源自哪一个国家。

（20）名称的改变、新名称以及分类阶元的设立和分类阶元的排列的建议应该正式提交给 ICTV 常务委员会，在做出决定之前，ICTV 下属委员会和研究小组应该进行充分协商。

3. 种的规则

（21）病毒种是指组成一个复制谱系（replicating lineage），占据一个特定生态位（ecological niche），具有多特性（polythetic class）的病毒群体。

（22）当 ICTV 下属委员会不能肯定某一个新种的分类地位，或不能将这一新种确定在已设定的属中时，新种会作为暂定种（tentative species）列在适当的属或科中，按一般分类而言，暂定种的名称不应该与已批准的名称重复，选择不相似或不相近于现在和不久前一直使用的名称。

（23）种名由少数几个有实际意义的词组成，但不应该只是由宿主名加"virus"构成。

（24）种名必须赋予种恰如其分的鉴别特征。

（25）数字、字母或其组合已经广泛用作种的形容词，然而新指定的编号、字母或其组合不再单独作为种的形容词。现存的数字或字母名称仍可以继续保留。

4. 属的规则

（26）属是一群具有某些共同特性的种。

（27）属名的词尾是"...virus"。

（28）一个承认的新属必须有一个同时被承认的代表种（type species）。

5. 亚科的规则

（29）亚科是一群具有某些共同特性的种。这一分类阶元只在需要解决复杂分类阶元问题时使用。

（30）亚科名的词尾是"...virinae"。

6. 科的规则

（31）科是一群具有某些共同特征的属（无论这些属是否构成亚科）。

（32）科名的词尾是"...viride"。

7. 目的规则

（33）目是一群具有某些共同特征的科。

（34）目名的词尾是"...virales"。

8. 亚病毒感染因子的规则

（35）有关病毒分类的规则也适用于类病毒（viroids）分类。

（36）类病毒种的词尾是"viroid"，属的词尾为"-viroid"，亚科的词尾是"-viroinae"

（只用于需要这一分类阶元时），科的词尾是"-viroidae"。

（37）逆转座子（retrotransposons）在分类和命名中被考虑作为病毒。

（38）卫星和朊病毒不是按病毒来分类，而是采用人为分类（arbitrary classification）的方法，该分类方法必须对专门领域的研究工作者有用。

9. 书写规则

（39）在正式使用场合，病毒目、科、亚科和属的接受名（accepted name）一律采用斜体，且第一个字母要大写。

（40）病毒种名用斜体，且第一个词的首字母要大写，除了专有名词，其他词首字母一律小写。暂定种不用斜体，但第一个词的首字仍用大写。

（41）在正式使用场合，分类阶元名称应放在分类阶元术语前。如，各分类单元正式的描述是...*Reovirideae*（科），...*Phytoreovirus*（属），...*wound tumor virus*（种）等。

第三节　病毒名称缩写原则

病毒种的名称一般是由寄主名加症状名和病毒构成的，如烟草花叶病毒（*Tobacco mosaic virus*），其寄主是烟草，病状是花叶。为使文献更易读、行文更简洁，常使用病毒名称的缩写，如 TMV。缩写常由病毒英文名称中的每个单词的首字母组成，如水稻矮缩病毒（*Rice dwarf virus*）常缩写成 RDV。但由于很多病毒寄主名称的首字母相同，病毒引起的症状相似，常导致病毒名称缩写的重叠和混乱。为此，1991 年 ICTV 的植物病毒分委会开始采用植物病毒的首字母词的合理化措施（Hull et al.，1991），主要包括：缩写应尽可能简单，且不能和以前确立并仍在使用的任何其他缩写重复；病毒名称中的"virus"一词都缩写为"V"，类病毒名称中的"viroid"一词都缩写为"Vd"。

为进一步规范植物病毒名称缩写和增强可操作性，Fauquet 和 Mayo（1999）又提出一套植物病毒名称缩写的指导方针，并已被应用于第七和第八次病毒分类报告中（van Regenmortel et al.，2000；Fauquet et al.，2005）。具体如下：

1. 一般的，当病毒名称中含有"mosaic"和"mottle"时，用"M"代表"mosaic"，"Mo"代表"mottle"，如 *Cowpea mosaic virus* 缩写成 CPMV，*Cowpea mottle virus* 缩写成 CPMoV。

2. 在大多数情况下（并非全部），单词"ring spot"缩写成"RS"，而"symptom-less"多数被缩写成"SL"。

3. 在少数情况下，寄主植物名称的第二或第三个字母，有时是第二个辅音或最后一个字母，要以小写形式来区别于某些易发生冲突的缩写，如 CsBV 表示 *Cassava bacilli-form virus*。

4. 尽量避免使用以大小写字母来区别的缩写名称，如 CoMV 和 COMV。

5. 单个词的缩写一般不应超过 2 个字母。当缩写词的长度将会超过 5 个字母时，应省略次级字母以避免缩写词过长。

6. 除非其使用可能引起混乱，一般应保留现在广泛使用的缩写。

7. 当一特定字母组合已被用于代表某一植物的缩写名称时，则在包含相同寄主的病毒名称的新缩写中继续使用该字母组合，如 *Cassava bacilliform virus* 缩写成 "CsBV"，而不是 "CasBV" 或 "CBV"。

8. 当几种病毒名称只是在数字上不同时，参照大多数脊椎动物、真菌和细菌、病毒学家所接受的规则，缩写时在字母和数字之间用 "-" 连接，如 *Plantain virus* 6 和 *Plantain virus* 8 分别缩写成 "PlV - 6" 和 "PlV - 8"。

9. 当几个病毒由一个字母相区别时，这一字母直接写在缩写的后面，而不加连字符，如 *Plantain virus X* 缩写成 "PlVX"。

10. 当几种病毒由其地理起源或其他字母组合相区别时，则在病毒缩写名称后用 "-" 号将最少的字母连接起来。如 *Tomato yellow leaf curl virus from Thailand* 缩写成 "TYLCV - Th"。

11. 当病毒名称包含病害名和 "associated virus" 时，则单词 "associated" 缩写成 "a"，并放在 "V" 之前，如 *Grapevine leaf roll - associated virus* 2 缩写成 "GLRaV - 2"。

12. 在某些情况下，一个植物名称被缩写成两个大写字母，这种用法被作为例外保留下来，如 *Passion fruit mottle virus* 缩写成 "PFMV"。

第四节　病毒分类依据

病毒的分类依据是随着病毒学研究的深入而发展变化的。各国病毒学家在病毒分类和鉴定过程中，先后提出了至少 49 项指标特征作为依据。但随着新技术，特别是分子生物学技术的广泛应用，使人们对病毒本质有了更深层次的了解，发现原先采用的部分分类特征已不适用，如汁液中病毒浓度、热处理疗效、交叉保护、介体获毒时间、传毒时间、潜育期、获毒虫龄、传毒虫龄、致死温度、体外存活期、稀释限点、核苷酸比率、每个蛋白质亚基的氨基酸残基数等特性对病毒的分类鉴定意义不大；而一些反映病毒本质的特性如基因组末端结构、核苷酸序列比较、基因组结构、复制策略、转录特点等特性则成为病毒分类鉴定的新的重要依据。病毒的分类标准和指标内容已越来越明确且接近病毒的本质，自 1995 年 ICTV 第六次病毒分类与命名报告出台以来，病毒分类的快速发展和完善充分说明了这一新的分类依据的科学性。

目前，由 ICTV 提出的病毒分类依据主要包括病毒粒体特性、基因组结构和复制特性、病毒抗原性质和生物学特性（Fauquet，1999；洪健等，2001；谢联辉和林奇英，2004；赫尔，2007；van Regenmortel，2003，2007）

1. 病毒粒体特性

（1）病毒形态：如大小、形状、包膜和包膜突起的有无，壳粒结构及其对称性；

（2）病毒粒体的生理生化和物理性质：如分子质量、沉降系数、浮力密度、pH 稳定性、热稳定性、阳离子（Mg^{2+}、Mn^{2+}、Ca^{2+}）稳定性、溶剂稳定性、变性剂稳定性、放射稳定性；

（3）病毒基因组特性，如核酸类型（DNA 或 RNA）、链的类型（单链或双链）、线状或环状、链的极性（正义、负义或双义）、片段的数目、基因组或基因组片段的大小、5′帽端的有无及类型、5′端病毒基因组共价连锁多肽的有无、3′端 poly（A）或其他特异序列的有无、核苷酸序列的比较等；

（4）病毒蛋白质特性，如结构蛋白和非结构蛋白的数量、大小以及功能和活性（特别是病毒粒体包含的转录酶、反转录酶、血凝素、神经氨酸酶以及融合蛋白）、氨基酸序列比较等；

（5）病毒脂类的有无和性质；

（6）碳水化合物的含量和特性。

2. 病毒基因组结构和复制特性

（1）基因组结构；

（2）核酸复制的策略；

（3）转录特征；

（4）翻译和翻译后加工的特征；

（5）病毒粒体蛋白的积累位点、装配位点、成熟和释放位点；

（6）细胞病理学和内含体的形成。

3. 病毒抗原性质。包括病毒血清学关系和抗原决定簇定位。

4. 病毒生物学特性

（1）寄主范围，包括自然的和试验寄主；

（2）致病性及其与病害的关系；

（3）组织向性、病毒引起的病理学和组织病理学特征；

（4）自然传播途径；

（5）介体关系；

（6）地理分布。

这里应该指出的是，病毒不同分类阶元的划分所采用的依据及其权重是有所不同的。一般来说，病毒种的分类主要依据的是病毒基因组重排（rearrangement）、核苷酸序列同源性、血清学关系、生理生化性质、介体传播特性、寄主范围、致病性、细胞病理变化、组织向性和地理分布等；病毒属的划分主要是依据病毒复制策略、基因组大小、结构和片段数目，核苷酸序列同源性和介体传播特性；而病毒的生物化学组成（如结构蛋白和非结构蛋白的数量和大小、蛋白的功能活性、脂类和碳水化合物的有无和特性等）、病毒复制策略、病毒粒体结构的性质、基因组结构等特性是病毒分科的重要依据；基因组特性（如核酸类型、链型和极性等）、生物化学组成、病毒复制策略、粒体结构等特性则与病毒目的分类有关（Fauquet，1999；洪健等，2001；赫尔，2007）。

第五节 植物病毒分类系统

同其他生物的分类相比，植物病毒的分类系统迄今还是很不完整的。植物病毒的分类系统只采用目、科、属和种等分类阶元。

在 ICTV 公布的病毒分类第八次报告中，共收录了 1 122 个植物病毒，其中病毒确定种 763 个，暂定种 279 个，科内未归属病毒 64 个，未分类的病毒 16 个。大部分植物病毒分别归属于 1 个目、18 个科、81 个属中，有 17 个病毒属尚无科的分类阶元（图 6-1，表

6-1）（Fauquet et al.，2005；洪健和周雪平，2006；谢联辉，2006）。不同科、属间的病毒种数差异巨大，马铃薯 Y 病毒科（*Potyviridae*）的马铃薯 Y 病毒属（*Potyvirus*）的成员多达 197 种，是目前植物病毒中最大的属；双生病毒科（*Geminiviridae*）中的菜豆金色花叶病毒属（*Begomovirus*）的成员数近年增长很快，目前已达 171 种，很可能在不久的将来成为种数最多的植物病毒属；而番茄伪曲顶病毒属（*Topocuvirus*）、香蕉束顶病毒属（*Babuvirus*）、东格鲁病毒属（*Tungrovirus*）等属目前尚只有单一成员。

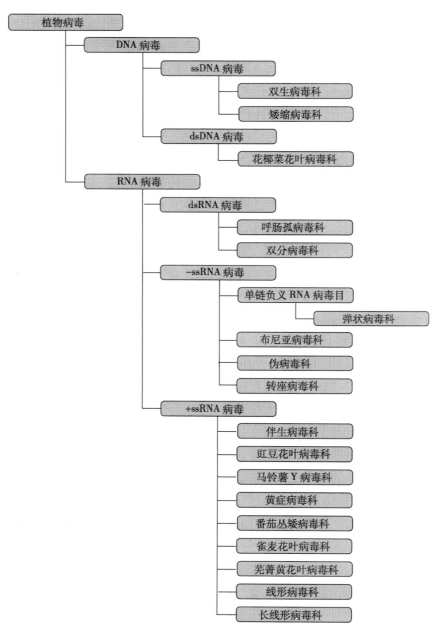

图 6-1　植物病毒的主要类群

表 6 - 1　ICTV 第八次报告公布的植物病毒的分类总表

	目、科	属	代表种	确定种/暂定种
ssDNA 病毒	双生病毒科 *Geminiviridae*	玉米线条病毒属 *Mastrecvirus*	玉米线条病毒 *Maize streak virus*	11/6
		曲顶病毒属 *Curtovirus*	甜菜曲顶病毒 *Beet curly top virus*	4/1
		菜豆金色花叶病毒属 *Begomovirus*	菜豆金色花叶病毒 *Bean golden mosaic virus*	117/54
		番茄伪曲顶病毒属 *Topocuvirus*	番茄伪曲顶病毒 *Tomato pseudo - curly top virus*	1/0
	矮缩病毒科 * *Nanoviridae*	矮缩病毒属 *Nanovirus*	地三叶草矮化病毒 *Subterranean clover stunt virus*	3/0
		香蕉束顶病毒属 *Babuvirus*	香蕉束顶病毒 *Banana bunchy top virus*	1/0
dsDNA 病毒	花椰菜花叶病毒科 *Caulimoviridae*	花椰菜花叶病毒属 *Caulimovirus*	花椰菜花叶病毒 *Cauliflower mosaic virus*	8/4
		碧冬茄病毒属 *Petuvirus*	碧冬茄脉明病毒 *Petunia vein clearing virus*	1/0
		大豆斑驳病毒属 *Soymovirus*	大豆褪绿斑驳病毒 *Soybean chlorotic mottle virus*	3/0
		木薯脉花叶病毒属 *Cavemovirus*	木薯脉花叶病毒 *Cassava vein mosaic virus*	2/0
		杆状 DNA 病毒属 *Badnavirus*	鸭跖草黄色斑驳病毒 *Commelina yellow mottle virus*	18/5
		东格鲁病毒属 *Tungrovirus*	水稻东格鲁杆状病毒 *Rice tungro bacilliform virus*	1/0
dsRNA 病毒	呼肠孤病毒科 *Reoviridae*	植物呼肠孤病毒属 *Phytoreovirus*	伤瘤病毒 *Wound tumor virus*	3/1
		斐济病毒属 *Fijivirus*	斐济病毒 *Fiji disease virus*	7/0
		水稻病毒属 *Oryzavirus*	水稻齿叶矮化病毒 *Rice ragged stunt virus*	2/0
	双分病毒科 *Partitiviridae*	α-隐潜病毒属 *Alphacryptovirus*	白三叶草隐潜病毒 1 号 *White clover cryptic virus 1*	16/10
		β-隐潜病毒属 *Betacryptovirus*	白三叶草隐潜病毒 2 号 *White clover cryptic virus 2*	4/1
	—	内源 RNA 病毒属 *Endornavirus*	蚕豆内源 RNA 病毒 *Vicia fabaendorna virus*	4/0
—ssRNA 病毒	单链负义 RNA 病毒目 *Mononegavirales* 弹状病毒科 *	细胞核弹状病毒属 *Nucleorhabdovirus*	马铃薯黄矮病毒 *Potato yellow dwarf virus*	7/0
		细胞质弹状病毒属 *Cytorhabdovirus*	莴苣坏死黄化病毒 *Lettuce necrotic yellows virus*	8/0
	布尼亚病毒科	番茄斑萎病毒属 *Tospovirus*	番茄斑萎病毒 *Tomato spotted wilt virus*	8/6
	伪病毒科 *Pseudoviridae*	伪病毒属 *Pseudovirus*	啤酒酵母 Ty1 病毒 *Saccharomyces cerrevisiae Ty1 virus*	16/0 * *
		塞尔病毒属 *Sirevirus*	大豆塞尔病毒 1 号 *Glycine max SIRE1 virus*	5/0

（续）

目、科	属	代表种	确定种/暂定种
−ssRNA 病毒 转座病毒科	转座病毒科 Matavirus	啤酒酵母 Ty3 病毒 Saccharomyces cerrevisiae Ty3 virus	3/0**
—	巨脉病毒属 Varicosavirus	莴苣巨脉伴随病毒 Lettuce big‐vein associated virus	1/1
—	蛇形病毒属 Ophiovirus	柑橘鳞皮病毒 Citrus psorosis virus	5/1
—	纤细病毒属 Tenuivirus	水稻条纹病毒 Rice stripe virus	6/5
+ssRNA 病毒 伴生病毒科 Sequiviridae	伴生病毒属 Sequivirus	欧防风黄点病毒 Parsnip yellow fleck virus	2/1
	水稻矮化病毒属 Waikavirus	水稻东格鲁球状病毒 Rice tungro spherical virus	3/0
豇豆花叶病毒科 Comoviridae	豇豆花叶病毒属 Comovirus	豇豆花叶病毒 Cowpea mosaic virus	15/0
	蚕豆病毒属 Fabavirus	蚕豆萎蔫病毒 1 号 Broad bean wilt virus 1	3/0
	线虫传多面体病毒属 Nepovirus	烟草环斑病毒 Tobacco ring spot virus	32/0
马铃薯 Y 病毒科 * Potyviridae	马铃薯 Y 病毒属 Potyvirus	马铃薯 Y 病毒 Potato virus Y	111/86
	甘薯病毒属 Ipomovirus	甘薯轻型斑驳病毒 Sweet potato mild mottle virus	3/1
	柘橙病毒属 Macluravirus	柘橙花叶病毒 Maclura mosaic virus	3/1
	黑麦草花叶病毒属 Rymovirus	黑麦草花叶病毒 Ryegrass mosaic virus	3/0
	小麦花叶病毒属 Tritimovirus	小麦线条花叶病毒 Wheat streak mosaic virus	3/0
	大麦黄花叶病毒属 Bymovirus	大麦黄花叶病毒 Barley yellow mosaic virus	6/0
黄症病毒科 * Luteoviridae	黄症病毒属 Luteovirus	大麦黄矮病毒-PAV Barley yellow dwarf virus-PAV	5/0
	马铃薯卷叶病毒属 Polerovirus	马铃薯卷叶病毒 Potato leafroll virus	9/0
	耳突花叶病毒属 Enamovirus	豌豆耳突花叶病毒 Pea enation mosaic virus	1/0
番茄丛矮病毒科 Tombusviridae	绿萝病毒属 Aureusvirus	绿萝潜隐病毒 Pothos latent virus	2/0
	燕麦病毒属 Avenavirus	燕麦褪绿矮化病毒 Oat chlorotic stunt virus	1/0
	麝香石竹斑驳病毒属 Carmovirus	麝香石竹斑驳病毒 Carnation mottle virus	14/8
	麝香石竹环斑病毒属 Dianthovirus	麝香石竹环斑病毒 Carnation ring spot virus	3/3
	玉米褪绿斑驳病毒属 Machlomovirus	玉米褪绿斑驳病毒 Maize chlorotic mottle virus	1/0

（续）

目、科	属	代表种	确定种/暂定种
+ssRNA 病毒	坏死病毒属 *Necrovirus*	烟草坏死病毒 *Tobacco necrosis virus*	6/2
番茄丛矮病毒科 *Tombusviridae*	黍病毒属 *Panicovirus*	黍花叶病毒 *Panicum mosaic virus*	1/1
	番茄丛矮病毒属 *Tombusvirus*	番茄丛矮病毒 *Tomato bushy stunt virus*	15/1
	苜蓿花叶病毒属 *Alfamovirus*	苜蓿花叶病毒 *Alfalfa mosaic virus*	1/0
雀麦花叶病毒科 *Bromoviridae*	雀麦花叶病毒属 *Bromovirus*	雀麦花叶病毒 *Brome mosaic virus*	6/0
	黄瓜花叶病毒属 *Cucumovirus*	黄瓜花叶病毒 *Cucumber mosaic virus*	3/0
	等轴不稳环斑病毒属 *Ilarvirus*	烟草线条病毒 *Tobacco streak virus*	16/0
	油橄榄病毒属 *Oleavirus*	油橄榄潜隐病毒 2 号 *Olive latent virus 2*	1/0
芜菁黄花叶病毒科 * *Tymoviridae*	芜菁黄花叶病毒属 *Tymovirus*	芜菁黄花叶病毒 *Turnip yellow mosaic virus*	23/0
	玉米雷亚朵非纳病毒属 *Marafivirus*	玉米雷亚朵非纳病毒 *Maize rayado fino virus*	3/2
	葡萄斑点病毒属 *Maculavirus*	葡萄斑点病毒 *Grapevine fleck virus*	1/1
线形病毒科 * *Flexiviridae*	马铃薯 X 病毒属 *Potexvirus*	马铃薯 X 病毒 *Potato virus X*	28/18
	印度柑橘病毒属 *Mandarivirus*	印度柑橘环斑病毒 *Indian citrus ringspote virus*	1/0
	青葱 X 病毒属 *Allexivirus*	青葱 X 病毒 *Shallot virus X*	8/3
	香石竹潜隐病毒属 *Carlavirus*	香石竹潜隐病毒 *Carnation latent virus*	35/29
	凹陷病毒属 *Foveavirus*	苹果茎痘病毒 *Apple stem spitting virus*	3/0
	发样（形）病毒属 *Capillovirus*	苹果茎沟病毒 *Apple stem grooving virus*	3/1
	葡萄病毒属 *Vitivirus*	葡萄 A 病毒 *Grapevine virus A*	4/1
	纤毛病毒属 *Trichovirus*	苹果褪绿叶斑病毒 *Apple chlorotic leaf spot virus*	4/0
长线形病毒科 * *Closteroviridae*	长线形病毒属 *Closterovirus*	甜菜黄化病毒 *Beet yellows virus*	8/4
	毛形病毒属 *Crinivirus*	莴苣传染性黄化病毒 *Lettuce infectious yellows virus*	8/2
	葡萄卷叶病毒属 *Ampelovirus*	葡萄卷叶伴随病毒 3 号 *Grapevine leafroll - associated virus 3*	6/5
—	温州蜜柑矮缩病毒属 *Sadwavirus*	温州蜜柑矮缩病毒 *Satsuma dwarf virus*	3/2

（续）

目、科	属	代表种	确定种/暂定种
—	樱桃锉叶病毒属 *Cheravirus*	樱桃锉叶病毒 *Cherry rasp leaf virus*	2/2
—	南方菜豆花叶病毒属 *Sobemovirus*	南方菜豆花叶病毒 *Southern bean mosaic virus*	13/4
—	悬钩子病毒属 *Idaeovirus*	悬钩子丛矮病毒 *Raspberry bushy dwarf virus*	1/0
—	幽影病毒属 *Umbravirus*	胡萝卜斑驳病毒 *Carrot mottle virus*	7/3
—	欧尔密病毒属 *Ourmiavirus*	欧尔密甜瓜病毒 *Ourmia melon virus*	3/0
—	烟草花叶病毒属 *Tobamovirus*	烟草花叶病毒 *Tobacco mosaic virus*	22/1
—	烟草脆裂病毒属 *Tobravirus*	烟草脆裂病毒 *Tobacco rattle virus*	3/0
—	大麦病毒属 *Hordeivirus*	大麦条纹花叶病毒 *Barley stripe mosaic virus*	4/0
—	真菌传杆状病毒属 *Furovirus*	土传小麦花叶病毒 *Soil - borne wheat mosaic virrus*	5/0
—	马铃薯帚顶病毒属 *Pomovirus*	马铃薯帚顶病毒 *Potato mop - top virus*	4/0
—	花生丛簇病毒属 *Pecluvirus*	花生丛簇病毒 *Peanut clump virus*	2/0
—	甜菜坏死黄脉病毒属 *Benyvirus*	甜菜坏死黄脉病毒 *Beet necrotic yellow vein virus*	2/2

（表格最左列纵跨：＋ssRNA 病毒）

* 矮缩病毒科有 1 个未归属种；弹状病毒科有 59 个未归属种；马铃薯 Y 病毒科有 3 个未归属种；黄症病毒科有 11 个未归属种；芜菁黄花叶病毒科有 1 个未归属种；线形病毒科有 6 个未归属种；长线形病毒科有 5 个未归属种；另有 16 个未分类的植物病毒。

** 为伪病毒属和转座病毒属中的植物病毒种数。

根据植物病毒的核酸类型、链型和极性，可将植物病毒划分为单链 DNA（ssDNA）

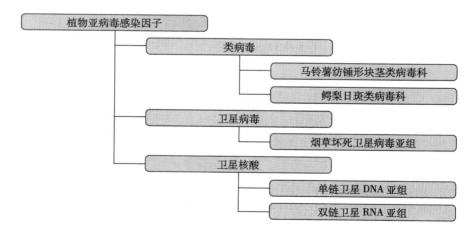

图 6 - 2 植物亚病毒感染因子的主要类群

病毒（201种）、双链 DNA（dsDNA）病毒（42种）、双链 RNA（dsRNA）病毒（48种）、单链负义 RNA（－ssRNA）病毒（131种）和单链正义 RNA（＋ssRNA）病毒（684种）5个大类群（图6-1）。

此外，ICTV 第八次分类报告还收录了植物亚病毒感染因子——类病毒和病毒卫星。已发现侵染植物的亚病毒包括4个植物卫星病毒确定成员和1个暂定成员，17个单链卫星 DNA 和29个单链卫星 RNA，28个类病毒确定种和2个暂定种，共81个亚病毒感染因子（图6-2，表6-2）。

表6-2 ICTV 第八次报告公布的植物亚病毒感染因子的分类总表

感染因子	科	属	代表种	确定种/暂定种
类病毒 * viroid	马铃薯纺锤形块茎类病毒科 Pospiviroidae	马铃薯纺锤形块茎类病毒属 Pospiviroid	马铃薯纺锤形块茎类病毒 Potato spindle tuber viroid	9/0
		啤酒花矮化类病毒属 Hostuviroid	啤酒花矮化类病毒 Hop stunt viroid	1/0
		椰子死亡类病毒属 Cocadviroid	椰子死亡类病毒 Coconut cadang - cadang viroid	4/0
		苹果锈果类病毒属 Apscaviroid	苹果锈果类病毒 Apple scar skin viroid	8/2
		锦紫苏类病毒属 Coleviroid	锦紫苏类病毒1号 Coleus blumei viroid 1	3/0
	鳄梨日斑类病毒科 Avsunviroidae	鳄梨日斑类病毒属 Avsunviroid	鳄梨日斑类病毒 Avocado sunblotch viroid	1/0
		桃潜隐花叶类病毒属 Pelamoviroid	桃潜隐花叶类病毒 Peach latent mosaic viroid	2/0
卫星病毒 satellite virus	烟草坏死卫星病毒亚组 Tobacco necrosis satellite virus - like		烟草坏死卫星病毒 Tobacco necrosis satellite virus	4/1
卫星核酸 satellite RNA/DNA	单链卫星 DNA 亚组 Single-stranded satellite DNAs		番茄曲叶病毒卫星 DNA Tomato leaf curl virus satellite DNA	17/0
	单链卫星 RNA 亚组 Single-stranded satellite RNAs	大单链卫星 RNA Large satellite RNAs	番茄黑环病毒卫星 RNA Tomato black ring virus satellite RNA	9/1
		小线状单链卫星 RNA Small linear satellite RNAs	黄瓜花叶病毒卫星 RNA Cucumber mosaic virus satellite RNA	8/2
		环状单链卫星 RNA Circular satellite RNAs	烟草环斑病毒卫星 RNA Tobacco ringspot virus satellite RNA	8/1

* 尚有6个未分科的类病毒（详见第十章第一节）。

参 考 文 献

张成良，张作芳，李蔚民，相宁.1996.植物病毒分类.北京：中国农业出版社

洪健，李德葆，周雪平.2001.植物病毒分类图谱.北京：科学出版社

洪健，周雪平.2006.ICTV 第八次报告的最新病毒分类系统.中国病毒学，21（1）：84～96

谢联辉.2006.普通植物病理学.北京：科学出版社

谢联辉，林奇英.2004.植物病毒学（第二版）.北京：中国农业出版社

赫尔.R.编著，范在丰，李怀方，韩成贵，李大伟译校.2007.马修斯植物病毒学（原书第四版）.北

京：科学出版社

Fauquet CM. 1999. Taxonomy, classification and nomenclature of viruses. Encyclopedia of Virology, 2th ed (Granoff A, Webster RG ed), San Diego: Academic Press

Fauquet CM, Mayo MA. 1999. Abbreviations for plant virus names—1999. Arch. Virol. 144: 1 249~1 272

Fauquet CM, Mayo MA, Maniloff J, Desselberger U, Ball LA. 2005. Virus Taxonomy—Eighth Report of the International Committee on Taxonomy of Viruses. San Diego: Elsevier Academic Press

Hull R, Milne RG, van Regenmortel MHV. 1991. A list of proposed standard acronyms for plant viruses and viroids. Arch. Virol. 120: 151~164

van Regenmortel MHV. 2003. Viruses are real, virus species are man-made, taxonomic constructions. Arch Virol. 148: 2 481~2 488

van Regenmortel MHV. 2007. Virus species and virus identification: past and current controversies. Infect Genet Evol. 7: 133~144

van Regenmortel MHV, Fauquet CM, Bishop DHL . 2000. Virus Taxonomy: Classification and Nomenclature of Viruses. Seventh Report of the International Committee on Taxonomy of Viruses. San Diego: Elsevier Academic Press

第七章　植物病毒的分离与提纯

第一节　病毒分离提纯的基本原理

　　植物病毒系非细胞、专性寄生物，不能像绝大部分真菌和细菌等细胞生物那样能在人工培养基上进行分离培养，进而获得进行形态观察和生理生化等各种属性研究的纯种。因此，分离提纯是进行病毒一系列生理生化和物理性状、生物学特性，以及抗血清制备等研究进而鉴定植物病毒的前提和基础工作。

　　早在 1935 年，斯坦利（Stanley）就从烟草中提取出了烟草花叶病毒（*Tobacco mosaic virus*，TMV），这是植物病毒学史上一个重要的里程碑。目前，越来越多的技术和方法用以提纯各种不同类型和寄主的病毒，成了病毒学研究工作中一个重要的组成部分。

　　要从自然界感染的植株中提取病毒，涉及病毒的分离和提纯。病毒的分离（isolation）主要指生物分离，是依据病毒的分离寄主、传毒介体或病毒物理特性等的差异，将一种病毒或株系从受侵染的寄主植物中同其他病毒或株系分离开来，以达到生物纯化的目的。病毒的提纯（purification）主要指理化提纯，即应用各种理化方法，依据病毒的蛋白质和大分子粒体与寄主细胞组分的理化特性的差异，将寄主植物中的病毒粒体与寄主细胞组分区分开来，提取出具有侵染力的浓缩的纯度较高的病毒。

第二节　病毒的分离

　　一种寄主植物可以受多种病毒和同种病毒不同株系的侵染，因此从田间采集的自然感染病毒的材料，很可能是混杂有不同病毒或同种病毒不同株系的混合物。如福建闽东地区马铃薯农家自留种的种薯携带马铃薯 A 病毒（*Potato virus* A，PVA）和马铃薯 S 病毒（*Potato virus* S，PVS）都分别在 80％以上，混合侵染现象十分普遍（吴兴泉，2002）。浙江采集的田间表现花叶症状的大蒜不仅混杂有亲缘关系很近的不同种病毒，如大蒜 X 病毒（*Garlic virus* X，GarVX）和大蒜 E 病毒（*Garlic virus* E，GarVE），还可混杂有同种病毒的不同分离物，如洋葱黄矮病毒（*Onion yellow dwarf virus*，OYDV）在表现花叶的大蒜中存在 7 个分离物（陈炯和陈剑平，2003）。华南地区广泛分布的番木瓜环斑花叶病毒（*Papaya ringspot virus*，PRSV）尽管在番木瓜植株中表现症状都为花叶环斑，但至少可以分离出 4 种分离物（Ys、Vb、Sm、Lc）（蔡健和和范怀忠，1994）。

　　由于自然感染病株的病原病毒的复杂性，在病毒提纯之前，都必须通过生物分离方法，从自然感染的病株中获得单一病毒或株系。生物分离最好的方法是利用分离寄主来分离病毒或株系。包括利用病毒的枯斑寄主、利用病毒的不同寄主范围或在一定寄主上产生不同的症状等，将自然感染的同一寄主上的不同病毒或株系区分开来。如混合侵染普通烟的烟草花叶病毒（TMV）和黄瓜花叶病毒（*Cucumber mosaic virus*，CMV），尽管在普通烟上二者都产生系统花叶，但 TMV 接种在心叶烟上产生枯斑，而 CMV 在心叶烟上还是系统花叶，这样就可通过心叶烟的枯斑分离，将普通烟中的 TMV 从混合侵染中分离出来。CMV 在黄瓜上产生系统花叶症状，而 TMV 则不能侵染黄瓜，这样，就可利用黄瓜将 CMV 和 TMV 从混合的病株中分离出来。番木瓜环斑花叶病毒（PRSV）接种在西葫芦上，4 种分离物可以产生 4 种明显不同的症状，这样就可通过接种物稀释转接，最终将4 种分离物分离开（蔡健和和范怀忠，1994）。如果病毒的介体传染有较强的特异性，那么就可利用这种介体特异性的差异将不同病毒或株系分开。如在水稻上引起比较相似症状的水稻簇矮病毒（*Rice bunchy stunt virus*，RBSV）、水稻矮缩病毒（*Rice dwarf virus*，RDV）、水稻黑条矮缩病毒（*Rice black streaked dwarf virus*，RBSDV）和水稻齿矮病毒（*Rice ragged stunt virus*，RBSV）就可以分别用专化介体昆虫黑尾叶蝉（*Nephotettix cincticeps*）、电光叶蝉（*Recilia dorsalis*）、灰飞虱（*Laodelphax striatellus*）和褐飞虱（*Nilaparvata lugens*）来加以分离（谢联辉和林奇英，1984）。又如大麦黄矮病毒（*Barley yellow dwarf virus*，BYDV）的 GPV 株系由麦二叉蚜（*Schizaphis graminum*）和禾谷缢管蚜（*Rhopalosiphum padi*）传毒，GAV 株系由麦二叉蚜、麦长管蚜（*Sitobion avenae*）传毒，PAGV 株系则由麦二叉蚜、麦长管蚜和禾谷缢管蚜传毒，RMV 株系仅由玉米蚜（*Rhopalosiphum maidis*）传毒，根据这一介体专化性，就可以将病毒的不同株系分离出来（周广和等，1986）。此外，还可利用不同病毒的钝化温度（TIP）、稀释限点（DEP）、体外存活期（LIV）、病毒对酸碱度和酶等耐受性、病毒的沉降系数等特性的不同来分离病毒（裘维蕃，1984）。

通过各种方法分离病毒后，一般要回接原来的自然感染的寄主植株，观察是否能产生或重现原有症状，以证实分离的病毒或株系为真正的病原，再进行下一步的病毒繁殖。必要时需进行电镜观察和血清学测定，确认其是否为纯病毒或分离物。

第三节　病毒的毒源繁殖

分离获得较纯的病毒后，就要利用合适的繁殖寄主来扩大病毒繁殖，这是成功提纯病毒的关键因素之一。病毒的繁殖寄主一般要求：①能够有利于病毒增殖运转，从而在较少的寄主组织中产生较高的病毒浓度；②不含或少含具有抑制病毒或不可逆沉淀病毒的物质，如酚类化合物、有机酸、黏胶质、蛋白酶等；③病毒易从寄主材料中分离；④生长速度快，易于栽培种植；⑤病毒易接种与感染；⑥系统发病。

在植物病毒繁殖中常用的繁殖寄主有烟草、番茄、黄瓜、豇豆、苋色藜、南瓜、西葫芦和矮牵牛等草本植物。因为这些寄主基本能满足以上 6 项要求，所以只要病毒能侵染这些寄主，一般都以这些寄主作为病毒的繁殖寄主。如马铃薯上的病毒大多是用烟草和番茄作为繁殖寄主，番木瓜环斑病毒是以西葫芦作为繁殖寄主。许多木本植物，由于含有较多的单宁等物质，往往难以提纯病毒，所以一般也接种在以上寄主植物或其他草本植物上繁殖后再提纯。对于一些寄主专化性强的病毒，这类病毒由于自然寄主少，如侵染水稻的许多病毒的寄主范围仅局限于水稻本身，侵染香蕉的香蕉束顶病毒（*Banana bunchy top virus*，BBTV）仅能侵染蕉类，那么这类病毒的繁殖寄主就只能是寄主本身。但对寄主本身而言，不同品种的病株间可能病毒浓度相差很大。一般而言，感病品种内的病毒浓度较高，如水稻条纹病毒（*Rice stripe virus*，RSV）在感病品种早单八病株中的病毒浓度比抗病品种明恢 63 病株高达 1 倍（林含新等，1997）。因此，对于这类病毒，只能选择那些感病或易感病的品种作为病毒的繁殖寄主。

病毒在繁殖寄主上不同时间其含量是变化的，不同病毒和不同繁殖寄主组合有不同的特点。病毒在接种繁殖寄主后，病毒浓度就会逐步上升，以至达到高峰，而后开始下降，但不同病毒维持较高浓度的时间则往往不同。如烟草花叶病毒在接种后 10～20d、水稻矮缩病毒（*Rice dwarf virus*，RDV）在接种后 15～45d 的病毒浓度变化不大，而黄瓜花叶病毒、苜蓿花叶病毒（*Alfalfa mosaic virus*，AMV）和番茄斑萎病毒（*Tomato spot wilt virus*，TSWV）等在接种后 7～10d 就必须采收病叶（田波和裴美云，1987），否则病毒浓度就会迅速下降。因此，对于不同病毒和寄主组合，在接种后经过多长时间采收病叶用于分离病毒，在没有现存资料可利用的情况下，都要经过事先试验和测定，以保证用于提纯的起始材料含有较高的病毒浓度。

在接种发病的繁殖寄主上，病毒在植株体内的分布是不均匀的。有些部位病毒特别集中，而有些部位病毒又特别少，甚至没有，这关键取决于病毒主要集中在植株的什么部位繁殖和最后主要的运转累积部位。病毒如在薄壁细胞中繁殖，如 TMV、CMV 在烟草上，则病毒主要集中在叶片中，特别是发病幼嫩叶片的叶肉组织中，而叶柄和主脉等则含量低；如病毒在韧皮部中繁殖，如香蕉束顶病毒在香蕉上，则主要集中在叶柄和叶脉组织中，而在叶肉组织中则含量低（何自福等，2001）。还有些产生肿瘤病状的病毒，如水稻瘤矮病毒（*Rice gall dwarf virus*，RGDV）则病毒主要集中在肿瘤组织中（范怀忠等，1983）。因此在提纯病毒时，要充分考虑病毒存在的主要植株部位，以便采集相应含有高浓度病毒的组织，从而获得较高产量的病毒。

繁殖寄主在不同环境栽培条件下种植对病毒含量的影响也是较大的，其中温度影响最为重要。植物病毒的繁殖都有一定的温度要求（一般为 20～25℃），温度过高或过低都会限制病毒在寄主组织中的繁殖和运转，从而导致其含量降低。此外，光照强度、肥水条件也能显著影响病毒在寄主中的含量。一般而言，在营养良好、生长迅速的寄主中病毒繁殖较快，接种后适当降低光照、增施氮肥也能增加病毒产量。

繁殖寄主一般置于严格防虫的网室或温室中播种、接种和生长，以防其他病毒的污染。尽管如此，在整个繁殖寄主生长过程中都要十分小心。作为繁殖寄主的网室或温室，切忌再放置含有其他病毒的繁殖寄主或保存寄主；网室或温室门要时刻保持关闭，最好设置双层门；进入人员要用肥皂水洗手后再进行农事操作和取样，特别是利用烟草作为繁殖寄主时更要小心谨慎。要知道不经意的手与繁殖寄主植株的接触，都有可能传播诸如TMV、马铃薯 X 病毒（*Potato virus X*，PVX）、马铃薯 Y 病毒（*Potato virus Y*，PVY）等。

第四节　病毒的提纯

为了精确开展病毒理化性质、结构学、血清学、生物学和分子生物学特性等的研究，做好病毒的提纯是十分必要的。

病毒提纯能否成功涉及因素很多。这些因素包括病毒在植物体内的浓度、病毒形态和大小、株系、稳定性等内在因素和缓冲液种类、浓度和 pH、附加成分、澄清剂、离心力和密度梯度离心方式的选择等外在因素。在提纯时要充分考虑这些因素对病毒提纯的影响。

植物病毒的提纯方法很多，不同病毒应依据提纯的目的和要求不同，设计不同的提纯方案。如提纯的病毒拟用于制备抗血清，那么在病毒的提纯液中应当尽量除去寄主的各种抗原成分，以便获得病毒专化性强的抗血清；如果提纯的病毒拟用于病毒核酸性质研究，那么在病毒的提纯液中应当尽量除去寄主的各类核酸或核酸衍生物。在对某一具体病毒进行提纯方案设计时，首先应查找前人资料，看是否前人资料能直接利用，或依据提纯目的和现有实验条件对前人方法进行必要的改进。如果没有现成的资料可资利用，则需依据病毒和繁殖寄主的特性创造提纯方法。

病毒提纯步骤包括抽提介质的准备、植物组织和细胞破碎、病毒粗提纯（含提取液澄清、病毒浓缩）和病毒精提纯。在提纯过程中每一步都要十分小心。特别是第一次提纯或使用一种新的提纯方法，从粗提纯开始，每一步最好用一定的检验方法对提纯中的病毒进行监测，如血清学检测、电镜观察、电泳分析、紫外扫描等，以保证病毒在提纯过程中不能大量丢失，从而证明其提纯的步骤是可行和可靠的。

一、抽提介质的准备

一旦植物组织和细胞被破碎，植物组织和细胞中的许多对病毒有害的物质就和病毒粒体一起释放出来。为了使提纯的病毒保持侵染性和粒体完整性、在提纯的不同阶段保持非聚集状态，在破碎植物组织和细胞时，一定要使用合适的抽提介质。抽提不同的病毒或同一病毒采用不同的繁殖寄主，使用的抽提介质也可能不同。在设计和准备抽提介质时，应充分考虑以下各种因子对病毒提纯的影响。

1. 缓冲液和氢离子浓度（pH）　提取不同病毒时，要选择合适的缓冲液种类及其使用浓度，否则可能提纯不到病毒、提纯产量过低或提纯的病毒丧失了侵染活性。缓冲液的种类很多，最常用的是磷酸、硼酸和柠檬酸盐缓冲液。一般使用浓度在 $0.1\sim0.5\text{mol/L}$ 之间。在缓冲液中，氢离子浓度（pH）是控制蛋白质可溶性的重要因素，不同的 pH 能使病毒衣壳蛋白表面氨基酸离子发生变化。植物粗汁液的 pH 一般为酸性，许多病毒的等电点在 pH4.0 左右，如果缓冲液的 pH 与病毒的等电点相同，则病毒粒体表面氨基酸离子的电荷为零，那么病毒粒体就会呈不溶解状态而沉淀。如果缓冲液 pH 过高，病毒蛋白与核酸间的化学键就会变弱，会导致二者分开。因此，缓冲液的 pH 一般多在中性（7.0）或稍偏碱性，以保证病毒在整个抽提过程中呈溶解和稳定状态。

2. 金属离子和离子强度　有些病毒需要 2 价金属离子（Ca^{2+} 或 Mg^{2+}）的存在才能保

持侵染性和粒体结构的完整性。有些病毒在低于 0.2mol/L 的缓冲液中会裂解，而另一些病毒在高于 0.2mol/L 时变得不稳定（田波和裴美云，1987）。如苜蓿花叶病毒（*Alfalfa mosaic virus*，AMV）粒体在 Mg^{2+} 浓度高于 1mol/L 浓度下就会聚集，而高于 0.1mol/L 浓度下就会裂解（Hull & Johnson，1968）。

3. 附加成分物质　在抽提缓冲液中，常常要添加一定的附加成分物质用以保护病毒。这些附加成分物质包括抑制和去除寄主氧化酶和酚类化合物活性的还原剂，如亚硫酸钠、巯基乙醇、抗坏血酸、半胱氨酸等；去除酚类化合物的螯合剂，如聚乙烯吡咯烷酮（Polyvinyl pyrrolidone，PVP）、卵蛋白、血蛋白和酪蛋白等；去除核糖核酸酶的皂土或聚乙烯硫酸盐（Polyvinyl sulfate）等；去除色素的活性炭等。

为了防止病毒粒体相互聚合以及有利于病毒从不可溶性细胞组分中释放，往往在抽提液中加入非离子去污剂，如曲拉通（Triton X‑100）、土温 20 等。但对于有包膜的病毒，这类非离子去污剂则不能使用，否则去污剂可能破坏包膜。有些含有内含体的病毒，如花椰菜花叶病毒属（*Caulimovirus*）病毒在提纯时加入尿素和曲拉通，能够破碎包含体而释放病毒粒体，这样更有利于产量提高（Hull et al.，1976）。球状病毒在形态和大小上与植物核糖体等细胞器相似，除加入去垢剂外，还应加入一定量的乙二胺四乙酸（Eathylene Diamine‑etra‑acetic acid，EDTA），以破坏核糖体，阻止它们与病毒共同沉降下来，同时还能抑制一些需要 2 价金属离子的酶的活性。

总之，要针对不同的病毒和寄主植物，选用适当的附加成分物质。一般是在研磨组织时加入最好。

二、植物组织和细胞破碎

许多方法可用于植物组织和细胞破碎，从而使其中的病毒释放出来。常采用组织捣碎机或匀浆机，通过其中的刀片高速运转，剪切植物组织和破碎细胞。对于那些有很厚蜡质层的木本植物叶片，或像水稻等表皮高度硅质化的禾本科植物，可采用电动研磨机、搅拌机或绞肉机来反复破碎。在提取少量植物组织时，也可采用研钵等进行人工研磨。

在破碎植物组织和细胞时，要针对不同的病毒采用不同的方法。球状、杆状等不易被机械剪切破坏的病毒可采用以上多种方法。但对于线状、特别是长线状和分枝状粒体的病毒，破碎组织时不能过于剧烈，以减少机械破坏病毒粒体。对于这类病毒的提纯，最好采用研钵以人工研磨的方式破碎植物材料。

用于提取病毒的植物材料在破碎前，常放在 −20℃ 或更低温度下速冻一段时间，这样不仅可在高速捣碎时保持低温，也有利于后期提取液的澄清。对单宁含量高的植物，如香蕉中病毒的提取，一般用液氮速冻后再来粉碎组织和细胞，以防止单宁等物质对病毒的钝化。但对一些不稳定或含量低的病毒，则常采用新鲜材料提取。

在破碎植物组织和细胞时，要时刻牢记破碎后的植物材料要尽快加入抽提介质。许多不含木质素、纤维素等硬质组织的繁殖寄主，通常将抽提介质加入后与植物材料一起用组织捣碎机来破碎；而含这些硬质材料的组织往往用液氮速冻后用研磨机等再破碎；采用人工研磨方式破碎植物材料，也往往是在液氮中速冻后再研磨。对于这些破碎的植物组织材料，一定要在液氮解冻前尽快加入抽提介质。

三、植物病毒的粗提纯

植物病毒的粗提纯包括提取液的澄清和病毒的浓缩。病毒的澄清是为了使病毒粒体和寄主细胞组分分开而获得尽可能少含有杂质的病毒提取液，而病毒的浓缩是采用沉淀、盐析和离心等方法进一步除去杂质。

1. 提取液澄清 在破碎细胞后的混合物中，除病毒外，还有大小不等的细胞组分。大分子物质包括植物细胞、细胞碎片、叶绿体、线粒体、细胞核和其他细胞器等。由于这类物质比病毒大很多，因而很容易通过过滤或低速离心等方法去除。小分子物质如糖、盐和氨基酸等可溶性物质，也易去除。而介于中间的蛋白、核糖体、微粒体等，它们的大小、成分和稳定性与病毒粒体很接近，是提纯病毒时最难去除的寄主成分，需采用一些澄清剂来处理。

常用的澄清剂有氯仿、正丁醇、四氯化碳、乙醇等有机溶剂。氯仿主要用于线状病毒，正丁醇和四氯化碳则广泛应用于球状病毒的澄清。处理时一般将上述有机溶剂按一定比例（如10%～20%，v/v）加入抽提液中，在匀浆机中高速搅拌形成乳剂，静置分层或低速离心后，混合液则分为3相。即含有病毒的水相（上层）、含大部分变性蛋白的中相（中层）和含有有机溶剂的下相（下层）。有时使用两种混合有机溶剂对抽提液进行澄清能提高效果，尤其是对某些病毒抽提液使用一种有机溶剂澄清效果不彻底时，用混合有机溶剂效果会更明显。但应该指出的是，有机溶剂对一些病毒有破坏作用，常能增加病毒的聚合或引致细胞成分和病毒一起沉淀，造成产量的损失。因此，在使用有机溶剂澄清提取液时，应针对不同病毒选用不同种类和剂量的有机溶剂。

在提取液中加入镁皂土可以结合核糖体和核糖核酸酶（RNase），加热或冰冻可以使寄主蛋白凝集，加入活性炭可吸附抽提液中的褐色物质，加入硅藻土等吸附剂可吸附寄主组分和抽提液中的绿色物质，这些都曾成功地应用于一些病毒提取液的澄清。

各种澄清方法都能用于澄清病毒。当纯化不太稳定的病毒时，最好选择快速澄清方法，且操作应在低温下进行。对于有些稳定和比较稳定的病毒，可在室温下操作。

2. 病毒的浓缩 在绝大部分寄主蛋白和色素除去之后，病毒的浓缩过程可以进一步去除杂质，这些杂质主要是低分子量的物质。最简便和常用的方法是聚乙二醇（Polyethylene glycol，PEG）沉淀法。在一定的盐（NaCl）浓度下，PEG可以使病毒沉淀，以分子质量为6 000u的PEG的效果最好。PEG的用量和病毒种类有关，如4% PEG（w/v）就可以使杆状的烟草花叶病毒（TMV）沉淀下来，球状病毒一般用6% PEG（w/v），而一些线状病毒，如水稻草矮病毒（RGSV）则需用8%PEG（w/v），马铃薯S病毒（PVS）甚至需要11%PEG（w/v）（谢联辉和林奇英，2004）。需要注意的是，随着PEG用量的提高，一些非病毒的物质也会一起沉淀下来，给杂质除去带来负面影响。

对于一些比较稳定的病毒，还可以用盐析法浓缩病毒。如马铃薯的X、Y、S三种病毒都可以用硫酸铵沉淀法从粗提纯液中进行病毒浓缩（方中达，1998）。

通过离心机高速离心来浓缩病毒也是常用的方法。在一定的时间内高速离心可以使病毒沉淀下来，而比病毒还小的低分子重量的物质还残留在上清液中而予以除去，将沉淀的病毒悬浮起来就获得了病毒的粗提纯液。但是，在杂质过多的情况下，沉淀的病毒往往和寄主成分紧密结合在一起，病毒粒体间也可能紧密聚集，而导致沉淀物非常难于悬浮，从而造成提纯产量的较大损失。因此，离心后需要较长时间来悬浮沉淀物。有必要的话，可适当加大悬浮液的量，通过涡轮悬浮器或振荡器进行。也可加入一定浓度的非离子去污剂（如 Triton X‑100），这将有助于病毒粒体从植物成分中释放，减少病毒粒体间聚集，从而获得较高的提纯产量。

四、病毒的精提纯

通过以上方法获得的粗提纯病毒液还会含有较多的低分子和高分子寄主成分，更进一步的提纯可以除去这些成分。采用的精提纯步骤取决于病毒的稳定性、粗提纯的病毒液量以及提纯的病毒用于什么目的。

精提纯病毒可以反复采用同样的提纯步骤来获得。如通过硫酸铵反复沉淀和高低速反复离心（即差速离心）。如果需要更纯的病毒提纯物则往往需要进行密度梯度离心、凝胶过滤和柱层析等提纯步骤（Hull，2002）。一般而言，差速离心和密度梯度离心是最常用的精提纯步骤。

1. 差速离心　差速离心是建立在不同大小和密度的物质在沉降速度上存在差异的基础上，通过反复交替进行低速和高速（或超速）离心，从而将病毒粒体与寄主成分区分开来。提纯时，常以低速（9 000g）及中速（11 000～13 000g）除去较大的植物组织碎片、细菌和杂质，然后以高速（20 000g）或超高速（大于 30 000g）离心，使大部分病毒沉淀下来。所得病毒沉淀悬浮后再进行另一轮的低速和高速离心。不可能在一次超速离心后得到纯的病毒制品，因为在沉淀中仍含有一些寄主成分。一般需 3～4 次交叉离心后，才有可能得到较好的效果。在差速离心中应注意（吴云锋，1999）：

（1）应根据不同病毒种类，确定转速和离心时间。球状病毒粒体一般为 20～80nm，杆状和线状病毒一般为 100～2 000nm，因此用 18 000～40 000g 的离心力就可以使病毒粒体完全沉淀下来。病毒粒体越大，离心力应越低或离心时间应越短。

（2）在差速离心时，应根据不同病毒粒体的沉降系数确定低和高的离心力。低速时应能除去沉降快的大分子，高速时应能使上清液中的病毒粒体沉降。

（3）一些沉降系数相差不大的不同物质，如病毒和核糖体就不能分开，而不应选择太大的离心力，否则病毒粒体由于沉降在离心管底部，并被沉降速率更小的粒体紧紧覆盖而不易悬浮，导致病毒大量损失。

经过以上澄清、浓缩和差速离心后的病毒悬浮液，其病毒纯度已是相当高了，可以用于制备抗血清等常规病毒学试验。如果需要更高纯度的病毒制品，常用的方法就是密度梯度离心法。

2. 密度梯度离心　密度梯度离心是制备一种液体密度梯度代替均一的悬浮介质。装离心管溶液的浓度从底部到顶部由大到小，形成一个连续的液体密度梯度介质。把待分离的病毒抽提液放置在离心管顶端，采用水平转头进行离心。由于不同粒体的沉降速度不同，在离心过程中而分别聚集在其相应的区带上，从而达到分离纯化病毒的目的。密度梯度离心有各种方法，其区别主要在于：①用于制备梯度的介质；②预先制备的梯度还是在沉降中形成的梯度；③重力场；④离心时间。但常用的是速度区带密度梯度离心和平衡

（或等密度）梯度离心。

速度区带密度梯度离心是把病毒抽提液放在一个液体密度梯度上，离心到病毒粒体完全沉降之前，但又足够使各种颗粒在梯度中形成不连续的区带为止。即各种颗粒根据它们的沉降速度出现于各个区带中，故称区带离心。区带离心常用的梯度介质是蔗糖，故又称蔗糖密度梯度离心。将病毒提取物加在一个顶部浓度逐渐变低的蔗糖溶液梯度柱（离心管）的顶部。在离心力的作用下，各种物质根据本身的沉降速率不同，在柱中某部位浓缩成一条带。对于浓度高的病毒，在暗室中用光束从离心管顶部往下照时，可在离心管中看到乳白色的病毒带。直接用注射针筒吸出病毒带，再经超速离心即获得精提纯病毒。对于一些浓度低的病毒，可能无法形成肉眼可见的病毒带，就需要分部收集各密度蔗糖溶液，再经紫外检测，确定含病毒部分，再经超速离心即获得精提纯病毒。

蔗糖密度梯度的制作可以通过蔗糖密度梯度仪来自动完成，这样可以形成一个连续密度梯度，分离效果好。也可以手工制作，即先配成40%（w/v）的蔗糖液，再稀释成浓度各相差5%（w/v）或10%（w/v）的蔗糖浓度系列，用针筒或移液器从高浓度到低浓度依次小心加入离心管，加入时速度要求均匀，注意尽量不要破坏各蔗糖密度间的分层，置4℃冰箱过夜后即可用于离心。

平衡（或等密度）梯度离心就是在离心过程中，当溶液的密度与病毒粒体的密度达到相等时，病毒粒体在溶液的相应密度范围内形成一个密度层。由于溶液和病毒粒体二者密度取得平衡（或相等），故称平衡（或等密度）离心。平衡离心需要密度很高的溶液才能达到平衡，这样就不能用蔗糖而要用氯化铯、酒石酸钾、溴化钾等无机盐，配制成密度大而黏性小的密度梯度溶液。溶液密度梯度可在离心前或在离心过程中形成。病毒抽提液可在梯度形成前或后加入，继续离心12～24h，直到与介质达到等密度。用注射针取出乳白色的病毒带，加适量缓冲液稀释后超速离心，沉淀再悬浮，即获高质量的提纯病毒制剂。

五、提纯病毒的保存

一般样品加入低浓度的叠氮钠或乙二胺四乙酸（EDTA）可在4℃下短期保存。如需较长时间保存，可在添加等量甘油后进行超低温保存或冰冻干燥后保存。但不管采用什么方法，提纯的病毒在保存后都很容易丧失其侵染性。因此，如果提纯的病毒要进行生物学试验，一定要在提纯后尽快使用。如果提纯的病毒拟制作抗血清，则在病毒保存液中最好不要加叠氮钠而改加EDTA，否则叠氮钠易伤害免疫的动物，甚至造成免疫动物的死亡。

一般提纯的病毒是在较高浓度下保存。高浓度病毒在保存过程中，特别是在超低温保存下极易聚集而沉淀。同时在病毒保存时，病毒粒体会发生降解现象。保存时间越长，降解的粒体会越多，特别是在提纯液中离子强度过低时，更易发生降解。因此，病毒提纯后要越快使用越好，尽量不要长时间保存。

参 考 文 献

方中达 . 1998. 植病研究方法 . 第三版 . 北京：中国农业出版社

田波，裴美云 . 1987. 植物病毒研究方法（上册）. 北京：科学出版社

何自福，李华平，肖火根 . 2001. 香蕉束顶病毒株系生物学特性的研究 . 植物病理学报，31（1）：50～

55，62

吴云锋 . 1999. 植物病毒学原理和方法 . 西安：西安地图出版社

吴兴泉 . 2002. 福建马铃薯病毒分子鉴定与检测技术 . 福州：福建农林大学博士学位论文，20～35

陈炯，陈剑平 . 2003. 植物病毒种类分子鉴定 . 北京：科学出版社

周广和，张淑香，Rochow WF. 1986. 一种由麦二叉蚜和麦长管蚜传播的小麦黄矮病毒株系的鉴定 . 植物病理学报，16（1）：17～22

林含新，吴祖建，林奇英，谢联辉 . 1997. 水稻品种对水稻条纹病毒的抗性鉴定及其作用机制研究初报 . 见：刘仪主编 . 植物病毒与病毒病防治研究 . 北京：中国农业科技出版社

范怀忠，张曙光，何显志 . 1983. 水稻瘤矮病——广东湛江新发生的一种水稻病毒病 . 植物病理学报，13（4）：1～6

谢联辉，林奇英 . 1984. 我国水稻病毒研究的进展 . 杭州：浙江科学技术出版社

谢联辉，林奇英，2004. 植物病毒学（第二版）. 北京：中国农业出版社

裘维蕃 . 1984. 植物病毒学（修订版）. 北京：科学出版社

蔡健和，范怀忠 . 1994. 华南番木瓜病毒种类调查鉴定 . 华南农业大学学报，15（4）：13～17

Hull R. 2002. Matthews'plant virology，4th ed. San Diego，San Francisco，New York，Boston，London，Sydney，Tokyo：Academic Press

Hull R，Johnson MW. 1968. The precipitation of Alfalfa mosaic virus by magnesium. Virology，55：1～13

Hull R，Shepherd RJ，Harvey JD. 1976. Cauliflower mosaic virus：an improved purification procedure and some properties of the virus particles. Journal of General Virology，31：93～100

Stanley WM. 1935. Isolation of a crystalline protein possessing the properties of tobacco mosaic virus. Science. 81：644～645

第八章　植物病毒的侵染与增殖

植物病毒的侵染包括病毒粒体侵入寄主细胞、病毒核酸复制及表达直至最后装配成子代病毒粒体。这一过程包括吸附（attachment）、侵入（penetration）、脱壳（uncoating）、复制（replication）、翻译（translation）、装配（assembly）和成熟（maturation）等。病毒在寄主体内复制、增殖、移动至最终产生可见的症状的整个过程，都是其基因组及其编码产物与寄主成分进行复杂互作的结果。病毒除自身基因的编码产物参与了对植物的侵染外，病毒也参与调控寄主的亲和反应及防卫反应，如病毒可以成为寄主亲和反应的启动子或寄主防卫反应的抑制子，而植物寄主则通过影响病毒基因组的复制、病毒在寄主细胞的胞间移动及长距离运输来调控病毒在植物体内的系统侵染。

就繁殖方式而言，植物病毒与细胞微生物有很大区别。细胞微生物是通过成熟细胞分裂的形式繁殖，通常都是二元的。而病毒的繁殖方式较为特殊，病毒侵入到寄主细胞中不久，它们就会部分或全部地分解成核酸和蛋白质，接着就会转录出病毒基因组或 mRNA，利用寄主细胞翻译装置合成出新的病毒蛋白，随着病毒核酸的复制，子代核酸和新的蛋白装配形成新的子代病毒粒体。

第一节　病毒的侵染

植物寄主组织的一些特殊结构，如由纤维素为主构成的表皮细胞壁等对植物组织构成了有效的保护，用以抵抗病毒的侵染。另外，由于植物病毒没有专门的器官帮助其直接侵入植物，因此，病毒必须借助外部因素（如伤口或昆虫）以被动的方式进入植物寄主细胞，而且外部造成的伤口只能是一些不会造成寄主细胞死亡的微伤口。在很多情况下，植物被病毒侵染是由于机械损伤，有些是由于昆虫携带着病毒活动的结果，通过机械损伤和昆虫取食时口器穿刺组织造成的微伤口，才能把大量的病毒带入到寄主植物的细胞里。

一、吸附和侵入

病毒要构成对植物的侵染，首先要与寄主植物的敏感细胞接触，然后进入细胞并利用寄主细胞的代谢活动完成自身的增殖。植物病毒对植物的侵染与动物病毒和细菌病毒等有很大差异。动物病毒侵入细胞前，首先要特异性地吸附在细胞膜上一些称为受体的膜表面蛋白上，而且不同病毒的受体不同，有的动物病毒还有专门的附着器帮助其吸附到细胞表面。另外，动物病毒还可以通过胞饮作用或穿透等方式直接进入动物细胞。植物病毒对植物细胞吸附的特异性不明显，如将可以侵染和不能侵染番茄的不同烟草花叶病毒（*To-*

bacco mosaic virus，TMV）株系的外壳蛋白（coat protein，CP）进行交换后分别接种番茄，结果原来不能侵染番茄的重组株系还是不能侵染，原来可以侵染番茄的重组株系照样可以侵染。病毒成功侵染植物的关键在于其基因组核酸而与其 CP 的关系不大。

在自然条件下病毒通过介体或者摩擦产生的微伤口进入到植物细胞。目前对植物病毒的侵入机制了解不多，多数人认为受微伤的寄主表皮细胞具有病毒的感受位点即侵染点（infection site），烟草叶片角质层出现的微伤就足以使病毒粒体接触到外壁胞质连丝的侵染点，然后病毒粒体通过外壁胞质连丝转移到细胞内的细胞器受体（receptor）上，病毒就可以复制增殖以致发病显症。病毒接触的植物叶片必须含有一定数量的侵染点，而且每个侵染点必须聚集有一定数量的病毒粒体，病毒才能成功侵入植物细胞。至于每个叶片需要多少侵染点，每个侵染点需要多少病毒，目前尚无定论。据估计单分体病毒建立一个侵染点一般需要 $10^4 \sim 10^7$ 个病毒粒体，而多分体病毒则需要更多的病毒粒体，如二分体病毒的豇豆花叶病毒（*Cowpea mosaic virus*，CPMV）建立一个侵染点需要 $10^6 \sim 10^8$ 个粒体，三分体病毒的苜蓿花叶病毒（*Alfalfa mosaic virus*，AMV）需要 $10^8 \sim 10^{10}$ 个粒体（谢联辉和林奇英，2004）。大多数通过机械摩擦产生的可侵染伤口 1h 后会变得难以侵入，可能是因为侵染点能够迅速愈合的原因。

病毒吸附与侵入是个连续的过程，可在几分钟至几十分钟内完成，另外，侵入还是个依靠能量的过程。

二、脱壳

无论是 RNA 或 DNA 病毒，其基因组都必须暴露给寄主的翻译机构才能进行基因的转录和表达。因此，病毒进入细胞后需进行脱壳，即病毒的蛋白质与核酸分离。用 TMV 完整病毒粒体或 RNA 分别接种烟草，发现 RNA 接种的叶片 25℃保温 2～4h 后就能检测到新的病毒粒体，产生病斑的速度要比同时接种完整病毒粒体的平均提前 4h，说明完整病毒进入寄主细胞后需脱壳才能完成以后的侵染过程。接种后用紫外灯照射可以中止病毒的侵染，完整病毒粒体及其 RNA 均可被 2～4h 的紫外线钝化。当用 RNA 接种后，立即用紫外线照射植株，RNA 可正常侵染植物并表现出症状反应，而用完整病毒粒体接种时，在接种后 3h 内用紫外线照射均会影响病毒的侵染，接种 3h 后才对紫外线不敏感，表明 3h 可能是 TMV 粒体脱壳需要的时间。

大多数病毒在侵入的同时脱壳。病毒脱壳包括脱囊膜和脱衣壳两个过程，对于具囊膜的病毒而言，病毒的脱壳需同时脱去囊膜蛋白和衣壳蛋白，而没有囊膜的病毒只需脱去衣壳蛋白。病毒在衣壳蛋白脱落时，病毒的核酸也释放出来，这一过程主要发生在细胞质内。某些病毒，如具有双层蛋白衣壳的植物呼肠孤病毒（phytoreoviruses），进入细胞后并不发生完全的脱壳。呼肠孤病毒在脱掉外层衣壳以后，在核心内进行核酸的转录和复制。

植物病毒的脱壳机制还不太清楚。对 TMV 的体内、体外研究显示，核糖体在 TMV 去除 CP、暴露出 RNA 的过程中起着重要的作用。其可能的机制为：当 TMV 进入寄主细胞后，由于基因组 RNA 5′端的 G 含量较低，其与 CP 亚单位的结合较弱，RNA 5′端的一小段前导序列即与 CP 亚单位分离而裸露，核糖体即结合到 RNA 的 5′端上，然后在翻译蛋白（进行早期基因的表达）的同时核糖体解开核蛋白粒子的螺旋。在其他的杆状和球状植物 RNA 病毒中也发现这种共翻译的脱壳现象，推测可能大多数正链 RNA 植物病毒都采用这种脱壳机制。

第二节　病毒的增殖

植物病毒作为一种分子寄生物，没有像真菌等真核生物所具有的复杂繁殖器官，也不像细菌等原核生物那样进行裂殖生长，而是分别合成子代核酸和蛋白组分再装配成子代病毒粒体，病毒这种特殊的繁殖方式称为增殖 （multiplication）。从病毒进入寄主细胞、脱壳、复制出子代病毒核酸和表达子代病毒蛋白到子代核酸和蛋白装配成新的病毒粒体的过程即为一个增殖过程。以 ＋ssRNA 病毒为例介绍病毒的增殖过程（图 8-1），第一阶段为病毒进入活细胞并脱壳：病毒以被动方式通过微伤（机械损伤或介体造成的伤口）直接进入活细胞，并释放核酸即脱壳（第一、二步）。第二阶段为病毒的核酸复制和基因表达：脱壳后的病毒核酸直接作为 mRNA，翻译形成病毒专化的依赖于 RNA 的 RNA 聚合酶 （RNA-dependent RNA polymerase, RdRp）（第三步）；并在 RdRp 作用下，以（＋）RNA 为模板，复制出大量的（－）RNA（第四步）；再以（－）RNA 为模板，复制出一些亚基因组核酸（第五步左），同时大量复制出（＋）RNA（第五步右）；亚基因组核酸翻译出 3 种蛋白，包括 CP（第六步）。第三阶段为病毒粒体装配和转移：合成的（＋）RNA 与 CP 进行组装，成为完整的子代病毒粒体（第七步）；子代病毒粒体不断增殖后通过胞间连丝向邻近细胞扩散转移（第八步）（许志刚，2003）。

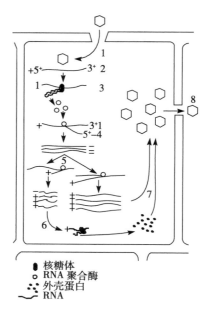

● 核糖体
○ RNA 聚合酶
⋮ 外壳蛋白
～ RNA

图 8-1　＋ssRNA 病毒的增殖过程
（引自许志刚，2003）

一、病毒核酸的复制

核酸复制是病毒传递遗传信息的中心环节，包括产生翻译病毒蛋白质的 mRNA 和子代病毒的核酸。病毒核酸的复制需要寄主植物提供场所和原材料，大部分植物病毒（RNA 病毒）的核酸复制在细胞质内一个与细胞膜相连的非常复杂的结构内进行，部分病毒（DNA 病毒）的复制在细胞核内进行。病毒核酸的复制需要寄主提供核苷酸、转录酶和 ATP 等物质和能量，病毒自身提供的主要是模板核酸和专化的聚合酶（polymerase）也称复制酶（replicase）。病毒核酸复制所需的复制酶是一种既有病毒基因产物，也包含有寄主因子的复制酶复合物。如 RNA 病毒的复制和转录不但涉及病毒的 RdRp，而且还涉及寄主细胞的蛋白成分（细胞因子），这些细胞因子通过与病毒的 RNA 或聚合酶的互作形成转录或复制的核蛋白复合体，进而影响病毒的复制或转录，除去这些细胞因子将导致 RdRp 活性的丧失或无模板特异性（Leathers et al.，1993）。

无论植物病毒含有何种核酸，要翻译出蛋白必须经过 mRNA 这一过程。＋ssRNA 病毒脱壳后的核酸可以直接作为 mRNA，病毒 RNA 与寄主核糖体结合翻译形成病毒专化的 RdRp，在 RdRp 作用下，以（＋）RNA 为模板，复制出（－）RNA；再以（－）RNA 为模板，通过中间型分子复制出大量（＋）RNA，同时复制出一些亚基因组核酸，亚基因组核酸翻译出包括 CP 的其他蛋白，这一步骤可能发生在细胞的特殊位置。对于－ssRNA 病毒来讲，因其核酸不能直接翻译蛋白，病毒（－）RNA 转录为（＋）RNA 所必需的复制酶是由病毒侵入植物细胞时随病毒粒体带进去的。所以这些病毒的精提纯核酸不能完成复制的过程。另外，－ssRNA 病毒中的番茄斑萎病毒属（*Tospovirus*）和纤细病毒属（*Tenuivirus*），它们的部分核酸链可以作为 mRNA 使用，指导蛋白质的翻译，另外的部分则需要转录一次才能使用。而 DNA 病毒（ssDNA 及 dsDNA 病毒）在转录 mRNA 时都需要寄主的转录酶。如花椰菜花叶病毒（*Cauliflower mosaic virus*，CaMV）的 DNA 进入寄主细胞核后，需要寄主的依赖于 DNA 的 RNA 聚合酶 II，才能转录出 mRNA。

近几年，在大量生物有机体中发现一种称为核酸解旋酶（helicase）的氨基酸基序（motifs），其作用包括核酸解链，并在复制、重组、修复及 DNA 和 RNA 基因组表达中起作用，这类解旋酶的氨基酸序列已在大量 ssRNA 植物病毒中发现并推测参与病毒复制，有些病毒中聚合酶和解旋酶为同一蛋白，有些则不同。

二、病毒蛋白的合成

病毒转录出（＋）RNA 以后，其后的翻译仍然不很顺利。由于真核生物体内的蛋白质合成机构仅仅识别病毒（＋）RNA 上的第一个开放阅读框（open reading frame，ORF），同一核酸链上其他基因的表达则要借助病毒的特殊翻译策略。现在发现＋ssRNA 病毒基因组在真核生物蛋白合成系统中有五种翻译策略：亚基因化、多分体基因组、多聚蛋白、通读、非成熟中止或移码。有些植物病毒仅用一种方式进行基因表达，有些则采用 2～3 种方式，精巧复杂的调控机制贯穿于病毒的每个复制周期。

植物病毒的蛋白合成需要寄主核糖体的参与，主要是 80S 细胞质核糖体，还需要寄主提供氨基酸、tRNA 等物质。翻译后有些病毒蛋白还需要再加工才能发挥功能，这一过程也需要寄主酶系统的参与。植物病毒基因组的翻译产物较少，一般 RNA 病毒的翻译产物在 4～5 种，多的可以达到 9 种，少的 3～4 种。这些产物包括病毒编码的复制酶、CP、移动蛋白、介体传播辅助蛋白、蛋白酶等；有些产物会与病毒的核酸、寄主的蛋白等物质聚集起来，形成一定的大小和形状，即内含体。在侵染过程中，病毒编码的蛋白出现的时间和量是不同的，复制酶主要在侵染早期合成，CP 在整个侵染过程中伴随病毒的复制而增加，其所占比率远比其他蛋白多。

第三节　病毒的装配

病毒的装配是指合成的子代病毒核酸与翻译表达的 CP 亚基进行组装，成为完整的子代病毒粒体。子代病毒粒体可不断增殖并向邻近细胞扩散转移。

一、装配

病毒装配的地点取决于复制的场所，RNA 病毒的装配在细胞质中进行，而 DNA 病毒的装配在细胞核中进行，最后将病毒粒体释放到细胞质中。大多数情况下，细胞膜可以锚定病毒蛋白并由此开始装配过程。关于装配的调控机制还不太清楚。一般认为，在细胞内病毒蛋白和基因组核酸的浓度达到某一水平后，就引发装配过程。

有些病毒粒体的形成很简单，只涉及 CP 亚基间的相互作用。有些则很复杂，分步进行，不仅涉及病毒的结构蛋白，还有病毒编码的其他蛋白及来自寄主细胞的蛋白。病毒基因组的包被可发生在装配的初期（如螺旋对称的病毒由基因组先形成核心），或在后期把基因组塞进接近完成的 CP 中。新的装配好的子代病毒粒体在病毒进入植物细胞约 10h 后即可出现。病毒粒体单个或聚集在细胞内形成不规则或晶体型内含体。

1. 杆状病毒粒体的装配　TMV 病毒粒体的体外装配是研究得最为清楚的一个，但对其体内装配的情况仍知之甚少。在体外，TMV 的 RNA 和其 CP 亚基可以自行组合成具有侵染性的粒体。TMV 的体外装配过程包括起始反应和伸长反应两个阶段，首先由 RNA 和 CP 亚基聚集形成的 20S 圆盘形成起始复合物，然后 CP 亚基单体逐个添加上去，直到全部 RNA 被包装起来为止（图 8 - 2）。RNA 上的装配起始点可能位于 3′ 端 900～1 300nt 处，该位点附近的核苷酸序列可以形成发卡结构（hairpin），以环上序列与 CP 的 20S 聚集体结合。粒体从装配起始区先向 5′ 端延伸，待该区装配完之后再向 3′ 端延伸。在电镜下可以观察到一长一短两条位于同一侧的尾巴。当装配开始时，短尾巴保持恒定约

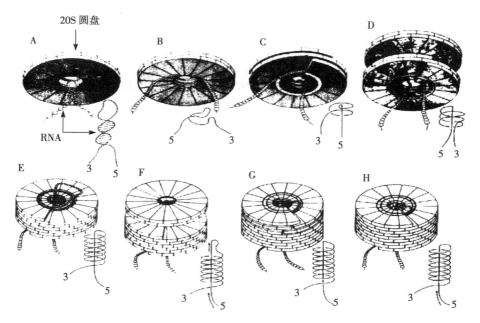

图 8 - 2　TMV 的装配模型
（引自谢联辉和林奇英，2004）

A～C：装配起始，发卡结构 RNA 插入 20S 圆盘蛋白聚合体；D～H：装配延长

720nt，长尾巴随着颗粒的不断延伸而缩短。20S 多聚体是由 39±2 个 CP 亚基组成的螺旋聚集体。

2. 球状病毒粒体的装配　以芜菁黄花叶病毒（*Turnip yellow mosaic virus*，TYMV）为例，寄主植物细胞受 TYMV 侵染后，叶绿体外膜内陷形成小泡囊，TYMV 的（一）RNA 就在此泡囊内复制出大量的（＋）RNA，当这些（＋）RNA 抵达小泡囊孔口后，立即镶嵌上叶绿体外膜聚集的 5 邻体蛋白和 6 邻体蛋白，组装成完整的二十面体球状病毒粒体（谢联辉和林奇英，2004）。

3. 线状病毒粒体的装配　与杆状病毒粒体类似。

二、成熟

病毒要成为具有侵染力的粒体，通常还涉及粒体的一些结构的变化，如蛋白的断裂形成成熟产物，或在装配过程中蛋白的构象发生变化，使病毒具有侵染力的过程达到成熟。病毒编码的蛋白酶在此过程中发挥作用。病毒的成熟是独立于装配的一个过程，病毒的成熟有的和装配一起都在胞内进行，有的是在释放到胞外之后进行。在病毒装配完成后，对于动物和细菌病毒还有个释放的过程。但对于植物病毒，由于不能自由进出细胞，似乎不存在释放的过程。

第四节　病毒的扩散、运输与分布

要对植物进行系统的侵染，病毒还必须在植物体内进行扩散。这些扩散过程包括病毒离开最初侵染的细胞进入邻近细胞、病毒从薄壁细胞进入维管束系统以及病毒从维管束系统进入另一叶片的薄壁细胞。这些扩散是病毒致病过程中最基本的环节，如果病毒不能通过寄主植物的维管束系统进行长距离运输，则只能引起局部症状，不能构成系统侵染。

一般植物病毒在寄主体内的扩散有两种方式，一种是在寄主细胞之间的短距离移动，称为细胞间移动（cell-to-cell movement）；另一种是在不同组织之间的长距离运输（long-distance movement）。病毒的细胞间移动是通过细胞间的胞间连丝（plasmodesmata，PD）实现的，是一个主动过程，但移动速度很慢；而长距离运输则是通过维管束组织进行的，是一个被动的过程，主要与物质流一起移动，速度相对较快。

一、病毒在细胞间的移动

当病毒侵染植物后，会从一个细胞移动到另一细胞，并在大部分细胞中增殖。病毒通过细胞间的胞间连丝从一个细胞移动到另一细胞。早期人们认为植物病毒在细胞间可能是以被动扩散的方式通过胞间连丝的，而进一步的研究发现，胞间连丝的最大允许通过孔径（Size exclusion limit，SEL）只有 0.8～1.0nm，不可能允许自由折叠的核酸（10nm 左右）通过，病毒粒体（10～80nm）更不可能通过。20 世纪 80 年代以来，随着人们对植物病毒基因组结构和功能研究的不断深入，发现植物病毒在寄主细胞间的移动是由病毒的一个或几个基因产物与寄主因子相互作用所介导的一种主动运动过程，病毒编码的这些基因产物就称之为移动蛋白（movement protein，MP）。MP 通过与病毒基因组或完整病毒粒体、植物寄主细胞内的运输通道以及胞间连丝的互作而影响病毒的移动。

1. 病毒编码的移动蛋白 病毒自身编码的蛋白可参与病毒细胞间运动，这是通过对番茄花叶病毒（*Tomato mosaic virus*，ToMV）的几株温度敏感突变株的研究后发现的。ToMV 野生株 L 株的一株温度敏感突变株 LS1 能在 24℃ 下系统感染烟草，在 33℃ 下则只能在烟草叶肉细胞和原生质体中复制和装配，但不能在细胞间移动。ToMV-L 与 ToMV-LS1 的蛋白在肽谱上只有一处差异，发生于 30ku 蛋白上。根据所得的 RNA 序列推导的氨基酸序列表明，L 株上第 154 位的 Pro 变成了 LS1 株上的 Ser。体外突变也证明 ToMV 30ku 蛋白中第 154 位氨基酸由 Pro 突变成 Ser 可使病毒胞间移动功能丧失（Ohno et al.，1983），并且这种功能的丧失能通过 MP 基因的转基因植株得以补偿。由此 Deom 等（1987）认为 30ku 蛋白参与了烟草花叶病毒属（*Tobamovirus*）病毒的胞间移动，并称之为移动蛋白。

研究发现，多数植物病毒至少有一个 MP，有时会有 2～3 个蛋白参与病毒的胞间运动。许多病毒的移动蛋白已经被克隆、测序，而且大多数病毒的移动蛋白具有相似活性。虽然几乎所有已鉴定的 MP 都具有类似转运病毒核酸的功能，但是在选择核酸运输形式上还是不同的。例如，TMV 的 30ku 蛋白可结合并运输任何一种单链核酸，相反，红三叶草坏死花叶病毒（*Red clover necrotic mosaic virus*，RCNMV）的移动蛋白只能运输 ssRNA，而不能运输 ssDNA 或 dsDNA，菜豆矮花叶病毒（*Bean dwarf mosaic virus*，BDMV）的 BL1 移动蛋白促进 dsDNA 的运输，而不运输 ssDNA 或 ssRNA。相反南瓜曲叶病毒（*Squash leaf curl virus*，SLCV）的移动蛋白运输的是病毒基因组 ssDNA。

缺失突变分析发现，TMV 的 MP 根据其保守性和功能特性可分为几个功能区。其中第 65～86 位氨基酸的区域被称为Ⅰ区，是单链核酸结合区，负责消除单链核酸的复杂二级结构使之成为无折叠的线形结构，以利于穿过胞间连丝。Ⅰ区具有与核苷酸结合蛋白相似的三磷酸结合区，所以 TMV 的 MP 可能是一种蛋白激酶。第 130～213 位氨基酸区与胞间连丝孔径增大有关，ToMV-L 与其突变株 LS1 的突变位点即在此区，其中 130～195 位氨基酸区域（称为Ⅱ区）决定 MP 在胞间连丝中的定位，以及保持增大了的胞间连丝孔径的稳定性，而第 196～213 位区域则与胞间连丝蛋白相互作用，使胞间连丝孔径增大，这种互作具有寄主特异性（Lucas & Gilbertson，1994）（图 8-3）。Kragler 等（1998）

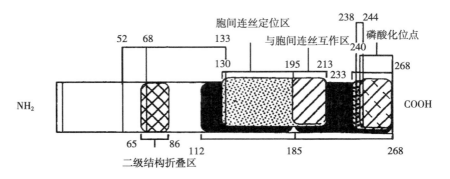

图 8-3 TMV MP 基因功能区结构图（图中的数字表示氨基酸位置）

（引自 Lucas & Gilbertson，1994）

已找到胞间连丝上与 MP 互作的受体 W2，该受体结构内的一个或一组蛋白与 MP 互作使胞间连丝孔径增大。MP 的 C 端也含有几个功能区，但保守性较差，主要与病毒的寄主范围有关，是 MP 与抗性基因产物的互作区，同时 MP 的磷酸化作用也主要发生在 C 端。

对 RCNMV 的 35ku MP 进行缺失突变，也证明了 C 端对于病毒的胞间移动不是必需的，但 181～225 位氨基酸区域是 MP 的单链核酸结合区。RCNMV 也有两个功能区与 MP 附着到胞间连丝和增加胞间连丝的 SEL 有关。这些研究结果表明，MP 附着到胞间连丝上并增加胞间连丝的 SEL 是病毒细胞间运动必需的先决条件（Osman et al.，1993；Boyko et al.，2000）。

所有＋ssRNA 病毒的基因组都在细胞质内膜表面复制合成，那么 RNA 如何从复制合成起始点转移到胞间连丝呢？以 GFP 为报告基因，获得 MP‑GFP 融合蛋白，发现该融合蛋白能在细胞质中的丝状网络中积累，MP 可与细胞骨架上的一些微管、微丝结合，通过这些结构在细胞质中运动，可能其中内质网起重要作用。当复制合成的裸露 RNA 进入细胞质后，与 MP 结合，通过细胞骨架系统向胞间连丝移动（Heinlein et al.，1995）。

2. 病毒在细胞间移动的主要方式 MP 能识别病毒的基因组核酸并将其直接运送到细胞壁，然后穿过细胞壁促成病毒的胞间移动。在病毒粒体穿越细胞壁之前，MP 能与病毒其他组分及细胞内膜系统和细胞骨架发生一系列有序的互作，不同病毒在修饰胞间连丝的功能上各有不同，并且，同种病毒的作用亦因其所侵染的细胞类型的不同而不同。依据病毒在细胞中运动的特点，MP 的作用形式大致可划分为 3 种：

（1）以 TMV 和 RCNMV 为代表，包括烟草脆裂病毒属（*Tobravirus*）及 *Tobamo*

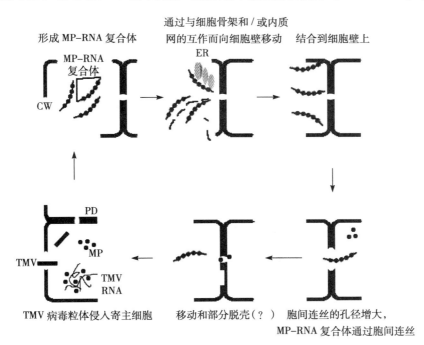

图 8‑4 TMV 的胞间移动方式简图

（根据 http://www.mindfully.org/GE/Vitaly‑Citovsky‑Projects.htm）

MP：移动蛋白；PD：胞间连丝；CW：细胞壁；ER：内质网

virus 和香石竹病毒属（*Dianthovirus*）的其他病毒，这些病毒的基因组只编码单个 MP，MP 可与单链核酸结合，以蛋白－核酸形式通过胞间连丝。通常 MP 以陪伴蛋白（chapereno protein）形式与病毒基因组 RNA 结合，使 RNA 的无规则卷曲解开，形成纤细的无折叠的线形结构以减少它的直径（约 1.8～2.0nm），并引导 MP－RNA 复合体沿着细胞骨架到达胞间连丝，而胞间连丝的 SEL 由于 MP 的作用而增大，加上病毒 RNA 的直径缩小，使得 MP－RNA 复合体可以顺利通过胞间连丝而到达相邻细胞（Deom et al.，1992）（图 8-4）。MP－RNA 复合体在细胞质内和胞间连丝中的移动都是一个主动过程，MP 与胞间连丝的互作可能受磷酸化的调节，需要一定的能量。这种模式的胞间移动不需要 CP 的参与。值得注意的是，胞间连丝在 MP 的作用下，其外观形态的变化并不是很大。

（2）以豇豆花叶病毒属（*Comovirus*）、线虫传多面体病毒属（*Nepovirus*）、*Tospovirus* 及花椰菜花叶病毒属（*Caulimovirus*）等病毒为代表，MP 参与形成一种独特管状结构（tubule），这些管状结构可以穿过细胞壁进入邻近细胞，病毒就是以完整的病毒粒体或亚病毒粒体（subviral particles）通过这种管状结构而到达邻近细胞的（van Lent et al.，1991；Perbal et al.，1993；Wieczorek & Sanfacon，1993）。在细胞质内装配好的病毒粒体与 MP 互作，再被定位到管状结构上。这些病毒的 MP 对胞间连丝结构影响较大，可使胞间连丝内微管消失，MP 参与形成的管状结构穿过胞间连丝，管道内径与病毒粒体大小相当，被认为是病毒粒体胞间移动的通道，如在豇豆花叶病毒 MP 参与形成的管状结构中发现有类似病毒粒体的物质（图 8-5）。这种移动方式除了 MP 外还需要 CP 的参与，

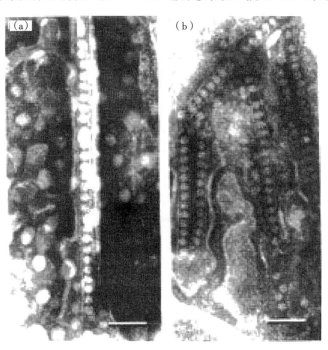

图 8-5　豇豆花叶病毒参与形成的管状结构及管状结构内的病毒样颗粒

（引自 Kasteel et al.，1993）

但 CP 与管状结构的形成无关。豇豆花叶病毒的 MP 至少包含两个不同的功能域，其中第 1～313 位氨基酸区域跟管状结构的形成有关，而 314～331 位氨基酸区域可能涉及管状结构包裹病毒粒体的能力。

（3）以菜豆金色花叶病毒属（*Begomovirus*）的南瓜曲叶病毒和菜豆矮花叶病毒的 MP 为代表，其基因组编码 BL1 和 BR1 两种 MP，病毒的胞间移动需要两种 MP 的互相协作使其基因组从复制位点向胞间连丝移动，然后穿过细胞壁到达邻近细胞（Lazarowitz & Beachy，1999）。而病毒的胞间移动和系统侵染过程中都不需要 CP 的参与。由于病毒的 DNA 必须在细胞核内进行复制，因此，在病毒系统侵染过程中，必须越过细胞核和细胞壁双重障碍。

BR1 为核穿梭蛋白（nuclear shuttle protein），具有核酸结合能力，且与单链 DNA 的亲和性高于 RNA，定位于核内，并能被位于细胞质内的 BL1 识别，二者互作使 BR1 结合复制后的病毒 DNA 穿过核膜并移动到细胞质的边缘。BR1 具有一个与 BL1 互作及细胞核定位有关的区域，此区域的 N 端是细胞核定位所必需的，而 C 端则是与 BL1 互作所必需的。BL1 定位于细胞周边，通过 BL1 和 BR1 互作而指导 BR1－ssDNA 复合体从细胞核内穿过核膜并到达细胞质的边缘，然后引导病毒 ssDNA 通过一种 BL1 参与形成的横跨细胞壁的管状结构而移动到相邻的细胞（Sanderfoot et al.，1996；Rojas et al.，1998；Ward & Lazarowitz，1999）。

另外，以马铃薯 X 病毒属（*Potexvirus*）的 MP 为代表，其 MP 为三基因盒（Triple gene block，TGB）的翻译产物。马铃薯 X 病毒（*Potato virus* X，PVX）以粒体的形式进行胞间移动，但不能形成管状结构，而这类病毒的胞间移动并不一定都需要 CP 的参与，对 PVX 来说，虽然 CP 聚集在胞间连丝周围，但并不影响胞间连丝的形态（Santa et al.，1998）。属于这种类型的还有大麦病毒属（*Hordeivirus*）的部分成员。

有些病毒的胞间移动涉及两种移动模式，如大戟（大戟属）花叶病毒（*Euphorbia mosaic virus*，EuMV）在早期侵染的叶片上，病毒粒体通过 MP 参与形成的管状结构通道完成胞间移动。而在后期侵染或系统侵染的叶片上，不再形成管状结构的通道，病毒核酸与 MP 形成复合体完成细胞间的移动（Kim & Lee，1992）。

3. 病毒在细胞间运输的速度　病毒在细胞间运输的速度因病毒一寄主组合而异，也受到环境温度的影响。如 TMV 在烟草幼嫩叶片细胞胞间连丝的转移速度为 0.01～2 mm/d。利用局部枯斑反应测定 TMV U1、U2 及 U8 三个株系在心叶烟叶片细胞间转移的速度，病毒径向移动的速度是 6～13 nm/h，而通过叶片的垂直转移速度为 8 nm/h（许志刚，2003）。

二、病毒的长距离运输

病毒能否顺利进入维管束系统是病毒建立系统侵染的关键，病毒一旦到达维管束系统就可以通过这些组织快速地在植株体内进行长距离运输，并移动到生长区域（分生组织）或植物养料充足的部位，如块茎和根茎。在长距离运输过程中，要求病毒能顺利通过维管束鞘细胞、韧皮部薄壁细胞、伴胞细胞和筛分子。叶肉细胞维管束鞘细胞、韧皮部薄壁细胞、伴胞细胞及筛分子等组成了病毒进出筛管的通道，这些细胞间的胞间连丝使叶肉细胞及维管束内细胞间共质体系统互相连通，由于各类细胞的胞间连丝结构的差异，使得病毒与不同细胞胞间连丝和寄主因子的互作方式也不尽相同（Carrington et al.，1996；Gilbertson & Lucas，1996）。

1. 病毒编码的与长距离运输有关的蛋白　病毒的长距离运输是一个病毒因子与寄主因子复杂的互作过程，许多病毒因子参与该过程。有些病毒的长距离运输需要全长的有活性的 CP，如 TMV 和 RCNMV，RCNMV 的 CP 缺失突变株可从接种细胞移动到其他细胞，但不能扩散到未接种的叶片，即不能构成系统侵染。而有些病毒如番茄丛矮病毒（*Tomato bushy stunt virus*，TBSV）和部分双生病毒（geminiviruses）的长距离运输却不需 CP 参加，将 TBSV 的 *CP* 基因用 *GUS* 基因代替后，TBSV 仍能系统侵染其寄主。而烟草蚀纹病毒（*Tobacco etch virus*，TEV）编码的蛋白酶辅助因子（HC-PrO）和 CMV 的 2b 蛋白等也在病毒的长距离运输中起到了重要作用。

与大多数病毒一样，烟草花叶病毒属病毒的长距离运输也是由 CP 调控的。TMV 在普通烟中可形成系统侵染，而同属的齿兰环斑病毒（*Odontoglossum ringspot virus*，ORSV）则只能在接种的普通烟叶片上扩散，不能转运至植物体其他部分。用 ORSV 的 CP 置换 TMV 的 CP 后构成的重组 TMV 在普通烟上的长距离运输受阻，但胞间移动正常。这个现象表明，TMV 的 CP 可能与寄主因子发生特异性互作，这种互作可能发生在胞间连丝中，从而使 TMV 能顺利进出韧皮部（Hilf & Dawson，1993）。由于 TMV 的 CP 突变体能以胞间移动方式从叶肉细胞转运至韧皮部细胞，在长距离运输过程中，可能 CP 只是病毒通过维管束鞘细胞/韧皮部薄壁细胞的胞间连丝转运后起作用。

除 CP 外，TMV 的 MP 在长距离运输中也发挥着一定的功能，将 TMV 与 ORSV 的 *MP* 基因互换，结果 TMV 在其系统症状寄主普通烟上不能进行长距离运输；将 ORSV 的 MP 缺失 11 个氨基酸后，也会对病毒的长距离运输产生影响，而对 TMV 的胞间移动影响不大（Arce-Johnson et al.，1997）。

2. 病毒长距离运输的速度　大部分植物病毒的长距离运输是通过植物的韧皮部进行的，而甲虫传播的病毒可以在木质部进行运输。病毒在植物体内的长距离运输，主要是靠植物输导组织中的营养主流方向移动，也可以随营养进行上下双向转移。当一种病毒进入韧皮部后，运输速度是很快的，如甜菜曲顶病毒（*Beet curly top virus*，BCTV）运输速度达到 2.5 cm/min。而在筛管中 TMV 的转移速度为 $0.1\sim0.5$ cm/h，BCTV 为 2.5 cm/h（许志刚，2003）。从图 8-6 的示意中可以看出病毒在叶片和植物体内转移的过程，将 TMV 接种在番茄中部复叶尖端的小叶侧面，$1\sim3d$ 后病毒即可扩散至整个小叶，$3\sim5d$ 后病毒经过叶脉、叶柄及茎部的维管束系统转移到植株顶端的分生组织和根端组织，只需 25 d 左右 TMV 即可在全株分布（Agrios，2005）。在韧皮部组织里，病毒可以通过胞间连丝进入韧皮部附近的薄壁细胞而系统扩散到整个植株。

三、病毒在寄主体内的分布

病毒在寄主体内的分布往往是不均匀的，受到来自病毒、寄主和环境等诸多因素的影响。例如，当病毒的侵染引起植物细胞的迅速坏死时，病毒的扩散就受到限制，因

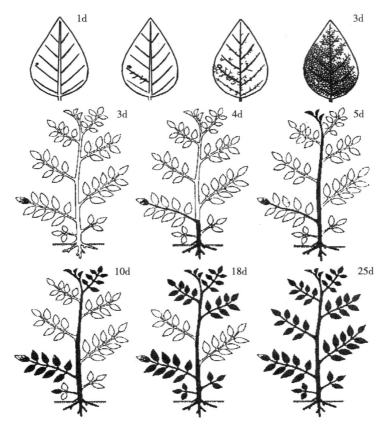

图 8 - 6 TMV 在番茄植株中的系统扩散过程

（引自 Agrios，2005）

为不能从死亡的细胞内再向外移动了。此乃局部坏死斑的形成，是植物对病毒的一种抗性表现。

有些病毒只局限在特定的组织内分布，如大麦黄矮病毒（*Barley yellow dwarf virus*，BYDV），仅发现分布于植物的韧皮部、薄壁细胞、伴胞及筛管细胞；三叶草伤瘤病毒（*Wound tumor virus*，WTV）则局限在三叶草的根、茎肿瘤的拟韧皮部组织中。

虽然引起斑驳、花叶等症的病毒不受一般的组织限制，可能涉及植物所有的活细胞。但即使如此，系统侵染的病毒在叶片组织中的分布也是不均匀的，这是因为病毒的扩展始终受到寄主的抵抗。在显示系统症状的叶片中，黄色区域比绿色区域含有数量更多的病毒，有的绿色区域（如绿岛）可能不含或含有很少的病毒。一般来讲，植物顶端或根尖分生组织等生长旺盛的部位很少含有病毒，其原因尚不清楚。可能在分生细胞中蛋白质合成较为活跃，正常的 mRNA 与病毒 RNA 竞争，使得病毒的 RNA 得不到翻译，也可能是因为负责病毒胞间移动的 MP 在分生细胞中不能发挥正常功能。因此，人们往往希望利用分生组织对植物进行脱毒而获得无毒植株。当然有些病毒也侵染顶端分生组织，在被侵染的植物茎和根的生长点也发现有游离的病毒。

参 考 文 献

许志刚 . 2003. 普通植物病理学 . 第三版 . 北京：中国农业出版社

谢联辉，林奇英 . 2004. 植物病毒学 . 第二版 . 北京：中国农业出版社

谢联辉，林奇英，吴祖建 . 1999. 植物病毒名称及其归属 . 北京：中国农业出版社（注：本章所有病毒名称的翻译均参照此）

Agrios GN. 2005. Plant Pathology, 5th edition, Burlington：Elsevier Academic Press

Arce-Johnson P，Reimann-Philipp U，Padgett H S，Rivera-Bustamante R，Beachy R N. 1997. Requirement of the movement protein for long distance spread of tobacco mosaic virus in grafted plants. Molecular Plant-Microbe Interaction，10：691~699

Boyko V，Ferralli J，Ashby J，Schellenbaum P，Heinlein M. 2000. Function of microtubules in intercellular transport of plant virus RNA. Nature Cell Biology，2 (11)：826~832

Carrington JC，Kasschau KD，Mahajan SK，Schaad MC. 1996. Cell-to-cell and long-distance transport of viruses in plants. Plant Cell，8：1 669~1 681

Deom CM，Lapidot M，Beachy RN. 1992. Plant Virus movement Proteins. Cell，69：221~224

Deom CM，Oliver MJ，Beachy RN. 1987. The 30-kilodalton gene product of tobacco mosaic virus potentiates virus movement. Science，237：389~394

Gilbertson RL，Lucas WJ. 1996. How do viruses traffic on the vacuolar highway? Trends in Plant Science，1：260~268

Heinlein M，Epel BL，Padgett HS，Beachy RN. 1995. Interaction of tobamovirus movement proteins with the plant cytoskeleton. Science，270：1 983~1 985

Hilf ME，Dawson WO. 1993. The tobamovirus capsid protein functions as a host-specific determinant of long-distance movement. Virology，193：106~114

Kasteel DT，Wellink J，Verver J，Vanlent J，Goldbach R，Vankammen A. 1993. The involvement of cowpea mosaic virus M RNA-encoded proteins in tubule formation. Journal of General Virology，74：1 721~1 729

Kim KS，Lee KW. 1992. Geminivirus-induced macrotubules and their suggested role in cell-to-cell movement. Phytopathology，82 (6)：664~669

Kragler F，Monzer J，Shash K，Xoconostle-Cazares B，Lucas WJ. 1998. Cell-to-cell transport of proteins：requirement for unfolding and characterization of binding to a putative plasmodesmal receptor. Plant Journal，15：367~381

Lazarowitz SG，Beachy RN. 1999. Viral movement proteins as probes for investigating intracellular and intercellular trafficking in plants. Plant Cell，11：535~548

Leathers V，Tanguay R，Kobayashi M，Gallie DR. 1993. A phylogenetically conserved sequence within viral 3′ untranslated RNA pseudoknots regulates translation. Molecular and Cellular Biology，13：5 331~5 347

Lucas WJ，Gilbertson RL. 1994. Plasmodesmata in relation to viral movement within leaf tissues. Annual Review of Phytopathology，32：387~411

Ohno T，Takamatsu N，Meshi T，Okada Y，Nishiguchis M，KihoY. 1983. Single amino acid substitution in 30K protein of TMV defective in virus transport function. Virology，131：255~258

Osman TAM，Thommes P，Buck KW. 1993. Localization of a single-stranded RNA-binding domain in the movement protein of red-clover necrotic mosaic dianthovirus. Journal of General Virology, 74: 2 453~2 457

Perbal MC, Thomas CL, Maule AJ. 1993. Cauliflower mosaic virus gene I product (P1) forms tubular structures which extend from the surface of infected protoplasts. Virology, 195 (1): 281~285

Rojas MR, Noueiry AO, Lucas WJ, Gilbertson RL. 1998. Bean dwarf mosaic geminivirus movement proteins recognize DNA in a formand size-specific manner. Cell, 95: 105~113

Sanderfoot AA, Ingham DJ, Lazarowitz SG. 1996. A viral movement protein as a nuclear shuttle: The geminivirus BR1 movement protein contains domains essential for interaction with BL1 and nuclear localization. Plant Physiology, 110: 23~33

Santa CS, Roberts AG, Roberts IM, Prior DAM. 1998. Cell to cell and phloem-mediated movement of potato virus X: the role of virions. Plant Cell, 10: 495~510

Van Lent J, Storms M, van der Meer F, Wellink J, Goldbach R. 1991. Tubular structures involved in movement of cowpea mosaic virus are also formed in infected cowpea protoplasts. Journal of General Virology, 72: 2 615~2 626

Ward BM, Lazarowitz SG. 1999. Nuclear export in plants: use of geminivirus movement proteins for an in vivo cell based export assay. Plant Cell, 11: 1 267~1 276

Wieczorek A, Sanfacon H. 1993. Characterization and subcellular localization of tomato ringspot nepovirus putative movement protein. Virology, 194 (2): 734~742

第九章　植物病毒与寄主植物的互作

病毒最初通常是通过某种方式被引入植物体内的一个或少数几个细胞，随后在细胞中进行复制。为了引发系统性病害，病毒必须扩散到植株的大部分组织中并不断增殖。在这一过程中，病毒基因组与寄主基因组相互对抗，病毒企图建立侵染而寄主则试图抵抗病毒的侵染。在多数情况下，这两种冲突力量基本上达到一种平衡。对病毒而言，在其传播到其他寄主植物之前就将寄主杀死是没有益处的。然而，症状的产生可能会促进病毒的传播，对由节肢动物传播的病毒而言尤其如此（Hull，2002）。

在过去 10 余年间，对病毒和植物之间分子互作的研究已经取得了一些显著进展。因而有希望最终能在分子生物学和生物化学水平上来阐明，包裹着简单基因组的病毒粒体如何能够侵染其寄主植物并且引起病害。但目前对任何寄主/病毒组合的了解远未达到这一目标。应用基于重组 DNA 技术的方法研究病毒基因产物在病害诱导中的作用，有助于了解病毒系统侵染植物时所引发的植物与病毒间互作的情况。目前常用的重要技术手段包括病毒侵染性克隆的构建、病毒基因组的定点诱变、不同病毒或病毒株系之间基因的交换、表达一个或几个病毒基因的转基因植物的构建以及寄主植物尤其是拟南芥基因的分离与测序等。应用这些技术手段有望使我们了解到病毒基因诱导病害以及植物对其反应方面的新信息。

人们多年来一直认为，病毒与寄主细胞的互作一定涉及寄主和病毒的大分子之间存在的特异性识别。互作可能涉及病毒核酸的活性、病毒编码的特异性蛋白质或因病毒的侵染而诱发或抑制的寄主蛋白质（Hull，2002）。人们对病毒基因组和寄主基因组之间互作方面的理解正在不断深入；在互作过程中，寄主总是试图限制病毒的侵染，而病毒则一直企图克服这些限制。下面仅就病毒与寄主植物互作的几个主要方面作一阐述。

第一节　致病性与抗病性

植物病毒的致病性（侵染性）与寄主植物的抗病性是一个矛盾的两个方面（谢联辉和林奇英，2004）。病毒进入一个未受侵染的植物细胞后是否发生病害主要取决于病毒的致病性与植物的抗病性（病毒和植物基因组间的互作），此外，还受到诸如环境条件、植物生长阶段、病毒侵入的位点以及其他病原物等因素的影响。

一、致病性与抗病性的类型

病毒侵染寄主植物并引起病害的能力称为致病性（pathogenicity）。病毒对其寄主植物的致病性主要体现在下列几个方面：①利用寄主植物细胞合成核酸与蛋白质的组分；②与寄主竞争细胞中合成蛋白质的核糖体甚至合成核酸的聚合酶；③病毒编码的 RNA 沉默抑制子不仅能抑制寄主的转录后基因沉默作用（post‐transcriptional gene silencing, PTGS），也可抑制寄主植物正常发育必需的微小 RNA（microRNA）途径，导致生长发育的异常，从而诱发各种症状（Kasschau et al.，2003；Baulcombe，2004；Lindbo & Dougherty，2005；Li & Ding，2006）（参见本章第二节）。

寄主植物抑制或延缓病毒侵染的能力称为抗病性（disease resistance）。根据抗病能力的强弱，抗病性可分为免疫（非寄主）、抗病、系统获得抗性（systemic acquired resistance，SAR）和耐病等类型。人们根据植物对一种病毒接种的反应，将其分为免疫或可侵染（infectible）。如果一种植物表现为免疫，它就被认为是该病毒的非寄主（non-host），因而该病毒不能在完整植株的任何细胞或分离的原生质体中复制。

就可侵染的植物种或品种而言，病毒能在其分离的原生质体中复制。植株对于侵染可能是抵抗的，或者是易感的。直到最近，才认识到有两种类型的抗性：就阈下侵染（subliminal infection）这类抗性而言，病毒增殖局限于最初侵染的细胞中，因为病毒编码的、用于病毒细胞间移动的蛋白质在特定寄主中是非功能性的。在过去，属于这一类型抗性的许多例子被描述为免疫性的。就第二种类型的抗性而言，一般认为寄主的反应将病毒的侵染限制于最初侵染的细胞周围的一个区带中，通常造成局部坏死斑。围绕这些枯斑的未受侵染的组织对侵染变得有抗性，这称为获得性抗性（acquired resistance）。

现在已经识别出至少两种形式的寄主抗性反应：专化性抗性反应和普通抗性反应。专化性抗性反应受到一个或多个寄主基因的控制，其产物与病毒的某些决定因子发生互作并限制病毒从初始的侵染点传播出去。这种限制通常是通过植物的过敏反应（hypersensitive response，HR）而实现的。普通抗性是植物积累起来的针对"外源"核酸的抗性，就病毒而言，它通常是借助于 PTGS 而发挥作用。这种特异性反应所导致的抑制作用很有可能并不总是通过 HR 而实现，有时可能是通过产生一种可见症状的机制。

将一种病毒接种到不同植物上，植物对病毒的具体反应可以分为以下几种类型：

1. 免疫（非寄主）　病毒在原生质体中不能复制，在完整的植物细胞（即使是在最初接种的细胞中）中也不能复制。接种后病毒可以脱壳，但不产生子代病毒基因组。

2. 可侵染（寄主）　病毒可以侵染原生质体，并在其中复制。

（1）抗病（极端过敏性反应）：由于病毒编码的移动蛋白无效，病毒增殖限制于最初侵染的细胞中，导致阈下侵染；该类植物在田间表现为抗病；

（2）抗病（过敏性反应）：由于寄主的反应，侵染被局限于最初侵染细胞周围的细胞带中，通常形成可见的局部坏死斑；该类植物在田间也表现为抗病；

（3）感病（susceptible）：病毒可系统移动与复制。

①敏感（sensitive）：植物反应表现为程度不同的严重病害；

②耐病（tolerant）：对植物的影响很小，导致潜隐性侵染。

二、致病性与抗病性的基础

在某特定植物中不引起系统性病害的病毒对该种植物而言为非致病性的。如果一种病毒或病毒株系引起一个植物种或品种的系统性病害，它就是致病性的。将一个抗性基因导入这样一个感病的种或品种中，可能会使相应的病毒变得无致病性。然而，病毒可能会发生突变，从而克服寄主的抗性并变成一个致病株系。因此，寄主和病毒的基因间互作决定了接种的结果。从一个无毒的变成一个有致病力的病毒株系可能只涉及病毒蛋白质中一个单氨基酸的变化。

在感病的植物种或品种中，病毒可进行复制并系统性移动。若出现敏感的反应则病害随之发生。如果该植物是耐病的，则对植物没有明显的影响，从而引起潜伏侵染。对感病的植株而言，侵染的结果是由寄主和病毒二者的基因所决定的。例如，TMV 外壳蛋白基因中一个碱基的变化可能足以改变其所导致病害的性质。

鉴于这些寄主对病毒侵染的反应方面新的研究结果，我们有必要改变对导致建立病毒完全系统性侵染的事件的观念。如果病毒不是被极端的抗性或一个局部的过敏性反应所遏制，或它克服了 HR，侵染的结果就取决于病毒克服寄主的普通抗性反应的"攻击力"。目前已经发现，一些病毒编码可抑制寄主转录后基因沉默（PTGS）的基因产物，而且已经识别出在侵染过程中不同时间起作用的两种基本系统（细节请参见本章第二节）。如前所述，许多环境因素可影响侵染和发病的进程。这些因素包括光照、温度、水分供应、营养以及在生长季节这些因素之间的互作。当植物受到两种不相关病毒或一种病毒和一种细胞病原的复合侵染时，复杂的互作就可能发生。像这样的因素会影响植物或病毒的基因组或两者的表达。因此，侵染的最终结果取决于特定的环境条件。

第二节　基因沉默及其抑制

病毒及其寄主植物基因的表达（DNA→RNA→蛋白质）受到多种水平的调控。在 DNA 水平上，主要有 DNA 的甲基化和转录调控等；基于 RNA 的调控主要有 RNA 的另路剪接、mRNA 的移动（包括细胞间移动和长距离移动）、双链 RNA 介导的转录基因沉默（transcriptional gene silencing，TGS）、由长度约为 21～24nt 的小干扰 RNA（small-interfering RNA，siRNA）或微小 RNA（microRNA，miRNA）介导的转录后基因沉默（PTGS）以及由 miRNA 介导的翻译抑制等。

一、基因沉默作用

应用基因工程获得抗病毒植物的方式主要是通过表达病毒的基因序列来干扰靶标病毒的正常功能。最初的方法是表达野生型或突变的病毒基因以期基因产物能够阻断病毒复制的关键步骤。但是，转基因植株对病毒侵染的抗性机制在一些情况下与预期的结果不同：①在许多情况下，基因的转录产物而非蛋白质参与了有效的保护；②通常低水平表达（病毒）转基因的植株比高水平表达转基因的植株抗性更高；③一些含有烟草蚀纹病毒（TEV）的完整或部分外壳蛋白基因的转基因烟草株系在最初可被 TEV 侵染，但在 3～5 周后，植株症状就发生减弱或消失（恢复现象）。恢复的组织不能再被 TEV 侵染，从其中分离的原生质体也不能被侵染。在恢复的组织中，稳态存在的转基因 RNA 显著降低，而转基因的转录速率在恢复组织和未接种组织间没有差异（Lindbo & Dougherty，2005）。

这些发现和其他研究结果表明，抗性可能是由于发生了依赖于同源性的基因沉默作用（Baulcombe，2004）。

1. TGS 和 PTGS 的主要特征　TGS 和 PTGS 既有共同点为诱发沉默的核酸序列与被沉默的基因序列有同源性，但 TGS 和 PTGS 之间也存在着显著差异。TGS 的主要特征为：发生沉默的靶标位点与启动子中沉默位点有同源性；沉默位点常为正向或反向重复序列；沉默发生在转录水平（细胞核中），蛋白质与 RNA 水平均明显降低；沉默的表型为显性，有时表现为上位（epistatic）；沉默诱导信号为 DNA - DNA 配对导致的顺式与反式失活，沉默效应物（silencing effector）为染色质的甲基化与包裹；基因的甲基化存在于启动子或完全的基因座中。而 PTGS 的主要特征为：发生沉默的靶标位点与被转录区域沉默位点有同源性；沉默位点常为正向或反向重复序列；沉默发生在转录后阶段（细胞质中），蛋白质与 RNA 水平均降低；沉默的表型为显性并且是上位的；沉默诱导信号为 RNA 阈值，沉默效应物（silencing effector）为降解复合体与反义 RNA。

因为大多数植物病毒含有 RNA 基因组，因此转基因抗性是由 RNA 参与的 PTGS 机制控制的。各种实验已经表明 PTGS 对核酸序列是高度特异性的。例如，基于 TEV 外壳蛋白的 PTGS 转基因能抗 TEV 侵染但不抗马铃薯 Y 病毒属的其他病毒（Lindbo & Dougherty，2005）。

2. 参与基因沉默的寄主组分　在其他真核生物中也存在着 PTGS 现象，真菌中的称为"抑制"（quelling），线虫和果蝇中的称为 RNA 干扰（RNA interference，RNAi）（Fire et al.，1998）。通过研究这些生物以及拟南芥的 PTGS 缺陷型突变体，已经鉴定了参与这一防卫途径的数个基因。在拟南芥中，PTGS 需要依赖于 RNA 的 RNA 聚合酶（RdRp）（RDR6，QDE-1）和 HEN1 的参与（Blevins et al.，2006）。已证明参与 PTGS 的主要因子有切割双链或分子内含有部分双链（发卡状）结构、类似核糖核酸酶（RNase）家族 III 的 DCL（Dicer-like）蛋白、保护小 RNA 的 FX（如 SGS3）以及切割单链 mRNA 的 RISC（RNA 诱导的沉默复合体）中的 AGO（Argonaute）蛋白等（Yoshikawa et al.，2005）。植物基因组至少编码 4 种 DCL，拟南芥共编码 4 种 DCL（*At*DCL 1~4）（Margis et al.，2006）。其中，*At*DCL1 参与 miRNA 途径以及 DNA 病毒侵染诱发产生的 21 nt 的 siRNA，*At*DCL3 切割双链 RNA 产生长为 24 nt 的小干扰（Si）RNA，参与染色质的修饰（TGS），*At*DCL2 和 *At*DCL4 切割双链 RNA 产生长度分别为 22 nt 和 21 nt 的小干扰（Si）RNA，参与 RNA 沉默作用（Dunoyer et al.，2005；Deleris et al.，2006；Waterhouse & Fusaro，2006；Blevins et al.，2006）。

3. PTGS 的诱发与系统性信号转导　PTGS 作用的靶标大部分情况下是正义 RNA，这表明 PTGS 机制通过反义 RNA 而起作用；基因沉默可以由正义 RNA 和反义 RNA 的同时表达而引起，并且带有内含子的发卡结构能有效地引起沉默。只有当 RNA 超过一定阈值时才可诱发 PTGS。多拷贝的转基因能诱导其甲基化、导致短小异常 RNA 的产生继而诱导 PTGS 的发生，然而并非所有的沉默都涉及 DNA 的甲基化（Waterhouse et al.，2001；Baulcombe，2004）。

在嫁接实验中，即使将砧木和接穗由 30 cm 长的非靶标野生型植物茎分开，表现

PTGS 的植株也会将这一特征百分之百地从已经沉默的砧木传播到非沉默的、表达相应转基因的接穗中。这表明，一种转基因特异性的、可扩散的信使（信号）在整个植株中介导了 PTGS 的扩增。Voinnet 等（1998）用带有 35S∷GFP 构建物的根癌土壤杆菌（*A. tumefaciens*）浸润携带 GFP 构建物的转基因本氏烟（*N. benthamiana*）的下部叶片，证明了系统性沉默作用的存在。在 7～14d 之后 GFP 的表达从上面的叶片中（尤其在叶脉周围）消失。该信号分子的性质尚不清楚，但是所有的证据（序列专化性、系统性位移）表明它可能是一种小的反义 RNA。转 β-葡糖醛酸糖苷酶（GUS）基因（*uidA*）用于表达 GUS 的烟草植株表现了 PTGS，因而在叶片和茎的横切面未出现 GUS 染色反应，但是茎端分生组织和腋生分生组织均出现了深蓝色的 GUS 染色反应（Béclin et al.，1998）。这说明沉默作用并不影响分生组织，而只在叶片的发育期间发生。

4. 沉默的诱发和维持　利用病毒诱发的基因沉默（virus - induced gene silencing，VIGS）技术，Ruiz 等（1998）将携带内源的八氢番茄红素脱氢酶（PDS）基因外显子的马铃薯 X 病毒（PVX）载体接种本氏烟植株。PDS 的 mRNA 在所有的绿色组织中均受到影响。在将 PVX∷GFP 接种到转 GFP 基因的植株上后，PVX∷GFP 被沉默。Ruiz 等（1998）通过对这些植株不同部位沉默作用的分析，认为 PTGS 分为两个阶段，即沉默的起始和维持。由于转基因不是必需的，所以沉默的起始是 RNA 介导的防卫反应；而沉默的维持需要转基因的存在，或许涉及了依赖于 RNA - DNA 互作的转基因的甲基化（Jones et al.，1999）。因此，转基因植物中的 PTGS 分为 3 个阶段，即沉默的起始、系统性信号转导和沉默的维持。

5. 受病毒侵染植株中的 PTGS　由于病毒既能起始转基因植物的基因沉默，又是基因沉默的靶标，因而 PTGS 应当是植物抵抗病毒和其他"外源"核酸的防卫系统的一部分（RNA 介导的防卫反应）。

抗病毒的植物防卫反应和基因沉默作用之间有明显的相似性，例如：①携带同源基因的各种病毒侵染转基因植物导致转基因表达的沉默；②受番茄黑环病毒（TBRV）W22 株系侵染的克利夫兰烟症状消失（恢复）后，再用含有 TBRV - W22 的 PVX 侵染性克隆接种，随后却检测不到 PVX∷W22 的 RNA，这与对照植株中该 RNA 的大量表达形成对照（Ratcliff et al.，1997）；③甘蓝（*Brassica oleracea*）植株在接种花椰菜花叶病毒（CaMV）后，最初表现系统性症状，随后完全恢复。这种恢复与病毒复制中间物的显著改变同时发生。该病毒的微型染色体累积，但是两种主要的聚腺苷酸化病毒 RNA 的水平迅速降低，而非聚腺苷酸化片段的持续存在（Covey et al.，1997）。这些病毒复制中间物水平的变化与终止病毒复制的基因沉默作用是一致的。

然而，抗病毒侵染的寄主防卫这两个例子之间的不同在于 TBRV RNA 的复制是在细胞质中，而副反转录病毒（pararetrovirus）CaMV 的 DNA 复制既在细胞核又在细胞质中进行。TBRV 的沉默与 PTGS 机制是一致的，而 CaMV 的沉默则涉及 PTGS 与 TGS 两种机制（Covey & Al-Kaff，2000）。因此，可以认为 PTGS 是植物对病毒侵染的普通反应。这就提出了这种防卫反应是如何起始以及维持的问题。由于 RNA 病毒经由互补链复制，因此 dsRNA 的形成是复制循环的一个组成部分。该复制中间体，或者由寄主的 RdRp 转录形成的 dsRNA，是产生 21～24 nt 的小 RNA 降解产物途径的一个靶标。据推测，信号的系统性移动可能与转基因的情况类似。如果 PTGS 作用比病毒的传播更迅速，则病毒将不能够从侵染的位点移动出去。如果病毒移动比 PTGS 更快，则会建立系统性侵染，其效力取决于病毒的"侵袭力"与 PTGS 的"反应性"。

二、基因沉默的抑制

若 PTGS 是植物对抗"外源"核酸的常规防卫系统，则病毒为了成功地建立侵染必须克服寄主植物的这种防卫系统。

1. 植物病毒编码的沉默抑制子　在研究 PVX 与马铃薯 Y 病毒属病毒之间协同性互作的介导物时，Pruss 等（1997）发现，TEV 的 HC‐Pro 基因与这种协同作用相关，并且提出这可能是由于它干扰了寄主的一种防卫系统。多个课题组应用相同的手段，即用包含各种插入片段的病毒载体接种转基因植物，证实了马铃薯 Y 病毒属病毒的 HC‐Pro 确实抑制了 PTGS 的作用。

自从得到这些病毒抑制基因沉默的最初的证明以后，研究表明其他多种病毒包括 DNA 病毒也有这种现象（Wang et al.，2005；Li & Ding，2006）（表 9‐1）。Voinnet 等（1999）利用 PVX 载体系统研究了 16 种病毒，其中 12 种病毒表现了抑制现象。Béclin 等（1998）的实验证实了 TEV 与 CMV 对基因沉默的抑制，CMV 的 2b 基因参与了抑制，并且证实抑制是由蛋白质而非核酸所介导的。该蛋白质通过富精氨酸的核定位信号（KRRRRR）而定位于细胞核中（Lucy et al.，2000）。其核靶向（nuclear targeting）特性是抑制 PTGS 所必需的。Voinnet 等（1999）鉴定了参与基因沉默抑制的其他三种病毒的基因产物，并注意到除了被鉴定为"致病性决定子"外，它们之间不存在其他共同特征。在抑制的程度和空间细节上也存在差异，如从全部受侵染叶片所有组织中的抑制到只有新生叶片叶脉中的抑制等。这表明抑制子可能会靶向（专化性抑制）基因沉默机制的不同阶段。例如，如果抑制子阻断沉默的起始阶段，它会在幼叶中出现，此处病毒正在开始合成；然而如果它抑制维持阶段，则会在老叶和幼叶中均出现（Brigneti et al.，1998；Voinnet et al.，1999）。现有证据表明，马铃薯 Y 病毒属病毒的 HC‐Pro 抑制沉默的维持阶段，而黄瓜花叶病毒属成员的 2b 蛋白阻断信号转导（Brigneti et al.，1998）。此外，抑制沉默的维持阶段的情况也有差异：TMV、CPMV 与 TBSV 只抑制在叶脉附近的沉默，而其他一些病毒可抑制老叶和幼叶所有部分的沉默。这可能说明，在以叶脉症状为主的表型中，抑制作用靶向于沉默的系统性信号（Voinnet et al.，1999）。

为了分析马铃薯 Y 病毒属病毒 HC‐Pro 介导的 PTGS 途径的抑制位点，Llave 等（2000）通过将土壤杆菌（*Agrobacterium*）注射进带有受到沉默的 GUS 转基因的植物组织内，借此将 HC‐Pro 导入植株。他们通过靶向一个持续需要的或相当不稳定的因子，确认 HC‐Pro 可抑制一个或多个（沉默）维持步骤。他们证明 HC‐Pro 可抑制小 RNA 积累所必需的一个步骤，而且它还降低了转基因序列中胞嘧啶甲基化的水平。PTGS 转基因座的甲基化可能受到小 RNA 的引导，小 RNA 可能从细胞质扩散到细胞核并与染色体 DNA 互作。一个寄主的基因沉默抑制子在另一个寄主中可能引起不同的反应。例如，TAV 的 2b 基因，插入一个 TMV 载体中，就作为一个致病性决定子抑制本氏烟（*N. benthamiana*）中的 PTGS。然而，同一个基因在普通烟中却引起 HR。

表 9 - 1　植物病毒编码的基因沉默抑制子

病毒属	病毒	抑制子	抑制作用机制	其他已知功能
正链 RNA 病毒				
绿萝病毒属 (*Aureusvirus*)	PoLV	P14	结合 dsRNA	
香石竹斑驳病毒属 (*Carmovirus*)	TCV	CP		外壳蛋白
长线病毒属 (*Closterovirus*)	CTV BYV	CP、P20、 P23 P21	CP 只抑制细胞间 RNA 沉默；P20 可抑制细胞间和细胞内 RNA 沉默；P23 只抑制细胞内 RNA 沉默；P21 结合 dsRNA	CP 为该病毒粒体的主要外壳蛋白
豇豆花叶病毒属 (*Comovirus*)	CPMV	小 CP		小外壳蛋白
黄瓜花叶病毒属 (*Cucumovirus*)	CMV/TAV	2b	结合 dsRNA、降低 siRNA 的积累、抑制 siRNA 靶向转基因的甲基化、抑制 RNA 沉默信号的细胞间移动	寄主专化性长距离移动、症状决定子
真菌传杆状病毒属 (*Furovirus*)	SBWMV	19K	富半胱氨酸蛋白域	
大麦病毒属 (*Hordeivirus*)	BSMV	γb	富半胱氨酸蛋白域	
花生丛簇病毒属 (*Pecluvirus*)	PCV	P15	富半胱氨酸蛋白域	
马铃薯卷叶病毒属 (*Polerovirus*)	BWYV	P0		
马铃薯 X 病毒属 (*Potexvirus*)	PVX	P25		细胞间移动
马铃薯 Y 病毒属 (*Potyvirus*)	PVY/TEV	HC - Pro	抑制 RISC 以及 DCL 的活性，因此降低 siRNA 的积累水平；还可能干扰沉默信号的细胞间移动	基因组扩增、病毒协同作用、长距离移动、多聚蛋白加工及蚜虫传播、症状决定子
南方菜豆花叶病毒属 (*Sobemovirus*)	RYMV	P1		病毒积累，长距离移动
烟草花叶病毒属 (*Tobamovirus*)	TMV/ ToMV	P130		RNA 聚合酶
烟草脆裂病毒属 (*Tobravirus*)	TRV	16K	富半胱氨酸蛋白域	
番茄丛矮病毒属 (*Tombusvirus*)	TBSV	p19	与 19nt 的 siRNA 直接结合、抑制细胞内 RNA 沉默与细胞间 RNA 沉默信号传导、结合 dsRNA	病毒积累、寄主专化性移动与症状决定子
芜菁黄花叶病毒属 (*Tymovirus*)	TYMV	P69	可能抑制细胞内参与双链 RNA 合成的 RDR6、SGS、SDE1 等因子的作用位点	症状决定子
葡萄病毒属 (*Vitivirus*)	GVA	P10		

（续）

病毒属	病毒	抑制子	抑制作用机制	其他已知功能
负链 RNA 病毒纤细病毒属 (*Tenuivirus*)	RHBV	NS3		非结构蛋白
番茄斑萎病毒属 (*Tospovirus*)	TSWV	NSs		非结构蛋白
双链 RNA 病毒植物呼肠孤病毒属 (*Phytoreovirus*)	RDV	Pns10		非结构蛋白
DNA 病毒菜豆金色花叶病毒属 (*Begomovirus*)	ACMV - KE	AC2	结合 DNA，核定位信号	病毒链编码基因表达的反式激活蛋白
	ACMV - CM	AC4	结合单链成熟的 miRNA	
	TLCV	C2	结合 DNA，核定位信号	
	TYLCCNV	βC1	结合 DNA，核定位信号	
曲顶病毒属 (*Curtovirus*)	BCTV	L2	结合蛋白质	抑制腺苷激酶的活性

本表的数据主要引自 Hull（2002）、Vargason 等（2003）、Lu 等（2004）、MacDiarmid（2005）、Li 和 Ding（2006）等文献。

2. 植物编码的沉默抑制子　从植物中鉴定出的第一个沉默抑制子是 rgs - CAM，该类钙调蛋白（calmodulin - like protein）是通过酵母双杂交互作筛选鉴定的与 TEV 编码的 HC - Pro 互作的烟草蛋白（Anandalakshmi et al.，2000）。HC - Pro 的存在可诱导 rgs - CAM 的产生。该沉默抑制子在转基因烟草中的过量表达可导致在根茎交界处产生肿瘤。在过量表达 rgs - CAM 的转基因植株中该蛋白作为一种沉默抑制子可以使沉默作用发生逆转，在系统侵染的叶片中可防止 VIGS 的发生。

哺乳动物中存在着可抑制由双链 RNA（至少 16 bp）激活的蛋白激酶 PKR 的抑制剂，称为 IPK。植物编码的一种蛋白质 p58^{IPK} 是动物 IPK 的直系同源物，可与 TMV 复制酶的 p50 蛋白片段互作（Bilgin et al.，2003）。p58^{IPK} 也可与 TEV 的细胞质内含体 CI 蛋白互作。p58^{IPK} 在转基因植物中的过量表达可导致 miRNA 的生物合成受到抑制，但并不导致 siRNA 的积累。p58^{IPK} 可以抑制 RNA 的局部和系统性信号转导，但不能逆转已建立起来的沉默作用。p58^{IPK} 与 HC - Pro 的作用方式非常相似，说明这两种不同来源的抑制子可能作用于 PTGS/miRNA 途径的相似步骤。

植物中存在的沉默抑制子的具体生物学或生理学意义尚不清楚，可能是抑制植物体内过度的 RNA 沉默作用或 miRNA 途径。它们可能是病毒沉默抑制子的最初来源。

三、避免 PTGS 的其他机制

现有的研究结果表明，在所用的载体系统和寄主中，并非所有的病毒都能抑制基因沉默。因此，一些病毒可能有避开寄主防卫系统的其他机制，如通过非常迅速的复制和传播克服寄主的防卫系统或者可能通过区室化避开防卫反应。

人们通过对植物拥有的抵抗病毒的普通防卫系统的认识，已经得到病毒和植物互作的许多方面的潜在答案，但是同时又提出了许多问题。植物（PTGS）、真菌与动物（RNAi）防卫系统的共有特征表明这可能是一个控制"外源"核酸的古老系统，并且参与发育期间基因表达的调控。

现在认为 PTGS 和植物病毒侵染是一种在植物中建立侵染并移动的病毒与对"外源"核酸的侵入做出反应的植物系统之间的平衡和反平衡。这些互作的结果可以解释为什么某些细胞区域受到侵染而其他区域不受侵染，如普通的花叶症状即是如此。

很可能有数个途径最终导致沉默事件的发生。马铃薯 Y 病毒属病毒与黄瓜花叶病毒属病毒对 PTGS 抑制作用的差异说明有数个途径通向 RNA 降解阶段。模式植物如拟南芥的诱变将会揭示出涉及 PTGS 的途径和基因产物。然而，应该认识到，对其他科的植物而言，情况可能会有所不同。同样地，病毒抑制 PTGS 的机制看来有两种，而且以后很可能还会发现其他的机制。利用病毒诱导基因表达的序列特异性抑制的能力（VIGS）为植物功能基因组学提供了一个高通量的技术手段（Baulcombe，1999）。

今后很可能会发现其他的病毒基因也可抑制 PTGS，并且将会证明还存在着抑制过程的其他变化。然而，就其他尚未发现 PTGS 抑制系统的病毒而言，病毒的迅速增殖和传播可能克服了寄主的防卫反应。

以前曾经提出了交互保护的几种机制（Matthews，1991），到近年对于植物病毒侵染诱发的基因沉默机制的认识为这种现象提供了一种更加合理的解释。现在已知 PTGS 与一种烟草脆裂病毒属病毒和一种马铃薯 X 病毒属病毒的交互保护有关。弱株系的交互保护已被作为一种控制病毒病的措施得到应用。

涉及病害症状的诱发方面的实际过程尚不太清楚。对于特定病毒的株系，我们应该对一种症状的严重度和不同的症状表型加以区分。

所涉及的许多生物化学变化可能并不直接与病毒复制相关联。矮化或许涉及生长激素平衡的改变。病毒侵染的叶片上花叶图式的形成涉及在叶片个体发生（ontogeny）的早期阶段所发生的事件。

第三节 诱导抗性和信号转导

植物对病毒的抗性主要分为两类，即组成型抗性与诱导性抗性。前者主要由抗病基因决定，将在下一节专门介绍，本节主要讨论后者。

一、局部获得性抗性

利用带有 N 基因的烟草品种已经开展了许多研究。前人的研究表明，TMV 侵染烟草品种 Samsun NN 产生的局部坏死斑周围 1～2 mm 区域对 TMV 表现高度抗性，在接种后 6 d 抗性区域面积扩大，抗性增强。在 20～24℃条件下生长的植株表现抗性最强，在 30℃条件下生长的植株未表现抗性。由此看来，没有过敏反应就不会产生局部获得抗性（Costet et al.，1999）。

二、系统获得抗性与信号转导

对系统获得抗性（SAR）的认识，最初主要来自对 TMV 侵染烟草（品种 Samsun NN）和 TNV 侵染菜豆（品种 Pinto）的研究工作。在利用烟草进行的试验中，用 TMV

首先接种下部叶片，数天后再次用 TMV 挑战接种相同或上部叶片。通过枯斑直径的缩小的程度测定获得抗性（对某些病毒而言，枯斑数目减少）。在菜豆试验中，在接种一片初生叶数天后，再对新生的初生叶进行挑战接种，枯斑大小是对照叶片的 1/5～1/3，但与 TMV 侵染烟草的情况相比，枯斑数目未减少。这种获得抗性在接种后 2～3d 即可检测到，7d 达到最高，能够持续 20d 左右，已具有获得抗性的叶片在挑战接种前是无病毒的。目前尚未发现完全的抗性；在 30℃ 条件下生长的植株不产生诱导抗性，机械和化学损伤不能诱导获得抗性，由不能产生局部坏死斑的病毒侵染时也不能诱导获得抗性。另外，许多非专化性病原物侵染叶片时能够诱导出获得抗性，在这类试验中许多条件都会影响枯斑的大小，因此，精确地研究诱导性获得抗性是不太可能的（Matthews，1991）。

由 TMV 诱导的抗性对 TMV 是非特异性的，对 TNV 及其他病毒也具有抗性。在由其他各种寄主－病毒互作产生的过敏性反应中，也发现类似的由局部坏死斑诱导产生的非特异性获得抗性。但是，病毒特异性因子可能调控抗性范围。影响枯斑数目的因素更多，产生较晚。枯斑数目的减少可能仅意味着在抗性较高的叶片中枯斑没有扩大到可以计数的程度。

1. 病程相关蛋白　烟草叶片在 TMV 侵染后产生过敏性反应过程中，叶片中可溶性蛋白的组成会发生变化。诱导产生的蛋白质被 Antoniw 等（1980）定名为病程相关蛋白（pathogenesis - related proteins），简称 PR 蛋白；此后 PR 蛋白得到广泛的研究，蛋白的活性也得以鉴定。PR 蛋白有 14 组（PR 1～14），分为两类，即酸性和碱性 PR 蛋白。PR 蛋白在各类微生物（病毒、类病毒、细菌和真菌）侵染或用化学激发因子如水杨酸（salicylic acid，SA）和乙酰水杨酸处理植物后诱导产生，在许多植物中已经得到鉴定。PR 蛋白在限制病毒扩散和获得抗性方面所起的作用尚未确定。然而，当在含有 NN 基因的转基因烟草中大量表达时，单一的 PR 蛋白对 TMV 接种产生的坏死反应并没有影响（Matthews，1991）。

2. 水杨酸对病毒的影响　施用水杨酸（SA）可抑制 TMV 和 PVX 在接种的组织中的复制（Chivasa et al.，1997；Naylor et al.，1998），它不仅降低病毒的积累水平，而且还可以改变病毒基因组 RNA 与 mRNA 积累的比例。SA 还影响 AMV 在豇豆原生质体中的复制，但对 AMV 在烟草叶片中的复制没有影响（Murphy et al.，1999）。

水杨酸处理似乎对 CMV 的复制没有影响，但对系统性症状的发展有明显的延迟作用。这一结果表明，该处理可能会影响病毒进入维管束结构（Naylor et al.，1998）。水杨酸处理还影响 AMV 的长距离移动（Murphy et al.，1999）。因此，至少就 AMV 而言，用水杨酸处理不同的寄主似乎有不同的效果。

3. 系统获得抗性的信号转导途径　PR 蛋白的鉴定为人们提出了一个谜，PR 蛋白受病毒侵染的诱导并与系统获得抗性有关，但其已知的活性看来不能抑制病毒，而具有抗真菌和细菌的作用。但是，TMV 侵染 N 基因烟草诱导的过敏反应与真菌和细菌侵染引起的过敏反应有很多共同特征（Murphy et al.，1999）。过敏反应由持续的活性氧（ROS）爆发所介导，继而发生 SA 最初在局部和随后系统性的积累。由于 SA 的产生能够诱导代谢性产热，因此 SA 的局部积累可以在早期通过热成像加以检测（Chaerle et al.，1999）。SA 对病毒向坏死斑附近的定位和系统获得抗性的产生是必需的。

由 SA 诱导的针对 TMV 和 PVX 的复制和 CMV 在烟草中移动的抗性可以受到水杨羟肟酸（salicylhydroxamic acid，SHAM）的抑制（Chivasa et al.，1997；Naylor et al.，1998）。然而，SHAM 不抑制 SA 诱导的 PR 蛋白的合成（Chivasa et al.，1997；Chivasa & Carr，1998）。这表明，SA 诱导的抗性途径有两个分支（Murphy et al.，1999），一个分支导致 PR 蛋白的合成从而产生对真菌和细菌的抗性，另一个分支诱导对病毒复制和移动的抗性。

SHAM 是植物线粒体内电子传递途径中的交替氧化酶（alternative oxidase，AOX）的一种选择性竞争抑制剂（Murphy et al.，1999）。由 SA 以及潜在由 AOX 诱导的 SHAM 敏感性途径，对于烟草中 N 基因诱导的对 TMV 抗性的早期阶段起关键作用。但是，这并不能解释所有的观察结果，况且其他抗病毒机制在过敏反应中也肯定起着某种作用。

参与抵御病原物的防卫反应的信号转导途径中的其他化学品还包括一氧化氮、MAP（促分裂原活化蛋白）激酶、茉莉酸和乙烯等（Klessig et al.，2000）。然而，人们已经逐渐认识到，尽管防卫反应有许多共同特征，但不会仅有一条反应途径。例如，过敏反应的形成、TMV/N 基因和 TCV/HRT 基因的抗性依赖于 SA 的存在，但不受乙烯或茉莉酸的诱导，也不受 NRP1 突变的影响（Murphy et al.，1999；Kachroo et al.，2000），然而，就针对其他病原物的抗性而言，它们都是必需的。

如上所述，我们对于无毒基因与 R 基因发生互作后的信号转导途径的理解还不够详尽。参与系统获得抗性的远距离活动可能需要某种或某些物质的位移。已有证据表明，系统获得抗性涉及一种诱导抗性的物质的运输。例如，当烟草上部叶片的中脉被切断后，在该叶片上距断口较远的部分抗性不会扩展。同样地，用沸水将接种叶的部分叶柄杀死后，使叶片保持挺立状态可阻止抗性在其他叶片上发展。另有实验表明，在大型的烟草植株中，诱导抗性物质向茎秆上下同样顺畅地移动。

与未受侵染但具有抗性的叶片中抗性的实际机制一样，可迁移物质的本质也是未知的。迁移的物质可能包括 SA、乙烯、茉莉酸、一氧化氮，甚至包括一些小肽如系统素（18 肽）（Howe & Ryan，1999）。该抗性机制与坏死斑周围组织区域中的抗性机制可能相同，也可能不同。系统获得抗性可能受非坏死、局部化的病毒侵染的诱导。若挑战接种的病毒能够系统性移动，则系统获得抗性就不会有效。因此，人们还必须考虑内在的寄主反应。

4. 伤口愈合反应　伤口包括机械损伤、昆虫以及病毒在内的各种病原物侵染造成的坏死，通常在植物体内导致一系列的伤口愈合反应。这些反应需有许多寄主编码的蛋白的非特异性诱导的参与，最复杂的反应是受伤的周皮和细胞壁的变化，包括木质化、木栓化和胼胝体的沉淀。病毒诱导的坏死可能导致伤口愈合反应。周皮能够在 TMV 的 VM 株系侵染菜豆后产生很小坏死斑的幼嫩叶片上形成，但在老叶片或 U1 株系侵染后产生大的坏死斑的叶片上则不能形成。局部坏死枯斑周围细胞中胼胝体的沉淀将导致细胞壁的增厚，可能会堵塞胞间连丝。对 TMV 侵染的菜豆 Pinto 菜豆的研究发现，胼胝质在活细胞中的沉淀量超过了病毒可检测到的界限，但仍然局限于荧光代谢物积累区。其他研究表明，细胞壁的修饰可能不是限制病毒移动的因素。对伤害的反应可能存在几条系统信号途径

（Rhodes et al.，1999），但研究表明，SAR 与对伤害的反应途径可能并非是完全独立的（Maleck & Dietrich，1999）。

5. 抗病毒因子　带有 N 基因烟草品种的坏死反应与一种具有抗病毒特性的蛋白相关，这种蛋白称为"病毒复制抑制剂"（IVR）。从烟草 Samsun NN 原生质体内释放到介质中的 IVR，不仅抑制了 TMV 在局部枯斑烟草品种原生质体中的复制，也抑制了 TMV 在系统侵染烟草品种原生质体中的复制。从含 N 基因的烟草属（*Nicotiana*）植物培养物中纯化和鉴定了一些"抗病毒因子"（AVF），在 AVF 和人类干扰素间已经划清界线（Edelbaum et al.，1990）。然而，涉及寄主抗性以及上述 AVF 和 IVR 之间关系的研究还有待进一步加强。

6. 病毒越过各种障碍的扩散能力　病毒具有越过各种组织障碍到达接种叶片筛分子、扩散到维管束系统、退出光合产物库的能力。模式植物拟南芥（*Arabidopsis thaliana*）的 *RTM*1 基因表现出一种不同于基因对基因模式的抗性（Chisholm et al.，2000）。*RTM*1 基因是限制 TEV 长距离转移避免引起过敏反应或系统获得抗性所必需的，基因产物与波罗蜜中的一种植物凝集素菠萝蜜凝集素（jacalin）的 α 链相似，它属于与抵御昆虫和真菌相关的蛋白家族的成员。

7. 寄主系统性反应　病毒诱导的系统症状变化很大，最为共同与典型的症状是花叶。花叶症状是由显示不同程度的褪绿区和保持绿色的被称为绿岛区组成，由深绿、嫩绿及褪绿斑形成的花叶从相对较大的花叶（如 TMV、TYMV 和 AbMV）到小的致密的花叶症状之间变化（如豇豆中的 CPMV、烟草中的 AMV）。在单子叶植物中花叶的面积通常被叶片的叶脉所限而形成线条或条点。研究花叶症状有两种方法，一种是对病毒基因组的突变研究；另一种是对侵染叶片进行电镜检测。TMV 和 TYMV 是基因组研究最多的病毒，其他病毒基因组的信息也积累的越来越多。

8. 花叶的发展　病毒被系统性地运输到库叶中，花叶仅在库叶上发展并在病毒系统侵入时或侵入后症状最明显。以前有人认为花叶图式是在茎（苗）端确定的。据推测在被多种病毒株系混合侵染的叶片中，第一个进入正在分裂的细胞的病毒粒体首先占领该细胞和所有（或几乎所有）的子代细胞，在成熟叶片中产生或大或小的岛组织，岛组织被初侵染的病毒株系所占领。对花叶症状最新的理解为，参与花叶症状形成的复杂因子主要有病毒的系统和局部移动、病毒侵入分生组织的能力、病毒株系及其突变倾向，以及可能最重要的一点是病毒侵入与寄主防御反应之间的冲突。不同的病毒和寄主组合，在花叶症状发展过程中症状形成因子和其他因素间的平衡度可能存在差异。

9. 症状严重度　不同的病毒分离物或株系在特定花叶症状形成因子组合中产生的花叶症状严重度有所不同。在有些情况下，病毒的基因不同产生的症状严重度也不同。例如，两个几乎不产生症状的 TMV 突变体和亲本病毒株系的核苷酸序列比对显示，在参与抑制症状产生的 126ku 和 183ku 蛋白质的第 348 位氨基酸由 Cys 变成 Tyr。在某些情况下，另一位点的自然突变也会影响症状表型。系统症状的严重度与病毒的积累量没有相关性。越来越多的研究利用转基因植物表达病毒基因来探讨症状的表达。但是，转基因表达并不一定能鉴定出真正的症状决定子。

10. 症状恢复　有些病毒初侵染的植物在系统症状出现后又有明显恢复的现象，其中线虫传多面体病毒属病毒（*Nepoviruses*）、烟草脆裂病毒属病毒（*Tobraviruses*）和花椰菜花叶病毒属病毒（*Caulimoviruses*）尤为显著。从线虫传多面体病毒属病毒侵染后又恢复为不表现症状的幼嫩叶片中能够分离到病毒，从种传的无症幼苗中也能够分离到线虫传多面体病毒属病毒（Matthews，1991）。

11. 系统性坏死

（1）特异性坏死反应：在某些情况下，由病毒侵染诱发的坏死不是被限制到局部斑里，而是发生扩散。这通常是指延伸到叶脉、正在扩展的局部枯斑，而且造成系统性细胞死亡。系统性坏死的范围可以是上部叶片的个别区域或零星坏死斑点，也可以是与花叶症状混合发生以至导致植株死亡的大面积坏死。系统性坏死的症状取决于寄主基因型、病毒株系和环境条件。含有 N 基因的一些烟草属植物即使保持在 $17\sim20℃$，在 TMV 侵染之后也可能发生系统性细胞死亡的反应。一个氨基酸的替换可能使 TMV 的外壳蛋白从含有 N' 基因的烟草 HR 的强激发子变为弱激发子从而造成坏死的系统性扩散。番茄品种 GCR 267 的 $Tm-2^2$ 基因是纯合的，在受到 $ToMV-2^2$ 侵染后 $2\sim3$ 周形成系统性坏死。受到 $ToMV-30.2^2$（野生型 ToMV 的 30ku 蛋白基因已经被 $Tm-2^2$ 的相应基因取代）侵染后，导致的症状起初很弱，但后来发展成系统性坏死。克利夫兰烟（*N. clevelandii*）受到 CaMV 株系 D4 与 W260 的侵染后会导致 CaMV 基因Ⅵ激发的系统性细胞死亡，系统性死亡表型的诱导是基于 $ccd1$ 与 CaMV 基因Ⅵ之间的互作（Király et al.，1999）。

（2）非特异性坏死：一些其他类型的坏死反应缺少专化性而且能在不同属的寄主植物中发生，显然不是以基因对基因的方式发生。TMV 外壳蛋白的一些缺失突变体可引起明显的非特异性坏死。将 GCMV 的 RNA 2 的 $5'$ 非编码区克隆进入一个 PVX 载体，可在本氏烟（*N. benthamiana*）、克利夫兰烟与普通烟上诱导系统性坏死反应。GCMV 本身不侵染克利夫兰烟，而在侵染另外两种烟草时无症或者产生非常轻的症状。此外，TMV 和 PVX 混合侵染番茄时能引起系统性坏死。

12. 程序性细胞死亡　多细胞生物体具有某些机制以除去发育上错位或不必要的细胞或牺牲部分细胞以避免病原的扩散。该现象被称为程序性细胞死亡（programmed cell death，PCD）或凋亡（apoptosis）；凋亡是 PCD 的一种特例，有一系列清楚的生理学和形态学的特征。虽然有关 PCD 方面的许多工作已经在动物系统中完成，但是人们对植物中这一过程的兴趣逐渐增加。针对植物病原的 HR 反应与 PCD 有多种共同的特征。已知一种动物病毒能够抑制 PCD，植物病毒是否有类似性质尚待明确。

第四节　抗性遗传

Flor（1971）在研究抗性遗传时提出了"基因对基因"假说，即抗性的产生需要一对（一个在寄主中，另一个在病原中）互补的显性基因。寄主的抗病基因（resistance gene，R）或病原物的无毒（无致病力）基因（avirulence gene，Avr）的缺失或改变会导致病害（即亲和性反应）的发生。近年来我们对抗病基因（R）和无毒基因（Avr）之间互作的理解逐渐加深。一般情况下，这种互作将导致局部和系统信号级联（signal cascade）。局部信号级联激发的寄主反应将病原控制在初侵染位点，而系统级联则启动植物其他部位的防卫系统。

一、抗病毒基因

在过去的十几年中，许多植物抗病毒基因已被鉴定、克隆及测序（Kang et al.，2005）。许多抗病基因产物含有富亮氨酸重复区（LRR）和核苷酸结合位点（NBS）；其他共同特征包括丝氨酸/苏氨酸激酶（KIN）、亮氨酸拉链（LZ）或昆虫（果蝇发育相关基因产物 Toll）和哺乳动物免疫反应（白细胞介素 1 受体，IR）基因产物（TIR）结构；许多抗病基因产物具有明显的结构相似性，基于基因产物的结构可将显性抗病基因主要分为五类：即 LZ-NBS-LRR、TIR-NBS-LRR、LRR-跨膜域、跨膜域-KIN 和 LRR-跨膜域-KIN。一些植物的 R 基因可能编码某些受体，以便与病原 Avr 基因产生的激发子（elicitor）直接或间接地互作。LRR 很可能是病原物识别域。抗病基因与无毒基因的识别作用会激发信号转导的级联反应，其确切机制尚不清楚，可能涉及水杨酸、茉莉酸和乙烯。在已经完成核苷酸序列测定的显性抗病毒基因中，多数属于 LZ-NBS-LRR 和 TIR-NBS-LRR 类型，少数属于其他类型（表 9-2），但没有带跨膜域的类型，这与病毒作为被动传播式细胞内寄生物的特性是相关的。有趣的是，已完成核苷酸序列测定的隐性抗病毒基因大多数编码真核细胞翻译起始因子（eIF）或其同种型 [eIF(iso)]，如 eIF4E 与 eIF4G 等（表 9-2）。

表 9-2 参与互作的病毒（无毒决定子）基因与相应的寄主抗性（R）基因

病毒	病毒基因	寄主	R 基因	推测的 R 基因结构域	抗性机制
烟草花叶病毒（TMV）	复制酶（解旋酶域）	烟草	N	TIR-NBS-LRR	细胞间移动（HR）
	外壳蛋白	辣椒	L^1, L^2, L^3	?	HR
番茄花叶病毒（ToMV）	外壳蛋白	烟草	N'	?	HR
	30 ku 移动蛋白	野生番茄	$Tm-2$	?	HR
	30 ku 移动蛋白	野生番茄	$Tm-2^2$	CC-NBS-LRR	细胞间移动（HR）
	复制酶	野生番茄	$Tm-1$	?	复制
番茄丛矮病毒（TBSV）	P19、P22 移动蛋白	烟草	?	?	HR
	P22 移动蛋白	克利夫兰烟	?	?	细胞间移动
黄瓜花叶病毒（CMV）	2a RNA 聚合酶	豇豆	?	?	HR
	外壳蛋白	拟南芥	$RCY1$	CC-NBS-LRR	细胞间移动（HR）
马铃薯 X 病毒（PVX）	外壳蛋白	马铃薯	Nx	?	HR
	25 ku 移动蛋白	马铃薯	Nb	?	HR
	外壳蛋白	马铃薯	$Rx1, Rx2$	CC-NBS-LRR	复制/HR
	NIa 蛋白酶	马铃薯	Ry	?	复制
马铃薯 Y 病毒（PVY）	VPg	野生番茄	$pot-1$		复制
	VPg	烟草	va		细胞间移动
豌豆种传花叶病毒（PSbMV）	VPg	豌豆	$sbm-1$	eIF4E	复制

（续）

病　毒	病毒基因	寄　主	R 基因	推测的 R 基因结构域	抗性机制
大豆花叶病毒（SMV）	P3 和 6K1	豌豆	$sbm-2$		复制
	HC - Pro 和 P3	大豆	$Rsv1$		?
烟草蚀纹病毒（TEV）	?	拟南芥	$RTM-1$, $RTM2$	类菠萝蜜凝集素序列	系统性移动
	VPg	辣椒	$Pvr1$, $pvr1^2$	eIF4E	复制
	VPg	辣椒	$Pvr1^1$	eIF4E	细胞间移动
芜菁花叶病毒（TuMV）	CI	欧洲油菜	$TuRBO1$, $TuRBO1b$		HR
	P3	欧洲油菜	$TuRBO3$		
	P3、CI	欧洲油菜	$TuRBO4$, $TuRBO5$		复制、HR
莴苣花叶病毒（LMV）	基因组 3′ 部分	莴苣	mol^1, mol^2	eIF4E	复制、移动
大麦黄花叶病毒（BaYMV）	VPg	大麦	$rym4$	eIF4E	复制、移动
甜瓜坏死斑病毒（MNSV）	基因组 3′ 非翻译区（3′-UTR）	甜瓜	nsv	eIF4E	复制
芜菁皱缩病毒（TCV）	外壳蛋白	拟南芥	HRT	LZ - NBS - LRR	HR
水稻黄斑驳病毒（RYMV）	VPg?	水稻	$Rymv1$	eIF (iso) 4G	细胞间移动
大麦条纹花叶病毒（BSMV）	RNA γ	苋色藜	?		HR
番茄斑萎病毒（TSWV）	M RNA	野生番茄	$Sw-5$	CC - NBS - LRR	HR
菜豆矮花叶病毒（BDMV）	BV1 蛋白	菜豆	Bdm		HR
花椰菜花叶病毒（CaMV）	基因 Ⅵ 产物	烟草/曼陀罗	?		HR

注：表中的"?"表示该项尚不清楚。表中所引野生番茄的拉丁学名为 *Lycopersicon hirsutum*，欧洲油菜的拉丁学名为 *Brassica napus*；本表的数据主要引自 Kang 等（2005）、Stein 等（2005）、Nieto 等（2006）、Albar 等（2006）。

　　在考虑病害的诱发时，有必要对病毒基因在病毒侵染周期中的功能以及这些基因对寄主的效应之间加以区别。在正常情况下，一个病毒基因组的所有基因产物对于病毒完成侵染循环至少具有一种功能。迄今尚没有证据表明存在着只在诱发病害方面有作用的病毒基因。如果我们考虑多种寄主和环境条件，一个特定的病毒能引起的症状类型远多于其基因产物种类，即比一起作用的两个甚至更多的基因产物的组合还要多。因此，一个特定的病毒基因可能在产生病害的类型上有多种效应，这取决于所涉及的寄主植物、环境条件以及与其他病毒基因的可能的互作。许多病毒侵染的植物并不表现出可见的宏观病害症状。然而，除了隐潜病毒之外，大多数病毒产生可观察到的、而且在其至少一种寄主中时常存在的特征性细胞学效应。因此，病毒诱发的大多数宏观病害可能是不重要的，然而一些细胞学效应可能代表了病毒复制与移动的基本需求。宏观病害症状本质上应该看作是病毒对其细胞环境的效应，而不是病毒表型的一部分。在建立完全系统性病害的过程中，病毒必须克服各种不同的障碍。下面将讨论从起始侵染到病毒性病害的完全系统性表现的过程，以证明在病毒的侵入和寄主的抗性之间存在的互作。

二、病毒在初侵染细胞中复制的能力

迄今涉及非寄主中控制或抑制病毒复制的因素的研究很少。这是因为这些实验必须在单细胞水平进行，并且首先要为病毒的寄主建立原生质体系统。因此，尚不清楚完整植株表现为明显的非寄主植物在单细胞水平也不能支持病毒复制的植物所占的比例。在最初受到侵染的细胞中，病毒复制最早的事件之一是病毒粒体的脱壳。各种证据显示这一过程可能不涉及寄主专化性。然而，目前尚不能确定非寄主植物是否可以支持病毒的复制，并且不清楚我们所观察到的现象是否因为病毒不能移动到毗邻细胞而导致的阈下侵染。就RNA 病毒而言，有证据表明寄主的蛋白质或寄主因子参与了病毒的复制。同样地，双生病毒的复制必须利用其寄主的 DNA 聚合酶系统。因此，很有可能在病毒增殖这一步骤，植物和病毒间的不亲和性可避免病毒的复制。原生质体对各种形式侵染的抗性表明，某些抗性基因在单细胞水平起作用，这类抗性称为极端抗性（Hull，2002）。

1. ToMV 和番茄的 *Tm*‑1 基因　ToMV 在番茄植株中的增殖会因 *Tm*‑1 基因的存在而受到抑制，纯合子（*Tm*‑1/*Tm*‑1）的抑制比杂合子（*Tm*‑1/＋）的抑制更有效。在存在放线菌素 D 时，*Tm*‑1 抗性亦可在原生质体中表达，因此，*Tm*‑1 介导的抗性应为极端抗性。TMV 的无毒株系与强毒株系的序列比较揭示了两个碱基的替换造成复制酶组分 126K（ku）与 180K（ku）蛋白质中两个氨基酸的改变。侵染性转录物的诱变表明，两个相伴随的碱基置换及其可能导致的氨基酸变化参与了番茄 *Tm*‑1 基因对该 *Avr* 基因的识别。

2. PVX 和马铃薯的 *Rx* 基因　分别位于马铃薯第 12 和第 5 号染色体上的 *Rx*1 与 *Rx*2 基因控制着对 PVX 的极端抗性。*Rx* 抗性抑制 PVX 在原生质体中的积累。在 TMV 和 CMV 联合侵染的原生质体中，这两种病毒的增殖水平也受到抑制。抗性以株系专化性方式受到病毒外壳蛋白的激发，而且通过 PVX 序列的比较和诱变实验表明，外壳蛋白的第 121 位氨基酸残基可能是打破抗性的主要决定子。在接种病毒之前抗性已经表达，因此这种极端抗性与过敏性反应（HR）并不相关。*Rx*1 基因已经得到分离鉴定，并且在分别被转化进本氏烟（*N. benthamiana*）和普通烟（*N. tabacum*）之后发挥了作用。该基因可编码一个 107.5ku 蛋白质，其一级结构与 LZ‑NBS‑LRR 族的 *R* 基因类似。因此，*Rx* 与诱发 HR 的 *R* 基因类似，但是表型分析表明 *Rx* 介导的抗性与 HR 无关。*Rx* 介导的过敏性反应（HR）虽然可能发生，但这种情况在病毒侵染期间 PVX 基因组表达外壳蛋白时并不发生。*Rx* 介导的极端抗性在 *N* 基因介导的抗性之前被激活，因此极端的抗性相对于 HR 是上位的。*Rx*2 基因也已被克隆与测序（Bendahmane et al.，2000），可编码与 *Rx*1 的产物非常相似的一种蛋白质。

3. PSbMV 和豌豆的 *sbm* 基因　在豌豆抗病品种的第 6 号染色体上 *sbm*‑1、*sbm*‑3 和 *sbm*‑4 基因紧密连锁，分别不能支持 PSbMV 致病型 1、3 和 4 的复制；*sbm*‑2 与 *sbm*‑3 的性质相同，但是位于不同的连锁群中；PSbMV 抗性基因 *sbm*‑2 控制对致病型 2 的抗性，位于第 2 号染色体上。致病型 1 在具有 *sbm*‑1 基因的原生质体或植株中不能复制。用致病型 1 和 4 的重组体病毒，证明了 PSbMV 的致病力与 21ku 的基因组连锁蛋白（VPg）

相关。因为 VPg 很可能参与病毒的复制，因此 *sbm* - 1 基因可能干扰 VPg 在复制中的作用（Keller et al.，1998）。

三、病毒从第一个细胞迁移出的能力

对一个病毒从最初侵染的细胞到毗邻细胞移动的主要限制因素是其打开胞间连丝孔口的能力。然而，也可能有其他的因素影响病毒移动的能力。如下文所述，病毒可能被过敏反应限制于少数细胞中，从而产生一个可见的枯斑。在单细胞水平过敏性反应的诱发不易看清，因此，可能尚未得以识别。

如果病毒能够从初侵染的细胞移动出来就可能引起局部性过敏反应（HR）。只有在某些情况下如接种体强度非常高而且持续进行接种时才可能发生这种过敏反应，如嫁接之后（参见菜豆 *RSV* - 1 基因介导的、由 SMV 引起的过敏反应）。

引起局部坏死斑的一些病毒诱导非特异性寄主反应，包括寄主编码蛋白的从头合成。针对重复侵染的局部和系统性抗性的发展紧随着局部坏死斑的发展。在侵染位点附近的组织中病毒复制的局部化，即过敏反应，作为对病毒侵染的田间抗性具有重要作用。许多病毒—寄主组合产生局部坏死斑，并且日益增多的寄主和病毒的遗传决定子已经得到鉴定。

在完整的植株或切开的叶块中可诱导 HR 的基因，在分离的受侵染原生质体中不能诱导 HR。烟草的 N 基因和番茄的 *Tm* - 2 与 *Tm* - 2^2 基因就属于这种情况。携带这些基因的纯合型的植物原生质体允许 TMV 复制而未导致细胞的死亡。据认为这种作用可能是由于表皮涉及了坏死反应，或者细胞间的联系对过敏性反应表现型的表达是必需的。另一个或许是更加可能的解释是，细胞壁的存在可能对 N 基因的表达是必需的。一些过氧化物酶看来参与了坏死反应。这些酶可能主要位于细胞壁中。因此，细胞壁的去除可能在导致细胞死亡的生物化学反应链上造成了一个缺口。

四、TMV 在 N 基因烟草中诱发的 HR

1. TMV 侵染 N 基因烟草所形成的枯斑的特性　在正常温度下，烟草的一些品种对除 TMV - ob 株系以外所有已知的烟草花叶病毒属病毒（tobamoviruses）侵染的反应是产生局部坏死斑，并且不发生系统性扩展，而不产生随后通常会导致花叶的局部褪绿斑（Hull，2002）。该 HR 在 28℃ 以上或有时在稍低的温度下被克服。在一些烟草品种中，该反应是在单一显性的基因 N 基因控制之下；N 基因最初存在于心叶烟（*N. glutinosa*）中，通过杂交已将该基因掺入到普通烟草（*N. tabacum*）中，培育出了含该基因的多个栽培品种，如三生烟 NN、白肋烟 NN（Burley NN）以及珊西烟 nc（Xanthi - nc）等。在非常幼小的苗中，含有 N 基因（NN 或 Nn）的植株会发生系统性坏死。在较老的植株上，通常可观察到对侵染的仅有的两种反应：在 NN 与 Nn 植株上的局部性坏死斑，以及 nn 植株的系统性花叶。然而，系统性坏死亦可能在一些较老的含 N 基因的植株上发生。TMV 侵染包含 N 基因的烟草后在侵染位点造成细胞死亡，在紧邻坏死斑的区域存在着病毒粒体。

2. TMV 的解旋酶域诱导含 N 基因植株的坏死　现在有关含 N 基因的烟草对 TMV 的 HR 反应的假说是，一种 TMV 蛋白质直接或间接地与 N 蛋白互作因而激活了导致 HR 的信号转导途径。已用两种手段鉴定 HR 的激发子（elicitor）。第一种手段是对正常情况下

致病力强的、可诱发 HR 的 TMV - ob 株系的突变体的分析说明基因组的复制酶编码区（126/183ku 蛋白质的基因）参与了 HR 的诱发。通过使用嵌合体（杂种）病毒的基因组和进一步的诱变，将相关的位点确定为复制酶区域的解旋酶域（Padgett et al.，1997）。第二种手段是将 TMV 的可读框在三生烟（NN）植株中进行瞬间表达。移码突变表明蛋白质而非 mRNA 与 HR 的诱发有关。126ku 蛋白质解旋酶域的表达也诱发 PR - 1 的基因的表达。183ku 蛋白质、移动蛋白（P30）或外壳蛋白均不能诱发坏死。由于 183ku 蛋白质是通过 126ku 蛋白质基因的通读而表达出来的，因此前者也应该可以诱导坏死；然而，或许由于其表达量太低而不足以诱导产生反应。

N 基因对 TMV 的 HR 反应是温度敏感型的，在 28℃ 以上受到钝化。然而，TMV - ob 株系解旋酶域突变体在较低温度下也能够克服 HR（Padgett et al.，1997）。据推断，在较高的温度下，病毒的激发子和导致 HR 的寄主监视（防卫）机制之间的互作受到削弱。

3. N 基因　使用玉米的激活子转座子（AC）通过转座子标签法已经将 N 基因分离（Whitham et al.，1994）与鉴定。N 基因的序列表明它编码一个 131.4ku 蛋白质，其氨基末端域与果蝇的 Toll 蛋白和哺乳动物的白细胞介素 1 受体的细胞质域相似，含有核苷酸结合位点（NBS）和 4 个不完全的富亮氨酸区域。因此，它属于 R 基因的 TIR - NBS - LRR 族（表 9 - 2）。

缺失分析表明，TIR、NBS 与 LRR 域在 HR 的诱发中都具有不可缺少的作用（Dinesh - Kumar et al.，2000）。N 基因产物是经由另路剪接从两个转录物即 NS 与 NL 上表达出来的（Dinesh - Kumar & Baker，2000）。NS 转录物编码全长的 N 蛋白，并且在 TMV 侵染前和侵染 3 h 后量更大。NL 转录物编码一个截短的 N 蛋白（Ntr），缺少 14 个富亮氨酸重复中的 13 个，而且在侵染后 4～8h 量更大。一个转化后表达 N 蛋白、但不表达 Ntr 蛋白的对 TMV 敏感的烟草品种易于感染 TMV，而表达 NS 和 NL 两种转录物的转基因植株是完全抗病的。然而，在 TMV 侵染前后 NS mRNA 与 NL mRNA 的比率是关键性的，因为若只有一种 mRNA 表达或二者之比为 1：1 时，产生不完全的抗性。据认为，这两种 N 信使（mRNA）的相对比率受到某些 TMV 信号的调控（Dinesh - Kumar & Baker，2000）。将 N 基因转移到番茄中，会使番茄产生对 TMV 的抗性（Whitham et al.，1996）。

五、其他病毒—寄主过敏性反应

1. TMV 与 N′ 基因　最初来自绒毛烟（N. sylvestris）的 N′ 基因，控制针对大多数烟草花叶病毒属病毒的 HR，但是 TMV 的 U1 和 OM 株系除外，因为 U1 与 OM 株系可在含有 N′ 基因的植物中系统性移动而且产生花叶症状。然而，作为引起系统性症状的病毒株系的自然突变体，可诱发坏死的突变体能被轻易地分离出来。TMV 的外壳蛋白基因参与了含 N′ 基因的植物 HR 的诱发（Saito et al.，1987）。五个独立的氨基酸替换已被确认参与了 HR 的激发，但是与每个突变相关的 HR 反应有所不同，强激发子在 2～3d 后即激发产生可见的坏死，而弱激发子需要至少 6d 才导致坏死。这说明外壳蛋白的结构可能影响寄主植物的反应。为了阐明其中的原因，Culver 等（1994）做了一系列氨基酸替换以使外壳蛋白上产生可预测的结构改变，并且研究了它们对 HR 的影响。激发 HR 的氨基酸替换位于有序集聚的外壳蛋白的毗邻亚基之间的界面区域。不能激发 HR 的氨基酸替换或者是保守性的或者位于接口区域之外。诱发 HR 的氨基酸替换形成的杆状粒子的四级结构的稳定性降低，一个外壳蛋白激发 HR 的强度与四级结构的去稳定程度有相关性。然而，影响外壳蛋白的三级结构的突变不激发 HR。据认为，为了激发 HR，变弱的四级结构暴露出一个受体结合部位。很可能在激发子中，小的外壳蛋白的聚集体的体积分布和（或）寿命使得 N' 基因能够识别入侵的病毒（Toedt et al.，1999）。

为了进一步鉴定激发子的位点，可用与外壳蛋白的已知三级结构有关的各种不同的氨基酸替换。已证明破坏外壳蛋白中的 α-螺旋束正表面的氨基酸替换可干扰 N' 基因的识别。激发子活性部位约占 600 $\overset{\circ}{A}^2$，由 30%极性的、50% 非极性的和 20%带电荷的氨基酸残基组成。通过比较各种烟草花叶病毒属病毒的外壳蛋白和在这些外壳蛋白中氨基酸的替换对 N' 基因 HR 的影响，揭示了由非保守的表面特征围绕着的保守性中央疏水腔的存在（Taraporewala & Culver，1997）。这些结果说明，N' 基因的专化性除了依赖于激发子内活性部位的特异性表面特征之外，也依赖于外壳蛋白的三维折叠。

2. TMV 和辣椒的 L 基因　辣椒属植物（*Capsicum* spp.）携带的基因 $L1$、$L2$ 和 $L3$ 控制对 TMV HR 的抗性；这些基因各自控制的每一个 HR 均通过 TMV 的外壳蛋白诱发。TMV U1 的外壳蛋白基因被 TMV 的其他株系替换所得到的嵌合体构建物的表现说明，U1 与 U2 株系、齿瓣兰环斑病毒（Odontoglossum ringspot virus，ORSV）与黄瓜绿斑驳花叶病毒（Cucumber green mottle mosaic virus，CGMMV）的外壳蛋白在辣椒（含 $L1$ 基因）上激发了表型相似的 HR。然而，U1 与 CGMMV 的外壳蛋白分别不能激发烟草和茄子的 HR。Dardick 等（1999）比较了在烟草、辣椒和茄子中 HR 的激发情况，证明外壳蛋白中的 α-螺旋束在所有情况下都是必要的。识别的差异可能起因于这些寄主如何感受外壳蛋白的表面特征及（或）其四级构型。这表明这些抗性基因在功能上是相关的，而且在结构上可能是同源的。

3. ToMV 和番茄的 *Tm-2* 基因　番茄中有 $Tm-2$ 和 $Tm-2^2$ 两个等位基因，对 ToMV 的某些株系产生 HR。HR 除了由病毒株系决定外，也依赖于番茄的基因型和环境条件尤其是温度。寄主的反应差异显著，包括非常轻的坏死斑导致的明显的阈下侵染、正常的局部坏死斑至系统性坏死。通过对诱发 HR 和非诱发 HR 的 TMV 分离物的序列比较以及诱变和嵌合体病毒的利用，30 ku 移动蛋白（MP）已经被确认为 $Tm-2$ 与 $Tm-2^2$ 植株 HR 的诱导物（Weber et al.，1993）。

4. PVX 和马铃薯的 N 基因　在马铃薯中针对 PVX 的 HR 受到两个基因即 Nb 和 Nx 的控制。Nb 已被定位于 5 号染色体上臂的一个抗性基因簇中，而 Nx 被定位于 9 号染色体上一个含有类似 TSWV 抗性基因 $Sw-5$ 的区域。为了鉴定 Nb HR 的病毒激发子，构建了 PVX 无毒株系和致病株系的杂种病毒（Malcuit et al.，1999）。Nb 无毒决定子已被定位于 PVX 编码 25ku 移动蛋白的基因上。已证明处于该蛋白质第 6 位的异亮氨酸涉及了激发子的功能。然而，由于该氨基酸存在于可打破抗性的 HB 株系中，因而可能作为被 Nb 基因产物特异性识别的无毒域三维结构的一个决定因素（Malcuit et al.，1999）。Nx 介导的抗性受到 PVX 外壳蛋白基因的激发，第 78 位氨基酸是一个重要的决定子。

5. TCV 与拟南芥的 *HRT* 和 *rrt* 基因　用 TCV 接种拟南芥生态型 Di‐0 或 Di‐17 导致了接种叶上的 HR。HR 是由位于 5 号染色体、编码典型的亮氨酸拉链 NBS‐LRR 蛋白的一个显性基因 *HRT* 决定的（Cooley et al.，2000）。*HRT* 与对寄生霜霉的抗性基因 RPP8 有较高的同源性。TCV 外壳蛋白即被 HRT 识别的 Avr 因子，外壳蛋白 N 末端的突变产生了不能诱导 HR 的 TCV 的高致病力株系（Cooley et al.，2000）。*HRT* 可能不足以产生完全的抗性，因为许多 HR⁺ 后代可受到系统侵染。现在已经鉴定了一个调节对 TCV 抗性的隐性等位基因 *rrt*。

6. CaMV 与茄科寄主　CaMV 的 D4 与 W260 株系可在曼陀罗及两种烟草属植物（*N. bigelovii* 和 *N. edwardsonii*）上诱发局部褪绿斑和系统性花叶，但是 CM1841 株系仅诱导局部坏死斑，因而被限制于接种叶中。用这两个株系构建的嵌合体病毒接种，结果表明 HR 可受到基因Ⅵ的激发。这一推断通过含有表达 WD260 株系基因Ⅵ的双元载体的土壤杆菌浸润法得到了确认（Palanichelvam et al.，2000）。变异分析和嵌合体鉴别了基因Ⅵ编码蛋白 N 端的 1/3 参与了 HR 的激发，而编码蚜虫传播因子的基因Ⅱ也受到光线强度的影响（Qiu et al.，1997）。一个位于 W260 株系的基因Ⅱ的点突变株在低光强条件下可系统性侵染 *N. bigelovii*，但在高光强下不引起系统性侵染；在两种光强度条件下均可引起局部坏死枯斑，但野生型株系 W260 均能发生系统侵染。因此，HR 对病毒的抑制受到寄主、病毒株系和生长条件的调控。

第五节　病毒对寄主基因表达的调控

病害的各种宏观和微观症状均是由病毒直接或间接导致的寄主植物生理、生化异常引起的。很多系统侵染的病毒有时不能侵染新生幼嫩叶片，甚至发生寄主植物的恢复和再侵染的循环。现在认为这是由于植物启动了正常的防卫系统。

一、病毒侵染对寄主细胞中核酸与蛋白质的影响

1. 病毒侵染对寄主细胞 DNA 复制的影响　一般认为小 RNA 病毒对寄主细胞 DNA 合成几乎没有影响，但在这个问题上仅有很少的几个确定性实验。病毒侵染可能对寄主细胞 DNA 合成有一些影响，但这些影响可能很小并且难于观测，因为：①在一个正常伸展的叶片中每个细胞的 DNA 成分在一段时间中是增长的；②次要 DNA 组分，可能受病毒侵染的影响，但是难以分离和鉴定；③这些影响的时间可能非常短，因此难以在不同步侵染中检测。利用放射自显影技术来分析单个细胞中的 DNA 合成，发现 TRSV 侵染菜豆根部时，其端部 1mm 处 DNA 的合成降低。随后有丝分裂指数发生了瞬间降低（Matthews，1991）。

2. 对核糖体和核糖体 RNA 的影响　病毒侵染对核糖体 RNA 的合成和核糖体浓度的影响因病毒、病毒株系和侵染后时间以及相关寄主和组织的不同而异。另外，70S 和 80S 核糖体可能受到不同的影响。

在 TMV 侵染的叶片中，病毒 RNA 可能占总核酸的 75%，除引起 16S 和 23S 叶绿体核糖体 RNA 的减少外，对主要的寄主 RNA 组分没有明显的影响。然而，在一些情况下，

细胞质核糖体 RNA 的合成受到抑制。在花叶病中，叶绿体核糖体减少而细胞质核糖体无明显变化是一个相当普遍的特征。

在 TYMV 长期侵染的白菜叶片中，花叶症状中黄绿组织中的 70S 核糖体的浓度相对于同一叶片中的绿岛组织明显降低。在黄绿组织中对细胞质里核糖体的浓度几乎没有影响（Matthews，1991）。70S 核糖体浓度降低的程度取决于 TYMV 的株系，并且在侵染后随时间延长而变得更加严重。在引起更严重损失的 TYMV "白色" 株系中，70S 核糖体的损失基本上与叶绿素的减少一致。在系统侵染的幼嫩叶片中对 TYMV 侵染引起的影响加以跟踪，得到了一个与上述情况不同的结果。叶绿体中的核糖体浓度在病毒浓度达到高峰时显著降低。大约在同一时间，细胞质中核糖体的浓度显著提高。

病毒侵染对寄主的 tRNA、细胞核 RNA 以及线粒体中 rRNA 的影响还知之甚少。下面将讨论在蛋白质合成方面对寄主 mRNA 的影响。

3. 对寄主蛋白质的影响　一种病毒（如 TMV）的外壳蛋白，在病叶中可以占到叶片总蛋白量的大约 50%。在发生这样的情况时，对寄主蛋白质的总量可能没有明显的影响。但是，大多数其他病毒的增殖只能达到很有限的程度。对寄主蛋白质的影响与产生的病毒的数量没有必然的联系。含量最高的寄主蛋白质核酮糖二磷酸羧化酶/加氧酶（rubisco）的减少，是导致花叶和黄化病的病毒（如 TYMV 和 WSMV）最常见的效应（Matthews，1991）。

据估计，在病毒复制期，TMV 侵染可使寄主蛋白质的合成减少最多达 75%。病毒侵染不改变寄主多聚腺苷酸 RNA 的浓度，或其大小的分布。这表明病毒侵染可能在翻译阶段改变寄主蛋白质的合成而不是干扰转录。CaMV 侵染芜菁叶片时，特异性可翻译的 mRNA 的水平有变化。在强株系侵染时发现了更多这样的变化，特别是强株系侵染使编码 rbcs 小亚基前体的 mRNA 明显减少。CaMV 侵染期间寄主基因表达的明显变化很少。

在对 PSbMV 的详细研究中，Wang 和 Maule（1995）以及 Maule 等（2000）利用病毒基因组的正链和负链探针通过原位杂交鉴定了豌豆子叶中的侵染前沿。检测到病毒的负链 RNA 就可以认为发生了病毒的复制。随后他们检测了各种寄主基因 mRNA 的存在，并明确了三种情况：

（1）至少有 11 种寄主基因的表达受到了抑制，例如脂氧合酶 1 和热激蛋白 HSC70；

（2）随着病毒复制诱导了热激蛋白 HSP70 和多聚泛蛋白的表达；但是，病毒复制对 HSP70 的诱导不同于热对 HSP70 的诱导（Aranda et al.，1999）；

（3）对某些寄主基因产物（如肌动蛋白和 β-微管蛋白）的表达没有影响。

二、发生过敏性反应的寄主中蛋白质的变化

在侵染点或其附近，HR 涉及一系列的复杂生物化学的变化，包括细胞毒素植物保卫素的积累、细胞壁中的胼胝质和木质素的沉积以及因植物细胞的迅速死亡而形成坏死斑（Dixon & Harrison，1990）。HR 的调控同样复杂，涉及许多潜在的信号转导分子（包括活性氧、离子流、G 蛋白、茉莉酸和水杨酸）的互相作用、蛋白质磷酸化级联、转录因子的激活和通过多聚泛蛋白系统的蛋白质再循环作用等。在针对病毒侵染的 HR 中，除了 PR 蛋白质外，多种酶的活性亦有所提高。过氧化物酶、多酚氧化酶和核糖核酸酶活性均

有提高。苯丙醇类化合物的代谢强烈地受到各种病原（包括诱导 HR 的病毒）侵染的激活。这一激活作用导致衍生于苯丙氨酸的化合物（如类黄酮和木质素）的积累。三生烟（Samsun NN）中两个编码富甘氨酸蛋白质的基因在发生抗 TMV 侵染的 HR 期间受到强烈的诱导表达。

在受烟草的 HR 影响的其他寄主蛋白质以及在寄主反应中可能发挥重要作用的蛋白质中，myb 癌基因的同源物表达量增加（Yang & Klessig，1996），过氧化氢酶减少（Yi et al.，1999），而富甘氨酸的 RNA 结合蛋白的数量在 HR 早期阶段减少，但在后期阶段增加（Naqvi et al.，1998）。

在一种植物寄主和一种诱导坏死的病原之间的互作中，最早可检测到的事件之一是乙烯的生产迅速增加。乙烯的早期爆发性产生与局限病毒的反应有关，但是乙烯生产的增加不是由坏死反应引起的，而是由一个更早的事件决定的。一种病毒和一个寄主抗性基因之间互作的结果可能受到病毒的无毒决定子和寄主抗性决定子之间互作的控制（Collmer et al.，2000）。由菜豆栽培种的等位基因 I 控制的对 BCMV 的抗性因等位基因的剂量和温度而改变，产生从免疫、过敏性反应抗性到系统性韧皮部坏死导致植株死亡的一系列反应。在估测 HR 期间所有寄主蛋白质的这些方面变化的作用时，应注意一些变化参与了寄主反应，而另一些变化是因寄主反应而引起的。目前，对这些作用加以区别非常困难（Hull，2002）。

三、病毒侵染对寄主细胞的其他影响

1. 激素　病毒侵染可影响患病植物中的激素活性，并且激素部分参与病害的发生。研究表明，病毒侵染对主要植物激素的浓度均有一定影响。病毒的系统侵染倾向于削弱稳态生长素的水平而导致植物形态的改变。通常生长素水平降低，但在症状严重时生长素活性有时升高。用生长素处理病毒侵染的植物可以阻止病毒复制而降低症状严重度。病毒侵染时赤霉素浓度经常降低，但脱落酸的浓度却提高；细胞分裂素活性可能降低或提高；乙烯合成的刺激与局部坏死或褪绿反应相关（Hull，2002）。

2. 色素　有许多关于病毒侵染对植物各部位低分子量化合物浓度影响的报道。这些分析产生了大量的数据，这些数据因寄主和病毒的不同而异，因此不可能用于解释与病毒复制的关系。

病毒侵染常常产生黄花叶斑驳或者叶片普遍性黄化。因为叶片中色素的减少，这些变化是明显的。叶片中色素量的减少既可能是叶绿体发育受到抑制的结果，也可能是成熟叶绿体中色素受到破坏的结果。成熟的绿色叶片在接种病毒后局部斑经常发生迅速褪绿，这肯定是因为已经存在的色素受到破坏。在 TYMV 系统侵染的叶片中，所有六种光合色素浓度的降低程度相似。这是由于净合成的停止，以及随后叶片生长、扩展而导致的色素稀释所致。

TuMV 侵染对紫罗兰的几种基因型有不同影响。侵染既可以导致白色条纹也可使色素增加。根据对一些已知的寄主基因型的观察发现，病毒侵染仅仅影响控制色素生产量的基因的活性，而对改变花色素苷结构的基因的活性没有影响。

上述寄主植物代谢方面的许多变化可能是病毒侵染的结果，并不是病毒复制所必需

的。寄主植物的单基因变化或病毒的单位点变化可以使几乎没有症状的侵染变成严重的病害。类似的变化也在细胞病原、机械或化学伤害引致的病害中发生。在许多病毒病害中，代谢变化的一般情况类似于一个加速的老化过程（Hull，2002）。

四、病毒与植物在分子水平上的互作

侵染循环可划分为三个过程：早期事件（进入、脱壳和最初的翻译）、中期事件（翻译和复制）以及晚期事件（细胞间的移动和病毒粒体的装配）。由于一些事件在时间上有重叠，并且部分"早期"功能也可能在侵染的晚期发生作用，因此这种划分并非十分正确。然而病毒从最初入侵细胞，至移出该细胞进入临近细胞并形成粒体有一个自然的进程（Hull，2002）。

1. 病毒对寄主组分的利用与细胞周期的调控　病毒 mRNA 利用寄主的翻译体系。在某些情况下，病毒控制着翻译自身 mRNA 先于翻译至少部分寄主 mRNA 的优先权。如马铃薯 Y 病毒属的豌豆种传花叶病毒（*Pea seed-borne mosaic virus*，PSbMV），其表达与寄主中各种 mRNA 的表达量相关联，其中一些寄主 mRNA 的表达量减少，一些寄主 mRNA 的表达量增加，而另一些寄主 mRNA 的表达量不变。这反映了病毒控制寄主蛋白质的翻译是为了营造更适合自身生存的细胞环境。病毒影响寄主蛋白质合成的另一种方式是像番茄斑萎病毒属病毒（*Tospoviruses*）和纤细病毒属病毒（*Tenuiviruses*）那样采用"抢帽（cap-snatching）"机制。

寄主中遗传物质的正常复制方式为 DNA→DNA，单链环状 DNA 病毒（双生病毒科和矮缩病毒科）就利用这一途径。然而，这些病毒必须克服寄主 DNA 的复制仅发生在细胞循环的特定时期（S 期）的限制。这些病毒编码一种基因产物，与一种正常的寄主蛋白质相似，它可以把细胞所处的时期从 G 期转变到 S 期。MSV 的外壳蛋白具有细胞核定位信号，因此其基因组首先移动到细胞核附近。不过，外壳蛋白也和病毒的移动蛋白互作，而移动蛋白抑制外壳蛋白与 DNA 形成的复合体转运到细胞核。这使在细胞核新合成的 DNA 趋向于在细胞之间移动。

在植物基因组中的反转录因子也采用花椰菜花叶病毒科病毒复制的反转录途径（DNA→RNA→DNA）。借助依赖于 DNA 的 RNA 聚合酶Ⅱ，寄主直接参与病毒 DNA 基因组的转录。但是 RNA→DNA 的反转录过程是由病毒编码的反转录酶催化的，寄主是否直接参与这一过程尚不清楚。

寄主的蛋白质也参与了 RNA 病毒的复制复合体。应该特别注意的是，其中一些寄主蛋白质是翻译启始因子，这可能意味着翻译和复制可以同时进行。由于这两个过程在模板上需沿着不同的方向移动，因此推测它们（和其他寄主蛋白质一起）可以通过某种方式避免两个过程的相互干扰（Hull，2002）。

2. 病毒与植物内膜和细胞骨架系统的互作　越来越多的证据表明，植物病毒的表达和复制发生在植物细胞内的特定位点，并且这些位点和膜系统以及细胞骨架因子相关。虽然目前尚不清楚病毒进入细胞和脱壳这些早期事件是否与植物细胞内膜以及细胞骨架系统有关系，但是共翻译解聚发生在含有合成蛋白质的核糖体的粗糙内质网上是可能的。日益增多的证据表明，病毒侵染循环的多数中期事件与内膜系统以及细胞骨架有关。蛋白质翻

译因子 EF-1 和翻译起始因子 eIF（iso）4F 与微管蛋白相结合，并且与微管也相连。热激蛋白（HSP）90 也与微管有联系，一些病毒如长线病毒属病毒（*Closteroviruses*）中存在着 HSP90 的同源物。由分子伴侣如热激蛋白 HSP90、HSP70 和其他蛋白质组成的蛋白质复合体也参与沿着微管的信号转导及其他蛋白质的定向移动（Hull，2002）。

3. 病毒与植物的系统性互作　在考虑病毒复制与从初侵染细胞转移之间的互作和协同作用时，应注意以下三点：

（1）植物中存在着一种普遍性的防卫系统，它可识别"外来"核酸。这种系统受双链 RNA 的激活，因此 RNA 病毒的复制可能会激活这一途径。如上所述，已经证明一些病毒具有抑制或破坏这一系统的机制。这样，系统侵染和对单个细胞的侵染能否成功取决于这一防卫系统与抑制系统之间的平衡。因此，在系统侵染中，人们应对病毒与寄主细胞而非整个植株基础上的互作加以注意。

（2）除了上述普遍性的防卫系统外，许多植物具有某些基因，其基因产物可与病毒互作，限制侵染。最明显的一个例子是，一些基因产物有控制病毒移出初侵染细胞（阈下侵染）的能力或者产生限制其扩展的反应（过敏性坏死）。

（3）阈下侵染和过敏性坏死反应都是明显的反应，但是，在病毒与植物基因组之间也可能存在各种不太明显的或变化多端的互作。例如环境因素对寄主基因组的影响能够影响病毒侵染的最终结果。影响植物每一环节的代谢的因素又对植物侵染的空间和数量方面产生影响。如拟南芥中数个关键途径基因的转录均受到生物钟的调控。在病毒的系统侵染过程中，这种对寄主的影响很可能也影响对单个细胞的侵染，继而又影响到受病毒侵染的植物的表型。

上面阐述了发生在侵染过程中的病毒基因组内部的互作以及病毒和植物基因组间的互作。不但在 RNA 病毒方面，而且在 DNA 病毒方面现在也有越来越多的研究结果。它们的互作和功能的协调包括以下 4 个方面（Hull，2002）：

（1）病毒基因组的保护。多年来，对病毒基因组功能的发挥主要是在核酸的基础上加以考虑的。现在认为，可能病毒核酸在细胞中的任何阶段都不会单独存在，因为在此状态下核酸很快会被降解掉。因此，它们与蛋白质以及膜结合到一起以便在各种不同的复制阶段受到保护。

（2）如上所述，对于复制循环的每一阶段，病毒为了有效地顺序表达，在合适的地点、合适的时间，必须有适当量、适当构型的材料。因此，协调复制循环的每一阶段很有必要。

（3）利用植物的一些功能可使病毒在侵染性基因组中缩减必须携带的基因的数目。然而，在细胞中病毒必须在合适的时间、合适的位点将其占为己有。病毒的基因产物也必须与植物基因产物互作，并且相互具有亲和性。

（4）各种功能的严格协调控制着病毒复制的水平。病毒必须控制产生后代的数量，以使病毒被转移至其他寄主的机会最大化，同时减少对当前寄主的不可逆性破坏。

综上所述，植物病毒与寄主植物的分子互作研究领域已经取得了一些肯定的结果，但仍有不少问题有待于回答，如病毒侵染导致的各种症状产生的分子机制等。随着各种新技术的应用，这方面的研究进展非常迅速，相信在不久的将来会取得更多激动人心的成绩。

参 考 文 献

谢联辉，林奇英.2004. 植物病毒学. 第二版. 北京：中国农业出版社

Albar L, Bangratz-Reyser M, Hebrard E, Ndjiondjop MN, Jones M, Ghesquiere A. 2006. Mutations in the eIF（iso）4G translation initiation factor confer high resistance of rice to Rice yellow mottle virus. Plant J. 47：417～426

Anandalakshmi R, Marathe R. Ge X, Herr JM Jr, Mau C, Mallory A, Pruss G, Bowman L, Vance VB. 2003. A calmodulin-related protein that suppresses posttranscriptional gene silencing in plants. Science, 290：142～144

Antoniw JF, Ritter CE, Pierpoint WS, van Loon LC. 1980. Comparison of three pathogenesis-related proteins from plants of two cultivars of tobacco infected with TMV. J. Gen. Virol. 47：79～87

Aranda MA, Escaler M, Thomas CL, Maule AJ. 1999. A heat shock transcription factor in pea is differentially controlled by heat and virus replication. Plant J. 20：153～161

Baulcombe DC. 1999. Fast forward genetics based on virus-induced gene silencing. Curr. Opin. Plant Biol. 2：109～113

Baulcombe DC. 2004. RNA silencing in plants. Nature, 431：356～363

Béclin C, Berthome R, Palauqui J-C, Tepfer M, Vaucheret H. 1998. Infection of tobacco and *Arabidopsis* plants by CMV counteracts systemic post-transcriptional silencing of nonviral（trans）genes. Virology, 252：313～317

Bendahmane A, Querci M, Kanyuka K, Baulcombe DC. 2000. *Agrobacterium* transient expression system as a tool for the isolation of disease resistance genes：application to the Rx locus in potato. Plant J. 21：73～81

Bilgin DD, Liu Y, Schiff M, Dinesh-Kumar SP. 2003. P58（IPK），a plant ortholog of double-stranded RNA-dependent protein kinase PKR inhibitor, functions in viral pathogenisis. Dev. Cell, 4：651～661

Blevins T, Rajeswaran R, Shivaprasad PV, Beknazariants D, Si-Ammour A, Park H-S, Vazquez F, Robertson D, Meins F Jr, Hohn T, Pooggin MM. 2006. Four plant Dicers mediate viral small RNA biogenesis and DNA virus induced silencing. Nucleic Acids Res. 34：6 233～6 246

Brigneti G, Voinnet O, Li WX, Ji LH, Ding SW, Baulcombe DC. 1998. Viral pathogenicity determinants are suppressors of transgene silencing in *Nicotiana benthamiana*. EMBO J. 17：6 739～6 746

Chaerle L, van Caeneghem W, Messens E, Lambers H, van Montagu M, van der Straeten. 1999. Presymptomatic visualization of plant-virus interactions by thermography. Nature Biotechnol. 17：813～816

Chisholm ST, Mahajan SK, Whitham SA, Yamamoto ML, Carrington JC. 2000. Cloning of the Arabidopsis RTM1 gene, which controls restriction of long-distance movement of tobacco etch virus. Proc Natl Acad Sci. 97：489～494

Chivasa S, Carr JP. 1998. Cyanide restores N gene-mediated resistance to tobacco mosaic virus in transgenic plants expressing salicylic acid hydrolase. Plant Cell, 10：1 489～1 498

Chivasa S, Murphy AM, Naylor M, Carr JP. Salicylic acid interferes with tobacco mosaic virus replication via a novel salicylhydroxamic acid-sensitive mechanism. Plant Cell, 9：547～557

Collmer CW, Marston MF, Taylor JC, Jahn M. 2000. The I gene of bean：a dosage-dependent allele conferring extreme resistance, hypersensitive response or spreading vascular necrosis in response to the potyvirus bean common mosaic virus. Mol. Plant Microbe Interact. 13：1266～1270

Cooley MB, Pathirana S, Wu HJ, Kachroo P, Klessig DF. 2000. Members of the Arabidopsis HRT/RPP8 family of resistance genes confer resistance to both viral and oomycete pathogens. Plant Cell, 12: 663~676

Costet L, Cordelier S, Dorey S, Baillieul F, Fritig B, Kauffmann S. 1999. Relationship between localized acquired resistance (LAR) and the hypersensitive response (HR): HR is necessary for LAR to occur and salicylic acid is not sufficient to trigger LAR. Mol. Plant Microbe Interact. 12: 655~662

Covey SN, Al-Kaff NS. 2000. Plant DNA viruses and gene silencing. Plant Mol. Biol. 43: 307~322

Covey SN, Al-Kaff NS, Langara A, Turner DS. 1997. Plants combat infection by gene silencing. Nature, 385: 781~782

Culver JN, Stubbs G, Dawson WO. 1994. Structure-function relationshipbetween tobacco mosaic virus coat prtein and hypersensitivity in Nicotiana sylvestris. J. Mol. Biol. 242: 130~138

Dardick CD, Taraporewala Z, Lu B, Culver JN. 1999. Comparison of tobamovirus coat protein structural features that affect elicitor activity in pepper, eggplant and tobacco. Mol. Plant Microbe Interact. 12: 247~251

Deleris A, Gallego-Bartolome J, Bao J, Kasschau KD, Carrington JC, Voinnet O. 2006. Hierarchical action and inhibition of plant dicer-like proteins in antiviral defense. Science, 313: 67~71

Dinesh-Kumar SP, Baker BJ. 2000. Alternatively spliced N resistance gene transcripts: their possible role in tobacco mosaic virus resistance. Proc Natl Acad Sci. 97: 1 908~1 913

Dixon EA, Harrison MJ. 1990. Activation, structure and organization of genes involved in microbial defense in plants. Adv. Genet. 28: 166~233

Dunoyer P, Himber C, Voinnet O. 2005. Dicer-like 4 is required for RNA interference & produces the 21-nucleotide small interfering RNA component of the plant cell-to-cell silencing signal. Nat. Genet. 37: 1 356~1 360

Edelbaum O, Ilan N, Grafi G, Sher N, Stram Y, Novick D, Tal N, Sela I, Rubinstein M. 1990. Two antiviral poteins from tobacco: purification and characterization by monoclonal antibodies to human β-interferon. Proc Natl Acad Sci. 87: 588~592

Farnham G, Baulcombe DC. 2006. Artificial evolution extends the spectrum of viruses that are targeted by a disease-resistance gene from potato. Proc Natl Acad Sci USA 103: 18 828~18 833

Fire A, Xu SQ, Montgomery MK, Kostas SA, Driver SE, Mello CC. Potent and specific genetic interference by double-stranded RNA in Caenorhabditis elegans. Nature, 391: 806~811

Flor HH. 1971. Current status of gene-for-gene concept. Annu. Rev. Phytopathol. 9: 275~296

Howe GA, Ryan CA. 1999. Suppressors of systemin signaling identify gene in the tomato wound response pathway. Genetics 153: 1 411~1 421

Hull R. 2002. Matthews' Plant Virology (Fourth Edition). San Diego, San Francisco, New York, Boston, London, Sydney, Tokyo: Academic Press

Jones L, Hamilton AJ, Voinett O, Maule AJ, Baulcombe DC. 1999. RNA-DNA interactions and DNA methylation in post-transcriptional gene silencing. Plant Cell, 11: 2 291~2 301

Kachroo P, Yoshioka K, Shah J, Dooner H, Klessig DF. 2000. Resistance to turnip crinkle virus in Arabidopsis is affected by two host genes, is salicylic acid dependent but NRP1, ethylene and jasmonate independent. Plant Cell, 12: 677~690

Kang B-C, Yeam I, Jahn MM. 2005. Genetics of plant virus resistance. Annu. Rev. Phytopathol. 43: 581~621

Kang B-C, Yeam I, Frantz JD, Murphy JF, Jahn MM. 2005. The pvr1 locus in Capsicum encodes a translation initiation factor eIF4E that interacts with Tobacco etch virus VPg. Plant J. 42: 392~405

Kasschau KD, Xie Z, Allen E, Llave C, Chapman EJ, Krizan KA, Carrington JC. 2003. P1/HC-Pro, a viral suppressor of RNA silencing, interferes with Arabidopsis development and miRNA function. Dev. Cell, 4: 205~217

Keller KE, Johnasen E, Martin RR, Hampton RO. 1998. Potyvirus genome-linked protein (VPg) determines pea seed-borne mosaic virus pathotype-specific virulence in Pisum sativum. Mol. Plant Microbe Interact. 11: 124~130

Király L, Cole AB, Bourque JE, Schoelz JE. 1999. Systemic cell death is elicited by the interaction of a single gene in Nicotiana clevelandii and gene VI of cauliflower mosaic virus. Mol. Plant Microbe Interact. 12: 919~925

Klessig DF, Durner J, Noad R, Navarre DA, Wendehenne D, Kumar D, Zhou JM, Shah J, Zhang S, Kachroo P, Trifa Y, Pontier D, Lam E, Silva H. 2000. Nitric oxide and salicylic acid signaling in plant defense. Proc Natl Acad Sci. 97: 8 849~8 855

Li F, Ding SW. 2006. Virus Counterdefense: diverse strategies for evading the RNA-silencing immunity. Annu. Rev. Microbiol. 60: 503~531

Lindbo JA, Dougherty WG. 1992. Pathogen-derived resistance to a potyvirus: immune and resistant phenotypes in transgenic tobacco expressing altered forms of a potyvirus coat protein nucleotide sequence. Mol. Plant Microbe Interact. 5: 235~241

Lindbo JA, Dougherty WG. 2005. Plant pathology and RNAi: a brief history. Annu. Rev. Phytopathol. 43: 191~204

Llave C, Kasschau KD, Carrington JC. 2000. Virus-encoded suppressor of posttranscriptional gene silencing targets a maintenance step in the silencing pathway. Proc Natl Acad Sci. 97: 13 401~13 406

Lu R, Folimonov A, Shintaku M, Li WX, Falk BW, Dawson WO, Ding SW. 2004. Three distinct suppressors of RNA silencing encoded by a 20-kb viral RNA genome. Proc Natl Acad Sci. 101: 15 742~15 747

Lucy AP, Guo HS, Li WX, Ding SW. 2000. Suppression of post-transcriptional gene silencing by a plant viral protein localized in the nucleus. EMBO J. 19: 1 672~1 680

MacDiarmid R. 2005. RNA silencing in productive virus infections. Annu. Rev. Phytopathol. 43: 523~524

Malcuit I, Marano MR, Kavanagh TA de Jong W, Forsyth A, Baulcombe DC. 1999. The 25-kDa movement protein of PVX elicits Nb-mediated hypersensitive cell death in potato. Mol. Plant Microbe Interact, 12: 536~543

Maleck K, Dietrich RA. 1999. Defense on multiple fronts: How do plants cope with diverse enemies? Trends Plant Sci. 4: 215~219

Margis R, Fusaro AF, Smith NA, Curtin SJ, Watson JM, Finnegan EJ, Waterhouse PM. 2006. The evolution and diversification of Dicers in plants. FEBS Lett. 580: 2 442~2 450

Matthews REF. 1991. Plant Virology (Third Edition). San Diego, London: Academic Press

Maule AJ, Escaler M, Aranda MA. 2000. Programmed responses to virus replication in plants. Mol. Plant Pathol. 1: 9~15

Murphy AM, Chivasa S, Singh DP, Carr JP. 1999. Salicylic acid -induced resistance to viruses and other pathogens: a parting of the ways? Trends Plant Sci. 4: 155~160

Naqvi SMS, Park KS, Yi SY, Lee HW, Bok SH, Choi D. 1998. A glycine-rich RNA-binding protein gene is differentially expressed during acute hypersensitive response following TMV infection in tobacco. Plant Mol. Biol. 37: 571~576

Naylor M, Murphy AM, Berry JO, Carr JP. 1998. Salicylic acid can induce resistance to plant virus movement. Mol. Plant Microbe Interact. 11: 860~868

Nieto C, Morales M, Orjeda G, Clepet C, Monfort A, Sturbois B, Puigdomenech P, Pitrat M, Caboche M, Dogimont C, Garcia-Mas J, Aranda MA, Bendahmane A. 2006. An eIF4E allele confers resistance to an uncapped and non-polyadenylated RNA virus in melon. Plant J. 48: 452~462

Padgett HS, Watanebe Y, Beachy RN. 1997. Identification of the TMV replicase sequence that activates the N-gene mediated hypersensitive response. Mol. Plant Microbe Interact. 10: 709~715

Palanichelvam K, Cole AB, Shababi M, Schoelz JE. 2000. Agroinfiltration of cauliflower mosaic virus gene VI elicits hypersensitive response in Nicotiana species. Mol. Plant Microbe Interact. 13: 1 275~1 279

Pruss G, Ge X, Shi XM, Carrington JC, Vance VB. 1997. Plant viral synergism: the potyviral genome encodes a broad range pathogenecity enhancer that transactivate replication of heterologous viruses. Plant Cell, 9: 859~868

Qiu SG, Wintermantel WM, Sha Y, Schoelz. 1997. Light-dependent systemic infection of solanaceous species by cauliflower mosaic virus can be conditioned by a viral gene encoding an apid transmission factor. Virology, 227: 180~188

Ratcliff F, Harrison BD, Baulcombe DC. 1997. A similarity between viral defense and gene silencing in plants. Science, 276: 1 558~1 560

Rhodes JD, Thain JF, Wilden DC. 1999. Evidence for physically distinct signaling pathways in the wounded plant. Ann. Bot. 84: 109~116

Ruiz MT, Voinnet O, Baulcombe DC. 1998. Initiation and maintenance of virus-induced gene silencing. Plant Cell, 10: 937~946

Saito T, Meshi T, Takamatsu N, Okada Y. 1987. Coat protein gene sequence oftobacco mosaic virus encodes a host response determinant. Proc Natl Acad Sci. 84: 6 074~6 078

Stein N, Perovic D, Kumlehn J, Pellio B, Stracke S, Streng S, Ordon F, Graner A. 2005. The eukaryotic translation initiation factor 4E confers multiallelic recessive bymovirus resistance in *Hordeum vulgare* (L.) Plant J. 42: 912~922

Taraporewala ZF, Culver JN. 1997. Structural and functional conservation of the tobamovirus coart protein elicitor active site. Mol. Plant Microbe Interact. 10: 597~604

Toedt JM, Braswell EH, Schuster TM, Yphantis DA, Taraporewala ZF, Culver JN. 1999. Biophysical characterization of a designed TMV coat protein mutant, R46G, that elicits a moderate hypersensitive response in *Nicotiana sylvestris*. Protein Sci. 8: 261~270

Vargason J M, Szittya G, Burgyan J, Hall TMT. 2003. Size selective recognition of siRNA by an RNA silencing suppressor. Cell, 115: 799~811

Voinnet O, Vain P, Angell S, Baulcombe DC. 1998. Systemic spread of sequence-specific transgene RNA degradation is initiated by localized introduction of ectopic promoter-less DNA. Cell, 95: 177~187

Voinnet O, Pinto YM, Baulcombe DC. 1999. Suppression of gene silencing: a general strategy used by diverse DNA and RNA viruses of plants. Proc Natl Acad Sci. 96: 14 147~14 152

Wang D, Maule AJ. 1995. Inhibition of host gene expression associated with plant virus replication. Science, 267: 229~231

Wang H, Buckley KJ, Yang X, Buchmann RC, Bisaro DM. 2005. Adenosine kinase inhibition and suppression of RNA silencing by geminivirus AL2 and L2 proteins. J. Virol. 79: 7 410~7 418

Waterhouse PM, Fusaro AF. 2006. Viruses face a double defense by plant small RNAs. Science, 313: 54~55

Waterhouse PM, Wang MB, Finnegan EJ. 2001. Role of short RNAs in gene silencing. Trends Plant Sci. 6: 297~301

Weber H, Schulze S, Pfitzner AJP. 1993. Amino acid substitutions in the tomato mosaic virus 30-kilodalton movement protein confer the ability to overcome the *Tm2²* resistance gene in tomato. J. Virol. 67: 6 432~6 438

Whitham S, Dinesh-Kumar SP, Choi D, Hehl R, Corr C, Baker B. 1994. The product of tobacco mosaic virus resistance gene *N*: similarity to Toll and the interleukin-1 receptor. Cell, 78: 1 101~1 115

Whitham S, McCormick S, Baker B. 1996. The *N* gene of tobacco confers resistance to tobacco mosaic virus in transgenic tomato. Proc Natl Acad Sci. 93: 8 776~8 781

Yang Y, Klessig DF. 1996. Isolation and characterization of a tobacco mosaic virus-inducible myb oncogene gene homolog from tobacco. Proc Natl Acad Sci. 93: 14 972~14 977

Yi SY, Yu SH, Choi D. 1999. Molecular cloning of a catalase DNA from *Nicotiana glutinosa* L., and its repression by tobacco mosaic virus infection. Mol. Cells, 9: 320~325

Yoshikawa M, Peragine A, Park MY, Poethig RS. 2005. A pathway for the biogenesis of trans-acting siR-NAs in Arabidopsis. Genes Dev. 19: 2 164~2 175

第十章 类病毒、卫星病毒及卫星核酸

第一节 类 病 毒

20 世纪 60 年代，美国农业部植物病毒实验室的 Diener 和 Raymer 在研究马铃薯纺锤形块茎病时发现，该病原物用沉淀病毒的办法并无沉淀产生；具有侵染性的病叶组织提取物用 RNA 酶处理后侵染性消失，而用 DNA 酶、蛋白酶及酚处理后对侵染性无影响；对病原物提取物进行密度梯度离心及聚丙烯酰胺凝胶电泳分析表明，该病原物并非为传统的病毒核蛋白，而是低分子量 RNA，因此认为马铃薯纺锤形块茎病病原不具有病毒粒体，而是裸露的 RNA (Diener & Raymer, 1967；Diener, 1971)。随后证实，马铃薯纺锤形块茎病是由一类新病原——类病毒 (viroid) 引起的。类病毒是指侵染植物的能进行自我复制的没有包壳的低分子量环状单链 RNA 分子，一般由 246～401 个核苷酸 (nt) 组成，是迄今为止已知的最小的植物病原物 (Hull, 2002)。

一、类病毒的生物学特性

类病毒能在马铃薯、番茄、苹果、柑橘、椰子等多种植物上引起严重危害，如马铃薯纺锤形块茎类病毒 (*Potato spindle tuber viroid*, PSTVd)、柑橘裂皮类病毒 (*Citrus exocortis viroid*, CEVd)、椰子死亡类病毒 (*Coconut cadang-cadang viroid*, CCCVd)、啤酒花矮化类病毒 (*Hop stunt viroid*, HSVd) 和桃潜隐花叶类病毒 (*Peach latent mosaic viroid*, PLMVd) 等造成的损失相当严重。类病毒的侵染力强，侵染后一般引起类似病毒感染的矮化、斑驳、叶变形、坏死、开花与成熟延迟等症状。PSTVd 侵染马铃薯后引起植株僵直、纤细、矮化，叶小而直立、叶色浓绿、有时卷缩和扭曲，块茎伸长呈纺锤状，使马铃薯通常减产 25% 以上。CEVd 引起的柑橘裂皮病是柑橘的主要病害之一，已严重影响世界范围内的柑橘生产。一般典型的裂皮始于近地部分，形成鳞皮，而后很快向嫁接处扩散。开始出现鳞皮时，接穗通常也出现矮化，最矮的植株不超过 1.5m，而且叶子稀少，产量损失严重。由 CCCVd 引起的椰子死亡病是椰子的致死性病害。早期（持续 2～4 年）症状是在嫩叶下的第三片或第四片复叶呈水渍状，随着叶龄的增长，复叶上病斑逐渐扩展并连合成褪绿斑驳，果实缩小变圆，出现特有的中纬划痕；中期（持续 2 年）症状为树冠以下 2/3 呈现黄化，花序坏死、不育，果实停止生长，叶子变小变脆、数量减少；到晚期（持续 5 年）几乎所有叶子病斑连合，整个树冠呈黄铜色，叶子更小、数量更少，树干上只剩下几片短小、易脆、直立的叶子，形同一把扫帚；最后枝枯叶落，只剩一根光秃秃的树干，远看犹如一根电线杆。从出现症状到椰子死亡，大约持续 8～16 年。HSVd 在啤酒花（*Humulus lupulus*）上引起植株矮化，藤蔓节间缩短，上部叶片黄化、卷曲；在黄瓜上引起果实白化，生长受到抑制，大多数稍成梨形；在柑橘上引起树势衰弱；在李树（*Prunus salicina* cv. Lindley）及桃树（*P. persica* cv. Batsch）等果树上引起斑纹症状。PLMVd 主要侵染桃、李、杏等核果类果树。在桃树上潜隐期可达 5～7 年，症状一般表现为花叶、延迟发芽，严重时引起早衰甚至死亡（徐文兴等，2005）。类病毒的寄主范围有些较宽，有些较窄。CCCVd 和椰子败生类病毒（*Coconut tinangaja viroid*，CTiVd）侵染单子叶植物，其他类病毒侵染双子叶植物，一些老的葡萄和柑橘栽培品种可能存在多达 5 种不同类病毒的复合侵染（Maramorosch et al.，1985）。

有些类病毒引起的症状很轻或不产生症状，因此很可能还有很多无症侵染的类病毒未被发现。一般高温及强光下症状表现明显，有时少数核苷酸变异就可以改变类病毒的侵染力。感染类病毒的组织常产生异常的细胞质膜体，细胞壁畸形膨大。类病毒分布于叶肉细胞和维管束组织中，大多类病毒存在于细胞核内，少数存在于叶绿体中（Hull，2002）。

类病毒可以通过机械接种传播。多数类病毒靠无性繁殖传播，有些可能经种子或花粉传播。PSTVd 的主要传播途径为切割块茎的刀在病健株间相互摩擦。CEVd 可以通过嫁接传播，整枝、修剪、繁殖和果实采收时污染的刀具也能传播该类病毒；此外，有些枳橙和番茄品种的种子能传播 CEVd。HSVd 可以通过手、镰刀、剪刀以及分株、育苗、选芽、理蔓、摘心和卸蔓、切蔓等田间农事操作在藤蔓间接触传播，自然条件下根系的相互接触也可传染。只有番茄顶缩类病毒（*Tomato apical stunt viroid*，TASVd）可由蚜虫以非持久性方式进行有效传播。

二、类病毒的种类及分子结构

类病毒分为马铃薯纺锤形块茎类病毒科（*Pospiviroidae*）和鳄梨日斑类病毒科（*Avsunviroidae*）两个科。马铃薯纺锤形块茎类病毒科根据中央保守区类型及是否存在末端保守区（TCR）和末端保守发卡结构（TCH）分为 5 个属。鳄梨日斑类病毒科根据锤头状结构类型、基因组 G＋C 含量及在 2mol/L 氯化锂中的溶解性分为 2 个属。各属内如其基因组序列相似性＜90％，并具有不同的生物学特性（尤其是寄主范围及症状类型），则可以分为不同种（Fauquet et al.，2005）。大多数类病毒属于马铃薯纺锤形块茎类病毒科（25 种），鳄梨日斑类病毒科仅有 3 种，两科各属内的类病毒种类包括：

马铃薯纺锤形块茎类病毒科（*Pospiviroidae*）

马铃薯纺锤形块茎类病毒属（*Pospiviroid*）

菊矮化类病毒（*Chrysanthemum stunt viroid*，CSVd）

柑橘裂皮类病毒（*Citrus exocortis viroid*，CEVd）

金鱼花潜隐类病毒（*Columnea latent viroid*，CLVd）

血苋类病毒 1 号（*Iresine viroid 1*，IrVd-1）

墨西哥心叶茄类病毒（*Mexican pepita viroid*，MPVd）

马铃薯纺锤形块茎类病毒（*Potato spindle tuber viroid*，PSTVd）

番茄顶缩类病毒（*Tomato apical stunt viroid*，TASVd）

番茄褪绿矮缩类病毒（*Tomato chlorotic dwarf viroid*，TCDVd）

番茄雄性株类病毒（*Tomato planta macho viroid*，TPMVd）

啤酒花矮化类病毒属（*Hostuviroid*）

啤酒花矮化类病毒（*Hop stunt viroid*，HSVd）

椰子死亡类病毒属（*Cocadviroid*）

柑橘类病毒 IV 号（*Citrus viroid* IV，CVd-IV）

椰子死亡类病毒（*Coconut cadang-cadang viroid*，CCCVd）

椰子败生类病毒（*Coconut tinangaja viroid*，CTiVd）

啤酒花潜隐类病毒（*Hop latent viroid*，HLVd）

苹果锈果类病毒属（*Apscaviroid*）

苹果凹果类病毒（*Apple dimple fruit viroid*，ADFVd）

苹果锈果类病毒（*Apple scar skin viroid*，ASSVd）

澳洲葡萄类病毒（*Australian grapevine viroid*，AGVd）

柑橘曲叶类病毒（*Citrus bent leaf viroid*，CBLVd）

柑橘类病毒 III 号（*Citrus viroid* III，CVd-III）

葡萄黄点类病毒 1 号（*Grapevine yellow speckle viroid* 1，GYSVd-1）

葡萄黄点类病毒 2 号（*Grapevine yellow speckle viroid* 2，GYSVd-2）

梨疱状溃疡类病毒（*Pear blister canker viroid*，PBCVd）

锦紫苏类病毒属（*Coleviroid*）

锦紫苏类病毒 1 号（*Coleus blumei viroid* 1，CbVd-1）

锦紫苏类病毒 2 号（*Coleus blumei viroid* 2，CbVd-2）

锦紫苏类病毒 3 号（*Coleus blumei viroid* 3，CbVd-3）

鳄梨日斑类病毒科（*Avsunviroidae*）

鳄梨日斑类病毒属（*Avsunviroid*）

鳄梨日斑类病毒（*Avocado sunblotch viroid*，ASBVd）

桃潜隐花叶类病毒属（*Pelamoviroid*）

菊花褪绿斑驳类病毒（*Chrysanthemum chlorotic mottle viroid*，CChMVd）

桃潜隐花叶类病毒（*Peach latent mosaic viroid*，PLMVd）

未分科类病毒

乌饭树花叶类病毒（*Blueberry mosaic viroid-like* RNA，BluMVd-RNA）

牛蒡矮化类病毒（*Burdock stunt viroid*，BuSVd）

茄潜隐类病毒（*Eggplant latent viroid*，ELVd）

心叶烟矮化类病毒（*Nicotiana glutinosa stunt viroid*，NGSVd）

木豆花叶斑驳类病毒（*Pigeon pea mosaic mottle viroid*，PPMMoVd）

番茄束顶类病毒（*Tomato bunchy top viroid*，TBTVd）

马铃薯纺锤形块茎类病毒科类病毒基因组长 246～375nt，含有一个中央保守区（CCR），不能通过锤头状结构进行自身切割，基因组不编码蛋白质。该科各属代表种的基因组结构见图 10-1。鳄梨日斑类病毒科类病毒基因组长 246～399nt，缺少一个中央保守区（CCR），有通过锤头状结构进行自身切割的功能，二级结构或是以碱基配对的杆状分子形式存在（杆状分子中有一些茎环结构），或是呈分枝状构型存在。

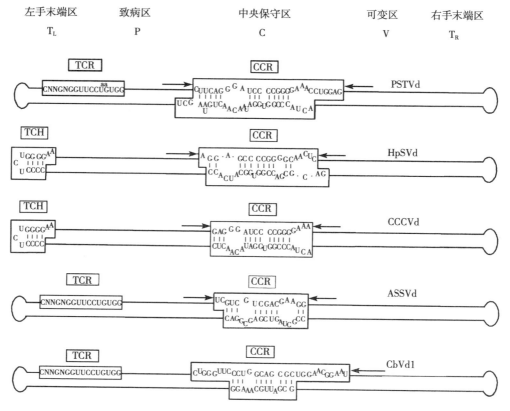

图 10-1　马铃薯纺锤形块茎类病毒科类病毒的 5 个功能区及各属的代表种的基因组结构

(引自 Fauquet et al.，2005)

TCR：末端保守区；TCH：末端保守发卡结构；CCR：中央保守区；箭头表示重复序列

类病毒为共价闭合的单链 RNA 分子，一般富含 G+C（53%～60%）。分子内部碱基高度配对，形成稳定的杆状或拟杆状二级结构，宽度与 dsDNA 相当，长约 50nm。类病毒在一定的热变性条件下可形成具有重要功能的发卡状变形结构，当变性温度增至 100℃时，发卡状结构全部打开，形成单链环状 RNA 分子。但桃潜隐花叶类病毒属（*Pelamoviroid*）的类病毒例外，它们的二级结构不是完全杆状，而是形成分枝状结构，且不溶于 2mol/L 氯化锂（Hull，2002）。

除少数类病毒外，大多数类病毒的 RNA 可分为 5 个功能区，即中央保守区（C）、致病区（P）、可变区（V）、右手末端区（T_R）和左手末端区（T_L）（Fauquet et al.，2005）。T_L 的保守序列为 CCUC，T_R 的保守序列为 CCUUC，这些保守序列有利于复制酶的结合。T_R 和 T_L 的保守序列与类病毒的复制起始有关。C 含 95nt 左右的中央保守序列，并有一个 9nt 反向重复序列，能形成茎环结构，它可能是类病毒复制中间体，即多聚 RNA 分子加工成为单体 RNA 的结构信号，因此 C 可能是类病毒复制的一个重要控制区域。P 与类病毒所致植物病害症状有关，该区由 15～17nt 组成，富含 A。对 PSTVd 的研究表明，类病毒引起植物病害症状的严重程度与 P 的稳定性有关，稳定性越差（链间氢键越容易打开），病害症状越重。V 的变异程度最大，即使是很相近的类病毒，同源性也都小于 50%，该区也与致病性有关（图 10 - 1）。

三、类病毒 RNA 的复制与剪切加工

类病毒的复制与病毒有根本区别。由于类病毒基因组微小，且 RNA 本身无 mRNA 活性，不编码任何蛋白质，因此，类病毒缺少复制酶，其复制完全依赖于寄主的转录酶系统。所有类病毒复制均是从 RNA 到 RNA 的直接转录，不涉及 DNA，复制的最终产物是环状类病毒（＋）RNA 分子。类病毒有时也以小线状分子存在，这可能是尚未环化或者已环化的分子被核酶切割造成（瞿峰和田波，1993）。类病毒的复制按对称和不对称两种滚环模式进行（图 10 - 2）。对称滚环模式如鳄梨日斑类病毒（ASBVd），复制时先以（＋）链为模板转录产生多个单位长度的（一）链复制中间体，并被切割成单位长度的线状（一）链分子，线状（一）链分子自我环化后作为模板转录出多个单位长度的（＋）链复制中间体，再进一步切割和连接，形成具有感染性的单体环化的类病毒分子。不对称滚环模式如 PSTVd，复制时以（＋）链为模板转录生成多个单位长度的（一）链复制中间体，（一）链复制中间体不经剪接，而直接作为模板转录成（＋）链复制中间体，再经过切割和连接，形成单体环化的类病毒分子（洪健等，2001）。

马铃薯纺锤形块茎类病毒科类病毒是利用依赖 DNA 的 RNA 聚合酶Ⅱ（DNA-dependent RNA polymerase Ⅱ）在细胞核内完成复制的。真菌毒素 α-amanitin 可以抑制原生质中 PSTVd RNA 的合成；而纯化的依赖 DNA 的 RNA 聚合酶具复制 PSTVd RNA 的能力，这些结果表明依赖 DNA 的 RNA 聚合酶Ⅱ参与类病毒的复制。与双链 DNA 启动子区相比，环

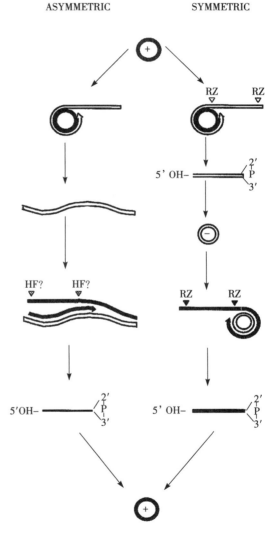

图 10 - 2 类病毒复制的对称（symmetric）及非对称（asymmetric）模式图
（引自 Fauquet et al.，2005）
RZ：锤头状核酶；HF：寄主因子；箭头表示切割位点

状类病毒不具诸如 TATA 或 CAAT 启动子保守序列。但是，依赖 DNA 的 RNA 聚合酶 Ⅱ 所催化的类病毒 RNA 合成存在复制起始点。PSTVd（一）链复制寡聚物的转录起始点在（＋）链环状 RNA 的 168 位，CEVd 和菊矮化类病毒（CSVd）的转录点位于环状 RNA 的 49 位和 300 位。马铃薯纺锤形块茎类病毒科类病毒不存在核酶结构，其剪切和连接可能是利用寄主植物 RNase 或连接酶等而完成的。

鳄梨日斑类病毒科类病毒在序列同源性、有无中央保守区等方面与马铃薯纺锤形块茎类病毒科相区别，其复制后的切割加工过程也相异。鳄梨日斑类病毒科类病毒是利用核编码的聚合酶（nuclear-encoded RNA polymerase，NEP）在叶绿体内完成复制的。2 个单位长度的 ASBVd（＋）链和（一）链在一个特异位点能自动裂解成单位长度的线状分子，并在 3′端形成一个 2′，3′-环磷酸及 5′端产生一个羟基，然后线状分子连接成环状分子。该特异位点位于锤头状结构中。一般认为锤头状结构具有核酶的切割活性及连接酶活性，因此 ASBVd 能自动把具 2′，3′-环磷酸的 3′端及含羟基的 5′端连接成环状的 RNA 分子。

四、类病毒的移动

类病毒的系统侵染包括类病毒进入细胞核（马铃薯纺锤形块茎类病毒科）或叶绿体（鳄梨日斑类病毒科）、在细胞核或叶绿体内复制、从细胞核或叶绿体输出、细胞间的移动、进入维管束组织、在维管束组织内进行长距离运输、从维管束组织输出等过程（图 10-3）。对 PSTVd 的研究表明，PSTVd 是由胞间连丝进行细胞间移动的，而且在叶肉细胞之间的移动是由特定的 RNA 模体（motif）介导的。PSTVd 长距离移动在韧皮部进行（Ding et al.，2005）。

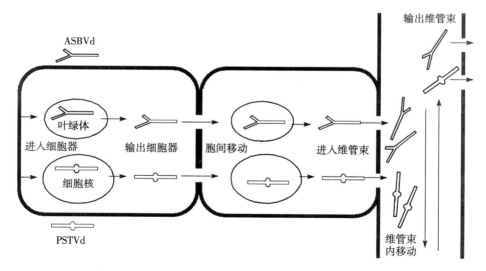

图 10-3 类病毒的移动
(仿自 Ding et al.，2005)

类病毒的移动必须与寄主植物蛋白互作。黄瓜韧皮部凝集素 PP2 在体外可以与 HS-Vd 互作，免疫沉淀试验也证明在黄瓜植株活体内，PP2 能与 HSVd 互作。PP2 含有

RNA 结合位点，因此 PP2 很可能在类病毒的长距离移动中起作用。在瓜类植物中已鉴定两种蛋白可以与 ASBVd 结合。在番茄中也已发现类病毒结合蛋白（VIRPI）可以与 PSTVd 互作，而且 VIRPI 与 PSTVd 的互作部位在右端区结构域（domain），该结构域突变后，PSTVd 不能通过摩擦接种侵染番茄。因此 VIRPI 很可能通过与 PSTVd 右端区结构域互作而介导 PSTVd 移动。

五、类病毒的检测与防治

类病毒不具有抗原性，不能通过血清学的方法检测。类病毒的主要检测方法包括生物学检测、电泳检测、核酸杂交及反转录聚合酶链式反应（RT‐PCR）等。

1. 生物学检测 已鉴定出的类病毒都可通过汁液进行传播，木本植物用嫁接法接种可增加侵染率。从待检样品中抽提低分子量 RNA 接种指示植物是检测 CSVd 的有效方法。生物学检测需要严格的温度条件，如果温度条件控制不严格便难以得到可信的结果。此外，接种后的潜伏期较长，接种的成功率也很难达到百分之百，还需要较大的空间，不适合于大规模检测。

2. 电泳检测 双向电泳及正反向电泳法（return-PAGE）可以用于类病毒检测。双向电泳时，抽提待检样品中低分子量 RNA，先在不变性的情况下进行聚丙烯酰胺凝胶（PAGE）第一向电泳，将分子大小不同的核酸区分开；之后切下类病毒的胶带，回收 RNA 用于进行变性条件下电泳。尿素可以使类病毒分子由棒状变为环状，由于环状分子在凝胶中移动慢，这样可把类病毒分子和植物中其他的小分子 RNA 分开。将已知分子量的类病毒作为对照，可推测待检类病毒分子的大小。正反向电泳时，将待检样品中抽提的低分子量 RNA 粗核酸首先在室温下用 1 倍 TBE 电泳缓冲液分离核酸，直到染料达近底部为止；然后换成加热到沸腾的 0.125 倍 TBE 电泳缓冲液，颠倒正负极并用表面加热器保持电泳板的温度在 80℃ 以上，直到染料到达胶的上端。电泳完毕后用银染色观察核酸的有无。制备用于正反向电泳的粗核酸的方法简便，需要的鲜叶量少，可以作为该类病毒的常规检测方法（李世访等，2002）。

3. 核酸杂交检测 在核酸杂交中，可用一种预先分离纯化的类病毒 RNA 或克隆的类病毒 RNA 的 cDNA 片段作为探针去检测未知类病毒 RNA。核酸杂交技术可检测皮克水平的类病毒，并可用于大量样品检测。

4. RT-PCR 检测 RT-PCR 可有效地用于类病毒的诊断，即使类病毒核酸的量非常低，仍然可以扩增出特异条带。该技术包括以类病毒 RNA 为模板，反转录酶合成 cD-NA，合成的与靶序列 DNA 互补的寡聚核苷酸引物结合到 cDNA 序列两侧，然后用热稳定 DNA 聚合酶合成多拷贝的 cDNA 序列。RT-PCR 检测灵敏度高，可直接对田间植株进行快速诊断。

通过去除病株及使用无类病毒材料可以有效地控制类病毒的危害。如 20 世纪 50 年代，菊花矮化类病毒在美国和英国发生严重，后通过使用无类病毒材料控制了菊花矮化病的发生（Diener，2003）。使用无类病毒材料需要建立有效的类病毒检测方法并加强对类病毒的检测。在进口植物材料时，需要加强对类病毒的检疫。此外，还可以通过基因工程手段培养抗类病毒的新品种。

第二节　卫星病毒

20 世纪 40 年代初，英国的 Bawden 等在研究一些烟草坏死病毒（Tobacco necrosis Virus TNV）的分离物时发现，有的 TNV 分离物含有大小不同和沉降速率有别的两种核蛋白颗粒，他们设想较小的病毒粒体是由较大的病毒粒体产生的。几乎 20 年后，英国的 Kassanis 等才弄清了两种颗粒的真正关系，即 TNV 中较大的病毒粒体（直径约 30nm）能自身复制，而较小的病毒粒体（直径约 17nm）不能单独侵染和复制，只有在较大的粒体存在时才能复制，而且两种病毒粒体在抗原上完全不同，因此把较小的病毒粒体称为卫星烟草坏死病毒（Kassanis，1962）。

卫星病毒（satellite virus）是指依赖于与其共同侵染寄主细胞的辅助病毒进行繁殖的核酸分子，其核酸序列与辅助病毒（helper virus）基因组没有明显的同源性，核酸分子含有编码外壳蛋白的遗传信息，并能包裹成形态学和血清学与辅助病毒不同的颗粒（谢联辉和林奇英，2004）。卫星病毒粒体为等轴状，直径约 17nm，无包膜，由 60 个单一外壳蛋白的拷贝组成，是已知植物病毒中最小的粒体，它伴随辅助病毒存在于寄主植物体内。卫星病毒基因组为一条线形正义 ssRNA，长 800～1 500nt，3′端与 5′端的序列不相关，基因组编码一个 17～24ku 的外壳蛋白，有时具有第二个 ORF（周雪平和李德葆，1993）。

植物病毒的卫星病毒分类上均包括在烟草坏死卫星病毒类卫星中，该类卫星有 4 个种和 1 个暂定种，4 个种为黍花叶卫星病毒（*Panicum mosaic satellite virus*）、烟草花叶卫星病毒（*Tobacco mosaic satellite virus*）、烟草坏死卫星病毒（*Tobacco necrosis satellite virus*）和玉米白线花叶卫星病毒（*Maize white line mosaic satellite virus*），1 个暂定种为禾谷类黄矮 RPV 卫星病毒（*Cereal yellow dwarf-RPV satellite virus*）（Fauquet et al.，2005）。黍花叶卫星病毒基因组长为 826 nt，当其与黍花叶病毒（PMV）伴随时，往往使 PMV 的症状加重，可能是通过抑制寄主植物的防卫反应或帮助病毒移动而使症状加重的。黍花叶卫星病毒基因组除编码一个 17.5ku 的外壳蛋白外，在 3′端可能还编码一个 9.4ku 的蛋白，17.5ku 的外壳蛋白除包裹 RNA 外，还与卫星病毒的侵染及移动有关；9.4ku 蛋白与细胞壁及膜成分相伴，其功能不详（Omarov et al.，2005）。烟草花叶卫星病毒基因组长 1056nt，除编码一个 17.5ku 的外壳蛋白外，在 5′端还编码一个 6.8ku 的功能不详的蛋白，该蛋白是侵染非必需蛋白。烟草花叶卫星病毒基因组 5′端和 3′端分别有 52nt 和 418nt 的非编码区，3′端能折叠成 tRNA 状结构，并形成两个假结（Pseudoknot）。烟草坏死卫星病毒基因组长为 1239nt，能编码由 195 个氨基酸组成的分子量为 21.7ku 的外壳蛋白，编码区起始于 30 位，终止于 620 位。RNA 5′端结构与大多植物 RNA 病毒不同，为 5′-ppApGpU-（与 TNV RNA 5′端相似）。当加上甲基化帽子结构于烟草坏死卫星病毒 RNA 5′端时，RNA 翻译效果无变化。RNA 5′端序列可能存在发卡结构，3′端则能折叠成 tRNA 状结构，RNA 在真核及原核体外翻译系统中均能有效地翻译出外壳蛋白。烟草坏死卫星病毒除包裹有 1239nt 的 RNA 外，还发现有大量的 620nt 长的 RNA，该 RNA 5′端与卫星病毒 RNA 类似，但其余序列相差很大，它依赖于 TNV 复制，但需卫星病毒包裹。玉米白线花叶卫星病毒基因组长 1168nt，能编码 24ku 的外壳蛋白。

第三节　卫星核酸

1976 年，Kaper 等发现黄瓜花叶病毒（CMV）的基因组中有时存在一种伴随它的低分子量 RNA，这种 RNA 的复制依赖于 CMV 的存在，称为 CMV 伴随 RNA5（CARNA5）。目前，已在多种植物 RNA 病毒中发现伴随有小分子 RNA（卫星 RNA）。1997 年，Dry 等首次报道了在单组分番茄曲叶病毒（ToLCV）中的卫星 DNA 分子，它含有双生病毒科（Geminiviridae）病毒共享的茎环结构和保守的 9 核苷酸 "TAATATT/AC"，但不含读码框。近年又发现多种单组分菜豆金色花叶病毒属（Begomovirus）病毒伴随有新型卫星 DNA——DNAβ 分子（Mansoor et al.，2003）。

卫星核酸是指依赖于与其共同侵染寄主细胞的辅助病毒进行繁殖的核酸分子，其核酸序列与辅助病毒基因组没有明显的同源性，没有编码外壳蛋白的遗传信息，而是装配于辅助病毒的外壳蛋白中（周雪平和李德葆，1994）。卫星核酸种类包括：

单链卫星 DNA 亚组

胜红蓟黄脉病毒卫星 DNAβ（Ageratum yellow vein virus satellite DNAβ）

胜红蓟耳突病毒卫星 DNAβ（Ageratum enation virus satellite DNAβ）

秋葵黄脉花叶病毒卫星 DNAβ（Bhendi yellow vein mosaic virus satellite DNAβ）

辣椒曲叶病毒卫星 DNAβ（Chilli leaf curl virus satellite DNAβ）

Alabad 棉花曲叶病毒卫星 DNAβ（Cotton leaf curl Alabad virus satellite DNAβ）

Gezira 棉花曲叶病毒卫星 DNAβ（Cotton leaf curl Gezira virus satellite DNAβ）

Kokhran 棉花曲叶病毒卫星 DNAβ（Cotton leaf curl Kokhran virus satellite DNAβ）

Mutan 棉花曲叶病毒卫星 DNAβ（Cotton leaf curl mutan virus satellite DNAβ）

Rajasthan 棉花曲叶病毒卫星 DNAβ（Cotton leaf curl Rajasthan virus satellite DNAβ）

泽兰黄脉病毒卫星 DNAβ（Eupatorium yellow vein virus satellite DNAβ）

蜀葵叶卷病毒卫星 DNAβ（Hollyhock leaf crumple virus satellite DNAβ）

忍冬黄脉病毒卫星 DNAβ（Honeysuckle yellow vein virus satellite DNAβ）

赛葵黄脉病毒卫星 DNAβ（Malvastrum yellow vein virus satellite DNAβ）

番木瓜曲叶病毒卫星 DNAβ（Papaya leaf curl virus satellite DNAβ）

烟草曲茎病毒卫星 DNAβ（Tobacco curly shoot virus satellite DNAβ）

番茄曲叶病毒卫星 DNAβ（Tomato leaf curl virus satellite DNAβ）

中国番茄黄化曲叶病毒卫星 DNAβ（Tomato yellow leaf curl China virus satellite DNAβ）

单链卫星 RNA 亚组

大单链卫星 RNA：

南芥菜花叶病毒大卫星 RNA（Arabis mosaic virus large satellite RNA）

竹花叶病毒卫星 RNA（Bamboo mosaic virus satellite RNA）

甜菜环斑病毒卫星 RNA（*Beet ringspot virus satellite* RNA）

菊苣黄斑驳病毒大卫星 RNA（*Chicory yellow mottle virus large satellite* RNA）

葡萄保加利亚潜隐病毒卫星 RNA（*Grapevine Bulgarian latent virus satellite* RNA）

葡萄扇叶病毒卫星 RNA（*Grapevine fanleaf virus satellite* RNA）

樱桃李潜环斑病毒卫星 RNA（*Myrobalan latent ringspot virus satellite* RNA）

草莓潜环斑病毒卫星 RNA（*Strawberry latent ringspot virus satellite* RNA）

番茄黑环病毒卫星 RNA（*Tomato black ring virus satellite* RNA）

甜菜坏死黄脉病毒卫星 RNA5（*Beet necrotic yellows vein virus satellite-like* RNA5，暂定成员）

小线状单链卫星 RNA：

黄瓜花叶病毒卫星 RNA（*Cucumber mosaic virus satellite* RNA）

建兰环斑病毒卫星 RNA（*Cymbidium ringspot virus satellite* RNA）

花生丛生病毒卫星 RNA（*Groundnut rosette virus satellite* RNA）

黍花叶病毒卫星 RNA（*Panicum mosaic virus satellite* RNA）

豌豆耳突花叶病毒卫星 RNA（*Pea enation mosaic virus satellite* RNA）

花生矮化病毒卫星 RNA（*Peanut stunt virus satellite* RNA）

番茄丛矮病毒卫星 RNA（*Tomato bushy stunt virus satellite* RNA）

芜菁皱缩病毒卫星 RNA（*Turnip crinkle virus satellite* RNA）

洋槐花叶病毒卫星 RNA（*Robinia mosaic virus satellite* RNA，暂定成员）

烟草坏死病毒小卫星 RNA（*Tobacco necrosis virus small satellite* RNA，暂定成员）

环状单链卫星 RNA：

南芥菜花叶病毒小卫星 RNA（*Arabis mosaic virus small satellite* RNA）

禾谷类黄矮病毒卫星 RNA（*Cereal yellow dwarf virus-RPV satellite* RNA）

菊苣黄斑驳病毒卫星 RNA（*Chicory yellow mottle virus satellite* RNA）

紫花苜蓿暂时性线条病毒卫星 RNA（*Lucerne transient streak virus satellite* RNA）

莨菪斑驳病毒卫星 RNA（*Solanum nodiflorum mottle virus satellite* RNA）

地三叶草斑驳病毒卫星 RNA（*Subterranean clover mottle virus satellite* RNA）

烟草环斑病毒卫星 RNA（*Tobacco ringspot virus satellite* RNA）

绒毛烟斑驳病毒卫星 RNA（*Velvet tobacco mottle virus satellite* RNA）

水稻黄斑驳病毒卫星（*Rice yellow mottle virus satellite*，暂定成员）

一、卫星 DNA

在植物 RNA 病毒中，卫星 RNA 广泛存在，但直到 1997 年，卫星 DNA 才从 ToLCV 感染的病株中分离到。ToLCV 卫星 DNA（sat-DNA）大小约为辅助病毒的 1/4（682nt），除了茎环结构中保守的 9 碱基序列外，与辅助病毒几乎没有序列同源性；ToLCV sat-

DNA 不含有明显的 ORF，但依赖辅助病毒进行复制、系统运动和昆虫传播；ToLCVsat-DNA 还能利用番茄黄化曲叶病毒（TYLCV）、甜菜曲顶病毒（BCTV）和非洲木薯花叶病毒（ACMV）作为辅助病毒进行复制。但 sat-DNA 并非是病毒增殖必需的，对辅助病毒症状也无明显的影响（谢联辉和林奇英，2004）。

在发现 ToLCVsat-DNA 后，并未马上在其他双生病毒中发现有小分子 DNA。直到近年，在研究单组分双生病毒〔如木尔坦棉花曲叶病毒（CLCuMV）和胜红蓟黄脉病毒（AYVV）〕致病性时，才在这些病毒中发现了与致病相关的新型卫星 DNA 分子——DNAβ。对 AYVV 和 CLCuMV DNAβ 的全核苷酸序列分析表明，DNAβ 分子大小约为 DNA‑A 的一半，除茎环结构中复制起始必需的九核苷酸 "TAATATT/AC" 外，与双生病毒基因组 DNA-A 和 DNA-B 序列几乎无同源性，也不具有双组分双生病毒的保守区。DNAβ 包裹在病毒粒体中，能被粉虱传播，并依赖于 DNA-A 进行复制（Zhou et al.，2003）。随后的研究发现，DNAβ 分布范围相当广泛，在亚洲、非洲多个国家侵染蔬菜、纤维作物、观赏植物以及杂草的多个单组分双生病毒中都分离到了类似的卫星分子，但还没有发现其与双生病毒相伴随（Briddon et al.，2003；Mansoor et al.，2003）。多数情况下，DNAβ 与双生病毒（又称辅助病毒）相伴随并引起典型症状。因而，双生病毒与伴随的 DNAβ 形成新致病类型——双生病毒/DNAβ 病害复合体（geminivirus/DNAβ disease complex）。DNAβ 为病害复合体引起典型症状所必需。泽兰黄脉病是发生于日本的文字记录最早的植物病毒病害，尽管人们很早已知道该病害是由双生病毒侵染引起的，但直到最近才发现是泽兰黄脉病毒（EpYVV）和 DNAβ 分子共同侵染引起了泽兰的黄脉症状（Saunders et al.，2003）。对我国华南和西南多个省的双生病毒病害的研究表明，我国发生的多为单组分双生病毒，并普遍伴随有 DNAβ 分子（Zhou et al.，2003）。目前，已从云南、广西、广东、海南和福建等省、自治区的烟草、番茄、番木瓜、胜红蓟、赛葵、假马鞭、豨莶和黄花捻等多种作物和杂草上分离到多种 DNAβ 分子（Xie et al.，2002；Zhou et al.，2003；Li et al.，2005；Cui et al.，2004；Xiong et al.，2005）。对这些卫星分子进行比较后发现，其基因组包括以下几个结构特征：互补链上编码一个位置和序列上保守的 βC1 蛋白；含有包括保守的九核苷酸序列 TAATATT/AC 及茎环结构的卫星保守区（satellite con-served region，SCR），推测为卫星复制所必需，SCR 在不同卫星之间高度保守；此外，卫星分子在 βC1 上游还有一个 A 富含区（A-rich region），A 含量高达 55%～65%（图 10‑4）。

对中国番茄黄化曲叶病毒（TYL-CCNV）的研究表明，所有 TYLCCNV

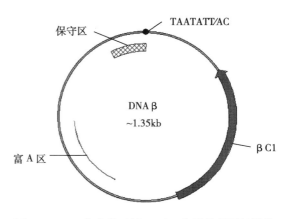

图 10‑4 双生病毒卫星 DNAβ 分子的基因组结构

的田间分离物都伴随有 DNAβ，侵染性测定表明卫星分子是这类病毒侵染其寄主所必需的。利用 UV 交联和电泳迁移率变动试验（EMSA）对 TYLCCNV 卫星分子 βC1 的核酸结合特性进行分析，发现 βC1 能结合单链和双链 DNA，且随着蛋白浓度的增加结合能力增强。βC1 结合 DNA 的活性受盐离子浓度影响，随着 NaCl 浓度的增高，βC1 结合活性降低。EMSA 和竞争性结合试验发现 βC1 结合 DNA 的活性无 DNA 大小、形式和序列特异性，表明其以序列非特异性方式结合 DNA。利用 TYLCCNV 卫星分子 βC1 基因与 GUS 和 GFP 的融合表达载体在洋葱表皮细胞和 sf21 昆虫细胞中对 βC1 的亚细胞定位研究表明，βC1 融合蛋白定位于洋葱表皮细胞和昆虫细胞的细胞核内。以农杆菌介导的叶盘转化法将 35S 启动子驱动的 TYLCCNV 卫星分子的 βC1 基因转化本氏烟和普通烟，两种转基因烟草的部分株系都产生类似病毒侵染的曲叶等症状，Northern 印迹分析表明，转基因烟草上类病毒病症状的严重度与 βC1 转录物的积累量成正相关，而表达功能丧失的 βC1 基因突变体的转基因烟草不产生任何症状，因而 βC1 基因的表达直接诱导转基因植物产生类病毒病的症状。RNA 沉默是一种植物体内固有的抗病毒防卫反应，在防御病毒侵染中起重要作用。在沉默回复和抑制沉默建立的试验中，TYLCCNV 与卫星分子辅助病毒共接种时能增强抑制 RNA 沉默的能力，表明 DNAβ 直接或间接参与抑制 RNA 沉默。利用农杆菌共浸润试验发现 βC1 能抑制正义和反义 GFP 基因诱导的局部沉默，且能延迟 GFP 的系统沉默，表明 DNAβ 分子的 βC1 为 RNA 沉默的抑制子（Cui et al.，2005）。

对烟草曲茎病毒（TbCSV）的研究表明，只有部分 TbCSV 的田间分离物伴随有 DNAβ，侵染性测定表明，DNAβ 的存在虽然能够加重辅助病毒诱导的症状，但对于辅助病毒的侵染效率、发病时间以及核酸积累水平都没有明显的影响，特别是在番茄植株上，卫星对于 TbCSV 的致病性无任何影响，并且在一些共同接种的番茄植株上卫星分子可以丢失。可见，与 TYLCCNV/DNAβ 病害复合体相比，TbCSV 与 DNAβ 联系较为松散。这些结果暗示，TbCSV 是一个在进化中处于双生病毒病害复合体和真的单组分双生病毒（无 DNAβ）之间的过渡类型（Li et al.，2005）。

对 TYLCCNV DNAβ 分子的研究表明，DNAβ 上的 βC1 基因对于致病是必需的，但是对于 DNAβ 的复制却并非必需。通过对 βC1 基因进行缺失和引入多克隆位点（MCS），将其改造为一种卫星 DNA 载体，当外源片段引入多克隆位点后可以利用 βC1 的启动子和终止子进行转录和表达。通过对卫星 DNA 载体的测试表明，该载体既可以抑制转基因的表达，也可以抑制内源基因的表达，同样可以诱导分生组织特异性表达基因发生沉默；该卫星 DNA 载体还可以同时抑制两个基因的表达。它更大的优势在于可以诱导多种寄主植物包括本氏烟、心叶烟、三生烟和番茄发生基因沉默。改造的卫星 DNA 沉默载体本身在植物中并不产生任何的症状，因此在最大限度上减少了对沉默表型的干扰效应（Tao et al.，2004）。卫星 DNA 基因沉默体系的建立为植物基因组功能研究提供了有效的技术平台。

二、卫星 RNA

1. 大单链卫星 RNA　该类卫星 RNA 为线形正义 ssRNA，长 0.8～1.5kb，不编码外壳蛋白。卫星 RNA 被包裹在辅助病毒的外壳蛋白中，有些情况下可编码一个非结构蛋白，该非结构蛋白对于卫星 RNA 的复制是重要的。在卫星 RNA 与辅助病毒之间存在着少量序列同源性，卫星 RNA 很少改变由辅助病毒引起的症状。这类卫星大多与线虫传多面体病毒属（*Nepovirus*）病毒伴随，只有一种与马铃薯 X 病毒属（*Potexvirus*）病毒伴随。

竹花叶病毒卫星 RNA 长为 836nt。卫星 RNA 分离物 BSF4 和 BSL6 分别从泰山竹和麻竹的竹花叶病毒分离物中分离。BSF4 和 BSL6 的核苷酸和氨基酸序列虽只有 6.9% 和 4.8% 的差异，但其生物学特性却迥然不同。BSL6 能明显干扰竹花叶病毒基因组 RNA 的复制，而且会减轻或延缓竹花叶病毒的病症，而 BSF4 对病毒基因组 RNA 复制的干扰较小，不会明显减轻病毒感染造成的病症。竹花叶病毒卫星 RNA 编码一个 20ku 非结构蛋白（P20），该蛋白能与竹花叶病毒 RNA 结合，是病毒复制非必需的，不参与卫星 RNA 的胞间移动，但参与其长距离移动。P20 与 RNA 结合除偏好 dsRNA 外，也喜爱结合到竹花叶病毒及其卫星 RNA 的 5′端和 3′端的非编码区，而其结合 RNA 的功能区位于 N 端富含精氨酸的区域（arginine-rich motif）。细菌双杂交研究表明 P20 与 P20 之间的相互作用相当强烈，P20 与竹花叶病毒复制酶及外壳蛋白之间的相互作用也很强烈（范树国等，2005）。

2. 小线状单链卫星 RNA　该类卫星 RNA 为线形正义 ssRNA，长度一般在 700nt 以下，不编码任何功能蛋白，在寄主细胞中不能构成环状 RNA 分子，卫星 RNA 被包裹在辅助病毒外壳蛋白中。一些卫星 RNA 会改变由辅助病毒引起的病害症状。

黄瓜花叶病毒属（*Cucumovirus*）中的黄瓜花叶病毒（CMV）的某些分离物包裹有约 0.3kb 的卫星 RNA。目前已测定了 70 多种 CMV 卫星 RNA 的全序列，其长度为 330～405nt，不编码任何功能蛋白，RNA5′端也为帽子结构，3′端为羟基（OH）。大多数 CMV 卫星 RNA 之间有很高的同源性。CMV 卫星 RNA 上可能存在广泛的碱基配对，3′端可能形成 tRNA 状结构，但不能氨酰化。不同的卫星 RNA 对 CMV 引起的病状有不同的调节作用，有的能减轻 CMV 在大多数寄主植物上的症状，有些则能引起特征性的烟草鲜黄症、番茄坏死和番茄白叶病，但其核酸序列只有少数几个碱基发生改变（Simon et al.，2004）。同一种 CMV 卫星 RNA 分子在不同的植物上可产生相反的效果，如 CMV-S 中分离的 CARNA5 能引起番茄坏死，但可减轻 CMV-S 在烟草和辣椒上的症状（周雪平和李德葆，1994）。利用马铃薯 X 病毒（PVX）作为载体在番茄中表达 CMV D4 卫星 RNA，证明卫星 RNA 的负链与番茄上的坏死有关（Taliansky et al.，1998），在坏死过程中负链 RNA 所占比例升高，而且坏死是由细胞程序性死亡（PCD）产生的（Xu & Roossinck，2000）。

Baulcombe 等（1986）将 CMV 卫星 RNA 的 cDNA 插入到 Ti 质粒，其中包含花椰菜花叶病毒（CaMV）的 35S mRNA 启动子及 nos 终止子序列，构建的含卫星 RNA cDNA 的 Ti 质粒经农杆菌感染烟叶成功地将卫星 RNA 的 cDNA 插入烟草的基因组中。转基因植株并不产生单位长度的卫星 RNA，但能转录出两端带部分启动子及终止子序列的卫星 RNA。当用不含卫星 RNA 的 CMV 接种后，植株能产生大量的卫星 RNA，并包裹在病毒粒体中。转基因植株在 2～3 片叶片上形成斑驳和花叶症，其余叶片不产生花叶症状，植株生长与非侵染的对照植株一样。转基因植株中 CMV RNA 的复制及病毒粒体可减少 85%～90%。当转基因植株用番茄不孕病毒（TAV）接种后也只产生很轻的症状，且卫星 RNA 能随 TAV 传播，但 TAV RNA 及侵染性并不减少，说明转基因植株并不阻止

TAV RNA 复制及粒体的形成。Gerlach 等（1987）用 TobRV 卫星 RNA 的正负链 DNA 的三聚体转化三生烟，转基因植株可转录出大量的 359nt 长的卫星 RNA，正链序列的转基因植株中产生的卫星 RNA 量大于负链，证明 TobRV 卫星 RNA 的正负链都能在活体中进行自身切割。转基因植株用 TobRV 接种后，在接种叶上形成环斑症状较非转基因植株晚 1～2d，3 周后病毒的症状几乎没有，而且植株中病毒的含量很低。转基因植株还能减轻 CLCV 的症状。这些结果证明利用卫星 RNA 构建抗病毒基因是一种有效方法。但转卫星 RNA 工程植株的田间运用尚需注意以下问题：首先是卫星 RNA 不能彻底地抑制辅助病毒复制，其次是卫星 RNA 具有很高的突变率，因而有可能产生不利的突变，因此在田间运用之前，需要加强对卫星 RNA 基本特性特别是功能区的研究。卫星 RNA 转基因植株的成功也为研究卫星 RNA 复制和致病机理提供了更直接的方法。通过该途径可以帮助我们弄清卫星 RNA 的致病机理及与辅助病毒和寄主之间的相互关系，使我们能有目标地改造卫星 RNA，并加以利用（谢联辉和林奇英，2004）。

黄瓜花叶病毒属中另一成员花生矮化病毒（PSV）也含有卫星 RNA。PSV 卫星 RNA 长为 393nt，5′端为帽子结构、3′端为羟基。除 5′端和 3′端分别有 10 个 nt 与 CMV 卫星 RNA 相似外，其余无同源性，而与某些类病毒有较高的同源性，与寄主的某些内含子也有同源性。

幽影病毒属（*Umbravirus*）的基因组缺乏编码外壳蛋白的 ORF，要依靠辅助病毒（通常为黄症病毒科病毒）的外壳蛋白进行包裹，并由辅助病毒的介体进行传播。该属中的花生丛生病毒（GRV）总是伴随有卫星 RNA，卫星 RNA 长 895～903nt。GRV 和卫星 RNA 均由属黄症病毒科的花生丛生助病毒（GRAV）的外壳蛋白包裹。GRV 卫星 RNA 与花生丛生有关，当卫星 RNA 不存在时，GRV 往往在花生上为无症侵染。与其他卫星 RNA 不同，GRV 卫星 RNA 是 GRV 传播所必需的，因为卫星 RNA 是 GRV 及卫星 RNA 被 GRAV 外壳蛋白包裹所必需的（Robinson et al.，1999）。

芜菁皱缩病毒（TCV）中已发现多种卫星 RNA（RNA$_{C,D,F}$）。RNA$_{C,D,F}$ 的长度分别为 355nt、194nt 和 230nt，这些卫星 RNA 3′端有 7nt 与基因组 RNA 相同。RNA$_C$ 3′端 166nt 与 TCV RNA 3′端及其上游 15nt 的序列除 11nt 取代外，其余完全相同；而 5′端除 23nt 外，其余与 RNA$_D$ 完全相同。RNA$_{C,D,F}$ 均无信使活性。在受染组织中 RNA$_C$ 积累量很高，除单体外，至少还可观察到 6 种多拷贝分子。RNA$_C$ 可以减少 TCV 在组织中的积累，并加重 TCV 在寄主上的症状，而 RNA$_{D,F}$ 不影响 TCV 症状的表现（Li & Simon，1990）。利用 TCV 卫星 RNA$_F$ 的 5′端与 RNA$_C$ 的 3′端构建了嵌合卫星 RNA，证明 RNA$_C$ 的 3′端区域对侵染性有着关键作用，而 3′端更长的一段区域决定毒性，5′端有一区域与 TCV 单拷贝分子积累有关，并对症状起调控作用。

3. 环状单链卫星 RNA　该类卫星 RNA 为正义 ssRNA，长约 350nt，不编码任何功能蛋白，卫星 RNA 被包裹在辅助病毒的外壳蛋白中，卫星 RNA 复制通过由 RNA 催化的子代环状分子的自我切割完成。

南方菜豆花叶病毒属（*Sobemovirus*）中的绒毛烟斑驳病毒（VTMoV）、紫花苜蓿暂时性线条病毒（LTSV）、莨菪斑驳病毒（SNMV）和地三叶草斑驳病毒（SCMoV）的粒体内均含有 4.5kb 的基因组 RNA 和两种长为 324～388nt 的小分子卫星 RNA，其中一种是共价闭合的环状分子（RNA2），另一种为线形分子（RNA3）。RNA3 的 5′ 端为羟基，3′ 端为 2′，3′-环磷酸二酯键，RNA3 的大小和碱基序列与 RNA2 相同，为 RNA2 前体，体外用 T_4 连接酶可以将 RNA3 连接成 RNA2，RNA2 的许多特征如分子大小、具有环状结构、分子间碱基高度配对和体外无信使功能等与类病毒类似，因此称 RNA2 为类似于类病毒的卫星 RNA 或环状卫星 RNA。RNA2 的二级结构是单链闭环 RNA，通过自身折叠形成分子内高度碱基配对区与单链区相间的棒状结构，其中有一段 6 个碱基的同源区 GAUUUU，该区位于各自分子的第 19 位至 26 位，并构成单链环。这些同源区可能对环状卫星 RNA 的生物学特性有重要作用。VTMoV 和 SMNV 的卫星 RNA 还含有类病毒分子中央区的 GAAC 序列。VTMoV 和 SNMV 的卫星 RNA 与 TobRV 卫星 RNA 也有一定的同源性（谢联辉和林奇英，2004）。

烟草环斑病毒（TRSV）卫星 RNA 长为 359nt，不编码任何功能蛋白，两端结构与病毒基因组不同，5′ 端为 OH，3′ 端为 2′，3′-环磷酸二酯键，RNA 离体无信使活性。TRSV 粒体中除含线状单拷贝长度的卫星 RNA 外，还含有两聚体及三聚体等多拷贝分子，这些多拷贝分子在体内外都能特异性地自身切割，产生线状的单拷贝分子，单拷贝分子能自身环化产生环状分子。TobRV 的卫星 RNA 能减轻 TobRV 在黑眼豇豆上引起的严重症状，使症状几乎消失。TobRV 和卫星 RNA 共同侵染的大豆产量比 TobRV 单独侵染时高得多，该卫星 RNA 还可减轻樱桃卷叶病毒（Cherry leaf roll virus，CLRV）在豇豆上的症状。

环状单链卫星 RNA 能从多拷贝长度的前体特异性地自身切割产生单拷贝长度的 RNA 分子，切割后 5′ 端为羟基，另一端形成 2′，3′-环磷酸二酯键。对 LTSV 卫星 RNA 正、负链分子的序列比较表明，正负链分子在切割位点附近的 55nt 非常相似。卫星 RNA 分子在切割时能形成锤头状两级结构，切割的靶 RNA 上只需 GUC 序列（G、C 可有变化），切割作用就发生在 C 位后。但对 TRSV 卫星 RNA 负链的研究发现，其分子切割时并不形成锤头状结构，而是发卡状二级结构，且切割的靶 RNA 上为 ACA 序列（谢联辉和林奇英，2004）。

参 考 文 献

范树国，林纳生，吴国江.2005.竹花叶病毒卫星 RNA 及其编码卫星蛋白的结构与功能.中国病毒学，20：558～563

洪健，李德葆，周雪平.2001.植物病毒分类图谱.北京：科学出版社

瞿峰，田波.1993.类病毒研究的近年进展.病毒学报，9：287～299

李世访，李明福，衣丰源.2002.菊花矮化类病毒两种检测方法的建立与比较.植物保护，28：48～50

谢联辉，林奇英.2004.植物病毒学（第二版）.北京：中国农业出版社

徐文兴，王国平，何云蔚，洪霓.2005.桃潜隐花叶类病毒中国分离株 P3 的克隆与序列分析.植物病理学报，35：300～304

周雪平，崔晓峰.2003.双生病毒———一类值得重视的植物病毒.植物生理学报，33：487～492

周雪平，李德葆.1993.卫星病毒和卫星 RNA 的分子结构及遗传工程.生物工程进展，13：39～42

周雪平，李德葆.1994.植物病毒卫星研究进展.微生物学通报，21：106～111

Baulcombe DC，Saunders GR，Bevan MW，Mayo MA，Harrison BD.1986. Expression of biologically active viral satellite RNA from the nuclear genome of transformed plants. Nature, 321: 446~449

Briddon RW, Bull SE, Amin I, Idris AM, Mansoor S, Bedford ID, Dhawan P, Rishi N, Siwatch SS, Abdel-Salam AM, Brown JK, Zafar Y, Markham PG. 2003. Diversity of DNA, a satellite molecule associated with some monopartite begomoviruses. Virology, 312: 106~121

Cui XF, Li GX, Wang DW, Wu DW, Zhou XP. 2005. A begomoviral DNAβ-encoded protein binds DNA, functions as a suppressor of RNA silencing and targets to the cell nucleus. Journal of Virology, 79: 10 764~10 775

Cui XF, Tao XR, Xie Y, Fauquet CM, Zhou XP. 2004. A DNAβ associated with Tomato yellow leaf curl China virus is required for symptom induction in hosts. Journal of Virology, 78: 13 966~13 974

Diener TO. 2003. Discovering viroids—a personal perspective. Nature Reviews Microbiology, 1: 75~80

Diener TO, Raymer WB. 1967. Potato spindle tuber virus: a plant virus with properties of a free nucleic acid. Science, 158: 378~381

Diener TO. 1971. Potato spindle tuber 'virus'. VI. A replicating, low molecular weight RNA. Virology, 45: 411~428

Ding B, Itaya A, Zhong XH. 2005. Viroid trafficking: a small RNA makes a big move. Current Opinion in Plant Biology, 8: 606~612

Dry IB, Krake LR, Rigden JE, Rezaian MA. 1997. A novel subviral agent associated with a geminivirus: the first report of a DNA satellite. Proceedings of the National Academy of Sciences of the United State of America, 94: 7 088~7 093

Fauquet CM, Mayo MA, Maniloff J, Desselberger U, Ball LA. 2005. Virus Taxonomy—Eight Report of the International Committee on Taxonomy of Viruses. San Diego: Elsevier Academic Press

Gerlach WL, Llewellyn DM, Haseloff J. 1987. Construction of a plant resistance gene from the satellite RNA of tobacco ringspot virus. Nature, 328: 802~805

Hull R. 2002. Matthews' Plant Virology (Fourth Edition). San Diego: Academic Press

Kaper JM, Tousignant ME, Lot H. 1976. A low molecular weight RNA associated with a divided genome plant virus: Defective or Satellite RNA. Biochemical and Biophysical Research Communication, 72: 1 237~1 243

Kassanis B. 1962. Properties and behavior of a virus depending for its multiplication on another. Journal of General Microbiology, 27: 477~488

Li XH, Simon AE. 1990. Symptom intensification on cruciferous hosts by the virulent sat-RNA of turnip crinkle virus. Phytopathology, 80: 238~242

Li ZH, Zhou XP. Xie Y. 2005. Tobacco curly shoot virus DNA is not essential for symptom induction and intensifies symptoms in a host-dependent manner. Phytopathology, 95: 902~908

Mansoor S, Briddon RW, Zafar Y, Stanley J. 2003. Geminivirus disease complexes: an emerging threat. Trends in Plant Science, 8: 128~134

Maramorosch K, John J, Mckelvey JR. 1985. Subviral Pathogens of Plant and Animals: Viroids and Prions. San Diego: Academic Press

Omarov RT, Qi D, Scholthof KBG. 2005. The capsid protein of satellite *Panicum mosaic virus* contributes to systemic invasion and interacts with its helper virus. Journal of Virology, 79: 9756~9764

Robinson DJ, Ryabov EV, Raja SK, Roberts IM, Taliansky ME. 1999. Satellite RNA is essential for encapsidation of groundnut rosette umbravirus RNA by groundnut rosette assistor luteovirus coat protein. Virology, 254: 105~114

Saunders K, Bedford ID, Yahara T, Stanley J. 2003. The earliest recorded plant virus disease. Nature, 422: 831

Simon AE, Roossinck MJ, Havelda Z. 2004. Plant virus satellite and defective interfering RNAs: new paradigms for a new century. Annual Review of Phytopathology, 42: 415~437

Taliansky ME, Ryabov EV, Robinson DJ, Palukaitis P. 1998. Tomato cell death mediated by complementary plant viral satellite RNA sequences. Molecular Plant Microbe Interaction, 11: 1 214~1 222

Tao XR, Zhou XP. 2004. A modified viral satellite DNA that suppresses gene expression in plant. Plant Journal, 38: 850~860

Xie Y, Zhou XP, Li ZH, Zhang ZK, Li, GX. 2002. Identification of a novel DNA molecule associated with tobacco leaf curl virus. Chinese Science Bulletin, 47: 1 273~1 276

Xiong Q, Guo XJ, Che HY, Zhou XP. 2005. Molecular characterization of a distinct begomovirus and its associated satellite DNA molecule infecting *Sida acuta* in China. Journal of Phytopathology, 153: 264~268

Xu P, Roossinck MJ. 2000. Cucumber mosaic virus D satellite RNA-induced programmed cell death in tomato. Plant Cell, 12: 1 079~1 092

Zhou XP, Xie Y, Tao XR, Zhang ZK, Li ZH, Fauquet CM. 2003. Characterization of DNAβ associated with begomoviruses in China and evidence for co-evolution with their cognate viral DNA-A. Journal of General Virology, 84: 237~247

第十一章　植物病毒的诊断与检测

　　植物病毒的准确诊断与检测是研究、监测和控制植物病毒病害的前提。在过去 30 年里，随着血清学和分子生物学的发展，植物病原病毒诊断、检测技术在不断改进更新，并得到广泛的应用，极大地推动了植物病毒的研究，促进了病毒特性的描述和新病毒的发现，完善了植物病毒的系统分类，增强了植物病毒病害的控制能力，为生命科学和农业生产做出了重要贡献。

　　植物病毒的诊断、检测方法很多，归纳起来大致有三类：生物学方法、血清学方法和分子生物学方法（Dijkstra & Jager，1998）。植物病毒的鉴定是对一个地区一种作物上新发现的病原病毒种类或病毒株系的诊断，其中包括对病原病毒生物学特性、理化特性、血清学反应和基因组构型及核酸序列的系统测定。仅根据病毒的某类特性所作的结论可能会有误差。目前，果树病毒分类和命名上的混乱与它们多数难以分离纯化而不能进行系统的，特别是血清学和分子生物学的测定密切相关。同样，仅依靠分子生物学特性而缺乏生物学特性也会得出不准确的结论。众多的双生病毒（geminiviruses），如各种番茄双生病毒，就是由于容易获得它们基因组核酸序列但难以用人工接种而获得有关的生物学特性所致。植物病原病毒的诊断与检测的区别在于前者确定了所研究病毒的种类乃至株系，而后者揭示了所研究病毒与某种或某些已知病毒之间的关联。应用于诊断的方法都可以应用于检测。一般来说，使用何种方法必须根据已知的病毒特性、现有技术、研究目标和研究条件而定。首先，由于所致病害在农业生产上的重要性和分离纯化难易程度不同，各种植物病毒特性的描述程度差异很大。对于一些重要植物病原病毒，如烟草花叶病毒（*Tobacco mosaic virus*，TMV）和黄瓜花叶病毒（*Cucumber mosaic virus*，CMV），有关它们的生物学特性、理化特性、血清学反应和基因组构型及核酸序列的资料很多，诊断检测这些病毒的方法不仅种类多而且可靠易行。而一些难以分离纯化的植物病原病毒，如引起苹果扁枝病（Apple flat limb）和甘蔗轻型斑驳病（Sugarcane mild mottle）的病毒，病害症状和指示植物仍然是其诊断的方法。有一些植物病原病毒，如甘蔗斐济病毒（*Sugarcane Fiji virus*' BRAV）和黑醋栗退化病毒（Blackcurrant reversion virus，BCRV），现在知其部分或完全基因组核酸序列，但由于它们在寄主植物上浓度低、分布不均且随季节变化，它们的诊断检测必须结合病害症状、指示植物和反转录多聚酶链反应（RT‐PCR）测定。其次，应用诊断检测技术的目的不同。如果为了鉴定在某种植物上或某地区新发现的一种病原病毒是否是新的病毒种类、病毒株系，或是与某一病毒相同，必须用各类诊断检测方法对其进行系统研究，才能得出正确的结论。如果为了检疫从不同国家或地区引进植物种质资源和测定无毒核心种苗，使用两种或两种以上的检测方法是有必要的。如果为了研究某种已知病毒基因组或某个基因的功能、遗传与变异、在寄主植物上移动和分布、与寄主植物或介体生物相互作用、是否侵染某种植物、寄主植物抗病性、在某种植物上或某地域流行状况以及管理控制，一般只要采用一种检测方法即可。此外，在评估各现有方法时必须考虑到它们的敏感性（即能测定的最低病毒量）、可靠性和简易程度、所需时间和费用、操作人员的受训水平、作物的种类和样本的数量大小，以及能否在田间使用。分子生物学检测技术需要昂贵的设备和试剂，以及训练有素的操作人员，限制了它们在农作物生产中，特别是发展中国家中的应用。

　　测定季节及取样部位对植物病毒的鉴定、诊断和检测成败至关重要。绝大多数植物病毒在寄主植物中的浓度随着季节的不同而变化，其最佳的测定时间是春季，其次是秋季。不少植物病毒，如木本植物和球茎植物的病毒，在寄主植物中分布不均匀，必须取用病毒浓度高的植物组织进行测定。由于植物叶片（特别是嫩叶片）的数量多，容易取样与处理，且抑制物（如多酚化合物）和碳水化合物含量一般比其他组织低，常被用于大多数植物病毒的测定。对于只分布在韧皮部的植物病毒，如黄症病毒属（*Luteovirus*）、毛病毒属（*Crinivirus*）和长线病毒属（*Closterovirus*）病毒，除了用完全伸展的叶片外，植物的茎、皮和叶柄也是常用的组织。此外，田间植物，特别是经由无性繁殖的植物，可能会被两种或两种以上的病毒所侵染。因此，在一种未知植物病毒病诊断的早期，必须确定该病害是由一种病毒或是一种以上的病毒引起的。

第一节　生物学测定法

　　植物病毒的生物学诊断与检测方法一般包括其在寄主植物（含鉴别植物）上的病害症状、寄主范围及其病毒粒体的形状大小、表面结构特征和传播方式。植物病毒在田间植物上的症状种类多且变异大，在植物病毒的诊断与检测中仅起参考作用。过去经常使用的交互保护试验和体外特性试验，如热钝化点（TIP）、体外存活期（LIV）和稀释限点（DEP），由于技术上的繁琐以及缺乏充足的分类依据，现在已经很少使用。生物学测定方法虽然繁琐耗时，但在新病毒或病毒新株系的鉴定及缺乏其他可靠测定方法的植物病毒的诊断与检测上，是必不可少的。由于植物病毒的生物学特性受环境影响很大，在其应用上必须充分考虑环境因素的影响，并结合血清学测定法或分子生物学测定法，以保证测定结果的准确。

一、侵染性测定

　　侵染性测定是确定一种植物病毒、病毒株系或病毒克隆能否侵染某种植物或引起某种植物病害的唯一方法，在新病毒或病毒新株系的鉴定中不可缺少。在可能的情况下，植物病原病毒的鉴定应遵循柯赫氏法则（Koch's postulates）。基于病毒的寄生专化性，谢联辉和林奇英（2004）将柯赫氏法则做了相应的修订，以适用于植物病毒的研究：①某种病毒必须经常与某种病害联系在一起；②这种病毒必须能从发病的寄主植物上分离到——通过生物学方法或理化方法，甩开非致病病原和其他污染物，分离出致病病毒；③将这种致病病毒接种到健康寄主上，能再现原来同种病害的症状特征；④从接种发病的植物上，能检测到这种病毒，并能再次分离到这种病毒。即便如此，并不是所有的植物病毒的鉴定都能遵守这些规则。第三条规则就不适用于难以分离提纯的植物病毒。这类植物病毒大多不能从寄主植物中提纯出来、不能通过摩擦接种传播、也不能侵染草本实验植物。不过以所获得的生物学特性为基础，利用分子生物技术获得其核酸序列及基因组构型也能对其进行鉴定。如樱桃绿环斑驳病毒（*Cherry green ring mottle virus*，CGRMV）和草莓白化病毒（*Strawberry pallidosis virus*，SPV）就是以病毒的双链 RNA 为模板进行反转录克隆而获得其核酸序列进而分类定位的（Zhang et al.，1998；Tzanetakis et al.，2005）。

两种或两种以上的植物病毒同时侵染一种寄主植物，特别是经无性繁殖的作物，十分普遍。这种混合侵染往往会使植物病毒的生物学诊断更加复杂。由甘薯羽状斑驳病毒（Sweet potato feathery mottle virus，SPFMV）或甘薯轻型斑驳病毒（*Sweet potato mild mottle virus*，SPMMV）和甘薯褪绿矮化病毒（*Sweet potato chlorotic stunt virus*，SPCSV）混合侵染所引起的甘薯病毒病经多年研究才弄清楚（Tairo et al.，2005）。因此，进行侵染性测定的前提条件是必须获得单一的病毒或病毒株系。分离植物病毒的方法很多，常用的方法是利用鉴别寄主植物、能形成局部褪绿斑或枯斑的指示植物，或介体昆虫的传播专化性。使用各种病毒不同的寄主植物将其分离是最理想的分离方法。根据病毒在同一指示植物所形成的不同枯斑也能进行分离。如果两种病毒的传播方式不同也能将其分开，如上述的甘薯羽状斑驳病毒可通过摩擦接种将其分离出来，而甘薯褪绿矮化病毒则能通过粉虱传播分离出来。由于隐症侵染是一种普遍现象，在侵染性定性分析中必须使用除症状观察之外的其他测定方法，才能得到准确的结果。

侵染性测定方法不但可以对植物病毒进行定性分析，而且可以对能够在指示植物上形成局部褪绿斑或枯斑的植物病毒或病毒株系进行定量分析。这种定量测定方法叫局部枯斑法。局部枯斑法是根据指示植物上所产生的局部枯斑数量来确定植物病毒的侵染量，其中典型的例子是烟草花叶病毒在心叶烟上的局部枯斑定量分析（Holmes，1929）。但是，随着现代生物科学技术的发展，这种定量分析方法在当今的植物病毒研究中已逐渐地被酶联免疫吸附测定（enzyme‐linked immunosorbent assay，ELISA）和实时荧光定量多聚酶链反应（real‐time polymerase chain reaction，real‐time PCR）所取代。

二、指示植物测定

植物病毒病在田间所表现的症状是多种因素相互作用的结果（参见第十二章）。不同病毒在同一种寄主植物上会产生相似的症状，同一种病毒在不同的寄主植物、不同品种或不同环境条件下会产生不同的症状。此外，有不少植物病毒侵染寄主植物后不引起任何明显的症状（symptomless，无症），例如绝大多数的双分病毒科（*Partitiviridae*）病毒；或只在特定条件下才引起明显症状（latent，隐症），如许多的隐症病毒。因此，根据田间症状进行诊断往往是不可靠的。在温室条件下利用某种植物病毒或病毒株系在特定的感病实验植物（指示植物）上的侵染状况及其症状来对其诊断是最常用的方法之一（彩版图11‐1A 和彩版图 11‐1B）。凡是在接种后能够产生明显、稳定、典型症状的寄主植物都能用作指示植物。常用的指示植物多数为烟草属（*Nicotiana*）、茄属（*Solanum*）、藜属（*Chenopodium*）、香瓜属（*Cucumis*）、菜豆属（*Phaseolus*）、野豌豆属（*Vicia*）和甘蓝属（*Brassica*）的植物。有些指示植物，如苋色藜（*C. amaranticolor*）、昆诺藜（*C. quinoa*）和本氏烟（*N. benthamiana*），能被多种植物病毒侵染并表现症状。不同的植物病毒有不同的指示植物。有时一种指示植物就能诊断出病毒的种类，如山樱花（*Prunus serrulata*）品种'Kwanzan'只有被樱桃绿环斑驳病毒（CGRMV）侵染后才会显示叶偏上（epinasty）的症状（彩版图 11‐1C）；巴西牵牛（*Ipomoea setosa*）只有被甘薯卷叶病毒（Sweet potato leaf curl virus）侵染后才会显示叶上卷（curling）的症状（彩版图 11‐1D）。而大多数植物病毒需要在几种指示植物的接种后反应的组合来确定。在进行某种植物病毒诊断时，最好参考有关的书籍资料，如 Plant Viruses Online，Descriptions and Lists from the VIDE（Virus Identification Data Exchange）Database（http：//image. fs. uidaho. edu/vide）。由于指示植物测定耗时长、需要占用温室或网室，并且受植物品种、接种时间和其他环境因素的影响，一般只用于缺乏可靠血清学和分子生物学测定方法的植物病毒的诊断与检测，如许多果树病毒的诊断与检测。需要注意的是，在使用指示植物测定时，必须采取隔离措施以防植物病毒逃脱到周围的植物上。采取隔离措施在植物检疫或测定外地采集的样本时更为重要。

三、寄主范围测定

一种植物病毒在感病寄主植物上的症状和寄主范围在其诊断中有一定用途。在血清学和分子生物学方法被普遍使用之前，寄主范围测定曾经是植物病毒诊断的一种重要方法，而且至今在新病毒或新病毒株系的诊断鉴定中仍然很重要。但由于对大多数植物病毒寄主范围知识的局限、耗时长、需要占用大量温室或网室空间、受环境因素影响大，现在已经很少用于植物病毒的常规诊断。

四、传播方式测定

植物病毒不同的传播方式（参见第十三章）是其诊断，特别是新病毒或病毒新株系诊断鉴定的有用方法。例如，只能被种子传播的病毒是双分病毒科（*Partitiviridae*）的病毒；能被粉虱传播的病毒有毛病毒属（*Crinivirus*）、菜豆金色花叶病毒属（*Begomovirus*）和甘薯病毒属（*Ipomovirus*）的病毒，其中毛病毒属病毒和部分双生病毒只能被粉虱传播；能被土壤真菌传播的病毒有真菌传杆状病毒属（*Furovirus*）、大麦黄花叶病毒属（*Bymovirus*）和坏死病毒属（*Necrovirus*）的病毒；能被线虫传播的病毒有线虫传多面体病毒属（*Nepovirus*）和香石竹病毒属（*Dianthovirus*）。不过，由于饲养介体生物不但困难而且进行传播方式测定非常繁琐，此种测定方法极少在常规诊断与检测上使用。

五、细胞内含体测定

植物病毒在寄主中的侵染复制干扰了植物正常的新陈代谢，引起寄主植物发生一系列生理学和细胞结构的变化而呈现不正常的细胞症状，包括形成细胞内含体（参见第十二章）。大多数植物病毒可在寄主细胞中产生特殊的内含体：①聚集在一起的病毒粒体（大多数病毒科属，彩版图 11‐2A 和彩版图 11‐2B）；②病毒除外壳蛋白外的其他基因产物，如马铃薯 Y 病毒属（彩版图 11‐2C 和彩版图 11‐2D）和幽影病毒属（*Umbravirus*）；③

改变寄主细胞的成分如烟草花叶病毒属（*Tobamovirus*）和长线形病毒科（*Closteroviri-dae*）（彩版图 11 - 2E 和彩版图 11 - 2F）；④前三种的不同组合（Cristie & Edwardson，1977）。如果所形成的内含体形状较大，经过特殊的染色后，可与正常的细胞成分在呈色反应上区别开，而用一般的光学显微镜检查出来。一般先将镊子撕下的新鲜植物下表皮经紫红核酸染剂（Azure A）或橙绿蛋白质染剂（Calcomine orange - Luxol brilliant green）染色，酒精脱色，用 2 -甲氧基乙基醋酸（2 - methoxyethylacetate）固定，封埋后在光学显微镜下进行观察。由于这种方法简单省时，其所需的光学显微镜在一般农业试验单位都能具备，各种试剂也不难获得，因此可以应用在这些科属植物病毒的初步诊断与检测中（Edwardson et al.，1993）。

细胞内含体测定的具体操作方法可参见柯南靖（1989）的著作和 Cristie 与 Edwardson（1977）所著的 'Light and Electron Microscopy of Plant Virus Inclusions'。光学显微镜内含体测定法只能将植物病毒诊断至为数不多的科属（如马铃薯 Y 病毒科），故而在植物病毒的常规诊断与检测上应用并不普遍。

用超薄切片电镜法可以观察到内含体在细胞内细微的结构状态（组成和排列）、存在部位以及病理变化。这些特征可以作为新病毒或病毒新株系诊断的依据（参见本章第二节）。

第二节 电子显微镜测定法

植物病毒的粒体形态、大小和表面结构特征是诊断鉴定的重要依据之一。在 ICTV 报告的 20 科 88 属 1 152 种植物病毒和类病毒中（Fauquet et al.，2005），花椰菜花叶病毒科、番茄斑萎病毒属、苜蓿花叶病毒属、双生病毒科、呼肠孤病毒科、弹状病毒科等 6 个具有典型形态特征的科或属，以及螺旋对称结构的杆状及线状病毒，通过负染色可作出初步诊断。病毒侵染寄主植物后一般会引起细胞产生病理变化，形成病毒内含体，影响寄主植物细胞结构，如有些病毒可引起细胞膜结构退化、线粒体聚集和出现大量液泡，有些病毒可引起植物细胞叶绿体退化、细胞壁加厚、病毒粒体通过胞间连丝进入临近细胞导致胞间连丝结构的改变，或在壁间电子浓密物质沉积等。这些寄主细胞的病理变化尤其内含体的形态结构也是诊断的重要依据。电子显微镜可以直观地观察病毒粒体的形态结构、存在状态和寄主细胞的结构变化而被广泛地应用于植物病毒的研究中。常用的电子显微镜测定方法有负染色法（negative staining）、超薄切片法（ultra - thin section）和免疫吸附电镜法（immune-specific electron microscopy）。

一、负染色法

负染色法是将待测病毒样品（稀释的植物粗汁液、部分提纯或高度提纯的病毒）吸附在电镜铜网的支持膜上，用磷钨酸钠、钼酸铵或醋酸铀等染液进行负染后，在电子显微镜下进行直接观察记录其粒体的形态和大小。使用何种染液取决于病毒粒体在染液中的稳定程度。磷钨酸钠染液的 pH 会影响显微图像的反差度和病毒粒体的稳定。偏酸的染液不会对病毒粒体造成破坏但降低显微图像的反差度和分辨率，而中性染液的影响则相反。受偏酸磷钨酸钠染液影响的有苜蓿花叶病毒属（*Alfamovirus*）、等轴不稳环斑病毒属（*Ilarvirus*）、蚕豆病毒属（*Fabavirus*）、多面体病毒属（*Nepovirus*）、弹状病毒科（*Rhabdoviridae*）、番茄斑萎病毒科（*Tospoviridae*）和双生病毒科（*Geminiviridae*）病毒（Milne et al.，1993）。钼酸铵染液的优点是不影响病毒粒体的稳定且易于使用，缺点是显微图像反差小。醋酸铀染液有毒且不易使用，但显微图像反差大且分辨率高，又不影响病毒粒体的稳定。病毒粒体形态大小，特别是线状病毒的长短，在其诊断鉴定上十分有用。病毒粒体的大小可在放大后的显微图像照片上用游标卡尺或特殊设备直接测量，或者电脑上的数码成像上用特殊的软件测量。无论使用哪种方法，结果都会有误差。所以最好使用已知长度的物体，如其他病毒粒体作为参照（Paulsen & Niblett，1977），同时取多个测量数据的平均值为结果。样品处理和染色方法对病毒粒体测量的结果影响也很大。在测量线状病毒的长度时，一般都用稀释的植物液体作病毒样品，因为病毒提纯过程或多或少都会使一些病毒粒体断裂而影响测量的准确性。

负染色法既快速简便又相对可靠，在植物病毒的鉴定中必不可少。但由于设备昂贵、灵敏性低、专化性差而不适用于大量样品的检测，一般不在植物病毒检测中使用。

二、超薄切片法

超薄切片法是将植物组织经固定、脱水、包埋、切片及染色一系列处理后，用电子显微镜直接观察记录病毒粒体在细胞中的存在状态和部位以及细胞的病理变化。超薄切片法的样品处理过程较为复杂。一般是从同种健康和感病的寄主植物上取新鲜的叶片、叶柄或茎尖等幼嫩组织，切成碎片，经固定脱水处理以保持细胞结构状态的真实和完整，然后包埋以便切成很薄的片状以让穿透力很弱的电子束穿过而成像。虽然这种方法繁琐耗时，但是由于不同的植物病毒在细胞中的存在状态和部位，所引起的细胞病理变化都有差异。因此，对有些病毒的准确鉴定有一定价值。例如，线形病毒科的病毒在细胞质里形成由病毒粒体组成的聚集体（彩版图 11-2B）；大多数马铃薯 Y 病毒科的病毒在细胞质里形成风轮状（pinwheels）和束状（bundles）的蛋白质体（彩版图 11-2D）；长线病毒科的病毒在细胞质里形成小型囊状体（small vacuoles，彩版图 11-2F）。

在超薄切片电子显微图像上能否准确识别植物病毒种类取决于病毒粒体的形状大小和存在部位、内含体的形成和形状。因为与正常的细胞结构有明显差异，病毒粒体较大的花椰菜花叶病毒（caulimoviruses）、植物呼肠孤病毒（phytoreoviruses）和幽影病毒（umbraviruses），弹状病毒（rhabdoviruses）和番茄斑萎病毒（tospoviruses），形状特别的双生病毒（geminiviruses）和多数的杆状与线状病毒在电子显微镜下很容易辨别。由于染色特征和形状的相似，要把大多数球状病毒和细胞质中众多的核蛋白质体区分开来就很不容易。不过有些球状病毒会形成晶状体（即光学显微镜下的内含体）因此能够与核蛋白质体区分开来。例如，仅存在于韧皮细胞的黄症病毒科病毒；存在于叶绿体并使其变形的芜菁黄花叶病毒属病毒（*Tymoviruses*）。

三、免疫电镜法

将植物病毒的血清学反应（参见本章第三节）应用于电子显微镜技术中的测定方法称

作免疫电镜测定法。自从 Derrick（1973）率先在植物病毒研究中使用免疫电镜法以来，科学家对其做了多种改善提高。目前常用的有免疫吸附法（immunosorbent electron microscopy）和超薄切片免疫法。免疫吸附法是将抗血清或抗体吸附在电镜铜网的支持膜上，加上病毒样品，再加上第二抗体（兔或鼠免疫球蛋白 IgG 的抗体），然后进行染色。这种方法提高了负染色法的灵敏度。如果改用金粒子标记过的第二抗体，病毒粒体会更加显而易见。这种方法称为修饰法。修饰法大大弥补了电子显微镜测定专化性和灵敏性差的不足之处，因而被广泛应用在病毒结构研究和诊断上。例如，利用修饰法证明莴苣侵染性黄化病毒（LIYV）的衣壳确实是由两种不同的壳蛋白组成，其中微壳蛋白（dCP）数量很小，集中在线状粒体的末端（Tian et al.，1999）；利用修饰法和病毒各种基因产物的抗血清研究其蛋白产物在细胞中的位置（Liang et al.，2005；Riedel et al.，1998）。

第三节　血清学测定法

血清学测定法是利用植物病毒产生的蛋白质（抗原），主要是壳蛋白及其在脊椎动物体内所产生的特殊免疫球蛋白（抗体）之间的特异性反应进行诊断与检测的方法，是植物病毒学诊断与检测中最重要的方法之一（Torrance，1998）。血清学测定法具有下列优点：①抗体的特异性使其只与相关的植物病毒产生反应而不必对待测样品进行纯化处理；②测定结果可在几天，甚至几小时内获得；③可对病毒进行定性或定量分析；④目前常用的血清学测定法的灵敏度比生物学测定法和电子显微镜测定法为高；⑤抗体可以长期保存并可送往不同的实验室。应该指出的是，血清学测定法测定的是某种植物病毒的蛋白量，而不是具有感染性的病毒量。

免疫学（血清学）是一门复杂的科学，本节只对与植物病毒抗血清有关的部分及目前植物病毒诊断与检测中常用的血清测定法作扼要介绍。至于免疫学原理及详细的血清学测定法，请参见有关专著（如 Stevens，2003）。

一、抗原和抗体

能刺激脊椎动物免疫系统（机体）产生特异性免疫应答，诱导 B 型白血细胞分泌特殊的抗体（antibody）及产生效应 T 细胞的外来大分子（如蛋白质和多糖物）叫作抗原（antigen）。抗原的这种特性称作免疫原性（immunogenicity）。虽然小分子量的氨基酸链也能诱导抗体的产生，但大多数抗原的分子量都大于 10ku，有明确的分子结构和抗原决定簇（antigenic determinants）或抗原表位（epitopes）。抗原决定簇多是抗原分子中的化学基团（氨基酸残基、糖基或核苷酸残基）。抗原的分子量越大，分子结构越复杂，抗原决定簇越多。根据抗原决定簇的结构和位置（空间构象），抗原决定簇大致可以分为下列几组：①连续性抗原决定簇，由线状排列彼此相邻的氨基酸组成（如病毒壳蛋白亚基上的抗原决定簇）；②非连续性抗原决定簇，由多肽链折叠而相邻的氨基酸组成（如相邻病毒壳蛋白亚基组成的抗原决定簇）；③隐蔽性抗原决定簇，位于抗原分子内部，只有当抗原分子分离降解才充分暴露而起作用的抗原决定簇。抗原决定簇在化学组成和分子构型上轻微的变化都会影响它的特异性。

抗体是抗原进入动物体内后其免疫系统产生的特殊免疫球蛋白（immunoglobulin）。免疫球蛋白是一组具有相似结构和功能的糖蛋白。根据结构的差异，免疫球蛋白可以分成 IgG、IgM、IgA、IgE 和 IgD 五大类，其中又以 IgG 的数量最多（约占 70%），对植物病毒血清学反应最为重要。IgG 由 4 条多肽链，2 条重链（heavy chain）和 2 条轻链（light chain），借 4 个二硫链（S-S）连接形成的"Y"形分子（图 11-1）。每个抗体分子有两个抗原结合片断（Fab），也即识别抗原的位置，在抗体的末端，桥型部分称作晶化片断（Fc）。抗原结合片断决定免疫反应的特异性。

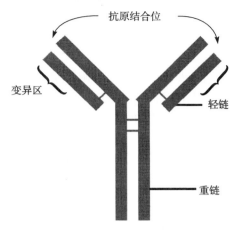

图 11-1　免疫球蛋白 IgG 的结构
2 条重链和 2 条轻链借 4 个二硫链（S-S）连接形成"Y"形分子。抗原结合位在抗体的两个末端

抗原能与其诱导产生的抗体发生特异性结合而产生免疫反应。这种特性称作免疫反应性（immunoreactivity）。抗原的特异性（specificity）是血清学中最重要的特性，是其应用于诊断与检测的基本原理。

二、植物病毒抗血清的制备

大多数植物病毒及其基因产物都是很好的抗原。一般是用提纯的植物病毒作为抗原免疫动物来获得抗体。随着分子生物技术的发展，各种病毒基因的表达产物也能用来制作抗体。根据制备的原理和方法，抗体可分为多克隆抗体（polyclonal antibodies）、单克隆抗体（monoclonal antibody）及基因工程抗体（genetically engineering antibody）三类。①多克隆抗体：每一种植物病毒粒体（完整或部分分解）及其各种基因产物往往具有多种不同的抗原决定簇，每一抗原决定簇都可刺激机体一种抗体形成细胞（即 B 细胞）产生一种特异性抗体，故其血清实际是含有多种抗体的混合物，即多克隆抗体。用提纯的植物病毒或病毒基因的表达产物注射兔子是最常用的多克隆抗体制备方法（Howard & Bethell，2000）。②单克隆抗体：由单一抗原决定簇刺激机体相应的 B 细胞增殖分化为一种细胞群，这种由单一细胞增殖形成的细胞群体可称之为细胞克隆（clone）。同一克隆的细胞可合成和分泌在理化性质、分子结构、遗传标记以及生物学特性等方面都完全相同的均一性抗体，即单克隆抗体。单克隆抗体的制备方法为细胞杂交瘤技术法（Liddell et al.，1991；Howard & Bethell，2000），一般是经过抗原免疫小鼠，免疫小鼠的脾细胞分离，鼠脾细胞与同源骨髓瘤细胞在饲养细胞存在条件下进行细胞融合，阳性融合细胞筛选，单克隆抗体制备（小鼠腹腔接种或增量培养）及纯化而获得。③基因工程抗体：将克隆到的抗体基因按不同需要进行加工、改造和重新装配，然后导入适当的受体细胞中进行表达的抗体分子。单链抗体（Single chain antibody）是指将重链 V 区末端与轻链 V 区末端用一寡聚核苷酸连接，在大肠杆菌中表达成一单链多肽，并在细菌体内折叠成只由重链和轻链可变区构成的一种新型的抗体（Galeffi et al.，2002；Saldarelli et al.，2005）。

至今已获得的植物病毒抗血清有数千种。例如，美国典型菌种收藏所（American Type Culture Collection）所收集的植物病毒抗血清有 800 多种。很多重要的植物病毒抗血清已被制成检测试剂盒出售（如美国的 Agdia，Inc.；瑞士的 Bioreba AG；德国的 Loewe Phytodiagnostica 和中国的植物病毒和种苗检疫中心），大大推动血清学测定法在农业生产上的应用。

血清测定法的种类很多。有些过去常用的方法（免疫沉淀反应、免疫凝聚反应、免疫凝胶扩散反应等）因灵敏性差且抗血清用量大而逐渐被淘汰。目前在植物病毒诊断与检测中常用的血清学测定法是免疫电镜法（见本章第二节）、酶联免疫吸附测定法、免疫点吸附测定法（immune dot-blotting）、免疫印迹法（immune blotting）和快速免疫滤纸测定法（immuno-strip assay）。

三、酶联免疫吸附测定法

酶联免疫吸附测定法（ELISA）是将抗原与抗体的免疫反应特异性与酶对底物高效催化作用结合应用的测定方法。一般是将待测病毒样品或病毒抗体固定吸附在聚苯乙烯微量反应板表面（固相载体），加上待测病毒抗体或待测植物病毒样品，加上酶标记抗体（结合物或第二抗体），再与该酶的底物反应形成有色产物。产物的量与待测病毒的量直接相关，故可根据呈色的深浅进行定性或定量分析。常用于抗体标记的酶有碱性磷酸酶（alkaline phosphatase）和辣根过氧化物酶（horse-radish peroxidase）。它们与抗体结合不影响抗体活性。常用于酶标记的抗体有病毒抗体（结合物，conjugate）、羊抗兔 IgG 的抗体或羊抗鼠 IgG 的抗体（第二抗体）。碱性磷酸酶的底物是硝基苯磷酸酯（-nitrophenylphosphate，ρ-NPP），产物为可溶性的黄色对硝基酚，吸收峰波长为 405nm。常用的辣根过氧化物酶底物是四甲基联苯胺（3，3′，5，5′-tetramethylbenzidine，TMB），产物显蓝色，最适吸收波长为 450nm。

酶联免疫吸附测定法因特异性强、灵敏度高（最低检测浓度可达 1ng/ml）、能作定量分析、快速简便、费用低、所需仪器简单并能同时测定多个样品而广泛地应用于植物病毒的诊断与检测上（Converse & Martin，1990）。此法受抗体的质量影响较大。为减少非特异抗体的干扰，人们对其进行了各种改进。根据所用试剂、酶标抗体和操作步骤可将此法分为不少种类，而最常用的是直接双抗体夹心测定法（direct double-antibody sandwich-ELISA 或 DAS-ELISA）和间接测定法（indirect ELISA）。

1. 直接双抗体夹心测定法（彩版图 11 - 3A） 将已知的病毒抗体固定吸附在微量细胞培养皿表面，加入待测病毒样品，加入相同抗体的酶标结合物，再加入底物显色，用酶免疫检测仪测量颜色的光密度。通过比色，测知样品中抗原的量。这种方法的特点是特异性强，可用于病毒株系或具有血清关系病毒间的鉴别。不过正因如此，此法不宜用在具有不同血清亚型病毒的常规检测中。此法的另一个缺点是需要制备每种抗体的酶结合物。

2. 间接测定法（彩版图 11 - 3B） 先将待测病毒样品固定吸附在微量细胞培养皿表面，加入病毒抗体，再加入第二抗体，经加底物显色后，测定颜色的光密度。间接法因不需自制酶标记物，操作简便，成本低而在植物病毒检测中受到重视已被广泛应用。它的缺点是特异性不高并受抗血清的质量及样品中杂质的干扰较大。

四、免疫印迹法

免疫印迹法的基本原理与酶联免疫吸附法相似，只是所用的固相载体为对蛋白质有极强吸附力的硝酸纤维素膜，不同的酶底物作用后在硝酸纤维素膜上形成有色沉淀而使膜着色。此法不仅保持了酶联免疫吸附法对病毒检测的灵敏度高、特异性强的特点，印迹在硝酸纤维素膜上的样品能保存长达 3 个月以上，且结果比较直观。根据样品处理和印迹方法的不同，免疫印迹法又可分为 Western 免疫印迹法（Western blotting）、免疫组织印迹法（tissue blotting）和斑点印迹法（dot blotting，又称点-ELISA）。

1. Western 免疫印迹法 将十二烷基磺酸钠-聚苯烯酰胺凝胶电泳和固相免疫测定结合起来，通过凝胶电泳将待测病毒样品中各种蛋白质按分子量大小不同分离开，将电泳分离的蛋白质转移到硝酸纤维素膜上（印迹），然后将印迹有病毒抗原的硝酸纤维膜浸泡于病毒抗体溶液中，洗涤后加上酶标记的第二抗体，此抗体可以和病毒抗原及其抗体形成免疫复合物，最后加入显色底物以显示病毒蛋白带（彩版图 11‐4）。此法结合了电泳的高分辨率和酶免疫测定的高敏感性和特异性，可根据病毒蛋白分子量的不同区别具有血清关系的不同植物病毒或病毒株系，且不受非特异抗体的干扰，因此被广泛应用于植物病毒的诊断鉴定中。但是由于同时测定的样品有限，操作步骤及使用仪器比其他血清方法略为复杂，一般不用于常规检测。

2. 组织印迹法 将植物组织（嫩枝、叶柄或叶片的横切面）直接印迹到硝酸纤维素膜上进行酶免疫测定的方法。此法具有快速、简易、检测结果能直观地显示出病毒感染部位的优点，因此被广泛应用在确定病毒及其基因产物在寄主植物中的移动、分布和累积，以及诊断与检测中。与酶联免疫吸附测定法一样，该法会受抗血清质量的影响而形成假阳性。组织印迹法还会受有些植物（如果树）在硝酸纤维素膜上留下有色印迹的干扰而影响结果的确定。

3. 斑点印迹法 将高温处理过的待测病毒样品直接点到硝酸纤维素膜上进行酶联免疫测定的方法。此法具有操作简单、不需用任何仪器，可用于植物病毒检测中，但不如酶联免疫吸附法那么普遍。

五、免疫试条法

免疫试条法又称快速免疫滤纸测定法（Rapid immuno-filter paper assay）。此法是利用特异性抗体球蛋白 IgG 孵育红白两种乳胶颗粒制备成致敏乳胶，同时用封闭剂封闭致敏乳胶上未被占据的位点，将上述乳胶颗粒以红下白上的相对位置分别固定在同一滤纸条上，制成免疫试条。测定时当滤纸条浸入待测样品粗汁液中时，待测病毒与试条上金标记胶体抗体（红色）结合后沿着硝酸纤维素膜向上移动，当移动到固定有病毒胶体抗体（白色）部位时就会被吸附，该部位显示红色。该方法操作极其简单，不需使用任何仪器，可在数分钟内得到结果，能直接在田间使用，有广泛应用价值。但受到价格高的影响，目前在植物病毒的常规检测中应用还不普遍。

第四节　分子生物学测定法

植物病毒核酸（RNA 或 DNA）的类型、结构（线型或环状、单链或双链）、数量（一个或多个）是确定未知病毒或病毒株系的重要依据之一（参见第二章和第六章）。但由于病毒核酸不易提纯、其含量有限而且不稳定，故在常规的诊断与检测中用处不大。随着分子生物技术的快速发展和普及应用，越来越多植物病毒的核酸序列已被解译，为其诊断与检测带来了新的飞跃。在目前所知的 20 科 88 属 1 152 种植物病毒和类病毒中，已获得基因组全序列的约为 486 种，已获得部分核酸序列的约为 110 种（Fauquet et al.，2005），为利用现代分子生物技术进行诊断与检测奠定了基础。目前常用于植物病毒的基因检测技术有核酸分子杂交和多聚酶链式反应测定法。这些方法具有速度快、灵敏度高、特异性强的优点，现已逐渐成为病毒研究和诊断检测的重要方法之一（Lopez et al.，2003）。

一、双链 RNA 技术

大约 70% 的植物病毒基因组为单链 RNA（ssRNA），当病毒侵染植物后利用寄主成分进行复制时，首先产生与基因组 RNA 互补的链，配对成双链模板，再以互补链为模板转录出子代基因组 RNA，互补链的长度与基因组 RNA 相同。这种双链 RNA 结构称为复制型分子（replicative form），可在植物组织中积累起来。有些病毒基因组为双链 RNA（dsRNA），复制后会产生大量的子代 dsRNA 基因组，而正常的植物一般不产生或很少产生 dsRNA，加之 dsRNA 对核酸酶具有一定的抗性，比较容易操作，因此可用于病毒的检测。一般是 dsRNA 经提纯、电泳及染色后，利用病毒 dsRNA 的电泳图谱测定病毒的类型和种类（Dodds，1993；Valverde et al.，1990）。该方法已用于一些病毒科、属（如雀麦花叶病毒科、线形病毒科、黄症病毒科、香石竹潜隐病毒属、坏死病毒属、绒毛烟斑驳病毒组、长线形病毒科）病毒的分类研究。双链 RNA 还常用于各种难以纯化的植物 RNA 病毒的分子生物学鉴定（Jelkmann，1998）。

二、核酸分子杂交

核酸分子杂交是指两条非同一分子来源的核酸单链在一定条件下（适宜的温度及离子强度等）通过碱基互补形成双链的过程（彩版图 11-5）。用此法可以测定核酸碱基序列同源性。核酸分子杂交的序列同源性主要以杂交百分率和杂交复合体的热稳定性来衡量。两种生物之间的亲缘关系越近，它们之间所共有的多核苷酸的相同序列就越多，即同源百分率越高。核酸探针（probe）是指用同位素或非同位素标记的，能与特定的核酸序列发生特异性互补，而后又能被特殊方法检测的已知 DNA 或 RNA 片段。根据其来源和性质可分为 cDNA 探针、PCR 探针、寡核苷酸探针、cRNA 探针等。通过标记这些片段就可制备出探针，用于病毒特别是类病毒的检测，病毒或类病毒之间以及其株系之间的相互关系及其变化规律研究等（Singh & Nie，2002）。同位素标记方法简单、灵敏度高，但存在环境污染以及放射性废物处理等问题。常用的非同位素标记物有生物素（biotin）、地高辛精（digoxigenin）和荧光素（fluorescein）。待测样品可以是经过提纯的核酸（总核酸、总

DNA 或总 RNA），也可以是直接印迹在尼龙滤膜上的植物组织切面。此法具有灵敏度高（最低检测浓度可达 1pg/ml）、特异性强的特点。根据杂交时所用的方法，核酸分子杂交又可分为印迹杂交（Southern 和 Northern 印迹）、斑点杂交（dot blotting hybridization）、组织印迹杂交（tissue blotting hybridization）和细胞原位杂交（in situ hybridization）等。

1. 印迹杂交　将凝胶电泳（十二烷基磺酸钠-聚丙烯酰胺 SDS-PAGE）和固相免疫测定结合起来，通过凝胶电泳将待测病毒样品中各种核酸按分子量大小不同分离开，将电泳分离的核酸转移到尼龙滤膜上（印迹），再与探针进行杂交，然后用放射性自显影或酶反应显色。此法能鉴定所测病毒和类病毒的核酸的相对分子质量，被广泛应用于植物病毒鉴定与分类，但由于操作步骤多而很少用于植物病毒的常规检测。

2. 斑点杂交　将少量提纯处理过的核酸变性后点样在尼龙滤膜上，然后加入过量的核酸探针进行杂交。该法的特点是操作简单，事先不用凝胶电泳分离核酸样品，可在同一张膜上同时进行多个样品的检测。但其特异性会受核酸探针和待测核酸样品的质量影响而形成假阳性或微阳性。此法被广泛地应用于病毒和类病毒的常规检测中。如果将核酸分子点样面积缩小，在单位面积滤膜上处理的样品数量就更多，当检测的灵敏度进一步提高后，就发展成 DNA 芯片。

3. 组织印迹杂交　组织印迹杂交是核酸分子杂交中最简单的一种。它是将植物组织（嫩枝、叶柄或叶片的横切面）直接印迹到尼龙滤膜上进行杂交测定的方法。此法具有不需提取 DNA、一次可对大量样品进行测定的特点，但其灵敏度不如斑点杂交高且样品仅限于幼嫩植物组织，因而只被应用于寄主植物浓度较高的病毒和类病毒的常规检测中（Podleckis et al.，1993；Galipienso et al.，2004）。

4. 细胞原位杂交　在保持组织切片或细胞形态完整的条件下，用探针进行杂交，然后显影或显色以研究该组织细胞中特定病毒或基因产物位置的方法。此法被广泛地应用于人类和动物病毒的诊断检测中。但受植物组织切片困难及细胞壁中荧光物质干扰的影响，细胞原位杂交在植物病毒研究中应用不多。

5. 生物芯片　生物芯片或微阵列技术是近年出现的分析技术，最初是用于检测各种基因的表达水平。其基本原理是将组织、细胞、核酸、蛋白质以及其他生物组分（探针）高密度微点阵在硅片、尼龙膜等固相支持物上，与放射性同位素或荧光物质标记的 DNA、cDNA 或蛋白质等样品进行杂交，通过检测杂交信号即可实现对生物样品的分析。其显著特点是可同时检测多种病毒。此技术已经被应用于马铃薯、瓜类和烟草上的一些病毒的检测（Lee et al.，2003；Bystricka et al.，2005）。由于对侵染同种植物各种病毒知识的差异、所需费用高、操作步骤繁琐，这项技术在植物病毒检测上的应用尚处于探索阶段。随着植物病毒知识的积累，生物芯片制作工艺和检测分析手段的不断进步，它必将在常规检测中得到广泛的应用（Hadidi et al.，2004）。

三、多聚酶链式反应

多聚酶链式反应（Polymerase chain reaction，PCR）是一种选择性 DNA 体外扩增技术（Mullis et al.，1986；Saiki et al.，1988）。它包括三个基本步骤：①变性（denature）：双链 DNA 片段在 94℃下解链；②退火（anneal）：两种寡核苷酸引物在适当温度

（50℃左右）下与模板上的目的序列通过氢键配对；③延伸（extension）：在 Taq DNA 聚合酶合成 DNA 的最适温度（72℃）下，以目的 DNA 为模板进行合成（彩版图 11 - 6A）。由这三个基本步骤组成一轮循环，理论上每一轮循环将使目的 DNA 扩增 1 倍，这些经合成产生的 DNA 又可作为下一轮循环的模板，所以经 35 轮循环就可使 DNA 扩增 100 万倍以上（彩版图 11 - 6B）。多聚酶链式反应以其灵敏度高、特异性强、速度快、重复性好、易于修正以及操作简单等优点成为分子生物学研究中的重要工具，被广泛应用于克隆基因、构建突变体、基因测序、研究基因的表达及病原的诊断鉴定等（Mullis et al.，1994；Haberhausen，2000；Bermingham & Luettich，2003）。与其他病原物比较，病毒的基因组非常小，很容易克隆测序。现存于基因数据库中植物病毒的核酸序列成千上万而且日益增多，其中重要的病原病毒（如 PVY，CMV 和番茄黄化卷叶病毒）的全基因组序列多达上千个，大大推动了多聚酶链式反应在植物病毒诊断与检测中的广泛应用（Mumford et al.，2006；Seal & Coates，1998），而此方法在诊断与检测中的应用反过来又促进了植物病毒学研究的不断发展。

近年来随着分子生物学的飞速发展以及生物物理技术的大量应用，新的核酸扩增模式也不断涌现。目前在植物病毒诊断与检测中常用的有多聚酶链式反应、PCR-ELISA 和实时荧光定量多聚酶链式反应。

1. 传统 PCR PCR 用于植物病毒鉴定与分类是先扩增植物病毒基因 DNA 或 RNA 的 cDNA，再对扩增物（DNA）进行电泳分析。植物病毒 PCR 扩增所用引物（primer）因病毒而异，对核苷酸序列已知的病毒用 DNA 合成仪合成的引物（specific primers），对核苷酸序列未知的病毒简并引物（degenerate primers）进行扩增，对大多数 RNA 植物病毒，先通过逆转录酶法合成其 cDNA，再以 cDNA 作为 PCR 扩增的模板（RT - PCR）。与 PCR - ELISA 和实时荧光定量 PCR 等相关方法比较，PCR 对核酸标样的纯度要求低、所需的仪器和试剂价格相对较低，故其应用更为广泛。其缺点是 PCR 具有引物的非特异性扩增（假阳性）、易于污染（假阳性）、引物的特异性太高（假阴性）、核酸提取过程繁琐和不能定量分析等。随着植物病毒的核酸序列的积累、操作程序的简化、所需仪器和试剂价格的降低、核酸提取方法的改进，PCR 在植物病毒诊断和检测中的应用将越来越广泛，故其所涉及的病毒种类之多和应用范围之广是任何检测方法不能比拟的。

为了克服传统 PCR 的缺点，近年来发展了多种新型 PCR 技术，如嵌套式 PCR（nested PCR）（Jones & McGavin，2002；Dovas et al.，2003）、免疫捕获 PCR（immunocapture PCR）（Mulholland，2005）、多重 PCR（multiplex - PCR）（Periasamy et al.，2006；Gorsane et al.，2005；Roy et al.，2005）和 LAMP（loop-mediated isothermal amplification of DNA）（Fukuta et al.，2003；Nie，2005）都有在植物病毒诊断和检测中应用的报道。

PCR 除了灵敏度高、特异性强、快速简便外还能对其 PCR 的扩增产物进行核苷酸序列分析，以用于植物病毒的鉴定与分类。应用这种方法可以对相关病毒、不同病毒株系或病毒分离株系（同种寄主、不同寄主或不同地区）进行基因分析（如复制酶或壳蛋白基因），以研究它们的群体结构和遗传变异关系等（Harper et al.，2005；Jridi et al.，2006；Rebenstorf et al.，2006）。

2. PCR - ELISA 结合 PCR、核酸分子杂交以及酶联免疫吸附测定法的原理，首先通过固相生物交联技术，使氨基标记的（＋）链探针与预先包被于聚苯乙烯微孔板上的桥梁蛋白质之间相交联，形成蛋白质 DNA 交联物，从而形成固相化的核酸探针。并在扩增过程中使用抗原（生物素、地高辛、荧光素酶等）标记引物，这样扩增产物中就会带有抗原。用扩增产物与微孔上的捕获探针杂交，靶序列被捕获。再在微孔中加入用酶标记的抗体，抗体与靶序列上的抗原结合，再加入底物使之显色。虽然 PCR‐ELISA 的灵敏度和特异性比 PCR 有所提高，并省略了电泳步骤而在植物病毒诊断和检测中有所尝试（Nolasco et al.，2002），但由于污染严重、操作繁琐、费用高而影响了它的推广应用。

3. 实时荧光 PCR 它是一种在 PCR 反应体系中加入荧光标记，利用荧光信号的积累实时监测整个 PCR 进程，最后通过标准曲线对未知模板进行定量分析的方法。实时荧光定量 PCR 所用荧光探针主要有三种：Taq Man 荧光探针、杂交探针和分子信标探针，其中 Taq Man 荧光探针使用最为广泛。Taq Man 荧光实时 PCR 是在 PCR 扩增时在加入一对引物的同时加入一个特异性的荧光探针，该探针为一条 20 多 bp 的寡核苷酸探针的两端分别标记上荧光发射基团（R）和淬灭基团（Q），此时 5′端荧光基团吸收能量后将能量转移给临近的 3′端荧光淬灭基团（发生荧光共振能量转移，FRET），因此探针完整时，检测不到该探针 5′端荧光基团发出的荧光。但在 PCR 扩增中，溶液中的模板变性后低温退火时，引物与探针同时与模板结合。在引物的介导下，沿模板向前延伸至探针结合处，发生链的置换，Taq 酶的 5′‐3′外切酶活性（此活性是双链特异性的，游离的单链探针不受影响）将探针 5′端连接的荧光基团从探针上切割下来，游离于反应体系中，从而脱离 3′端荧光淬灭基团的屏蔽，接受光刺激发出荧光信号，通过对荧光的实时动态检测可对 PCR 产物进行定性和定量（彩版图 11‐7）。此法已经应用于兰属花叶病毒（*Cymbidium mosaic virus*，CyMV）和齿瓣兰环斑病毒（*Odontoglossum ring spot virus*，ORSV）（Eun et al.，2000）、番茄斑萎病毒（*Tomato spotted wild virus*，TSWV）（Roberts et al.，2000）、甘蔗黄叶病毒（*Sugarcane yellow leaf virus*，SYLV）（Korimbocus et al.，2003）和土传禾谷花叶病毒（*Soil-born cereal mosaic virus*，SBCBV）（Ratti et al.，2004）等的检测。

实时荧光定量 PCR 技术不仅实现了对 DNA 模板的定量，而且具有灵敏度高、特异性和可靠性更强、能实现多重反应、自动化程度高、实时性和准确性等特点，近来已逐步开始在植物病毒诊断和检测中得到尝试（Levin，2004；Schaad & Fredrick，2002），并且会得到更多的应用。

参 考 文 献

柯南靖．1989．简易植物病毒诊断图鉴．台中：中兴大学出版社

谢联辉，林奇英．2004．植物病毒学．第二版．北京：中国农业出版社

Bermingham N，Luettich K. 2003. Polymerase chain reaction and its applications. Current Diagnostic Pathology 9（3）：159～164

Bystricka D，Lenz O，Mraz I，Piherova L，Kmoch S，Sip M. 2005. Oligonucleotide-based microarray：A new improvement in microarray detection of plant virus. Journal of Virological Methods，128：176～182

Christie RG，Edwardson JR. 1977. Light and electron microscopy of plant virus inclusions. Florida Agricultural Experiment Station Monograph Series 9. University of Florida，Gainesville，FL.

Converse RH, Martin RR. 1990. ELISA for plant viruses. Serological Methods for Detection and Identification of Viral and Bacterial Pathogens (Hamptom R, Ball E, DeBoer S ed). St. Paul: APS Press

Derrick KS. 1973. Quantitative assay for plant viruses using serologically specific electron microscopy. Virology, 56 (2): 652~653

Dijkstra J, Jager CD. 1998. Practical Plant Virology-Protocol and Exercises. New York: Springer

Dodds JA. 1993. dsRNA in diagnosis. Diagnosis of Plant Virus Disease (Matthews REF ed). Boca Raton: CRC Press

Dovas CI, Katis NI. 2003. A spot nested RT‐PCR method for the simultaneous detection of members of the Vitivirus and Foveavirus genera in grapevine. Journal of Virological Methods, 107 (1): 99~106

Edwardson JR, Christie RG, Purcifull DE, Petersen MA. 1993. Inclusions in diagnosing plant virus diseases. Diagnosis of Plant Virus Disease (Matthews REF ed). Boca Raton: CRC Press

Eun AJC, Seoh ML, Wong SM. 2000. Simultaneous quantization of two orchid viruses by the TaqMan (®) real-time RT‐PCR. Journal of Virological Methods, 87 (1/2): 151~160

Fauquet CM, Mayo MA, Maniloff J, Desselberger U, Ball LA. 2005. Virus Taxonomy-Eighth Report of the International Committee on Taxonomy of Viruses. San Diego: Elsevier Academic Press

Fukuta S, Iida T, Mizukami Y, Ishida A, Ueda J, Kanbe M, Ishimoto Y. 2003. Detection of Japanese yam mosaic virus by RT‐LAMP. Archives of Virology, 148 (9): 1 713~1 720

Galeffi P, Giunta G, Guida S, Cantale C. 2002. Engineering of a single chain variable fragment antibody specific for the Citrus tristeza virus and its expression in Escherichia coli and Nicotiana tabacum. European Journal of Plant Pathology, 108 (5): 479~483

Galipienso L, Vives MC, Navarro L, Moreno P, Guerri J. 2004. Detection of citrus leaf blotch virus using digoxigenin-labeled cDNA probes and RT‐PCR. European Journal of Plant Pathology, 110: 175~181

Gorsane F, Gharsallah-Chouchene S, Nakhla MK, Fekih-Hassan I, Maxwell DP, Marrakchi M, Fakhfakh H. 2005. Simultaneous and rapid differentiation of members of the tomato yellow leaf curl virus complex by multiplex PCR. Journal of Plant Pathology, 87 (1): 43~48

Haberhausen G. 2000. PCR: Overview on application formats in research and clinical diagnosis. In: C. Kessler (ed.) Nonradioactive Analysis of Biomolecules, pp. 327~334. New York: Springer

Hadidi A, Czosnek H, Barba M. 2004. DNA microarrays and their potential applications for the detection of plant viruses, viroids, and phytoplasmas. Journal of Plant Pathology, 86 (2): 97~104

Harper G, Hart D, Moult S, Hull R, Geering A, Thomas J. 2005. The diversity of Banana streak virus isolates in Uganda. Archives of Virology, 150 (12): 2 407~2 420

Holmes FO. 1929. Local lesions of tobacco mosaic. Bot. Gaz (Chicogo), 87: 39~55

Howard GC, Bethell DR. 2000. Basic Methods in Antibody Production and Characterization. Boca Raton: CRC Press

Jelkmann W. 1998. Identification and Detection of Recalcitrant Temperate Fruit Crop Viruses Using dsRNAs and Diffusion Antisera. Plant Virus Disease Control (Hadidi A, Khetarpal RK, Koganezawa H ed). St. Paul: APS Press

Jones AT, McGavin WJ. 2002. Improved PCR detection of Blackcurrant reversion virus in Ribes and further evidence that it is the causal agent of reversion disease. Plant Disease, 86 (12): 1 333~1 338

Jridi C, Martin JF, Marie-Jeanne V, Labonne G, Blanc S. 2006. Distinct viral populations differentiate and evolve independently in a single perennial host plant. Journal of Virology, 80 (5): 2 349~2 357

Korimbocus J, Coates D, Barker I, Boonham N. 2002. Improved detection of Sugarcane yellow leaf virus using a real-time fluorescent (TaqMan) RT‐PCR assay. Journal of Virological Methods，103 (2)：109～120

Lee GP，Min BE，Kim CS，Choi SH，Harn CH，Kim SU，Ryu K. 2003. Plant virus cDNA chip hybridization for detection and differentiation of four cucurbit-infecting Tobamoviruses. Journal of Virological Methods，110：19～24

Levin RE. 2004. The application of real-time PCR to food and agricultural systems. A review of Food Biotechnology，18 (1)：97～133

Liang D，Qu Z，Ma X，Hull R. 2005. Detection and localization of Rice stripe virus gene products in vivo. Virus Gene，31 (2)：211～221

Lidell JE，Cryer A. 1991. A Practical Guide to Monoclonal Antibodies. Hoboken：John Wiley & Son Ltd

López MM，Bertolini E，Olmos A，Caruso P，Gorris MT，Llop P，Penyalver R，Cambra M. 2003. Innovative tools for detection of plant pathogenic viruses and bacteria. International Microbiology，6 (4)：233～243

Milne RG. 1993. Electron Microscopy of in vitro Preparations. Inclusions in diagnosing plant virus diseases. Diagnosis of Plant Virus Disease (Matthews REF ed) . Boca Raton：CRC Press

Mulholland V. 2005. Immunocapture-polymerase chain reaction. Methods in Molecular Biology，295：281～290

Mullis KB，Faloona F，Scharf SJ，Horn GT，Erlich HA. 1986. Specific enzymatic amplification of DNA in vitro：the polymerase chain reaction. Cold Spring Harbor Symposium of Quantitative Biology，51：263～273

Mullis KB，Ferre F，Gibbs RA. 1994. The Polymerase Chain Reaction. Boston：Birkhauser

Mumford R，Boonham N，Tomlinson J，Barker I. 2006. Advances in molecular phytodiagnostics-New solutions for old problems. European Journal of Plant Pathology，116 (1)：1～19

Nie X. 2005. Reverse transcription loop-mediated isothermal amplification of DNA for detection of potato virus Y. Plant Disease，89 (6)：605～610

Nolasco G，Sequeira Z，Soares C，Mansinho A，Bailey AM，Niblett CL. 2002. Asymmetric PCR ELISA：Increased sensitivity and reduced costs for the detection of plant viruses. European Journal of Plant Pathology，108 (4)：293～298

Paulsen AQ，Niblett CL. 1977. Purification and properties of Foxtail mosaic virus. Phytopathology，67 (11)：1 346～1 351

Periasamy M，Niazi FR，Malathi VG. 2006. Multiplex RT‐PCR，a novel technique for the simultaneous detection of the DNA and RNA viruses causing rice tungro disease. Journal of Virological Methods，134 (1/2)：230～236

Podleckis EV，Hammond RW，Hurtt SS，Hadidi A. 1993. Chemiluminescent detection of potato and pome fruit viroids by digoxigenin-labeled dot blot and tissue blot hybridization. Journal of Virological Methods，43 (2)：147～158

Ratti C，Budge G，Ward L，Clover G，Rubies-Autonell C，Henry C. 2004. Detection and relative quantitation of Soil-borne cereal mosaic virus (SBCMV) and Polymyxa graminis in winter wheat using real-time PCR (TaqMan®) . Journal of Virological Methods，122 (1)：95～103

Rebenstorf K，Candresse T，Dulucq MJ，Büttner C，Obermeier C. 2006. Host species-dependent population structure of a pollen-borne plant virus，Cherry leaf roll virus. Journal of Virology，80 (5)：2 453～2 462

Riedel D, Lesemann DE, Mai E. 1998. Ultrastructural localization of nonstructural and coat proteins of 19 potyviruses using antisera to bacterially expressed proteins of plum pox potyvirus. Archives of Virology, 143 (11): 2 133~2 158

Roberts CA, Dietzgen RG, Heelan LA, MaclLean DJ. 2000. Real-time RT‐PCR fluorescent detection of tomato spotted wilt virus. Journal of Virological Methods, 88 (1): 1~8

Roy A, Fayad A, Barthe G, Brlansky RH. 2005. A multiplex polymerase chain reaction method for reliable, sensitive and simultaneous detection of multiple viruses in citrus trees. Journal of Virological Methods, 129: 47~55

Saiki RK, Gelfand DH, Stoffel S, Scharf SJ, Higuchi R, Horn GT, Ehrlich HA. 1988. Primerdirected enzymatic amplification of DNA with a thermostable DNA polymerase. Science, 239: 487~491

Saldarelli P, Keller H, Dell' Orco M, Schots A, Elicio V, Minafra A. 2005. Isolation of recombinant antibodies (scFvs) to grapevine virus B. Journal of Virological Methods, 124 (1‐2): 191~195

Schaad NW, Frederick RD. 2002. Real-time PCR and its application for rapid plant disease diagnostics. Canadian Journal of Plant Pathology, 24 (3): 250~258

Seal S, Coates D. 1998. Detection and quantification of plant viruses by PCR. Methods in molecular biology, 81: 469~485

Singh RP, Nie XZ. 2002. Nucleic acid hybridization for plant virus and viroid detection. Plant Viruses as Molecular Pathogens (Khan JA, Dijkstra J ed), Binghamton: The Haworth Press

Stevens CD. 2003. Clinical Immunology and Serology: A Laboratory Perspective, 2th eddition, Philadelphia: F. A. Davis Company

Tairo F, Mukasa, SB, Jones RAC. , Kullaya A, Rubaihaya, PR, Valkonen JPT. 2005. Unraveling the genetic diversity of the three main viruses involved in Sweet Potato Virus Disease (SPVD), and its practical implications. Molecular Plant Pathology, 6 (2): 199~211

Tian T, Rubio L, Yeh HH, Crawford B, Falk BW. 1999. Lettuce infectious yellows virus: in vitro acquisition analysis using partially purified virions and the whitefly Bemisia tabaci. Journal of General Virology, 80: 1 111~1 117

Torrance L. 1998. Developments in serological methods to detect and identify plant viruses. Plant Cell, Tissue and Organ Culture, 52 (1/2): 27~32

Tzanetakis IE, Reed J, Martin RR. 2005. Nucleotide sequence, genome organization and phylogenetic analysis of Strawberry pallidosis associated virus, a new member of the genus Crinivirus. Archives of Virology, 150 (2): 273~286

Valverde RA, Nameth ST, Jordan RL. 1990. Analysis of double-stranded RNA for plant virus diagnosis. Plant Disease, 74 (3), 255~258

Zhang YP, Kirkpatrick BC, Smart CD, Uyemoto JK. 1998. cDNA cloning and molecular characterization of cherry green ring mottle virus. Journal of General Virology, 79: 2 275~2 281

第十二章 植物病毒的寄主反应与寄主范围

植物面对病毒的侵染会产生各种不同的反应，亲和性植株会出现各种症状，而非亲和性植株则表现为抗病。病毒对寄主植物建立系统侵染必须在植物体内完成三个过程：基因组复制、胞间移动及依赖于维管束系统的长距离运输。只有病毒和寄主之间的互作结果都有利于这三个过程，植物才表现为感病。病毒侵染亲和性植物细胞后，随着病毒核酸的复制、增殖及病毒在植物体内的转移、积累，植物细胞、组织内发生了一系列生理、代谢活动的变化，最后发展到从外部可以观察到的变化。

第一节 植物病毒病的症状

在一定外界环境条件影响下，植物被病毒侵染后，由于正常的新陈代谢等生理机能受到干扰，致使植物生理失调，在植物外观和组织内部呈现出不正常状态，称为症状（symptom）。一些病毒引起的症状特别轻微，即使植物含有大量病毒也不表现症状，如百合无症病毒（Lily symptomless virus，LSV）单独侵染百合时一般无明显症状或表现轻微花叶；而有些病毒可以引起植物死亡，如悬钩子环斑病毒（Raspberry ringspot virus，RpRSV）侵染悬钩子某一变种（Malling Jewel）时，症状可以严重到使感病植物死亡（Gibbs ＆ Harrison，1976）。通常，病毒病的症状影响了作物的正常生长，从而导致产量和品质的下降，严重的可以造成重大的经济损失乃至引起毁灭性的灾难。植物病毒病的症状具有以下几个特点：①具有相对的稳定性，在一定的环境条件下，某种病毒在同一种寄主上常常表现相同或相近的症状；②大多对植物的杀伤能力小，主要影响植物生长，使产量、质量下降；③大多为系统性或全株性的症状；④一般地上部分明显，根部不明显；⑤病毒在寄主细胞内往往会聚集，并形成特殊的内含体（inclusion body）。

被病毒侵染的植物的明显症状一般多出现在叶片上，有些病毒也可以在茎、果实和根上引起显著的症状。根据病毒病症状显示的部位在植物体表或体内，可将病毒病的症状分为外部症状与内部病变。在植物外表上肉眼可见的症状称作外部症状（external symptom）。外部症状在病毒鉴定及分类上具有重要意义。本节主要介绍植物病毒病的外部症状。

一、症状类型

症状是病毒、寄主植物、环境条件三者共同作用的结果。相同条件下，由于病毒种类、株系的不同，植物种类、品种、生育期以及危害部位的不同，病毒病的外部症状也呈现出各种类型。

1. 变色（discoloration）　变色是许多植物被病毒侵染后的最初征兆之一，常常是叶片的叶脉变为黄色或半透明状，其后生长的叶片可以显示花叶、斑驳或者黄化。植物被病毒感染后局部或全部失去正常的绿色或发生颜色变化，称为变色。能够通过汁液摩擦接种传播的病毒，通常引起花叶或坏死症状；而不能由汁液摩擦接种传播只能由昆虫介体传播的一些病毒，则引起普遍的叶片黄化、斑驳等。

（1）明脉（vein cleaning）：叶片的部分主脉和次脉明亮或半透明化，一般出现时间较短，后期发展为斑驳或花叶症（彩版图 12-1）。

（2）褪绿（chlorosis）：植物绿色部分（整个植株、整个叶片或者叶片、果实的一部分）均匀变色，由于叶绿素的合成受阻而使叶片表现为浅绿色。

（3）斑驳（mottle）：在叶片、花或果实上呈现不同颜色（叶片为深绿、浅绿色相间）及隐隐约约的块状及近圆形斑，彼此相连，斑缘界限不明显。主要出现在双子叶植物上（彩版图 12-2），少数单子叶植物上也能见到，往往是花叶症的前期症状（谢联辉和林奇英，2004）。

（4）花叶（mosaic）：叶片发生不均匀褪色，形成断断续续的不规则的深绿、浅绿甚至黄绿相间的斑纹，不同变色部分的轮廓清晰（彩版图 12-3），有时深绿部分突起，称为绿岛（green island）（彩版图 12-4）。

（5）沿脉变色或脉带（vein-banding）：沿着叶脉两侧平行地褪绿或增绿色，好似叶脉镶上两道边，又称镶脉（谢联辉和林奇英，2004）。也有一些在两条叶脉间或叶脉两侧发生褪绿或黄化（彩版图 12-5）。

（6）条纹（stripe）、线条（streak）及条点（striate）：单子叶植物的平行叶脉间，出现浅绿、深绿或白色为主的长条纹、短条纹或由小而短的条及点连成虚线样的长条（谢联辉和林奇英，2004）（彩版图 12-6）。

（7）碎色（breaking）：有的植物花瓣上有斑点或纵向条纹（彩版图 12-7）。

（8）黄化（yellowing）、红化（reddish）：叶片的局部或全部变为黄色或红色（彩版图 12-8）。

2. 环斑（ring spot）　在叶片、果实或茎的表面形成单线圆纹或同心纹的环。全环、半环或是近封闭的环，多数为褪色的环，也有变色的环。褪色的环有的可以发展成坏死环（谢联辉和林奇英，2004）。

（1）环斑：全环或由几层同心圆组成的同心环（彩版图 12-9）。

（2）环纹（ring line）：未封闭的环，有时几个未封闭的环连成屈膝状（彩版图 12-10）。

（3）线纹（line pattern）：不形成环，有的呈长条状坏死（彩版图 12-11）。有的在症状后期，线纹连接起来，在全叶形成似橡树样轮廓的纹，称为橡叶症（oak line pattern）（谢联辉和林奇英，2004）（彩版图 12-12）。

3. 畸形（malformation）　叶片、花、枝、果等生长受阻或过度增生而造成的形态异常。

(1) 线叶（line leaf）：叶片变细长，有时仅残留主脉似线条样（彩版图 12 - 13）。

(2) 蕨叶（fern leaf）：叶片变细、变窄，似蕨类植物样。

(3) 带化（fasciation）：叶片似带状。

(4) 卷叶（leaf roll）：叶片上卷或下卷，纵卷或横卷（彩版图 12 - 14）。

(5) 疱斑（puckered）：在叶面或果实上有凸起或凹陷部分，表面不平，往往凸起的部分颜色深（彩版图 12 - 15）。

(6) 皱缩（shrink）：叶面皱褶高低不平。

(7) 耳突（enation）或脉肿（vein swelling）：在叶背的叶脉上，或在茎的维管束部分长出突起状物。在双子叶植物叶片背面有时出现典型的耳状凸起物故称耳突（彩版图 12 - 16）。烟草曲叶病叶背易现耳突症。有的单子叶植物叶背、叶鞘和茎秆上会出现黄白色、绿色至黑褐色的线状、短条状或圆珠状的突起物称脉肿，水稻黑条矮缩病、水稻瘤矮病和水稻齿叶矮缩常常出现这类脉肿症（谢联辉和林奇英，2004）。

(8) 畸叶（distorting leaf）：非正常外形的叶片称畸叶（彩版图 12 - 17）。

(9) 小叶（little leaf）：叶片瘦小。

(10) 丛顶（bushy top）：从单一幼芽生长点部位抽出许多瘦弱、细小的枝条，顶端优势丧失，植株节间缩短、矮化（彩版图 12 - 18）。

(11) 丛簇（rosette）：主要指草本植物从根茎部位或其他生长点部位抽出许多分蘖或簇生腋芽，植株矮缩（彩版图 12 - 19）。

(12) 扁枝（branch flattening）：树干或枝条由圆柱状变成扁圆柱状。

(13) 肿枝（shoot swelling）：枝条肿大如棒状。

(14) 茎沟（stem groove）：发生在树皮下，呈现小的凹陷条斑。

(15) 肿胀（tumefaction）：病部长出瘤状物。

(16) 矮化（stunt）：植株的节间缩短或停止生长（彩版图 12 - 18）。

(17) 矮缩（dwarf）：植株不仅矮化，同时皱缩，往往变小。

(18) 畸果（distorting fruit）：果实变形。

(19) 小果（little fruit）：果实比一般的瘦小，有时数量增多。

4. 坏死（necrosis）**与变质** 坏死指植物的某些细胞或组织死亡；变质指植物组织的质地变软、变硬或木栓化等（谢联辉和林奇英，2004）。病毒对寄主植物最强烈的作用是杀死细胞、组织或整株植物，但杀死整株植物的现象不常见。

(1) 坏死斑（necrosis spot）：局部细胞或组织死亡，形成坏死斑点（彩版图 12 - 20）。

(2) 坏死环（necrotic ring）：坏死部位为环状，有时是由褪绿环发展而来的（彩版图 12 - 10）。

(3) 坏死纹（necrosis pattern）：环纹或线纹状坏死，有时是由褪绿纹发展而来的（彩版图 12 - 11）。

(4) 坏死线条纹（necrosis streak）：主要指单子叶植物上呈现线条状组织坏死，有时出现点状断续线条坏死（彩版图 12 - 21）。

(5) 沿脉坏死（veined necrosis）：沿叶脉两侧的组织坏死，变褐色或灰白色（彩版图

12 - 22)。

(6) 叶脉坏死（vein-necrosis）：叶脉变色坏死，有的似网纹样坏死。

(7) 顶尖坏死（top-necrosis）：当植物的韧皮部坏死后，植株的生长点或顶芽部分出现组织死亡，也称顶死或顶枯（彩版图 12 - 23）。

5. 萎蔫（wilting）　植物的维管束组织由于受到病毒的破坏或形成侵填体堵塞而发生供水不足所出现的萎凋现象，最终导致植株死亡。如受蚕豆萎蔫病毒（Broad bean wilt virus，BBWV）感染的蚕豆常表现为萎蔫直至枯死症状。病毒引起的萎蔫症不常见。

二、局部症状和系统症状

当病毒侵染寄主植物后，仅在被侵染的叶片上出现症状，而植物的其他部位不表现症状，称为局部症状（local symptom）。局部症状仅出现在接种的部位或初侵染的植株部分。一般是局部枯斑（local lesion），也可以是褪绿斑及褪绿环等（谢联辉和林奇英，2004）。很多病毒接种到植物的叶片上时，被接种叶片上会形成局部的坏死斑点，这是摩擦接种后寄主植物的一种特异反应。当然，有时这些坏死斑点并不一定妨碍病毒扩散到整个植株。如果病毒侵染寄主植物后，症状从被侵染的叶片扩散到其他新长出的叶片，导致整个植株均显示明显症状，则称为系统症状（systemic symptom）。系统症状是病毒在寄主植物体内转移和积累的结果。花叶型症状往往表现为系统症状。病毒病的局部症状和系统症状是病毒种类鉴定的重要依据之一。例如 TMV 和黄瓜花叶病毒（Cucumber mosaic virus，CMV）在普通烟（*Nicotiana tabacum*）上均表现为系统花叶，但 TMV 在心叶烟（*N. glutinosa*）上表现为局部枯斑，而 CMV 在心叶烟上则表现为系统花叶。

三、病毒病症状的复杂性

病毒与症状之间的相互关系不是绝对的，病毒病的症状可以变化，而且在很大程度上取决于寄主植物及感病时间的长短、病毒种类和环境条件等。例如，在凉爽且光照好的环境中生长的植物感染病毒后，再放置于高温光照少的条件下生长，则其特别显著的症状减轻或表现不明显。从侵染到症状出现的时间长短决定于病毒种类、植物种类以及环境条件。草本植物在病毒侵染几天或几周后就表现症状，而木本植物则需要更长时间。另外，一种病毒病可能观察到几种不同的症状类型，而不同的病毒可能在同一种植物上表现相同的症状类型。可见，病毒病的症状具有一定的复杂性。

1. 症状的发展　病毒病的症状发展有个过程，有些植物病毒侵染植物后，前后期症状可能完全相同，也可能完全不同，且整个发展过程没有明显的界限。例如，受 TMV 感染的普通烟，最初叶片上出现明脉症，一两天后很快发展成斑驳症，再过几天就发展成典型的花叶症，花叶症又可从轻花叶发展成重花叶（谢联辉和林奇英，2004）。

2. 症状的相似性　由于植原体、昆虫的毒素、遗传病、生理性病害、高温、激素、除草剂、杀虫剂以及大气污染等因素都能引起类似病毒病的症状，单凭症状易误诊，这在一定程度上影响了对病毒病的准确诊断。

3. 病毒-寄主组合与症状变化　不同病毒在同一寄主上症状可能不同，也可能很相似；而同一病毒在不同寄主上有不同症状，同一病毒的不同株系在同一寄主上也有不同症状。另外，同一病毒株系在同一种植物不同品种上症状可能不同，如 TMV 在普通烟上为系统花叶，而在含抗性基因（N 基因）的三生烟（N. tabacum - Samsum N/N）上表现为局部枯斑。

4. 症状的复合性　当寄主植物受到两种或多种病毒复合侵染后，特别是同时受到侵染后会出现复合症状。一般复合症状比单一病毒侵染的症状重，如烟草扭脉病毒（Tobacco vein distorting virus，TVDV）单独侵染的烟草症状轻微或几乎观察不到明显症状，而 TVDV 和烟草丛顶病毒（Tobacco bushy top virus，TBTV）复合侵染的烟草症状更重。而有些病毒与其致弱卫星共同侵染植物后，可以减轻病毒引起的症状，人们已将这一现象用于病毒病的生物防治。另外，当寄主植物被某种病毒的弱毒株系侵染后，再被同一种病毒的强毒株系侵染时，则寄主植物会对强毒株系产生交叉保护（cross protection）作用而症状减轻。病毒的交叉保护作用可以在种内不同株系间发生，也可以在不同种甚至不同类型的病原物之间发生。在自然界，特别是生长后期的植株往往感染了几种病毒引起复合症状，这些症状与单一病毒引起的症状有一定的差别。如生长后期的百合往往被百合无症病毒（LSV）、黄瓜花叶病毒（CMV）或百合斑驳病毒（Lily mottle virus，LMoV）其中的两种或三种共同侵染引起复合症。

5. 症状的潜隐性　少数病毒侵染植物后，并不表现或只表现轻微的、短时间的、肉眼难以察觉到的症状（谢联辉和林奇英，2004）。如 TMV 潜隐株系侵染烟草后，即使植株体内含有大量病毒也不表现症状。LSV 单独侵染百合时一般无明显症状或仅表现轻微花叶。而在缺少卫星 RNA 时，无论是花生丛簇病毒（Groundnut rosette virus，GRV）还是花生丛簇协助病毒（Groundnut rosette assistor virus，GRAV）单独感染的花生均不表现明显症状（Murant et al.，1988）。有的病毒侵染植物显症到一定阶段后，在特定的环境条件下症状会暂时消失，这种无症过程称为隐症阶段，也称恢复（recovery）（Agrios，2005）。处于隐症阶段的植物同样含有病毒，称为隐症带毒或无症带毒。

四、病毒引起植物症状的分子机理

植物病毒病症状的发生是植物病毒基因或其产物与寄主靶细胞互作的结果。研究表明，TMV 引起花叶的机理是 TMV 的外壳蛋白（coat protein，CP）干扰了叶绿体蛋白的合成及其在细胞质内的运输，并造成叶绿体降解；CMV 强毒株系在侵染寄主后趋向于CP 的过量合成，而减少寄主蛋白的合成，从而引起花叶症状。除 CP 外，还发现 TMV 的 126 ku 蛋白存在于与寄主细胞核相邻的大 X - 体上并引起严重的花叶症状。CMV RNA3 的第 129 位的氨基酸与诱导寄主的褪绿症状有关，甜菜坏死黄脉病毒（Beet necrotic yellow vein virus，BNYVV）的 RNA3 可导致严重褪绿的黄化枯斑，CMV 及番茄丛矮病毒（Tomato bushy stunt virus，TBSV）低分子量的卫星 RNA 依赖于病毒复制，从而改变寄主症状的模式，可加重或减轻寄主症状。Devic 等（1989）发现 CMV - Y 中分离的卫星 RNA（Y - satRNA）上第 1～219 位碱基序列与形成烟草鲜黄症有关，219 位后的序列与番茄坏死有关（Devic et al.，1989）。将 Y - satRNA 5′端序列与 S19 - satRNA（能减轻 CMV 在烟草上的症状）进行嵌合重组试验发现，Y - satRNA 191～193 位的 AUU 变为 S19 - satRNA 的 GC 时不产生烟草鲜黄症，而 S19 - satRNA 191 与 192 位的 GC 换成

AUU 时，则能使烟草产生鲜黄症（Kuwata et al.，1991），表明病毒在寄主植物上产生的症状还与病毒或病毒卫星基因组的部分核苷酸位点有关。另外，水稻条纹病毒（*Rice stripe virus*，RSV）RNA3 毒义互补链编码的 CP 和 RNA4 毒义链编码的病害特异性蛋白（specific-disease protein，SP）与水稻褪绿花叶症状的严重度密切相关（林奇田等，1998），CP 及 SP 在叶绿体和细胞质中都存在（刘利华等，2000；明艳林等，2001），是水稻条纹病毒中目前已较为明确的致病蛋白。

而多种病毒复合侵染后症状的减轻则与同源病毒外壳蛋白干扰、致弱卫星的干扰以及同源病毒侵染位点竞争、复制位点竞争以及转录后基因沉默（Post-transcriptional gene silencing，PTGS）等有关，对植物病毒病的症状进行分子水平上的研究可探索植物病毒的部分致病机理，同时还可用于植物的抗病毒基因工程育种及病毒病的生物防治。

第二节　植物病毒的细胞病理学

病毒侵染植物后，除表现出肉眼可见的外部症状外，被侵染的细胞、组织等细微结构也会出现许多变化，称作内部症状（internal symptom），包括细胞病变和内含体。在活细胞中，病毒感染后细胞质的流动加快，叶绿体结团和接合。在细胞中发展的病灶周围，细胞核经常很大程度地胀大。这些内部病变必须通过植物病理解剖学等手段，利用光学或电子显微镜才能观察到。

一、寄主植物的细胞病变

病毒对植物细胞病理学方面的影响主要有细胞和组织增生、增大等。如葡萄扇叶病毒（Grapevine fanleaf virus，GFLV）侵染葡萄后，引起葡萄木质部增生形成特有的木质化束，这种称为细胞内的"警戒线"的木质化束在健株中很少见到（Gibbs & Harrison，1976）。大麦黄矮病毒（*Barley yellow dwarf virus*，BYDV）等引起叶片黄化的病毒侵染植物的维管组织后，使木质部生成侵填体，引起韧皮部细胞的死亡或退化，并在韧皮部筛板上聚积形成胼胝质，形成无功能的密闭筛管。甜菜曲顶病毒（Beet curly top virus，BCTV）侵染糖用甜菜、烟草和番茄等植株后，使韧皮部退化，随后韧皮部和木质部增生并产生多余的筛管。有些病毒还可引起不同的组织增生，如伤瘤病毒（*Wound tumor virus*，WTV）引起的瘤是因为韧皮部薄壁组织细胞的分生组织活性反常所致；可可肿枝病毒（*Cacao swollen shoot virus*，CSSV）引起可可树茎肿胀，是由于木质部组织过多产生而引起。细胞病变往往是非特异性的，对病毒病的诊断价值并不太大。

有些病毒侵染植物后，会导致细胞内一些细胞器的异常变化。如芜菁黄花叶病毒属（*Tymovirus*）病毒、番茄花叶病毒（*Tomato mosaic virus*，ToMV）等可以引起叶绿体边缘产生泡囊结构，ToMV、CMV 还可以使叶绿体产生空泡结构，严重时导致叶绿体解体（Gibbs & Harrison，1976；洪健等，2001）。在芜菁黄花叶病毒属病毒侵染的叶片中，常常引起花叶症，颜色的差异系由叶绿体结团和退化引起。在暗绿色区域，叶绿体的分布正常，而在亮绿色区域，叶绿体出现结团现象，在绿色最亮的区域，叶绿体接合或退化。在有些病毒侵染的叶片中，暗绿色区域比亮绿色区域所含的病毒更少。烟草坏死病毒（Tobacco necrosis virus，TNV）、ToMV、CMV 等常引起液泡膜边缘产生小泡结构。而烟草**脆裂病毒**（Tobacco rattle virus，TRV）、香石竹斑驳病毒（*Carnation mottle virus*，Car-MV）等病毒可以侵入线粒体并在线粒体内聚集，使线粒体呈膨大状。马铃薯黄矮病毒（*Potato yellow dwarf virus*，PYDV）可以侵入核周腔，使核膜发生异常。在烟草<u>丛</u>顶病毒感染的烟草细胞中普遍存在两类区别明显的膜状结构：一类是在细胞质和液泡中产生直径约 100～200nm 多呈球形、卵圆形或椭圆形的小囊泡（图 12 - 1A、B、C、D、E），有些囊泡内存在明显的纤维状内含物（图 12 - 1 - E），小囊泡内的纤维状物可能是病毒基因组 RNA 的 dsRNA 复制型，而有些泡囊是空泡。泡囊由细胞质内部或表面产生（图 12 - 1 - C），有些泡囊形成后脱离细胞质进入液泡中（图 12 - 1 - D）。另一类膜状结构是质膜体，有细胞质膜伸入中心空泡形成的质膜体（图 12 - 1 - F），也有液泡膜伸入中心空泡形成的质膜体（图 12 - 1 - G），大小在 1 000～2 000nm 之间，结构类似类病毒侵染寄主形成的旁壁体。这些结构可能与病毒的复制或对裸露的病毒 RNA 提供保护有关（李凡等，2005）。

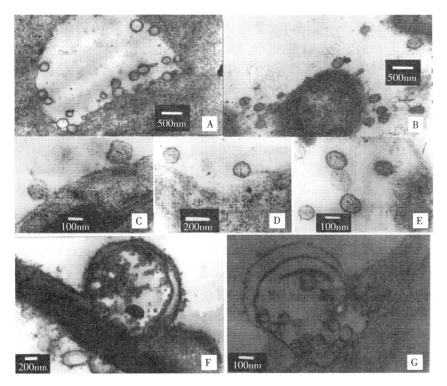

图 12 - 1　烟草<u>丛</u>顶病毒在烟草上引起的细胞病变

二、病毒内含体

有些植物病毒如 TMV、马铃薯 Y 病毒属（*Potyvirus*）病毒等，侵染植物后的某一阶段会在细胞质或细胞核内产生一些由病毒构成或病毒与植物蛋白、线粒体或核糖体等共同构成的微小异常结构，称为内含体（inclusion body）。这些内含体结构大多数存在于植物叶片和茎秆的表皮细胞中，有不同的形状和大小，从不定形结构到精细的晶体结构，大的可在光学显微镜下看到，小的则只能在电子显微镜下观察到，一般在一个寄主植物细胞中可以出现几个到几十个内含体。

1. 内含体在细胞中的位置　内含体根据形成的部位不同可以分为细胞质内含体（cytoplasmic inclusions）和核内含体（nuclear inclusions）两类。细胞质内含体存在于细胞质内，在形状、大小、组成和结构方面差异很大，主要分为不定形内含体、结晶内含体（X-体）、柱状内含体等类型。核内含体存在于核质、核仁或者核膜之间，核仁相关的内含体多为不定形或晶体形，一般是植物蛋白或病毒粒体构成的晶体结构，很少有纤维状的内含体。在核膜间由于病毒或病毒诱导的物质积累导致核围内含体的产生，这种内含体通常只是短暂出现。有些类型的内含体只存在于细胞质中，如马铃薯 Y 病毒属病毒形成的柱状内含体和马铃薯 X 病毒（Potato virus X，PVX）形成的层状内含体；有些类型的内含体只存在于细胞核中，如联体病毒形成的内含体；而一些类型的内含体既存在于细胞核又存在于细胞质中，如马铃薯 Y 病毒属菜豆黄花叶病毒（Bean yellow mosaic virus，BYMV）形成的结晶内含体；还有一些类型的内含体只存在于液泡和细胞质中，如黄瓜花叶病毒属（Cucumovirus）病毒形成的结晶内含体。一般说来内含体类型是每一种病毒所特有的，但是一种病毒也可以在相同细胞内形成几种完全不同类型的内含体。如烟草花叶病毒番茄奥古巴花叶株系既能形成六边形结晶内含体，也能形成纺锤形结晶内含体，或者有扁平角度层的聚集体（Gibbs & Harrison，1976）。

2. 内含体的构成　由病毒形成的内含体可能由以下几部分组成：①病毒粒体或病毒的外壳蛋白。有些内含体几乎全由病毒粒体组成，如花椰菜花叶病毒（Cauliflower mosaic virus，CaMV）的内含体由包埋在一个浓密基质中的许多病毒粒体组成，并含有病毒的蛋白质、DNA 及 RNA。②病毒特有的无包膜蛋白。如纤细病毒属（Tenuivirus）和马铃薯 Y 病毒属病毒形成的内含体只由病毒特有的蛋白质组成，这些内含体几乎没有核酸，也不含病毒粒体。③变异的细胞成分。如番茄丛矮病毒属（Tombusvirus）病毒侵染中的过氧化物形成的内含体，芜菁黄花叶病毒属（Tymovirus）病毒侵染中的叶绿体形成的内含体。④前几种类型的综合。除病毒粒体外，有些内含体还含有其他各种类型的物质。例如，在 TMV 侵染细胞中的无定形"X-体"除含有一些病毒粒体外，大部分是寄主细胞组分如内质网、核糖体、小囊泡以及弯曲细管状物的混合物。TMV 引起的 X-体的形成过程为：TMV 侵染后在细胞质中立即出现蛋白质颗粒，这些蛋白质颗粒胀大成圆形或融合成更大的小体，有时产生液泡，最后，这些 X-体破碎，其中的晶状内含体释放到细胞质中。

3. 内含体在植物中的分布　内含体在植物体内既不是均一分布的，也不一定与症状表现相关。但内含体在植物中的分布常常反映出病毒的分布，如对于在植物体内系统性分布的 TMV，在花、叶、茎和根等许多组织中都发现 TMV 的内含体，尤以烟草叶毛细胞容易观察到六角形结晶内含体。而甜菜黄化病毒（Beet yellows virus，BYV）引起的带状结晶内含体主要存在于韧皮部，与甜菜黄化病毒在寄主体内的分布一致。

4. 内含体在病毒病诊断中的作用　对内含体进行适当的染色，或利用免疫荧光显微镜技术，就可以很容易地将不同类型的内含体在光学显微镜下与正常的细胞成分相互区分开来。虽然有些病毒可通过光学显微镜得到内含体的信息，从而在属的水平上得到诊断，但有一些病毒的侵染必须通过电子显微镜对病组织的超薄切片进行检测才能得到诊断。不同属的植物病毒往往产生不同类型、不同形状的内含体，如在感染了马铃薯 Y 病毒属病毒的植株中通常可以观察到柱状内含体的结构，柱状内含体被横切后常显示为风轮状内含体（图 12 - 2）。在电镜下观察马铃薯 Y 病毒属病毒形成的柱状内含体时，由于内含体的形成状态和角度不同，往往可以见到旋涡状（或卷筒状，scroll）、圆柱状（cylindrical）、束状（bundle）或带状（banded）等多种形态（谢联辉和林奇英，2004）。这种专化性内含体在植物病毒分类上可作为鉴定线状病毒粒体是否归属于马铃薯 Y 病毒属的依据之一。利用光学显微镜和电子显微镜观察内含体的类型、在细胞中的位置等，可以对某些病毒进行属的归属分类，如果结合血清学技术和分子生物学技术，对在种或株系的水平上鉴定病毒和分析病毒相互间的亲缘关系上也可提供有力的依据。

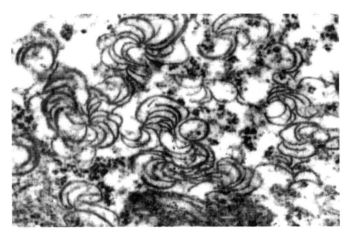

图 12 - 2　风轮状内含体

第三节　植物病毒的病理生理学

　　有些侵入植株体内的病毒核酸或完整的病毒并不一定引起病害症状，甚至有些植物所含的病毒浓度比表现症状的植株的含量还高。病毒引起植物病害不应是由于病毒的增殖导致植物的营养物质损失，病毒以各种直接或间接的方式影响植物的许多生理过程，而且病毒侵染作用引起寄主植物的一系列代谢的变化，通常与衰老相关。

　　1. 对植物氮及蛋白质含量的影响　CMV 侵染的烟草中，醇溶的氨基氮、酰胺氮和氨态氮的含量以及 RNA 和 DNA 的磷含量有所增加，而使其他的有机磷化合物的浓度相对减少（Gibbs & Harrison，1976）。TMV 侵染的烟草叶片中的总氮含量则变化不大，蛋白氮含量稍微有所增加，病毒增殖产生的蛋白质含量相当于叶片中总蛋白质含量的 3/4，而正常叶片中蛋白量相应减少。

　　2. 对植物光合作用的影响　病毒通过干扰叶绿体活性、降低叶绿素合成效率和植株叶片面积减小等对植物的光合作用产生影响。有些病毒通过影响植物叶绿体的活性而影响植物的光合作用。如芜菁黄花叶病毒（*Turnip yellow mosaic virus*，TYMV）侵染的叶片，在病毒大量复制期间使叶绿体发生变化。病毒侵染叶绿体引起的变化包括使光合作用的产物从糖类转变成有机酸和氨基酸，以及磷酸烯醇式丙酮酸羧化酶和天门冬氨酸氨基转移酶活性的变化。另外，感病植株光合作用的碳固定速率降低，核酮糖二磷酸羧化酶量减少和活性降低，叶绿素与叶绿体68S核糖核蛋白减少。相反，细胞质83S核糖核蛋白的浓度并无大的变化（Gibbs & Harrison，1976）。一些引起植物黄化症的病毒，还可以引起感染植株的叶绿素含量明显下降，导致病株光合能力下降，有机物积累减少，从而导致黄化症状的出现。

3. 对植物糖类和淀粉的影响　甜菜黄化病毒或甜菜轻型黄化病毒（*Beet mild yellowing virus*，BMYV）等引起植物黄化症的病毒，其感染植株叶片中的葡萄糖、果糖、蔗糖等含量增加。主要原因是由于在感染植物的叶柄中对糖类转运具有更大的阻力，而要在叶和根之间有相同量的糖类进行转运，需要更高的糖类梯度才行（Gibbs & Harrison，1976）。因此，病毒侵染对植物的另一个影响是，减低被感染叶片细胞中淀粉的堆积速度和晚间淀粉在叶片中转运的速度。

4. 对植物呼吸作用的影响　植物的呼吸作用常因病毒感染而增强，在接种病毒后的一定时间内植物的呼吸作用即有所增强，但在症状出现前的短时间内植物的呼吸作用往往会发生特征性的增加，有时呼吸作用的增加可达50%（Gibbs & Harrison，1976）。对于引起严重症状的病毒或病毒株系，呼吸量增加尤其显著。有些被病毒侵染的植物的呼吸作用会变得比健康植株低，有些病毒侵染的植物的呼吸作用会恢复正常。

5. 对植物过氧化物酶活性的影响　TMV在烟叶上产生局部坏死斑时，呼吸作用的增强似乎主要是因为氧化磷酸化与呼吸作用不偶联所引起。当被接种的烟叶上形成局部坏死斑时，未接种的上位叶变得对侵染更具抗性，若再用TMV接种，则它们产生的坏死斑较健康植株中引起的坏死斑更少更小。这种抗性的发生与未接种叶片中过氧化物酶活性的增加有关。烟草丛顶病毒侵染的病株的过氧化物酶活性高于健株3倍多（毛自朝等，1998）。过氧化物酶作为病程相关蛋白在许多感病组织器官上都会有所差异，过氧化物酶活性的提高，能增加醌的产生速度并在侵入点引起坏死，因此能较快地限制病毒的扩散，从而抵御病毒的进一步侵染和危害。

6. 对植物内源激素的影响　病毒引起一些植物矮缩、丛顶等症状，主要是影响了植物内源激素的平衡。病毒常引起植株大量的生长调节物质减少，而生长抑制物质增加。如在烟草丛顶病毒感染的烟草病株中，生长素的含量在整个发病期间均低于健株，而细胞分裂素的含量则显著高于健株，而且病株中的细胞分裂素含量一直处于较高水平（程建勇等，1999）。另外有人发现，施加赤霉素能部分解除一些病毒所引起的矮化作用。

第四节　植物病毒的寄主范围

每种病毒都有一定的寄主范围。不同病毒侵染植物的能力各异，有的寄主范围很广，有的只能侵染少数几种植物。如CMV的寄主范围非常广泛，可侵染葫芦科、茄科、十字花科等85科865种植物；TMV的寄主范围也十分广泛，除为害烟草外，还引起番茄、马铃薯、茄子、辣椒、地黄等多种作物病毒病，其野生寄主还包括十字花科、苋科、车前科、菊科、藜科、石竹科、豆科等 36 科的 350 种植物；烟草脆裂病毒至少能侵染 50 多科 400 多种植物；而菜豆豆荚斑驳病毒（*Bean pod mottle virus*，BPMV）只侵染豆类植物，烟草丛顶病毒只侵染茄科的部分植物。通常如果病毒能侵染某一特定种植物，则它也可能侵染相同属的其他种植物，但其他种或其他属植物不一定很容易感染这种病毒。

在实验控制条件下，一些病毒通过人工接种还可以侵染一些自然状态下不能侵染的植物，因此有些病毒虽然自然条件下的寄主范围较窄，但试验寄主范围可能有所增加。很多种植物可以被多个病毒所侵染，这些植物对病毒寄主范围研究很有用处，这些植物包括茄科、番杏科、苋科、十字花科、藜科、葫芦科以及豆科等。鉴于每种病毒可以在其寄主范围内的寄主上产生特异的症状类型，而且每一种病毒的寄主范围及其引起的症状对病毒来讲具有专一性，因此可以利用这些特性与其他性质一起作为病毒种类、株系鉴定的依据之一。在特定的病毒群中一些病毒有很广泛的寄主范围，而一些则很狭窄。例如，在线虫传多面体病毒属（*Nepovirus*）和芜菁黄花叶病毒属病毒中，一些病毒的寄主范围很狭窄，如线虫传多面体病毒属的油橄榄潜隐环斑病毒（*Olive latent ringspot virus*，OLRSV）和芜菁黄花叶病毒属的可可黄花叶病毒（*Cacao yellow mosaic virus*，CYMV），而另一些则很广泛，如线虫传多面体病毒属的南芥菜花叶病毒（*Arabis mosaic virus*，ArMV）、樱桃卷叶病毒（Cherry leaf roll virus，CLRV）、烟草环斑病毒（*Tobacco ringspot virus*，TRSV）和芜菁黄花叶病毒属的颠茄斑驳病毒（*Belladonna mottle virus*，BeMV）等。对于那些寄主范围相对较狭窄的病毒来说，以诊断为目的的寄主范围的研究就显得非常有用。

生物学实验中应用最多的是鉴别寄主，即用来鉴别病毒或其株系的特种植物。凡是病毒侵染后能产生快而稳定并具有特征性症状的植物都可作为鉴别寄主。组合使用的几种或一套鉴别寄主称为鉴别寄主谱。鉴别寄主谱中一般包括可系统侵染的寄主、局部侵染的寄主和不能侵染的寄主。如 TMV 可系统侵染普通烟、番茄、矮牵牛、辣椒及茄子等植物，并在这些植物上产生典型花叶症状，而在心叶烟、曼陀罗和菜豆等寄主植物上则产生局部坏死枯斑。

另外，通过寄主范围的测定，还可以发现适于诊断病毒或从性质上区分病毒的新寄主，有助于找到病毒大量繁殖和保存的寄主，以及用于抗病育种的抗源。

目前，通过一些病毒专业书籍和数据库，如国际病毒分类委员会（ICTV）大会报告（Fauquet et al.，2005）及英国苏格兰作物研究所的植物病毒描述数据库（CMI/AAB，Descriptions of plant viruses）等，均可查到已报道的病毒的寄主范围。

参 考 文 献

程建勇，吴建宇，秦西云，钏相俊，杨程，毛自朝，李凡，杨泮川，宋立明，陈观廉，李天飞，陈海
如.1999.云南烟草丛枝症病害研究：Ⅶ激素的变化.云南农业大学学报，14（2）：176～179
洪健，李德葆，周雪平.2001.植物病毒分类图谱.北京：科学出版社
李凡，吴建宇，陈海如.2005.烟草丛顶病研究进展.植物病理学报，35（5）：385～391
林奇田，林含新，吴祖建，林奇英，谢联辉.1998.水稻条纹病毒外壳蛋白和病害特异蛋白在寄主体内

的积累．福建农业大学学报，27（3）：322～326

刘利华，吴祖建，林奇英，谢联辉．2000．水稻条纹叶枯病细胞病理变化的观察．植物病理学报，30（4）：306～311

毛自朝，杨泮川，程建勇，范静华，陈海如．1998．烟草感染丛枝病后的生理生化变化初步研究Ⅰ．云南农业大学学报，13（3）：281～285

明艳林，吴祖建，谢联辉．2001．水稻条纹病毒 CP、SP 进入叶绿体与褪绿症状的关系．福建农林大学学报，30（增）：147

谢联辉，林奇英．2004．植物病毒学．第二版．北京：中国农业出版社

Agrios GN. 2005. Plant Pathology, 5th ed. Burlington：Elsevier Academic Press

Devic M，Jaegle M，Baulcombe D. 1989. Symptom production on tobacco and tomato is determined by two distinct domains of the satellite RNA of cucumber mosaic virus（strain Y）. Journal of General Virology，70：2 765～2 774

Gibbs AJ，Harrison BD. 1976. Plant virology, the principles. Edward Arnold Press

Kuwata S，Masuta C，Takanami Y. 1991. Reciprocal phenotype alterations between two satellite RNAs of cucumber mosaic virus. Journal of General Virology，72：2 385～2 389

Murant AF，Rajeshawi R，Robison DJ，Raschke JH. 1988. A satellite RNA of groundnut rosette virus that is largely responsible for symptoms of groundnut rosette disease. Journal of General Virology，69：1 479～1 486

Fauquet CM，Mayo MA，Maniloff J，Desselberger U，Ball L A. 2005. Virus Taxonomy. Classification and Nomenclature of Viruses. Eighth Report of the International Committee on Taxonomy of Viruses. San Diego：Elsevier Academic Press

第十三章　植物病毒的传播

第一节　病毒传播的方式

　　病毒在寄主之间的传播和扩散是病毒生命过程的一个重要环节。病原病毒在田间寄主之间的扩散和流行是病毒病造成危害的首要前提。在寄主植物和病毒之间长期协同进化的过程中，每一种或每一类病毒都发展出其特有的传播方式。因此，了解病毒在寄主之间传播、扩散的方式和规律，对研究病毒病害发生的规律及对病毒病的流行和防治至关重要。

　　植物病毒侵染寄主的方式与动物和人类病毒的侵染方式有着显著的不同。绝大多数植物病毒不具备主动侵染寄主植物的能力，这一方面是因为植物表面形成坚实的保护组织可以有效地抵抗病原病毒的侵入，另一方面也因为植物病毒的基因组中缺乏突破植物防御机制的基因。这也决定了病毒必须遵循其他途径将自己导入植物细胞，或靠植物的带毒种子和其他感病的植物组织来扩散病毒，从而开始新的侵染循环。

　　植物病毒在自然界的传播方式可以区分为两大类，即介体（vector）传播和非介体传播。从严格意义上说，所有病毒都需要某种病毒介体的帮助，将病毒传送到寄主或延续到下一代植物。因此，延伸出节肢动物携带（arthropod - borne）、昆虫携带（insect - borne）、种子携带（seed - borne）和土壤携带（soil - borne）病毒等概念。但必须指出，"介体携带"（vector - borne）和"介体传播"（vector - transmitted）是不同的概念。某类介体携带的病毒，并不一定是该类介体传播的病毒。例如许多病毒可以由种子携带，但种子并不能传播这些病毒（详见本章第六节）。另外许多土壤携带病毒是由真菌和线虫传播的。人们往往忽视了这些区别，简单地将种子携带的病毒称为"种传病毒"，而将土壤携带的病毒称为"土传病毒"。

　　由风、雨、水、土壤等气象和物理方式及动物的迁移和人类的生产活动等造成的病毒传播属非介体传播。非介体传播的主要特征是病毒与其携带者的关系属非特异性，传毒过程是机械性的（mechanical）而非生物性的。非介体传播的病毒通常是由植物表面的伤口进入植物体内的。例如，当人们在感染烟草花叶病毒（TMV）的田间从事生产劳动，TMV可以从折断的叶毛（trichome）或损伤的叶片随汁液渗出，使得带毒汁液黏附到人的衣物或工具表面，当使用被污染的工具或污染的衣物触碰健康植株并碰断叶毛或损伤叶片时，病毒便可从折断的叶毛和伤口进入植物细胞，形成新的侵染过程。狂风暴雨可造成伤口，当植物在风雨中碰撞接触时，病毒可以通过伤口的接触或雨水的流动传给健株。这些都是机械传毒的例子。病毒机械摩擦接种就是根据这个原理，人为地在叶片上造成伤口，使得病毒可以直接进入叶细胞而感染植物。因此，机械摩擦接种成为实验室病毒接种试验最常用的手段。

感病的植物组织材料在植物病毒的传播中也起了重要作用。病毒由感病植物的种子和无性繁殖材料如块根、块茎、用于扦插和嫁接的枝条或砧木的传播实际上是病毒在寄主内侵染循环的继续。植物带毒组织材料是病毒最初生长的基质（medium），当种子发芽或块根、块茎和枝条开始生长成新的植株时，病毒也随之在体内繁殖扩散，并成为由传毒介体造成二次扩散的毒源。这种传毒方式并没有其他介体的参与，因此也应归于非介体传毒，其传毒过程又称为病毒的垂直传播（vertical transmission）。与此相对的病毒在植物与植物之间的传播叫水平传播（horizontal transmission）。

和以机械接种为特征的非介体传播不同，植物病毒的介体传播是一个复杂的生物学过程。病毒与其传毒介体之间传与被传的关系是在长期进化中形成的。因此，病毒和介体之间的传毒关系具有特异性（specificity）。经由介体传播的病毒与其传毒介体间的相互作用有着特殊的分子基础。病毒的传播过程是由病毒、介体和寄主植物之间的互作和调控来实现的。有关介体传毒的机理详见本章第三、四和五节。

应该指出，每种病毒在自然界的传播都有其独特的方式，而绝大多数病毒都有多种传播方式，以确保其生存和繁衍。本章以下的内容将重点介绍病原病毒的介体及种子传播的机理。对病毒的非介体传播在此不作更多的介绍。

第二节　病毒的介体传播

早在100多年前，介体传播植物病毒的现象就已被发现。1895年日本人报道水稻矮缩病毒（*Rice dwarf virus*，RDV）是由叶蝉传播的（Gray & Banerjee，1999）。在此后的100多年里人们鉴别出众多的传毒介体。已知的植物病毒多数可以由介体传播（表13-1）。植物病毒的传毒介体包括以昆虫为主的节肢动物（arthropod）以及线虫和真菌，尤其昆虫是最重要的病毒介体。近年来还发现，一些大型动物的取食也可以传播病毒。本节简单介绍常见的病毒介体，有关各类介体的传毒特性和传毒机制将在后面介绍。需要指出，传毒介体的种类及各类病毒的介体的种类和数量在不同的文献中有所不同，这里列出的仅供参考。

表 13-1　植物病毒（属）的主要传播介体及传毒形式

(引自 Gray & Banerjee，1999)

病毒的属或科	病毒种类数	主要介体	有无辅助因子
非循回非持久性			
花椰菜花叶病毒属（*Caulimovirus*）	17	蚜虫	有
蚕豆病毒属（*Fabavirus*）	2	蚜虫	无
马铃薯 Y 病毒属（*Potyvirus*）	186	蚜虫	有
香石竹潜隐病毒属（*Carlavirus*）	55	蚜虫	无
黄瓜花叶病毒属（*Cucumovirus*）	3	蚜虫	无
苜蓿花叶病毒属（*Alfamovirus*）	1	蚜虫	无
玉米褪绿斑驳病毒属（*Machlomovirus*）	1	蓟马、甲虫	无
柘橙病毒属（*Macluravirus*）	2	蚜虫	无

（续）

病毒的属或科	病毒种类数	主要介体	有无辅助因子
马铃薯 X 病毒属 （Potexvirus）	55	蚜虫 （7/10）、螨类 （2/10）、机械传播	无
非循回半持久性			
杆状 DNA 病毒属 （Badnavirus）	16	粉蚧 （3/6）、叶蝉 （1/6）	无
长线病毒属 （Closterovirus）	25	蚜虫 （10/19）、粉虱 （6/19）、粉蚧 （2/19）、木虱 （1/19）	b
线虫传多面体病毒属 （Nepovirus）	39	线虫	b
伴生病毒属 （Sequivirus）	2	蚜虫	无
烟草脆裂病毒属 （Tobravirus）	4	线虫	无
葡萄病毒属 （Vitivirus）	5	粉蚧、蚜虫	无
纤毛病毒属 （Trichovirus）	6	蚜虫 （1/3）、粉蚧 （1/3）、螨类 （1/3）	无
矮化病毒属 （Waikavirus）	3	蚜虫 （1/3）、叶蝉 （2/3）	有
非循回，其他			
坏死病毒属 （Necrovirus）	3	真菌	无
番茄丛矮病毒属 （Tombusvirus）	12	真菌 （1/12）、机械传播	无
巨脉病毒属 （Varicosavirus）	4	真菌	无
循回式，非增殖型			
双生病毒科 （Geminiviridae）			
菜豆金色花叶病毒属 （Begomovirus）	41	粉虱	无
杂合双生病毒 （Hybrigeminiviruses）	2	树蝉	无
单组分双生病毒 （Monogeminiviruses）	11	叶蝉	无
黄症病毒科 （Luteoviridae）			
黄症病毒属 （Luteovirus）	20	蚜虫	无
马铃薯卷叶病毒属 （Polerovirus）	7	蚜虫	无
耳突花叶病毒属 （Enamovirus）	1	蚜虫	无
矮缩病毒属 （Nanavirus）	5	蚜虫	无
幽影病毒属 （Umbravirus）	10	蚜虫	有
雀麦花叶病毒属 （Bromovirus）	6	蚜虫	无
香石竹斑驳病毒属 （Carmovirus）	22	甲虫 （3/10）	无
豇豆花叶病毒属 （Comovirus）	14	甲虫	无
南方菜豆花叶病毒属 （Sobemovirus）	17	甲虫 （6/8）	无
芜菁黄花叶病毒属 （Tymovirus）	21	甲虫	无
大麦黄花叶病毒属 （Bymovirus）	6	真菌	无
真菌传杆状病毒属 （Furovirus）	12	真菌	无
黑麦草花叶病毒属 （Rymovirus）	7	螨类	无
循回式，增殖型			
布尼亚病毒科 （Bunyaviridae）			
番茄斑萎病毒属 （Tospovirus）	5	蓟马	无
玉米细条病毒属 （Marafivirus）	3	叶蝉	无

（续）

病毒的属或科	病毒种类数	主要介体	有无辅助因子
呼肠孤病毒科 （*Reoviridae*）			
植物呼肠孤病毒属 （*Phytoreovirus*）	5	叶蝉	无
斐济病毒属 （*Fijivirus*）	6	飞虱	无
水稻病毒属 （*Oryzavirus*）	2	飞虱	无
弹状病毒科 （*Rhabdoviridae*）			
植物弹状病毒属 （*Phytorhabdovirus*）	32	蚜虫 （1/3）、叶蝉 （1/3）、飞虱 （1/3）	无
细胞质弹状病毒属 （*Cytorhabdovirus*）	17	蚜虫 （3/7）、飞虱 （4/7）	无
细胞核弹状病毒属 （*Nucleorhabdovirus*）	38	蚜虫 （7/17）、叶蝉 （4/17）、飞虱 （6/17）	无
纤细病毒属 （*Tenuivirus*）	10	飞虱	无

[a] 括号中的数字代表该属（或科）病毒可被特定介体传播的数量（分子）与测试过的病毒种数（分母）之比；
[b] 有资料表明该属（或科）病毒的一些成员的传毒可能需要辅助因子的参与。

一、昆虫介体

昆虫是病毒最常见和最重要的传毒介体。昆虫纲是节肢动物最大的纲，估计种类在 500 万～3 000 万之间。其中，仅 400～500 种昆虫可以传播病毒（Mandahar，1990）。已知的植物病毒大约 70％可以由昆虫传播，其中 50％以上是由半翅目昆虫传播（Francki et al.，1991）。有记录的可传播病毒的昆虫隶属于同翅目（Homoptora）、半翅目（Hemiptera）、鞘翅目（Coleoptera）、缨翅目（Thysanoptera）和双翅目（diptera）（Harris，1981），但有些昆虫如双翅目昆虫（潜叶蝇 leafminer）的传毒纪录尚未得到证实。

昆虫个体小、繁殖速度快、扩散力强、与植物的密切关系以及昆虫的生活习性和取食特征使得昆虫成为病毒的天然介体。昆虫分类中最重要的形态特征之一是昆虫的口器，而昆虫口器的类型与传毒密切相关。在传毒介体昆虫中，具有刺吸式口器（piecing - sucking mouthpart）的半翅目和同翅目昆虫占大多数，是病原病毒最有效的传毒介体。其中尤以蚜虫、叶蝉、飞虱和粉虱最为重要。也有少数椿象（小长蝽、盲蝽和皮蝽）和刮吸式口器的缨翅目昆虫（蓟马）可传播病毒。这一方面因为刺吸式口器以口针刺入植物细胞或韧皮部吸食，病毒随汁液被介体获得，当带毒介体到健康植株取食，病毒便可被传送给健康植株。另一方面，由于这类昆虫迁飞力较强，易于寻食寄主，给病毒的大田传播带来方便。

蚜虫是病毒介体昆虫中最大和最重要的种群，约占介体昆虫数量的一半以上。蚜虫种类繁多、生命周期短、繁殖力强、分布广泛以及蚜虫的取食习性使得蚜虫成为理想的病毒介体。由蚜虫传播的病毒也占植物病毒总数的一半以上（Harris，1990）。许多蚜传病毒是具有重要经济意义的农作物病毒，尤以麦类、果树、蔬菜和其他经济作物最为重要。

叶蝉和飞虱则是我国主要农作物水稻病毒最主要的介体昆虫，也是玉米、甘蔗、甜菜、棉花和麦类等作物上常见的传毒介体。有传毒记录的叶蝉和飞虱的种类约有 60 种，飞虱和叶蝉传毒的另一重要特征是大多数所传病毒能够在虫体内复制增殖，亦即这些病毒可将其介体昆虫作为侵染植物的过渡寄主（Nault & Ammar，1989）。

粉虱也是常见的传毒昆虫。虽然已鉴定的粉虱种类有上千种，但可传病毒的粉虱种类很少，重要的仅有甘薯粉虱（*Bemisia tabaci*）和温室白粉虱（*Trialeurodes vaporariorum*）。在热带和大棚温室栽培环境下粉虱是常见的害虫和重要的传毒介体。粉虱是双生病毒（*Geminivirus*）的重要介体，而双生病毒引起的病害是非洲主要作物木薯的重要病害。此外，双生病毒也是许多经济作物的重要病原病毒，常造成巨大的经济损失。因此，粉虱作为传毒介体的重要性在世界上受到广泛的重视。粉蚧作为病毒介体的重要性虽不及前面几类昆虫，但它是一些重要果树病毒如长线形病毒属（*Closterovirus*）的虫传介体，也常带来严重的经济损失（Costa，1976；Karasev，2000）。

蓟马是番茄斑萎病毒属（*Tospovirus*）最重要的传毒介体。已发现能传该类病毒的蓟马约有 10 种，隶属花蓟马属（*Frankliniella*）、硬蓟马属（*Scirtothrips*）和蓟马属（*Thrips*）（Whitfield et al.，2005）。番茄斑萎病毒属的病毒主要危害粮食、纤维和观赏植物，也常造成严重的经济损失并对城市的美化造成影响。蓟马传番茄斑萎病毒可在介体内复制，其与蓟马相互作用的分子基础受到广泛的重视。

鞘翅目昆虫也是植物病毒的重要介体。已知属鞘翅目的病毒介体有大约近百种，隶属叶甲、瓢虫、象鼻虫和芫菁。其中以叶甲种类最多，约占介体甲虫种类的 90%。甲虫可传播包括四个属的病毒，即豇豆花叶病毒属（*Comovirus*）、芜菁黄花叶病毒属（*Tymovirus*）、雀麦花叶病毒属（*Bromovirus*）和南方菜豆花叶病毒属（*Sobemovirus*）的病毒（Fulton et al.，1987）。

植物病毒另一类节肢动物传毒介体是螨类。螨类可传播植物病毒的现象最早发现于1927 年。可传毒的螨主要有瘿螨、叶螨、须螨和岩螨，尤以瘿螨为最重要。螨类主要传播麦类和果树病毒（Oldfield，1970）。

昆虫除了可以特异性地传播病毒外，在植物上的取食和活动也给经由机械传播的病毒提供了便利。例如蜜蜂采蜜活动所携带的花粉给花粉传病毒提供了方便；昆虫取食时口器受到病毒污染也可帮助病毒的传播扩散；昆虫取食为害造成的伤口打开了病毒侵入植物细胞的大门从而加快了病毒的侵染繁殖。

二、线虫介体

植物病毒可由线虫传播的现象最早发现于 20 世纪 50 年代。传毒介体线虫隶属两个科，即长针线虫科（Longidoridae）和残根线虫科（Trichodoridae）。前者传播线虫传多面体病毒属（*Nepovirus*）的病毒，后者传播烟草脆裂病毒属（*Tobravirus*）的病毒。在长针线虫中，有 11 种剑线虫属（*Xiphinema*）的线虫可传播 13 种病毒；11 种长针线虫属（*Longidorus*）线虫可传 10 种病毒，此外异长针线虫属（*Paralongidorus*）的线虫也可传毒。有记载的可传播烟草脆裂病毒属病毒的线虫介体有 14 种残根线虫属（*Trichodorus*）的线虫和几种属异残根线虫属（*Paratrichodorus*）的线虫（Brown et al.，1995）。线虫传病毒主要危害烟草、番茄、马铃薯、葡萄等果树和经济作物。线虫传毒的方式与一些蚜虫的传毒方式类似（详见本章第五节），线虫从感病植物和杂草的根部获毒，通过取食健康寄主的根部传毒。

三、真菌介体

尽管真菌与土壤携带病毒和寄主感病有关的现象与线虫可以传植物病毒几乎同时发现，但真菌是某些土壤携带病毒的介体到 1960 年才被证实。已发现和证实的介体真菌主要是壶菌目和根肿菌目真菌中的油壶菌属（*Olpidium*）、多黏菌属（*Polymyxa*）、粉痂菌属（*Spongospora*）中的 5 个种，能传播 9 个病毒属（番茄丛矮、香石竹斑驳、香石竹坏死、香石竹环斑、真菌传杆状、大麦黄花叶、甜菜坏死黄脉、花生丛簇、马铃薯帚顶）和分类地位未确定的共 30 多种病毒。能传毒的真菌本身都能侵染寄主植物，但都不是重要的植物病原菌。真菌传毒的方式是靠游动孢子（zoospore）带毒，在游动孢子侵染根细胞过程中将病毒传给寄主植物（Campbell，1996；Rochon et al.，2004）。真菌传病毒的寄主广泛，包括水稻、麦类、烟草、蔬菜及其他粮食和经济作物。

线虫和真菌与土壤携带病毒之间关系密切。绝大多数土壤携带的病毒是由线虫或真菌传播的，但还有一些土壤携带病毒的传毒是否需要线虫或真菌作为介体目前还不清楚。

四、脊椎动物传毒介体

近年来，一些大型动物被发现能够有效地传播病原病毒。对侵染非洲栽培水稻的水稻黄斑驳病毒（*Rice yellow mottle virus*，RYMV）和地三叶草斑驳病毒（*Subterranean clover mottle virus*，SCMoV）的传毒实验证明，农畜及其他脊椎动物通过取食过程可以传播这两种病毒。RYMV 可以由食草鼠（*Arvicanthis niloticus*）、奶牛和驴传播（Sara & Peters，2003）。SCMoV 可由绵羊等家畜传播（Ferris et al.，1996；McKirdy et al.，1998）。但对脊椎动物通过取食过程传播病毒的机理还不清楚，这种方式的传毒可能具有特异性，也可能是口器污染造成的。

五、寄生性种子植物

主要有槲寄生、桑寄生和菟丝子。以菟丝子为例，菟丝子可以成为维管束病毒的传递者。菟丝子具有嫩茎，能在寄主皮层下产生吸根，成为传播病毒的桥梁。

第三节　病原病毒介体传播的基本模式

对病毒介体传播机理的认知经历了漫长的过程。一开始，人们认为昆虫传毒是因昆虫取食时病毒污染了昆虫的口器造成的，因而是机械性的，故将带毒昆虫称为"飞行针头"（flying pin）或"飞行针筒"（flying syringe）（Harris，1977）。后来发现，介体传毒是一个生物学过程并具有特异性，亦即不同的病毒经由不同的方式被介体传播。进而发现和归纳出不同类型的传毒模式。近年来，随着分子生物学技术的发展，对植物病毒介体传播的分子机制的研究有了许多重要的发现，对一些病毒介体传播的分子基础有了初步的了解。

一、病毒介体的传毒模式

当动物介体（节肢动物和线虫）通过取食获得病毒，病毒经口针进入食道后，不同的病毒通过不同的方式与介体相互作用而产生不同的传播模式。依据病毒是否需经介体（昆虫）体内循环后才能被接种回寄主，介体传毒可分为非循回式（non‐circulative）传毒和循回式（circulative）传毒两大类（Brow et al.，1995；Harris，1977；Mandahar，1990）。

1. 非循回式病毒 大多数介体传病毒属于非循回式病毒。这类病毒与介体相互作用而决定传毒的部位是在口针或前肠（foregut）。传毒的特异性是由病毒能否被介体在口针或前肠的结合点识别而决定。传毒介体摄取（ingest）病毒后，病毒附着在口针或前肠的结合区域（retention region）。如果病毒结合在口针又被称为口针带毒型（stylet‐borne）。其特点是介体获毒和传毒所需时间很短，并很快失去其传毒能力，因此称为非持久性（nonpersistent）传毒。一般而言，病毒结合点在前肠的传毒方式又称半持久性（semi‐persistent）传毒。与非持久性传毒相比，半持久性病毒无论在获毒、传毒及病毒保留在介体内的时间都比非持久性病毒长。

2. 循回式病毒 循回式病毒在被介体摄取后，需经中肠或后肠进入血腔，在昆虫取食过程中由血腔经附唾液腺体被排出体外，完成传毒过程。循回式病毒一旦被介体昆虫获取（acquired）后，可长期保存在虫体内至介体死亡。因而，这类病毒又称为持久性（persistent）病毒。少部分病毒还可以在介体内增殖，称为循回增殖型（circulative and propagative）病毒。循回式或持久性病毒的另一个重要特征是这类病毒的传毒需要潜育期（latent）。

3. 真菌传毒模式 循回和非循回病毒的概念最早是由研究蚜虫和叶蝉等昆虫介体传毒过程发展而来的。对真菌介体而言，"循回式"和"非循回式"的定义并不准确，因为真菌并没有类似昆虫的传毒路径（passway）。因而，有建议将"循回式"定义为病毒需要穿过介体膜系统进入细胞，才能被传毒的模式（Gray & Banerjee，1999）。由于真菌是由游动孢子传毒，而游动孢子带毒有两种形式，即病毒黏附在孢子外，或进入孢子内部。因此，真菌传毒被分为"体外传播"（in vitro transmission）和"体内传播"（in vivo transmission）（Campbell，1979）。通过"体外传播"的病毒是在感病寄主外黏附在休眠孢子（resting spore）的表面，病毒未进入孢子内部。而由真菌通过"体内传播"的病毒是由游动孢子或休眠孢子在感病寄主内获毒，且病毒保存在孢子内部。但"体外（in vitro）"和"体内（in vivo）"的拉丁和英文原意用在传毒上，不够贴切，因此，真菌传毒模式的中文概念采用"孢（子）内"和"孢（子）外"传毒来描述。

有关循回和非循回式传毒模式及其特征详见表13‐2。一般而言，非循回式病毒与其介体的传毒特异性较低，这类病毒大多可以有多种介体，且多数可以靠机械摩擦接种传播。病毒广泛地分布于寄主的各组织细胞。当介体如蚜虫取食时，蚜虫在口针轻插入叶肉（mesophyll）细胞试探（probing）取食时便可获毒。传毒也只需将带毒口针轻插入叶肉细胞即可。循回式病毒与介体的依存性较高，介体种类少，许多病毒如大麦黄矮病毒（BYDV），其病毒在寄主中的分布限制于韧皮部内。因而，蚜虫需要将口针插入韧皮部内，才能获毒。传毒的过程也类似，经历潜育期后病毒必须被送入韧皮部细胞内才能接种寄主。但有的病毒可能例外，如双生病毒。

表 13-2 植物病毒介体传播的形式和特征

特征	非循回式		循回式
	非持久性	半持久性	持久性
病毒进入	上颚食道	上颚食道	上颚食道
病毒存于	前肠内腔	前肠内腔	血腔
病毒释出	上颚食道	上颚食道	上颚唾液道
获毒所需时间	几秒	几分钟至几小时	几分钟至几小时
潜育期	无	无	有
带毒时间	几分钟至几小时	几天	常终身带毒
接种所需时间	几秒	几分钟	几分钟至几小时
获毒组织	表皮组织	常从维管束组织	常从维管束组织
接种组织	表皮组织	常从维管束组织	常从维管束组织
蜕皮后是否失去病毒	是	是	否
介体特异性	低	中	高
病毒扩散手段	寻找寄主过程	寻找寄主过程	借助介体繁殖
病毒是否在寄主内繁殖	否	否	是

二、介体特异性传毒的机制

一种病原病毒能否由介体传播及以何种方式传播是由病毒、介体和寄主长期相互作用形成的。而病毒与介体之间特异性的识别是病毒蛋白和介体分子相互作用的结果。以蚜虫传播非持久病毒为例，当蚜虫试探取食染病株时，病毒随汁液进入食道口针，病毒粒体可以结合在口针或食道前端的上表皮衬膜（epicuticular lining）。虽然决定病毒－口针或食道结合的机制目前还不清楚，但已知这种结合是病毒的结构蛋白（外壳蛋白）直接或通过由病毒编码的非结构蛋白作桥梁与口针/食道表层分子的结合。此外，病毒是如何从带病毒蚜虫的口针或食道被释放到植物细胞内的机制目前还不清楚。一种假设是如果病毒结合在口针的前端，亦即在唾道和食道汇合处前端的公共管（common duct）内，唾液从唾道注入植物，将黏附的病毒洗脱并带入细胞内。但这一假说无法解释结合点在唾道和食道汇合处后端的病毒的释放机制（Martin et al.，1997）（图 13-1）。

非循回式的半持久性传播的机制与非持久性类似，但大多数半持久性病毒结合在（昆虫）介体的前肠部位，且病毒可以留在结合点上几天至几周，有的甚至可以保留几个月至几年。由于半持久性病毒随着介体取食时间的增加其传毒效率也相应地提高，表明病毒是稳定地结合在介体的结合区直到结合位点全部被饱和。有关半持久性传播的机制，如病毒是如何与介体识别及病毒通过什么过程将结合的病毒释放回寄主目前所知甚少。

对循回式传毒而言，病毒在介体内需要通过两层膜系统才能到达附唾液腺。当病毒进入肠道后，病毒从中肠或后肠穿过肠壁进入血腔。肠壁是循回式传播的第一层障碍。病毒经细胞内吞作用（endocytosis）进入肠细胞（Gildow，1987；1993）。这个过程是经由肠上皮细胞（epithelium）通过配体（legend）和受体（receptor）的相互识别来调节的。病毒的结构蛋白是目前已知识别肠膜受体的蛋白，但对肠膜表面受体的性质还不清楚。对可以在介体昆虫体内繁殖的病毒而言，病毒与肠膜的相互识别和侵入细胞，与动物病毒侵染

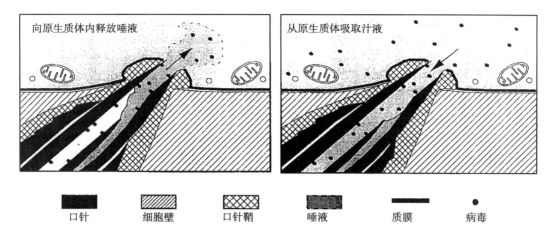

向原生质体内释放唾液　　　　　　　从原生质体吸取汁液

▬	▨	▦	▨	▬	●
口针	细胞壁	口针鞘	唾液	质膜	病毒

图 13-1　非持久性传毒获取病毒和释放病毒的一种假说

（引自 Martin et al.，1997，经 JGV 批准）

　　右图图示获毒过程，当蚜虫将口针插入植物表皮或叶肉细胞时，蚜虫开始试探取食，病毒便随植物汁液进入口针。病毒粒体便结合在口针表面。左图显示病毒的释放过程。结合在口针前部的病毒随着唾液的注入从结合点被洗脱而"冲入"细胞。这个假说无法解释位于口针上部及前肠近口端的病毒的释放过程

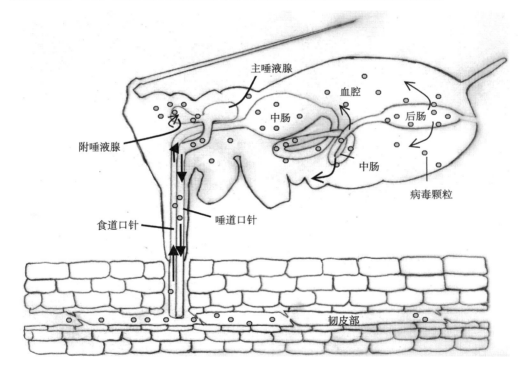

图 13-2　循回式非增殖型传毒示意图

（引自 Gray & Gildow，2003，作了改动）

　　箭头表示病毒粒体移动方向。介体蚜虫将口针插入韧皮部吸食，病毒粒体随汁液从食道口针进入肠内；病毒从中肠或后肠进入血腔；尔后，病毒被转移到唾液腺，从附唾液腺进入并转移至唾道；当蚜虫向寄主细胞注入唾液时，病毒便随唾液一起被注入寄主，完成循回式传毒过程

动物细胞类似。由于一些非循回式病毒和已失去虫传能力的循回式病毒也能穿过肠膜最终透过基膜（base membrane）进入血腔，因而，决定循回式传毒特异性的部位不在肠道膜系统（Gildow，1993；Gildow et al.，2000）。当病毒进入血腔后，病毒粒体被转移到唾液腺，并经附唾液腺进入唾液道。这个过程和病毒从肠道进入血腔类似。通过黄症病毒传毒的研究表明，病毒能否被位于附唾液腺基膜表面的受体识别是决定循回式传毒特异性的基础（Gildow & Gray，1993；Peiffer et al.，1997；Gildow et al.，2000）。可以被传的病毒粒体最终在唾液腺内和唾液混合，经唾道被送入植物细胞，完成传毒过程。病毒在介体内传输的具体过程见图13‑2、13‑3。

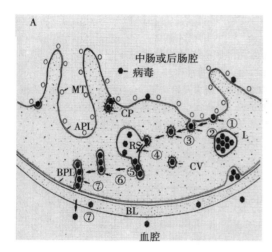
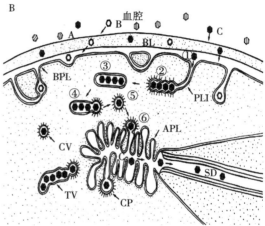

图 13‑3　病原病毒在蚜虫体内的循回途径

（引自 Gray & Gildow，2003；经 CABI Publishing 和 APS Press 惠允）

A. 病毒穿越中/后肠细胞模型。病毒（图中六棱体）进入中肠或后肠后，结合在质膜表面的受体启动了内吞进入细胞过程①；病毒随而进入包裹的内陷坑内②；内陷坑是由肠膜生成并组成包含病毒的囊泡（vesicle）③；囊泡将病毒转移至大的并且没有膜外套的囊泡称为内含体（endosome）④。病毒在内含体中富集并重新包装进管状囊泡⑤，管状泡形成后从内含体上脱离并移至基膜（base plasmalemma，BPL）；接着管状泡同 BPL 融合⑥，病毒则通过基层（base lamina，BL）进入血腔⑦。另有一些包裹着病毒的内涵体发育成溶酶体（L）将部分病毒降解

B. 病毒与附唾液腺作用决定循回式非增殖型病毒传毒特异性模型。进入血腔的病毒必须先围绕在 ASG 的基层（BL）反应。BL 是第一道选择性屏障①。可以被传的病毒粒体必须结合到 BL 上并穿过 BL；而其他不能传的病毒（图中带斜线后六角形 A）有的不能和 BL 结合，或可以和 BL 结合但不能穿过 BL 基质膜。（BPL）是第二道选择屏障，有些病毒可以和 BPL 结合并开始内吞过程，但不能被细胞吸收（图中白色六角形 B）。可传病毒粒体黑色六角形（C）被包装进入管状泡（TV）②；管状泡从 BPL 伸传并分离③而进入原生质体。由膜包裹着的单一病毒粒体（coated vesicle，CV）从管状泡中伸出并脱离管状泡④、⑤；然后与顶端质膜（APL）融合形成膜包裹状凹陷（coated pit，CP）将病毒释放进入唾道（SD）⑥

第四节　病毒介体昆虫传播的分子基础

已知所有植物病毒的昆虫传播都是病毒粒体和介体相互识别和相互作用的结果，因此

病毒编码的蛋白在决定介体传毒上起了关键作用，尤以病毒的结构蛋白最为重要。但有些病毒的传毒还需要其他病毒非结构蛋白的参与。

病毒外壳蛋白（coat protein，CP）决定病毒传毒的特异性最早是在对大麦黄矮病毒（BYDV）的研究建立起来的。BYDV - MAV 通常不能被玉米蚜（*Rhopalosiphum padi*）传播，但当 BYDV - MAV 的 RNA 基因组被通常由 *R. padi* 传播的 BYDV - RPV 的 CP 包装后，则这种病毒便可由 *R. padi* 传播（Rochow，1970）。随后的研究还发现，如果将不属于黄症病毒也非蚜虫传播的其他病毒 RNA 基因组通过混合感染而包装进黄化病毒的外壳蛋白内，则蚜虫可以传播这种杂合的病毒（Falk et al. ，1979；Waterhouse & Murant，1983）。

对各类病毒蛋白在介体传毒中所起作用的研究近 20 年来有了长足的进展。下面将按不同病毒属的病毒编码基因对传毒的影响作一简要介绍。

一、黄瓜花叶病毒属

该属病毒多由蚜虫以非持久性方式传播。通过将提纯的、蚜虫可传的黄瓜花叶病毒（CMV）颗粒和虫传能力缺失的病毒粒体的蛋白外壳和其内部包装的 RNA 基因组分离，尔后相互重组并进行传毒试验，证明 CP 决定了蚜传特异性（Gera et al. ，1979；Chen & Francki，1990）。随后，对可虫传和不可虫传的 CMV 株系的 CP 氨基酸序列比较和基因突变研究发现了某些氨基酸对虫传有重要影响（Shintaku，1992；Palukaitis et al. ，1992；Perry et al. ，1994；1998；Ng et al. ，2000）。通过对 CMV CP 三维结构的晶体衍射分析推断出可能位于病毒表面的环状结构（Smith et al. ，2000），此外，还发现其中含氨基酸保守序列的 βH - βI 环可组成抗原决定簇（He et al. ，1998）。随后的氨基酸突变分析，证实了这个区域可以显著影响虫传。由于 βH - βI 片段可能位于病毒粒体的表面，因此，此区极可能决定 CMV 虫传的特异性（Liu et al. ，2002）。

二、马铃薯 Y 病毒属

马铃薯 Y 病毒属的病毒种类繁多，可由不同的介体传播，但多数由蚜虫以非持久性方式传播。与黄瓜花叶病毒（CMV）不同，马铃薯 Y 病毒（PVY）传毒除了需要 CP 外，还需要另一由病毒编码的非结构蛋白称为辅助成分（helper component - Protease，HC - Pro）的参与（Pirone，1977；Pirone & Blanc，1996）。HC - Pro 是一个约 50 ku 的多功能蛋白，除它的 N - 末端参与帮助病毒的传播外，C - 末端具有水解酶的功能。HC - Pro 的功能还包括帮助病毒复制和病毒在寄主内细胞间的系统迁移，另外，它还具有抑制寄主的 RNA 默化功能（Oh & Carrington，1989；Kasschau et al. ，1997；Anandalakshmi et al. ，1998）。HC - Pro 参与蚜虫传播的证据最早是从研究蚜传能力缺失的 PVY 株系和马铃薯 X 病毒属的马铃薯奥古巴花叶病毒（PAMV）发现的。这些失去虫传能力的病毒只有在和蚜虫可传的 PVY 混合侵染植物时才能被蚜虫传播（Kassanis & Govier，1971）。用人工膜饲毒方法发现，单纯用提纯病毒饲毒，蚜虫无法传毒，而用感病的植物汁液提取物与病毒混合，则恢复了病毒的虫传能力，证实了蚜传辅助成分的存在（Govier & Kassanis，1974a，b）。

对 HC‑Pro 的进一步研究发现，在 HC‑Pro 中部区域有一高度保守的由脯氨酸—苏氨酸—赖氨酸（PTK）组成的功能基团（motif）。该功能基团与病毒粒体（virion）结合（Peng et al.，1998）；而位于 N‑末端的另一由赖氨酸—异亮氨酸—苏氨酸—组氨酸（KITC）等 4 个氨基酸组成的功能基团参与了与口针的结合（Blanc et al.，1998）。HC‑Pro 在传毒功能上的桥梁假设得到了证实。HC‑Pro 在蚜虫内的结合点位于口针及前肠的表皮衬膜上（Berger & Pirone，1986；Ammar et al.，1994；Wang et al.，1996；1998）。

虽然 HC‑Pro 在决定蚜传特性方面起了重要作用，PVY 的 CP 是另一决定蚜传的重要因素（Prone & Thornbury，1983）。在 CP 的 N‑末端有一由天冬氨酸—丙氨酸—甘氨酸（DAG）组成的功能基团（Harrison & Robinson，1988），在决定蚜传方面起了重要作用（Atreya et al.，1990）。DAG 参与了病毒粒体与 HC‑Pro 的结合（Blanc et al.，1997）。然而不是所有的蚜传株系都含有 DAG。因此，DAG 所在区域的氨基酸序列可能对 CP 和 HC‑Pro 相互作用的过程影响更大（Lopez‑Moya et al.，1995；1999）。对不同种 PVY 及不同介体蚜虫传毒特异性的调查还发现，除了 DAG 功能基团外，CP 的 N‑末端的其他氨基酸或 N‑末端的空间结构对 CP 和 HC‑Pro 的相互作用而决定传毒特异性也有重要影响（Dombrovsky et al.，2005）。

除了蚜传的 PVY 外，由瘿螨传播的马铃薯 Y 病毒科的黑麦草花叶病毒属（*Rymovirus*）、小麦花叶病毒属（*Tritimovirus*）的传毒特异性也与 HC‑Pro 的功能有关。这两个属的病毒编码一与 HC‑Pro 类似的蛋白，但缺少蚜传病毒中发现的功能基团。例如，小麦线条花叶病毒（WSMV）的基因组结构与蚜传 PVY 类似，但其 HC‑Pro 与蚜传病毒的同源性很低，氨基酸组成相似性只有 16%。WSMV 由麦瘿螨（*Aceria tosichella*）传播，当用蚜传的芜菁花叶病毒（TuMV）的 HC‑Pro 基因替换 WSMV 的相应片段，病毒便无法被麦瘿螨接种，说明 HC‑Pro 也决定了螨类传毒。用不同介体的其他病毒作类似的基因替换实验也证实了 HC‑Pro 控制螨类传播 PVY 的能力。此外，螨传 PVY 的 HC‑Pro 决定传毒的区域位于其 N‑末端部分（Stenger et al.，2005）。

三、花椰菜花叶病毒

花椰菜花叶病毒（CaMV）也是蚜传的非循回式病毒，但其传毒模式可以是非持久性或半持久性，这取决于传毒的蚜虫种类（Bouchery et al.，1990）。与其他非循回式病毒不同，蚜虫多从韧皮部获取 CaMV（Palacios et al.，2002）。与 PVY 病毒类似，CaMV 的传毒也需要病毒编码的非结构蛋白称为蚜传辅助因子（helper factor，aphid transmission factor ATF）的参与。最早鉴别出的 ATF 是由 CaMV 基因 Ⅱ（P2）编码的 18 ku 蛋白（P18）（Armour et al.，1983；Woolson et al.，1983）。对虫传能力缺失的 CaMV 一些突变体的测序发现，其 P18 的部分基因片段被删除或氨基酸被替换。当用正常的 ATF 替代后，传毒能力得以恢复（Woolson et al.，1987；Markham & Hull，1985）。然而，用提纯的 CaMV 病毒粒体与 P18 蛋白混合后发现，单纯的 CaMV 与 P18 的混合物无法恢复蚜传能力（Schmidt et al.，1994）。这个结果表明，CaMV 的虫传还有其他因素的参与。随后与 P2 相邻的基因 Ⅲ（P3）被证明参与了 CaMV 的传毒。

P3 编码一 15 ku 的多功能蛋白（P15）（Leh et al.，1999）。该蛋白能与病毒粒体一起被提纯，并与病毒的侵染有关（Dixon et al.，1983；Dautel et al.，1994；Jacquot et al.，1998）。P3 的 C-末端和病毒外壳结合，N-末端可以和不同的蛋白反应而参与不同的功能（Stavolone et al.，2005）。在 P3 与传毒有关的研究中发现，P2 和 P3 可直接结合，但 P2 无法直接与病毒粒体结合。因此，P3 起了将 P2 和病毒粒体结合的桥梁作用（Leh et al.，1999；2001）。研究发现，要形成蚜虫可传的病毒复合体，P3 必须先与病毒粒体结合，P3 与病毒的结合体再与 P2 结合，而 P2 和 P3 在没有病毒粒体存在的条件下虽然可以形成 P2-P3 复合体，但这个复合体不具备传毒功能。通过对 CaMV 侵染的植物叶片细胞免疫电镜观察表明，P2 是在蚜虫获毒时同 P3-病毒复合体结合的。因此，CaMV 的传毒过程可能是蚜虫先获得 P2，P2 结合在口针或前肠部位，当 P3-病毒结合体进入口针后，P3-病毒结合体再与 P2 结合而将病毒粒体结合在蚜虫口器内（Drucker et al.，2002）。

四、其他非循回式病毒

除了上述传毒机制研究较为深入的病毒外，对其他一些非循回式病毒的传毒机理也有零星报道。例如，由叶蝉传的矮化病毒属的玉米褪绿矮缩病毒（MCDV）的传毒可能也需要辅助因子的参与（Hunt et al.，1988）。矮化病毒属的其他成员可以帮助与其无关的病毒传播。如水稻东格鲁球状病毒（RTSV）可以帮助属杆状 DNA 病毒属的水稻东格鲁杆状病毒（RTBV）的传播（Hull，1996）。类似的例子还有矮化病毒属的峨参黄化病毒（AYV），以半持久性方式传播伴生病毒属的欧防风黄点病毒（PYFV）。矮化病毒属协助共侵染的非同属病毒传毒的机制也可能与虫传辅助因子有关（Murant et al.，1976）。

长线形病毒科（*Closteroviridae*）的病毒可以由多种昆虫介体包括蚜虫、粉虱和粉蚧传播（Dolja et al.，1994），但对其传毒机理了解不多。以蚜虫传播的柑橘衰退病毒（CTV）为例，CTV 以半持久性方式传播（Raccah et al.，1989），其 CP 可能参与了病毒—介体特异性识别（Mawassi et al.，1993）。除了已知的 CP 基因外，在甜菜黄化病毒（BYV）基因组中发现了第二个 *CP* 基因，这个 CP 位于病毒粒体的短臂端上（Agranovsky et al.，1995），其功能可能与虫传有关。由于提纯的长线病毒无法被介体传播，因此推断长线形病毒的虫传可能也需要辅助因子（Murant et al.，1988）。

五、黄症病毒属

黄症病毒属的病毒均由蚜虫以循回式传播，除豌豆耳突花叶病毒（PEMV）外，其他黄症病毒无法通过机械摩擦接种传播。黄症病毒的外壳蛋白由两部分组成，主 CP 是分子量为 22 ku 左右的蛋白（P3），但这个多肽链的终止码是一弱终止码（UAG 或 UGA），其后在同一阅读框（reading frame）编码着一约 55ku 的多肽（P5）（豌豆耳突花叶病毒 1 号 PEMV1 的 P5 为 33 ku）。在 CP 从 mRNA 转译成多肽链的过程中，有部分蛋白的转译能跳过终止码翻译成大小约为 72ku（PEMV 约为 55ku）的 CP-通读蛋白（readthrough protein 或 readthrough domain；CP-RTD）。以大麦黄矮病毒（BYDV）为例，CP-RTD 约占蛋白总量的 10%。但 RTD 的缺失并不影响病毒粒体的形成。RTD "挂在" 病毒粒体的外面，并未参与病毒的组装（Miller et al.，2002）。通过对黄症病毒属（*Luteovirus*）的 BYDV、马铃薯卷叶病毒（PLRV）、甜菜西方黄化病毒（BWYV）（马铃薯卷叶病毒及耳突花叶病毒属（*Enamovirus*）的 PEMV1（*Enamovirus*）的研究，证实了 CP 和 RTD 都参与了病毒的介体传播（van den Heuvel et al.，1994；Jolly & Mayo，1994；Wang et al.，1995；Brault et al.，1995；Demler et al.，1994；1997；Filichkin et al.，1997）。对 BYDV-PAV 及 PEMV 的研究发现，没有 RTD 的病毒粒体可以进入血腔，表明 RTD 不影响病毒穿过肠细胞进入血腔的过程（Chay et al.，1996；Liu et al.，2006）。基因突变或部分基因片段删除实验发现 CP 和 RTD 的一些区域对虫传过程和传毒效率有重要影响（Brault et al.，1995，2000，2003；Bruyere et al.，1997；Chay et al.，1996；Jolly & Mayo，1994；Wang et al.，1995；Rouze-Jouan et al.，2001；Liu & Miller，2002；Liu et al.，2006）。对 PLRV CP 的研究还发现，可能位于病毒粒体表面的区域对病毒粒体的组装、维持病毒粒体的稳定、病毒在寄主内的系统侵染及病毒在介体蚜虫内的移动和传毒有至关重要的影响（Lee et al.，2005）。

RTD 可能还决定黄症病毒的传毒特异性。BWYV 可以由桃蚜（*Myzus persicae*）传播，但不能被棉蚜（*Aphis gosspii*）传播。而这两种蚜虫都可以传播南瓜蚜传黄化病毒（Cucumbit aphid-borne yellour virus，CABYV）。将两种病毒的 RTD 基因片段互相交换，构造出含异源 RTD 的杂合病毒后，含 CABYV RTD 的杂合病毒都可以被棉蚜传播。相反，含 BWYV RTD 的病毒无法被棉蚜传播，说明 RTD 决定了传毒的特异性。此外，还发现 RTD 还决定了病毒粒体选择中肠或后肠进入血腔的细胞向性（tropism）（Brault et al.，2005）。因此，RTD 的功能类似于非循回式病毒的蚜传辅助因子，起了将病毒粒体和寄主相互识别的桥梁作用。

病毒和介体蚜虫特异性的识别部位是在附唾腺。病毒从血腔进入附唾腺到病毒从唾液道口针回到植物，其间还有膜识别和穿膜过程（图 13-3）。用由昆虫细胞表达的 PLRV CP 形成的病毒样颗粒（virus like particle，VLP）饲喂介体蚜虫或注入血腔，然后用电镜观察 VLP 在肠腔和附唾腺的分布，发现不含 RTD 的 VLP 可以进入附唾腺和唾腺（Gildow et al.，2000）。因此，RTD 在传毒中的确切功能还有待进一步研究。

在黄症病毒传毒机理的研究中还有一个有争议的发现，即由蚜虫内共生（endosymbiotic）细菌分泌的伴侣蛋白（chaperonin）可能参与了循回式病毒在蚜虫体内的传毒过程（van den Heuvel et al.，1994；Young & Filichkin，1997）。共生菌除提供蚜虫无法合成的基本氨基酸外，还产生大量蛋白称为共生质（symbionin，或 SymL）。SymL 与大肠杆菌（*Ecscherichia coli*）的一类伴侣蛋白 GroEL 同源（van den Heuvel et al.，1994；1999）。用 SymL 与提纯的黄症病毒进行体外结合试验，发现这些蛋白可以同 6 种病毒的 RTD 结合（Filichkin et al.，1997；van den Heuvel et al.，1999）。根据 GroEL 的功能推断，SymL 与 RTD 的结合可能起了保护病毒粒体免于蚜虫免疫系统的降解的作用。但有证据表明，SymL 可能与传毒无关。通过检测 PEMV 含 RTD 和 RTD 缺失的病毒在蚜虫血腔内的含量，未发现二者之间有差异。对比 0～18h 两种病毒的含量，也未见任何变化，说明 RTD 与病毒在血腔内的稳定性无关。

在寻找与黄症病毒传毒有关的蚜虫蛋白的研究也有进展。从传播 BYDV-MAV 的介体蚜虫（*Sitobion avenae*）上鉴定出两种可以在体外和提纯病毒结合的分离自蚜虫头部的蛋白 SaM35 和 SaM50（Li et al.，2001）。通过对 BWYV 与从桃蚜（*M. persicae*）分离出的蛋白进行体外结合实验，鉴定出 3 种（RacK-1，GAPDH3 和 actin）可能与病毒穿过（肠）细胞（transcytosis）有关的蛋白（Seddas et al.，2004）。

六、双生病毒

不同属的双生病毒虽有不同的传毒介体，但均属循回式非增殖型病毒（Harrison，1985）。其中菜豆金黄花叶病毒属的病毒（有近百种）均由烟粉虱（Bemisia tabaci）传播，这在植物病毒中十分罕见。虽然其他病毒蛋白也可能间接地影响传毒（Liu et al.，1997；1999），双生病毒的 CP 在决定传毒的特异性上起了决定作用。CP 决定双生病毒的传毒特异性的直接证据来自于将由粉虱传的非洲木薯花叶病毒（ACMV）的 CP 基因用由叶蝉传播的曲顶病毒属的甜菜曲顶病毒（BCTV）的 CP 替代，结果得到的杂合病毒只能由叶蝉传播（Briddon et al.，1990）。对菜豆金黄花叶病毒（BGMV）的 CP 的分子突变和遗传研究也证实了 CP 在传毒中起决定作用（Azzam et al.，1994；Hofer et al.，1997）。尽管在双生病毒 CP 基因中发现了一些区域和氨基酸位置可以影响粉虱或叶蝉传毒（Noris et al.，1998；Hohnle et al.，2001；Soto et al.，2005），但对 CP 的哪些基因片段直接决定了昆虫传毒的特异性目前尚不清楚。

对粉虱传番茄黄曲叶病毒（TYLCV）的系统研究发现，TYLCV 可影响粉虱的存活期和繁殖率，表明该病毒可能对介体产生一定程度的病理影响（Rubinstein & Czosnek，1997）。此外，还发现 TYLCV 及番茄黄曲叶沙地尼亚（Sardinia）病毒（TYLCSV）可能经卵（transovarial）传播（Ghanim et al.，1998；Goldman & Czosnek，2002；Bosco et al.，2004），且传毒效率与粉虱性别有关（Ghanim & Czosnek，2000）。这些发现似乎表明至少个别双生病毒可以在粉虱体内增殖。对粉虱内共生细菌的观察发现，在菌胞细胞内有病毒状颗粒，因此认为可能与病毒可由卵传给后代有关（Costa et al.，1996）。与黄症病毒类似，双生病毒也被发现可以和共生细菌分泌的 GroEL 类似物结合并可能参与了传毒过程（Morin et al.，1999）。但目前没有直接证据证明上述发现。

七、其他非增殖型病毒

非增殖型病毒中由甲虫传播的病毒是比较特殊的一类。一般而言，甲虫传病毒粒体具有相对稳定的多面体结构，内含 RNA 基因组。这些病毒可以经机械接种传播，并且在寄主体内高浓度富集。甲虫的口器没有唾液腺，传毒过程可能是通过嚼食时由肠内的反刍（regurgitation）食物带毒造成的。甲虫只需很短时间即可获毒，没有循回期，病毒在体内保存的时间因不同病毒差别很大。有关甲虫的传毒机制最早认为只是单纯的口器污染造成的。但甲虫传病毒与甲虫介体间高度的特异性说明其关系的复杂性。由于病毒可以进入血腔，表明病毒可在虫体内循环。对几种病毒在甲虫内聚集部位的研究发现，病毒富集于肠内（Wang et al.，1992）。但来自反刍物的病毒粒体可以来自血液或肠腔（Wang et al.，1994a，b）。研究发现，传毒的选择性与反刍物中含有核酸酶（ribonuclease）的活性有关（Gergerich et al.，1986）。甲虫的传毒机理还可能与防止在病毒转移过程中失活的机制有关（Field et al.，1994）。此外，病毒的 CP 可能是决定甲虫传毒的关键因子，但传毒的特异性可能由病毒和寄主植物决定。

幽影病毒属的病毒的传播需要黄症病毒的协助。但花生丛簇病毒（GRV）除了需要属黄症病毒的花生丛簇辅助病毒（GRAV）提供 CP 外，还需要花生丛簇病毒卫星 RNA（sat-RNA）来协助病毒的传播（Murant，1990）。sat-RNA 的主要功能是协助病毒的包装。没有 sat-RNA 的存在，GRV 的 RNA 无法被 CP 包装，因而蚜虫无法传毒（Robinson et al.，1999）。

最后，近年来发现属单链 DNA（ssDNA）病毒、由蚜虫传播的蚕豆坏死黄化病毒（FBNYV）的传毒可能需要辅助因子，因为提纯的病毒无法直接被传播（Franz et al.，1999）。FBNYV 是矮缩病毒属的成员，这个属的病毒以循回式方式传播。

八、循回式增殖型病毒

少数植物病毒可以在植物和昆虫体内复制增殖，甚至可经卵传给后代，具有比一般病毒更为复杂的侵染循环。因此，这类病毒对介体昆虫而言也是病原物，可能对介体的寿命和繁殖率造成负面影响。在基因表达和调控方面，这类病毒可以依据植物或昆虫寄主而选择性地表达病毒基因（Falk et al.，1987）。在介体昆虫内可以增殖的植物病毒包括布尼安病毒科（Bunyaviridae）、呼肠孤病毒科（Reoviridae）和弹状病毒科（Rhabdoviridae）及玉米雷亚朵非纳病毒属（Marafivirus）和纤细病毒属（Tenuivirus）的病毒。这些病毒科属的共同特点是它们都包含可以感染动物和植物的病毒成员。

番茄斑萎病毒（TSWV）　番茄斑萎病毒属（Tospovirus，布尼安病毒科）的病毒是布尼安病毒科唯一能侵染植物的病毒属。该属病毒在实验条件下可经机械摩擦接种，但在自然界中该属病毒均由蓟马传播（Whitfield et al.，2005）。TSWV 可以侵染 800 多种植物（Prins & Goldbach，1998）。其传毒过程是由蓟马若虫获毒，尔后病毒侵染介体细胞并复制增殖（Ullman et al.，1993；Wijkamp et al.，1993）。病毒进入若虫体后，从中肠的表皮细胞开始侵染寄主。当进入成虫期后病毒便无法再感染虫体，因为中肠未知的障碍阻止了病毒的侵入（Ulman et al.，1993；1995）。但病毒可保存在蛹和羽化后的成虫体内。当蓟马若虫取食感病植株后，在很短时间内便可在介体内检测到病毒非结构蛋白。最先检测到的部位是中肠表皮细胞，然后是围绕在食道附近的肌肉细胞及一可能将中肠和唾液腺连接起来的系带（ligament）结构，最后是唾腺（Nagata et al.，1999；2002）。在侵染唾腺之后，病毒便可经取食将病毒传给健康植物。因此，能否有效地侵染介体是其获毒和作为介体的关键环节。TSWV 是负义单链 RNA（ssRNA）病毒，其基因组由 3 个 RNA 片段（L、M 和 S）组成。其中 M-RNA 片段被证明与 TSWV 侵染介体有关。M-RNA 编码的 G_N/G_C 蛋白是决定 TSWV 能否侵染介体的关键因子（Sin et al.，2005）。此外，一些与病毒感染介体细胞有关的介体蛋白近年来也陆续被发现。从苜蓿花蓟马（Frankliniella occidentalis）上分离出分子量分别为 50ku 和 94ku 的蛋白可以在体外和 TSWV 的病毒粒体结合（Kikkert et al.，1998；Bandla et al.，1998；de Medeiros et al.，2005）。94ku 蛋白可能是一受体蛋白，其功能可能与病毒在虫体内的循环有关，而与病毒侵入中肠无关（Kikkert et al.，1998）。50ku 蛋白被定位在中肠的刷毛边层（brush border）（Bandla et al.，1998）。

其他增殖型病毒　弹状病毒科的病毒可以感染脊椎动物、昆虫和植物。而昆虫是大多数弹状病毒的传毒介体。这类病毒具有弹状粒体，外表是一层糖蛋白。植物弹状病毒的糖蛋白（G protein）可以和中肠特殊的细胞受体结合，导致介体感染。而受体的类型和数量依不同的昆虫而变化，这与感染动物的病毒类似。植物弹状病毒可以由蚜虫、飞虱或叶蝉传播。与其他增殖型病毒类似，植物弹状病毒能否被有效传毒取决于病毒能否侵染肠细胞。将弹状病毒直接注射入血腔后发现传毒效率提高，且原本不是介体的昆虫也可以传毒，证明了侵入肠细胞是传毒的关键步骤。但并不是所有注射的病毒都能被传播，病毒能否从唾腺中释放出来是传毒的另一关键步骤。例如，苦苣菜黄脉病毒（SYVV）可以侵染非介体昆虫的多种组织，但在唾腺中找不到病毒（Sylvester & Richardson，1992）。在另一种介体中，虽然 SYVV 可以富集在该介体的唾液腺，但无法从唾腺中释放而被传播。弹状病毒在虫体内可能主要通过神经细胞或血液在细胞和组织间繁殖扩散。在分子水平上，弹状病毒的传播障碍可以来自介体内多重器官屏障。传毒失败的原因可能包括病毒无法进入细胞、无法在细胞内复制、无法在细胞和组织器官之间移动、无法从细胞中移出，或是病毒的侵染受到昆虫免疫反应的制约等诸多因素之一（Hogenhout et al.，2003）。这些可能的制约因素也适用于其他增殖型病毒。

　　植物呼肠孤病毒科病毒可以通过卵传给后代。在植物中病毒被限制在韧皮部内（Nuss & Dall，1990）。呼肠孤病毒有的寄主广泛，如植物呼肠孤病毒属的伤瘤病毒（WTV）的许多分离株可以由一种介体传给一些不同种的双子叶植物（Hillman et al.，1991）。其他呼肠孤病毒常可以在介体和单子叶植物中检测出来，但在介体内的数量较少（Falk et al.，1987；Suzuki et al.，1994）。此外，非病原呼肠孤病毒也在植物和昆虫中发现，说明植物可能是某些呼肠孤病毒的库源（Nakashima & Noda，1995）。在鉴定与病毒侵染介体有关的病毒蛋白方面，近年来也有些发现。例如水稻矮缩病毒（RDV）外壳蛋白之一的 P2 是侵染昆虫细胞的关键基因（Yan et al.，1996）。P2 蛋白的丢失可导致 RDV 无法被介体传播（Tomaru et al.，1997）。但将没有 P2 蛋白的病毒粒体注射入昆虫体内，病毒可以从血液感染细胞，因此，P2 与病毒从中肠侵入细胞有关（Omura et al.，1998）。最后，水稻齿矮病毒（RRSV）表面形成由 PS9 蛋白参与的刺突（spike）状构造。而 PS9 可能与病毒侵染介体细胞有关（Lu et al.，1999）。从 RRSV 的介体褐飞虱（*Nila parvata lugens*）上鉴定出一可能构成 RRSV 昆虫受体的 32ku 的膜蛋白。该蛋白可能识别 PS9 刺突蛋白（Zhou et al.，1999）。

第五节　介体线虫和真菌传播病毒的分子基础

一、线虫传病毒

　　无论是线虫传多面体病毒（Nepoviruses）还是烟草脆裂病毒（Tobraviruses），其基因组结构相似，均由两条正链 RNA 组成，其中 RNA2 编码 CP 和其他蛋白（Hernandez et al.，1995）。与昆虫传毒类似，介体线虫必须从病株上获毒并聚集在虫体内，尔后从虫体的结合处释放并进入敏感植物细胞。线虫传毒和昆虫的半持久性传毒过程相似。

　　由于非线虫传的病毒也常在虫体内发现，因此，能否获取病毒不是决定病毒能否有效传播的关键步骤（Harrison et al.，1974），而病毒能否结合在线虫体内的特定部位对病毒和线虫传毒特异性至关重要。病毒在线虫体内滞留的部位与线虫的种属有关。对带毒的长针线虫、异长针线虫、残根线虫和剑线虫的食道电镜观察发现，病毒可以黏附在牙状口针（odontostyle）的内表面，或在牙状口针和引导鞘（guide sheath）之间，还可以结合在舌状突（odontophore）和食道（esophagus），或咽（pharynx）和食道内腔表面的套层（Brown et al.，1995；Taylor & Robertson，1969；1970；McGuire et al.，1970；Wang & Gergirich，1998）。因此，介体线虫口器和食道内部的表面结构差异可能决定了病毒的结合部位。另一方面，病毒粒体的表面结构也对病毒—介体特异性的识别起了决定作用。

与介体昆虫传毒的研究类似，决定线虫传毒的病毒编码蛋白也是首先从基因重组实验发现的。研究证明，含 CP 基因的 RNA2 决定了病毒的传毒特异性（Harrison et al.，1974；Ploeg et al.，1993）。但 CP 可能并非是参与线虫传毒的唯一基因，因为有的病毒的 RNA2 还可编码其他非结构蛋白。例如烟草脆裂病毒（TRV）和豌豆早枯病毒（PEBV）RNA2 均编码若干非结构基因（Hernandez et al.，1995；MacFarlane & Brown，1995）。比较 PEBV 线虫传株系 TpA56 和非线虫传的 SP5 RNA2 的序列，发现其中一非结构蛋白（29.6ku）中两个氨基酸的差异导致 SP5 失去传毒能力（MacFarlane & Brown，1995）。突变分析发现，这条 RNA 编码的大多数基因都在一定程度上影响了虫传（MacFarlane et al.，1995，1996；Schmitt et al.，1998）。对 TRV - PpK20 分离株的研究发现，RNA2 编码的 40ku 蛋白影响一异长针线虫传毒，而另一 32.8ku 的蛋白可能与残根线虫传毒有关（Hernandez et al.，1997）。这些结果都表明，非结构蛋白参与决定了病毒的线虫传播。

烟草脆裂病毒粒体表面都有由 CP 的 C-末端伸出而组成的可移动结构（Mayo et al.，1993；MacFarlane et al.，1999；Visser & Bol，1999）。对这一可变动结构的突变分析证明，该多肽片段参与了线虫传毒。此外，该 C-末端蛋白序列还可与前述的 RNA2 编码的 40ku 和 32.8ku 的非结构蛋白结合。因此，这些非结构蛋白可能和蚜传辅助因子 HC-Pro 类似，在病毒和介体线虫传毒中起了将病毒粒体和介体食道内层结合的桥梁作用（Brown et al.，1995；Hernandez et al.，1997；Visser & Bol，1999，Vellios et al.，2002）。

线虫传病毒另一重要类型是线虫传多面体病毒属成员。该属病毒可分成两组。一组由长针线虫传播，另一组由剑线虫传播（Brown et al.，1995）。传毒介体的不同似与病毒 RNA2 中编码 CP 的 N-末端的序列有关。葡萄扇叶病毒（GFLV）由标准剑线虫（*Xiphinema index*）传毒，对其 RNA2 编码的蛋白研究表明，传毒由 CP 决定。GFLV 的 RNA2 可转译一多肽链，该多肽链合成后水解修饰成 2A、2B^{MP} 和 2C^{CP} 三个蛋白。其中位于 C-末端的 2C^{CP} 编码 CP 基因。南芥菜花叶病毒（ArMV）的基因组组成和结构与 GFLV 类似，但其传毒介体是变尾剑线虫（*X. diversicaudatum*），不能被标准剑线虫传播。用基因重组的方法证实传毒特异性只与编码 CP 的基因片段有关（Andret-Link，et al.，2004；Belin et al.，2001）。

对线虫食道和口针内部结构与病毒相互结合的机制研究虽然进展不大，但发现在病毒的结合部位有特殊的碳水化合物附着，这些化合物可能将病毒粒体与食道表面结构连接起来（Robertson & Hendry，1986；Brown et al.，1995）。当病毒从线虫的结合处取食并被释放回植物时，病毒蛋白也可能参与了这个过程。如前面提到的 PEBV 的 CP 和

29.6ku 参与了病毒粒体和线虫食道的结合过程，而 RNA2 编码的另一 23ku 蛋白可能在将病毒粒体从线虫口器中释放的过程中起调控作用（Schmitt et al.，1998）。另外结合点的碳水化合物也可能参与了调控过程（Brown et al.，1995）。

二、真菌传病毒

如前所述，介体真菌传毒依据真菌获得病毒的方式与病毒附着在真菌的部位可分为孢子外和孢子内传毒两种方式。前者是从寄主体外受病毒污染的水或其他液体中获毒。病毒黏附在游动孢子表面，但病毒不会进入休眠孢子内部。而后者是病毒从感病植物内生长的菌体（thallus）进入休眠孢子的。

经孢外传毒的病毒均以油壶菌为介体。孢外传毒的过程是从体外获毒开始的。病毒从染病植株进入土壤，污染水源。当游动孢子从孢子囊中释放出来在水中遇到病毒，病毒粒体便紧密地黏附在游动孢子膜表面。据推算每个孢子带病毒量可达 2.7×10^4（Kakani et al.，2003）。结合在孢子表面的病毒粒体随着游动孢子经根部通过孢囊形成过程侵染植物。病毒和孢子的结合是特异性的，这构成了病毒—介体真菌体外传毒特异性关系的基础（Adams，1991）。对烟草坏死病毒（TNV）与孢子结合部的电镜观察后发现，TNV 结合在游动孢子的原生质膜（plasmalemma）上（Temmink et al.，1970）。病毒黏附在孢子表面可能是病毒 CP 和孢子表面的受体相互识别的过程（Campbell，1996）。

病毒 CP 在决定游动孢子识别和附着过程中的作用通过不同病毒 CP 的同源双交换得到证明。黄瓜坏死病毒（*Cucumber necrosis virus*，CuNV）和番茄丛矮病毒（TBSV）同属番茄丛矮病毒属（*Tombusvirus*），CNV 和 TBSV 均系真菌体外传播，但 CuNV 能被油壶菌传播，而 TBSV 不能被油壶菌传播。当将两种病毒的 CP 基因交换后，只有被 CuNV 的 CP 包装的病毒可以被 CuNV 的介体传播（McLean et al.，1994）。对 CuNV CP 结构分析发现，在 CP 上的一个特别区域形成的凹陷对病毒粒体结合到孢子原生质膜上至关重要。对传毒缺失的 CuNV 突变株分析证明，原因是病毒无法有效地附着在孢子表面（Kakani et al.，2001）。

对真菌孢子可能存在的特殊受体的研究也有新的进展。如研究发现，CNV 病毒与介体孢子的结合比与非介体孢子的结合更紧密。用高碘酸盐（periodate）和胰蛋白酶（trypsin）处理孢子后，显著降低了病毒与孢子的结合能力，表明糖蛋白很可能参与了病毒—孢子的结合过程。从 CNV 和游动孢子中抽提的蛋白进行体外结合发现，传毒缺失的病毒突变株无法和一些蛋白结合，或结合力显著降低。将病毒、孢子和一些糖类共同培养，以确定这些糖是否影响 CNV 和孢子的结合。结果表明，两种甘露糖衍生物（甲基 α-D-吡喃甘露糖苷，methyl α-D-mannopyranoside 和 D-甘露糖胺（D-mannosamine），三种含甘露糖的寡糖（oligosaccharide）（甘露丙糖，mannotriose；α3，α6-甘露戊糖 α3，α6-mannopentaose 和酵母甘露聚糖，yest mannan）和 L-（一）-岩藻糖（fucose）在低浓度下都能抑制 CNV 对孢子的结合。这些结果说明，CNV 和游动孢子的结合受到特殊的含甘露糖或岩藻糖的寡糖或二者一起的调控（Kahani et al.，2003）。此外，最近还发现，CNV 和孢子结合过程中病毒外壳可能产生构型变化。结合后的病毒粒体变大，而构型的变化对病毒的有效传播非常重要（Kakani et al.，2004）。

　　除少数病毒外，大多数经孢内传播的病毒由根肿菌传播。游动孢子的获毒过程是当无病毒的游动孢子进入感病植株根部的表皮细胞并形成类似于变形体（plasmodium）的菌体时，病毒最可能是在菌体早期阶段从菌体薄膜进入真菌并在菌体内富集（Rysanek et al.，1992）。没有证据表明病毒可以在真菌内繁殖。研究几种病毒在真菌内的状况发现，带毒菌体在培养过程中逐渐失去病毒（Campbell，1996）。当成熟菌丝体形成游动孢子和休眠孢子时，病毒在孢子形成过程中进入孢子。染毒孢子释放入土壤后，带毒休眠孢子可以在干燥的植物根组织和干土壤中长期存活，存活时间依病毒种类而异，从一到数年甚至十年以上（Adams，1991）。

　　与孢外带毒类似，经孢内传毒的病毒与介体真菌的关系具有高度特异性，而决定传毒特异性的病毒基因同样是 *CP* 基因。大多数孢内传播的病毒其外壳蛋白与黄症病毒类似，由两部分组成，即 CP 和通读蛋白 RTP（或 RTD）（Rochon et al.，2004）。对孢内传毒的甜菜坏死黄脉病毒（BNYVV）两个传毒缺失突变株的研究发现，其编码 CP-RTD 的 RNA2 的 *RTD* 基因被部分删除。正常的 CP-RTD 为 75ku，而突变株则分别为 67ku 和 58ku，证明了 RTD 与孢内传毒的关系（Tamada & Kusume，1991）。随后，从 RTD 上鉴定出一个与传毒有关的功能基团。该基团位于一亲水区域，周围是疏水区，该亲水区域可能与病毒穿过真菌膜组织有关。功能基团由 KTER（赖氨酸-苏氨酸-谷氨酸-精氨酸）4 个氨基酸组成（Tamada et al.，1996；Reavy et al.，1998）。通过多代机械接种选择出传毒缺失的 BNYVV 株系后再对分离的基因组测序，发现 KTER 功能区的部分序列被删除，证明了该功能基团对传毒的重要性（Koenig，2000）。

　　RTD 对孢内传毒的重要性在其他由孢内传播的病毒上也得到证明。马铃薯帚顶病毒（*Potato mop top virus*，PMTV）PMTV-T 分离株经历了长达 30 年的机械摩擦接种，已无法被 PMTV 的介体真菌传播。将 PMTV-T 的 RTD 序列与田间分离株 PMTV-S 的序列比较后发现，T 株系 RTD3′-端共有 543 个 RNA 碱基被删除。缺失片段编码的蛋白含有与 BNYVV 类似的由疏水基团相邻的亲水基团，但没有 KTER 这 4 个氨基酸组成的功能基团（Reavy et al.，1998）。此外，对大麦轻型花叶病毒（BaMMV）的 P2 基因类似的研究也得到相同的结论（Adams et al.，1988；Jacobi et al.，1995）。

　　RTD 可能与传毒有关的序列除了在 BNYVV 上发现的 KTER 外，其他由根肿菌胞内传播的病毒在相同区域内的氨基酸为 ER（谷氨酸-精氨酸）或 QR（谷氨酸盐-精氨酸）。这些保守的氨基酸所在的亲水区可能展布在病毒粒体的表面，便于与介体结合（Peernboom et al.，1996；Reavy et al.，1998）。

　　对另一些真菌传病毒 RTD 的氨基酸全序列比较未发现上述可能与真菌传毒有关的保守序列。因此，RTD 功能区蛋白结构的相似性可能比区内的保守基团更为重要（Adams，et al.，2001）。由于上述的可能位于病毒表面并可能与穿膜有关的亲水区域也存在于一些传毒缺失的病毒中（Dessens & Meyer，1996）。因此，该区域可能只涉及传毒的某个方面。对真菌传杆状病毒属（*Furovirus*）一些成员的 RTD 序列分析发现，两个可能在膜上比邻成对并与穿膜功能有关的区域（Diao et al.，1999）。对其他孢内传病毒如甜菜坏死黄脉病毒属、马铃薯帚顶病毒属及不是 RTD 但可能起了 RTD 类似功能的大麦黄花叶病毒属 P2 蛋白的分析也发现了这一互补的穿膜功能区（transmembrane domain）。更重要的是，这一区域在传毒缺失的 RTD 部分删除突变体中被删除，或其结构被破坏。结构分析表明，这两个区域形成螺旋结构而相互配合，对协助病毒粒体穿过真菌膜系统起了重要作用（Adams et al.，2001）。

经根肿菌传毒的病毒均为多组分 RNA 病毒，长期机械摩擦接种可导致某些 RNA 组分丢失。丢失的 RNA 也可能对传毒产生影响。但目前不清楚这种影响是直接地还是间接地通过影响病毒的富集和移动而影响传毒（Lemaire et al.，1988；Tamada & Abe，1989；Richards & tamada，1992；Koenig，2000）。

孢内带毒传毒模式中有关病毒如何进入孢子及在孢子内是否都以病毒粒体的形式存在，病毒通过何种途径进入游动孢子和休眠孢子目前还不清楚。病毒可能在受二次游动孢子感染的根细胞里通过原生质体膜偶然"渗漏"而进入孢子。或是在病毒和真菌共侵染的细胞内，病毒穿过孢子囊或菌丝体的薄膜并在孢子发育过程中结合进孢子内。而由根肿菌传播的病毒可能是通过上面介绍的 RTD 两个穿膜区的协助而进入孢子的（Rochon et al.，2004）。

一般而言，病毒在孢子内以病毒粒体存在，但有少数病毒与介体真菌的组合可能不循此例。例如，虽然土传小麦花叶病毒（SBWMV）的运动蛋白（MP）和病毒 RNA 可以在休眠孢子中检测到，但在介体真菌的原生质体和休眠孢子中没有发现病毒粒体。因此，休眠孢子携带的可能不是病毒粒体，而是病毒 RNA 和 MP 的复合体（Driskel et al.，2004；Rochon et al.，2004）。

第六节 植物病毒的种子和花粉传播

植物病毒的种子和花粉传播是一个复杂的生物学现象。对于寄主范围狭窄及数量不足的病毒而言，种子传毒具有特殊意义。首先，种子给病毒的生存提供了理想的材料和环境，其次无论种子传毒效率高低，种子传病毒对病害的流行都产生重要影响。这是因为即使种子的传毒率很低，但由带毒种子萌发的植株给其他介体传毒提供了毒源，如条件合适，也可造成病害在新地区的流行扩散。与此相反，较高的种子传毒率可能造成病毒的自身灭绝（self-extinction）。这是因为高传毒率可能造成花和种子发育缺失，导致种子无法发育或萌发。大约有 100 多种植物病毒可经由种子传播（表 13-3），约占已知病毒种类的18%（Johansen et al.，1994）。

表 13-3 种子传播的病毒名称

（引自 Mink，1993）

病毒科	属	种
雀麦花叶病毒科（*Bromoviridae*）	苜蓿花叶病毒属（*Alfamovirus*）	*Alfafa mosaic virus*
	黄瓜花叶病毒属（*Cucumovirus*）	*Cucumber mosaic virus*
		Peanut stunt virus
		Tomato aspermy virus
	等轴不稳环斑病毒属（*Ilarvirus*）	*Asparagus 2 virus*
		Elm mottle virus
		Prune dwarf virus

（续）

病毒科	属	种
		Spinach latent virus
		Tobacco streak virus
布尼亚病毒科（*Bunyaviridae*）	番茄斑萎病毒属（*Tospovirus*）	*Tomato spotted wilt virus*
豇豆花叶病毒科（*Comoviridae*）	豇豆花叶病毒属（*Comovirus*）	*Bean pod mottle virus*
		Broad bean true mosaic virus
		Broad bean stain virus
		Cowpea mosaic virus
		Cowpea severe mosaic virus
		Squash mosaic virus
	线虫传多面体病毒属（*Nepovirus*）	*Arabis mosaic virus*
		Arracacha virus A
		Arracacha virus B
		Artichoke yellow ringspot virus
		Blueberry leaf motle virus
		Cherry rasp leaf virus
		Chicory yellow mottle virus
		Cacao necrosis virus
		Crimson clover latent virus
		Grapevine fanleaf virus
		Grapevine Bulgarian latent virus
		Lucerne Australian latent virus
		Peach rosette mosaic virus
		Raspberry ringspot virus
		Strawberry latent ringspot virus
		Tobacco ringspot virus
		Tomato black ring virus
		Tomato ringspot virus
马铃薯 Y 病毒科（*Potyviridae*）	马铃薯 Y 病毒属（*Potyvirus*）	*Bean common mosaic virus*
		Bean yellow mosaic virus
		Cowpea aphid-borne mosaic virus
		Cowpea green vein banding virus
		Desmodium mosaic virus
		Guar symptomless virus
		Lettuce mosaic virus
		Onion yellow dwarf virus
		Pea seed-borne mosaic virus
		Peanut mottle virus
		Plum pox virus
		Potato virus Y
		Soybean mosaic virus
		Sunflower mosaic virus
	小麦花叶病毒属（*Tritimovirus*）	*Wheat streak mosaic virus*
番茄丛矮病毒科（*Tombusviridae*）	番茄丛矮病毒属（*Tombusvirus*）	*Tomato bushy stunt virus*
	香石竹斑驳病毒属（*Carmovirus*）	*Blackgram mottle virus*
		Cowpea mottle virus
		Melon necrotic spot virus
分类地位未定	香石竹潜隐病毒属（*Carlavirus*）	*Bluberry Scorch virus*

（续）

病毒科	属	种
		Cowpea mild mottle virus
		Red clover vein mosaic virus
	大麦病毒属（*Hordeivirus*）	*Barley stripe mosaic virus*
		Lychnis ringspot virus
	花生丛簇病毒属（*Pecluvirus*）	*Peanut clump virus*
	南方菜豆花叶病毒属（*Sobemovirus*）	*Subterranean clover mottle virus*
		Sowbane mosaic virus
		Southern bean mosaic virus
	纤毛病毒属（*Trichovirus*）	*Potato virus* T
	烟草花叶病毒属（*Tobamovirus*）	*Tobacco mosaic virus*
		Sunn-hemp mosaic virus
	烟草脆裂病毒属（*Tobravirus*）	*Tobacco rattle virus*
		Pepper ringspot virus
		Pea early-browning virus
	芜菁黄花叶病毒属（*Tymovirus*）*	*Turnip yellow mosaic virus*
		Eggplant mosaic virus
		Dulcamara mottle virus

种名、分类地位及种子传毒特性经 *http：//www.ncbi.nlm.nih.gov/ICTVdb/ICTVdB/*网站确认。

* 该属根据 ICTV 第八次分类报告已归入独立的芜菁黄花叶病毒科（*Tymoviridae*）。

在本章第一节我们曾指出种子带毒和种子传毒的概念不同但常易混淆。许多病毒可以附着于种子表皮，属于种子携带的病毒，但不是经由种子传播的病毒（Mink，1993）。只有能侵染胚的病毒才属严格意义上的种子传病毒。唯一例外的是 TMV。TMV 虽然不能侵染胚，但其病毒粒体十分稳定且可附着在种子的表皮上。当种子发芽时，TMV 可经由机械损伤造成的伤口侵染幼苗。与 TMV 不同，南方菜豆花叶病毒（SBMV）虽也可附着在种子的表皮上，但种传的效率很低。这是因为在种子发芽过程中，SBMV 处于未激活状态。而由真菌传播的甜瓜坏死斑病毒（MNSV）只有当带毒种子播种在有介体真菌（*O. bornovanus*）生存的土壤中，才能侵染寄主植物。因此，SBMV 和 MNSV 只是种子携带的病毒而非种子传播的病毒。芜菁黄花叶病毒（TYMV）可以通过花粉或雌性生殖器官侵染拟南芥种子胚，但种皮带毒不能侵染幼苗，只有胚胎受病毒感染才能造成幼苗发病（de Assis Filho & Sherwood，2000）。

一般而言，如果病毒在植物生长后期即进入花期或花期之后才侵染寄主，病毒难有被种子传播的机会。种子传毒的能力取决于病毒侵染小配子（microgamete）和雌配子体（megagametophyte）的能力。这两种配子的侵染可分别导致花粉和子房（ovary）感染病毒。种子传毒的能力还取决于病毒在胚发育过程中侵染胚的能力。绝大多数种传病毒是通过子房感染带毒的，只有一小部分可通过花粉带毒而侵染胚。经由子房感染带毒的病毒是在花发育早期侵染花器官；而由花粉传的病毒必须在胼胝质层（callose layer）形成之前侵染花分生组织及花粉母细胞（Hunter & Bowyer，1997）。此外，病毒和寄主间的相互作用对种传病毒的传毒效率有重要影响，同一病毒的不同分离株及同一寄主的不同品种都会影响病毒的传毒效率。

种子传毒的过程复杂。如前所述，胚感染是传毒的前提。胚感染可来自在配子体形成过程中受病毒侵染的配子（间接侵染）；或受精之后被病毒感染（直接侵染）。而配子受病毒侵染导致胚感染是最常见的现象（Maule & Wang，1996）。

胚的间接侵染是受精时感染病毒的配子结合的结果。例如大麦条纹花叶病毒（BSMV）种子可传的分离株（M1-1）在大麦雌配子和花粉母细胞及发育成熟的卵和花粉细胞中都可以探测到。与此相反，在种子不可传的株系（NSP）的雌和雄配子中没有发现病毒粒体。因此，BSMV 种传的能力取决于病毒在配子母细胞发育的早期侵染雌配子母细胞和花粉母细胞的能力（Carroll & Mayhew，1976a，b）。与此相似，烟草环斑病毒（TRSV）也可感染雌配子和花粉，但将病毒传给胚主要由雌配子完成。这是因为受病毒感染的花粉细胞受损，质量差而无法授精。TRSV 在大豆种传中主要是通过侵染雌配子母细胞将病毒传给种子的（Yang & Hamilton，1974）。

有些病毒感染胚主要是由花粉带毒造成的。对黄瓜花叶病毒和菠菜（*Spinacia oleracea*）种传机理的研究发现，CMV 存在于几乎所有的生殖组织中，包括子房壁细胞、卵皮（ovule integument）、核、花粉囊（anther）和种皮。CMV 还可以在花粉囊薄壁组织细胞和绒毡层（tapetum）细胞的无形体（amorphous body）和内含体中增殖。因此，CMV 对胚胎的侵染应该是间接侵染，但也不排除直接侵染的可能性。此外，研究还发现卵细胞受 CMV 感染与健康花粉结合产生的后代的种传效率比受感染的花粉和无病卵细胞结合产生的种子传毒效率来得低，原因是感染病毒的卵细胞发育受到影响，活力比受病毒感染的花粉弱（Yang et al.，1997）。因此，在 CMV-菠菜种子传毒组合中，侵染受精卵（zygote）的病毒主要来自带毒的花粉。故种传效率的高低主要由花粉的带毒率决定。

病毒在胚受精后的直接侵染发生在胚发育的早期阶段。马铃薯 Y 病毒属的豌豆种传花叶病毒（PSbMV）是由胚胎直接感染的种传病毒。PSbMV 的种传效率在豌豆不同栽培品种中存在显著差异。如品种 Vedette 的种传效率可达 $60\% \sim 80\%$，而在品种 Progreta 上，PSbMV 不能经由种子传播。通过免疫学方法和电镜观察发现，受精之前病毒见于两个品种花器中的萼片、花瓣、花粉囊和心皮。但未见于子房、花粉及表皮细胞，仅临近子房纤维组织的一些细胞受到病毒感染。卵在受精过程中将病毒从维管和周围组织挤入卵内。在胚发育过程的后期，病毒可以沿 Vedette 维管组织进入卵直到卵孔区，但在 Progreta 寄主内，在围绕卵组织的维管细胞内病毒几乎无法侵入，而且前期受感染组织内的病毒数量也显著减少。受精之后，病毒可以在 Vedette 中直接侵染胚胎并在胚胎组织中复制繁殖，直到种子成熟而保存于种子内。在 Progreta 中 PSbMV 无法侵入胚胎致使病毒的传播终止。进一步的研究还发现，在 Vedette 品种中，PSbMV 是在胚发育的早期通过支撑组织进入外种皮的卵孔区（支撑组织是一种给发育的胚提供营养和固定胚的过渡结构）。病毒可能是通过支撑细胞之间及支撑细胞和胚胎之间的胞间连丝传输病毒的（Wang & Maule，1992，1994，1997）。因此，如果病毒无法在支撑组织消失之前进入胚，种子传毒则在这个阶段终止。通过比较种传和不能种传的病毒分离株侵染种子发育早期的卵孔周围的细胞和组织的超微结构发现，PSbMV 感染的特征是在胞间连丝的开口处出现圆柱形的内含体。圆柱形内含体位于外种皮-胚乳交界处细胞。对交界处细胞和胚乳病毒免疫标记表明，外种皮-胚乳界面上有偶对似的连接。对支撑结构底部支撑细胞-胚乳界面的超微结构研究发现，在支撑细胞鞘壁上有不连续的孔状结构。病毒可能就是通过这个结构进入胚。种子不能传的病毒分离株可以侵入发育种子的母体组织，虽然在胚乳中可以检测出少量病毒，但病毒被排除在胚之外。无法种传的病毒株系几乎不能在正确的时间通过支撑结构进入胚乳正确的位置，因而无法侵染胚（Roberts et al.，2003）。对 Progreta 而言，PSbMV 侵入非维管组织的过程由于病毒的移动或病毒复制受阻而终止，病毒最终无法越过母体组织和子体组织（胚）的界面。在细胞减数分裂过程中，大孢子（megaspore）母细胞和核组织及花粉母细胞和绒毡层细胞（tapetal cell）之间的胞间连丝消失，卵和胚囊（embryo sac）及花粉则与各自的亲本组织分离，病毒的传播得以终止。病毒免于从母体传播到支撑组织的机制一般认为还可能受到多种母体寄主基因的控制。这些基因控制或调节 PSbMV 在非维管组织的传播和复制，最终阻止了病毒在 Progreta 中的种子传播（Wang & Maule，1994）。这是一个复杂的病毒和寄主特定的相互作用的过程。在这个过程中，寄主依靠调控病毒在生殖组织的复制和移动达到防止病毒侵入胚细胞从而控制种子传毒。

与昆虫及其他介体传毒类似，种传病毒编码的蛋白及病毒基因组的结构在决定种传特性中也扮演了非常重要的角色（Wang et al.，1997）。例如病毒的 CP，PSbMV HC‑Pro 的 N‑末端（HC‑Pro^N）及 5′端非转译区（5′‑unstanslated region，5′‑UTR），豌豆早枯病毒（PEBV）的 12ku 基因和大麦条纹花叶病毒（BSMV）的 γb 基因等可以通过对病毒的复制和在植物体内的运动调节而影响种子传毒。尽管这些病毒隶属不同的病毒属，但这些病毒基因的共同点是它们都可能与病毒在寄主体内的移动和复制有关。另一个有趣的现象是，所有这些基因都含有一个与 RNA 结合有关、富含组氨酸（cysteine‑rich）的类锌指（zinc finger‑like）区域。但这一结构区是否与种子传毒有关没有结论（Donald & Jackson，1994；Maia & Bernardi，1996；Kasschau et al.，1997）。

最后应该指出，有关种子传毒的生物学特性和传毒的分子机制的了解还十分有限，对于影响种子传毒的公共因素及不同病毒从母体转移到种子的途径还不了解，尤其是对决定种传的寄主基因所知甚少。目前只有少数可能影响病毒种子传播的寄主基因被鉴定出来。

第七节 结 语

这一章我们重点讨论了植物病原病毒介体传播和扩散的方式。由此，我们可以看到病原病毒传播方式的多样性和复杂性。而每种病毒所具有的独特的传播方式是病毒、介体和寄主植物长期协同进化产生和完善的，这也充分说明了病毒生存方式的多样性。由于病毒在植物之间的传播决定了病毒能否有效地繁殖和生存，因此病毒与介体的相互依存关系是病毒生命过程中最重要的关系之一。

目前，在病毒—介体传播关系中了解最多的是病毒编码基因在传毒中的作用。无论病毒以何种生物作为其传播介体，组成病毒粒体最基本成分的外壳蛋白都参与了病毒的传播过程。CP 在传毒中的重要性首先是已证实的介体传毒过程都是以病毒粒体的形式进行的［小麦花叶病毒的真菌传播可能例外（Driskel et al.，2004）］。因此，由 CP 氨基酸序列决定的病毒粒体的结构及颗粒表面的功能基团决定了病毒与介体之间传毒关系的特异性或传毒的效率。在 *CP* 基因上发生的任何遗传突变，只要影响到病毒的包装、病毒粒体的结构及稳定性，或是病毒粒体表面结构，均可能造成传毒能力的丧失或传毒效率的下降。由于病毒粒体的组装必须有病毒 DNA 或 RNA 基因组的参与，因此基因组的突变，如部分DNA 或 RNA 片段的删除，都可能对病毒粒体的形成造成影响而间接地干扰传毒过程。由于对绝大多数植物病原病毒的 CP 三维空间结构还不了解，对 CP 表面结构是如何决定病毒与介体之间或病毒与传毒辅助因子之间的相互识别，从而决定传毒的特异性目前所知甚少。

除了 CP 之外，有些病毒还需要其他病毒编码的蛋白共同参与来完成传毒过程，PVY的 HC‐Pro，花椰菜花叶病毒的 P2 和 P3 及黄症病毒和某些真菌传病毒的 RTD 是其中已知的例子。这些介体传毒的辅助成分可分为两类，一类是外源（external，*in trans*）提供的如 HC‐Pro 和 P2、P3 蛋白，另一类是与 CP 成一体的即 CP 延伸而成的 CP‐RTD，因此，有学者称之为内源的（internal，*in cis*）（Hull，1994）。这些蛋白之所以称之为传毒辅助成分是因为它们并不是构成病毒粒体的结构蛋白，如 HC‐Pro、P2 和 P3，或不是构成病毒粒体不可或缺的成分如 RTD。但这些蛋白起到将病毒和其传毒介体连接的作用，因此，对病毒的介体传播也是至关重要的。

在病毒和介体相互识别而决定传毒特异性方面，虽然大多数病毒和介体的结合可能类似于配体—受体之间的识别反应，但对病毒和介体之间的相互识别、病毒在介体内的结合及释放与病毒在介体内生存和运输等过程的分子机理所知甚少。例如对介体受体的特征，目前仅知道某些真菌传病毒的介体识别过程可能有甘露糖及其衍生物的参与，亦即可能与需要糖参与作用的受体有关。因此，在有关病毒—介体之间相互作用详细机理的研究中，对介体参与调控传毒的基因的研究将是今后病原病毒介体传播的分子生物学基础研究的重点之一。

有关病毒非介体传播方面的内容本章着重讨论了种子传毒。与介体传毒不同，种子和其他无性繁殖组织材料的传毒是病毒在寄主内侵染的继续，因而引申出垂直传播的概念。种子传毒是一个复杂的胚感染过程，其感病机制应属于病毒和寄主相互作用的范畴。因此，种传病毒传毒机理的研究侧重于病毒如何在寄主体内转导和感染生殖细胞和组织，而"传毒"则是种子受病毒感染的结果。

最后，植物病毒传播的分子生物学研究是当前植物病毒学研究最活跃的领域之一，涉及的内容甚广。因受篇幅所限本章无法涵盖有关传毒研究的所有内容。有兴趣的读者可通过本章所引文献作更进一步了解。

参 考 文 献

Adams MJ，Antoniw JF，Mullins JG. 2001. Plant virus transmission by plasmodiophorid fungi is associated with distinctive transmembrane regions of virus‐encoded proteins. Archives of Virology，146：1 139～1 153

Adams MJ. 1991. Transmission of plant viruses by fungi. Annals of. Applied Biology，118：479～492

Adams MJ，Swaby AG，Jones P. 1988. Confirmation of the transmission of barley yellow mosaic virus（BaYMV）by the fungus *Polymyxa graminis*. Annals of Applied Biology，112：133～141

Agranovsky AA, Lesemann DE, Mais ES, Hull R, Atabekov JG. 1995. "Rattlesnake" structure of a filamentous plant RNA virus built of two capsid proteins. Proceedings of the National Academy of Sciences, 92: 2 470~2 473

Ammar ED, Jarlfors U, Pirone TP. 1994. Association of potyvirus helper component protein with virions and the cuticle lining the maxillary food canal and foregut of an aphid vector. Phytopathology, 84: 1 054~1 059

Anandalakshmi R, Pruss GJ Ge X, Marathe R, Mallory AC, Smith TH, Vance VB. 1998. A viral suppressor of gene silencing in plants Proceedings of the National Academy of Sciences, 95: 13 079~13 084

Andret - Link P, Schmitt - Keichinger C, Demangeat G, Komar V, Fuchs M. 2004. The specific transmission of Grapevine fanleaf virus by its nematode vector Xiphinema index is solely determined by the viral coat protein. Virology, 320 (1): 12~22

Armour SL, Melcher U, Pirone TP, Lyttle DG, Essenberg RC. 1983. Helper component for aphid transmission encoded by region II of cauliflower mosaic virus DNA. Virology, 129: 25~30

Atreya CD, Raccah B, Pirone TP. 1990. A point mutation in the coat protein abolishes aphid transmissibility of a potyviurs. Virology, 178: 161~165

Azzam O, Frazer J, de la Rosa D, Beaver JS, Ahlquist P, Maxwell DP. 1994. Whitefly transmission and efficient ssDNA accumulation of bean golden mosaic geminivirus require functional coat protein. Virology 204: 289~296

Bandla MD, Chambell LR, Ullman DE, Sherwood JL. 1998. Interaction of tomato spotted wilt tospovirus (TSWV) glycoproteins with a thrips midgut protein, a potential cellular receptor for TSWV. Phytopathology, 88: 98~104

Belin C, Schmitt C, Demangeat G, Komar V, Pinck L, Fuchs M. 2001. Involvement of RNA2 - encoded proteins in the specific transmission of Grapevine fanleaf virus by its nematode vector Xiphinema index. Virology, 291 (1): 161~171

Berger PH, Pirone TP. 1986. The effect of helper component on the uptake and localization of poty viruses in Myzus persicae. Virology, 153: 256~261

Blanc S, Ammar ED, Garcia - Lampasona S, Dolja VV, Llave C, Baker J, Pirone TP. 1998. Mutations in the potyvirus helper component protein: effects on interactions with virions and aphid stylets. Journal of General Virology, 79: 3 119~3 122

Blanc S, Lopez Moya JJ, Wang R, Garcia - Lampasona S, Thornbury DW, Pirone TP. 1997. A specific interaction between coat protein and helper component correlates with aphid transmission of a potyvirus. Virology, 231: 141~147

Bosco D, Mason G, Accotto GP. 2004. TYLCSV DNA, but not infectivity, can be transovarially inherited by the progeny of the whitefly vector Bemisia tabaci (Gennadius) . Virology, 323: 276~283

Bouchery Y, Givord L, Monestiez P. 1990. Comparison of short - and long - feed transmission of the cauliflower mosaic virus Cabb - S strain and S delta II hybrid by two species of aphid: Myzus persicae (Sulzer) and Brevicoryne brassicae (L.). Research in Virology, 141 (6): 677~683

Brault V, Bergdoll M, Mutterer J, Prasad V, Pfeffer S, Erdinger M, Richards KE, Ziegler - Graff V. 2003. Effects of point mutations in the major capsid protein of beet western yellows virus on capsid formation, virus accumulation, and aphid transmission. Journal of Virology, 77: 3 247~3 256

Brault V, Mutterer JD, Scheidecker D, Simonis MT, Herrbach E, Richards K, Ziegler - Graff V. 2000. Effects of point mutations in the readthrough domain of beet western yellows virus minor capsid protein on virus accumulation in planta and on transmission by aphids. Journal of Virology，74：1 140～1 148

Brault V，Perigon S，Reinbold C，Erdinger M，Scheidecker D，Herrbach E，Richards K，Ziegler - Graff V. 2005. The polerovirus minor capsid protein determines vector specificity and intestinal tropism in the aphid. Journal of Virology，79：9 685～9 693

Brault V，van den Heuvel J F J M，Verbeek M，Ziegler - Graff V，Reutenauer A，Herrbach E，Garaud J C，Guilley H，Richards K，Jonard G. 1995. Aphid transmission of beet western yellows luteovirus requires the minor capsid read - through protein P74. EMBO Journal，14：650～659

Briddon RW，Pinner MS，Stanley J，Markham PG. 1990. Geminivirus coat protin gene replacement alters insect specificity. Virology，177：85～94

Brown DJ，Robertson WM，Trudgill DL. 1995. Transmission of viruses by plant nematodes. Transmission of viruses by plant nematodes. Annual. Review of Phytopathology，33：223～249

Bruyère A，Brault V，Ziegler - Graff V，Simonis MT，van den Heuvel JFJM，Richards K，Guilley H，Jonard G，Herrbach E. 1997. Effects of mutations in the beet western yellows virus readthrough protein on its expression and packaging and on virus accumulation，symptoms，and aphid transmission. Virology，230：323～334

Campbell RN. 1979. Fungal vectors of plant viruses. Fungal viruses（Molitoris HP，Hollings M，Wood ed）. Berlin：Springer - Verlag

Campbell RN. 1996. Fungal transmission of plant viruses. Annual. Review of Phytopathology，34：87～108

Carroll TW，Mayhew DE. 1976a. Anther and pollen infection in relation to the pollen and seed transmissibility of two strains of barley stripe mosaic virus in barley. Canadian Journal of Botany，54：2 497～2 512

Carroll TW，Mayhew DE. 1976b. Occurrence of virions in developing ovules and embryo sacs in relation to the seed transmissibility of barley stripe mosaic virus. Canadian Journal of Botany，54：2 497～2 512

Chay CA，Gunasinge UB，Dinesh - Kumar SP，Miller WA，Gray SM. 1996. Aphid transmission and systemic plant infection determinants of barley yellow dwarf luteovirus - PAV are contained in the coat protein readthrough domain and 17 - kDa protein，respectively. Virology，219：57～65

Chen B，Francki RIB. 1990. Cucumovirus transmission by the aphid Myzus persicae is determined solely by the viral coat protein. Journal of General. Virology，71：939～944

Costa AS. 1976. Whitefly - Transmitted Plant Diseases. Annual. Review of Phytopathology，14：429～449

Costa HS，Westcot DM，Ullman DE，Rodell DE，Rodell RC，Brown JK，Johnson MW. 1996. Virus - like particles in the mycetocyte of the sweetpotato whitefly，Bemisia tabaci （ Homoptera，Aleyrodidae）. Journal of Invertebrate Pathology，67：183～186

Dautel S，Guidasci T，Pique M，Mougeot JL，Lebeurier G，Yot P，Mesnard JM. 1994. The full - length product of cauliflower mosaic virus open reading frame Ⅲ is associated with the viral particle，Virology，202：1 043～1 045

de Assis Filho FM，Sherwood JL. 2000. Evaluation of seed. transmission of Turnip yellow mosaic virus and Tobacco mosaic virus in. Arabidopsis thaliana. Phytopathology，90：1 233～1 238

de Medeiros RB，Figueiredo J，Resende Rde O，de Avila AC. 2005. Expression of a viral polymerase - bound host factor turns human cell lines permissive to a plant - and insect - infecting virus. Proceedings of the National Academy of Sciences U S A，102：1 175～1 180

Demler SA，Borkhsenious ON，Rucker DG，de Zoeten GA. 1994. Assessment of the autonomy of replicativ and structural functions encoded by the luteo - phase of pea enation mosaic virus. Journal of

General. Virology, 75: 997~1 007

Demler SA, Rucker Feeney DG, Skaf JS, de Zoeten GA. 1997. Expression and suppression of circulative aphid transmission in pea enation mosaic virus. Journal of General. Virology, 78: 511~523

Driskel BA, Doss P, Littlefield LJ, Walker NR, Verchot - Lubicz J. 2004. Soilborne wheat mosaic virus movement protein and RNA and wheat spindle streak mosaic virus coat protein accumulate inside resting spores of their vector, *Polymyxa graminis*. Molcular Plant Microbe Interaction, 17: 739~748

Dessens JT, Meyer M. 1996. Identification of structural similarities between putative transmission proteins of Polymyxa and Spongospora transmitted bymoviruses and furoviruses. Virus Genes, 12: 95~99

Diao A, Chen J, Gitton F, Antoniw JF, Mullins J, Hall AM, Adams MJ. 1999. Sequences of European wheat mosaic virus and oat golden stripe virus and genome analysis of the genus furovirus. Virology, 261: 331~339

Dixon LK, Koenig I, Hohn T. 1983. Mutagenesis of cauliflower mosaic virus. Gene, 25: 189~199

Dolja VV, Karasev AV, Koonin EV. 1994. Molecular biology and evolution of closteroviruses: sophistica- ted build - up of large RNA genomes. Annual Review of Phytopathology, 32: 261~285

Dombrovsky A, Huet H, Chejanovsky N, Raccah B. 2005. Aphid transmission of a potyvirus depends on suitability of the helper component and the N terminus of the coat protein. Archives of Virology, 150: 287~298

Donald RGK, Jackson AO. 1994. The barley stripe mosaic virus γb gene encodes a multifunctional cysteine- rich protein that affects pathogenesis. Plant Cell, 6: 1 593~1 606

Drucker M, Froissart R, Hebrard E, Uzest M, Ravallec M, Esperandieu P, Mani JC, Pugniere M, Roquet F, Fereres A, Blanc S. 2002. Intracellular distribution of viral gene products regulates a complex mechanism of cauliflower mosaic virus acquisition by its aphid vector. Proc Natl Acad Sci USA, 99: 2 422~2 427

Falk BW, Duffus JE, Morris TJ. 1979. Transmission, host range and serological properties of the viruses that cause lettuce speckles disease. Phytopathology, 69: 612~617

Falk BW, Tsai JH, Lommel SA. 1987. Differences in levels of detection for the maize stripe virus capsid and major non - capsid proteins in plant and insect hosts. Journal of General. Virology, 68: 1 801~1 811

Ferris DG, Jones RAC, Wroth JM. 1996. Determining the effectiveness of resistance to subterranean clover mottle sobemovirus in different genotypes of subterranean clover in the field using the grazing animal as virus vector. Annals of Applied Biology, 128: 303~315

Field TK, Patterson CA, Gergerich RC, Kim KS. 1994. Fate of viruses in bean leaves after deposition by *Epilachna varivestis*, a beetle vector of plant viruses. Phytopathology, 84: 1 346~1 350

Filichkin SA, Brumfield S, Filichkin TP, Young MJ. 1997. In vitro interactions of the aphid endosymbiotic SymL chaperonin with barley yellow dwarf virus. Journal of Virology, 71 (1): 569~577

Francki RIB, Fauquet CM, Knudson DL, Brown F. 1991. Classification and nomenclature of viruses. Fifth Report of the International Committee on Taxonomy of Viruses. Archives of. Virology. (Suppl. 2), Wien, New York: Springer - Verlag

Franz AW, van der Wilk F, Verbeek M, Dullemans AM, van den Heuvel JF. 1999. Faba bean necrotic yellows virus (genus *Nanovirus*) requires a helper factor for its aphid transmission. Virology, 262: 210~219

Fulton JP, Gergerich RC, Scott HA. 1987. Beetle Transmission of Plant Viruses. Annual Review of Phyto- pathology, 25: 111~123

Gera A, Loebenstein G, Raccah B. 1979. Protein coats of two strains of Cucumber mosaic virus affect transmission by *Aphis gossypii*. Phytopathology, 69: 396~399

Gergerich RC, Scott HA, Fulton JP. 1986. Evidence that ribonucleases in beetle regurgitant determine the transmission of plant viruss. Journal of General Virology, 67: 367~370

Ghanim M, Czosnek H. 2000. Tomato yellow leaf curl geminivirus (TYLCV - Is) is transmitted among whiteflies (*Bemisia tabaci*) in a sex - related manner. Journal of Virology, 74: 4 738~4 745

Gildow FE. 1987. Virus - membrane interactions involved in circulative transmission of luteoviruses by aphids. Advances in Disease Vector Research, 4: 93~120

Gildow FE. 1993. Evidence for receptor - mediated endocytosis regulating luteovirus acquisition by aphids. Phytopathology, 83: 270~277

Gildow FE, Damsteegt VD, Stone AL, Smith OP, Gray SM. 2000. Virus - vector cell interactions regulating transmission specificity of soybean dwarf luteoviruses. Journal of Phytopathology, 148: 333~342

Gildow FE, Gray S. 1993. The aphid salivary gland basal lamina as a selective barrier associated with vector - specific transmission of barley yellow dwarf luteovirus. Phytopathology, 83: 1 293~1 302

Gildow FE, Reavy B, Mayo MA, Duncan GH, Woodford JAT, Lamb JW, Hay RT. 2000. Aphid acquisition and cellular transport of potato leafroll virus - like particles lacking P5 readthrough protein. Phytopathology, 90: 1 153~1 161

Goldman V, Czosnek H. 2002. Whiteflies (*Bemisia tabaci*) issued from eggs bombarded with infectious DNA clones of Tomato yellow leaf curl virus from Israel (TYLCV) are able to infect tomato plants. Archives of Virology, 147: 787~801

Govier DA, Kassanis B. 1974a. Evidence that a component other than the virus particles is needed for aphid transmission of potato virus Y. virology, 57: 285~286

Govier DA, Kassanis B. 1974b. A virus - induced component of plant sap needed when aphids acquire potato virus Y from purified preparations. Virology, 61: 420~426

Gray SM, Banerjee N. 1999. Mechanisms of arthropod transmission of plant and animal viruses. Microbiology and Molecular. Biology Reviews, 63: 128~148

Gray SM, Gildow FE. 2003. Luteovirus - aphid interactions. Annual Review of Phytopathology 41: 539~566

Harris KF. 1977. An ingestion - egestion hypothesis of noncirculative virus transmission. *In* Harris KF and Maramorosch K (ed.), Aphids as virus vectors. New York: Academic Press, 165~220

Harris KF. 1981. Arthropod and nematode vectors of plant viruses. Annual. Review of. Phytopathology, 19: 391~426

Harris KF. 1990. Aphid transmission of plant viruses. In: C. L. Mandahar (ed.), Plant viruses, vol. Ⅱ. Pathology. Boca Raton: CRC Press, 177~204

Harrison BD. 1985. Advances in geminivirus research. Annual Review of Phytopathology, 23: 55~82

Harrison BD, Murant AF, Mayo MA, Roberts IM. 1974. Distribution and determinants for symptom production, host range and nematode transmissibility between the two RNA components of raspberry ringspot virus. Journal of. General. Virology, 22: 233~247

Harrison BD, Robinson DJ. 1988. Molecular variation in vector - borne plant viruses: Epidemiological significance. Philosophical Transactions of the royal Society of London Series B. 321: 447~462

He X, Liu S, Perry KL. 1998 Identification of epitopes in cucumber mosaic virus using a phagedisplayed random peptide library. Journal of General Virology, 79: 3 145~3 153

Hernandez C, Visser PB, Brown DJ, Bol JF. 1997. Transmission of tobacco rattle virus isolate PpK20 by its nematode vector requires one of the two non - structural genes in the viral RNA 2. Journal of General Virology, 78: 465~467

Hernandez C, Mathis A, Brown DJ, Bol JF. 1995. Sequence of RNA2 of a nematodetransmissible isolate of tobacco rattle virus. Journal of General Virology, 76: 2 847~2 851

Hillman BI, Anzola JV, Halpern BT, Cavileer TD, Nuss DL. 1991. First field isolation of wound tumor virus from a plant host: minimal sequence divergence from the type strain isolated from an insect vector. Virology, 185: 896~900

Hofer P, Bedford ID, Markham PG, Jeske H, Frischmuth T. 1997. Coat protein gene replacement results in whitefly transmission of an insect nontransmissible geminivirus isolate. Virology, 236: 288~295

Hogenhout SA, Redinbaugh MG, Ammar el - D. 2003. Plant and animal rhabdovirus host range: a bug's view. Trends in Microbiology, 11: 264~271

Hohnle M, Hofer P, Bedford ID, Briddon RW, Markham PG, Frischmuth T. 2001. Exchange of three amino acids in the coat protein results in efficient whitefly transmission of a nontransmissible Abutilon mosaic virus isolate. Virology, 290: 164~171

Hull R. 1994. Molecular biology of plant virus vector interactions. In Harris KF (ed.) Advances in disease Vector Research (Vol. 10). New York: Springer - Verlag

Hull R. 1996. Molecular biology of rice tungro viruses. Annual Reviews of Phytopathology. 34: 275~297

Hunt RE, Nault LR and Gingery RE. 1988. Evidence for infectivity of maize chlorotic dwarf virus and for a helper component in its leafhopper transmission. Phytopathology, 78: 499~504

Hunter DG, Bowyer JW. 1997. cytopathology of developing anthers and pollen mother cells from lettuce plants infected by lettude mosaic potyvirus. Journal of. Phytopathology, 145: 521~524

Jacobi V, Peerenboom E, Schenk PM, Antoniw JF, Steinbiss H - H, Adams MJ. 1995. Cloning and sequence analysis of RNA - 2 of a mechanically transmitted UK isolate of barley mild mosaic bymovirus (BaMMV). Virus Research, 37: 99~111

Jacquot E, Geldreich A, Keller M, Yot P. 1998. Mapping regions of the cauliflower mosaic virus ORF Ⅲ product required for infectivity. Virology, 242: 395~402

Johansen E, Edwards MC, Hampton RO. 1994. Seed transmission of Viruses: current perspectives. Annual. Review of. Phytopathology, 32: 363~386

Jolly CA, Mayo MA. 1994. Changes in the amino acid sequence of the coat protein readthrough domain of potato leafroll luteovirus affect the formation of an epitope and aphid transmission. Virology, 201: 182~185

Kakani K, Reade R, Rochon D. 2004. Evidence that vector transmission of a plant virus requires conformational change in virus particles. Journal of Molecular Biology, 338: 507~517

Kakani K, Robbins M, Rochon D. 2003. Evidence that binding of cucumber necrosis virus to vector zoospores involves recognition of oligosaccharides. Journal of Virology, 77: 3 922~3 928

Kakani K, Sgro JY, Rochon D. 2001. Identification of cucumber necrosis virus coat protein amino acids affecting fungus transmission and zoospore attachment. Journal of Virology, 7: 5 576~5 583

Karasev AV. 2000 Genetic diversity and evolution of closeteroviruses. Annual Review of Phytopathology, 38: 293~324

Kassanis B, Govier DA. 1971. The role of the helper virus in aphid transmission of potato aucuba mosaic virus and potato virus C. Journal of General. Virology, 13: 221~228

Kasschau KD, Cronin S, Carrington JC. 1997. Genome amplification and long - distance movement functions associated with the central domain of tobacco etch potyvirus helper component - proteinase. Virology, 228: 251~262

Kikkert M, Meurs C, van de Wetering F, Dorfmuller S, Peters D. 1998. Binding of tomato spotted wilt virus to a 94 - kDa thrips protein. Phytopathology, 88: 63~69

Koenig R. 2000. Deletions in the KTER - encoding domain, which is needed for Polymyxa transmission, in manually transmitted isolates of Beet necrotic yellow vein benyvirus. Archives of Virology, 145: 165~170

Kritzman A, Gera A, Raccah B, van Lent JW, Peters D. 2002. The route of tomato spotted wilt virus inside the thrips body in relation to transmission efficiency. Archives of Virology. 147 (11): 2 143~2 156

Lamb JW, Hay RT. 2000. Aphid acquisition and cellular transport of potato leafroll virus - like particles lacking P5 readthrough protein. Phytopathology, 90: 1 153~1 161

Lamire O, Merdinoglu Valentin P, Putz C, Ziegle - Graff V, Guilley H, Jonard G, Richards K. 1988. Effect of beet necrotic yellow vein virus RNA composition of transmission by *Polymyxa betae*. Virology, 162: 232~235

Lee L, Kaplan IB, Ripoll DR, Liang D, Palukaitis P, Gray SM. 2005. A surface loop of the potato leafroll virus coat protein is involved in virion assembly, systemic movement, and aphid transmission. Journal of Virology 79: 1 207~1 214

Leh V, Jacquot E, Geldreich A, Haas M, Blanc S, Keller M, Yot P. 2001. Interaction between the open reading frame III product and the coat protein is required for transmission of cauliflower mosaic virus by aphids. Journal of Virology, 75: 100~106

Leh V, Jacquot E, Geldreich A, Hermann T, Leclerc D, Cerutti M, Yot P, Keller M, Blanc S. 1999. Aphid transmission of cauliflower mosaic virus requires the viral P III protein. EMBO Journal, 18: 7 077~7 085

Li C, Cox - Foster D, Gray SM, Gildow F. 2001. Vector specificity of barley yellow dwarf virus (BYDV) transmission: identification of potential cellular receptors binding BYDV - MAV in the aphid, *Sitobion avenae*. Virology, 286: 125~133

Liu S, Bedford ID, Briddon RW, Markham PG. 1997. Efficient whitefly transmission of African cassava mosaic geminivirus requires sequences from both genomic components. Journal of General Virology, 8: 1 791~1 794

Liu S, Bonning BC, Miller WA. 2006 A simple wax - embedding method for isolation of aphid hemolymph for detection of luteoviruses in the hemocoel. Journal of virological. Methods, 132: 174~180

Liu S, Briddon RW, Bedford ID, Pinner MS, Markham PG. 1999. Identification of genes directly and indirectly involved in the insect transmission of African cassava mosaic geminivirus by *Bemisia tabaci*. Virus Genes, 18: 5~11

Liu S, He X, Park G, Josefsson C, Perry KL. 2002 A conserved capsid protein surface domain of Cucumber mosaic virus is essential for efficient aphid vector transmission. Journal of Virology, 76: 9 756~9 762

Liu S, Miller W A. 2002. CP - RTD genes of BYDV - PAV isolates affect aphid transmission efficiency and symptom severity. Phytopathology, 92: S48 (Abstract)

Lopez Moya JJ, Canto T, Diaz Ruiz JR, Lopez Abella D. 1995. Transmission by aphids of a naturally non - transmissible plum pox virus isolate with the aid of potato virus Y helper component. Journal of General. Virology, 76: 2 293~2 297

Lopez - Moya JJ, Wang RY, Pirone TP. 1999. Context of the coat protein DAG motif affects potyvirus transmissibility by aphids. Journal of General Virology, 80: 3 281~3 288

Lu XB, Peng BZ, Zhou GY, Jin DD, Chen SX, Gong ZX. 1999. Localization of PS9 in Rice Ragged Stunt Oryzavirus and Its Role in Virus Transmission by Brown Planthopper. Acta Biochimica et Biophysica Sinica, 31: 180~184

MacFarlane SA, Brown DJF. 1995. Sequence comparison of RNA2 of nematodetransmissible and nematode - non - transmissible isolates of pea early - browning virus suggests that the gene encoding the 29 kDa protein may be involved in nematode transmission. Journal of General Virology, 76: 1 299~1 304

MacFarlane SA, Brown DJF, Bol JF. 1995. The transmission by nematodes of tobraviruses is not detrmined exclusively by the virus coat protein. European Journal of Plant Pathology, 10: 535~539

MacFarlane SA, Vassilakos N, Brown DJF. 1999. Similarities in the genome organization of tobacco rattle virus and pea early - browning virus isolates that are transmitted by the same vector nematode. Journal of General Virology, 80: 273~276

MacFarlane SA, Wallis CV, Brown DJ. 1996. Multiple virus genes involved in the nematode transmission of pea early browning virus. Virology, 219: 417~422

Maia IG, Bernardi F. 1996. Nucleic acid - binding properties of a bacterially expressed potato virus Y helper component - proteinase. Journal of General Virology, 77: 869~877

Mandahar CL. 1990. Virus transmission. In: C. L. Mandahar (ed.), Plant viruses, vol. Ⅱ. Pathology. Boca Raton: CRC Press, 205~254

Markham PG, Hull R. 1985. Cauliflower mosaic virus aphid transmission facilitated by transmission factors from other caulimoviruses. Journal of General Virology, 66: 921~923

Martin J B Collar L, Tjallingii W F, Fereres A. 1997. Intracellular ingestion and salivation by aphids may cause the acquisition and inoculation of non - persistently transmitted plant viruses. Journal of General Virology, 78: 2 701~2 705

Maule AJ, Wang D. 1996. Seed transmission of plant viruses: a lesson in biological complexity. Trends in Microbiology, 4: 153~158

Mawassi M, Gafny R, Bar - Joseph M. 1993. Nucleotide sequence of the coat protein gene of citrus tristeza virus: comparison of biologically diverse isolates collected in Israel. Virus Genes, 7: 265~275

Mayo MA, Brierley KM, Goodman BA. 1993. Developments in the understanding of the particle structure of tobraviruses. Biochimie, 75: 639~644

McGuire JM, Kim KS, Douthit LB. 1970. Tobacco ringspot virus in the nematode *Xiphinema americanum*. Virology, 42: 212~216

McKirdy SJ, Jones RAC, Sivasithamparam K. 1998. Determining the effectiveness of grazing and trampling by livestock by transmitting white clover mosaic and subterranean clover mottle virus. Annals of Applied Biology, 132: 91~105

McLean MA, Campbell RN, Hamilton RI, Rochon DM. 1994. Involvement of cucumber necrosis virus coat protein in the specificity of fungus transmission by *Olpidium bornovanus*. Virology, 204: 840~842

Miller WA, Liu S, Beckett R. 2002. Barley yellow dwarf virus: Luteoviridae or Tombusviridae? Molecular Plant Pathology, 3: 177~184

Mink GI. 1993. Pollen - and seed - transmitted viruses and viroids. Annual Review of Phytopathology, 31: 375~402

Morin S, Ghanim M, Zeidan M, Czosnek H, Verbeek M, van den Heuvel JFJM. 1999. A GroEL homologue from endosymbiotic bacteria of the whitefly *Bemisia tabaci* is implicated in the circulative transmission of tomato yellow leaf curl virus. Virology, 256: 75~84

Murant AF. 1990. Dependence of groundnut rosette virus on its satellite RNA as well as on groundnut rosette assistor luteovirus for transmission by *Aphis craccivora*. Journal of General Virology, 71: 2 163~ 2 166

Murant AF, Roberts IM, Elnager S. 1976. Association of virus - like particles with the foregut of the aphid, Cavariella aegopodii, transmitting the semipersistent viruses anthriscus yellows and parsnip yellow fleck. Journal of General Virology, 31: 47~57

Murant AF, Raccah B, Pirone TP. 1988. Transmission by vectors in The Plant Viruses, Vol. 4, the Filamentous Plant Viruses, Milne R G (ed.), New York: Plenum, 237~273

Nagata T, Inoue - Nagata AK, Smid HM, Goldbach R, Peters D. 1999. Tissue tropism related to vector competence of *Frankliniella occidentalis* for Tomato spotted wilt tospovirus. Journal of General Virology, 80: 507~515

Nagata T, Inoue - Nagata AK, van Lent J, Goldbach R, Peters D. 2002. Factors determining vector competence and specificity for transmission of Tomato spotted wilt virus Journal of General Virology, 83: 663~671

Nakashima N, Noda H. 1995. Nonpathogenic Nilaparvata lugens reovirus is transmitted to the brown planthopper through rice. Virology, 207: 303~307

Nault LR, Ammar ED. 1989. Leafhopper And Planthopper Transmission Of Plant Viruses. Annual Review of Phytopathology, 34: 503~529

Ng JC, Liu S, Perry KL. 2000. Cucumber mosaic virus mutants with altered physical properties and defective in aphid vector transmission. Virology, 276: 395~403

Noris E, Vaira AM, Caciagli P, Masenga V, Gronenborn B, Accotto GP. 1998. Amino acids in the capsid protein of tomato yellow leaf curl virus that are crucial for systemic infection, particle formation, and insect transmission. Journal of Virology, 72: 10 050~10 057

Nuss DL, Dall DJ. 1990. Structural and functional properties of plant reovirus genomes. Advances in Virus Research, 38: 249~306

Oh CS, Carrington JC. 1989. Identification of essential residues in potyvirus proteinase HC Pro by site - directed mutagenesis. Virology, 173: 692~699

Oldfield GN. 1970. Mite transmission of plant viruses. Annual. Reviews of. Entomology. 15: 343~380

Omura T, Yan J, Zhong B, Wada M, Zhu Y, Tomaru M, Maruyama W, Kikuchi A, Watanabe Y, Kimura I, Hibino H. 1998. The P2 protein of rice dwarf phytoreovirus is required for adsorption of the virus to cells of the insect vector. Journal of Virology, 72: 9 370~9 373

Palacios I, Drucker M, Blanc S, Leite S, Moreno A, Fereres A. 2002. Cauliflower mosaic virus is preferentially acquired from the phloem by its aphid vectors. Journal of General Virology, 83: 3 163~3 171

Palukaitis P, Roossinck MJ, Dietzgen RG, Francki RIB. 1992. Cucumber mosaic virus. Advances in Virus Research, 41: 281~348

Peerenboom E, Jacobi V, Antoniw JF, Schlichter U, Cartwright EJ, Steinbiss H - H, Adams MJ. 1996. The complete nucleotide sequence of RNA - 2 of a fungally - transmitted UK isolate of barley mild mosaic bymovirus and identification of amino acid combinations possibly involved in fungus transmission. Virus Research, 40: 149~159

Peiffer ML, Gildow FE, Gray SM. 1997. Two distinct mechanisms regulate luteovirus transmission efficiency and specificity at the aphid salivary gland. Journal of. General. Virology, 78: 495~503

Peng YH, Kadoury D, Gal - On A, Huet H, Wang Y, Raccah B. 1998. Mutations in the HC - Pro gene of zucchini yellow mosaic potyvirus: effects on aphid transmission and binding to purified virions. Journal of General Virology, 79: 897~904

Perry KL, Zhang L, Palukaitis P. 1998. Amino acid changes in the coat protein of cucumber mosaic virus differentially affect transmission by the aphids *Myzus persicae* and *Aphis gossypii*. Virology. 242: 204~210

Perry KL, Zhang L, Shintaku MH, Palukaitis P. 1994. Mapping determinants in Cucumber mosaic virus for transmission by *Aphis gossypii*. Virology, 205: 591~595

Pirone TP. 1977. Accessory factors in nonpersistent virus transmission. In Harris KF, Maramorosch K (eds). Aphids As Virus Vectors. Academic Press, London, pp. 221~235

Pirone TP, Thornbury DW. 1983. Role of virion and helper component in regulating aphid transmission of tobacco etch virus Phytopathology, 73: 872~875

Pirone TP, Blanc S. 1996. Helper dependent vector transmission of plant viruses. Annual Reviews of Phytopathology, 34: 227~247

Ploeg AT, Robinson, DJ, Brown DJF. 1993. RNA - 2 of tobacco rattle virus encodes the determinants of transmissibility by trichodorid vector nematodes. Journal of General Virology, 74: 1 463~1 466

Prins M, Goldbach R. 1998. The emerging problem of tospovirus infection and nonconventional methods of control. Trends in Microbiology, 6: 31~35

Raccah B, Roistacher CN, Barbagallo S. 1989. Semipersistent transmission of viruses by vectors with special emphasis on citrus tristeza virus. In: Harris KF (ed.), Advances in disease vector Research (Vol. 6), Springer - Verlag, Berlin, 301~340

Reavy B, Arif M, Cowan GH, Torrance L. 1998. Association of sequences in the coat protein/ readthrough domain of pota mop - top virus with transmission by *Spongospora subterranea*. Journal of General Virology, 79: 2 343~2 347

Richards KE, Tamada T. 1992. Mapping functions on the multipartite genome of beet necrotic yellow vein virus. Annual Review of Phytopathology, 30: 291~313

Roberts IM, Wang D, Thomas CL, Maule AJ. 2003. Pea seed - borne mosaic virus seed transmission exploits novel symplastic pathways to infect the pea embryo and is, in part, dependent upon chance. Protoplasma, 222: 31~43

Robertson WM, Hendry CE. 1986. An association of carbohydrate with particles of arabis mosaic virus retained with *Xiphinema diversicaudatum*. Annals of Applied Biology, 109: 299~305

Robinson DJ, Ryabov EV, Raj SK, Roberts IM, Taliansky ME. 1999. Satellite RNA is essential for encapsidatioon of groundnut rosette umbravirus RNA by groundnut rosette assistor luteovirus coat protein. Virology, 254: 105~114

Rochon D, Kakani K, Robbins M, Reade R. 2004. Molecular aspects of plant virus transmission by olpidium and plasmodiophorid vectors Annual Review of Phytopathology, 42: 211~241

Rochow WF. 1970. *Barley yellow dwarf virus*: phenotypic mixing and vector specificity. Science, 167: 875~878

Rouze - Jouan J, Terradot L, Pasquer F, Tanguy S, Giblot Ducray - Bourdin DD. 2001. The passage of Potato leafroll virus through *Myzus persicae* gut membrane regulates transmission efficiency. Journal of General Virology, 82: 17~23

Rubinstein G, Czosnek H. 1997. Long - term association of tomato yellow leaf curl virus with its whitefly vector *Bemisia tabaci*: Effect on the insect transmission capacity, longevity and fecundity. Virology, 254: 105~114

Rysanek P, Stocky G, Haeberle A M, Putz C. 1992. Immunogoldlabelling of beet necrotic yellow vein virus particles inside its fungal vector, *Polymyxa betae* K. Agronomie, 12: 138~146

Sara S, Peters D. 2003. Rice yellow mottle virus is transmitted by cows, donkeys, and grass rats in irrigated rice crops. Plant Diseases, 87: 804~808

Schmidt I, Blanc S, Esperandieu P, Kuhl G, Devauchelle G, Louis C, Cerutti M. 1994. Interaction between the aphid transmission factor and virus particles is a part of the molecular mechanism of cauliflower mosaic virus aphid transmission. Proceedings of the National Academy of Sciences USA, 91: 8 885~8 889

Schmitt C, Mueller AM, Mooney A, Brown D, MacFarlane S. 1998. Immunological detection and mutational analysis of the RNA2-encoded nematode transmission proteins of pea early browning virus. Journal of General Vriology, 79: 1 281~1 288

Seddas P, Boissinot S, Strub JM, Van Dorsselaer A, Van Regenmortel MH, Pattus F. 2004. Rack - 1, GAPDH3, and actin: proteins of Myzus persicae potentially involved in the transcytosis of beet western yellows virus particles in the aphid. Virology, 325: 399~412

Shintaku MH, Lee Z, Palukaitis P. 1992. A single amino-acid substitution in the coat protein of Cucumber mosaic virus induces chlorosis in tobacco. Plant Cell, 4: 751~757

Sin SH, McNulty BC, Kennedy GG, Moyer JW. 2005. Viral genetic determinants for thrips transmission of Tomato spotted wilt virusProceedings of the National Academy of Sciences USA, 102: 5 168~5 173

Smith TJ, Chase E, Schmidt T, Perry KL. 2000. The structure of cucumber mosaic virus and comparison to cowpea chlorotic mottle virus. Journal of. Virology, 74: 7 578~7 586

Soto MJ, Chen LF, Seo YS, Gilbertson RL. 2005. Identification of regions of the Beet mild curly top virus (family Geminiviridae) capsid protein involved in systemic infection, virion formation and leafhopper transmission. Virology, 341: 257~270

Stavolone L, Villani ME, Leclerc D, Hohn T. 2005. A coiled-coil interaction mediates cauliflower mosaic virus cell-to-cell movement. Proceedings of the National Academy of Sciences USA, 102: 6 219~6 224

Stenger DC, Hein GL, Gildow FE, Horken KM, French R. 2005. Plant virus HC - Pro is a determinant of eriophyid mite transmission Journal of Virology, 79: 9 054~9 061

Suzuki N, Sugawara M, Kusano T, Mori H, Matsuura Y. 1994. Immunodetection of rice dwarf phytoreoviral proteins in both insect and plant hosts. Virology, 202: 41~48

Sylvester ES, Richardson J. 1992. Aphid-borne rhabdoviruses relationship with their aphid vectors. In: Harris KF ed. Advances in Disease Vector Research (Vol. 9). New York: Springer Verlag

Tamada T, Abe H. 1989. Evidence that beet necrotic yellow vein virus RNA - 4 is essential for efficient transmission by the fugus Polymyxa betae. Journal of. General Virology, 70: 3 391~3 398

Tamada T, Kusume T. 1991. Evidence that the 75 K readthrough protein of beet necrotic yellow vein virus RNA - 2 is essential for transmission by the fungus *Polymyxa betae*. Journal of General Virology, 72: 1 497~1 504

Tamada T, Schmitt C, Saito M, Guilley H, Richards K, Jonard G. 1996. High resolution analysis of the readthrough domain of beet necrotic yellow vein virus readthrough protein: A KTER motif is important for efficient transmission of the virus by *Polymyxa betae*. Journal of General Virology, 77: 1 359~1 367

Tayler CE, Robertson WM. 1969. The location of raspberry ringspot virus and tomato black ring viruses in the nematode vector, *Longidorus elongates* (de Man). Annals of Applied. Biology, 64: 233~237

Tayler CE, Robertson WM. 1970. Sites of virus retention in the alimentary tract of the nematode vectors, *Xiphinema diversicaudatum* (Nicol.) and *X. Index* (Thome and Allen). Annals of Applied Biology, 66: 375~380

Temink JHM, Campbel LRN, Smith PR. 1970. Specificity and site of in vitro acquisition of tobacco necrosis virus by zoospores of Olpidium brassicae. Journal of General Virology, 9: 201~213

Tomaru M, Maruyama W, Kikuchi A, Yan J, Ahu Y, Suzuki N, Isogai M, Oguma Y, Kimura I, Omura T. 1997. The loss of outer capsid protein P2 results in nontransmissibility by the insect vector of rice dwarf phytoreovirus. Journal of Virology, 71: 8 019~8 023

Ullman DE, German TL, Sherwood JL, Wescot DM, Cantone FA. 1993. Tospovirus replication in insect vector cells: immunocytochemical evidence that the nonstructural protein encoded by the S RNA of tomato spotted wilt tospovirus is present in thrips vector cells. Phytopathology, 83: 456~463

Ullman DE, Wescot DM, Chenault KD, Sherwood JL, German TL, Bandla MD, Cantone FA, Duer HL. 1995. Compartmentalization, intracellular transport, and autophagy of tomato spotted wilt tospovirus proteins in infected thrips cell. Phytopathology, 85: 644~654

van den Heuvel J, Hogenhout SA, van der Wilk F. 1999. Recognition and receptors in virus transmission by arthropods. Trends in Microbiology, 7: 71~76

van Den Heuvel, J. F. J. M. , Verbeek, M. , van Der Wilk, F. 1994. Endosymbiotic bacteria associated with circulative transmission of potato leafroll virus by *Myzus persicae*. Journal of General Virology, 75: 2 559~2 565

Vellios E, Duncan G, Brown, D. , MacFarlane, S. 2002. Immunogold localization of tobravirus 2b nematode transmission helper protein associated with virus particles. Virology, 300: 1 118~1 124

Visser P B, Bol J F. 1999. Nonstructural proteins of Tobacco rattle virus which have a role in nematode transmission: expression pattern and interaction with viral coat protein. Journal of General Virology, 80: 3 273~3 280

Wang D, MacFarlane S A, Maule A J. 1997. Viral determinants of pea early browning virus seed transmission in pea. Virology, 234: 112~117

Wang D, Maule AJ. 1992. Early embryo invasion as a determinant in pea of th seed transmission of pea seed-borne mosaic virus. Journal of General Virology, 73: 1 615~1 620

Wang D, Maule AJ. 1994. A Model for Seed Transmission of a Plant Virus: Genetic and Structural Analyses of Pea Embryo Invasion by Pea Seed - Borne Mosaic Virus. Plant Cell, 6: 777~787

Wang D, Maule AJ. 1997. Contrasting patterns in the spread of two seed—borne viruses in pea embryos. Plant Journal, 11: 1 333~1 340

Wang JY, Chay C, Gildow FE, Gray SM. 1995. Readthrough protein associated with virions of barley yellow dwarf luteovirus and its potential role in regulating the efficiency of aphid transmission. Virology, 206: 954~962

Wang RY, Ammuar ED, Thornbury DW, Lopez-Moya JJ, Pirone TP. 1996. Loss of potyvirus transmissibility and helper-component activity correlate with non - retention of virions in aphid stylets. Journal of General Virology, 77: 861~867

Wang RY, Gergerich RC, Kim KS. 1992. Noncirculative transmission of plant viruses by leaf feeding beetles. Phytopathology, 82: 946~950

Wang RY, Gergerich RC, Kim KS. 1994a. Entry of ingested plant viruses into the hemocoel of the beetle vector *Diabrotica undecipunctata howardii*. Phytopathology, 84: 147～152

Wang RY, Gergerich RC, Kim KS. 1994b. The relationship between feeding and virus retention time in beetle transmission of plant viruses. Phytopathology, 84: 995～998

Wang RY, Powell G, Hardie J, Pirone TP. 1998. Role of the helper component in vectorspecific transmission of potyviruses. Journal of General Virology, 79: 1 519～1 524

Wang S, Gergerich RC. 1998. Immunofluorescent localization of tobacco ringspot nepovirus in the vector nematode *Xiphinema americanum*. Phytopathology, 88: 885～889

Waterhouse PM, Murant AF. 1983. Further evidence on the nature of the dependence of carrot mottle virus on carrot red leaf virus for transmission by aphids. Annals of Applied Biology, 103: 455～464

Whitfield AE, Ullman DE, German TL. 2005. Tospovirus - thrips interactions. Annual Review of Phytopathology, 43: 459～489

Wijkamp I, van Lent J, Kormelink R, Goldbach R, Peters D. 1993. Multiplication of tomato spotted wilt virus in its insect vector, *Frankliniella occidentalis*. Journal of General Virology, 74: 341～349

Wilkinson TL. 1998. The elimination of intracellular microorganisms from insects: an analysis of antibiotic-treatment in the pea aphid. Comparative Biochemistry and Physiology, 119: 871～881

Woolston CJ, Covey SN, Penswick JR, Davies JW. 1983. Aphid transmission and a polypeptide are specified by a defined region of the cauliflower mosaic virus genome. Gene, 23: 15～23

Woolston CJ, Czaplewski LG, Markham PG, Goad AS, Hull R, Davies JW. 1987. Location and sequence of a region of cauliflower mosaic virus gene 2 responsible for aphid transmissibility. Virology, 160: 246～251

Yan J, Tomaru M, Takahashi A, Kimura I, Hibino H, Omura T. 1996. P2 protein encoded by genome segment S2 of rice dwarf phytoreovirus is essential for virus infection. Virology, 224: 539～541

Yang AF, Hamilton RI. 1974. The mechanism of seed transmission of tobacco ring spot virus in soybean. Virology, 62: 26～37

Yang Y, Kim KS, Andersen EJ. 1997. Seed transmission of cucumber mosaic virus in spinach. Phytopathology, 87: 924～931

Young MJ, Filichkin SA. 1999. Luteovirus interactions with aphid vector cellular components. Trends in Microbiology, 7 (9): 346～347

Zhou G, Lu X, Lu H, Lei J, Chen S, Gong Z. 1999. Rice ragged stunt oryzavirus: role of the viral spike protein in transmission by the isect vector. Annals of. Applied. Biology, 135: 573～578

第十四章　植物病毒的生态学与流行学

第一节　植物病毒生态学

植物病毒通过不同途径从一个地区传播到另一个地区，或从一个国家传播到另一个国家，这并不表明该病毒在这一新的地区就能定殖下来并扩展开去。一种病毒要生存，必须有它适合的生态系统。在这一系统中，植物病毒需要至少一种以上能够增殖的寄主植物、有效的传播方式、侵染寄主的能力和合适的环境条件。植物病毒生态系统（Plant virus ecosystem）是植物病毒与各种生物和非生物因子在一定时间和空间范围内通过一系列复杂的相互关系而构成的一个统一体。在这个统一体中的各种因子相互作用决定了植物病毒能否生存、扩展，甚至造成病毒病害的流行。

在自然界中存在众多的植物病毒。尽管目前已报道的植物病毒仅 900 多种，但实际上保守地估计也应该有 25 万～30 万种之多，甚至于几倍于此的数量（谢联辉和林奇英，2004）。这些病毒在不同国家和地区由于生态系统的不同，其分布和引起病害发生轻重的差异可能是很大的。对于一个地区而言，在相当长的时间内其生态系统是相同的或基本相同的，特别是在自然生态系统中各影响因子在长期的进化过程中通过相互作用而达到了一个相对动态平衡的阶段。因此，在一个地区存在的植物病毒，必然已经建立和适应了其自身的生态系统。突出表现之一是病毒与寄主植物建立了一种共同依存的关系，这一共同依存关系使得寄主植物尽管能被病毒侵染和繁殖，但不至于成灾或发病很重，这样使得病毒能够生存并世代繁衍下来。如果这一生态系统遭到破坏，其结果往往造成植物病毒病的突发流行或造成植物病毒的生存危机而消亡。

植物病毒生态学是研究植物病毒生态系统中各种生物和物理因子以及这些因子复杂的相互关系和规律的科学。在病毒生态学中核心影响因子包括生物因子和物理因子。生物因子包括病毒种类及特性、毒源植物种类、寄主植物抗病性、病毒传播方式或介体种类和特性、栽培措施及农事操作等；物理因子主要包括气温、降雨、风速和风向、土壤状况等。这些因子因时间、空间而变化，因子之间相互作用、相互制约，从而形成了一个变化的植物病毒动态体系。这些因子间的相互关系如图 14-1 所示。开展病毒生态学研究，可以了解各因子，特别是关键因子对病毒病害发生、发展所起的作用，这样有助于在一定时期内针对关键因子采取措施，最终达到控制病毒病的目的（谢联辉和林奇英，2004）。

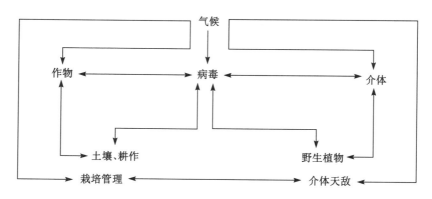

图 14-1　植物病毒生态系统中各因子及相互关系

(引自谢联辉和林奇英，2004)

第二节　植物病毒流行学

植物病毒病的流行是指病毒在植物间大量传播，在短时间内，大量地发生病害并引致一定程度损失的过程和现象。病害流行是群体发病，表现在一定的植物群体中病株率、病害严重程度随时间而增加，发病空间范围也随之扩大。植物病毒流行学就是研究植物病毒在植物群体中的发生、传播和持续存在规律的科学。

在植物病毒的生态系统中，影响病毒病发生和流行的因子主要有四个——病毒、寄主、介体（或非介体）及环境条件。但病毒病流行并不仅仅取决于这四个因子，特别是在农业生态系统中，病害的流行程度是由一系列因子综合决定的，这些因子包括病毒毒源总量及致病能力、寄主群体总量及抗病性、气候条件、栽培管理水平、其他生物因子及人为、社会因素等（谢联辉和林奇英，2004）。各因子间的相互作用，可能导致植物病毒病害在有些地方危害重，而在有些地方危害轻，即使在同一地区，同一种病毒的发生和危害在时间和空间的变化差异也很大。

一、病毒病害流行的时间动态

植物病毒病害与其他生物因子如真菌和细菌等引致的病害一样，其流行是一个发生、发展和衰退的过程。病害流行的时间动态是指在一定环境条件下病害数量随时间消长。按照研究的时间规模不同，流行的时间动态可分为季节流行动态和逐年流行动态。

在一个生长季节中如果定期系统调查田间发病情况，取得发病数量（发病率或病情指数）随病害流行时间而变化的数据，再以时间为横坐标，以发病数量为纵坐标，绘制成发病数量随时间而变化的曲线。该曲线称为病害的季节流行曲线。曲线的起点在横坐标上的位置为病害始发期，斜线反映了流行速率，曲线最高点表明流行程度。

对于一个生长季节中只有一个发病高峰的病害，其流行曲线呈典型的"S形"。"S形"分为指数增长期、逻辑斯蒂（Logistic）增长期和衰退期，相当于病害的始发期、盛发期和衰退期。指数增长期由开始发病到发病数量达到 5％ 为止，此期经历的时间较长，病情增长的绝对数量虽不大，但增长速率较高。逻辑斯蒂增长期由发病数量 5% 开始到达 95% 或转向水平渐近线，从而停止增长的日期为止。这一阶段病害大量传播和发病，病害增长幅度最大。在逻辑斯蒂增长期后便进入衰退期，此时感病寄主已几乎全部发病，或者气象条件已不适合发病，病害增长趋于停止，流行曲线趋于水平。

绝大多数农作物病毒病害流行曲线是"S 形"曲线，即在作物一个生长季节内只有一个发病高峰。但也有少数生长期长的作物病毒病害在一个生长期内可能有多个发病高峰，呈现双"S 形"或多"S 形"流行曲线。如番木瓜环斑花叶病毒（*Papaya ringspot virus*，PRSV）在广东省危害番木瓜的流行曲线就呈典型的双"S 形"。在广东，番木瓜生长期一般从 3 月到当年的 12 月，在 5～6 月是病害的第一个发病高峰期，7～8 月由于气温高而不适合发病，因而病害数量逐渐下降，到 9～10 月温度又降为适合发病，病害数量又逐渐上升，出现了第二个发病高峰期。对于生长期更长的一些果树病毒病，如柑橘衰退病毒（*Citrus tristeza virus*，CTV）危害柑橘的流行曲线表现为多"S 形"。柑橘在一年生长周期内可以抽春梢、夏梢和秋梢，柑橘衰退病毒由柑橘蚜、棉蚜等在新梢上传播危害，导致出现多个发病高峰（周常勇等，1994）。

病毒病害的逐年流行动态是指病害在几年或几十年的发展动态过程，是病害年份间流行变化动态。同一种病毒病害在一年中虽有其大体一定的流行期，但在不同年份，常因耕作制度、品种更换和气候变化，差异很大。如水稻黑条矮缩病 20 世纪 60 年代在我国华东各地流行，致使水稻大面积减产，此后 30 年间该病未再发生。但自 1991 年以来，该病又在浙江省和福建北部地区出现，局部稻田株发病率达 90% 以上（陈声祥，1996）。水稻条纹叶枯病（吴爱国等，2005）、玉米粗缩病（苗洪芹等，2003）和水稻黄叶病（谢联辉等，1994）在几十年间的发生与暴发流行也与水稻黑条矮缩病相类似，在不同年份间其流行动态存在巨大差异。

二、病害流行的空间动态

病害流行的空间动态是指病害传播及传播所致病害空间格局的变化。病害的时间动态和空间动态是相互依存、平行推进的，没有病毒的增殖，就不可能有病害的传播，没有有效的传播也就难以实现病害数量的增长。

植物病毒病害的传播方式有介体传播和非介体传播两大类。介体传播包括昆虫、螨类、真菌和线虫等的传播，非介体传播包括汁液接触、种子和繁殖材料等的传播。不同的病毒由于其传播方式不同，其传播距离可能会有很大差异，从而导致病害流行的空间分布和动态可能完全不同。按照传播距离的远近，病害传播可分为近程传播、中程传播和远程传播。

近程传播也称田内传播。由病健株相互接触、生物介体的活动和农事操作等近距离传播所造成的病害分布往往具有一定的连续性，即病害密度由发病中心向远处逐渐递减，呈现明显的病害梯度现象。

中程传播也称田间传播，主要由生物介体迁移把病害从发病田块传到其他田块。中程传播所造成的发病具有空间不连续的特点。通常在发病中心附近有一定数量的发病，而距离发病中心稍远处又有一定数量的发病，两者之间病害中断或无明显的梯度。

远程传播也称区间传播，是指病害传播距离达几十甚至几千千米的传播。植物病毒可借助远距离迁飞的昆虫或带毒种子、植物繁殖材料等通过人为的运输方式而实现远距离传播。

第三节　影响植物病毒传播和流行的因素

在植物病毒生态系统中，各因子间相互影响、相互制约，任一因子的变化都会影响病毒生态系统的平衡。病毒病流行中的暴发性、间歇性和迁移性是病毒生态系统中各生物、非生物因子相互作用的结果。

一、生物因子对病毒传播和流行的影响

1. 病毒特性和寄主植物

（1）病毒的物理稳定性和在植株体内的浓度：对于依赖于机械传播的病毒，在植株体内外的高稳定性以及在发病植株体内的高浓度，是病毒高效侵染植物和传播的基础。如烟草花叶病毒（*Tobacco mosaic virus*，TMV）可在土壤病残体中长期存活，而成为后茬植物的初侵染源。在发病的烟草干叶片和商品卷烟中，TMV可以存活达几十年之久。Wetter和Bernard（1977）从德国42种卷烟品牌中分离出TMV，其病毒含量可达0.1~0.3mg/g；故其推测，在田间发生的TMV一半的初侵染来源可能是卷烟。黄瓜花叶病毒（*Cucumber mosaic virus*，CMV）除机械传播外，还可通过蚜虫传播。在冬季低温情况下，可以在其越冬寄主（如*Stellaria media*）中保持很高的浓度，这为次年春天蚜虫的获毒和传播提供了极其有利的条件（Walkey & Cooper，1976）。

（2）病毒的运转速度和在植株体内的分布：在病毒侵染的植株体内，一般运转速度快的病毒更易存活和传播，特别是侵染木本植物和高大的植物，病毒的快速运转能力使得病毒从侵染点能快速分布全株，从而导致病毒更易传播。许多豆科和葫芦科植物的病毒可以在植株开花后侵入子房，从而导致这些病毒能通过种子快速传播。烟草坏死病毒（*Tobacco necrosis virus*，TNV）侵染植株后主要分布在植株的根内，这样更有利于借助土壤中的真菌介体而传播。

（3）病毒株系及分化：植物病毒在长期的进化过程中，为了适应环境和不同的寄主种类（品种）的变化，往往产生了不同株系。不同的病毒其变异的株系类型或数量明显不同。有的病毒，如马铃薯卷叶病毒（*Potato leaf roll virus*，PLRV）似乎相对稳定，株系类型少；而有些病毒，如黄瓜花叶病毒和番茄环斑病毒（*Tomato ringspot virus*，ToRSV）在自然界却存在着大量的株系。这些易变异的病毒往往有更宽广的地理分布和更大的寄主范围。

不同的病毒或株系在不同植物中危害程度不同。当在一种植物上发病轻、症状不明显的病毒或株系引入或传播到其他感病作物（品种）上时，就有可能引起严重感染和流行。在农业生产中，盲目引种新作物、新品种到一个新地区，就有可能受到当地病毒或株系的感染而带来意想不到的病毒病流行成灾的后果。

（4）病毒的寄主范围：不同病毒的寄主范围变化很大。一般而言，宽广的寄主范围使

得病毒易于存活和大范围传播。病毒的寄主植物主要包括农作物、野生植物及杂草等。病毒感染的寄主植物种类多、感染浓度高，无疑为病毒传播和流行提供了大量和有效的侵染源。

农作物种类（品种）的变化，有可能使得抗病作物变为感病作物，那随之而来的结果必然是造成病毒病的流行，或新病害的暴发，或使原来的次要病害上升为主要病害。如高产矮秆水稻品种引入非洲后，造成水稻黄斑驳病的流行（Raymudo，1976）。我国20世纪60年代中后期起在各地逐步推广的矮脚南特号和广陆矮4号等矮秆迟熟早稻品种，导致黑条矮缩病、矮缩病和黄矮病的流行。90年代末期在江苏推广种植的高产优质品种，如"武育粳3号"对水稻条纹叶枯病高度感病，导致该病大暴发（吴爱国等，2005）。

农作物除作为病毒传播流行中的主要感染对象外，一个重要的作用是作为毒源。感染病毒后的作物往往成为邻近感病寄主或下季作物的毒源，这在热带国家和地区的连作植物上尤其如此（谢联辉和林奇英，2004）。如水稻连作晚稻的黄矮病和矮缩病，据认为与早稻孕穗期间的株发病率有关（谢联辉和林奇英，1980；陈声祥等，1981）。对于寄主范围广的病毒可以从一种作物传到另一种作物，如玉米粗缩病可在玉米、水稻、小麦、高粱等众多单子叶禾谷类植物上通过灰飞虱（*Laodelphax striatellus*）辗转传播（李常保等，1999）。此外，越冬残留的病株常是病毒病的重要毒源。如感染水稻瘤矮病毒（*Rice gall dwarf virus*，RGDV）的再生稻和落粒自身带毒率分别为81.9%和35.1%，是来年早稻感染RGDV的主要来源（谢双大等，1985）。

野生植物及杂草既是病毒感染作物的一个重要的来源，也是病毒介体昆虫繁衍和越冬、越夏的场所，在病毒病传播和流行中起重要作用（谢联辉和林奇英，2004）。如番茄黑环病毒（*Tomato black ring virus*，TBRV）只能在其介体——细长针线虫（*Longidorus elongatus*）体内维持几周，而在感病的杂草种子中可存活更长时间。这样经过冬眠的杂草种子在春天发芽时，无病毒线虫又可以从带病杂草根部获得病毒（Murant & Good，1968）。在南澳大利亚，苦苣菜（*Snochus oleraceus*）是莴苣坏死黄化病毒及其介体——茶蔗苦菜蚜（*Hyperomyzus lactucae*）的主要来源（Martin，1983）。

2. 病毒的传播方式和特性　病毒通过生物介体、种子和花粉以及人类活动所造成的传播在病害生态学和流行学中扮演了极其重要的作用。在尚未发现某一病毒病的新区，病毒的传入一般是因为带毒的种子、无性繁殖材料，或迁飞的昆虫介体。病毒定殖下来后，病毒的不同传播方式将对病毒传播和流行产生不同的影响。

（1）迁飞昆虫介体：迁飞昆虫介体主要包括蚜虫、叶蝉、飞虱等昆虫介体。这些昆虫的传播方式与病毒病传播和流行密切相关。以蚜虫为例，大部分蚜传病毒病均为非持久性传播，在蚜虫的试探性取食以识别寄主的过程中，短时间内就可获毒和传毒，因此这类蚜传病毒的来源相当复杂，即使不是蚜虫的寄主植物，其内的病毒也可通过蚜虫传播给其他植物或在已获毒的蚜虫试探性取食时被感染。而另一些持久性传播的蚜传病毒，蚜虫在获毒后需经一个循回期后方可传毒，且获毒和传毒均需在植物上吸食较长时间。这类病毒和蚜虫的关系一般都具有较强的专化性。

由于病毒与介体之间存在专化性，病毒只由相应的介体传播；反之，相应的介体也只能传播相应的病毒。这可能是病毒的外壳蛋白或协助蛋白起到了关键作用（Harrison，1983）。由多种介体传播的病毒，各介体的传病效率差异悬殊。如英国传播甜菜花叶病毒（*Beet mosaic virus*，BtMV）的 24 种蚜虫中，蚕豆蚜（*Aphis fabae*）数量虽多而传病效率低；桃蚜数量虽少，但传病效率高。因此，桃蚜的发生期和数量就决定了病害是否流行（Watson，1966）。

介体昆虫的发生量直接影响病毒病的发生是显而易见的。如果介体种群很小，即使有大量的毒源和大批敏感寄主存在，要造成流行也是不可能的。因此，为数众多的介体存在是病毒病流行的前提。近几年来，江苏省水稻条纹叶枯病暴发流行与越冬灰飞虱虫量大、高密度虫量持续时间长紧密相关（邰德良等，2005）。在我国华北、华东等地区自 20 世纪 90 年代后广泛流行的玉米粗缩病也是由灰飞虱传播的，灰飞虱越冬代成虫和一代若虫盛发期与玉米敏感生育期正好相吻合，灰飞虱的暴发加上玉米感病，导致了玉米粗缩病大流行（李常保等，1999）。

介体昆虫的带毒率也是关系到病毒病流行的不容忽视的因素。带毒率高的介体种群，其传播病毒的效力就大。一个种群中并非每个个体都能传播病毒，这是由介体昆虫与病毒的亲和力决定的。介体亲和力高的种群，介体在病株上取食后获毒的机会就大，反之则小。介体昆虫的带毒率和发病程度密切相关。如连作晚稻矮缩病和黄矮病株发病率与 6 月中、下旬或第二代黑尾叶蝉带毒率的相关性在各地均表现为极显著（谢联辉和林奇英，1980；浙江省农科院植保所病毒组，1985）。

（2）线虫和真菌：线虫和真菌是土传病毒的主要生物介体。线虫可以在土壤中长期存活，并有较为宽广的寄主范围。一旦线虫带毒往往能使病毒度过恶劣的生存环境，如度过越冬或田间无合适的寄主时期。即使病毒在越冬时丢失，线虫也可靠宽广的寄主范围，如从春天发芽的杂草中再获得病毒。线虫主要传播烟草脆裂病毒属（*Tobravirus*）和线虫传多面体病毒属（*Nepovirus*）的病毒。对葡萄扇叶病毒（*Grapevine fan leaf virus*，GFLV）及其介体线虫——标准剑线虫（*Xiphinema index*）的研究表明，线虫短时间内就能获毒，且传毒（带毒）时间可以超过 30d（Hewitt et al.，1958）。线虫的成虫和若虫在传播病毒的能力方面没有差异，且不经卵传播（Hewitt et al.，1958；Mcguire，1964）。植物根围的线虫很多，但并不是每种线虫都能传播病毒和长期保毒，因为病毒和线虫间存在着专化性。

真菌是土壤中的另一类生物介体，其中壶菌目的油壶菌属（*Olpidium*）和集壶菌属（*Synchytricum*）、根肿菌目的根肿菌属（*Plasmodiophora*）、多黏菌属（*Polymyxa*）和粉痂菌属（*Spongospora*）是病毒的主要介体。大部分病毒存活于真菌的休眠孢子内，由游动孢子内部带毒传播，如小麦土传花叶病毒（*Soil-borne wheat mosaic virus*，SBWMV）和甜菜坏死黄脉病毒（*Beet necrotic yellow vein virus*，BNYVV）。这类存活于游动孢子内的病毒，即使在田间没有合适的寄主，也可在土壤中随休眠孢子而长期存活。少数病毒由游动孢子的外部带毒传播，如烟草坏死病毒（*Tobacco necrosis virus*，TNV）（刘仪等，1986），这类病毒则存活时间较短。真菌和病毒间同样也存在着专化性，如芸薹油壶菌（*Olpidium brassicae*）与黄瓜油壶菌（*O. cucumbifacearum*）分别传播烟草坏死病毒和黄瓜坏死病毒（*Cucumber necrosis virus*，CuNV）。Temmink 和 Campbell（1969）借助电镜观察的结果表明，当把芸薹油壶菌孢子悬浮在病毒制剂中时，附着在孢子上的是烟草坏死病毒而不是黄瓜坏死病毒；如用黄瓜油壶菌，则得到相反的结果。这两种病毒只有附着在孢子上才能传播。

（3）土壤病残体：烟草花叶病毒是少数几种不借助任何传毒介体，而能通过土壤病残体进行传播的病毒之一。这种病毒的高度稳定性使得病毒能在田间存活较长的时间。在带有这种病毒的田间，一旦种植病毒的感病植物，病毒就可通过农事操作或根系自身生长所造成的根部微伤而侵入植物体内。在土壤中借助病残体传播的还包括马铃薯 X 病毒属（Potexvirus）和烟草花叶病毒属（Tobamovirus）的其他病毒。

（4）种子、花粉及无性繁殖体：种子、花粉及无性繁殖体均可传播病毒。寄主植物（特别是豆科植物）的种子很容易带毒。此外，一些土壤线虫传的病毒也常通过种传，如线虫传多面体病毒属是典型的种传病毒。种子之所以能传播植物病毒，是特定的病毒与植物组合的结果。但种子传毒与植物的组合又随病毒株系、植物品种的不同而异，即种子能否传毒和传毒率的高低与病毒及植物品种有关（谢联辉和林奇英，2004）。如黄瓜花叶病毒可通过野生黄瓜（Micrampelis lobata）种子传播，却不能通过栽培黄瓜种子传播（裴维蕃，1984）。感染时期对种子传毒率的影响很大，这在许多病毒中都是如此。如在早期感染，大豆种子对烟草环斑病毒和番茄环斑病毒表现出高百分率的传播，大豆种子甚至可100%传播烟草环斑病毒（Athow & Bancroft，1959）。在一种苜蓿中，被苜蓿花叶病毒（Alfalfa mosaic virus，AMV）感染的种子带毒率可从 0.2%～1.42% 变化，但在苜蓿开花后则不形成被苜蓿花叶病毒感染的种子（史密斯，1977）。

种传病毒除通过人为种子调运而使病毒广泛传播外，许多种传病毒可随作物和野生寄主种子留在土壤中，在来年春天发芽时长成感染植株，成为农作物重要的病害初侵染源。此外，一些植物，特别是野生植物的种子也可随风和水而自然传播。

花粉传染也存在着病毒与寄主的组合问题，其传毒率变化很大。如大豆花叶病毒（Soybean mosaic virus，SMV）的花粉传毒率为 2.5%，而菜豆普通花叶病毒（Bean common mosaic virus，BCMV）为 70%（裴维蕃，1984）。带毒花粉传到健株后，通过受精管进入胚中，而使种子带毒。风、昆虫可帮助花粉传播，如在美国，李坏死环斑病毒（Prunus necrotic rings pot virus，PNRSV）之所以能从加利福尼亚传入华盛顿的甜樱桃园，就是蜜蜂在其中起了主要作用（Mink，1983）。

无性繁殖材料的带毒往往成为某些病毒病的主要来源。如甘蔗的带毒茎段至今仍是甘蔗花叶病毒（Sugarcane mosaic virus，SCMV）远距离传播的主要病毒来源，其发生可以直接或间接地追溯到来自爪哇的带毒甘蔗（Summers et al.，1948）。又如马铃薯块茎带毒，成为我国马铃薯多种病毒病流行的主要来源（管致和，1983）。目前随着组织培养技术的日益成熟和完善，越来越多的植物可通过无性繁殖材料繁殖，如香蕉及众多花卉植物、林木植物。这些材料的带毒将会使得病毒更为迅速和广泛传播。

（5）长距离传播：迁飞的昆虫、种子调运、种质交换等可以长距离传播病毒，这使得病毒病问题成为更大范围乃至全球性的问题。

昆虫可以借助气流实行远距离迁飞，从而使一些带毒的昆虫成为异地病毒病的主要来源。如美国的带有大麦黄矮病毒（Barley yellow dwarf virus，BYDV）的缢管蚜，从南方冬麦区迁飞到 1 000 km 以外的北方春燕麦或春大麦区，从而成为北方燕麦和大麦黄矮病的来源（裴维蕃，1985）。Kisimoto（1976）根据在中国东海收集到的带毒灰飞虱（*Laodelphax strictellus*）这一事实推测，水稻条纹叶枯病毒可能由介体灰飞虱在中日两国间隔海远距离（至少 750 km）传播。褐飞虱还可以从东南亚迁飞到中国、日本和朝鲜的夏季水稻种植区（Kisimoto，1976；Cheng et al.，1979）。这样，有可能在我国发生的以褐飞虱持久性传播的水稻病毒，包括水稻草矮病毒（*Rice grassy stunt virus*，RGSV）和水稻齿矮病毒（*Rice ragged stunt virus*，RRSV）均来自东南亚国家（谢联辉和林奇英，2004）。除了这些持久性传播的病毒外，一些非持久性传播的病毒在昆虫获毒后可以保毒较长的时间，因此这些病毒也可以被气流带到较远的地方。

许多植物病毒可通过种子和无性繁殖材料经人为交通运输工具而进行远距离传播。随着种子等植物繁殖材料的生产和贸易的迅速国际化，病毒病传播的危险得到了空前的增加。据 Kahn（1967）的报道，1957—1967 年间，美国引进的 1 277 种蔬菜中有 62％被一种或几种病毒所感染。欧洲马铃薯的许多病毒基本上都是通过种薯由美洲传入的（Jones & Harrison，1972）。在过去 170 年间，欧洲移民者通过种子和无性繁殖材料引入了大量农作物和园艺花卉植物。到 1990 年止，在这些外来植物中共发现了 139 种病毒。这些病毒大多来源于北美，少数来源于澳大利亚（Hull，2002）。因此，带毒的种子和无性繁殖材料等可使病毒在不同国家和地区快速扩散，从而使在一个地区发生的病毒病对另一个地区乃至全世界的健康植株产生影响。

此外，花粉及种子也可借助风、昆虫和飞鸟等实行远距离传播。如带毒花粉可通过风和蜜蜂传播。有些鸟类将带毒种子啄食后又将未消化的种子排泄，这样带毒种子可随鸟类从一地传到另一地，甚至可达几千千米远的地方（裴维蕃，1984）。

3. 农业措施 农业生态系统是人工控制的综合体系，人们按照自己的需要，用人工选择代替自然选择，将不适合要求的作物品种与种类淘汰掉，使作物种群多样性降低，栽培品种单一化，从而降低了作物本身的抗逆性。另外，人们为了达到较高的效益，需要不断提高栽培水平，采用某些适宜的耕作制度，为获得高产、稳产而采取的栽培密度和肥水管理措施等。这些耕作制度和栽培措施的改变，都会在不同程度上影响植物病毒生态体系，进而影响病毒病的发生和流行（谢联辉和林奇英，2004）。

（1）耕作制度：人们经过长期的生产实践之后，采用了适合本地区的耕作制度，病毒、介体、寄主植物在这种相对稳定的环境条件下逐渐趋于动态平衡状态。但随着农业生产水平的提高，人口增长带来的巨大压力，人们就要求在一定的土地面积上尽可能地多生产粮食，这样，提高复种指数就成了最直接的方法。在这种情况下，原来的耕作制度就需要改变，其结果就有可能破坏系统的生态平衡，为病毒病的流行提供有利或不利的生态条件（谢联辉和林奇英，2004）。在江、浙、沪一带，随着从单季改为两季制，早稻提前播种，晚稻推迟收割，这样就有利于稻灰飞虱种群数量得以在小麦—早稻—连作晚稻—小麦的周年种植中不断增加，最后导致 20 世纪 60 年代中期水稻黑条矮缩病的大发生。60 年代中期以后，以大麦为主的冬种面积的扩大，使正处于第一代若虫的稻灰飞虱在农事操作中被杀死，病毒从麦到稻的初侵染环节被切断，故此后黑条矮缩病的发生逐年下降，至今未曾形成大的流行。与此同时，以黑尾叶蝉为介体的水稻黄矮病和矮缩病随两季制的推广而在连作晚稻上大流行（浙江省农科院植保所病毒组，1985）。在 20 世纪 90 年代中后期后推广晚熟中籼水稻与麦子的套种耕作方式，为灰飞虱的生存、取食和越冬提供了最佳的环境条件，使得灰飞虱种群数量迅速上升，导致水稻条纹病毒病大发生和流行（吴爱国等，2005）。

（2）品种更换和单一种植：由于农业现代化和统一生产的需要而使作物同质性大大增加，单一品种大面积种植是极其危险的。一方面，在一个地区引入新的作物（品种），如果这种作物（品种）对当地的病毒是感病的话，则极有可能造成该病毒病的流行。另一方面，即使引入的作物在种植的最初几年表现为抗病的，但随着种植时间的延长，病毒可能发生变异，或使原来的低频率或数量较少的病毒株系逐步发展成为优势株系，这样，就使得原来的抗病品种变为感病品种，从而也会造成该病毒病的流行。20 世纪 60 年代初期在长江三角洲地区推广种植水稻品种农垦 58，引起了黑条矮缩病和矮缩病的流行。但随着品种的更换，2～3 年后病毒病就得到了控制（浙江省农科院植保所病毒组，1985）。如今在江苏等省暴发流行的水稻条纹叶枯病，其主要原因之一，也是大面积推广种植高度感病水稻品种如"武育粳 3 号"所导致的结果（吴爱国等，2005）。

（3）作物混作：在一个地方混作，特别是共同种植几种作物往往可以减缓病毒病的流行，因为这些作物常不是同一病毒及其介体的寄主。如在英国，苜蓿常与鸭茅草间作，这样可减轻苜蓿花叶病的发生，有时间作田的发病率仅是单一种植苜蓿田的 1/3（吉布斯和哈里森，1976）。在日本的烟田里间作数行冬大麦，可以阻止介体蚜虫的迁移而使烟草黄瓜花叶病毒的危害减轻（裘维蕃，1985）。

（4）播种期和种植期：播种期和种植期的变化对病毒病发生流行有明显的影响。例如水稻黄矮病，我国广东、广西、湖南、湖北、安徽、江西和浙江等地在大暑前后插秧的发病多，立秋前后插秧的发病少（范怀忠和裴文益，1980）；而福建则在 7 月上旬前插的发病重，7 月中旬后插的发病轻（谢联辉和林奇英，1980）。河北的冬小麦如在 9 月中旬播种，则因刚好与灰飞虱第四代成虫的迁飞高峰期吻合而发病重，如推迟几天播种，则可避免大量的初侵染而使发病率降低（裘维蕃，1985）。

（5）栽培措施：栽培措施的变化，可使病毒病的发生受到很大影响。人们在作物生长过程中，为创造出适于其生长的条件，不断变更栽培措施，这样病毒、寄主和介体之间的关系就不可避免地受到影响（谢联辉和林奇英，2004）。在北方，为使蔬菜周年供应而采用的保护地和温室种植，使一些病毒如烟草花叶病毒、黄瓜花叶病毒和马铃薯 Y 病毒及其介体蚜虫终年均能在黄瓜、菜豆等寄主上不断繁殖（裘维蕃，1985）。近年来南方的温室种植导致烟粉虱（Bemisia tabaci）大量增加，从而使得粉虱传双生病毒（geminiviruses）在许多作物上广泛发生。

（6）种植密度：在一定面积和一定时间内，在迁入介体昆虫数量一致的情况下，种植密度的大小就影响到单位植株所承受的介体昆虫数量，从而影响病毒病的发生。单位植株受虫量大小和病害发生成正相关，如水稻黄矮病和大麦黄矮病（Smith，1972）。种植密度还影响到介体的活动，如对于一些土传病毒，种植密度高可能有利于病毒的传播，因为它们的介体线虫和真菌的活动能力小；而对一些活动能力较强的叶蝉、飞虱传病毒，密度小则有利于它们的活动（谢联辉和林奇英，2004）。

二、非生物因子对病毒传播和流行的影响

1. 气候　气候条件作为病毒传播流行的一个重要因素，它不仅影响寄主的生长发育，而且影响介体的生长发育及其习性。温度、湿度、气流、光是主要的气候因子（谢联辉和林奇英，2004）。

（1）温度：温度最主要的作用是影响介体的活动和生长发育。过高或过低的温度将导致昆虫发育迟缓、活动能力急剧下降。当温度超过一定极限会导致昆虫死亡。如严冬可使介体昆虫和越冬寄主植物大量死亡，而暖冬则有利于介体和植物残体的存活。温度还影响病毒病潜育期的长短，在一定范围内，潜育期随温度的上升而缩短。在持久性传播的病毒病中，温度还决定了介体循回期的长短。在一定的温度范围内，传毒率与温度呈正相关，如饲养在 20℃、25℃、30℃、35℃下的带有黄矮病毒的传毒虫率分别为 14.3%、33.3%、37.3% 和 45.3%，而循回期分别为 33.7d、14.8d、10.8d 和 8.4d（浙江省农科院植保所病毒组，1985）。

（2）雨量和湿度：雨量和湿度主要影响气传和土传介体。连续大雨不仅可以杀死众多的气传昆虫介体，而且严重阻碍气传昆虫介体的迁飞。合适的雨量和高湿在夏季有利于灰飞虱种群的建立，但在冬春季则不利于灰飞虱越冬（Vetten & Allen，1983）。

高湿和雨量有利于土传介体的活动。土传介体主要是线虫和低等真菌。线虫在土壤中的移动主要受水分影响，如矛刺线虫必须在土壤中的水分超过一定的量才能传播烟草脆裂病毒（吉布斯和哈里森，1976）。对于大多数土传真菌而言，病毒的传播主要依赖于游动孢子的移动，因此高湿和一定的雨量将使得真菌传病毒发生广和重。如粉痂菌（*Spongospora subterranean*）在潮湿的土壤中更易传播马铃薯帚顶病毒（*Potato mop-top virus*，PMTV）（Cooper & Harrison，1973）。

（3）风和气流：风和气流对一些以昆虫、螨等为介体或借助花粉、种子等传播的病毒病的发生和流行具有重要的作用。气流的方向影响了传播的方向；风速的大小影响了介体的迁飞。这样对于长距离传播的病毒而言，气流的方向和风速无疑决定了病毒病传播的方向和地理的远近。对一个地区而言，适宜的风将有利于介体在不同的田间和作物间辗转迁飞，从而导致病毒病的传播和流行。

（4）光照：光照对介体昆虫的生长发育影响显著。如充足的光照条件能加速黑尾叶蝉若虫的发育，提高成虫的羽化率，对卵的发育速度及其孵化率都有良好效应，且光照时间对黑尾叶蝉传播水稻东格鲁病的能力也有影响（林奇英等，1984）。稻灰飞虱在同样温度下，长日照下有利于传播条纹叶枯病（浙江省农科院植保所病毒组，1985）。

2. 土壤　土壤理化性状对病毒病发生和流行的影响主要是通过影响寄主的生长发育而产生间接的作用。作物生长好坏与土壤中的肥水条件关系密切。作物营养影响病毒病发生可因不同的病毒—植物组合而变化，它可加重也可减轻病害的症状。对于一些蚜传病毒病，生长旺盛的植株发病重，因为蚜虫喜欢在这些植物上取食。烟草花叶病毒、马铃薯卷叶病毒（*Potato leaf roll virus*，PLRV）在氮肥充足时发病重。但有些病毒病，特别是黄化型病害如大麦黄矮病、水稻黄矮病等则在缺肥的条件下发病较重（谢联辉和林奇英，2004）。

不同的病毒、寄主植物和传毒介体可能需要不同的土壤温度或湿度范围。对于传毒介体线虫和真菌而言，合适的土壤温度更有利于其生长发育和繁殖，从而使得种群数量更大。土壤湿度影响土壤介体活动是显而易见的。一定的湿度才能保证线虫在土壤中活动，真菌的游动孢子需要水分才能在土壤中移动而找到合适的寄主。

土壤的物理特性影响介体的分布，从而间接影响病毒病种类和发生状况。在沙性土壤中线虫分布广、数量大，而在黏性土壤中很少发现线虫，这样线虫传病毒则在沙性土壤中比在黏性土壤中发病广和重。

对于像烟草花叶病毒这类可随病残体在土壤中越冬的病毒而言，土壤的水分含量将极大地影响这类病毒的存活。干燥结实的土壤有利于病毒的存活，而潮湿或水分含量高的土壤，容易使病残体腐烂，从而导致病毒的死亡。

第四节　植物病毒病害的流行模式和梯度

一、流行模式

植物病毒病流行学和生态学的研究，使得人们能够了解和懂得植物病毒病发生和流行中所涉及的影响因子以及各影响因子所发挥的作用，从而建立病害的流行模式。流行模式的获得是基于对寄主品种的抗性、病毒致病性、毒源数量、介体种类和数量以及环境条件（温度、湿度、光照、气流、耕作制度、栽培措施等）的多年历史资料或实验数据的分析，从中抽出最本质的东西，找出相关因子，特别是关键因子在病毒病流行中的作用，建立起发病程度和它们间的数学函数关系。流行模式的建立，使植物病毒流行学研究从定性走向定量化，人们从中可以对病毒病流行进行分析、比较和分类，从而对病毒病害发生和危害程度进行一定地理范围和时间内的预测，并在生产实践中采取相应的措施防止和控制病害发生或减轻病害流行的程度。

流行程度是由许多因素共同作用的结果。这种因果关系可用一定的函数关系来表示。流行程度是因变量，它随自变量（生态系统中的各个因子）的变化而变化。这样就可通过自变量的变化来预测流行程度在一定的时间、空间中的变化。这在植物病毒病中已有不少成功的例子（谢联辉和林奇英，2004）。在阿根廷以当地 6～8 月的降雨量和平均最高温度来预测玉米粗缩病的流行（March et al.，1995）。苗洪芹等（2003）通过对 1977—1984 年和 1996—1999 年河北省辛集市的气象因子、传毒灰飞虱量、虫带毒率等 29 个变量与玉米粗缩病发生相关性和相关程度进行逐步回归分析，建立了河北省中南部地区玉米粗缩病的预测预报模型。

模型（函数关系）建立后，还需对其进行可靠性检验，一般需要进行统计模型的历史符合率和实际符合率验证。

二、病害梯度

田间作物感染病毒病，其来源不外乎有两种：一是外界传入，二是来自本田，其田间的初侵染病株分布往往是随机的。如果病毒能通过非迁飞性介体，或通过病健株相互接触等再次传染，则会在初侵染病株周围形成发病中心。如果条件适合，病害会由发病中心向周围扩展，即病株围绕发病中心逐渐增多。通常而言，愈靠近发病中心其发病植株密度愈大；距离越远，发病植株密度越小。这种在一定的空间距离内，发病植株密度从发病中心开始向外逐渐递减的现象，称为病害梯度（disease gradient）或侵染梯度（infection gradient）。梯度愈缓，表明传播距离愈远；梯度愈陡，表明传播距离愈近。其发病率通常与毒源的距离成倒数和指数关系，Gregory（1968）用公式表示如下：

$$\lg I = a + b\chi \text{ 和 } \lg I = a + b \cdot \lg\chi$$

其中 I 是距离 χ 的发病率，a 是一个常数，因采用的单位及计算发病率的方法不同而异，b 是 $\lg I$ 对 $\lg\chi$ 的直线回归系数，常为负数。当距离以米为单位，发病率用株发病率来计算时，把这些调查数据在对数格纸上画成曲线（往往接近于一条直线），这条直线的倾斜度，即直线与 X 轴的交角 θ 就是发病率的梯度，b 值代表梯度值（$\tan\theta = b$）。根据 b 值可以比较不同方向的病害梯度，也可以比较不同年份的病害梯度以及推测侵染源的方位及其单一性和复杂性。

病害梯度取决于许多因素，其中最主要的因素是病毒在田间的传播方式。如果是介体传播的话，则取决于介体的活动能力。如迁飞能力强的叶蝉，其传播的病毒可能分布在很大的面积上，这样所产生的病害梯度就趋向于较低；而迁飞能力弱的蚜虫、线虫，以及由非介体传播方式等传播的病毒范围就小，往往仅仅围绕着原来的发病中心出现由病株组成的明显区域，这样所产生的病害梯度则趋于陡峭。此外，梯度也受地势、风向、作物种类及栽种密度、障碍物等的影响。

参 考 文 献

刘仪，张力，高锦墚．1986. 真菌传植物病毒的种类和特征．见：田波编．病毒与农业．北京：科学出版社，88～98

吴爱国，马林，郭红，刘学进，张守成，刘琴，吴国峰，赵国成．2005. 水稻条纹叶枯病大发生原因及防治技术．上海农业科技，(3)：104～105

张曙光，范怀忠，谢双大，刘朝祯，周亮高，刘显荣，朱东．1986. 水稻瘤矮病的发病规律及防治研究．植物病理学报，16 (2)：65～70

李常保，宋建成，姜丽君．1999. 玉米粗缩病及其研究进展．植物保护，25 (5)：34～37

邰德良，李瑛，梅爱中，丁志宽，王春兰，仲凤翔．2005. 2004 年稻田灰飞虱重发原因分析与控制技术．中国植保导刊，25 (3)：33～35

陈声祥，金登迪，阮义理．1981. 水稻黄矮病和普通矮缩病流行预测式的建立及验证．浙江农业科学，(3)：107～111

陈声祥．1996. 水稻病毒病的发生和研究进展．浙江农业科学，(1)：41～42

周常勇，赵学源，蒋元晖．1994. 温州蜜柑萎缩病毒和柑橘衰退病毒在苗木各部位分布的全年分析．中国病毒学，9 (3)：239～244

林奇英，谢联辉，郭景荣．1984. 光照和食料对黑尾叶蝉生长繁殖及其传播水稻东格鲁病能力的影响．福建农学院学报，13 (3)：193～199

苗洪芹，陈巽祯，曹克强，杨彦杰，李双月，邸垫平．2003. 玉米粗缩病的流行因素与预测预报．河北农业大学学报，26 (2)：60～64

范怀忠，张曙光，何显志．1983. 水稻瘤矮病——广东湛江新发生的一种水稻病毒病．植物病理学报，

13（4）：1～6

范怀忠，裴文益.1980. 广东水稻黄矮病发生流行条件和防治. 华南农业大学学报，1（3）：1～15

浙江农科院植保所病毒组.1985. 水稻病毒病. 北京：农业出版社

舒秀珍，张石新，周贵珍.1981. 小麦丛矮病毒对传毒介体灰飞虱影响的研究. 植物病理学报，11（2）：
　13～18

谢双大，周亮高，刘朝祯，张曙光，范怀忠.1985. 水稻瘤矮病毒越冬研究. 植物病理学报，15（4）：
　211～216

谢联辉，林奇英，吴祖建，周仲驹，段永平.1994. 中国水稻病毒病的诊断、检测和防治对策. 福建农业
　大学学报（自然科学版），23（3）：280～285

谢联辉，林奇英.1980. 水稻黄叶病和矮缩病流行预测研究，福建农学院学报，9（2）：32～43

谢联辉，林奇英.2004. 植物病毒学. 第二版. 北京：中国农业出版社

裘维蕃.1984. 植物病毒学. 修订版. 北京：农业出版社

裘维蕃.1985. 植物病毒学. 北京：科学出版社

管致和.1983. 蚜虫与植物病毒病害. 贵阳：贵州人民出版社

史密斯 K M. 朱本明译.1986. 植物病毒. 北京：科学出版社

吉布斯 A J，哈里森 B D. 朱本明译.1982. 植物病毒学概要. 上海：上海科学技术出版社

Athow KL，Bancroft JB. 1959. Development and transmission of tobacco ring spot virus in soybean. Phyto-
　pathology，49：697～701

Cheng SA，Cheng JC，Si H，Yan LM，Chu TL，Wu CT，Chien JK，Yan CS. 1979. Studies on the mi-
　gration of brown planthoppers *Nilaparvata lugens*. Acta Entomologica Sinica，22：1～21

Cooper JI，Harrison BD. 1973. Distribution of potato mop-top virus in Scotland in relation to soil and cli-
　mate. Plant Pathology，22：73～78

Gregory PH. 1968. Interpreting plant disease dispersal gradients. Annual Review of Phytopathology，6：
　189～212

Harrison BD. 1983. Plant virus epidemiology (Plumb RT，Thresh JM ed). Oxford：Blackwell

Hewitt W B，Raski D J，Goheen A C. 1958. Nematode vector of soilborne fan-leaf virus of
　grapevines. Phytopathology，48：586～595

Hull R. 2002. Matthews'plant virology. 4th ed. San Diego，San Francisco，New York，Boston，London，
　Sydney，Tokyo：Academic Press

Jones RAC，Harrison BD. 1972. Ecological studies on potato mop-top virus in Scotland. Annual Applied Bio-
　logy，71：47～57

Kahn RP. 1967. Incidence of virus detection in vegetatively propagated plant inductions under quarantine in
　the United States，1957—1967. Plant Disease Reporter，51：715～719

Kisimoto R. 1976. Climate and rice insects (IRRI ed). Los Bonos：IRRI

March GJ，Balzarini M，Ornaghi JA. 1995. Predictive model for "Mal De Rio Cuarti" disease intensi-
　ty. Plant Disease，79：1 051～1 053

Martin DK，Harrison BD. 1983. Plant virus epidemiology (Plumb RT，Thresh JM ed). Oxford：Black-
　well

Mcguire MC. 1964. Efficiency of Xiphinema americanum as a vector of tobacco ringspot
　virus. Phytopathology，54：799～801

Mink GI. 1983. Plant virus epidemiology (Plumb RT，Thresh JM ed). Oxford：Blackwell

Murant AF，Good RA. 1968. Purification，properties and transmission of parsnip yellow fleck，a semi-persistent, aphid-borne virus. Annual Applied Biology, 62: 123~137

Raymudo SA. 1976. A virus disease in West Africa, International Rice Commission Newsletter, 25: 58

Smith KM. 1972. A textbook of plant virus diseases. 3th ed. New York: Longmans Green

Summers EM, Branded EW, Rands ED. 1948. Mosaic of sugacane in the United States, with special reference to strains of the virus. Techniques Bulletin, U. S. Department of Agriculture, 955: 1~124

Temmink JHM, Campbell RN. 1969. The ultra-structure of *Olpidium brassicae*, Ⅲ. Infection of host roots. Canada Journal of Botany, 47: 421~424

Vetten HJ, Allen DJ. 1983. Effects of environment and host on vector biology and incidence of two white-fly-spread diseases of legumes in Nigera. Annual Applied Biology, 102: 219~227

Watson MA. 1966. Report of Rothamsted Experimental Station for 1965, 292

Walkey DGA and Cooper J, 1976. Heat inactivation of cucumber mosaic virus in cultured tissuesod stellaria media. Annual Applied Biology, 84: 425~428

Wetter C, Bernard M. 1977. Identifizierung, reinigung und serologischer nachweis von Tobakmosaikvirus und Par-Tabakmosaikvirus aus Zigaretten. Phytopathologische Zeitschrift. 90: 257~267

第十五章 植物病毒病害的管理

第一节 病毒病害管理的基本原则

在一定的社会和自然生态条件下，研究植物病毒的最终目的，在于了解并掌握植物病毒的特征、植物病毒病害发生发展规律、植物的抗病毒遗传特性及其栽培管理条件，弄清病原病毒—传毒介体—寄主植物之间的相互作用，从而有效地控制病毒的危害，确保植物的健康生长与发育。从生产角度出发，无论是植物病理病毒学，还是植物分子病毒学的研究，都要与农业生产实际相结合，为控制植物病毒病害服务，以达到植物抗病、优质、高产和稳产的目的。对病毒本质及其作用机制研究得愈深入，对病害流行规律愈明确，就愈能获得控制病毒病害的主动权。

迄今为止，就植物病毒病的防治而言，除了免疫品种，世界上还难以通过单一措施来根治某种病毒病，因此针对植物病毒病的发生、流行特点，更应根据社会条件及生态因素等采取综合措施（裴维蕃，1984，1985）。这里就有个病害管理问题。我们提出以现行的有害生物综合治理（Integrated Pest Management，IPM）向有害生物生态治理（Ecologic Pest Management，EPM）跨越，就是要在病害管理中突出生态措施的作用，变主要针对防治对象——有害生物为主要针对保护对象——植物群体，就是要以植物生态系统群体健康为主导，不仅在宏观上揭示有害生物与栽培植物及其外在环境的互作、演化规律，为有害生物的生态控制提供理论依据和技术体系，而且在微观上揭示有害生物与寄主细胞及其分子环境的互作和演化关系，为有害生物的分子生态调控提供理论依据和技术体系（谢联辉等，2005）。因此，植物病毒病害管理的基本原则，应以植物群体健康为核心——从植物的整体性出发，注重植物与病毒及其相关因素协调的统一性、生态性，从宏观和微观两个层面上采取措施，以期促进植物群体的生态平衡（即促进两个层面的生态系由病理状态向健康状态转化）提升植物整体的自我调节和健康水平。

第二节 病毒病害管理的基本途径

一、宏观生态管理

如上所述，植物病毒的生态治理在于通过相关的措施，从宏观和微观两个层面促进和调控各种生物因素与非生物因素的生态平衡，极大程度地提升植物自身的免疫调节能力，以确保植物生态群体健康。在当前分子生物学发展热潮中，尤其不能忽视宏观研究。

应用抗病品种结合栽培技术，充分利用生态调控手段，以发挥植物抗病潜能和抑制传毒介体数量为主要目标的生态措施，已逐渐成为植物病毒病害管理中的主要技术，尤其值得重视和推广。因此，不断提高和改进有利于植物抗病性或耐病性，不利于病原病毒及其传毒介体为害的生态调控技术，如植物合理布局、选育抗病品种等方面来营造健康的植物生态系统，确保植物生态系统群体健康。我们在长期生产实践过程中，总结提出的水稻病毒病的有效防治对策，即抗、避、除、治的"四字"原则，对其他植物病毒病也是适用的。

1. 抗 "抗"是控制植物病毒病的根本措施，也是影响病害流行的内在因素。主要包括下列三个方面。

（1）抗、耐病品种的选育、利用：选育、利用抗病品种是植物病毒病害管理中最重要、最成功的技术措施。传统的抗病品种筛选是指导品种布局、提供抗病育种材料的有效途径，利用优质、丰产、抗病或耐病的品种控制病毒病，是一项带有根本性的经济有效措施，并已取得了令人瞩目的成果。如在20世纪70年代，亚洲水稻上普遍发生水稻草状矮化病毒病，农民面临颗粒无收的困境，植物病理学家筛选了6 700多份栽培稻和野生稻材料，发现从印度收集的尼瓦拉野生稻（*Oryza nivara*）可以抵抗该病毒，而且也是该病毒的唯一抗源。1974年，国际水稻研究所（IRRI）用该抗源育成了3个新的抗病水稻品种并得到推广，在很大程度上控制了亚洲水稻草状矮化病毒病的流行（Khush，1974）。

不同植物品种在受病毒危害上表现轻重不一，究其原因主要是品种间存在着不同的抗性基因。例如番茄品种GCR237具有Tm-1/Tm-1单抗TMV的显性基因，秘鲁番茄（*Lycopersicon peruvianum*）GCR267具有$Tm-2^2/Tm-2^2$抗TMV的显性单基因，而且不与坏死基因连锁等。这些品种既是鉴别TMV基因型株系的鉴别寄主，又是可利用的抗原材料，均属于抗病的品种。有些寄主植物，允许病毒在其体内增殖，同时也呈现一定的症状，但在产量上影响不大，是属耐病品种。由于多种作物中还未发现免疫或抗病的材料，因此这类耐病的材料在抗病育种中占有重要的地位。如何利用某些显症而且能够抑制病毒增殖的材料，是具有现实意义的课题。1988年山西省曾利用野生的异源八倍体小偃麦天蓝偃麦草（*Agropyron glaucuor*）通过远缘杂交选育出高抗黄矮病、兼抗多种病害，又能耐寒、耐旱、耐高温的小麦新品种，说明自然界的野生抗病资源可以充分利用（孙善澄，1987；阮义理，1987）。所以，选育病毒不能侵入或侵入后无法复制的抗病品种和对病毒感染有较强适应性的耐病品种控制病毒病害是大有潜力的。当前，在抗病新品种的育成上，除考虑到区域抗病性外，多抗性也摆到日程上来了。了解植物抗原材料及亲本的抗病毒病特性和抗病性遗传规律，在培育抗病或耐病新品种上，甚至在复壮抗病品种上均具有重要的现实意义（谢联辉和林奇英，2004）。

农作物的不同品种间对病毒病的抗性存在明显差异，因此，生产上应选择对病毒病抗性强或具耐病的品种。根据长期预测预报的信息，压缩感病品种种植面积，扩种抗病品种能取得显著的控制病毒的效果。目前小麦、水稻、大豆、白菜等作物都已经有抗性品种应用于生产。20世纪60年代以来，我国曾针对稻、麦上的主要病毒及其介体的抗性问题（阮义理等，1983；谢联辉和林奇英，1984），鉴定过1万多个品种（品系、杂交组合），筛选出了一批较好的抗源材料和品种，育出过抗病毒水稻品种四优 4 号、小麦品种京作 139 等，同时也发现了一些具有多抗类型的品种（系）。利用抗病品种实行病毒病的控制有许多成功的例子，为粮食生产做出了巨大的贡献。如水稻东格鲁病，于 20 世纪 80 年代初在福建省南部一些地区流行，通过改换抗病品种（如 IR30、籼优 30、赤块矮、包胎矮等）为主的综合措施，得到有效的控制（谢联辉等，1983）。地黄因为病毒病的影响，致使其品种严重退化，最后经过努力选育出的小黑英，其抗病毒能力要远远大于金状元，从而大大改善了病毒对这种药用植物的危害（杨继祥，1995；温学森等，2002）。近年来，针对严重危害当前水稻生产的水稻条纹叶枯病，江苏省育成了一批抗水稻条纹叶枯病的优良品种（系），如镇稻 88、镇稻 99、徐稻 3 号、徐稻 4 号、扬粳 9538、扬幅粳 8 号、淮稻 9 号、盐稻 8 号等品种，目前均已在生产上大面积推广应用。如盐稻 8 号、扬粳 9538、KT95‐418 粳稻新品系等经历了 2004 年水稻条纹叶枯病大流行的严峻考验，表现出明显的抗、耐病性，深受广大农户欢迎（王才林，2006）。

　　随着分子生物学技术的普及和渗透，许多病毒的分子生物学特性逐渐为人们所认识，利用基因工程方法培育抗病毒植株的技术也日臻成熟，这就使一些病毒或寄主基因的开发和利用成为可能，从而为病毒病的控制开辟了一条新途径（参见本章第三节）。如国内曾利用生物工程技术培育出抗 TMV 的番茄及烟草新植株，已居世界前茅（莽克强，1987；田波和裴美云，1987）。近年来，国内外相继对水稻基因组中的抗病毒基因及抗昆虫介体基因方面开展了大量研究，如将水稻条纹病毒、水稻矮缩病毒、水稻草矮病毒等多种水稻病毒病的外壳蛋白（CP）基因、复制酶基因、病害特异蛋白基因、编码结构或非结构蛋白基因、干扰素 cDNA 等分别导入水稻，获得了抗不同病毒病的转基因株系或植株，并有望培育出抗病毒或抗昆虫介体的水稻品种（燕义唐等，1992；邓可京等，1997；林丽明等，2003；Hayano‐Saito et al.，1998，2000）。

　　（2）栽培管理技术的改进：作物不同生育期对病毒病的抗感程度存在明显差异。一般植物生长早期较易感染病毒病，如在水稻一生中，对病毒病最感病的株龄是苗期到返青分蘖阶段，拔节后抗性日增（谢联辉和林奇英，1988），马铃薯卷叶病毒侵染马铃薯的情况也是如此（Knutson & Bishop，1964）。因此，改进栽培管理技术，适期播、栽，合理施肥、灌溉，改善植物的生长状态，能有效提高其对病毒的避病和抗性。大量实践证明，针对主要介体昆虫发生趋势，调整水稻播种插秧时间，加强肥水管理，可使最易感病的苗期和返青分蘖期避开介体昆虫迁飞传毒高峰。在我国广大双季稻区，为了防止连作早稻田的传毒昆虫大量迁入晚稻田，提倡早稻背青收割，将其赶往晚稻秧田和早插本田的相反方向，集中扑灭；早稻稻草随收随处理，不堆在田边，可免介体昆虫寄居过渡，迁入连作晚稻田内；先插抗病品种，后插感病品种；晚稻本田结合排水耘田将低龄若虫粘泥扑灭。作物适施磷肥，可提高抗病能力，如有效磷施用充足，甜菜丛根病就轻；平衡施肥，不偏施氮肥，根据作物生长发育的生理需要，做好肥水调控，可有效控制传毒介体昆虫，从而减少病毒感染。

　　（3）生物多样性的利用：集约化种植导致农田生态系统生物多样性下降，平衡机制不健全，植物的抗逆能力、自我恢复能力都受影响，导致各种病毒病害流行趋势加重。近年来，利用生物多样性控制植物病害已逐渐为人们所认识，其主要是应用生物多样性与生态平衡原理，遵循生物间相生相克的自然规律，按发展可持续农业的要求，发掘和利用作物品种资源，优化品种（物种）搭配组合，合理实施作物品种多样性种植，优化田间种群多样性结构，增强农田生态稳定性，达到控制作物病害的目的。目前已成功应用于生产上控制多种作物病害，并取得良好的效果。例如，通过不同水稻品种的混栽防治水稻东格鲁病毒病具有明显的效果，利用生物多样性控制水稻条纹病毒及其介体灰飞虱也十分有效。

2. 避

（1）依法检疫，严格管理：植物病毒检疫的目的就是防止危险性植物病毒病害及其介体，随种苗或种植材料在国际间、省际间扩大蔓延。因此，必须严格检疫管理，从源头上杜绝带毒种苗、带毒介体，避免异地传播。所有种传病毒都可随着种苗的引进而作远距离的传播，且可随植物繁殖扩种传给后代而长期存活、持续地对植物产生危害，其重要性不难想象。我国十分重视植物检疫，在国家口岸设有施行国家检疫法规的植物检疫机构，各地设有检疫站及隔离苗圃等。植物病毒病采用产地检疫是一项经济、可靠的防避措施。

种苗检疫是植物病毒检疫的重点。至今报道的 1 000 多种植物病毒中，至少 1/3 可以由 1 种或数种植物繁殖材料传带而作远距离传播，多数植物种苗可以传带一种或数种病毒。2006 年新修订的进境植物检疫性病毒对象，包括非洲木薯花叶病毒（*African cassava mosaic virus*，ACMV）等 31 种病毒和鳄梨日斑类病毒（*Avocado sunblotch viroid*，ASBVd）等 7 种类病毒。国内植物检疫对象，随省、自治区、直辖市的不同而异。主要对象有：李属坏死环斑病毒（*Prunus necrotic ringspot virus*，PNRV）、烟草环斑病毒（TRSV）、番茄斑萎病毒（*Tomato spotted wilt virus*，TSWV）、黄瓜绿斑驳病毒（*Cucumber green mottle virus*，CGMV）和杨树花叶病毒（*Poplar mosaic virus*，PMV）（农业部，2006；林业部，1996）。一旦国内或本地区未曾发生的危险性病毒，随种子、块茎、鳞茎、苗木、接穗、砧木、插条以及盆景等活体传入落户，就必须采取果断措施。例如1984 年福建农学院甘蔗引种检疫站，从泰国引进的甘蔗 CO1013 上检测到斐济病毒，1998 年上海口岸从日本进口蚕豆中检出蚕豆染色病毒，1996 年深圳局从荷兰进口的 500 多批百合等鳞球茎观赏植物中两次检出南芥菜花叶病毒和烟草环斑病毒，均做到及时销毁（周仲驹等，1987；郑建中，1999；方志刚，2002）。一旦发现检疫对象，即应现场直接铲除，不留后患；凡国际间引入的活体材料，经过相关检测未发现病原病毒的，均须在国家设立的植物检疫隔离苗圃中进一步种植观察，证实确无病毒后方可在农业生产中推广。

（2）建立无病种苗基地：已知的植物病毒中约 1/3 能够通过种子传染。种子传染是病毒早期侵染植物的有效方式。在种子传毒植物中，以豆科、葫芦科的种子带毒率较高，如烟草环斑病毒（TRSV）在大豆上的种传率可高达 97%。由于种传植物随机分布在田间，为病毒通过其他传播方式（如蚜虫）在植物群体中扩散创造了条件，如莴苣花叶病毒（LMV），0.1% 种传率即可造成病毒流行，说明种子带毒给生产造成的危害不小。为了避免大量带毒种子进入田间，凡是推广的植物种子都必须由检疫机构进行病毒检验，凡是带毒率超过 5% 的，只能用作粮食而不能用作种子（裘维蕃，2001）。

为此，必须设置隔离区栽种无病繁殖材料，生育期清除病株留健株，再配合监测手段，建立无病良种留种田，直接提供健种或健康的无性繁殖器官和苗木，如一些花生产区通过无病田精选无病饱满的花生种子，达到了很好的效果。

（3）培育、选用无病种苗：长期利用无性繁殖材料繁殖，往往会造成病毒的积累。因此，培育和选择健康的无性繁殖材料栽植或嫁接，在防除病毒初侵染源上具有重要作用。世界上有许多极为重要的病毒都是通过这种繁殖方式传播的。例如马铃薯块茎可以传带马铃薯 X、Y、M、S 及 A 等多种病毒（张鹤龄，1983，1984，1989；de Bokx，1972）；而洋葱黄矮病毒、大蒜花叶病毒和隐潜病毒、水仙黄条病毒、花叶病毒及隐潜病毒均靠鳞茎传带（谢联辉等，1987，1990）；甘薯花叶病毒和环斑病毒可由块根传带（王寒，1987）。实践证明，通过培育和推广无病毒香蕉组培苗，对香蕉束顶病具有明显的防除效果，在无病区，种植无病蕉苗是一项行之有效的措施（周仲驹等，1996）。

（4）轮作套种：大面积、连片种植单一作物必然为毒源或传毒介体提供良好的营养和繁衍条件，有利于病毒的传播流行。同一种病毒往往危害两种以上的作物，感染病毒后的作物往往成为传播给邻近感病寄主或下季作物的毒源，同一种介体往往又是多种作物的害虫。因此，改变栽培模式，实行合理的轮作、套种，隔绝毒源或介体传播，可达到避免病毒感染的目的。例如，选用水旱轮作田种植烟草就可减轻线虫传的烟草脆裂病毒的感染；实施大麦、小麦与非禾本科作物轮作，或与水稻轮作，就可减轻禾谷多黏菌传播的大麦黄花叶病毒和小麦梭条花叶病毒病害的发生。

（5）耕作改制：耕作改制可有效避免或减轻病毒病的流行。例如水稻黑条矮缩病，于 20 世纪 60 年代初在江苏、浙江、上海流行，通过小麦改种大麦以及小麦—水稻两熟制改为大麦—水稻—水稻三熟制，有效地控制了该病的流行（谢联辉，1996），水稻旱育技术，秧苗老健、色淡（偏黄色），可避开或减少灰飞虱的诱集（灰飞虱有趋绿特性），从而减少水稻黑条矮缩病毒和水稻条纹病毒的感染。

3. 除

（1）种苗消毒：种苗带毒是病毒初侵染的主要来源，如 TMV 常附着在番茄种皮上，当种子发芽时，病毒就有可能从子叶或胚芽侵入，从而引起发病。

目前，对带病毒种苗或繁殖材料的处理，一般是通过热疗钝化、茎尖脱毒，在防止重新侵染条件下繁殖无病毒种苗。此外，还可采用湿热、气热以及热力与药物相结合的措施加以处理，对耐温程度不同的品种或苗木，可采用不同温时的组合加以处理，达到钝化病毒、防除病毒的目的。如南瓜种子利用盐水选种，可以淘汰携带南瓜花叶病毒的轻种子，使田间发病率降低到 2%；采用干热处理，如番茄种子中的 TMV 经 70℃ 干热处理 72h，防效可达 88%；采用药物消毒，如以 0.1% 硝酸银液浸 1min，或 10% 磷酸三钠液浸 20～30min，然后冷水洗净，能钝化和杀灭西瓜、番茄表面的 TMV，对种子内部的 TMV 也有一定作用，如将番茄种子冷水预浸 3～4h 后，再用 10% 磷酸三钠液浸 20min，清水洗净，效果则更好。马铃薯块茎在 37℃ 的潮湿温箱中处理 10～20d，可除去马铃薯卷叶病毒。将患有柑橘衰退病的苗木，置于昼 40℃、夜 35℃ 的热风条件下处理 14 周，可获得苗木的无毒芽；柑橘的春梢采用 50℃ 温水浸 1～3h，同样可达到此目的。带苹果花叶病毒的苗，在 37℃ 热风下处理 2～4 周，可取其新梢端部 2cm 生长点部位做无毒接芽。葡萄扇叶病毒在 35℃ 热气下 21d，葡萄卷叶病毒在 38～40℃ 热气下处理 100～108d 均可达到治疗的目的（谢联辉和林奇英，2004）。

（2）脱毒组培：对于无性繁殖作物，培育植物脱毒种苗是防除病毒病，提高作物产量和改善品质的有效途径。感染病毒的植株体内病毒分布不均匀，病毒的数量随植株部位与年龄而异，由于病毒在植物体内的转移是通过维管束系统完成的，在分生组织区域内没有维管束组织，病毒只能通过胞间连丝传递，赶不上细胞的不断分裂和活跃的生长速度，故顶端分生组织区域可逃避病毒的侵染，一般是无病毒的或只携带浓度很低的病毒。利用茎尖及根尖的生长点 $0.1\sim 1$mm 部位分生组织不带病毒的特性，在保障成活条件下，切取的茎尖越小带有病毒的可能性就越小。1952 年，Morel 等首次采用感染病毒的大丽花材料经茎尖组培获得无毒种苗，并采用兰花茎尖进行组织培养，经原球茎途径培育成小植株，同时实现了快繁与脱毒两个目的（Morel & Martin，1952）。Deigratias（1989），Chen 和 Sherwood（1991）先后用茎尖培育与热处理方法成功脱除了甜樱桃上的樱桃矮化病毒、樱桃坏死环斑病毒、苹果褪绿叶斑病毒和花生斑驳病毒。

国内外许多地区都已大规模成批量的工厂化生产无性系的快繁脱毒种苗，这些种苗在防除病毒、改善品质、提高产量等方面发挥了重要作用。我国从 20 世纪 70 年代开始，甘肃、四川、云南、湖北、内蒙古、河北、辽宁、黑龙江等地相继建立了脱病毒培养、无病毒原原种圃和无病毒原种圃等马铃薯种薯繁育体系（田波等，1980）。之后相继在内蒙古、青海、新疆、吉林、黑龙江和河北坝上一带建立了无病毒种薯生产基地。通过隔年或一定年限不断更新无病毒种薯，基本上解决了我国马铃薯生长前期的病毒病问题，产量稳增，社会及经济效益显著。目前，马铃薯上发现的 PVX、PVY、PVA、PVS 和 PVM 及 PLRV 等 20 多种病毒，一般均可通过脱毒培养获得无病毒块茎。如天津蔬菜研究所利用微型脱毒薯快速繁殖技术生产种薯，成功地解决了大种薯微型化问题，且繁殖系数高，丰产性好。该种薯已经在全国 29 个省、直辖市推广种植 60 余万 hm^2，占全国马铃薯总种植面积的 10%（天津蔬菜研究所，2002）。至今，利用茎尖分生组织培育的无病毒优质种苗已广泛应用于花卉、果树、蔬菜、林木和药用植物。广东、广西等地相继建立了柑橘无病苗圃，应用热处理结合茎尖组织培养脱毒和试管快繁技术建立了脱毒唐菖蒲种球商品化生产的程序（杨家书等，1995；赵学源等，1997）。

国际上，从马铃薯和烟草完成茎尖脱病毒后，已在麦类、蔬菜、花卉、药用植物上的地黄、菊花、太子参、枸杞及果树等植物上完成了百种以上的脱毒工作（曹为玉等，1993；徐启江和陈典，2001；黎玉梅，2001；武宗信等，2002；曹有龙和罗青，2001；林丛发等，2002；廖俊杰，2003），其中包括原生质体、茎尖、根尖、花药、胚及愈伤组织等多种脱病毒培养和繁育技术。我国已在马铃薯的多种病毒、烟草花叶病毒、草莓的镶脉病毒与和性黄边病毒、草石蚕的苜蓿花叶病毒、大蒜的花叶病毒及隐潜病毒、菊花的 B 病毒、苜蓿花叶病毒、马铃薯 Y 病毒、香石竹的斑驳病毒、水仙的黄条病毒以及在苹果矮化砧等多种植物上完成了脱病毒工作，并应用于农业生产中（王国平，1990；杨永嘉，1993；朱文勇等，1995；徐培文等，1998；王丽花等，2005）。

原生质体培养，主要利用植株内不是所有细胞均带有病毒的原理，通过分离培养无病毒的原生质体，最后形成无病毒植株。我国水稻及玉米上利用花药无病毒特性，将花药培养成无病毒植株。某些条件下也可以直接利用无病毒的愈伤组织培养成无病毒植株。

此外，在柑橘、苹果、桃、葡萄和龙眼等多种果树的研究与生产中，利用无病毒微芽嫁接（*in vitro* micrografting）健砧木获得无病毒植株，成功地脱除了柑橘的衰退病毒

（*Citrus tristeza virus*，CTV）等多种病毒（Murashige et al.，1972；Navarro，1988；赵学源等，1997；蒋元晖，1983；宋瑞琳等，1999）及苹果、桃、杏、樱桃、草莓的褪绿叶斑病毒和环斑病毒，桃、杏、巴旦杏、李的矮化病毒等多种果树病毒（Walker & Wolpert，1994）。

（3）铲除传毒寄主：病毒存在于杂草和野生植物中，成为病毒病的一个重要侵染源，此外，田间杂草还是各种病毒和介体昆虫繁衍及越夏、越冬的场所，成为病毒病侵染循环中的重要环节。如番茄黑环病毒（*Tomato black ring virus*，TBRV）只能在其介体逸去长针线虫（*Longidorus elongatus*）里维持几周，而在感病的种子里可存活更长时间，故经过冬眠的杂草种子在春天发芽时，无病毒线虫就可以从带病杂草根部获得病毒（Murant & Good，1968）。因此，首先要铲除田园及其周边杂草，清除病毒的野生杂草寄主和原寄主的自生病苗，破坏带毒介体昆虫的栖息和越冬场所，减少侵染来源。其次，应及时清除田间病株，降解寄主植物病残体中的病毒（如 TMV）等一些寄主范围广的病毒，如水稻黑条矮缩病毒，除危害水稻、小麦和玉米外，还危害大麦、高粱、谷子、黍、黑麦、燕麦、稗、看麦娘、马唐、早熟禾、狗尾草、黑麦草、梯牧草和苏丹草等多种禾本科作物和杂草。该病毒靠灰飞虱等介体进行间歇传毒或终身越冬传毒，所以及时除草、翻耕灭茬对这些病毒病具有控制为害的重要作用。此外，除掉田间的菟丝子可以减少苜蓿花叶病毒、黄瓜花叶病毒及甜菜黄化病毒为害。

多数植物如茄类、瓜类、豆类上的病毒具有汁液传毒能力的应减少机械传染机会。在田间操作，如移栽、整枝、打杈及除草等应避免人为接触传播。特别对 TMV 这类稳定性强的病毒，在农事操作中应将病株与健株分开进行，必要时可用肥皂水浸泡农具和洗手消毒。

（4）翻耕晒土：播前翻地、晒土、浇底水，既可降低蚜量，又可杀死传毒介体的虫卵、真菌孢子和线虫等，从而减少病毒病的传播。

病田中的再生苗和病稻残桩是重要的潜在毒源和传毒介体栖生场所，故在病害流行区通过耕翻、焚烧和除草剂消除再生苗和病稻残桩可有效减少病毒毒源及其介体。根据田间调查结果，水稻收获后二点黑尾叶蝉的种群密度在下列情况下呈递减趋势：未耕田的自生苗＞未耕田的再生苗＞已耕田的自生苗＞田边杂草。这一结果说明农田休闲＋旱耕对降低介体叶蝉数量和减轻水稻东格鲁病毒的侵染是有效的（Hirao & Ho，1987）。

4. 治

（1）治虫防病：治虫防病是植物病毒病害的重要防治措施和应急措施。在我国，这一防治策略首先是由王鸣歧教授领导的稻、麦、玉米矮缩病防治研究协作组，在明确了 20世纪 60 年代初我国江、浙、沪一带水稻、小麦、玉米发生矮缩病的病原为水稻黑条矮缩病毒、其传毒介体为稻飞虱的基础上提出的，对控制当时病毒病的流行起到了很好的作用。现已成为病毒病防治的常规方法之一。化学药剂杀灭的介体昆虫主要是刺吸式口器的蚜虫、飞虱和叶蝉，其中又以蚜虫最为重要。当化学药剂被内吸到植物体内，刺吸式口器昆虫吸食时，因吸入化学药剂而中毒死亡，这对减少介体传毒时间、控制介体繁殖、传播有重要意义。目前，主要的防治药剂有吡虫啉、锐劲特、叶蝉散（异丙威）、混灭威、仲丁威、扑虱灵等。在选用药剂时，需要特别指出，由于昆虫的传毒速度快、效率高，所以在防治植物病毒病时应以选用速杀性的杀虫药剂为宜。

采用物理、化学制剂进行土壤消毒杀伤土壤中的传毒介体，如外寄生线虫、真菌中的多黏菌等或直接钝化土中病残物里的 TMV 等，也可达到减轻病毒为害的目的。国际上常用溴甲烷和氯化苦等熏蒸剂杀伤介体。我国使用福美双、二溴乙烷、滴滴（D‐D）乳剂和棉隆（甲硫嗪）等化学制剂较多。物理法主要是 90℃蒸汽消毒土壤 10min，能杀伤土中介体减轻病毒为害。总之，土壤消毒法价格较贵，在生产上不易采用。此外，我国可利用自然条件达到土壤消毒目的，即夏季收割后，水浸土壤同时覆盖塑料薄膜，于阳光下晒 2周有一定的土壤消毒效果（谢联辉和林奇英，2004）。

利用地上覆盖物驱蚜防病。一般昆虫对光、热、色或味等具有趋向性，人们利用银灰色塑料反光薄膜（银灰塑膜）或纱网达到避蚜防病的目的，可有效地减轻十字花科蔬菜病毒为害。利用银灰塑膜的设施不宜过高。在小拱棚等保护地或大田上设置，有避蚜防病效果。以烟草、大白菜、瓜类、番茄及辣椒等苗期最好（吴汉章等，1986）。

生防天敌如瓢虫、寄生蜂、寄生蝇等在控制传毒蚜虫、叶蝉和飞虱方面，亦有较好的应用前景。利用真菌中青霉菌孢子粉杀灭介体粉虱；利用细菌杀虫菌液和颗粒体病毒杀灭咀嚼式口器介体鳞翅目幼虫等也能达到一定的治虫防病效果。

（2）弱毒疫苗：弱毒疫苗可通过人工高温诱变、化学诱变或辐射诱变获得。其机制系利用植物体内同种病毒株系间的干扰作用，植物病毒弱毒疫苗（弱株系）抑制了强株系，弱病毒保护了寄主植物不受强病毒的严重为害，从而达到控制病毒病的目的。

日本大岛在 20 世纪 70 年代用热处理而获得的番茄花叶病毒弱毒苗，通过接种保护植株，对某些品种的保护能增产 95％以上（Oshima，1981）。20 世纪 70 年代后期，我国已开始研制并在农业生产中应用了弱毒疫苗（田波等，1985），其中有针对 TMV 的人工化学诱变获得的 TMV 弱毒疫苗 N_{14}。它主要应用在保护地栽培的番茄和辣椒等蔬菜上。利用浸根法或喷射法接种弱毒疫苗 N_{14}，可起到对 TMV 强株系的抑病增产作用。20 世纪 80年代，我国台湾用在田间发现的番木瓜环斑病毒病弱毒株保护免受强毒株为害，结果控病、增产效果十分显著。

利用 ^{60}Co 照射和亚硝酸处理进行了烟草蚀纹病毒（TEV）弱株系的选择及控病效果试验，结果表明，获得的烟草蚀纹病毒弱株系对强株系有明显的免疫作用（张满良，1998）。采用高温、亚硝酸及两者的复合处理对 TMV 强毒株进行了诱变、筛选，从中获得了两种交互保护作用效果较好的 TMV‐017 和 TMV‐152 弱毒株（邵碧英等，2001）。

卫星 RNA 是一类依赖于正常病毒才能复制的低分子量 RNA，能干扰病毒的复制，减轻症状，因而可看做分子寄生物用于病毒病的生物防治。田波等（1983）首次在植物体内合成了含 CMV 卫星 RNA 的生防制剂 S51 和 S52，CMV 卫星 RNA 生防制剂对烟草和辣椒病毒病有较好的免疫效果，可减轻病毒危害，且有确保优质、增产等作用，已在保护地蔬菜上推广应用。如果 N_{14} 与 S52 两种疫苗同时混用，接种番茄 10d 后现轻微花叶症，并可逐渐恢复，对 TMV 和 CMV 有良好的抑病增产效果（崔泳汉等，1989；王志学等，1994；Tien & Wu，1991）。

美国、意大利、法国、日本等国的生物制剂虽种类不多但已商品化。如美国针对柑橘衰退病毒的 RSY，日本针对辣椒 TMV 的 Pal8、M17‐16、L11A37 等，弱毒疫苗一般仅呈现轻微症状。还曾利用黄瓜绿斑驳花叶病毒（*Cucumber green mottle mosaic virus*，CGMMV）的弱毒 SH33b，对甜瓜上的黄瓜绿斑驳花叶病毒、黄瓜花叶病毒、西瓜花叶病毒、烟草脆裂病毒（*Tobacco rattle virus*，TRV）及大豆花叶病毒（*Soybean mosaic virus*，SMV）有减轻症状的效果，对植物生育无影响。日本还找到了防治番茄蕨叶症的生物制剂 CMV-P（fL）RNAs 等（谢联辉和林奇英，2004）。

（3）生物制剂：包括天然活性物质及拮抗微生物等（参见本章第四节）。

二、微观生态管理

微观生态管理侧重于从细胞学或分子生物学角度，研究病毒本身的侵染、遗传、变异、致病机制及其与寄主间的相互关系，寻求病毒病害防治的新途径。

1. 细胞生态 病毒复制必须依赖细胞所提供的环境条件，一种病毒要完成复制，至少需要经过病毒吸附、脱壳、核酸复制加工、外壳蛋白的翻译、组装和细胞间病毒的扩散等步骤，任何一个步骤的中断均能抑制病毒的复制。因此，弄清感染细胞的微环境条件，有利于采取针对性的控制措施。

有的植物提取物中的大多数有效活性物质可直接与病毒起作用，使病毒暂时地失去侵染能力（Inactivator）或永久钝化（Inhibitor），如 NS-83、菌毒清等，这种选择性抑制机理可能是抑制剂阻塞了寄主细胞上病毒粒体的某些特殊受体，或是某些类型的病毒粒体堆积，以阻塞病毒与细胞受体之间的联系。有的活性物质还可以通过间接的方式抑制植物病毒，即作用于植物使植物产生抗病毒物质，直接或间接地诱导寄主植物的基因或新陈代谢机制的改变，从而提高抗病毒或耐病毒特性，以达到控制病毒危害的目的（参见本章第三节）。

2. 分子生态 病毒是一类分子生物，其生命活动与其分子环境——生物活性分子分不开。因此需要针对病毒复制周期的不同环节设计抗病毒物质，既能渗入细胞，有选择性地抑制病毒增殖，又不伤害寄主细胞。近年来通过对病毒增殖和寄主与病毒关系的深入研究，有关抗病毒活性物质的基因治疗、基因工程方面展示了诱人的前景（参见第三节、第四节）。

此外，环境激素是环境中的激素类似物，已知有各种农药以及重金属等，其作用机制是通过与细胞壁上或细胞质中的专一性受体蛋白结合而将信息传入细胞，导致细胞内发生一系列变化，以至改变机体的激素平衡，降低机体的免疫功能。如在利用微量元素控制植物病毒病方面，国内主要围绕单用或混用硫酸锌的实例较多。1980 年以来，山东省应用硫酸锌防治玉米矮花叶病毒效果理想；河北省在辣椒苗期喷洒 0.05% 硫酸锌液，可抑制病毒病，而且增产 211%。在温室内喷洒 0.01% 硫酸锌，不仅抑制 CMV，而且能抑制叶绿素转变成脱镁叶绿素，增加光合作用，达到增产的目的。国外亦报道，硫酸锌对桃 X-病毒、香石竹斑驳病毒（*Carnation mottle virus*，CarMV）和莴苣巨脉病毒（*Lettuce big-vein virus*，LBVV）有防效。氯化锌则对烟草上的 TMV、香石竹和草莓上的病毒有防效（谢联辉和林奇英，2004）。

病毒灵即盐酸吗啉胍，系微量元素和氨基酸、多肽的络合物。病毒灵液浸泡花生种子，或洒在大白菜苗上或喷施稻苗、烟苗，均有抑制病毒及增产的效果。

病毒唑在植物体内主要通过抑制病毒 RNA 有关蛋白质的合成、消耗植物细胞内 GTP 及干扰植物体内细胞内激素平衡的作用，以达到抑制病毒的作用，抑制率一般为 30%～60%。目前上市的金叶宝是异戊烯腺嘌呤类与硫酸铜、硫酸锌的复配制剂，对烟草、番茄、辣椒、西瓜、花生等农作物病毒病防治率达 55.8%～82.6%，增产 13.7%～42.4%（中国微生物学会病毒专业委员会植物病毒组编，1998）。上市的病毒 A 是盐酸吗啉胍及乙酸铜的复配制剂，能抑制由 TMV、CMV、TuMV、PVX、PVY 等病毒引起的各种植物病毒病，并可兼治真菌性病害，多用于番茄、瓜类、白菜、大蒜等蔬菜病毒病的防治（霍建泰，1997；孙立业，1993）。代号为 E-30 的烷基单磺酸酯可以防治由黑麦和小麦花叶病毒引起的甜菜病毒病，降低大麦的病毒病危害（李在国等，1998）。

第三节　抗病毒基因工程

长期以来，植物病毒病控制主要靠抗病育种、防治介体昆虫、组织脱毒及合理栽培管理等措施，这些方法所需的时间较长或成本较高，且效果不理想。近年来，病毒分子生物学和近代植物基因工程技术的发展为控制植物病毒病开辟了新的途径，有的已取得了令人瞩目的成就。到目前为止，国内外已将多种抗病毒基因转入多种植物体内，培育出了转基因植株，有些已进入大田中试阶段。用于抗病毒基因工程的有效基因主要来自病毒，如外壳蛋白基因、卫星 RNA 基因、复制酶基因的部分序列、病毒正义和反义 RNA 序列等。其原理是通过诱导，使寄主体内的病毒在表达时期、表达水平或功能结构上发生错乱，从而干扰病毒的正常生活周期，达到保护寄主植物的目的。

一、抗病毒基因工程策略

1. 利用病毒外壳蛋白基因　Beachy 等（1990）通过植物基因工程技术，首次将烟草花叶病毒（TMV）的外壳蛋白转入烟草，培育出了能稳定遗传的抗病毒工程植株，从而开创了抗病毒基因工程的新纪元。用一个植物强启动子和编码外壳蛋白（CP）的病毒基因构建成一个嵌合基因，通过转基因技术导入植物体，在转基因植物中表达，导致植物细胞中病毒 CP 积累，从而对携带该基因的病毒侵染产生抗性。继 TMV 外壳蛋白基因转化烟草获得成功之后，采用同样的思路和方法，又获得了 30 多种病毒，这些病毒包括番茄花叶病毒（*Tomato mosaic virus*，ToMV）、马铃薯 X 病毒（PVX）、马铃薯 Y 病毒（PVY）、马铃薯 S 病毒（PVS）、马铃薯卷叶病毒（PLRV）、大豆花叶病毒（*Soybean mosaic virus*，SMV）、苜蓿花叶病毒（*Alfalfa mosaic virus*，AMV）、黄瓜花叶病毒（CMV）、烟草脆裂病毒（TRV）、烟草线条病毒（*Tobacco streak virus*，TSV）、葡萄铬黄花叶病毒（*Grapevine chrome mosaic virus*，GCMV）、甜菜坏死黄脉病毒（BNYVV）、水稻条纹病毒（*Rice stripe virus*，RSV）、水稻矮缩病毒（*Rice dwarf virus*，RDV）、烟草蚀纹病毒（*Tobacco etch virus*，TEV）等外壳蛋白基因被导入植物，且被转化病毒正在增加（张鹤龄，2000；郭兴启等，2000）。这些转基因植株均表现出阻止或延迟病毒病发生的能力，其中，有的已进入了田间试验。可见，利用转入病毒外壳蛋白基因而使寄主达到抗病目的的方法，无疑具有广阔的应用前景。

有些转基因植株除对相关病毒外，还可对其他病毒的侵染产生抗性，如 TMV CP 基因工程植株除抗 TMV 外，还对烟草花叶病毒属的番茄花叶病毒（ToMV）、辣椒轻型花叶病毒（*Pepper mild mosaic virus*，PMMV）、烟草轻型绿花叶病毒（*Tobacco mild green mosaic virus*，TMGMV）和齿兰环斑病毒（*Odontoglossum ring spot virus*，ORSV）具有抗性，大豆花叶病毒（SMV）CP 基因工程植株对烟草蚀纹病毒（TEV）和 PVY 具有抗性。

目前，关于 CP 基因介导的抗性机理主要有以下几种观点：CP 的表达抑制了病毒的脱壳，转基因植物细胞内大量游离的外壳蛋白亚基的存在，使病毒基因组的 5′端难以释放，阻碍了病毒的脱壳；CP 干扰了病毒 RNA 的复制，当入侵病毒的裸露核酸进入植物细胞后，它们立即被细胞中的自由 CP 所重新包裹，从而阻止了核酸的复制；CP 限制了病毒粒体的扩展与转运；CP 基因所表达的 mRNA 与侵入病毒 RNA 之间相互作用产生的抗性被称为 RNA 介导的病毒抗性（杨继涛等，2004）。

利用 CP 基因培育抗病毒植物是比较安全的，因为 CP 本身无毒性，且至今尚未发现有什么副作用。

2. 利用病毒的卫星 RNA Baulcombe 等（1986）将 CMV HIN 株系的卫星 RNA 的 cDNA 单体及双体插入 Ti 质粒，构成了含卫星 RNA 的 cDNA 的 Ti 质粒，经农杆菌感染烟叶，成功地将卫星 RNA 的 cDNA 插入烟草的染色体上，再生植株生长正常，无任何病毒病症状，并能产生卫星 RNA 的转录产物。田波利用卫星 RNA-1 的 cDNA 单体基因转化烟草、番茄和甜椒均获得成功（田波，1989；Tien，1990）。不仅如此，用带有卫星 RNA 的 CMV－S 株系预先接种番茄，还可以缓解或减轻马铃薯纺锤形块茎类病毒（PSTVd）侵染的症状（田波，1996）。这为通过植物基因工程手段培育抗类病毒品种带来了希望。

大量病毒卫星 RNA 的转基因表达减轻了病毒症状或降低了病毒完成自然生命周期的能力。Harrison 等（1987）将一个编码 CMV 卫星 RNA 的基因转到了烟草植株基因组中，获得抗 CMV 的基因植株。转基因植株接种 CMV 后能产生大量单位长度的卫星 RNA，且只在第一至三片叶子上形成斑驳，此后形成的叶片不表现花叶症状，对照植株接种 CMV 后则产生严重症状，植株明显矮化，这说明卫星 RNA 转录产物能被 CMV 诱导的复制体系识别、复制和加工，并减轻 CMV 引起的症状，还能减轻番茄不孕病毒的症状表现。Gerlach 等（1987）将烟草环斑病毒（*Tobacco ring spot virus*，TRSV）卫星 RNA 的 cDNA 转入烟草，转化植株产生大量的卫星 RNA 序列，接种 TRSV 后能减轻 TRSV 引起的症状。

卫星 RNA 的抗病机制还不清楚，一般认为其作用机制是卫星 RNA 与病毒基因组 RNA 竞争病毒 RNA 复制酶，从而干扰了病毒基因组 RNA 的复制。利用卫星 RNA 不需要基因产物的大量表达，只需转入基因产生少量转录产物，且不需产生新的异源蛋白就可使植物产生较高水平的抗性（高表达和异源蛋白产生对植物不利），当野生病毒感染时转录出的少量卫星 RNA 能利用病毒的复制酶大量地复制，发挥干扰作用，因此，这种保护作用具有持久性，不受病毒接种量的影响。但利用卫星 RNA 也存在着某些局限性，如卫星 RNA 不能彻底地抑制辅助病毒的复制，且卫星 RNA 具有很高的突变率，有可能产生不利的突变，因而存在潜在的危险性。

3. 病毒缺陷型干扰分子（DI）策略　在自然情况下，有些病毒的某些基因发生缺失，就形成缺陷干扰型 RNA（Defective interfering RNAs，DI RNAs）。缺陷干扰型分子指一些序列与亲本病毒相关，但必须依赖于病毒才能复制的 RNA，普遍存在于动物病毒中，植物病毒只有番茄丛矮病毒属（*Tombusvirus*）和香石竹斑驳病毒属（*Carmovirus*）中某些成员有，同卫星 RNA 相似，它可以通过与病毒基因组竞争复制酶的结合位点而干扰病毒的复制，DI RNA 也能增强或减弱辅助病毒的病状并干扰其复制。DI 的存在降低了番茄丛矮病毒（*Tomato bushy stunt virus*，TBSV）基因组 RNA 的累积，减轻了 TBSV 引起的症状。Huntley 和 Hall（1996）用雀麦草花叶病毒不同片段的核酸，经重组形成缺陷型 RNA 后导入水稻，获得了具显著抗病毒特性的转基因植株。但必须注意，该策略具有潜在危险性，因为在转基因植株内发生 RNA 重组时，有可能产生新的病毒。

4. 利用弱病毒全长 cDNA　1987 年，日本东京大学 Yamaya 等人将 TMV 的弱病毒突变体 TMV L-11A 全长 cDNA 置于 CaMV 的 35S mRNA 下游，再以 Ti 质粒为载体导入烟草，结果发现，转化植株能产生侵染性的病毒粒体，但病毒量很低，植株也不表现花叶和矮化症状。转化植株用强株系 TMV-L 及其 RNA 作攻毒接种，转化植株 40d 后仍不表现花叶和矮化症状，而未转化植株接种后 7～10d 就产生严重症状，如转强致病株 L 全长基因植株则呈现典型花叶症状。说明全长致弱病毒 cDNA 可产生对强毒株的保护作用。工程植株还能抗 TMV-11A 的裸露 RNA 的侵染，其抗性甚至比外壳蛋白基因介导的抗性更强（Yamaya et al.，1988）。

5. 利用反义 RNA　反义 RNA 是指 mRNA 互补的 RNA。反义 RNA 与其相对应的 mRNA 互补，则该基因的表达受到抑制。近年来，已证明反义 RNA 对原核生物和动物细胞的基因表达的抑制作用。遗憾的是，该策略应用于植物抗病毒基因工程效果并不理想，用 TMV、CMV、PVY 等的反义 RNA 构建的工程植株只表现较弱的抗性。1991 年，Day 等成功地用反义 RNA 策略获得了高抗双生病毒番茄黄花叶病毒的转基因烟草，暗示反义 RNA 策略对付 DNA 植物病毒是一个好策略。

反义 RNA 介导的抗病毒策略不甚理想，原因可能是反义 RNA 的不稳定性。而且病毒 RNA 大多在细胞质中复制，而反义 RNA 转录产物却在细胞核中，同时在细胞质中复制的病毒，在复制过程中，大部分时间是与蛋白结合在一起的，这就更减少了反义 RNA 与之作用的机会。但是，对在细胞核中复制或其复制过程需经过细胞核的病毒，则可能会有效。

6. 利用核酶 Ribozyme　Ribozyme 广泛存在于自然界。核酶是一类具有特殊的二级结构，能特异性催化切割其他 RNA 分子的小分子 RNA。它广泛存在于一些类病毒和病毒卫星 RNA 序列中。

对紫花苜蓿暂时性线条病毒（*Lucerne transient streak virus*，LTSV）卫星 RNA、烟草环斑病毒（TRSV）卫星 RNA 及鳄梨日斑病类病毒（*Avocado sunblotch viroid*，ASBVd）核酸序列的深入研究发现，它们的 RNA 都具有锤头状（Hammerhead）二级结构，认为这是维持 Ribozyme 活性的结构基础，并提出锤头状二级结构的基本组成，主要有三部分：A 部分靶 RNA 上必须有 GUC 序列，这是 Ribozyme 识别序列，切割就发生在核苷酸 C 之后。B 部分是 Ribozyme 分子上的一个序列高度保守区，由大约 13 个核苷酸组成。C 部分为 Ribozyme 保守区两侧序列分别与靶 RNA 上的 GUC 旁侧序列形成互补区，这种互补区决定切割反应的特异性。绝大多数植物病毒的基因组均为 RNA。因此，有可能根据病毒基因组的序列，设计恰当的核酶转化植物，使其在植物体内表达并有效切割病毒 RNA，达到防治病毒病害的目的。

目前，人工核酶已成功地应用于动物细胞，在体内外实现了对 HIV 等有害基因转录物的特异性切割。在植物抗病毒方面，也成功地在体外合成了能切割马铃薯纺锤形块茎类病毒（*Potato spindle tuber viroid*，PSTVd）等基因组 RNA 的核酶、能特异切割苹果锈果类病毒（*Apple scar skin viroid*，ASSVd）的核酶等，但在转基因植物水平上进展还较缓慢，体内表达不如体外表达有效（邹新慧和何平，2002）。利用核酶有一定的危险性，即有可能非特异地切割植物细胞 RNA，但也有一定的优点，由于一些病毒基因相当保守，利用核酶策略有可能产生较为广谱的抗性。

7. 利用中和抗体基因　抗体能与病毒起反应。近年来，抗体的表达和分泌已不只局限于淋巴细胞和骨髓杂交瘤细胞，而且已经在酵母、哺乳动物的非淋巴细胞和大肠杆菌乃至植物中获得功能性的表达、分泌和组装。Hiatt（1990）和 Lomonssoff（1992）先后将一种催化性抗体的重链和轻链的 cDNA 分别插入农杆菌质粒，然后分别转化烟草叶片，用 ELISA 筛选出了有重链及轻链表达的转化植株，表达这两条链的单株再经过有性杂交实现了轻、重链同时在一株植物中表达，结果表明，带有引导序列的转化植株表达抗体水平较高，且能组装成功能活性的轻重链复合物，所产生的抗体结合能力和特异性均与杂交瘤细胞产生的单克隆抗体相似。从而开创了植物抗体的先河。Tavladoraki 等（1993）的研究表明，单链抗体 Fv 片段在转基因植物中组成表达，能直接抗番茄丛矮病毒属的菊芋斑驳皱缩病毒（*Artichoke mottled crinkle virus*，AMCV）和马铃薯 V 病毒（*Potato virus V*，PVV），使感染发病率降低，并延缓症状发展。Voss 等（1995）也报道了针对 TMV 的类似结果。

由于单链 Fv 抗体基因小和没有装配的要求，所以特别适合在植物中表达。因此，抗病毒蛋白的抗体基因在植物中的表达，为抗植物病毒遗传工程提供了一条可选择的途径。与病原物来源的抗性相比，这类遗传工程不存在病毒基因在植物中表达的风险。

8. 利用病毒中的其他基因　在病毒基因组中除了外壳蛋白基因外，还有一些其他基因如复制酶基因、转移基因等。Carr 等（1992，1994）将 TMV 基因组中编码 54ku 蛋白的复制酶序列转化烟草，获得了比其外壳蛋白更强的抗病能力，转基因植株接种病毒后在整个生长过程中无系统症状表现，且用高浓度的 TMV 或 TMV 的 RNA 接种时，都具有很强的抗性。研究表明，转入 54ku 蛋白基因后，并不影响病毒在植株内的转移，但由于病毒在接种叶上的复制量极低，因此病毒不能离开接种叶，也不表现系统症状。转基因植物中没有发现蛋白产物。将 CMV RNA2 上复制酶基因转化植株，同样也获得了抗 CMV 的转基因植株。

9. 利用植物编码的抗病毒基因　在自然界，植物编码的抗性是非常普遍的，许多植物能抗多种病毒。其作用主要表现为诸如抑制病毒的复制，许多植物编码一些蛋白，抑制病毒的加工过程，从而抑制病毒的增殖，或通过抑制病毒 RNA 的复制，而对病毒有高度抗性。或抑制病毒的转运，有许多植物受到病毒侵染时，将病毒限制在单细胞或局部水平上，使植物具有抗病性，且具广谱性。如 Lodge 等（1993）通过克隆编码 PAP 的基因，经体外重组，转化烟草，获得表达 PAP 的转基因植物能抵抗多种不同病毒的侵染。

利用植物自身编码的抗病毒基因策略，可将病毒复制降低到极低的水平而不影响正常植株的发育过程，能克服常规育种周期长的缺点，在短时间内培育出抗病品种，这对植物病毒的控制极有价值。但在自然条件下许多植物的抗性基因难以利用，因此，从植物中克隆抗病毒基因策略的发展比较缓慢。

10. 表达干扰素基因 人体干扰素（HuIFN）在人体内具有广谱的抗病毒作用，研究表明，外源的 α-或 β-干扰素也能在某些植物中诱导对病毒的抗性，具有保护植物免受某些病毒侵染的作用（Toshiya et al.，1996），Orchansky 等（1982）研究发现，HuIFN 能降低 TMV 病毒对原生质体的侵染。有些研究表明，人类 α-干扰素对 TMV 的侵染和在植物体内的增殖有一定抑制效果，人类 α-干扰素和 β-羊水干扰素对 TMV、PVX 和番茄斑萎病毒（*Tomato spotted wilt virus*，TSWV）也有明显的抑制作用，能减轻病毒侵染引起的症状（李金义，1989；杜春梅等，2004）。有些学者将人类 α-干扰素基因（*IFNα* 基因）导入烟草和水稻中已得到表达，表达的干扰素具有抗病毒活性（陈炬等，1990；朱祯和李玉英，1992）。这也为植物病害的防治拓展了新的思路。

11. RNA 沉默与植物抗病毒特性 将病毒基因组某一基因的 cDNA 构建成以合成病毒基因编码的蛋白质为目的植物表达载体转化植物，从而获取抗病毒转基因植物已有一些成功的报道。但在多数情况下，转基因植物对病毒的抗性并不与转基因蛋白质的表达量成正相关，而最初几年几乎没有人对"转病毒基因植物所产生的抗病性是由病毒基因所产生的蛋白质介导的"这一观点提出质疑。首次将 RNA 沉默与植物病毒联系在一起，并提出 RNA 介导抗病性概念的是 Lindbo 等（1993）。他们发现，病毒侵染转基因植物后能够诱导与入侵病毒同源的转基因的沉默，并且沉默反应总是与植物对病毒的恢复反应相伴而生，恢复反应是指病毒侵染后植物新生的叶片不表现出发病症状，也检测不到病毒的积累，并且对随后同源相关病毒的挑战接种表现出高度抗性。随后 Dougherty 等（1994）也用这一机制来解释源于病原的抗性中所产生的一些出人意料的结果。譬如导入病毒非翻译基因的转基因植株也能提供高度的病毒抗性，转基因病毒 RNA 量积累很低的转基因植株，能表现出很高程度的病毒抗性，病毒 RNA 量积累很高的转基因植株却表现出很低程度的病毒抗性。有研究表明，造成上述现象的原因是在高抗（或近似免疫）的转基因植株中，转基因 RNA 在病毒入侵前，就由于病毒转基因自身诱发了 RNA 沉默机制，而以序列特定性的行为被降解了；在部分抗性的转基因植物中，是由于转基因 RNA 在病毒入侵前，对 RNA 沉默机制的不完全启动造成的。

现在普遍认为，RNA 沉默的作用机制是双链 RNA（dsRNA）在高效启动 RNA 沉默机制后，被一种核酶（RNase）Ⅲ切割成 21～23nt 的小干扰 RNA（siRNAs），紧接着该 siRNAs 与 RNA 诱导的沉默复合物（RISC）结合，共同作为引导物去选择目标 RNA 并对它进行降解。

研究者对发生 RNA 沉默的转基因植物的转基因位点进行分析时发现，RNA 沉默的起始需要异常 RNA 或 dsRNA 的参与，且沉默过程常常与反向重复的 DNA 片段的插入相关联。因此，有研究者提议可以将这种重复结构人为地引入转基因植株，来增强 RNA 沉默发生的概率。同样在转基因抗病毒方面，利用病毒基因组上基因的 cDNA 的反向重复片段转化植物，通过启动 RNA 沉默机制，也得到了对相关病毒免疫的转基因植株（牛颜冰等，2004a）。

利用 RNA 沉默介导的抗性机制，采用表达病毒来源的 dsRNA 是目前生产抗病毒转基因植株的最佳方法，该方法生产抗病毒转基因植株的优势还在于，在相关病毒挑战接种前，检测转基因植株中小分子 RNA 的存在与否，可以快速筛选到有应用前景的抗病毒的工程植株。Wang 等（2000）将大麦黄矮病毒 PAV 分离物（BYDV-PAV）的多聚蛋白基因的反向重复结构转化大麦，在所得的 25 株转基因大麦中就有 9 株对 BYDV-PAV 有免疫作用。牛颜冰等（2004b）将番茄花叶病毒的移动蛋白基因（ToMV-*MP*）的反向重复片段转化烟草，在所得的 47 株转基因烟草中就有 23 株对 ToMV 有免疫作用；将 CMV 的部分复制酶基因（CMV-ΔRep）的反向重复片段转化烟草，在所得的 40 株转基因烟草中就有 25 株对 CMV 具有免疫作用。目前，利用表达病毒来源的 dsRNA 已获得多种对病毒免疫的转基因植物。

如何进一步提高工程植株对病毒的抗性有待进一步研究，其中复合抗性基因策略已被证明是目前最有效的途径。如将 *CP* 基因策略和卫星 RNA 基因策略有机结合，可以互相弥补缺陷，从而提高抗性水平。田波（1990）的研究结果表明，转双基因的烟草能稳定表达外壳蛋白和卫星 RNA，攻毒后 CMV 增殖水平只相当于未转基因对照的 0～5％，抗性比单转卫星 RNA 基因的烟草抗性提高 1 倍，比单转 *CP* 基因工程植株的抗性提高 3 倍。

提高抗性的另一有效途径是同时导入几种病毒的基因以抵御田间多种病毒的混合感染，在这方面已有一些成功的例子。如 Lawson 等（1990）将马铃薯 X 病毒（PVX）和马铃薯 Y 病毒（PVY）的 *CP* 基因通过 DNA 重组方法构建到同一质粒上而成双基因植物表达载体，并转化到马铃薯获得成功，表现出对两种病毒都有一定的抗性。

与此同时，一些新的抗病毒策略也不断被开发出来，如通过封闭参与病毒基因表达的因子或破坏参与病毒复制的酶类以达到阻止病毒基因功能表达的目的，或是通过阻断病毒分子与转运蛋白之间的相互联系，或人为地表达一种与病毒 RNA 或 DNA 的转运蛋白结合位点竞争但无转运功能的蛋白，就可以达到阻止病毒的运输和扩散的目的。但这些方法尚处于探索阶段，要使之达到实用水平，可能需要经过较长时间的艰苦努力。相信在不久的将来，抗病毒的基因工程可望在某些领域取得重要突破。

植物基因工程的发展必将大大推进农牧业的发展。植物的品质是各种性状的综合，抗病毒植物基因工程必须与常规育种系统结合起来，才能真正地应用于生产，达到高产、优质、抗病的目的。因此，值得一提的是，目前普遍采用的抗病毒基因及其策略还有一定的局限性和一些潜在的危险性，在进行田间推广时，一定要慎重。一方面测定在大田条件下的抗病性，另一方面要注意它的潜在危险性。

二、植物抗病毒基因工程的安全性

随着植物基因工程研究的深入，不断有新的工程植株被培育出来，被批准商业化生产的工程植株也在不断增加，可能带来的巨大经济效益很是鼓舞人心。但与此同时，人们也开始注意到其中的潜在危险，担心它们对环境可能造成的影响，存在一定的环境风险性（周雪平和李德葆，2000），如不利于作物种的多样性、引起病虫害发生对不良生境的适应性及对非目标植物和昆虫的伤害、通过基因交换而使基因逃逸（指作物同其生活习性不同的野生亲缘植物自然杂交后，插入到作物中的基因可以从植物本身水平转移到亲缘种的过程）以及基因工程产品，包括直接食用的粮食、油料、水果、蔬菜及其加工食用产品，对人、畜的安全性问题。

1. 转基因抗病毒策略的潜在危险 病毒的 RNA 重组是指两种不同的 RNA 的结合，该过程的发生取决于病毒复制酶在合成病毒 RNA 时从一个模板转换到另一个模板的能力。RNA 重组的重要性在于，转基因植物所表达的病毒 RNA 序列可能因重组而被入侵的病毒获取。事实上，已有实验结果证明这种重组是可能发生的，将豇豆褪绿斑驳病毒（*Cowpea chlorotic mottle virus*，CCMV）*CP* 基因 3′端 2/3 长度的片段导入烟草得到转化植株，再以 *CP* 基因 3′端缺失 1/3 的 CCMV 突变体攻击，结果发现，有 3% 的接种植株出现系统症状（Allison et al.，1988）。由于 CCMV 的系统侵染需要全长 *CP* 基因，而长度只有 1/3 的攻击病毒突变体是没有系统侵染能力的，系统症状的发生，只能通过转化基因和攻击病毒基因间的重组产生全长的有功能的 *CP* 基因。

转壳体化（transcapsidation，即将一种病毒的基因组转化到另一种病毒的外壳中）的担心主要是针对转外壳蛋白基因策略。这是因为病毒外壳蛋白通常能为一种病毒提高传染特性，因而在转 *CP* 基因植株中有产生转壳体化的危险性，这便改变了病毒的传染性，使植物对其不能产生抵抗作用而遭其害。类似的危险也存在于卫星 RNA 策略中，因为卫星 RNA 本身不但具有很高的突变率，亦即存在致病的潜在危险，而且还会和一些其他病毒互补，使植物病害加重。

2. 植物基因工程与环境生态平衡 植物基因工程与环境生态平衡考虑的主要问题是转基因植物释放到田间去是否会将基因转移到野生植物中，或破坏自然生态环境，打破原有生物种群的动态平衡。由于靠转基因植物中基因的逃逸或从作物杂交的野生植物中获取了转基因抗性的植物能够对人工植物群落和自然植物群落产生严重影响（何新华，1993）。因此，随着转基因植物的大面积推广，有可能破坏农作物品种的遗传多样性，使作物种植中品种单一化，加速了植物基因资源的流失；使抗除草剂作物的基因向野生或半野生植物转移的可能性加大，有可能创造出"超级杂草"，转基因植物有可能变成其他植物的杂草等一系列严重问题。

3. 植物基因工程的安全性评价 鉴于植物基因工程的安全性，世界主要发达国家和部分发展中国家都已制定了各自对转基因生物（包括植物）的管理法规，负责对其安全性进行评价和监控。我国也相继出台了一系列安全管理实施办法，如 1993 年 12 月颁布的《基因工程安全管理办法》，1996 年 7 月颁布的"农业生物基因工程安全管理实施办法"，1997 年举办了首届农业生物基因工程安全管理研讨会，1998 年 2 月发布了"关于进一步加强农业生物基因工程安全管理的通知"。农业部专门设立了农业生物基因工程安全管理办公室，并成立了农业生物基因工程安全委员会，负责全国农业生物遗传工程体及其产品的中间试验、环境释放和商品化生产的安全性评价。这充分说明了政府和有关部门对基因工程安全性的重视。在这些"办法"中，涉及环境安全性的评价包括：①生存竞争性，包括生长势，种子活力及越冬能力，抗病和抗逆能力；②生殖隔离距离；③与近缘野生种的可交配性；④对非靶生物的影响，包括土壤微生物区系和有益昆虫；⑤病毒发生异源重组或异源包装的可能性。

第四节 抗病毒活性物质

抗病毒活性物质从来源上可大致划分为天然产物活性物质和化学合成活性物质两大类，即天然抗病毒剂和合成抗病毒剂；从功能上可划分为病毒钝化剂、病毒治疗剂和植物抗性诱导剂；从活性物质成分上则可分为蛋白类、多糖类、黄酮类等等。

1. 天然抗病毒剂 地球上有丰富的植物资源，这为天然植物抗病毒剂的开发提供了极其有利的条件。以天然植物活性物质为有效成分的植物源抗病毒剂，由于环境相容性好，且有高效、安全、低毒、低残留等优点，很具开发、应用前景。它们主要分布于商陆科、藜科、苋科、紫茉莉科等植物中，主要成分有黄酮类、蒽醌类、生物碱、木脂素、有机酸、甙类、单宁、激素、抗生素、精油类等（Hecht，1984；裘维蕃，1984；雷新云等，1984；French et al.，1991，1992）。其成分和作用机制复杂，成分中可能包括生长素、细胞分裂素、诱导抗病物质、代谢拮抗物质、抗生物质以及微量元素等。其作用可能包括抗病毒侵染、抑制病毒的复制和转移、抑制显症等，其中也可能掺杂着某些恰恰有利于病毒侵入、增殖及显症的作用。

自 1925 年 Dugger 等首次从商陆（*Phytolacca acinosa*）中发现抗植物病毒商陆蛋白PAP 以来，国内外学者对抗病毒活性物质进行了广泛研究。日本报道的用特殊方法制成野生美洲商陆叶片粗粉末，极低浓度就能明显抑制 TMV 在豆叶片上局部病斑的形成（下村辙，1984）。Kubo 等（1990）报道的抗病毒农药海藻酸多聚体具有使 TMV 聚集的能力。Sadasivam 等（1991）从几种植物中提取出防治 TsMV 和 CpMV 持效期达 20d、防TMV 达 45d 的病毒抑制剂。美国 Vivanco 等（1999）研究了紫茉莉提取物对 PVX、PVY、PLRV 和 PSTVd 的抗性。德国 Schuster 等（1992）报道，大豆卵磷脂可降低TMV 在心叶烟上造成的枯斑数达 89%。国际水稻研究所的 Selvaraj 和 Narayanasamy（1991）研究发现，蒺藜种子、黄荆、长春花和芦荟等植物的提取物对水稻东格鲁病毒病有一定的抑制效果。

从传统中草药中提取抗病毒物质，是国内抗病毒研究的特色所在。中国农业大学、南京林业大学、南开大学、山东农业大学、华南农业大学、福建农林大学、西北农林科技大学、北京市农林科学院、莱阳农学院等多家科研院所从事抗病毒物质的筛选研究，已筛选出一批有活性的并具一定防效的植物源抗病毒药剂，并对一些种类进行活性物质分离、结构鉴定。这些含有植物病毒抑制物质的植物主要有连翘、大黄、板蓝根、小藜、玉簪、贯众、金银花、槟榔、薄荷、蒲公英、茵陈、柴胡、鱼腥草、马齿苋、黄芩、穿心莲、萝藦、天竺葵、山茶、茶、石梅、接骨木、百里红、天花粉、七叶树、羌活、刺槐、香石竹、黄石竹、裂石竹、香菇、大豆、菠菜、商陆、紫草、紫茉莉等，活性物质大多集中在植物的茎、叶、根、花和种子内（裘维蕃，1984；雷新云等，1984，1987，1990；王启燕和王先彬，1990；安德荣，1994；刘国坤等，2003；陈启建等，2003；林毅等，2003；吴元华等，2003）。

我国先后已研制出 NS-83 增抗剂、病毒 A、植毒灵、912、MH11-4、VA 等产品，大多属于几种植物材料的复配剂。

中国农业大学研制的植物耐病毒诱导剂，NS-83 增抗剂已在生产中推广应用。它是一种混合脂肪酸类物质，诱导植物抗、耐病性提高，加强了植物病毒生态体系中自然控制因素——品种抗病性的作用。兼具控制病原病毒和传播介体的多种功能：体外钝化病毒，抑制病毒初侵染，降低植物体内病毒的扩散速度，影响蚜虫的探食行为，降低蚜传发病率等多种作用。NS-83 增抗剂已大面积用于番茄、烟草等作物花叶病的防治，在烟草上和番茄上喷施后，可降低发病率和严重度，增加产量。它对玉米、西瓜有良好的抗病增产作用（雷新云等，1984，1987，1990）。在 NS-83 研究的基础上，又筛选出了新的具有明显防病增产作用的耐病毒诱导剂 88-D（孙凤成和雷新云，1995）。中草药制成的 912 植物钝化剂是一种保护性的钝化物，在辣椒、番茄等蔬菜苗期及定植以后进行喷施对病毒病均有较好的保护效果（樊幕贞等，1992）。吴云峰（1995）筛选出多羟基双奈酚（CT）、类皮素（EK）和类黄酮（EH）对 TMV 防效较好。黄遵锡等（1997）利用百合科和忍冬科的一些植物配制的"植毒灵"对防治 TMV 引起的烟草花叶病有明显的效果，用 1/15 的植毒灵喷施后，小区试验相对防效达 82.5%～95.1%。

有人利用商陆、甘草（Glycyrrhiza uralensis）、连翘（Forsythia suspensa）等几种中草药植物复配了一种对烟草花叶病防效较理想的可湿性粉剂 MH11-4，对由 TMV 引起的烟草花叶病的防治有多方面综合作用的结果，防效明显优于植病灵、NS-83、病毒 A 等常用药剂（刘学端和肖启明，1997；刘学端和张碧峰，1994）。抗病毒剂 VA 是由几种植物材料制备的一种生物制剂，对辣椒病毒病、番茄病毒病和草莓病毒病有明显的防增产作用，且 VA 可以诱导植物产生抗病性（李兴红等，1997；张晓燕等，2001）。

秦淑莲（1997）等发现，紫杉皮乙醇抽提液具有较好的钝化作用和降低病毒初侵染的效果。侯玉霞和刘仪（1998）采用紫草、月季抽提物进行 TMV 抑制活性试验，表明有一定抑制活性，其作用方式主要是抑制 TMV RNA 与核糖体结合，并抑制 TMV RNA 合成，从而抑制了病毒蛋白的合成。侯玉霞等（2000）采用病毒/细胞高效同步侵染体系对 3 种植物提取物抗 TMV 的活性及对叶绿体的保护作用进行研究，筛选出了作用方式不同的抗病毒物质。有些学者从 500 余种中草药中筛选出近 30 种对烟草花叶病毒（TMV）、芜菁花叶病毒（Turnip mosaic virus，TuMV）、黄瓜花叶病毒（CMV）有明显治疗和保护作用的品种，取得了可观的经济效益和社会效益（林存銮和裴维蕃，1987；朱水方和裴维蕃，1989）。

广泛存在于高等植物中的核糖体失活蛋白（PAP），如商陆核糖体失活蛋白是一种广谱的抗植物病毒剂，能抑制 7 种植物病毒（Chen et al.，1991），绞股蓝毒蛋白（Gynostemmin）对 TMV 具有很高的抗性。研究表明，PAP 由具有强烈抑制无细胞系统生物的蛋白质合成。PAP 进入植物后阻碍病毒外壳蛋白（CP）的合成及病毒粒体装配过程，PAP 进入病株除了破坏病毒的外壳蛋白合成外，对细胞体内存在的病毒还有聚集和灭活作用（侯法建和刘望夷，2000）。1993 年，Monsanto 公司成功地将 PAP 基因导入烟草和马铃薯，转基因植株及其后代获得了广谱的植物病毒抗性，对机械传播和蚜虫传播的多种病毒均有效（何洪智等，1999）。莱阳农学院和中国科学院遗传研究所合作将 TCS 基因转入番茄中，使番茄获得了对 TMV、CMV 和 TBRV 的较强抗性（姜国勇等，1998）。

微生物源抗植物病毒剂方面，迄今在细菌、真菌、放线菌及它们的次生代谢产物中都有抑制病毒活性的相关报道，种类较多，可分为蛋白质类、蛋白多糖类、糖蛋白类和多糖类四大类型。早在 1926 年，Mulvania 发现被细菌污染的病毒感染植物的压出液很快丧失侵染力（Pennazio & Roggero，2000），Iazykova 和 Mozhaeva（1973）从长假单胞菌（*Pseudomonas longa*）中提取到抗植物病毒物质，并开始研究微生物及其代谢产物对植物病毒的抑制作用。我国裘维蕃最早研究了放线菌代谢物质对油菜花叶病的治疗和保护作用（朱水方，1989）。史清亮等（2000）报道，施用光合细菌（photosyntheicbacteria，PSB）菌剂能诱导番茄产生耐病毒的作用，对番茄上的 CMV 具有较好的疗效。

许多真菌的代谢产物不但对 TMV 有钝化作用，而且对南方菜豆花叶病毒（*Southern bean mosaic virus*，SBMV）及烟草坏死病毒（*Tobacco necrosis virus*，TNV）亦有效，尤以粉霉（*Trichothecium roseum*）和红霉（*Neurospora sitophila*）最为突出。粉霉可产生粉霉素和多糖类两种抑制物质。*Rhacodiellla castanea* 是一种半知菌，它的产物在植物体内外均能钝化 TMV 和 PVX（裘维蕃，1984；刘学端和张碧峰，1994）。微生物产生的杀稻菌素 S、间型霉素 B、比奥罗霉素等对植物病毒病害也有一定程度的治疗效果（王利国和马祁，2000）。

此外，一些微生物的培养液中也含有病毒抑制物质，如对香菇培养液水抽提物、酵母菌培养液、多头绒泡菌培养液等进行了详细研究，证明其对 TMV 有钝化作用，并形成商品（王先彬和王启燕，1986；刘学端和张碧峰，1994）。有人从诺尔斯链霉菌发酵液提纯的宁南霉素（ningnanmycin），对 TMV 防效可达 66％以上，在国内已有 0.5％菇类蛋白和 2％宁南霉素水剂的产品（向固西等，1995；胡厚芝等，1998；王利国和马祁，2000）。

近来报道并已获得农药临时登记的嘧肽霉素是从不吸水链霉菌辽宁变种（*S. achygroscopicus* var. *liaoningensis*）中提取的抗生素（吴元华等，2003）。

在担子菌中，付鸣佳等（2003）、孙慧等（2001）分别从杏鲍菇、杨树菇中分离到分子量为 23.7ku 蛋白及 15.8ku 蛋白，均表现出对 TMV 具较高的抑制活性。

动物和藻类来源的抗植物病毒物质的研究相对较少。抗植物病毒蛋白蜂毒肽（melittin）及其类似物对 TMV 具有高度特异的抑制活性，蜂肽类似物与 TMV-CP 的一个结构域类似程度多少与抗 TMV 活性程度有关（Marcos et al.，1995；Perez-Paya et al.，1995），从动物胸腺中分离到抗 TMV 组蛋白（Ladygina et al.，1978），另外，从藻类孔石莼中提取到抗 TMV 凝集素蛋白（Wang et al.，2004）。

2. 合成抗病毒剂　迄今全世界已研制出 30 多种抗植物病毒制剂并商品化生产，其中以化学合成类药物为主，包括一些无机盐、小分子有机酸、有机化合物、氨基酸及其衍生物和碱基类似物等，由于它们对病毒 RNA 和蛋白质的合成具有较好的抑制作用，在病毒侵入寄主后可阻碍病毒的复制和增殖，因此对病毒病害具有一定的治疗作用。如病毒唑（ribavirin，virazole）、5 - 氟尿嘧啶、DHT（2，4-dioxohexahydro-1，3，5-triazine）和 DA·DHT（1，3-diacetyl-2，4-diohexahydro-1，3，5-triazine）、吗啉甲基四氢嘧啶、苯甲酰聚胺类、三嗪类衍生物等。其中最有代表性的化合物是病毒唑（三氮唑核苷），其对病毒的作用是，替代了病毒 RNA 中的碱基，从而使病毒钝化。1976 年发现它对 PVX、CMV、PVY、TuMV 等有不同程度的抑制作用（江山，1991）。

研究表明，一些氨基酸及衍生物对植物病毒具有一定的作用，可用来作为抗植物病毒剂，如用乙基硫氨酸、对-氟苯丙氨酸和 5-甲基-DL-色氨酸喷施烟草，均能显著抑制马铃薯 X 病毒的复制（Schuster，1992）。目前，已投入生产的氨基酸型抗病毒剂——菌毒清 N-（二辛胺乙基）甘氨酸，可用于抑制大白菜、番茄、瓜类、水稻、花生、马铃薯、豆类等作物的多种病毒病（刘润玺，1991；邱德文等，1996）。曲凡歧等（1996）对菌毒清结构进行修饰开发出的产品病毒宁对 TMV 的抑制率达 86%，而且对一些细菌也有很强的灭菌活性。

3. 抗病毒药物作用机制　天然抗植物病毒剂的作用机制可能是多种效应综合作用的结果，目前其机理还不完全清楚，大致可分为以下几种：①抑制病毒侵染。即仅有保护作用而无治疗作用，大多数只能在侵染（接种）前使用，如体外钝化病毒剂，菌毒清等存在体外钝化病毒的作用，可在病毒侵染寄主植物时将病毒暂时或永久钝化，达到抑制病毒侵染的目的。②抑制病毒增殖。对植物病毒侵染、复制过程中某些环节的抑制，可以阻止病毒的增殖。如某些抗病毒剂与病毒外壳蛋白相互作用阻碍病毒的装配；或抑制病毒蛋白和核酸的合成，使病毒不能复制。如病毒唑、DHT 是抑制病毒核酸 RNA 的合成与复制。③诱导寄主抗性。某些植物在受到病毒侵染或抗病毒剂激发后能产生一些相关物质，可诱导植株产生抗病毒因子（AVF），或诱导产生病程相关蛋白（PR）或产生抑制病毒复制的病毒复制抑制酶（IVR），从而增加对病毒的抗性。

4. 抗病毒药物存在的问题　抗植物病毒药物的研究和开发还存在许多问题有待解决。主要有：①药物的稳定性问题。一些植物提取液，对病毒病有一定防效，但因其成分复杂，易受环境影响制约，在实际应用上往往稳定性差。②药物使用范围问题。目前大部分药物抗病毒专一性强，仅对个别病毒病害有效。而不同植物上发生病毒种类相距甚远，有时同一种植物也可能受几种病毒的危害，从而导致药物使用效果不佳或造成使用范围受限。③药物的安全性问题。一些抗植物病毒剂，特别是化学合成剂，对寄主细胞有破坏作用，从而易于产生药害。④药物作用机制问题。许多抗植物病毒制剂，其作用的内在机制不明，如一些植物抗病毒剂，仍停留在生物粗提液初筛阶段，对其有效成分和抗病毒作用机制缺乏研究。⑤药物成本问题。许多药用原材料缺乏，提取合成工艺复杂，成本高昂，无法商品化生产。

5. 抗病毒药物发展趋势　从天然产物中开发抗植物病毒剂具有重要的现实意义和广阔的应用前景，今后抗病毒药物将朝着植物病毒钝化剂和治疗剂——防治植物体内病毒系统传输或植物间接触传染的抗病毒剂以及针对由介体昆虫传播的病毒抑制剂等方向发展；亦可考虑将天然源抗病毒剂与对植物病毒介体有杀灭作用的化学农药进行复配，以便从病毒本身和介体昆虫两个方面来控制植物病毒病，积极研制高效、无毒、广谱和低成本的抗病毒新型无公害药物。值得重视的是，我国植物资源、菌物资源特别是海洋生物资源都比较丰富，从中开发出更多更好的有实用价值的抗病毒活性制剂大有可为。

参 考 文 献

中国微生物学会病毒专业委员会植物病毒组编.1998.蔬菜病毒病害及植物病毒化学防治研究进展.北京：中国农业科技出版社

天津蔬菜研究所.2002.微型脱毒种薯技术已在我国及美国推广.北京农业科学，（1）：38

方志刚.2002.我国口岸截获一、二类危险性有害生物情况评价.中国计量学院学报，13（3）：181～189

牛颜冰，青玲，周雪平.2004a.RNA沉默机制及其抗病毒应用.中国生物工程杂志，24（2）：76～79

牛颜冰，于翠，张凯，崔晓峰，陶小荣，周雪平.2004b.瞬时表达黄瓜花叶病毒部分复制酶基因和番茄花叶病毒移动蛋白基因的dsRNA能阻止相关病毒的侵染.农业生物技术学报，12（4）：484～485

王才林.2006.江苏省水稻条纹叶枯病抗性育种研究进展.江苏农业科学，（3）：1～5

王先彬，王启燕.1986.香菇培养物水浸液对烟草花叶病毒（TMV）侵染心叶烟的抑制作用.微生物学报，26（4）：363～365

王丽花，苏艳，杨秀梅，张璐萍，莫锡君.2005.大花香石竹生长点脱毒技术研究.中国种业.（5）：38～39

王利国，马祁.2000.天然产物对植物病毒的抑制作用.中国生物防治，16（3）：127～130

王启燕，王先彬.1990.抗TMV增殖物质——板蓝根.病毒学杂志，5（1）：107～110

王志学，丁玉英，覃秉益，张秀华，田波.1994.用黄瓜花叶病毒卫星RNA生防制剂大面积防治麦茬辣椒病毒病.中国病毒学，9（1）：54～59

王国平.1990.草莓病毒种类鉴定及培育无病毒苗的技术研究.中国农业科学，23（4）：43～49

王寒.1987.甘薯茎尖试管培养研究.北京农学院学报，2（2）：8～14

邓可京，杨淡云，胡成业.1997.灰飞虱共生菌Wolbachia引起的细胞质不亲和性.复旦学报，36（5）：500～506

付鸣佳，林健清，吴祖建，林奇英，谢联辉.2003.杏鲍菇抗烟草花叶病毒蛋白的筛选.微生物学报，43（1）：29～34

史清亮，贺跃武，马玉珍，张肇铭，杨素萍.2000.光合细菌在农业上的应用研究.山西农业科学，28（2）：59～62

田波.1989.病毒来源的抗病毒基因的构建和在植物中的表达.病毒学杂志，（1）：1～6

田波.1990.植物病毒卫星核糖核酸的应用与植物抗病毒基因工程.中国科学院院刊，（2）：142～145

田波.1996.病毒卫星RNA及其致弱病毒的机理——我国病毒学基础研究进展之一例.微生物学通报，23（6）345～352

田波，裴美云.1987.植物病毒研究方法（上册）.北京：科学出版社

田波，张秀华，梁锡娴.1980.植物病毒弱株系及其应用Ⅱ烟花叶病毒番茄株弱株系N11对番茄的保护作用.植物病理学报，10（2）：109～112

田波，覃秉益，康良仪，张秀华.1985.植物病毒弱毒疫苗——番茄条斑病疫苗N14.武汉：湖北科学技术出版社

田波，张广学，张鹤龄，陶国清，唐洪明.1980.马铃薯无病毒种薯生产的原理和技术.北京：科学出版社

农业部.2006.全国农业植物检疫性有害生物名单

刘国坤，谢联辉，林奇英，吴祖建，陈启建.2003.15种植物的单宁提取物对烟草花叶病毒（TMV）的抑制作用.植物病理学报，33（3）：279～283

刘学端，张碧峰.1994.抗植物病毒剂的研究和应用.国外农学——植物保护，7（3，4）：8～11

刘学端，肖启明．1997. 植物源农药防治烟草花叶病机理初探．中国生物防治，13（1）：128～131

刘润玺．1991. 介绍一种新杀菌剂——菌毒清．植物保护，（3）：41

向固西，胡厚芝，陈家任，陈维新，吴林森．1995. 一种新的农用抗生素——宁南霉素．微生物学报，35
　（5）：368～374

孙凤成，雷新云．1995. 耐病毒诱导剂 88 - D 诱导珊西烟产生 PR 蛋白及对 TMV 侵染的抗性．植物病理
　学报，25（4）：345～349

孙立业．1993. 病毒 A 对大蒜生长及产量的影响．黑龙江农业科学，（3）：57，62

孙善澄．1987. 小麦与偃麦草远缘杂交的研究．华北农学报，2（1）：7～12

孙慧，吴祖建，谢联辉，林奇英．2001. 杨树菇（*Agrocybe aegetita*）中一种抑制 TMV 侵染的蛋白质纯
　化及部分特征．生物化学与生物物理学报，33（3）：351～354

安德荣．1994. 植物病毒化学防治的研究现状和所面临的问题．生命科学，6（2）

曲凡歧，肖春华，钟鸣，黄莜玲．1996. 植物病毒病化学防治剂的探寻 VN-（2-取代内基）DHT 的制备
　及抗病毒活性．武汉大学学报（自然科学版），42（4）：389～393

朱文勇，赵玉军，郭黄萍．1995. 无病毒草莓组织培养工厂化快速育苗技术研究．山西果树，（1）21～22

朱水方．1989. 植物病毒病的药剂防治研究．世界农业，（1）：40～42

朱水方，裘维蕃．1989. 几种中草药抽提物对黄瓜花叶病毒引起的辣椒花叶病治疗作用初步研究．植物
　病理学报，19（2）：123～127

朱祯，李玉英．1992. 转基因水稻植物再生及外源人 α 干扰素 cDNA 表达．中国科学（B 辑），（2）：
　149～155

江山．1991. 病毒唑在植物保护中的应用．植物保护，（6）35～36

许良忠，郭玉晶，张书圣．2000. 植物病毒化学防治研究进展．青岛化工学院学报，21（4）：293～296

阮义理．1987. 多抗大、小麦病毒病的野生种质资源．植物保护学报，14（1）：33～36

阮义理，金登迪，许如银，1983. 水稻条纹叶枯病发生与流行的研究．浙江农业科学，（2）：79～81

何洪智，李晓兵，傅荣昭，邵鹏柱，罗玉英，孙勇如．1999. TCS 基因转化马铃薯合适条件的研究．农业
　生物技术学报，7（2）：186～192

何新华．1993. 植物基因工程研究进展及其潜在危险．科技导报，（8）：33～36

吴云峰．1995. 生物病毒农药筛选及应用．世界农业，（5）：35～36

吴元华，杜春梅，朱春玉，赵秀香．2003. 新型农抗嘧肽霉素研究进展．云南农业大学学报，18（4）：
　135～136

吴汉章，张超然，陈永萱．1986. 银灰色地膜防治西瓜病毒病．江苏农业科学，（11）：19～21

宋瑞琳，吴如健，柯冲．1999. 茎尖嫁接脱除柑桔主要病原的研究．植物病理学报，29（3）：275～279

张晓燕，商振清，李兴红，甄志先．2001. 抗病毒剂 VA 诱导烟草对 TMV 的抗性与水杨酸含量的关系．
　河北林果研究，16（4）：307～310

张满良．1998. 烟草蚀纹病毒弱株系的选育及免疫效果研究．西北农业大学学报，26（2）：53～56

张鹤龄．1983. 酶联免疫吸附测定（ELISA）及其在植物病毒鉴定中的应用．马铃薯，4：35～41

张鹤龄．2000. 我国马铃薯抗病毒基因工程研究进展．马铃薯，14（1）25～30

张鹤龄，马志亮，张宏．1984. 马铃薯卷叶病毒的分离、提纯及抗血清的制备．微生物学报，28（4）：
　355～360

张鹤龄，曹先维，Isle Balbo．1989. 用生物素标记的 cDNA 探针检测马铃薯纺锤块茎类病毒．病毒学报，
　5（1）：72～76

李兴红，康绍兰，任风海．1997. 天然植物抗病毒制剂 VA 对辣椒、番茄和草莓病毒病的控制作用．华北
　农学报，12（专辑）：191～196

李在国，黄润秋，杨华筝，李惠英．1998．化学合成植物病毒抑制剂研究进展．农药，37（5）：3～6

李金义．1989．人 α-干扰素对烟草花叶病毒在植物体内症状的抑制作用．病毒学报，5（3）：274～276

杜春梅，吴元华，赵秀香，朱春玉，姜革，闫学明．2004．天然抗植物病毒物质的研究进展．中国烟草学报，10（1）：34～39

杨永嘉．1993．甘薯脱毒的研究和应用．中国甘薯，（3）：25～28

杨家书，刘丹红，俞孕珍，刘景福，赵文生，徐燕．1995．热处理结合茎尖组织培养脱除唐菖蒲病毒的研究．沈阳农业大学学报，26（4）：342～347

杨继涛，刘宝康，时卫东．2004．植物抗病毒基因工程研究进展．植物保护科学，20（6）：272～275

杨继祥．1995．药用植物栽培学．北京：中国农业出版社

邱德文，李慧英，黄润秋．1996．中国化工学会农药专业委员会第八届年会论文集，42～50

邵碧英，吴祖建，林奇英，谢联辉．2001．烟草花叶病毒弱毒株的筛选及其交互保护作用．福建农业大学学报，30（3）：297～303

邹新慧，何平．2002．植物抗病毒基因工程研究进展及存在的问题．江西农业学报，14（4）：59～65

陈启建，刘国坤，吴祖建，林奇英，谢联辉．2003．三叶鬼针草中黄酮甙对烟草花叶病毒的抑制作用．福建农林大学学报（自然科学版），32（2）：181～184

陈炬，孙勇如，李向辉，李玉英．1990．α 干扰素 cDNA 在转化的烟草植株中的表达．中国科学（B辑），（3）：253～269

周仲驹，谢联辉，林奇英，蔡小汀，王桦．1987．福建蔗区甘蔗斐济病毒的鉴定．病毒学报，3（3）：302～304

周仲驹，林奇英，谢联辉，陈启建，吴祖建，黄国穗，蒋家富，郑国璋．1996．香蕉束顶病的研究Ⅳ．病害的防治．福建农业大学学报，25（1）：44～49

周雪平，李德葆．2000．抗病毒基因工程与转基因植物释放的环境风险评估．生命科学，12（1）：4～6，17

林业部．1996．全国森林植物检疫对象名单

林丛发，钟爱清，魏泽平．2002．太子参花叶病防治技术．福建农业，（11）17

林存銮，裘维蕃．1987．一些植物提取液对番茄花叶病毒的治疗作用．植物保护学报，14（4）：217～220

林丽明，张春岐，谢荔岩，吴祖建，谢联辉．2003．农杆菌介导的水稻草矮病毒 NS6 基因的转化，福建农林大学学报（自然科学版），32（3）：288～291

林毅，吴祖建，谢联辉，林奇英．2003．抗病虫基因新资源：绞股蓝核糖体失活蛋白基因．分子植物育种，1（5/6）：763～765

武宗信，解红娥，冯文龙．2002．地黄脱毒技术研究．中药材，25（6）：383～385

郑建中．1999．上海局 1998 年截获的重要疫情．植物检疫，13（5）：312

侯玉霞，刘仪．1998．抗病毒剂对烟草花叶病毒与烟草叶绿体互作的影响．植物保护，24（4）：10～13

侯玉霞，李重九，张文吉．2000．病毒/细胞同步侵染体系筛选抗植物病毒剂的研究．植物病理学报，30（3）：261～265

侯法建，刘望夷．2000．植物核糖体失活蛋白的研究进展．世界科技研究与发展，22（5）：68～72

姜国勇，翁曼丽，金德敏．1998．番茄转 TCS 基因植株的生物学性状研究．园艺学报，25（4）：395～396

胡厚芝，向固西，陈家任，赵楮榆，李朝荣，陈丽娟，施文武，张武军，夏绍华，林云峰．1998．宁南霉素防治烟草花叶病的研究．应用与环境生物学报，4（4）：390～395

赵学源，蒋元晖，周常勇，何新华，郭天池，陈全友，苏维芳，黄志巧，黄通意．1997．柑桔无病毒良种库的建立．中国南方果树，26（6）：18～21

徐启江，陈典．2001．茎尖分生组织培养在植物病毒防治中的应用．生物学教学，26（9）：4～5

徐培文，孙惠生，孙瑞杰等．1998．大蒜脱毒技术及应用研究．31（2）92～93

秦淑莲，辛玉成，姜瑞敏，吴献忠，孟昭礼．1997．紫杉皮提取液对黄瓜花叶病毒作用机制初探．莱阳农学院学报，14（3）：200～202

莽克强．1987．病毒分子生物学的一些新进展．病毒学报，3（1）：106～114

郭兴启，范国强，尚念科．2000．植物抗病毒基因工程育种策略及其进展．生命科学研究，4（2）：112～117

崔泳汉，河明花，韩珍淑，康良仪，母谷穗，张秀华，田波．1989．黄瓜花叶病毒卫星RNA生防制剂在烟草上的防病作用．病毒学杂志，3（3）：304～307

曹为玉，郑燕棠，张福庆．1993．葡萄茎尖脱毒培养和快速繁殖．华北农学报，8（2）：69～72

曹有龙，罗青．2001．枸杞脱毒苗的诱导及光合特征的分析研究．四川大学学报（自然科学版），38（4）：550～553

黄遵锡，陈文久，程隆藻，张祖渊．1997．"植毒灵"防治烟草花叶病研究初报，西南农业学报，10（2）：94～96

温学森，赵华英，李先恩．2002．地黄病毒病在不同品种中的症状表现．中国中药杂志，27（3）：225～227

蒋元晖．1983．利用茎尖嫁接脱毒培养无裂皮病的脐血橙．植物保护学报，10（3）：166

谢联辉，林奇英．1984．我国水稻病毒病研究的进展．中国农业科学，（6）：58～65

谢联辉，林奇英．1988．我国水稻病毒病的发生和防治．见：曾昭慧主编．中国水稻病虫综合防治进展．杭州：浙江科学技术出版社，255～264

谢联辉，林奇英．1996．水稻病毒病．见：中国农业百科全书．植物病理学卷．北京：中国农业出版社，427～430

谢联辉，林奇英．2004．植物病毒学．第二版．北京：中国农业出版社

谢联辉，林奇英，徐学荣．2005．植病经济与病害生态治理．中国农业大学学报，10（4）：39～42

谢联辉，郑祥洋，林奇英．1990．水仙潜隐病毒病病原鉴定．云南农业大学学报，5（1）：17～20

谢联辉，林奇英，黄如娟，周仲驹．1987．中国水仙病毒病源鉴定．云南农业大学学报，17（3）：145

谢联辉，林奇英，朱其亮，赖桂炳，陈南周，黄茂进，陈时明．1983．福建水稻东格鲁病发生和防治研究．福建农学院学报，12（4）：275～284

裘维蕃．1984．植物病毒学．修订版．北京：农业出版社

裘维蕃．1985．植物病毒学．北京：科学出版社

裘维蕃．2001．植物病毒讲演集．福州：福建科学技术出版社

雷新云，裘维蕃．1984．一种病毒抑制物质NS-83的研制及其对番茄预防TMV初侵染的研究．植物病理学报，14（1）：1～6

雷新云，李怀方，裘维蕃．1987．植物诱导抗性对病毒侵染的作用及诱导物质NS-83机制的探讨．中国农业科学，20（4）：1～6

雷新云，李怀方，裘维蕃．1990．83增抗剂防治烟草花叶病毒研究进展．北京农业大学学报，16（3）：241～248

廖俊杰．2003．草莓病毒病及脱病毒技术研究．广东轻工职业技术学院学报，2（2）：5～8

樊幕贞，李兴红，黄天城．1992．"912"植物病毒钝化剂对辣椒病毒病的控制作用，河北农业大学学报，15（3）：59～62

黎玉梅．2001．草莓脱毒技术研究进展．中国农林副特产，（3）：40～41

燕义唐，王晋芳，邱并生，何雪梅，赵淑珍，王小凤，田波．1992．水稻条纹叶枯病毒外壳蛋白基因在

工程水稻植株中的表达. 植物学报，34（12）：899～906

霍建泰.1997. 大白菜病毒病综合防治技术. 甘肃农业科技，（4）：27

下村徹.1984.［日］抗植物病毒制剂的应用研究. 植物防疫，（7）：117

Allison RF, Janda M, Ahlquist P. 1988. Infections in vitro transcripts from cowpea chlorotic mottle virus cDNA clones and exchange of individual RNA components with brome mosaic virus. JournalVirology. , 62：3 581～3 588

Baulcombe KC, Saudwes GR, Bevan MW. 1986. Expression of biologically active viral satellite RNA from the nuclear genome of transformed plants. Nature, 321：446～449

Beachy RN, Loesch-fries S, Tumer NE. 1990. Coat protein -mediated resistance against virus infection. Annual Review of Phytopathology, 28：451～474

Carr JP, Gal-On A, Palukaitis P, Zaitlin M. 1994. Replicase -mediated resistance to cucumber mosaic virus in transgenic plants involves suppression of both virus replication in the inoculated leaves and long distance movement. Virology, 199：439～447

Carr JP, Marsh LE, Lomonossoff GP. 1992. Resistance to tobacco mosaic virus induced by the 54-kDa gene sequence requires expression of the 54-kDa protein. Molecular Plant -Microbe Interaction, 5：397～404

Chen WQ, Sherwood JL. 1991. Evaluation of tip culture, thermotherapy and chemotherapy for elimination of peanut mottle virus from Arachis hypogea. Journal of Phytopathology, 32 ：230～236

Chen ZC, White RF, Antoniw JF, Lin Q. 1991. Effect of pokeweed antiviral protein（PAP）on the infection of plant viruse. Plant Pathology, 40：610～612

Day AG, Bijarano E R, Buck KW, Burrell M, Lichtenstein CP. 1991. Expression of an antisense viral gene in transgenic tobacco confers resistance to the DNA virus tomato golden mosaic virus. Proceedings of the National Academy of Sciences of the United States of America. 88（15）：6 721～6 725

de Bokx JA（ed.）. 1972. Viruses of potatoes and seed-potato production. Pudoc, Wageningen

Deigratias JM, Dosba F, Lutz A. 1989. Eradication of prune dwarf virus, prunus necrotic ringspot virus, and apple chlorotic leaf spot virus in sweet cherries by a combination of chemotherapy , thermotherapy, and in vitro culture. Canadian Journal of Plant Pathology, 11：337～342

Dougherty WG, Lindbo JA, Smith HA, Parks TD, Swaney S, Proebsting WM. 1994. RNA-mediated virus resistance in transgenic plants：exploitation of a cellular pathway possibly involved in RNA degradation. Molecular Plant -microbe Interaction, 7（5）：544～552

French CJ, Elder M, Leggett F, Ibrahim RK, Towers GHN. 1991. Flavonoids inhibit infectivity of tobacco mosaic virus. Canadian Journal of Plant Pathology, 13：1～8

French CJ, Nell TGH. 1992. Inhibition of infectivity of potato virus X by flavonoids. Phytochemistry, 31（9）：3017～3020

Gerlach WL, Llewellyn Dm, Haseloff J. 1987. Construction of a plant resistance gene from the satellite RNA of tobacco ringspot virus. Nature, 328：802～805

Harrison BD, Mayo MA, Baulcombe DC. 1987. Virus resistance in transgenic plants that express cucumber mosaic virus satellite RNA. Nature, 328：799～802

Hayano-Saito Y, Saito K, Nakamura S, Saito K, Iwasaki M, Saito A. 2000. Fine physical mapping of the rice stripe resistance gene locus, Stvb-I. Theoretical and Applied Genetics, 101（1）：59～63

Hayano-Saito Y, Tsuji T, Fujii K, Saito K, Iwasaki M, Saito A. 1998. Localization of the rice stripe disease resistance gene, Stvb-i, by graphical genotyping and linkage analyses with molecular markers. Theoretical and Applied Genetics, 96（8）：1 044～1 049

Hecht H. 1984. Effect of antiviral agents on potato virus Y in intact potato plants. V. Abscisic acid, ethrel, piperonylbutoxide, ribavirin and other antiphytoviral agents. Bayerisches Lnadwirtschaftliches Fahrbuch, 61 (8): 1 027~1 041

Hiatt A. 1990. Antibodies produced in plants. Nature. 344: 469~470

Hirao J, Ho K. 1987. Status of rice pests and their control measures in the double cropping area of the Muda irrigation scheme, Malaysia. Tropical Agricultural Research. 20: 107~115

Huntley CC, Hall TC. 1996. Interference with brome mosaic virus replication in transgenic rice. Molecular Plant-Mirobe Interactions. 9: 164~170

Iazykova TF, Mozhaeva KA. 1973. Chemical nature and properties of an inhibitor of tobacco mosaic virus isolated from Pseudomonas longa (Zimm.) Migula. Nauchnye doklady vysshey shkoly. Biologicheskie Nauki, 115 (7): 100~102

Khush GS, Ling KC. 1974. Inheritance of resistance to grassy stunt virus and its vector rice. The Journal of Heredity, 65 (3): 134~136

Knutson KW, Bishop GW. 1964. Potato leafroll virus-effect of date of inoculation on percentage infection and symptom expression. American Potato Journal. 41: 227~238

Kubo S, Ikeda T, Imaizumi S, Takanami Y, Mikami Y. 1990. A potent plant virus inhibitor found in *Mirabilis jalapa* L. Annuals of the phytopathological society of Japan, 56: 481~487

Ladygina ME, Sokolovskaia IV, Rubin BA, Grot AV. 1978. Comparative study of the antiviral properties of histones of animal and plant origin. Voprosy Virusologii, (6): 686~690

Lawson C, Kaniewski W, Haley L, Rozman R, Newell C, Sanders P, Tumer NE. 1990, Engineering resistance to mixed virus infection in a commercial potato cultivar: resistance to potato virus X and potato virus Y in transgenic Russet Burbank. Biotechnology, (8): 127~134

Lindbo JA, Silva-Rosales L, Proebsting WM, Dougherty WG. 1993. Induction of a highly specific antiviral state in transgenic plants: implications for regulation of gene expression and virus resistance. Plant Cell, 5 (12): 1 749~1 759

Lodge JK. 1993, Broad-spectrum virus resistance in transgenic plants expressing pokeweed antiviral protein. Proceeding of the National Academy of Sciences of the United States of Aemrica, 90: 7 089~7 093

Lomonssoff GP. 1992. Virus resistance mediated by a nonstructural viral gene sequence in transgenic plants. In: (Hiatt AJ Ed.) Fundamentals and Applications, p. 122. Marcel Dekker, New York

Marcos JF, Beachy RN, Houghton RA, Blondelle SE, Perez-Paya E. 1995. Inhibition of a plant virus infection by analogs of melittin. Proceeding of the National Academy of Sciences of the United States of Aemrica, 92 (6): 12 466~12 469

Morel G, Martin C. 1952. Cure of dahlias attacked by a virus disease. C R Hebd Seances Academic Sciences. 235 (21): 1 324~1 325

Murant AF, Good TA. 1968. Purification, properties and transmission of parsnip yellowfleck, a semi-persistent, aphid-boene virus. The Annals of Applied Biology. 62: 123~137

Murashige J, Bitters WP, Rangan JS. 1972. A technique of shoot apex grafting and its utilization towards recovering virus-free citrus clone. The Journal of Horticultural Science. 7: 118~119

Navarro L. 1988. Application of shoot tip grafting in vitro for virus-free citrus. Acta Horticulturae, 227: 43~49

Orchansky P. 1982. Human interferons protect plants from virus infection. Proceedings of the National Academy of Sciences of the United States of America, 79: 2 278~2 280

Oshima N. 1981. Contral of tomato mosaic disease by attenuated virus. Japan Agricultural Research Quarterly，14：222～228

Pennazio S，Roggero P. 2000. The discovery of the chemical nature of tobacco mosaic virus. Rivista di Biologia. 93（2）：253～281

Perez-Paya E，Houghten RA，Blondell SE. 1995. The role of amphipathicity in the folding，self-associaton and biological activity of multiple subunit small proteins. The Journal of Biological Chemistry，270：1048～1056

Sadasivam S，Rajamaheswari S，Jyarajan R. 1991. Inhibition of certain plants viruses by plant extracts. Journal of Ecobiology，3（1）：53～57

Schuster G. 1992. Investigition on the inhabition of potato virus X by some amino acide analogs. Biochemie und Physiologie der Pflanzen，188（3）：195

Selvaraj C，Narayanasamy P. 1991. Effect of plant extracts in controlling rice tungro，IRRN，16（2）：2 122

Tavladoraki P，Benvenuto E，Trinca S，De Martinis D，Cattaneo A，Galeffi P. 1993. Transgenic plants expressing a functional single-chain Fv an tibody are specifically protected from virus attack. Nature，366（6454）：469～472

Tien P，Wu GS. 1991. Satellite RNA for the biocontrol of plant disease. Advances in Virus Research. 39：321～339

Tien P. 1990. Satelite RNA for the control of plant cisease，Risk as-sessment in agricultural Biology. Proceeding of the inter-national conference. 29～30

Toshiya Ogawa，Tamaki Hori，Isao Ishida. 1996. Virus induced cell death in plants expressing the mammalian 2′，5′oligoadenylate system. Nature Biotechnology，14：1 566～1 569

Vivanco JM，Savary BJ，Flores HE. 1999. Characterization of two novel type I ribosome inactivating proteins from the storage roots of the Andean crop *Mirabilis expansa*. Plant Physiology，119（4）：1 447～1 456

Voss A，Niersbach M，Hain R. 1995. Reduced virus infectivity in N-tabacum secreting a TMV-specific full-size antibody. Molecular Breeding，1（1）：39～50

Walker MA，Wolpert JA. 1994. Field screening of grape root stock selections for resistence to fan leaf degeneration. Plant Disease，78（2）：134～136

Wang M，Abbott DC，Waterhouse PM. 2000. A single copy of a virus-derived transgene encoding hairpin RNA gives immunity to barley yellow dwarf virus. Molecular Plant Pathology，1（6）：347～356

Wang S，Zhong FD，Zhang YJ，Wu ZJ，Lin QY，Xie LH. 2004. Molecular characterization of a new lectin from the marine alge *Ulva pertusa*. Acta Biochimica et Biophysica Sinica，36（2）：111～117

Yamaya J，Yoshioka M，Meshi T，Okaday Y，Ohno T. 1988. Expression of tobacco mosaic virus RNA in transgenic plants. Molecular & General Genetics，211（3）：520～525

图书在版编目（CIP）数据

植物病原病毒学/谢联辉主编 . —北京：中国农业出版
社，2007.12
ISBN 978 - 7 - 109 - 12366 - 3

Ⅰ.植…　Ⅱ.谢…　Ⅲ.植物－病原微生物－病毒学
Ⅳ.S432

中国版本图书馆 CIP 数据核字（2007）第 170844 号

中国农业出版社出版
（北京市朝阳区农展馆北路 2 号）
（邮政编码 100125）
责任编辑　张洪光

中国农业出版社印刷厂印刷　新华书店北京发行所发行
2008 年 7 月第 1 版　2008 年 7 月北京第 1 次印刷

开本：787mm×1092mm 1/16　印张：21.5　插页：6
字数：490 千字　印数：1～1 500 册
定价：120.00 元
（凡本版图书出现印刷、装订错误，请向出版社发行部调换）

[彩版]

图 11-1　用指示植物测定病毒

A．*Gomphorena glabosa* 叶片在接种 *Lolium latent virus* 后所显示的枯斑症状　B．*Chenopodium murale* 叶片在接种马铃薯 X 病毒后所显示的黄斑症状　C．山樱花（*Prunus serrulata*）品种'Kwanzan'叶片在接种樱桃绿环斑驳病毒（*Cherry green ring mottle virus*）后显示的叶偏上症状（epinasty）　D．巴西牵牛（*Ipomoea setosa*）叶片在接种甘薯卷叶病毒（*Sweet potato leaf curl virus*）后显示的叶上卷症状

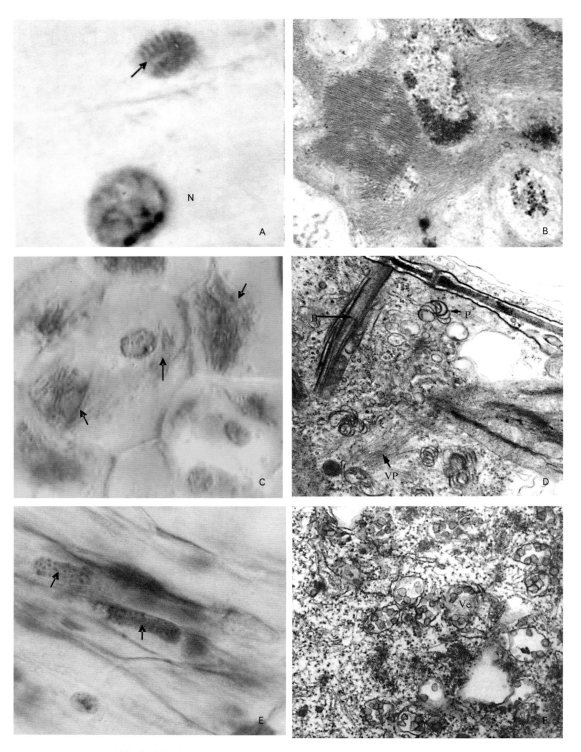

图 11-2　一些植物病毒侵染在寄主细胞内所形成内含体的组成、位置和形状可以用于病毒的测定
A. 白三叶草花叶病毒（*White clover mosaic virus*，马铃薯 Y 病毒属）在寄主细胞质内形成的内含体（紫红核酸染剂染色）
B. 黑麦草隐症病毒（*Lolium latent virus*，线形病毒科）在寄主细胞质内形成由聚集在一起的病毒粒体组成的带状内含体（超薄切片电子显微图像）　C. 花生斑驳病毒（*Peanut mottle virus*，马铃薯 Y 病毒属）在寄主细胞质内形成的内含体（橙绿蛋白质染剂染色）　D.芋头花叶病毒（*Dasheen mosaic virus*，马铃薯 Y 病毒属）在寄主细胞质内形成由病毒基因产物组成的风车状内含体（超薄切片电子显微图像）　E.番茄感染性褪绿病毒（*Tomato infectious chlorosis virus*，毛病毒属）在寄主韧皮细胞质内形成的内含体（紫红核酸染剂染色）　F.莴苣感染性黄化病毒（*Lettuce infectious yellows virus*，毛病毒属）在寄主细胞质内形成由变形液泡和病毒粒体组成的囊状内含体（超薄切片电子显微图像，美国农业部农业研究署刘兴业提供）

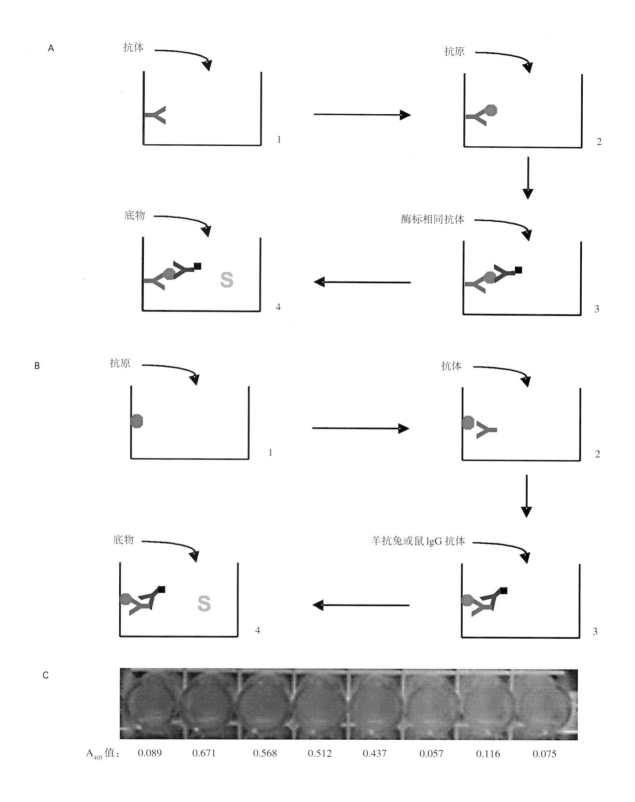

图 11-3　酶联免疫吸附测定法示意图

A．直接双抗体夹心测定法　B．间接测定法　C．结果显示：用酶联免疫吸附测定法检测马铃薯卷叶病毒（*Potato leaf roll virus*）

Y 为病毒抗体，● 为病毒，Y 为羊抗兔 IgG 或羊抗鼠 IgG 的抗体，■ 为标记酶，S 为底物

凝胶电泳

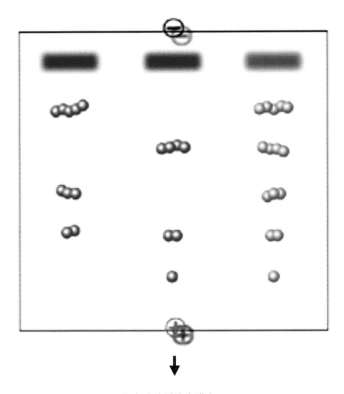

↓

印迹硝酸纤维素膜上

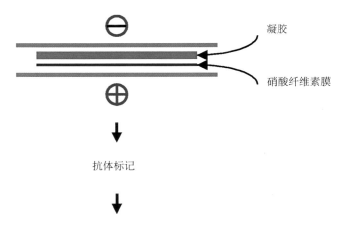

凝胶

硝酸纤维素膜

↓

抗体标记

↓

底物显色病毒蛋白带

40ku ▶

图 11—4　Western 免疫印迹法示意图

印迹结果为用芋头花叶病毒（*Dasheen mosaic virus*）抗血清检测不同芋头
花叶病毒分离株系

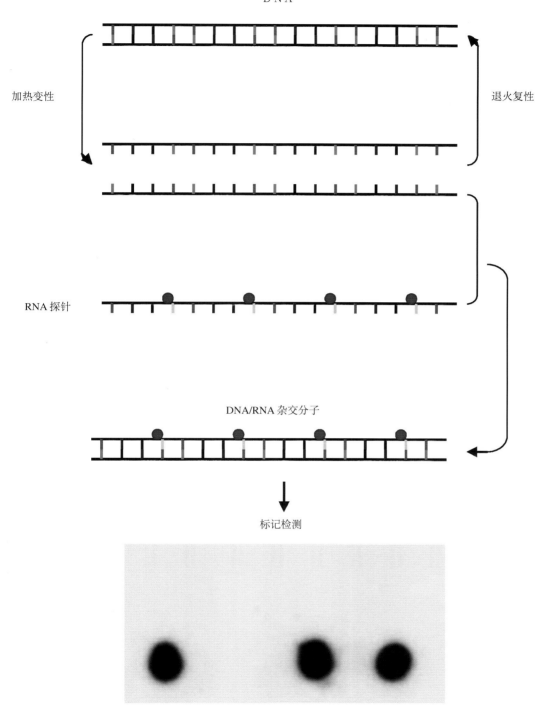

图 11-5 核酸分子杂交测定法示意图

杂交结果为用地高辛精标记的 RNA 探针检测马铃薯纺锤块茎类病毒（*Potato spindle tuber viroid*）

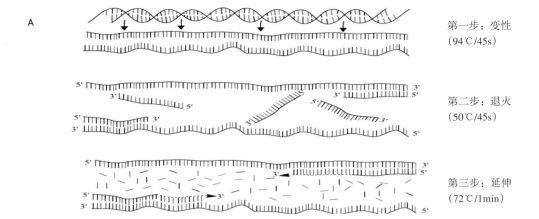

A

第一步：变性
（94℃/45s）

第二步：退火
（50℃/45s）

第三步：延伸
（72℃/1min）

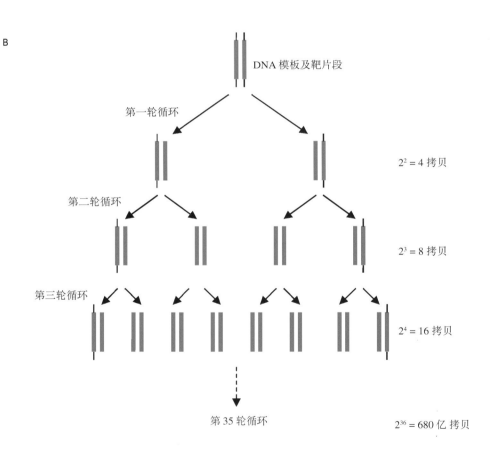

B

DNA 模板及靶片段

第一轮循环

$2^2 = 4$ 拷贝

第二轮循环

$2^3 = 8$ 拷贝

第三轮循环

$2^4 = 16$ 拷贝

第 35 轮循环

$2^{36} = 680$ 亿 拷贝

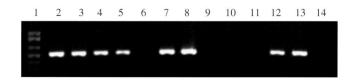

C

1 2 3 4 5 6 7 8 9 10 11 12 13 14

图 11—6　多聚酶链式反应测定法示意图

A．多聚酶链式反应每轮循环的三个基本步骤　B．35 轮多聚酶链式反应的理论结果　C．用多聚酶链式反应检测醋栗脉带病毒（*Gooseberry vein banding associated virus*）

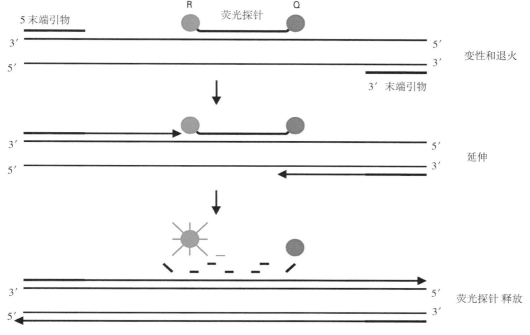

R　荧光探针　Q

5 末端引物

3′　　　　　　　　　　　　　　　　5′
5′　　　　　　　　　　　　　　　　3′　　变性和退火

3′ 末端引物

3′　　　　　　　　　　　　　　　　5′
5′　　　　　　　　　　　　　　　　3′　　延伸

3′　　　　　　　　　　　　　　　　5′
5′　　　　　　　　　　　　　　　　3′　　荧光探针 释放

图 11-7　Taq Man 荧光实时 PCR 示意图

图 12-1　番木瓜明脉和曲叶症

烟草

图 12-2　烟草及百合的斑驳症

百合

图 12-3　烟草、红掌、玉米及甘蔗的花叶症

图 12-4　青菜绿岛症

图 12-6　水稻上的条纹及条点症

图 12-5　烟草脉带症

图 12-7　花瓣碎色症

图 12-8　青稞的黄化、
　　　　红化症

图 12-9　豆瓣绿、番木瓜环斑症

图 12-10　烟草、月季的环纹症

图 12-11　烟草线纹症

图 12-12　月季橡叶症

图 12-13　烟草线叶症

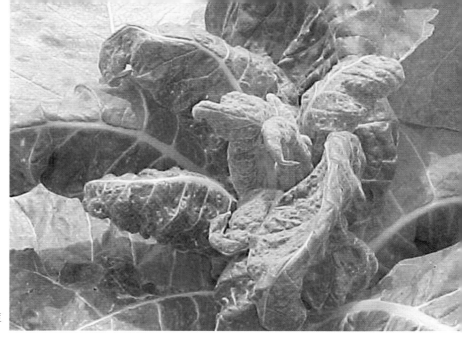

图 12—14　烟草卷叶症

图 12—15　烟草疱斑症

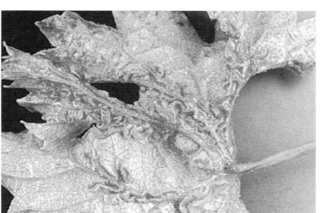

图 12—16　葡萄叶背的耳突症

图 12—17　烟草的畸形叶

图 12—18　烟草的小叶及丛顶症

图 12-19　花生丛簇症

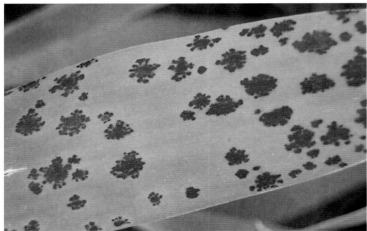

图 12-20　心叶烟、文心兰上的坏死斑

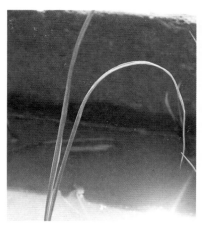

图 12-21　水稻叶尖的线条状
　　　　　坏死

图 12-22　烟草上的沿
　　　　　叶脉坏死

图 12-23　番木瓜顶枯